U0901328

中国国家标准汇编

2009年修订-18

中国标准出版社　编

中国标准出版社
北京

图书在版编目（CIP）数据

中国国家标准汇编：2009 年修订．18/中国标准出版社编．—北京：中国标准出版社，2010

ISBN 978-7-5066-6073-0

Ⅰ.①中… Ⅱ.①中… Ⅲ.①国家标准-汇编-中国-2009 Ⅳ.①T-652.1

中国版本图书馆 CIP 数据核字（2010）第 171225 号

中国标准出版社出版发行
北京复兴门外三里河北街 16 号
邮政编码:100045
网址 www.spc.net.cn
电话:68523946 68517548
中国标准出版社秦皇岛印刷厂印刷
各地新华书店经销
*
开本 880×1230 1/16 印张 40 字数 1 193 千字
2010 年 10 月第一版 2010 年 10 月第一次印刷
*
定价 220.00 元

出 版 说 明

1.《中国国家标准汇编》是一部大型综合性国家标准全集。自1983年起,按国家标准顺序号以精装本、平装本两种装帧形式陆续分册汇编出版。它在一定程度上反映了我国建国以来标准化事业发展的基本情况和主要成就,是各级标准化管理机构,工矿企事业单位,农林牧副渔系统,科研、设计、教学等部门必不可少的工具书。

2.《中国国家标准汇编》收入我国每年正式发布的全部国家标准,分为"制定"卷和"修订"卷两种编辑版本。

"制定"卷收入上一年度我国发布的、新制定的国家标准,顺延前年度标准编号分成若干分册,封面和书脊上注明"20××年制定"字样及分册号,分册号一直连续。各分册中的标准是按照标准编号顺序连续排列的,如有标准顺序号缺号的,除特殊情况注明外,暂为空号。

"修订"卷收入上一年度我国发布的、修订的国家标准,视篇幅分设若干分册,但与"制定"卷分册号无关联,仅在封面和书脊上注明"20××年修订-1,-2,-3,……"字样。"修订"卷各分册中的标准,仍按标准编号顺序排列(但不连续);如有遗漏的,均在当年最后一分册中补齐。需提请读者注意的是,个别非顺延前年度标准编号的新制定的国家标准没有收入在"制定"卷中,而是收入在"修订"卷中。

读者配套购买《中国国家标准汇编》"制定"卷和"修订"卷则可收齐上一年度我国制定和修订的全部国家标准。

3. 由于读者需求的变化,自1996年起,《中国国家标准汇编》仅出版精装本。

4. 2009年我国制修订国家标准共3158项。本分册为"2009年修订-18",收入新制修订的国家标准37项。

中国标准出版社

2010年8月

目　录

ICS 29.045
H 80

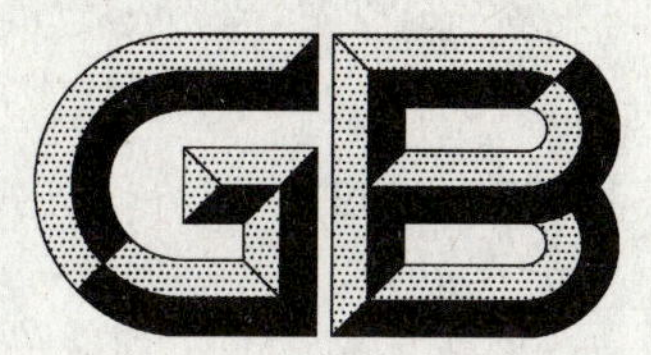

中华人民共和国国家标准

GB/T 13387—2009
代替 GB/T 13387—1992

硅及其他电子材料晶片参考面长度测量方法

Test method for measuring flat length wafers of silicon and other electronic materials

2009-10-30 发布　　　　2010-06-01 实施

中华人民共和国国家质量监督检验检疫总局
中国国家标准化管理委员会　发布

前　言

本标准修改采用 SEMI MF 671-0705《硅及其他电子材料晶片参考面长度测试方法》。

本标准与 SEMI MF 671-0705 相比主要有如下变化：

——标准编写格式按 GB/T 1.1 要求进行编写；

——增加了前言内容。

本标准代替 GB/T 13387—1992《电子材料晶片参考面长度测试方法》。

本标准与 GB/T 13387—1992 相比主要有如下变化：

——细化了测量范围的内容，如该方法中涉及的公英制单位等；

——增加了该方法的局限性内容；

——增加了部分术语，定义了测量中用到的偏移；

——增加了引用标准；

——将原标准中的试样改为抽样章节；

——将校准和测量分为两章分别叙述；

——精密度采用了 SEMI MF 671-0705 中多个实验室间的评价，并附有较详细的说明。

本标准由全国半导体设备和材料标准化技术委员会提出。

本标准由全国半导体设备和材料标准化技术委员会材料分技术委员会归口。

本标准起草单位：有研半导体材料股份有限公司。

本标准主要起草人：杜娟、孙燕、卢立延。

本标准所代替标准的历次版本发布情况为：

——GB/T 13387—1992。

硅及其他电子材料晶片参考面长度测量方法

1 目的

1.1 基准面长度对于半导体加工过程中使用材料的适应性是一项重要的参数。

1.2 晶片自动操作设备被广泛应用于半导体制造业中，它们是通过晶片主参考面识别和定位获得正确的对准。

2 范围

2.1 本标准涵盖了对晶片边缘平直部分长度的确认方法。

2.2 本标准用于标称圆形晶片边缘平直部分长度小于等于 65 mm 的电学材料。本标准仅对硅片精度进行确认，预期精度不因材料而改变。

2.3 本标准适用于仲裁测量，当规定的限度要求高于用尺子和肉眼检测能够获得的精度时，本标准也可用于常规验收测量。

2.4 本标准与表面光洁度无关。

2.5 任何直径的晶片，包括 76.2 mm 和更小直径的晶片，参考面长度单位应该使用公制为计量单位，而英制单位的数值仅供参考。

2.6 本标准不涉及安全问题，即使有也与标准的使用相联系。标准使用前，建立合适的安全和保障措施以及确定规章制度的应用范围是标准使用者的责任。

3 局限性

3.1 切片后的一些工序如倒角和化学腐蚀都有可能降低参考面区域边缘部分的清晰度。

3.2 测微计测量时旋转螺杆的倒退可能导致错误的读数。

3.3 测量期间样品在投影仪显示屏上图像聚焦不清晰可能引入误差。

3.4 投影仪的光学系统有时可能存在图像反转功能，导致呈现的图像与本标准所述状态相反。

4 规范性引用文件

下列文件中的条款通过本标准的引用而成为本标准的条款。凡是注日期的引用文件，其随后所有的修改单(不包括勘误的内容)或修订版均不适用于本标准，然而，鼓励根据本标准达成协议的各方研究是否可使用这些文件的最新版本。凡是不注日期的引用文件，其最新版本适用于本标准。

GB/T 2828.1 计数抽样检验程序 第1部分：按接收质量限(AQL)检索的逐批检验抽样计划

GB/T 14264 半导体材料术语

5 术语

GB/T 14264 定义的以及下列术语适用于本标准。

5.1

偏移 offset

硅片参考面的边缘区域，从水平基准线到参考面的任意一端边缘区域的垂直偏差，用来定义参考面的边界。

6 方法提要

样品放在载物台上。参考面投影图像的一端定位在参考点上。记下测微计读数。移动载物台，使样品参考面的另一端与参考点重合，记下此时测微计读数。主参考面长度就是两次读数之差。

7 设备

7.1 投影仪

7.1.1 光学系统

放大倍数为 20 倍。

7.1.2 显示屏

最小直径为 254 mm(10 英寸)。

7.1.3 载物台

7.1.3.1 能使测微计在 X 方向最小移动 50 mm (2 英寸)且测角器在 x-y 平面内旋转。

7.1.3.2 载物台在 X 方向移动应使投影图像在显示屏上水平的移动，在 Y 方向的移动应使投影图像在显示屏上垂直移动。

7.1.3.3 载物台 X 方向测微计刻度应为 25 μm 或更小。

7.1.3.4 载物台 Y 方向量程必须足够大以显示被测量最大硅片的参考面区域的测量，或者约为最大被测硅片标称直径的五分之三。

7.1.4 轮廓板

由半透明材料制成，板上有两条相互垂直的基准线相交于中央，在垂直基准线的中心上下，有 10 个经过校准的刻度，每一刻度相当于在样品位置上 50 μm 的长度，见图 1。对于 20 倍的轮廓板，至少长 1 mm。

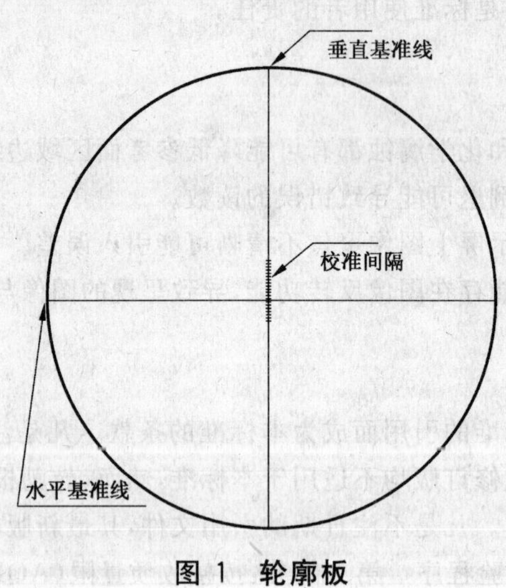

图 1 轮廓板

7.2 显微镜载物台测微尺

由清洁的透明玻璃或塑料材料制成，至少长 1.3 mm，并带有经校准过的 25 μm 的分刻度。

7.3 钢板尺

最小长度 150 mm，分刻度为 0.5 mm 或 0.25 mm。

8 抽样

除非有其他要求外，按照 GB/T 2828.1 取样。如果有特殊要求，应需供需双方协商确定。检查水平应由供需双方协商。

9 校准

9.1 光学投影仪放大倍数

9.1.1 把显微镜载物台测微尺放在光学投影仪的样品台上，使其投影图像位于显示屏中心。

9.1.2 将钢板尺放在显示屏上，数出投影到显示屏上距离为 25 mm 对应的刻度间隔为 25 μm 测微尺的格数，用 1 000 除以该格数得到实际的放大倍数。

9.1.3 本标准使用的放大倍数必须在 19.8～20.2 之间。

9.2 投影仪测微计 X 方向行程。

9.2.1 将测微计 X 方向行程调到零。

9.2.2 调节载物台测微计的投影图像，使刻度间隔线水平排列，且所有的线全部在显示屏的垂直基准线的一侧，见图 2。

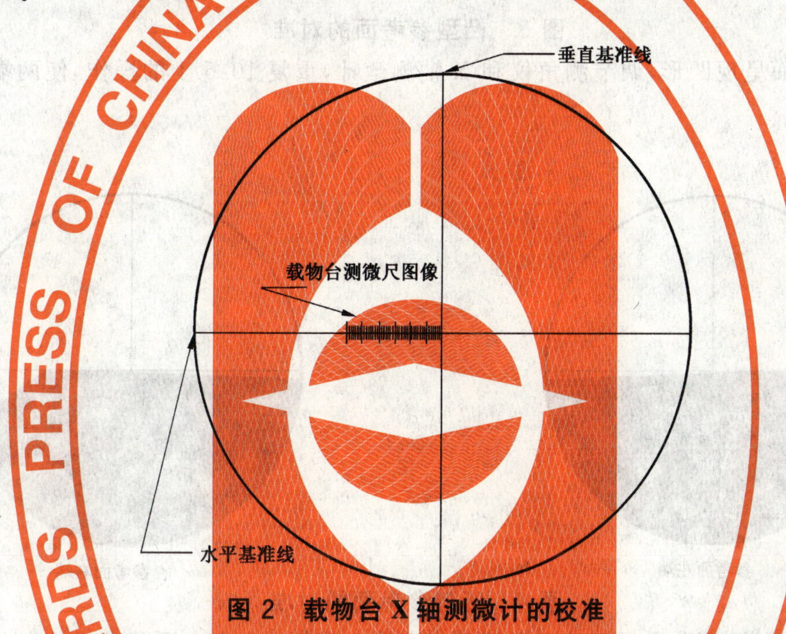

图 2 载物台 X 轴测微计的校准

9.2.3 使用 X 行程测微计，扫描显微镜载物台测微尺的图像，以类似的方式直到将全部的刻度线移到垂直基准线的另一侧。

9.2.4 读出 X 行程测微计的刻度。这个值应该与显微镜测微尺的满刻度值相符，误差在 25 μm (0.001 英寸)之内。如果这两个值不相一致，调节或修理测微计。

10 程序

10.1 在显示屏上放好轮廓板(见图 1)，使水平基准线大致与地面平行。

10.2 在水平基准线附近选择载物台上某一点为参照点，如一个缺陷或一颗灰尘，其投影图像应不大于轮廓刻板上刻度格的二分之一。

10.3 沿 X 方向反复扫描 10.2 确定的点，利用轮廓板和样品载物台的 x-y 操作，当扫描从显示屏的一端移动到另一端时，该点都落在水平基准线上，便完成了水平校准。

10.4 把晶片放在载物台上，使参考面投影图像的中心部分对准显示屏中心，并与水平基准线重合。

10.5 调节参考面的投影图像，使其与水平基准线重合。

10.5.1 使用 X 轴测微计，对参考面从一端到另一端进行扫描。

10.5.2 如果参考面呈现凸形，调节测角仪和测微计，重复 10.5.1 的操作，使高点与基准线相切，而两端的低点与基准线等距离。见图 3。

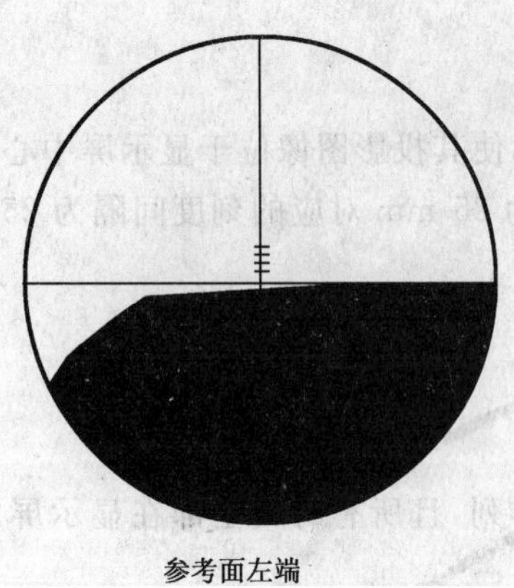
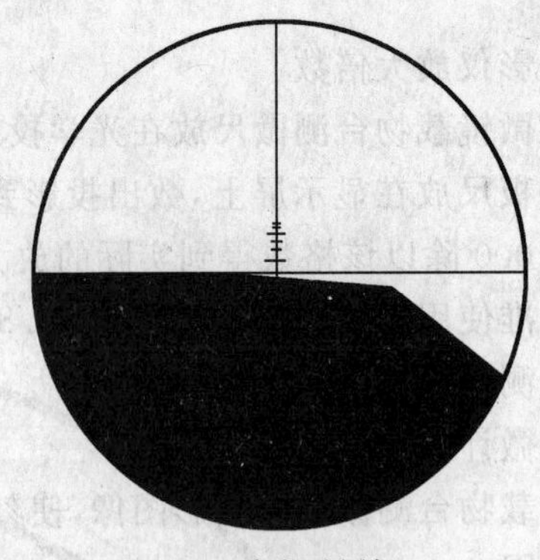

参考面左端　　　　参考面右端

图 3　凸型参考面的对准

10.5.3　如果参考面呈现凹形，调节测角仪和 X 轴测微计，重复 10.5.1 的操作，使两端的高点与基准线相切。见图 4。

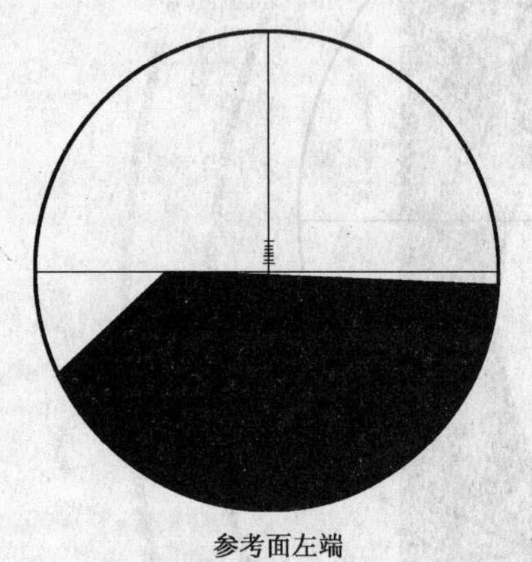

参考面左端　　　　参考面右端

图 4　凹形参考面的对准

10.6　使用 X 轴测微计，调节参考面的投影图像直至其左端与垂直和水平基准线的交点重合。

10.7　利用光学投影仪上晶片图像与水平基准线相距一个刻度的点来确定参考面区域终端位置。在晶片上对应于 50 μm 的偏移量。(见图 5)

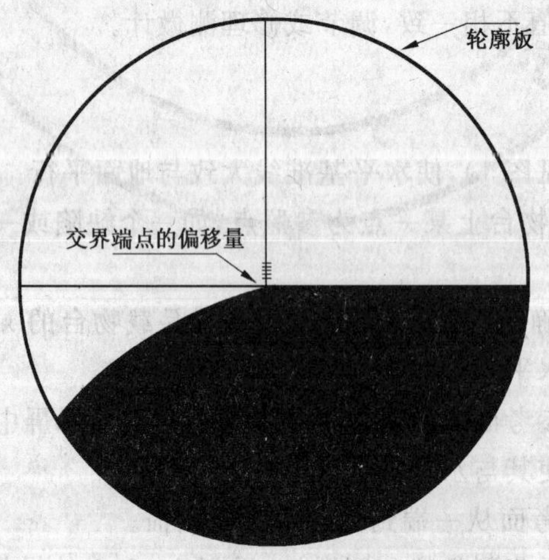

图 5　参考面边缘使用偏移的图例

10.8　将测微计的读数记为 E_1(左)记录在数据表中，数据表格式见表 1，精确到 25 μm。

10.9 使用X轴测微计，调节参考面的投影图像直至其右端与垂直和水平基准线交点重合。

10.10 使用10.7描述的偏移量，确定参考面平坦区域的右端位置。

10.11 将测微计的读数记为 E_r（右）记录在数据表中，精确到 25 μm。

表 1 建议标准数据表

参考面长度的测定

实验室____________________

测量人员____________________

投影仪规格型号____________________

显示屏直径____________________

测量日期	硅片身份	硅片直径 E_l	E_r	参考面长度(E_l-E_r)

11 计算

11.1 按照以下方法计算每一样品的参考面长度 l。见图5。

$l=E_l-E_r$

11.2 在数据表中记录测量获得的值。

12 报告

报告中应包括以下信息：

a) 测量日期；

b) 操作者和实验室名称；

c) 投影仪型号和显示屏标称直径；

d) 晶片规格；

e) 晶片标称直径；

f) 测量的参考面长度；

g) 本标准编号。

13 精密度

13.1 本标准的多个实验室间的评价是在7个实验室对18个硅片进行测量获得的。其中10个倒角片的边缘是机械研磨得到的。包括标称直径50.8 mm、76.2 mm、100 mm和125 mm的硅片。每个硅片均有符合SEMI M1的副参考面。标称参考面长度的范围从6 mm(0.2英寸)至40 mm(1.6英寸)。

13.2 要求每个参与的实验室报告三组重复的数据，但总计只有17组数据，因此，不能对内部实验室的重复性作出可靠的评价。

13.3 10.7中偏移要求是规定在测试时对100 μm (0.004英寸)进行，没有始终使用，它的校验不能用于验证报告的结果。

13.4 由于上述的局限，所有的数据被汇集来评价实验室间重复性。测量得到的参考面长度的变化率与标称长度以及硅片是否倒角无关。对这种情况，样品的标准偏差是测量变化率的一个有效度量。

13.4.1 所有晶片 2 σ 的标准偏差为±1.5 mm或更小。

13.4.2 90%的硅片，2 σ 的标准偏差为±1.2 mm或更小。

ICS 29.045
H 80

中华人民共和国国家标准

GB/T 13388—2009
代替 GB/T 13388—1992

硅片参考面结晶学取向X射线测试方法

Method for measuring crystallographic orientation of flats on single-crystal silicon slices and wafers by X-ray techniques

2009-10-30 发布　　2010-06-01 实施

中华人民共和国国家质量监督检验检疫总局
中国国家标准化管理委员会　发布

前言

本标准修改采用 SEMI MF847-0705《硅片参考面晶向 X 射线测试方法》。

本标准与 SEMI MF847-0705 相比，有以下不同：

——将 SEMI 标准中引用的部分国际标准，采用直接引用对应的我国标准；

——主要格式内容按 GB/T 1.1 的要求编排。

本标准代替 GB/T 13388—1992《硅片参考面结晶学取向 X 射线测试方法》。

本标准与 GB/T 13388—1992 相比，主要有如下变化：

——增加了方法 2——劳厄背反射 X 射线法；

——取消了硅片的直径和参考面长度的具体规定；

——修订前的国标中规定“该方法不适用于硅片规定取向在与参考面和硅片表面相垂直的平面内的投影与硅片表面法线之间夹角不小于 3°的硅片的测量”；而 SEMI MF847-0705，仅适用于角度偏离从－5°到＋5°的硅片；

——规范性引用文件有所增加；

——修改了精密度采用了 SEMIMF847-0705 中通过对一个硅片进行 50 次(每面 25 次)的测量，得到对这一测试方面的单个仪器、单个操作者的再现性评价：α 计算值的 $1-\alpha$ 分布为 1.94′；

——增加了相关安全条款。

本标准由全国半导体设备和材料标准化技术委员会(SAC/TC 203)提出。

本标准由全国半导体设备和材料标准化技术委员会材料分技术委员会归口。

本标准起草单位：有研半导体材料股份有限公司。

本标准主要起草人：孙燕、卢立延、杜娟、翟富义、高玉锈。

本标准所代替标准的历次版本发布情况为：

——GB/T 13388—1992。

硅片参考面结晶学取向X射线测试方法

1 目的

1.1 硅片的参考面结晶学取向(晶向)是一个重要的材料验收参数。在半导体器件工艺中,一般利用参考面来校准半导体器件的几何图形阵列与结晶学晶面及晶向的一致性。

1.2 硅片的参考面(位于片子边缘)晶向是参考面表面的结晶学取向,参考面通常用规定为一个相关的低指数晶面,如(110)晶面,在这种情况下,参考面的晶向可以用其偏离低指数晶面的角度来描述。

1.3 本标准包括两个测定方法。

1.4 两个测试方法都能用于工艺开发和质量保证方面。但在该方法的多个实验室间精度(再现性限)确定之前,如双方未圆满完成两个方法的相关性研究,不推荐在供需双方使用该方法。

2 范围

2.1 本标准规定了α角的测量方法,α角为垂直于圆型硅片基准参考平面的晶向与硅片表面参考面间角。

2.2 本标准适用于硅片的参考面长度范围应符合GB/T 12964和GB/T 12965中的规定,且硅片角度偏离应在$-5°$到$+5°$范围之内。

2.3 由本标准测定的晶向精度直接依赖于参考表面与基准挡板的匹配精度和挡板与相对于的X射线的取向精度。

2.4 本标准包含如下两种测试方法:

测试方法1——X射线边缘衍射法

测试方法2——劳厄背反射X射线法

2.4.1 测试方法1是非破坏性的,为了使硅片唯一的相对于X射线测角器定位,除了使用特殊的硅片夹具外,与GB/T 1555测试方法1类似。与劳厄背反射法相比,该技术测量参考面的晶向能得到更高的精度。

2.4.2 方法2也是非破坏性的,为了使参考面相对于X射线束定位,除了使用"瞬时"底片和特殊夹具外,与ASTM E82和DIN50433测试方法第3部分类似。虽然方法2更简单快速,但不具有方法1的精度,因为其使用的仪器和夹具装置精确度较低且成本较低。方法2提供了一个测量的永久性底片的记录。

注:解释Laue照片可以获得硅片取向误差的信息。然而这超出了测试方法的范围。愿意进行这种解释的用户,可以参阅ASTM E82和DIN50433测试方法第3部分或标准的X射线教科书。由于可以使用不同的夹具,方法2也适用于硅片表面取向的测定。

2.5 本标准中的数值均以公制为单位,英制单位的数值放在括号内仅作为信息提供。

注:本标准不涉及安全问题,即使有也与标准的使用相联系。标准使用前,建立合适的安全和保障措施以及确定规章制度的应用范围是标准使用者的责任。

3 局限性

3.1 参考面的平直度可能影响参考面与基准挡板的对准精度。在参考面的剖面为凸起(不大常见的情况)时,参考面晶向可能不唯一。更常见的是,参考面表面沿着垂直于硅片表面两条直线与基准挡板相交于两点。在这种情况下,所测定的晶向为通过垂直于硅片表面上两点平面晶向。在后一种情况下,当参考面与基准挡板之间对准时,所测定的晶向是硅片后续工艺中得到的晶向。

3.2 各种夹具的不对准都将降低两种方法的多个实验室间再现性和绝对精度。倘若夹具是刚性的，则单个仪器的重复性不会降低。

4 规范性引用文件

下列文件中的条款通过本标准的引用而成为本标准的条款。凡是注日期的引用文件，其随后所有的修改单(不包括勘误的内容)或修订版均不适用于本标准，然而，鼓励根据本标准达成协议的各方研究是否可使用这些文件的最新版本。凡是不注日期的引用文件，其最新版本适用于本标准。

GB/T 1555 半导体单晶晶向测定方法

GB/T 2828.1 计数抽样检验程序 第1部分：按接收质量限(AQL)检索的逐批检验抽样计划(GB/T 2828.1—2003，ISO 2859-1:1999，IDT)

GB/T 12964 硅单晶抛光片

GB/T 12965 硅单晶切割片和研磨片

GB/T 14264 半导体材料术语

ASTM E82 金属晶体晶向测试方法

DIN 50433.3 用劳厄反向散射方法确定单晶晶向

5 术语

GB/T 14264 定义的术语适用于本标准。

6 危害

本标准使用时需使用 X 射线，应确保操作人员不暴露在 X 射线中。

6.1 保护手或手指不被 X 光直接照射，并保护眼睛免受二次散射的辐照。

6.2 推荐使用底片式射线剂量器或放射量测定仪，以及标准核源校准过的 GeigerMuller 计数器，定期检查手和身体部位的辐射剂量。

注：对于全身不定期暴露于外部 X 射线不超过 3MeV 量子辐照能量的个人，现行最大允许剂量为每季度 1.25R (3.22×10^{-4} C/kg)，(相当于 0.6 mR/h (1.5×10^{-7} C/kg·h))，这是在联邦条例 10 章 20 部分中所规定的。在同样条件下，手和前臂暴露的最大允许剂量为每季度 18.75 R (4.85×10^{-3} C/kg)(相当于 9.3 mR/h (2.4×10^{-6} C/kg·h))。除上述规定外，其他各个政府及管理部门也有相应的安全要求。

6.3 确保所有的设备和条件满足这些规定是使用者的责任。

7 抽样

7.1 本标准中抽样采用 GB/T 2828.1 的规程。

7.2 依照 GB/T 2828.1 从每批中选择适当的抽样比例。

7.3 检查水平由供需双方协商确定。

测试方法 1——X 射线边缘衍射法

8 测试方法概述

8.1 定向夹具——本方法中，采用了一个能准确对被测硅片进行定向的夹具，以保证被测硅片几何特征在测量中与 X 射线测角器能准确定位。

8.2 旋转测角器，测定来自硅片边缘一个晶面簇的 X 射线衍射、且与几何学特征有关的布喇格角，首先测量时使硅片正表面向上，然后再使正表面向下。

8.3 由测角器的读数计算平均角度偏差。

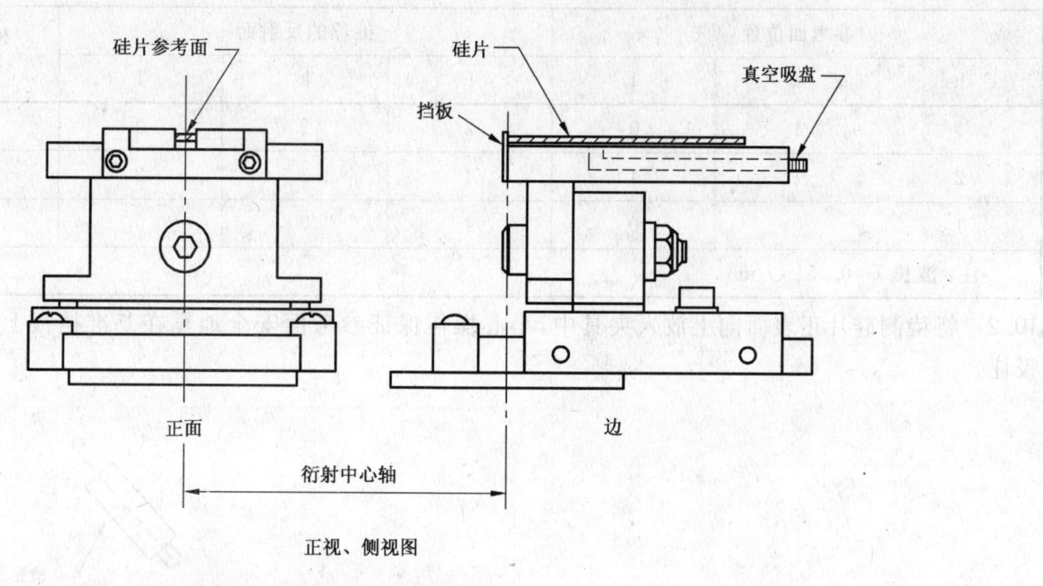

固定装置照片

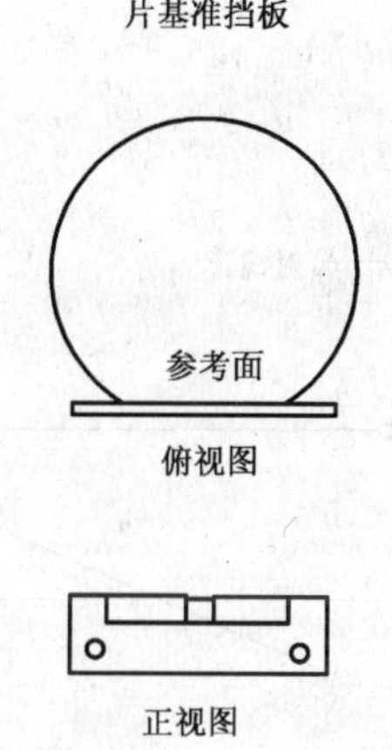

硅片参考面和基准挡板的配合

图 1　X 射线边缘衍射法的硅片夹具

9　设备

9.1　X 射线和测角器——除使用垂直的狭缝外，与 GB/T 1555 中相同。

9.2　硅片夹具——相对于 X 射线测角器样片准确定位的装置(见图 1)，夹具必须包括一个具有平坦表面的保持向下的真空吸盘和一个垂直于该平面的基准挡板。这些部件构建了一个相对于测角器和 X 射线束固定的 *X-Y* 轴。夹具的精度取决于 X 射线仪的配置。关键特征包括：

9.2.1　水平面必须与 X 射线束平面平行，使衍射光束照射到探测器上。

9.2.2　被固定的硅片参考面靠着基准挡板的面，与基准挡板密切配合，夹具及基准挡板的表面必须平坦达到 1/10 000。

10　程序

10.1　定位探测器，以使 X 射线延长线与探测器及样品旋转轴连线之间的夹角等于(接近到分)二倍的布喇格角(见图 2)。对应普通的硅片参考面位置，推荐反射晶面簇的 Cu-Kα 辐射角，该角度(2 倍的布喇格角)列于表 1 中。

表 1 布喇格角;硅晶体中的 Cu-Kα 辐射 X 射线衍射的布喇格角 α

参考面位置			推荐的反射面			检测器位置 2×布喇格角
h	k	l	h	k	l	
1	1	0	2	2	0	47°20′
2	1	1	4	2	2	88°08′
1	0	0	4	0	0	69°12′
注：波长 $\lambda=0.154\ 17$ nm。						

10.2 将待测硅片正表面向上放入夹具中，小心操作保证参考面安全地靠在基准挡板上，然后用真空吸住。

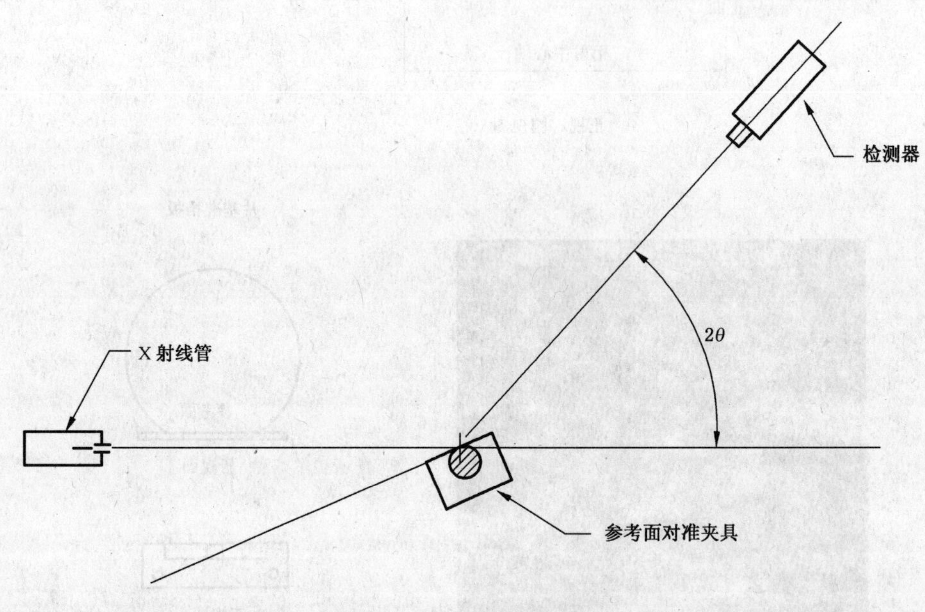

图 2 X 射线边缘衍射法衍射几何学示意图

10.3 利用测角器的移动装置，调节垂直于入射和反射束的旋转轴附近的夹具，直到衍射强度达到最大。

10.4 记录测角器上的显示的角度，作为 Ψ_1，精确到 1′。

10.5 从夹具中移出硅片，翻转使其正表面向下，重新将其放入夹具，小心操作保证参考面安全地靠在基准挡板上，然后用真空吸住。

10.6 利用测角器的移动装置，调节垂直于入射和反射束的旋转轴附近的夹具，直到衍射强度达到最大。

10.7 记录测角器上的显示的角度，作为 Ψ_3，精确到 1′。

11 计算

按照式(1)计算并记录平均角度偏离：

$$\alpha=\frac{\Psi_1-\Psi_3}{2} \qquad \cdots\cdots(1)$$

式中：

α——平均角度偏离，单位为度(°)；

Ψ_1——测角器中第一次的角度读数，单位为度(°)；

Ψ_3——测角器中第二次的角度读数，单位为度(°)。

12 报告

报告包括如下信息：

a) 被测样品的编号，包括供方和供方的批号。

b) 测试日期和测量操作者。

c) 参考面及表面的规定取向。

d) 每片 Ψ_1 和 Ψ_3 的测量值及计算值 α。

13 精密度及偏差

通过对一个硅片进行 50 次(每面 25 次)的测量，得到对这一测试方面的单个仪器、单个操作者的重复性评价：α 计算值的 $1-\alpha$ 分布为 1.94′。

测试方法 2——劳厄背反射 X 射线法

14 测试方法概述

14.1 本方法中，硅片被放置在劳厄背反射 X 射线相机内。仪器中，白色(连续的或韧致辐射)的校准光束直接辐射到硅片参考面上。

14.2 对应于每一晶面簇，满足布拉格方程的任一波长的入射辐射将在底片上呈现一个斑点。

14.3 底片上的图形可由工程制图仪读出。

14.4 当参考面晶向与规定的低指数晶面的偏离在 5′以内时，可由图形中心的劳厄斑点最近区域和零基准线的夹角直接测出角度偏离。

15 设备

15.1 X 射线衍射仪(商用可用)——利用银或钨管作为 X 射线源，包括一个快门以控制 X 射线的曝光。

15.2 劳厄背反射 X 射线相机具有以下特点(见图 3)：

15.2.1 固定轨道——其上表面与一侧倒角的精密平面相互垂直，同来自光源的 X 射线束对准。

15.2.2 硅片夹具——夹具的两个平面被抛光，当其固定在导轨上时，一个面垂直，而另一个面平行于导轨的水平上表面精度达 1 分弧(100 mm 轨迹偏差 29 μm)(见图 4)。在垂直面上有一孔，通过夹具背面真空接头与真空管相连。使用时，将参考面对准水平基准面，通过真空使硅片靠在夹具的垂直平面上。

15.2.3 相机——相机带有一底片夹和一个精确地确定水平基准线的装置。可方便地在接近底片敏感区的边缘安装一个带有两个光管的光源，并在底片较短尺寸一边的中心点安装直径为 75 μm(0.003 in)的瞄准器。为了将 X 射线束校准在底片夹的中心，需要一个准直仪(见图 3)。

注：与底片“湿法处理”相比，使用高速瞬时底片及荧光屏。

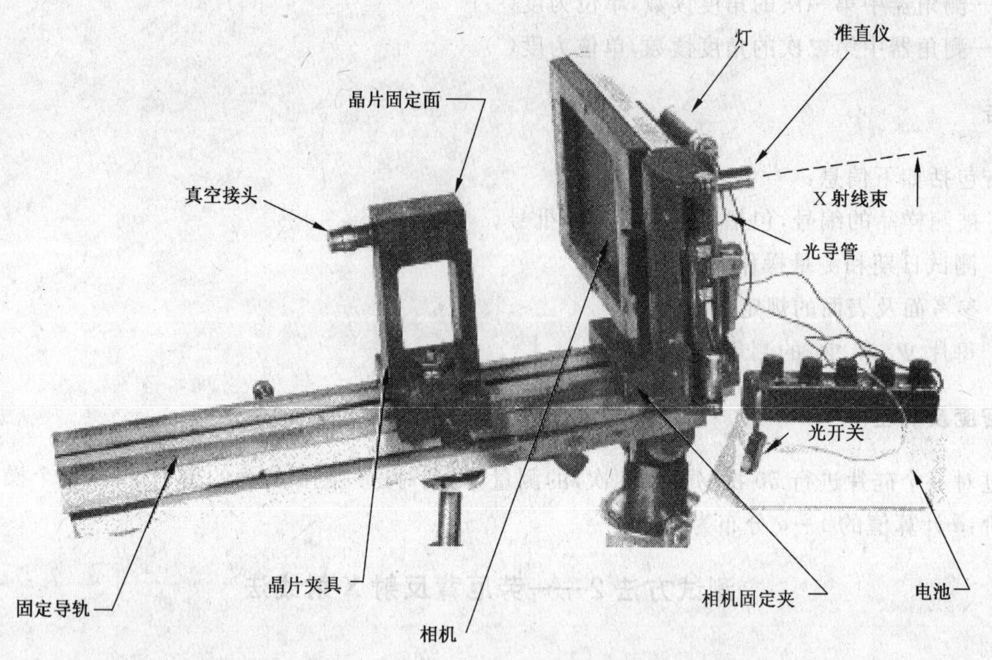

图3　晶片夹具和固定导轨

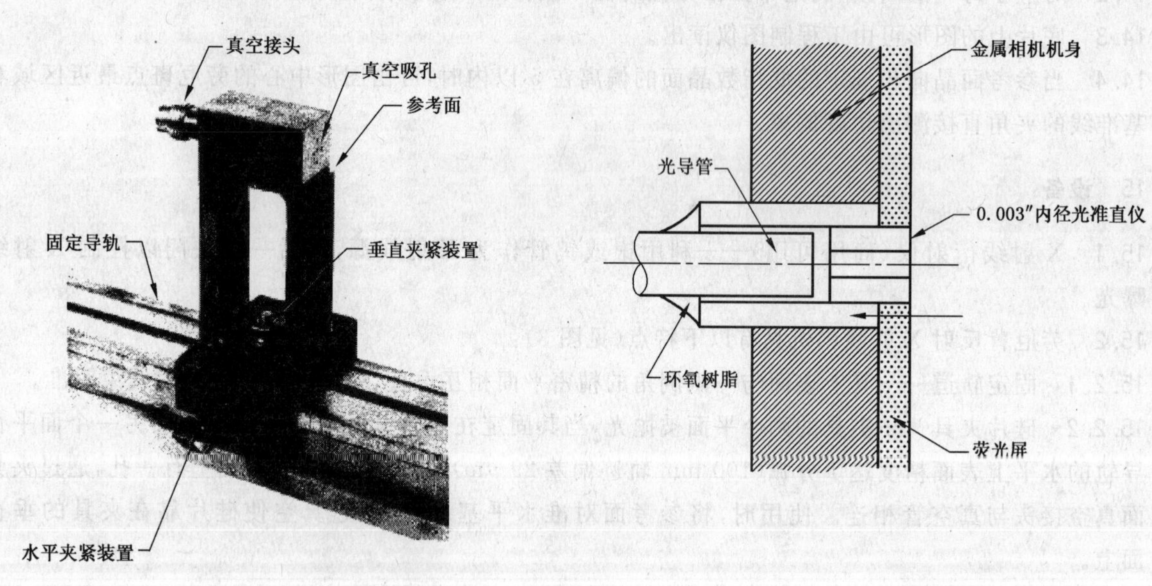

图4　晶片夹具和固定导轨　　　　图5　光导管和准直管的劳厄相机台板断面图

15.2.4　相机固定夹具——将相机固定在导轨上，使瞄准器对准X射线束，由光点确定的水平基准线与固定导轨的上表面平行达1分弧（100 mm 轨迹偏离 29 μm），见图5。

15.3　制图装置量角器——用于读出劳厄照片，其具有一个洁净、透明的塑料片和一个最精细的6分弧或更小的游标刻度，在塑料片的底部，标刻一条约125 mm（5 in）长的直线，该直线与量角器的中心点一致。

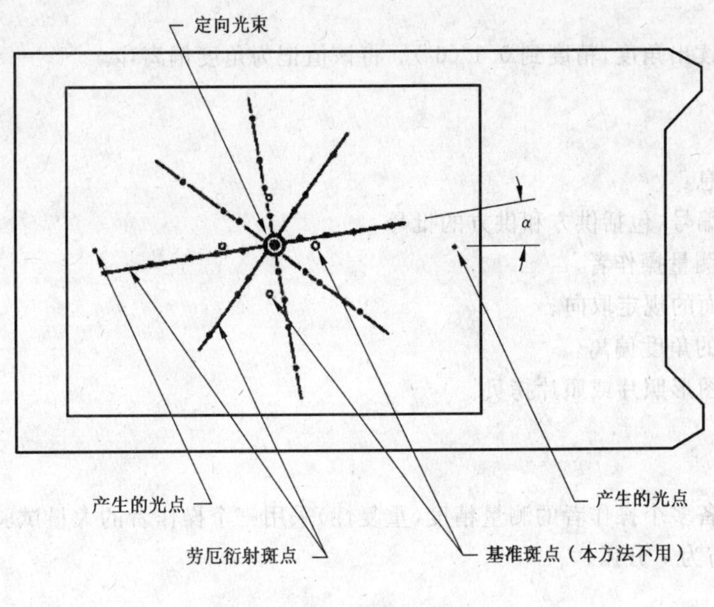

示意图

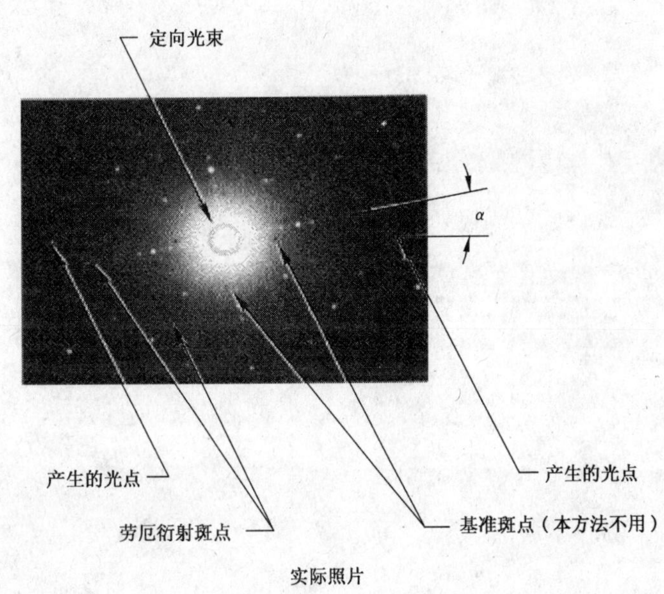

实际照片

图 6　劳厄图形

16　程序

16.1　将待测硅片放在底片夹具上，使参考面安全地靠在夹具的基准平面上，通过真空使硅片牢固地靠在夹具上。

16.2　接通 X 射线电源，调整电压与电流，在相机内装上底片。打开 X 射线快门，使底片在适宜的时间曝光时，脉冲光产生确定水平基准线的光斑并使底片显影。对钨 X 射线管的典型电压及电流分别为 50 kV～60 kV 和 20 mA～30 mA。使用高速、瞬时底片（ASA 300）及荧光屏，典型的曝光时间为 1 min～2 min。

16.3　读底片上的劳厄图形。

16.3.1　将制图装置下边的刻线与确定水平基准线的两个光点对准，使分度仪设定为 0°。

16.3.2　旋转制图装置量角器，使刻度线与劳厄斑点区域对准，劳厄斑点区域经过图形中心且最接近水平基准线(见图 6)。

16.3.3 在量角器上读出角度,精度到 0.1°(6′)。将该值记为角度偏离,α。

17 报告

报告包括如下信息:

a) 被测样品的编号,包括供方和供方的批号。

b) 测试日期和测量操作者。

c) 参考面及表面的规定取向。

d) 每片所测量的角度偏离。

e) 每片的劳厄图形照片或照片拷贝。

18 精密度及偏差

本方法的单个设备多个操作者的测量精度(重复性)采用三个操作者的大量试验来进行评价。本方法获得 1−S 值的分布为 7 分弧。

ICS 03.100.20
A 10

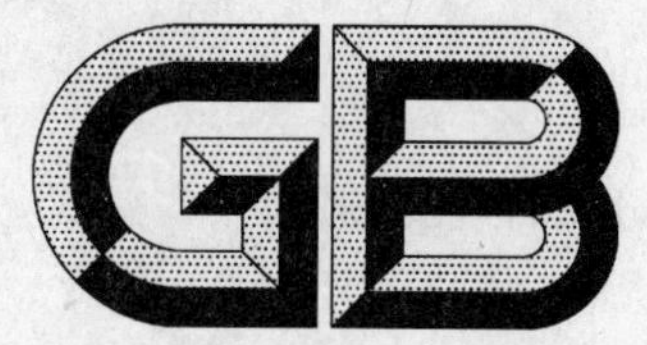

中华人民共和国国家标准

GB/T 13391—2009
代替 GB/T 13391—2000

餐饮企业的等级划分和评定

Division and evaluation for catering enterperises grade

2009-09-30 发布　　　　2010-02-01 实施

中华人民共和国国家质量监督检验检疫总局
中国国家标准化管理委员会　发布

前言

本标准代替 GB/T 13391—2000《酒家酒店分等定级规定》。

本标准与 GB/T 13391—2000 相比主要变化如下：

——将标准名称由《酒家酒店分等定级规定》修改为《餐饮企业的等级划分和评定》；

——删减了原标准中对酒店的相关描述和要求；

——调整了等级，明确了等级命名；

——修订了等级评定的管理原则；

——增加了等级评定的监督管理原则；

——删去了“7 评审员”；

——增加了等级评定的内容；

——增加了附录 B《餐饮企业等级评定评分细则》。

本标准的附录 A 和附录 B 为规范性附录。

本标准由中华人民共和国商务部提出并归口。

本标准起草单位：商务部商贸服务管理司、全国酒家酒店等级评定委员会办公室、中国商业联合会商业标准中心、中国烹饪协会、中国饭店协会、中国全聚德（集团）股份有限公司、北京净雅餐饮有限公司、上海梅龙镇酒家有限公司、天津市集贤大酒家有限公司、广州南园酒家饮食有限公司、广州市莲香楼饮食有限公司、宁波石浦酒店管理发展有限公司、广州酒家企业集团有限公司、中国银联股份有限公司、上海市烹饪协会。

本标准主要起草人：张丽君、彭克泉、杨柳、平安稳、宁灏、张栋华、包国京、李连群、曾洁、黄汝强、陈效良、吴伟泉、舒世忠、王京红、焦勇。

本标准所代替标准的历次版本发布情况为：

——GB/T 13391—1992；

——GB/T 13391—2000。

餐饮企业的等级划分和评定

1 范围

本标准规定了餐饮企业等级划分的术语和定义、等级划分的依据和评定方式、等级的评定和管理原则、监督管理原则以及等级评定等要求。

本标准适用于中华人民共和国境内有合法经营资质的餐饮企业。

2 规范性引用文件

下列文件中的条款通过本标准的引用而成为本标准的条款。凡是注日期的引用文件，其随后所有的修改单(不包括勘误的内容)或修订版均不适用于本标准，然而，鼓励根据本标准达成协议的各方研究是否可使用这些文件的最新版本。凡是不注日期的引用文件，其最新版本适用于本标准。

GB 14930.1 食品工具、设备用洗涤剂卫生标准

GB 14930.2 食品工具、设备用洗涤消毒剂卫生标准

GB 14934 食(饮)具消毒卫生标准

GB 16153 饭馆(餐厅)卫生标准

GB/T 19001 质量管理体系 要求(GB/T 19001—2008,ISO 9001:2008,IDT)

食品卫生监督量化分级管理指南 卫法监发[2007]

餐饮业和集体用餐配送单位卫生规范 中华人民共和国卫生部

餐饮业食品索证管理规定 卫监督发[2007]274 号

3 术语和定义

下列术语和定义适用于本标准。

3.1

餐饮企业 restaurant

即时烹调加工、销售餐饮制品并为消费者提供就餐场所和消费服务的企业。

4 等级划分与标识

4.1 等级划分

餐饮企业共分为五个等级，即一钻级、二钻级、三钻级、四钻级、五钻级(含白金五钻级)。

4.2 标识

以钻石为餐饮企业的等级标识：一颗钻石表示一钻级、二颗钻石表示二钻级、三颗钻石表示三钻级、四颗钻石表示四钻级、五颗钻石表示五钻级(白金五钻以颜色不同来区分)。钻石的颗数越多，表示餐饮企业的级别越高。

5 等级划分的依据和评定方式

5.1 等级划分的依据包括餐饮企业建筑特点、设备设施条件、菜品质量、服务能力、管理水平、技术力量以及食品安全和环境卫生状况等。

5.2 餐饮企业等级的具体要求见附录 A。

5.3 餐饮企业等级评定方法应符合 GB/T 19001 的要求，评分细则见附录 B。

6 等级的评定和管理原则

6.1 凡申请评定的企业，需在正式经营一年后申请等级评定。企业的分店、附属店和连锁店可在单店运行六个月后申请等级评定，按各店提供服务的综合能力分别评定相应的等级。

6.2 五钻级（含白金五钻级）餐饮企业由全国酒家酒店等级评定机构评审；四钻级、三钻级、二钻级、一钻级餐饮企业由各地酒家酒店等级评定机构评定，评定的结果上报全国酒家酒店等级评定机构。由全国酒家酒店等级评定机构统一批复并公示。地方酒家酒店评定机构负责五钻级（含白金五钻级）餐饮企业的初审和推荐工作。

6.3 企业晋级需获得钻级一年后进行申报，申报白金五钻级的企业应在取得五钻级资格一年后方可申请。

6.4 全国酒家酒店等级评定机构统一制作餐饮企业等级标志牌和证书。

6.5 餐饮企业获得钻级酒家称号后，等级标志牌应悬挂在餐饮企业显著位置。

6.6 等级评定机构每四年对已评定等级的企业进行一次复评，每年进行年检，对等级予以确认。年检和复评工作由各等级评定机构监督落实。不参加年检或复评的企业视同自动放弃，将公告取消其资格并收回标志牌和证书。

6.7 获得等级的餐饮企业应执行信息统计报送制度，履行向各等级评定机构提供不涉及本企业商业机密的经营管理数据的义务。并大力支持和积极参与政府或相关部门组织的有关活动。

7 监督管理原则

7.1 由行业归口管理部门组建全国酒家酒店等级评定机构。

7.2 全国酒家酒店等级评定机构负责制定等级评定的实施办法。

7.3 全国酒家酒店等级评定机构下设监督委员会和专家委员会，对评定工作实行监督管理检查制度。

7.4 全国酒家酒店等级评定机构对出现问题的企业视情况采取以下处理办法：

——已取得等级资格的企业如发生食品安全、人身安全等重大事故，造成不良影响，其所在地酒家酒店评定机构应在权限范围内做出处理并上报情况。全国酒家酒店等级评定机构根据情节轻重给予警告或通报批评或降低或取消等级的处理，并在相应范围内公布处理结果；获得等级的餐饮企业接到上述通知后，必须认真整改，并在规定期限内将整改情况报告处理机构。

——经全国酒家酒店等级评定机构对晋级或降级或取消等级资格的企业，应立即将原等级标志和证书交还授予机构，由全国酒家酒店等级评定机构做出更换或没收的处理。

——被降级或取消等级的企业。自降级或取消等级之日起一年内，不予恢复或重新评定等级；一年后，方可重新申请评定。

8 等级评定

8.1 评审员与培训

8.1.1 等级评定的现场评审，应由有资格的评审员承担，各地评定机构应配备所需的评审员。

8.1.2 企业申请餐饮企业等级评定应了解本标准的相关规定。

8.2 申请

8.2.1 申请企业可根据餐饮企业等级划分条件提出相应的等级评定申请，填写申请报告并提供真实有效的证明文件，交所在地的酒家酒店等级评定机构。

8.2.2 地方酒家酒店等级评定机构接受企业的申请报告和相关文件后，在15个工作日内就是否可以评定给予企业答复，并上报全国酒家酒店等级评定机构。

8.3 受理

8.3.1 全国酒家酒店等级评定机构确认申请企业符合评定条件后，应在20个工作日内完成评定的准备工作,受理并开始现场评审。

8.3.2 进行现场评审前,应根据不同等级的申请,由相关酒家酒店等级评定机构组织专家进行管理文件审核,当文审通过后,相关酒家酒店等级评定机构通知企业可进行现场评定并协商确定评审时间。

8.4 现场评定

8.4.1 现场评定应有暗访,暗访原则上安排在正式现场评定之前,一般情况下每次暗访不超过二人,可以是评审组的成员或相应的评定机构指派的人员。暗访结果将计入企业评定的总成绩。

8.4.2 对现场评定提出需改进的问题,要求企业在规定的时间内进行整改,整改的结果由各等级评定机构负责跟踪验证。

8.4.3 现场评定的所有文件由评审组汇总上报相应的酒家酒店等级评定机构存档。

8.5 审定

8.5.1 由各等级评定机构组成的专家评审组对评审组长提供的评审文件进行审查。

8.5.2 专家评审组将审查结论提交全国酒家酒店等级评定机构批准。

8.6 公告

由全国酒家酒店等级评定机构不定期在媒体公告评审结果。

附 录 A
（规范性附录）
餐饮企业等级划分条件

A.1 一钻级

A.1.1 建筑与设备设施基本条件

建筑布局实用合理，设备设施安全、卫生、方便且性能先进，完好率保持100%；装饰、陈设美观大方：

a) 厨房面积与餐厅面积相适应；

b) 有店名、店徽并悬挂在醒目处；

c) 有无障碍的设施；

d) 有符合仓储条件的原材料库房；

e) 餐厅和厨房之间有隔味的设施。

A.1.2 环境保护和安全卫生条件

按现行的消防、卫生、安全法规和标准要求配备设备设施和各种应急预案；按照《食品卫生监督量化分级管理指南》规定的B级水平。

A.1.3 餐厅

设备设施条件：

a) 有接待不少于80人同时就餐的餐厅；

b) 雅间数2间；

c) 人均餐位面积不小于1.5 m^2；

d) 有配套的桌椅、用具、餐具、茶具、酒具；

e) 有空调或供暖设施；

f) 装饰陈设应符合A.1.1的要求。

应提供的服务：

a) 供应品种有特色，或有传统风味；

b) 供应方便快捷，符合食品卫生要求；

c) 品种口味纯正，质感保持不变；

d) 营业结束时间不早于21时。

e) 提供一次性结账服务，可接受刷卡消费。

A.1.4 厨房

设备设施条件：

a) 厨房布局应符合出品工艺流程；

b) 厨房地面采用有效防滑的材料，墙面干净整洁；

c) 烹调间、凉菜间、洗碗间分设，有专用消毒设备，应符合GB 14930.1、GB 14930.2和GB 14934标准规定；

d) 有冷藏、冷冻设备；

e) 有较好的通风排烟设施。

应提供的服务：

a) 符合食品卫生要求；

b) 能满足客人对出品时间的要求。

A.1.5 公共区域

a) 有宾客使用的公共卫生间；

b) 有规范的公共标识；

c) 所有的设备设施应满足 A.1.1。

A.1.6 服务质量要求

a) 建立健全岗位职责和服务质量标准；

b) 各岗位的服务工作应提供规范化服务；

c) 所有的工作人员树立诚实有信，保持热情、周到、乐于相助的服务态度和优质高效的服务质量。

A.2 二钻级

A.2.1 建筑与设备设施基本条件

建筑布局实用合理，设备设施安全、卫生、方便且性能先进，完好率保持 100%；装饰、陈设美观大方：

a) 厨房面积与餐厅面积相适应；

b) 有店名、店徽挂在醒目处；

c) 有无障碍的设施；

d) 有空调或供暖设施；

e) 有符合仓储条件的原材料库房。

A.2.2 环境保护和安全卫生条件

a) 按现行的消防、卫生、安全法规和标准要求配备设备设施和各种应急预案；

b) 有符合规定的排污、除尘设施、垃圾存放设备。按照《食品卫生监督量化分级管理指南》卫生等级达到 B 级水平。

A.2.3 餐厅

设备设施条件：

a) 有接待不少于 120 人同时就餐的餐厅；

b) 宴会雅间不少于 5 间；

c) 人均餐位面积不小于 1.6 m^2；

d) 有配套的桌椅、用具、餐具、茶具、酒具；

e) 有适宜的照明设施；

f) 室温能够根据客人需求调节；

g) 晚间营业时间不早于 21 时；

h) 装饰陈设应符合 A.2.1 的要求。

应提供的服务：

a) 供应菜点品种不少于 100 种；

b) 中级以上餐厅服务员不少于 20%；

c) 应有具备相应资格的服务人员管理日常的接待服务工作；

d) 提供一次性结账服务，可受理国内发行的各类银行卡。

A.2.4 厨房

设备设施条件：

a) 厨房布局符合菜点出品工艺流程；

b) 厨房地面采用有效防滑的材料，墙面干净整洁；

c) 各部门符合卫生法规和有关标准的要求；

d) 有专用消毒设备并能满足使用；应符合 GB 14930.1、GB 14930.2 和 GB 14934 标准规定；

e） 有冷藏、冷冻设备；

f） 有通风排烟设施，应符合 GB 16153。

应提供的服务：

a） 应由具备相应资质的厨师长带班操作；

b） 高级工和中级工所占同工种比例的 5%和 20%；

c） 有营养配餐人员，能对菜点进行营养分析；

d） 菜点有明确的质量标准、投料标准，并严格按标准执行；

e） 供应品种应有很好的感官性状，火候得当、口味纯正，符合食品卫生，具有良好的营养价值；

f） 能满足客人对出品时间的要求；

g） 有 8 种以上招牌菜；

h） 明示禁止使用《中华人民共和国野生动物保护法》所规定受保护的原料。

A.2.5 公共区域

a） 有停车条件；

b） 有供宾客使用的卫生间；

c） 有规范的公共标识；

d） 有烟感报警系统；

e） 有自动喷淋系统；

f） 所有的设备设施应满足 A.2.1 的要求。

A.2.6 服务质量要求

a） 按照 GB/T 19001 标准的要求建立质量管理文件化体系，有较完整的质量记录；

b） 各岗位的服务工作应按照服务操作规程，提供规范化服务；

c） 所有的工作人员树立诚实有信，爱岗敬业，守职尽责，注重效率的服务意识，讲究仪表仪容和礼节礼貌，服务技能娴熟，保持热情、周到、乐于相助的服务态度和优质高效的服务质量；

d） 各岗位的工作人员应有受培训经历和熟练的岗位技能；

e） 有经过专业培训的管理人员和高级技术人员。

A.3 三钻级

A.3.1 建筑与设备设施基本条件

建筑布局实用合理，设备设施安全、卫生、方便，性能先进，完好率保持 100%；装饰、陈设美观大方：

a） 厨房面积与餐厅面积相适应；

b） 有空调或供暖设施；

c） 有符合仓储条件的原材料库房；

d） 餐厅和厨房之间有隔味的设施；

e） 有无障碍的设施设备；

f） 能提供员工就餐、更衣、洗浴的条件。

A.3.2 环境保护和安全卫生条件

a） 按现行的消防、卫生、安全法规和有关标准要求配备设备设施和各种应急预案；

b） 有符合绿色环保要求的排污、消烟、消音、除尘设施和垃圾存放设备。按照《食品卫生监督量化分级管理指南》卫生等级达到 B 级水平。

A.3.3 前厅

设备设施条件：

a） 有独立于就餐环境之外供客人等候和休息的前厅；

b） 有预订餐位（雅座）的示意栏；

c) 装修陈设应符合 A.3.1 的要求。

应提供的服务：

a) 设值班经理，协调前厅接待工作；

b) 有迎宾员，负责迎送客人，引领客人到位就餐；

c) 提供残疾人特殊服务。

A.3.4 餐厅

设备设施条件：

a) 有接待 120 人同时就餐的餐厅；

b) 宴会雅间不少于 8 间；

c) 人均餐位面积不小于 1.6 m^2；

d) 有配套的桌椅、用具、餐具、茶具、酒具；

e) 有适宜的照明设施；

f) 室温能够根据客人需求调节；

g) 装饰陈设符合 A.3.1 的要求。

应提供的服务：

a) 有高级餐厅服务员负责日常的接待服务工作；

b) 中级以上餐厅服务员不少于 30%；

c) 供应菜点品种不少于 100 种（或有单项成套特色品种）；

d) 应有具备相应资质的服务人员管理日常的接待服务工作；

e) 提供一次性结账服务，可受理国内发行的各类银行卡。

A.3.5 厨房

设备设施条件：

a) 厨房布局符合菜点出品工艺流程，卫生、科学、环保；

b) 厨房地面采用有效防滑的材料，墙面干净整洁；

c) 各部门符合卫生法规和有关标准的要求；

d) 有专用消毒设备并能满足使用，应符合 GB 14930.1、GB 14930.2 和 GB 14934 标准规定；

e) 声、渣、水、气符合国家相关规定，具有节能功效；

f) 有冷藏、冷冻设备；

g) 有良好的通风排烟设施；

h) 排污设施符合卫生要求。

应提供的服务：

a) 应由具备相应资质的厨师长带班操作；

b) 高级工和中级工所占同工种比例的 10% 和 40%；

c) 有营养配餐人员，并对菜点进行营养分析；

d) 菜点有明确的质量标准、投料标准，并严格按标准执行；

e) 供应品种应有很好的感官性状，且火候得当、口味纯正，符合食品卫生、质量标准；

f) 能满足客人对出品时间的要求；

g) 有 12 种以上招牌菜或特色菜；

h) 明示禁止使用《中华人民共和国野生动物保护法》所规定受保护的原料。

A.3.6 公共区域

a) 有停车条件；

b) 有供宾客使用的卫生间；

c) 有规范的公共标识；

d) 有烟感报警系统；

e) 有自动喷淋系统；

f) 有绿色植物摆设；

g) 所有的设备设施应满足 A.3.1 的要求。

A.3.7 服务质量要求

a) 按照 GB/T 19001 标准的要求建立质量管理文件化体系，有较完整的质量记录；

b) 各岗位的服务工作应按照服务操作规程，提供规范化服务；

c) 所有的工作人员树立诚实有信，爱岗敬业，守职尽责，注重效率的服务意识，讲究仪表仪容和礼节礼貌，服务技能熟练，保持热情、周到、乐于相助的服务态度和优质高效的服务质量；

d) 各岗位的工作人员应有培训经历和熟练的岗位技能；

e) 有经过专业培训的管理人员和高级技术人员。

A.3.8 选择项目(共 20 项，至少具备 6 项)

a) 有背景音乐系统；

b) 有闭路电视监控系统；

c) 有庭院花园或室内园林环境；

d) 有点菜系统；

e) 采用五常管理法；

f) 有定期的歌舞表演；

g) 应用先进适宜的通讯设备；

h) 通过 ISO 9001 认证；

i) 通过 ISO 18000 认证；

j) 通过 ISO 14000 认证；

k) 通过 HACCP 认证；

l) 连续经营年限在 15 年以上；

m) 连锁店经营模式(直营店 3 个以上)；

n) 有中国烹饪名师、大师；

o) 有省级以上行政管理部门评定的综合性荣誉；

p) 有省级以上行业及主管部门认可的服务品牌；

q) 积极采用节能节水设备，节能设施达到国家先进水平；

r) 有酒后代驾服务；

s) 有观光电梯；

t) 有婴儿看护室及儿童娱乐室。

A.4 四钻级

A.4.1 建筑与设备设施基本条件

建筑布局科学合理，精致周密，接待服务功能完善齐备，设备设施舒适、方便、安全，性能先进，质地高档，完好率保持 100%；装饰、陈设的材质体现饮食文化，特色突出：

a) 营业面积不少于 1 000 m^2，厨房面积与餐厅面积相适应。

b) 有集中空调系统，自备有发电系统或双路供电系统。

c) 有符合仓储条件的原材料库房。

d) 餐厅和厨房之间具有有效的隔音隔味的设施。

e) 有无障碍的设施设备。

f) 能提供员工就餐、更衣、洗浴的条件。

A.4.2 环境保护和安全卫生条件

a) 按现行消防、安全、卫生法规和标准配备的必要设备设施；

b) 有符合绿色环保要求的排污、消烟、消音、除尘设施和垃圾存放设备；

c) 积极引进先进的水、电、气、煤、油节能设备、技术和管理方法，采用节能标志产品，提高能源使用效率并有定额标准和监测对比分析；

d) 应建立食品安全和防火、防盗、防毒的管理机制，并有应急预案；

e) 有健全的卫生制度、检查制度及奖惩制度，有食品卫生管理组织机构及专职卫生管理人员，按照《食品卫生监督量化分级管理指南》卫生等级达到A级水平。

A.4.3 前厅

设备设施条件：

a) 有供客人等候的设备设施；

b) 设有中外文标识的订餐处和有预订餐位(雅座)的示意栏；

c) 装修陈设应符合A.4.1的要求。

应提供的服务：

a) 设大堂经理，协调接待工作；

b) 有迎宾员，负责迎送客人，引领客人到位就餐，并代客预订和安排出租车；

c) 提供店内寻人服务、残疾人特殊服务；

d) 提供中外文的餐饮企业服务项目介绍、宣传品、各式菜单(价目表)、报刊杂志；

e) 能用普通话和外语进行接待。

A.4.4 餐厅

设备设施条件：

a) 有接待150人同时就餐的宴会厅或多功能厅；

b) 有供80人同时就餐的中型宴会厅或多功能厅；

c) 宴会雅间不少于15间；

d) 宴会雅间每个餐位平均面积不小于2 m^2，零点餐厅每个餐位平均面积不小于1.8 m^2；

e) 各楼层有备餐间；

f) 桌椅、用具、餐具、茶具配套高档；

g) 照明度适宜，能很好地反映食品的感官性状，并能烘托就餐气氛；

h) 能够根据客人就餐的需要调节适宜的温度；

i) 装修陈设应符合A.4.1的要求。

应提供的服务：

a) 供应菜点品种不少于150种(或有单项成套特色品种)；

b) 有高级服务员组织接待工作；

c) 中级以上餐厅服务员不少于全体餐厅服务人员的20%；

d) 有专门的点菜人员，并有用外语介绍菜点、接待外宾的服务人员；

e) 能提供大型宴会、主题宴会服务；

f) 能按客人的要求提供分餐服务；

g) 向客人出示结账单并提供一次性结账服务，可接受刷卡消费。

A.4.5 厨房

设备设施条件：

a) 厨房布局符合菜点出品工艺流程，卫生、科学、环保；

b) 厨房地面采用有效防滑的材料，墙面满铺瓷砖，顶部有防污染处理；

c) 排污设施装修高档，符合卫生要求；

d) 开生间、初加工间、烹调间、冷荤间、面点间、洗碗间独立分设并符合卫生法规和有关标准的要求；

e) 有专用消毒设备或消毒专柜和消毒池，应符合 GB 14930.1、GB 14930.2 和 GB 14934 标准规定；

f) 声、渣、水、气符合国家相关规定，具有节能功效；

g) 有充足的冷藏、冷冻和保鲜设备；

h) 工具用品的材质以不锈钢为主；

i) 厨房的温度以正常的室温为宜；

j) 有空气消毒设施。

应提供的服务：

a) 由烹调大师或名师担任厨师长或行政总厨带班操作；

b) 高级烹调师和中级烹调师所占同工种比例为 15％和 50％；

c) 有营养配餐专职或兼职人员，对常年供应菜点进行营养分析并有档案记录；

d) 供应品种应有很好的感官性状，且火候得当、口味纯正、主味突出，符合食品卫生、质量标准；

e) 能满足客人对出品时间的要求；

f) 有省市级以上的相关组织认定或市场认可的名菜名点达到 15 种以上；

g) 明示禁止使用《中华人民共和国野生动物保护法》所规定受保护的原料。

A.4.6 公共区域

设备设施条件：

a) 有方便的停车条件；

b) 有四层以上的营业餐厅，应设有与接待能力相适应的高质量客用电梯；

c) 每楼层有供宾客使用的公共卫生间，其中厕间和洗手间，厕位之间均应设有隔断；

d) 分设客用、员工和进货通道；

e) 有规范的公共标识；

f) 有烟感报警系统；

g) 有自动喷淋系统；

h) 有绿色植物摆设；

i) 所有的设备设施应满足 A.4.1 的要求。

应提供的服务：

a) 公共卫生间应提供高档的卫生用品和服务；

b) 供宾客使用的走廊、楼道、过厅和卫生间有专人负责清洁。

A.4.7 服务质量要求

a) 按照 GB/T 19001 标准建立质量管理的文件化体系，有完整的质量记录；

b) 各岗位的服务工作严格按照服务操作规程，提供规范化服务；

c) 所有的工作人员树立诚实有信，爱岗敬业，守职尽责，注重效率的服务意识，讲究仪表仪容和礼节礼貌，服务技能娴熟，保持热情、周到、乐于相助的服务态度和优质高效的服务质量；

d) 各岗位的工作人员应有受培训经历和熟练的岗位技能；

e) 有经过专业培训的管理人员和高级技术人员。

A.4.8 选择项目（共 20 项，至少具备 8 项）

a) 有背景音乐系统；

b) 有闭路电视监控系统；

c) 有庭院花园或室内园林环境；

d) 有点菜系统；

e) 采用五常管理法；
f) 有定期的歌舞表演；
g) 应有先进适宜的通讯设备；
h) 通过 ISO 9001 认证；
i) 通过 ISO 18000 认证；
j) 通过 ISO 14000 认证；
k) 通过 HACCP 认证；
l) 连续经营年限在 15 年以上；
m) 连锁店经营模式(直营店 3 个以上)；
n) 有中国烹饪名师、大师；
o) 有省级以上行政管理部门评定的综合性荣誉；
p) 有省级以上行业及主管部门认可的服务品牌；
q) 积极采用节能和节水设备；节能设施达到国家先进水平；
r) 有酒后代驾服务；
s) 有观光电梯；
t) 有婴儿看护室及儿童娱乐室。

A.5 五钻级(含白金五钻)

A.5.1 建筑与设备设施基本条件

建筑物结构良好，主题鲜明，外观造型独具一格。建筑布局符合餐饮加工和服务流程，精致周密；接待服务功能完善齐备；设备设施安全、方便、舒适、环保且性能先进，质地高档，完好率保持 100%；装饰、陈设充分体现饮食文化，特色突出：

a) 五钻级餐厅营业面积不少于 1 500 m^2，白金五钻餐厅营业面积不少 5 000 m^2；五钻级厨房面积与餐厅面积之比不小于 0.3∶1，白金五钻厨房面积与餐厅面积之比不小于 0.4∶1。
b) 有中央空调系统或分体空调，自备有发电系统或双路供电系统，电脑联网系统，二次供水系统；
c) 有符合仓储条件的原材料库房，并能分类单独存储；
d) 餐厅和厨房之间具有有效的隔音隔味的设施；
e) 有无障碍的设施设备；
f) 能提供完善的员工独立就餐、更衣、洗浴、住宿的条件；
g) 白金五钻有食品检验室。

A.5.2 环境保护和安全卫生条件

a) 按现行消防、安全、卫生法规和标准配备的必要设备设施；
b) 有符合绿色环保要求的排污、消烟、消音、除尘设施和垃圾存放设备；
c) 积极引进先进的水、电、气、煤、油节能设备、技术和管理方法，采用节能标志产品，提高能源使用效率，并有定额标准和监测对比分析；
d) 应建立防火、防盗、防各类事故的管理机制和应急预案；
e) 有健全的卫生制度、检查制度及奖惩制度，有食品卫生管理组织机构及专职卫生管理人员，并应符合《食品卫生监督量化分级管理指南》的要求，卫生等级达到 A 级水平。

A.5.3 前厅

设备设施条件：

a) 有独立于就餐环境之外面积宽敞的接待前厅；
b) 设有中外文标识的订餐处，具备预订、接待洽谈等服务功能；

c) 有舒适的可供宾客等候的场所；

d) 有预订餐位(雅座)的示意栏；

e) 装饰陈设应符合 5.1 的要求。

应提供的服务：

a) 设大堂经理，协调前厅接待工作；

b) 有迎宾员，在营业时间内迎送客人，引领客人到位就餐，并代客预订和安排出租车；

c) 提供店内寻人服务和残疾人特殊服务；

d) 应提供中外文的餐饮企业服务项目宣传品、各式菜单(价目表)、报刊杂志 2 种以上；拥有企业自己办的企业杂志或刊物；

e) 能用普通话和外语进行接待服务。

A.5.4 餐厅

设备设施条件：

a) 五钻级有接待 200 人同时就餐的宴会厅或多功能厅，白金五钻有接待 300 人同时就餐的宴会厅或多功能厅；

b) 有供 100 人同时就餐的中型宴会厅或多功能厅；

c) 有特色豪华宴会厅，白金五钻特色豪华宴会厅不少于 500 m^2；

d) 五钻级宴会雅间不少于 25 间，白金五钻级不少于 40 间；

e) 五钻级雅间人均餐位面积不小于 2.5 m^2，宴会零点餐厅人均餐位面积不小于 2 m^2；白金五钻级雅间人均餐位面积不小于 4 m^2，宴会零点餐厅人均餐位面积不小于 2.5 m^2；

f) 五钻级至少每二个雅间有一个备餐间，白金五钻级每个雅间有备餐间；

g) 应配置高档符合企业文化特色的桌椅、用具、餐具、茶具等；

h) 照明度适宜，能很好地反映食品的感官性状，并能烘托就餐气氛；

i) 能够根据客人就餐的需要调节适宜的温度，设有吸烟区和非吸烟区；

j) 装修陈设符合 A.5.1 的要求。

应提供的服务：

a) 五钻级(含白金五钻级)供应菜点品种不少于 200 种(或有单项成套特色品种)；

b) 有餐厅服务技师组织日常的接待服务工作；

c) 高级以上餐厅服务员不少于全体餐厅服务人员的 10%；

d) 中级以上餐厅服务员五钻级不少于全体餐厅服务人员的 30%，白金五钻级不少于 50%；

e) 服务人员能用外语介绍菜点和接待服务，并能提供手语服务；

f) 向客人出示结账单并提供一次性结账服务、可受理各类银行卡；

g) 雅间实行分餐制，散座提供分餐用餐具或能按客人的要求提供分餐服务；

h) 能提供大型宴会、酒会、自助餐、冷餐会等服务。

A.5.5 厨房

设备设施条件：

a) 厨房布局符合菜点出品工艺流程，卫生、科学、环保；

b) 厨房地面采用有效防滑的高档材料，墙面铺满瓷砖，顶部有防污染处理；

c) 排污设施装修高档，符合卫生要求；

d) 开生间、初加工间、烹调间、冷荤间、面点间、洗碗间独立分设并符合卫生法规和标准的要求；

e) 有先进的专用消毒设备或消毒专柜，能保证并满足餐具消毒量，并应符合 GB 14930.1、GB 14930.2和 GB 14934 标准规定；

f) 声、渣、水、气符合国家相关规定，具有节能功效；

g) 有充足的冷藏、冷冻和保鲜设备；

h) 工具用品的材质以优质不锈钢材质为主；

i) 厨房的温度以正常的室温为宜，冷荤间温度应在 25 ℃以下。

应提供的服务：

a) 由烹调大师或名师担任厨师长或行政总厨带班操作；

b) 五钻级高级烹调师占同工种比例的 20%，白金五钻级占有 25%；

c) 五钻级中级烹调师占同工种比例的 50%，白金五钻级占 65%；

d) 中级以上面点师占同工种人员的 40%；

e) 有营养配餐专职人员，对常年供应的菜点进行营养分析并有档案记录；

f) 菜点有明确的质量标准、投料标准，并严格按标准执行；

g) 供应品种应有很好的感官性状，火候得当、口味纯正、主味突出，符合食品卫生和相关的质量标准；

h) 能满足客人对出品时间的要求；

i) 有省市级以上相关组织认定或市场认可的具有品牌效应的名菜名点，五钻级(含白金五钻级)不少于 20 种；

j) 明示禁止使用《中华人民共和国野生动物保护法》所规定受保护的原料；

k) 食品加工中心配送食品应符合《餐饮业和集体用餐配送单位卫生规范》。

A.5.6 公共区域

设备设施条件：

a) 能提供方便的停车条件；

b) 有四层以上的营业餐厅，应设有与接待能力相适应的高质量客用电梯；

c) 每楼层有供宾客使用的公共卫生间，其厕间与洗手间，厕位之间均应设有隔断；

d) 供宾客使用的走廊、楼道、过厅宽敞；

e) 分设客用通道和员工及进货通道；

f) 有规范、精致的公共标识；

g) 有烟感报警系统；

h) 有自动喷淋系统；

i) 有美观高雅的绿色植物摆设；

j) 所有的设备设施应满足 A.5.1 的要求。

应提供的服务：

a) 卫生间应提供高档的卫生用品和服务；

b) 宾客使用的走廊、楼道、过厅和卫生间有专人负责清洁卫生。

A.5.7 服务质量要求

a) 按照 GB/T 19001 建立质量管理的文件化体系，有完整的质量记录，有预防和改进的措施；

b) 严格按照服务操作规程，提供规范化服务；

c) 所有的工作人员树立诚实有信，爱岗敬业，守职尽责，注重效率的服务意识，讲究仪表仪容和礼节礼貌，服务技能娴熟，保持热情、周到、礼貌、乐于相助的服务态度和优质高效的服务质量；

d) 各岗位的工作人员应有受培训经历和熟练的岗位技能；

e) 有经过专业培训的管理人员和高级技术人员；

f) 采购进货严格按《餐饮业食品索证管理规定》执行。

A.5.8 选择项目(共 20 项，五钻级至少具备 12 项，白金五钻 16 项)

a) 有背景音乐系统；

b) 有闭路电视监控系统；

c) 有庭院花园或室内园林环境；

d) 有点菜系统；

e) 采用五常管理法；

f) 有定期的歌舞表演；

g) 应用先进适宜的通讯设备；

h) 通过 ISO 9001 认证；

i) 通过 ISO 18000 认证；

j) 通过 ISO 14000 认证；

k) 通过 HACCP 认证；

l) 连续经营年限在 15 年以上；

m) 连锁店经营模式(直营店 3 个以上)；

n) 有中国烹饪名师、大师；

o) 有省级以上行政管理部门评定的综合性荣誉；

p) 有省级以上行业及主管部门认可的服务品牌；

q) 积极采用节能和节水设备，节能设施达到国家先进水平；

r) 有酒后代驾服务；

s) 有观光电梯；

t) 有婴儿看护室及儿童娱乐室。

附 录 B
（规范性附录）
餐饮企业等级评定评分细则

B.1 设备设施评定细则及评分说明见表 B.1。

表 B.1 设备设施评定细则及评分说明

项目	分数	评定要求	实际得分				评分说明
一、建筑及基本设施条件	122						
1. 建筑外观（主体建筑外墙体、门面及其配套建筑）	6	特色鲜明、风格突出的程度	6	4	3	2	具有民族风格或时代特色
	5	采用装修材料的档次	5	4	3	2	优质大理石、花岗石、玻璃幕布等高档并与民族风格相配套的装饰材料
	5	装修工艺的精细程度	5	4	3	2	拼接整齐，无明显色差
2. 建筑布局	10	餐厅与厨房面积的适应程度	10	7	4	2	白金五钻为 1∶0.4（满分 10），五钻为 1∶0.3（满分 7）
	8	餐厅和厨房之间隔音隔味设施的有效性	8	6	4	2	应有门或风幕、5 m 以上通道
	10	宾客专用通道、员工通道、采购进货通道	10	8	6	4	无交叉，无合用，干净整齐
	5	符合仓储条件的原材料库房、冷冻和保鲜库	5	4	3	2	适合取存布局合理，独立分设，有与生产能力适应的使用面积
	5	无障碍设施条件	5	4	3	2	无障碍设施，包括残疾人通道、厕位、轮椅等
3. 字号店徽	4	字号、店徽	4	3	2	1	放置醒目，做工考究
4. 门面装饰照明	4	绿化物或装饰物效果	4	3	2	1	
	5	射灯、霓虹灯或其他装饰照明物效果	5	4	3	2	
5. 电脑系统	8	网络系统应用能力	8	6	4	2	能够同时做到进、销、存、成本核算，前台后台联网（没有不得分）
	3	预定、结算及收银机	3	2	1	0	
	3	能够使用银行卡结算	3	2	1	0	
6. 空调系统	6	空调系统	6	4	2	0	中央空调或分体空调（优质或普通）
	5	新风系统	5	4	3	2	是否正常运行、检测记录
	3	噪声控制能力	3	2	1	0	
7. 供电系统	7	电路保障能力	7	5	3	1	自备发电系统或双路供电系统
8. 供水系统	10	供水设施完善，水质达到国家标准	10	8	6	4	查阅监测记录（二次供水）

表 B.1(续)

项　　目	分数	评定要求	实际得分				评分说明
9. 员工设施	10	员工活动场所	10	7	4	1	独立的宿舍、餐厅、浴室、更衣室、卫生间(满分7分)。有其他配套设施图书馆、娱乐设施等(3分)
二、环境保护和安全设施	48						
1. 环境要求	15	符合环境保护要求的排污、消烟、消音、除尘设施及垃圾存放设备	15	11	7	3	检查相关部门出具的检测报告
2. 安全设施	5	设施的齐备性	5	4	3	2	应急照明设施,喷淋设备,烟感报警器,能否有效运行并有相关记录
	10	消防安全器材的充分性	10	8	6	4	消防栓4分;灭火器3分、灭火毯3分(符合国家相关规定)
	8	设施的适宜性	8	6	4	2	各种警示性标识、逃生示意图、安全出口、疏散通道
3. 燃气系统	10	液化气罐等易燃易爆设施					排风系统、报警系统、独立的燃气储存间
三、前厅	37						
1. 接待厅	8	独立于就餐环境之外的接待前厅,可供宾客休息等候,设备舒适,设施完备	8	6	4	2	面积≥500 m^2 得6分,舒适程度得2分
2. 墙面、地面、天花板	6	装修材质水平	6	4	2	1	
	8	台、柱、梯、廊等装饰豪华	8	6	4	2	
	4	装修精细、优质、色彩统一协调	4	3	2	1	
3. 灯饰	5	豪华精美,照度充足均匀	5	3	2	1	
4. 装饰陈设	4	有与酒家风格相一致、品味高雅的装饰物和艺术摆件	4	3	2	1	
5. 总服务台(订餐处)	2	订餐处有预订和接待洽谈的功能	2	1			中外文标识
四、餐厅	180						
1. 布局	15	宴会接待功能齐备程度	15	12	8	4	有供>300人、>200人、>100人、>50人同时就餐的宴会厅或多功能厅
	16	特色豪华宴会雅间效果	16	12	8	4	每餐位面积>4 m^2,16人以上,有传菜口或备餐间、卫生间。有2 m以上的餐台,摆台有装饰品,有洽谈休息区、网络系统、视听设备
	10	宴会雅间的数量	10	7	4	1	≥40间得满分
	8	平均每餐位面积的充足性	8	6	4	2	≥4 m^2 得满分
	6	各楼层有满足使用要求的备餐间	6	5	4	3	白金五钻每个雅间需具备,五钻级至少每两个雅间有一个,其他级别满足要求(4分)

表 B.1（续）

项　　目	分数	评定要求	实际得分				评分说明
1. 布局	2	吸烟区和非吸烟区	2	0			明示、分设
2. 墙面地面天花板装饰效果	6	宴会厅或多功能厅采用的装饰材料的材质	6	5	4	3	
	8	宴会厅或零点大厅装潢程度	8	6	4	2	豪华、精细、一致
	7	宴会雅间装潢程度	7	5	3	1	豪华、精细、一致
3. 餐厅温度	5	根据客人就餐的需要调节温度	5	4	3	2	方便、及时、有效
4. 灯饰	10	有高档优质或普通的灯饰并能体现设计风格，各种灯具的装饰效果突出	10	8	6	4	风格突出，高档豪华，醒目，多种灯饰制造效果
	6	照度适宜，能够烘托就餐气氛	6	5	4	3	中餐厅要求照度充足，能反映食品的感官性，西餐厅要求目的物清楚
5. 装饰陈设	10	装饰物效果	10	8	6	4	展示品的档次，种类，收藏性以及使用范围
6. 餐具	10	餐具质地	10	8	6	4	特级店至少应有镀金、镀银的套盘或高档材质的餐具
	10	餐具种类	10	8	6	4	能够满足高档宴会、大型酒会的需求
	6	器具配套、充足	6	5	4	3	
	4	酒具种类齐全、配套、充足	4	3	2	1	红酒、白酒、啤酒杯为必备
	3	茶具配套、充足	3	2	1	0	花色及样式统一
7. 家具	6	齐备与配套	6	5	4	3	桌、椅、接手台、转台等
	10	材质档次	10	8	6	4	高档、一般、风格、品位
8. 备品	3	种类齐全	3	2	1	0	台布、台裙、餐巾、菜单、托盘等
	3	统一配套或比较统一配套	3	2	1	0	鲜花、牙签、面巾、衣帽架等
9. 通讯设备	6	设备多样与适宜性	6	4	3	2	传真、电脑、上网、电话、手机充电
10. 餐厅总体印象	10		10	8	6	4	
五、厨房	145						
1. 布局	10	初加工、烹调、面点、洗碗间分离	10	8	6	4	
	15	冷菜间位置合理符合相关规定	15	10	3	0	有独立的二次更衣条件，有非手动式的水龙头，符合五专(做到专人、专室、专工具、专消毒、专冷藏)
	10	符合出品工艺流程，便于操作	10	8	6	4	生进熟出流程无折返交叉
2. 墙面	8	墙面满铺瓷砖，顶部有防污染处理	8	6	4	2	墙裙低于 1.5 m(不得分)
3. 地面	10	防滑及便于清理的性能	10	8	6	4	

表 B.1（续）

项　　目	分数	评定要求	实际得分				评分说明
4. 排污							
	7	污水排放	7	5	3	1	排污设施装修高档，卫生、干净(满分 5 分)，冷荤间不得设置明沟(2 分)如有明沟不得分
5. 厨房设备							
	10	冷冻、冷藏、保鲜设备的能力	10	7	4	1	充足、齐全、性能优良、环保、计量温度装置能正常运行
	15	洗刷消毒设备能力	15	10	5	1	洗碗机、电子或高温消毒必备，设备充足齐备、用途适宜 。已消毒和未消毒的餐具应分开存放，并有明显标记。符合国家有关规定
	15	厨房加工设备能力	15	10	5	1	多样、齐备、性能优良、应包括工作台、调料台、储物柜、容器、厨具用品等用品采用不锈钢材料。四钻级以上需 100%使用不锈钢
	10	温度、通风、排烟设施环保性能	10	8	6	4	符合国家相关法规
	10	有垃圾存放及密封设备、泔水收集设施	10	8	4	2	符合国家相关法规
	5	三防设备	5	4	3	2	防蝇、防尘、防鼠有效充足
6. 标识							
	5	各类标识齐备与规范性	10	7	4	1	各种原料、工具、容器以及部门标识明显，清楚，统一整齐
	5	有专用留样冰箱	5	4	3	1	大型宴会或重要接待的菜品能保留 24 h 以上，没有不得分
7. 厨房总体印象	10	协调与运行灵活，规范与适宜性	10	8	6	4	
六、公共区域设施	68						
1. 停车条件							
	8	停车方便，车位适宜	8	6	4	2	有供宾客使用的停车场，有规范的代客泊车条件，在 200 m 内有停车条件
2. 电梯							
	4	客用电梯和工作用梯	4	3	2	1	二层以下无论有无客运电梯得 2 分，位置得当或比较得当得 2 分
	4	客用电梯性能优良、运行平稳	4	3	2	1	相关部门出具的检测报告
	4	传菜设施能有效运行、卫生、安全	4	3	2	1	传菜楼层高于三层应有传菜梯，无不得分
3. 公共标识							
	6	公共标识规范齐全，方便识别	6	4	2	1	应包括系列性标识、警示性标识、工作状态标识、明示性标识等
4. 走廊、楼道、过厅	4	装潢档次和选材水平	4	3	2	1	
	5	灯饰、陈设的适宜性和档次	5	4	3	2	
	5	舒适性和方便性	5	4	3	2	宽敞或比较宽敞，方便行走和活动

表 B.1（续）

项　　目	分数	评定要求	实际得分				评分说明
5. 公共卫生间	4	洗手间与厕间以及厕位间有隔段，厕位满足客人使用	4	3	2	1	至少满足 50 人一厕位
	4	墙面及地面装饰材料高档优质或普通	4	3	2	1	无破损
	8	洁具高档优质，有感应式水龙头	8	6	4	2	提供热水得 2 分，有感应式水龙头得 2 分，洁具高档得 4 分
	4	客用品齐备	4	3	2	1	皂液器、纸篦、卫生纸、挂物勾、毛巾，烘干器等
	4	有良好的通风设施	4	3	2	1	无异味
	4	客人与员工分设	4	3	2	1	不分设不得分
设备设施达标（总分 600 分）	白金五钻级：580		五钻级：522				四钻级：462
	三钻级：420		二钻级：372				一钻级：306

B.2　服务质量评定细则及评分说明见表 B.2。

表 B.2　服务质量评定细则及评分说明

项　　目	分数	评定要求	实际得分				评分说明
一、服务人员仪容仪表及个人卫生	35						
1. 着装	4	整洁、合体、特色突出	4	3	2	1	应在不同岗位检查 10 位以上服务员
	4	与酒家风格、档次相协调	4	3	2	1	
	4	能明显的区别不同岗位和级别	4	3	2	1	
	3	着装配套规范	3	2	1	0	外衣、衬衣、裤（裙）袜、鞋、领带（领花）、背心、胸卡（胸牌）
2. 发式	5	女服务员散发不过肩，男服务员发不过发际线	5	4	6	2	干净、整齐、无异味
3. 化妆	5	女服务员需着淡妆，男服务员不得留胡子	5	4	6	2	企业有明确规定，且符合卫生要求
4. 个人卫生	5	服务员不留长指甲，不涂指甲油	5	4	3	2	
	5	工作着装干净，无污渍，无破损、无皱褶	5	4	3	2	
二、礼节礼貌	15						
1. 态度	10	精神饱满、微笑服务，有问有答，主动与顾客打招呼	10	8	6	4	
2. 举止	5	举止端庄，符合接待礼仪	5	4	3	2	
三、语言	25						
1. 敬语	5	使用文明服务敬语，不用服务忌语	5	4	3	2	

表 B.2（续）

项　　目	分数	评定要求	实际得分				评分说明
2. 普通话	5	能使用普通话服务	5	4	3	2	五钻级要求服务员都能使用普通话服务
3. 外语和手语	15	能用外语和手语接待客人	15	10	5	1	能用英语和手语的得满分。以现场对话和笔试为主，英语为必备
四、工作纪律	10						
	5	岗位，职责明确	5	4	3	2	对照管理文件检查，抽查服务员
	5	无具体接待任务时，姿态端正，站位规范	5	4	3	2	无聊天打闹现象
五、前厅服务	37						
1. 迎宾服务	6	主动热情，礼节周全，及时补位	6	4	2	1	无迎宾员不得分
2. 订餐服务	8	主动打招呼，业务熟练，快捷准确	8	6	4	2	有相应电话记录可追溯，记录清晰、准确
3. 报刊等服务	15	提供中外文的酒家服务和项目宣传品，各式菜单(价目表)和报刊杂志	15	10	6	2	有企业自己的刊物杂志得满分(15分)(无企业内部刊物满分10起)，能提供10种左右刊物
4. 营业时间	4	营业时间明示	4	3	2	1	标识整齐、清楚有特色
5. 代客叫出租车	4	及时，保证客人在规定的时间内使用	4	3	2	1	有记录，并把乘车情况提供给客人
六、餐厅服务	178						
1. 接待服务	5	主动、热情、规范，引位得当，及时补位	5	4	2	1	
2. 介绍菜点	20	业务熟练，主动热情，合理推销	20	15	10	5	口齿清楚，菜品知识丰富，搭配合理，能满足客人需求
3. 斟酒斟茶	15	及时规范、适应客人需求	15	10	5	1	
4. 上菜及时	15	从点菜到上第一道菜在15 min以内，以后上每道菜的间隔应控制在5 min之内(宴会酌定)	15	10	5	0	
5. 上菜程序	15	上菜程序规范，符合企业规定要求	15	10	5	1	
6. 撤换餐具	12	及时、规范、适时，不打扰顾客、符合卫生规范	12	8	6	4	
7. 免费调味品	6	品种齐全，新鲜卫生，方便使用	6	5	4	3	
8. 结账	8	计价公开，准确及时，周到，能提供信用卡服务	8	6	4	2	
9. 清理现场	10	及时、条理、有序	10	8	6	4	
10. 打包服务	10	提供包装材料	10	8	6	4	卫生、环保(没有此项服务不得分，能提供企业标识的包装袋得10分，没有从8分开始评分)

表 B.2（续）

项目	分数	评定要求	实际得分				评分说明
11. 餐厅温度	5	冬季不低于 20°C，夏季不高于 26°C	5	4	3	1	能根据客人需要调节
12. 餐厅空气	5	无异味，空气清新	5	4	3	1	
13. 宴会服务	15	能提供大型宴会、酒会、自助餐、冷餐会服务	15	10	5	0	查看设备，检查提供记录
14. 服务效果	15	服务规范、周密，上菜节奏合理，按程序分让得当	15	10	5	0	
15. 摆台	12	台面整洁美观，主题突出，卫生实用，摆放合理	12	8	4	1	1. 抽查宴会、零点、包间 30% 的比例。2. 现场主题宴会摆台
16. 服务总体印象	10	氛围舒适、协调严密、运作灵活、服务主动	10	8	6	4	
服务质量达标分（总分 300 分）	白金五钻级：295		五钻级：285				四钻级：264
	三钻级：243		二钻级：213				一钻级：180

B.3 菜点质量评定细则及评分说明见表 B.3。

表 B.3 菜点质量评定细则及评分说明

项目	分数	评定要求	实际得分				评分说明
一、菜点质量	225						
1. 原材料	15	原材料多样	15	11	7	3	原材料 300 种以上得满分
	15	用高档原材料制作的菜肴	15	11	7	3	
	15	选料精致，用料新鲜	15	11	7	3	
2. 菜点外观	15	菜肴装盘规范，自然美观，赏心悦目	15	11	7	3	
	15	点心大小均匀，造型美观	15	11	7	3	
3. 刀工	20	均匀，不连不散，花刀出形	20	15	10	5	
4. 颜色	20	自然美观，芡汁明亮，主料配料搭配得当	20	15	10	5	
5. 火候	20	体现原材料质感、适口、不同的烹调方法	20	15	10	5	
6. 口味	20	醇和，咸淡适宜，反映原材料本味	20	15	10	5	
7. 口感	20	符合相应烹调技法要求，嫩、滑、爽、脆相宜	20	15	10	5	
8. 温度	15	冷菜要鲜，热菜要热	15	11	7	3	保温措施
9. 器皿	20	与菜式相协调，宴会菜式应多样器皿	20	15	10	5	精美、精致、高档
10. 营养价值	15	具有良好的营养价值	15	11	7	3	抽查菜品的营养分析单（没有不得分）

表 B.3（续）

项　　目	分数	评定要求	实际得分				评分说明
二、厨房工艺水平	70						
1. 流程	20	各工序分工细致、明确，主料、配料专人加工切配，标准化工艺流程	20	15	10	5	
2. 投料	15	主料过称	15	11	7	3	投料标准明示
3. 出品监督	10	有厨师长或专门人员监督出品	10	8	6	4	
4. 制汤	5	有不同用途的调味汤	5	4	3	2	至少两种以上
5. 烹调方法	10	烹调方法多样，能按顾客要求烹制菜肴	10	8	6	4	
6. 面点	10	精制面点	10	8	6	4	30 种以上
三、卫生	20						
菜点卫生	10	菜点无异味、异物	10	8	6	4	
	10	传菜过程有防污染、保温措施	10	8	6	4	有效性、安全卫生性
四、成本管理	25						
	7	成本核算管理制度	7	5	3	1	查企业管理规定和负责人
	8	成本核算卡，项目齐全	8	6	4	2	毛利率和计算方法(一菜一卡)
	10	成本核算符合餐饮业有关规定	10	7	4	1	计算无误(抽查 20 张成本卡)
五、菜点综合水准	60						
1. 品种数量	15	供应菜点的品种数量	15	11	7	3	300 种以上(满分)，200 种以上(11 分)
2. 有招牌菜	15	有省级以上餐饮行业权威机构认定或市场认可的名菜名点或单项成套特色品种	15	10	7	3	40 种以上(满分)，20 种以上(10 分)，15 种以上(6 分)，10 种以下(3 分)
3. 有操作要求	15	菜点有明确的质量标准、投料标准，严格按标准执行	15	11	7	3	抽查 10 种菜品
4. 方便宾客要求	15	能满足客人对出品时间和菜品的特殊要求	15	11	7	3	针对性，查顾客意见反馈单
菜品质量达标分(总分 400 分)	白金五钻级:380		五钻级:360				四钻级:336
	三钻级:309		二钻级:251				一钻级:200

B.4 管理水平评定细则及评分说明见表 B.4。

表 B.4 管理水平评定细则及评分说明

项　　目	分数	评定要求	实际得分				评分说明
一、管理者素质	20						管理者包括职业经理人、副总经理以上的管理者
1. 管理意识	8	遵纪守法，诚实有信，爱岗敬业，守职尽责，注重效率有服务意识	8	6	4	2	是否亲自制定本店的质量方针、目标，进行合理的资源配置(与领导层沟通)

表 B.4（续）

项　　目	分数	评定要求	实际得分				评分说明
2. 教育情况	4	60%、40%或 20%有国家正式承认的大专以上学历	4	3	2	1	应提供证书复印件
	4	80%、50%或 30%受过专门的经营管理方面的培训教育	4	3	2	1	应提供两年以内的证实性材料(有关部门的专业培训，如：职业经理人等)
3. 专业能力	4	80%、50%或 30%有国家正式承认的职称，包括经济系列或政工系列或技术等级	4	3	2	1	职称指中级(含中级)以上，至少提供证书复印件
二、员工资质	53						
1. 服务意识	3	诚实有信，爱岗敬业，守职尽责，注重效率的服务意识	3	2	1	0	通过现场观察、询问的方式
2. 员工培训情况	10	职工 80%、50%接受过岗位培训	10	8	6	4	1. 提供岗前培训合格证书；2. 如本单位自培提供培训计划、考试成绩等记录
3. 服务员资质	3	有餐厅服务技师组织日常的接待服务工作	3	0	0	0	没有不得分
	4	高级餐厅服务员的比例	4	3	2	1	＞10%得 4 分，＞7%得 3 分，＞5%得 2 分，＞2%得 1 分，没有不得分
	4	中级以上服务员的比例	4	3	2	1	＞30%的得 4 分，＞15%的得 3 分，＞10%的得 2 分，＞5%得 1 分，低于 5%不得分
4. 点菜师	3	有专门点菜人员	3	2	1	0	专业知识水平、点菜熟练程度
5. 名师、大师及高级烹调师	4	有烹饪大师或名师担任厨师长或行政总厨	4				没有不得分
	3	有高级技师带班操作	3	2	1	0	
	4	高级烹调师占同工种人员的比例	4	3	2	1	＞25%得 4 分，＞20%得 3 分，＞10%得 2 分，＞5%得 1 分
6. 中级烹调师	4	中级以上烹调师占同工种人员的比例	4	3	2	1	＞65%得 4 分，＞50%得 3 分，＞30%得 2 分，＞10%得 1 分
7. 面点师	4	中级以上面点师占同工种人员的比例	4	3	2	1	＞40%得 4 分，＞30%得 3 分，＞20%得 2 分，＞10%得 1 分
8. 后勤保障人员	4	有劳动部门颁发的上岗证书	4	3	2	1	每有一个工种得一分，最多 5 分。根据国家规定，需持证上岗，不持证或证件过期此项不得分
9. 营养师	3	有营养配餐(员)，并对常年供应菜点进行营养分析	3	2	1	0	专职得 4 分，兼职得 3 分。应取得营养分析的相关证据。无分析材料不得分

表 B.4（续）

项 目	分数	评定要求	实际得分				评分说明
三、管理文件	87						（含质量手册、程序文件、作业指导书、加工工艺要求、管理制度汇编等）
1. 规范性	12	企业的质量方针	12	10	8	6	符合企业实际，体现领导者经营宗旨
	12	质量目标	12	10	8	6	具体可行，落实到部门，可测量评价，提供评价证明
	4	组织机构	4	3	2	1	设置合理，职责明确，衔接有序
	5	全面准确	5	4	3	2	能覆盖全面工作和部门无遗漏
	12	文本规范	12	10	8	6	有质量手册，程序文件，作业指导书，管理制度等且层次清楚
2. 组织经营机制	6	各部门有明确的岗位职责	6	4	2	0	抽查 2 个～3 个部门
	6	接口部位职责明确	6	4	2	0	
	6	监督检查的措施具体	6	4	2	0	
	6	有菜点质量保障的措施	6	4	2	0	
	6	有服务质量保障的措施	6	4	2	0	
	6	有安全及卫生保障的措施	6	4	2	0	
	6	有后勤保障系统和质量保障的措施	6	4	2	0	
四、库房管理	20						
库房管理	10	有规范的出入库手续、账物相符	10	8	6	4	查相关记录
	10	库房管理条理、整齐、清洁	10	8	6	4	不同性质的食品和物品，应区分存放区域，不同区域应有明显的标识。存储的食品要分类、分架、离地隔墙。货架上标明采购日期、保质期，先进先出
五、规范化管理	30						
	4	所有物品的存放位置都有标识	4	3	2	1	
	6	标识内容齐全（如最高、最低存量、左进右出等）	6	4	2	0	
	7	所有设施都有标签，责任人，工作职责等	7	5	3	1	
	3	制作标识、标签的材料牢固、不易脱落或破损、规格和样式统一、整齐	3	2	1	0	
	6	各功能间内无多余物品	6	4	2	0	
	4	个人物品集中摆放（茶具、毛巾统一存放于指定位置）	4	3	2	1	

表 B.4（续）

项目	分数	评定要求	实际得分				评分说明
六、消费者评价	10		10	7	4	1	以顾客现场调查表为准，至少10张。95分以上满分，90分以上7分，85分以上4分，80分以上1分
七、清单	80						
清单1（顾客意见投诉处理过程）	10	按质量手册提供的相应内容，查实际过程是否符合	10	7	4	1	手册无相应内容不得分
清单2（清洁卫生和安全管理的过程）	15	按质量手册提供的相应内容，查实际过程是否符合	15	10	5	0	手册无相应内容不得分
清单3（服务接待过程）	15	按质量手册提供的相应内容，查实际过程是否符合	15	10	5	0	手册无相应内容不得分
清单4（菜点出品过程）	10	按质量手册提供的相应内容，查实际过程是否符合	10	7	4	1	手册无相应内容不得分
清单5（采购进货过程）	15	按质量手册提供的相应内容，查实际过程是否符合	15	10	5	0	手册无相应内容不得分
清单6（节能产品应用和监测的过程）	15	查企业内部制定的节能标准和落实情况	15	10	5	0	提供相关数据
管理水平达标分（总分300分）	白金五钻级：295		五钻级：282				四钻级：258
	三钻级：222		二钻级：292				一钻级：156

B.5　设备设施维修保养及清洁卫生评定细则及评分说明见表B.5。

表 B.5　设备设施维修保养及清洁卫生评定细则及评分说明

项目	评定要求	维修保养检查					清洁卫生检查					评分说明
		分数	实际得分				分数	实际得分				
一、建筑设施		28					26					
1. 建筑物外墙体	无破损、无污迹、整洁	4	4	3	2	1	3	3	2	1	0	
2. 周围环境	整洁、无垃圾、无污染	2	2	1.5	1	0.5	2	2	1.5	1	0.5	包括围栏、通道、台阶
3. 店名店徽	正规、完好、无损坏	2	2	1.5	1	0.5	2	2	1.5	1	0.5	店名原则上应用规范简化字，如用霓红灯装饰应无损坏等现象
4. 门	无污迹、无破损、有效使用	3	3	2	1	0	2	2	1.5	1	0.5	
5. 停车场	标识清楚、环境干净整洁	2	2	1.5	1	0.5	2	2	1.5	1	0.5	
6. 绿化装饰物	有修剪效果，无杂物	2	2	1.5	1	0.5	2	2	1.5	1	0.5	
7. 照明（装饰）	完好、有效、无污迹	2	2	1.5	1	0.5	2	2	1.5	1	0.5	包括射灯、装饰灯、照明灯

表 B.5（续）

项　　目	评定要求	维修保养检查					清洁卫生检查					评分说明
		分数	实际得分				分数	实际得分				
8. 供电系统	配电室设备及供电系统设施完好有效，无故障隐患，无卫生死角	2	3	2	1	0	3	3	2	1	0	应有检查、维修和保养的记录
9. 供水系统	设备设施完好有效，无故障隐患，无卫生死角	2	2	1.5	1	0.5	2	2	1.5	1	0.5	应有检查、维修和保养的记录
10. 供暖系统	设备设施整齐、干净、无卫生死角	2	2	1.5	1	0.5	2	2	1.5	1	0.5	应有检查、维修和保养的记录
11. 空调系统	设备设施整齐、干净、无卫生死角，所有通风口无积尘，无破损	2	2	1.5	1	0.5	2	2	1.5	1	0.5	应有检查、维修和保养的记录
12. 员工餐厅、淋浴室、宿舍	设备设施整齐、干净、无卫生死角	3	3	2	1	0	2	2	1.5	1	0.5	
二、前厅		20					20					
1. 地面	无破损、无污迹、光亮平整	2	2	1.5	1	0.5	2	2	1.5	1	0.5	地毯应平整、无异味、无污迹
2. 窗及窗帘	无破损、无灰尘、玻璃明亮无污迹、窗帘悬挂完好，启闭使用有效	2	2	1.5	1	0.5	2	2	1.5	1	0.5	
3. 墙面天花板	无破损、无脱落、无水迹、无灰尘、平整完好	2	2	1.5	1	0.5	2	2	1.5	1	0.5	
4. 柱、台	无破损、无污迹、无灰尘	2	2	1.5	1	0.5	2	2	1.5	1	0.5	
5. 灯具	装饰物完好、无灰尘	2	2	1.5	1	0.5	2	2	1.5	1	0.5	
6. 装饰艺术品	完好无破损、清洁无灰尘	2	2	1.5	1	0.5	2	2	1.5	1	0.5	
7. 电话	能有效使用，无污迹、无灰尘	2	2	1.5	1	0.5	2	2	1.5	1	0.5	包括磁卡电话、投币电话
8. 总服务台（订餐处）	结算工具清洁，有效使用	2	2	1.5	1	0.5	2	2	1.5	1	0.5	结算工具包括收银机、电脑终端各种结算工具
	服务台光洁整齐，无杂物	2	2	1.5	1	0.5	2	2	1.5	1	0.5	
9. 客用品	完好无损、无灰尘、无污迹	2	2	1.5	1	0.5	2	2	1.5	1	0.5	客用品包括垃圾筒、烟缸、衣架等

表 B.5（续）

项　目	评定要求	维修保养检查					清洁卫生检查					评分说明
		分数	实际得分				分数	实际得分				
三、餐厅		66					72					
1. 餐厅标识	书写规范、悬挂端正，无破损、无尘土污迹	3	3	2	1	0	3	3	2	1	0	
2. 门	无破损、无变形、无划痕、玻璃明亮、无灰尘	3	3	2	1	0	3	3	2	1	0	
3. 窗及窗帘	窗户启闭有效、无破损、无变形、无灰尘	2	2	1.5	1	0.5	3	3	2	1	0	
	窗户启闭有效、无破损、无变形、无灰尘	2	2	1.5	1	0.5	3	3	2	1	0	
4. 地面墙面天花板	平整、无破损、不破旧、无污迹、无异味、干净	3	3	2	1	0	3	3	2	1	0	如地板应光亮、地面清洁卫生为2分，墙面天花板1分
5. 灯具	完好、有效、无灰尘、无污迹	3	3	2	1	0	3	3	2	1	0	
6. 花木及装饰品	装饰品不破旧，无灰尘，花木经过修饰、不残败、无异味	3	3	2	1	0	3	3	2	1	0	人造花木应不陈旧、无灰尘
7. 桌椅	稳固、完好、无灰尘、无污迹	3	3	2	1	0	3	3	2	1	0	如果不使用椅套，椅面无烫痕、无油漆脱落
8. 柜台	稳固、完好、无灰尘、无污迹	3	3	2	1	0	2	2	1.5	1	0.5	
9. 转台	使用有效，无污迹	2	2	1.5	1	0.5	3	3	2	1	0	
10. 台布	完好、无破损、不陈旧、无污迹	3	3	2	1	0	3	3	2	1	0	
11. 餐巾	完好、无破损、不陈旧、无污迹	3	3	2	1	0	3	3	2	1	0	
12. 面巾	不陈旧、无污迹、无异味	3	3	2	1	0	3	3	2	1	0	
13. 牙签	独立包装	3	3	2	1	0	3	3	2	1	0	
14. 餐具	无破损、无污迹、光、洁、涩、干	4	4	3	2	1	4	4	3	2	1	分洗、分消毒
15. 酒具	无破损、无污迹、光、洁、涩、干	4	4	3	2	1	4	4	3	2	1	分洗、分消毒
16. 茶具	无破损、无污迹、光、洁、涩、干	3	3	2	1	0	4	4	3	2	1	
17. 烟具	无破损、无污迹、光、洁、涩、干	3	3	2	1	0	4	4	3	2	1	
18. 送餐车及托盘	完好、有效、无污迹	2	2	1.5	1	0.5	3	3	2	1	0	

表 B.5(续)

项　目	评定要求	维修保养检查					清洁卫生检查					评分说明
		分数	实际得分				分数	实际得分				
19. 菜单	不破旧、无污迹	4	4	3	2	1	3	3	2	1	0	
20. 冰柜、制冰机	完好有效、无污迹	2	2	1.5	1	0.5	3	3	2	1	0	
21. 空气清洁程度	清新、无异味	3	3	2	1	0	3	3	2	1	0	
22. 电话	能有效使用,无污迹、无灰尘	2	2	1.5	1	0.5	3	3	2	1	0	
四、厨房		44					46					
1. 门与通道	无破损、变形、能起到隔音隔味的作用,清洁无污迹,无杂物	3	3	2	1	0	3	3	2	1	0	
2. 地面	无破损、无油渍、无异味、干燥、平整	3	3	2	1	0	3	3	2	1	0	
3. 墙面	无油渍、无破损、无污垢、无脱落	2	2	1.5	1	0.5	3	3	2	1	0	
4. 窗	完好、无破损、无污垢、无灰尘、玻璃明亮	3	3	2	1	0	3	3	2	1	0	
5. 冷冻冷藏设备	能有效使用,无污迹,无破损,内部物品放置得当符合饮食卫生的要求	4	4	3	2	1	4	4	3	2	1	
6. 洗涮消毒设备	能有效使用,无污迹,无破损,消毒功能符合饮食卫生的要求	4	4	3	2	1	4	4	3	2	1	
7. 厨具用具	无破损、能有效使用,无污迹、无油渍、整洁	3	3	2	1	0	3	3	2	1	0	
8. 灶台灶具	无破损、无油渍、不杂乱,整洁有序	3	3	2	1	0	3	3	2	1	0	
9. 冷荤间	有符合饮食卫生的消毒设备	2	2	1.5	1	0.5	2	2	1.5	1	0.5	
	工具、用具清洁,无破损	2	2	1.5	1	0.5	2	2	1.5	1	0.5	
	待出售食品有防污染措施	2	2	1.5	1	0.5	2	2	1.5	1	0.5	
	有非手动式水龙头	3	3	2	1	0	3	3	2	1	0	
	整体卫生	2	2	1.5	1	0.5	2	2	1.5	1	0.5	无蝇、无蟑、无蚊、无鼠
10. 排烟、排热通风设备	能有效使用,无破损,无尘土,无油渍,无污垢,干净整齐	2	2	1.5	1	0.5	3	3	2	1	0	

表 B.5（续）

项　目	评定要求	维修保养检查					清洁卫生检查					评分说明
		分数	实际得分				分数	实际得分				
11. 排污水设备	无破损，无异味，无油渍，清理及时	3	3	2	1	0	3	3	2	1	0	
12. 厨房总体印象	条理清洁，完备有序	3	3	2	1	0	3	3	2	1	0	
五、公共区域		33					30					
1. 电梯	运行正常，各种指标功能完好，轿箱内装饰无破损，不陈旧，无污迹、划痕	3	3	2	1	0	3	3	2	1	0	
2. 走廊、楼道、过厅	地面完整、无破损、无污迹、干净	4	4	3	2	1	2	2	1.5	1	0.5	
	墙面无裂痕、无破损、无灰尘、无污迹	3	3	2	1	0	2	2	1.5	1	0.5	
	灯具完好有效、无灰尘	3	3	2	1	0	3	3	2	1	0	
	装饰艺术品完好，不破旧，无灰尘，无污染	3	3	2	1	0	3	3	2	1	0	
	各种指标标识完好，无破损	2	2	1.5	1	0.5	2	2	1.5	1	0.5	
3. 公共卫生间	门标识整齐，无破坏，无污迹	2	2	1.5	1	0.5	2	2	1.5	1	0.5	
	地面平整、干燥，无破损，无污迹，光亮	3	3	2	1	0	3	3	2	1	0	
	墙面天花板无破损，无污迹，无灰尘，墙板及挡板无不文明涂写	2	2	1.5	1	0.5	2	2	1.5	1	0.5	
	厕位完好，无堵塞，无滴漏，无污迹，无异味	3	3	2	1	0	3	3	2	1	0	
	洗手台完好无磨损，无灰尘，无污迹	3	3	2	1	0	3	3	2	1	0	
	皂液器完好有效无污迹	2	2	1.5	1	0.5	2	2	1.5	1	0.5	
六、安全设施		9					6					
1. 公共区域	完好、有效、无灰尘、无污迹	3	3	2	1	0	2	2	1.5	1	0.5	
2. 餐厅	完好、有效、无灰尘、无污迹	3	3	2	1	0	2	2	1.5	1	0.5	
3. 厨房	完好、有效、无灰尘、无污迹	3	3	2	1	0	2	2	1.5	1	0.5	

表 B.5（续）

项　目	评定要求	维修保养检查		清洁卫生检查		评分说明
		分数	实际得分	分数	实际得分	
维修保养达标分（总分 200 分）	白金五钻级：195		五钻级：185		四钻级：185	
	三钻级：170		二钻级：170		一钻级：170	
清洁卫生达标分（总分 200 分）	白金五钻：195		五钻级：185		四钻级：185	
	三钻级：170		二钻级：170		一钻级：170	

B.6　选择项目见表 B.6。

表 B.6　选择项目

序　号	项目(共 20 项)	是否具备
1	有背景音乐系统	
2	有闭路电视监控系统	
3	有庭院花园或室内园林环境	
4	有点菜系统	
5	采用五常管理法	
6	有定期的歌舞表演	
7	应用先进适宜的通讯设备	
8	通过 ISO 9001 认证	
9	通过 ISO 18000 认证	
10	通过 ISO 14000 认证	
11	通过 HACCP 认证	
12	连续经营年限在 15 年以上	
13	连锁店经营模式(直营店 3 个以上)	
14	有中国烹饪名师、大师	
15	有省级以上行政管理部门评定的综合性荣誉	
16	有省级以上行业及主管部门认可的服务品牌	
17	积极采用节能节水设备，节能设施达到国家先进水平	
18	有酒后代驾服务	
19	有观光电梯	
20	有婴儿看护室及儿童娱乐室	
注：白金五钻至少应具备 16 项；五钻级至少应具备 12 项；四钻级至少应具备 8 项；三钻级至少应具备 6 项。		

参 考 文 献

[1] 《中华人民共和国野生动物保护法》农业部发布施行.

ICS 01.140.20
A 14

中华人民共和国国家标准

GB/T 13396—2009
代替 GB/T 13396—1992

中国标准录音制品编码

China standard recording code

(ISO 3901:2001,Information and documentation—International Standard Recording Code(ISRC),MOD)

2009-09-30 发布　　2010-02-01 实施

中华人民共和国国家质量监督检验检疫总局
中国国家标准化管理委员会　发布

前　言

本标准修改采用ISO 3901:2001《信息与文献　国际标准录音制品编码(ISRC)》。

本标准在修改采用ISO 3901:2001时，主要做了以下改动：

1)　在规范性引用文件中用国家标准代替了相应的国际标准；

2)　根据中国标准录音制品编码管理的实际情况对国际标准文本中"5　管理"部分进行了调整，并增加了"5.4　中国标准录音制品编码的信息维护"；

3)　将标准中录音制品编码示例改为中国录音制品编码的示例；

4)　删除国际标准文本附录A的"A5　国际ISRC中心、国家或地区ISRC中心注册人码和国家码的国际维护机构"，增加"5　中国标准录音制品编码的管理"部分；

5)　删除国际标准文本"附录B　国际标准录音制品编码注册支持信息"，增加"附录B　中国标准录音制品编码元数据"。

本标准代替GB/T 13396—1992《中国标准音像制品编码》，与GB/T 13396—1992相比，主要变化如下：

1)　对GB/T 13396—1992《中国标准音像制品编码》的适用范围进行了重大调整，使适用范围与ISO 3901:2001完全一致；

2)　术语和定义删除了"记录码"、"记录项码"以及"类别代码"，增加了"录音制品"和"音乐录像制品"；

3)　等同采用国际标准录音制品编码(ISRC)的编码结构，删除了原标准中的类别代码，并将原"记录码"和"记录项码"合并成"制品码"；

4)　删除了原标准的"5　中国标准音像制品编码的显示方式"部分，并根据ISO 3901:2001的结构增加了"5　中国标准录音制品编码的管理"；

5)　删除了原标准的"附录A　需要说明的几个问题"，和"附录B　《中国图书馆图书分类法》"，增加了"附录A　中国标准录音制品编码使用指南"和"附录B　标准录音制品编码相关元数据信息"部分。

本标准的附录A和附录B为规范性附录。

本标准由全国信息与文献标准化技术委员会(SAC/TC 4)提出并归口。

本标准主要起单位：中国出版科学研究所、国际唱片业协会北京代表处。

本标准主要起草人：魏玉山、蔡京生、许正明、蔡逊、郭彪、王炬、朱诠、周芷旭、张书卿、刘颖丽。

本标准于1992年首次发布，本次为第1次修订。

引　言

中国标准录音制品编码为在中国登记的录音制品和音乐录像制品提供在全世界唯一的标准标识代码。

一个中国标准录音制品编码将永久标识该制品，以便于制作者、著作权管理机构、广播机构及图书馆、档案馆等使用。

中国标准录音制品编码旨在保护相关权利人的合法权益，方便检索，并促进录音制品和音乐录像制品的传播。

中国标准录音制品编码

1 范围

本标准规定了中国标准录音制品编码的结构和显示方式，旨在为每一录音制品和音乐录像制品或每一可独立使用的曲目篇节提供唯一标识。

本标准适用于在中国标准录音制品编码管理机构登记的录音制品和音乐录像制品制作者所录制的录音制品和音乐录像制品。

本标准规定的中国标准录音制品编码与录音制品和音乐录像制品的载体无关。

本标准规定的中国标准录音制品编码不适用于音乐录像制品之外的其他录像制品。

2 规范性引用文件

下列文件中的条款通过本标准的引用而成为本标准的条款。凡是注日期的引用文件，其随后所有的修改单(不包括勘误的内容)或修订版均不适用于本标准，然而，鼓励根据本标准达成协议的各方研究是否可使用这些文件的最新版本。凡是不注日期的引用文件，其最新版本适用于本标准。

GB/T 2659 世界各国和地区名称代码(GB/T 2659—2000 eqv ISO 3166-1:1997)

GB/T 4880.1 语种名称代码 第1部分:2字母代码(GB/T 4880.1—2005,ISO 639-1:2002,MOD)

3 术语和定义

下列术语和定义仅适用于本标准。

3.1

国家码 country code

标识录音制品和音乐录像制品登记国际标准录音制品编码时，其机构所在国家的国家代码。

3.2

音乐录像制品 music video recording

由音频信号和视频信号录制的制品，其中构成该表演性音乐制品的全部或主要部分为音频信号。

注：通常该音乐录像制品中的声音部分是已经单独出版发行的录音制品。

3.3

录音制品 recording

已录制加工完成的声音成品，或每一可独立使用的曲目篇节。

注：录音制品与产品类型、数量及录音过程所使用技术无关。

3.4

登记者 registrant

向中国标准录音制品编码管理机构申请并获得登记者码的机构或组织。

注：如果在分配中国标准录音制品编码前，原始制作者已出售其制作的录音或音乐录像制品及其所有权利，则后继权利人将被视作该制品的中国标准录音制品编码的登记者。

4 中国标准录音制品编码的结构

4.1 构成

中国标准录音制品编码由标识符“ISRC”和12位字母和数字组成。其中12位字母和数字按以下顺序分四个部分进行排列：

a） 国家码；

b） 登记者码；

c） 登记年；

d） 制品码。

书写、印刷或者以其他可见形式呈现中国标准录音制品编码时，标识符“ISRC”使用大写的英文字母，其后留半个汉字空，其他4部分之间以连字符“-”相隔。其结构关系如下所示：

ISRC 国家码-登记者码-登记年-制品码

示例1：ISRC CN-S05-12-31701

4.2 国家码

国家码由两个字母组成。根据GB/T 2659中2字符代码的规定，中国国家码以大写字母“CN”表示。

4.3 登记者码

登记者码由英文字母或数字组成的3个字符构成（A～Z和0～9，其中英文字母“O”和“I”除外）。登记者码标识录音制品和音乐录像制品的登记者，在录音制品的全部制作过程结束时，由中国标准录音制品编码中心进行分配（见附录A.1.2）。

示例2：

A01 代表中国××唱片公司

F18 代表广东××音像出版社

4.4 登记年

登记年由2位数字组成。标识录音或音乐录像制品获得中国标准录音制品编码时的年份（取年份的最后两位数字）。登记年由该制品的登记者分配。

示例3：

01 代表2001年

08 代表2008年

4.5 制品码

制品码由按顺序编排的5位数字组成，不足5位数时，在数列前加“0”，以补足5位。

制品码是由登记者分配给每一制品或每一可被独立使用部分的代码，在同一登记年内其制品码不得重复。

示例4：

00476 代表某登记者某年分配的第476个录音制品或音乐录像制品

00477 代表某登记者某年分配的第477个录音制品或音乐录像制品

5 中国标准录音制品编码的管理

5.1 管理机构

中国标准录音制品编码由中国标准录音制品编码中心进行管理。

5.2 登记者码的分配和管理

登记者码由中国标准录音制品编码中心分配和管理。1个登记者只能被分配1个登记者码，而1个登记者码只分配给1个登记者。登记者码不能转让或重新分配使用。

5.3 登记年和制品码的分配和管理

登记者负责给录音或音乐录像制品分配登记年和制品码，并对该制品的中国标准录音制品编码进行管理。

5.4 中国标准录音制品编码的信息维护

登记者负责维护所有由其分配和使用的中国标准录音制品编码，并负责将确切记录和准确的中国标准录音制品编码的元数据信息及时报送给中国标准录音制品编码中心。

附 录 A
（规范性附录）
中国标准录音制品编码使用指南

A.1 中国标准录音制品编码分配通则

A.1.1 每个录音制品和音乐录像制品都应分配1个唯一的中国标准录音制品编码。

A.1.2 登记者在录音制品和音乐录像制品的主要录制过程完成之后分配中国标准录音制品编码。已有的录音制品和音乐录像制品也可以分配中国标准录音制品编码。

A.1.3 新录制的录音制品和音乐录像制品或内容变更的录音制品和音乐录像制品都应分配中国标准录音制品编码。当录音制品和音乐录像制品出现声音或者图像变化导致知识产权变化时，该录音制品和音乐录像制品应分配新的中国标准录音制品编码。

A.1.4 已登记的录音制品和音乐录像制品自发行后未作任何变更时，如果其原始登记者将其出售给他人，则该制品应保留原始的中国标准录音制品编码。

A.1.5 制品辑中的每一个录音制品和音乐录像制品（每一个节目）均应当分配1个单独的中国标准录音制品编码。如果登记者单独使用制品辑中的某些部分，那么也应该对这些单独使用的部分分配相应的中国标准录音制品编码。当一个已登记的录音制品和音乐录像制品被完整地组合到其他制品中（如一个汇编专辑），作为其他制品的一部分时，该录音制品和音乐录像制品仍保留原始的中国标准录音制品编码。

A.1.6 禁止将已使用的中国标准录音制品编码再分配给其他制品。

A.1.7 制品码应当按顺序编排。但是，在不产生重复的中国标准录音制品编码的前提下，登记者可以使用其他编码规则来编排制品码的5位字符。

A.1.8 中国标准录音制品编码宜出现在所有该制品的相关资料中。

A.1.9 中国标准录音制品编码的登记与著作权登记程序无关。

A.1.10 登记者码反映录音制品和音乐录像制品的原始制作者。但是如果在分配中国标准录音制品编码前，原始制作者已出售其制品及其所有权利，则该制品的权利获得者将被视作该制品中国标准录音制品编码的登记者。

A.2 制品修订后的编码分配

A.2.1 根据中国标准录音制品编码分配要求，当录音制品和音乐录像制品的内容发生变化时，被视为修订，应分配新的中国标准录音制品编码。

A.2.2 录音制品或音乐录像制品的载体、包装或价格发生变化时，都不分配新的中国标准录音制品编码。

A.2.3 现场录制的制品和录音棚录制的制品均应分配中国标准录音制品编码。

A.3 中国标准录音制品编码的携载

A.3.1 中国标准录音制品编码应永久性地加载到数字形式的录音制品和音乐录像制品的所有复制品中。

A.3.2 以模拟信号制作的录音制品和音乐录像制品的所有复制品中都应添加中国标准录音制品编码，以保证中国标准录音制品编码的永久性的和可靠性。

A.3.3 录音制品和音乐录像制品的所有相关文档资料中，都应永久性地包含中国标准录音制品编码。

A.4 中国标准录音制品编码的应用

中国标准录音制品编码的应用见示例 A1。

示例 A1:

若××音像出版社的登记者码被分配为 S05，它在 2012 年制作了 1 张题为《回首奥运》的数字音频光盘(CD-DA)，包含了 1 首新录制的《回首奥运》、1988 年汉城奥运会会歌《Hand in Hand》、删节版的 1996 年亚特兰大奥运会会歌《The Power Of Dream》ISRC US-E07-96-54897、1 首其他出版社已出版的录音制品以及 6 首该社已出版的录音制品，该 CD-DA 中各节目的中国标准录音制品编码及相应内容表示如下：

ISRC CN-S05-12-31701《回首奥运》(2012 年新录制的录音制品，用新的中国标准录音制品编码)

ISRC KR-T13-88-35311《Hand in Hand》(1988 年汉城奥运会会歌，沿用原 ISRC)

ISRC CN-S05-12-24356《The Power Of Dream》(删节版，视为新的录音制品，用新的中国标准录音制品编码)

……

ISRC CN-B30-11-45121《美丽的伦敦》(其他出版社已出版的录音制品，沿用原中国标准录音制品编码)

ISRC CN-S05-08-12145《奥运之风》(本出版社已出版的录音制品，沿用原中国标准录音制品编码)

附 录 B
（规范性附录）
中国标准录音制品编码元数据

为了准确记录和描述已分配使用的中国标准录音制品编码，登记者应按照中国标准录音制品编码中心要求，提供全部分配使用的中国标准录音制品编码的元数据信息，该信息由中国标准录音制品编码中心负责维护。

中国标准录音制品编码元数据的数据项见表 B.1。

表 B.1 中国标准录音制品编码元数据的数据项

数据项名称	说 明
ISRC	中国标准录音制品编码
名称	录音或音乐录像制品名称
登记者	录音或音乐录像制品登记单位
描述	录音或音乐录像制品的内容摘要和说明
制作者	录音或音乐录像制品原始制作者
出版者	录音或音乐录像制品的出版者
发行者	录音或音乐录像制品的发行者
格式	录音或音乐录像制品的产品形态和采用的技术方式
时间	录音或音乐录像制品的播放时间
语种	录音或音乐录像制品按 GB/T 4880.1 确定的相关信息和使用的语言
备注	需要特殊说明的信息

参 考 文 献

[1] ISO 15706:2002 信息与文献 国际标准录像制品编码(ISAN)

[2] 国际 ISRC 中心 ISRC 手册第 2 版[在线]. 伦敦:国际 ISRC 中心.
http://www.ifpi.org/content/section_resources/isrc_handbook.html

ICS 07.020
A 41

中华人民共和国国家标准

GB/T 13400.2—2009
代替 GB/T 13400.2—1992

网络计划技术
第2部分:网络图画法的一般规定

Network planning techniques—
Part 2: General rules for representation of network diagram

2009-05-06 发布　　　　2009-11-01 实施

中华人民共和国国家质量监督检验检疫总局
中国国家标准化管理委员会　发布

前　言

GB/T 13400《网络计划技术》分为三个部分：

——第1部分：常用术语；

——第2部分：网络图画法的一般规定；

——第3部分：在项目管理中应用的一般程序。

本部分为 GB/T 13400 的第2部分，代替 GB/T 13400.2—1992《网络计划技术　网络图画法的一般规定》。

本部分与 GB/T 13400.2—1992 相比，主要变化如下：

——标准的总体编排和结构按 GB/T 1.1—2000 进行了修改：增加了目次、前言、引言；第1章“主题内容与适用范围”更名为“范围”，第2章“引用标准”更名为“规范性引用文件”。

——增加第3章“术语和定义”。

——在图形符号的基本形式中增加了“波形线”；在表2中增加了双代号的逻辑关系表达；原表3“时间坐标画法示例”改为图3，并在其中增加了具体示例图；对网络图的“母线法”画法示例进行了相应的修改。

——对原3.1和3.2进行了编辑性合并；对原标准文本中所有图示均添加了图名。

——在“4.2.1.2 时间参数”中增加了“间隔时间 $LAG_{i,j}$。”和“时距：$STS_{i,j}$、$STF_{i,j}$、$FTS_{i,j}$、$FTF_{i,j}$”等内容。

——增加了“4.4.12 节点编号的基本规则”。

本部分由中国标准化研究院提出并归口。

本部分主要起草单位：中国标准化研究院、中国科学院研究生院、北京工程管理科学学会、辽宁省标准化研究院。

本部分主要起草人：洪岩、詹伟、张婀娜、甘绍熺、丛培经、李小林、王德海、赵克令、任冠华。

本部分于1992年首次发布，本次修订为第一次修订。

引　言

网络图是网络计划技术的基础，它在实际应用中把某项任务的具体工作组成以及相互间的逻辑关系，即工艺性、组织性的相互联系和相互制约的关系，依流程的方向，按工作先后顺序，用图形进行直观的描述。对网络图画法做出规定，便于网络计划技术的统一推广应用。

网络计划技术
第2部分:网络图画法的一般规定

1 范围

GB/T 13400 的本部分规定了网络计划技术中网络图的一般画法与标识。

本部分适用于计划管理工作中网络计划技术的网络图的编制。

2 规范性引用文件

下列文件中的条款通过 GB/T 13400 的本部分的引用而成为本部分的条款。凡是注日期的引用文件,其随后所有的修改单(不包括勘误的内容)或修订版均不适用于本部分,然而,鼓励根据本部分达成协议的各方研究是否可使用这些文件的最新版本。凡是不注日期的引用文件,其最新版本适用于本部分。

GB/T 13400.1 网络计划技术 常用术语

3 术语和定义

GB/T 13400.1 确定的术语和定义适用于本部分。

4 图示画法

4.1 基本图形符号及应用形式

4.1.1 图形名称及图形符号的基本形式应符合表1的规定。

表1 图形符号的基本形式

图形名称	图形符号的基本形式	备 注
节点	○ □	
箭线	——→	优先选用水平走向
虚箭线	- - - -→	
波形线	∿∿∿→	在双代号时标网络图中表示工作的时差

4.1.2 图形符号在网络图中应用的基本形式应符合表 2 的规定。

表 2 图形符号在网络图中应用的基本形式

名称 \ 形式	双代号	单代号
事件	○	
工作	(i) ——→ (j)	(i)　[i]
虚工作	(i) - - - → (j)	
逻辑关系		——→

4.2 网络图的标识

4.2.1 概述

标识允许根据应用上的需要在标准中进行选择。下述 4.2.1.2 至 4.2.1.3 所列各项可供制图时选择。

4.2.1.1 图形结构和图形符号

a) 工作及事件(可用文字说明或用字母、数字表示)；

b) 紧前工作和(或)紧后工作或起点事件及完成事件；

c) 逻辑关系。

4.2.1.2 时间参数标识

时间参数标识见表 3。

表 3 时间参数标识

时间参数名称	双代号	单代号
工作持续时间	D_{i-j}	D_i
工期	T	T
节点最早时间	ET_i	
节点最迟时间	LT_i	
工作最早开始时间	ES_{i-j}	ES_i
工作最早完成时间	EF_{i-j}	EF_i
工作最迟开始时间	LS_{i-j}	LS_i
工作最迟完成时间	LF_{i-j}	LF_i
工作总时差	TF_{i-j}	TF_i
工作自由时差	FF_{i-j}	FF_i
间隔时间		$LAG_{i,j}$
时距		$STS_{i,j}$、$STF_{i,j}$、$FTS_{i,j}$、$FTF_{i,j}$

4.2.1.3 **资源标识**

a) 费用增加率 a；

b) 资源强度 r_{i-j}，r_i。

4.2.2 **文字的标注**

文字的标注应优先选用水平方向书写。若箭线垂直向下画或垂直向上画，工作名称应书写在箭线左侧，工作持续时间书写在箭线右侧。

4.2.2.1 双代号网络图标识示例，如图 1 所示。

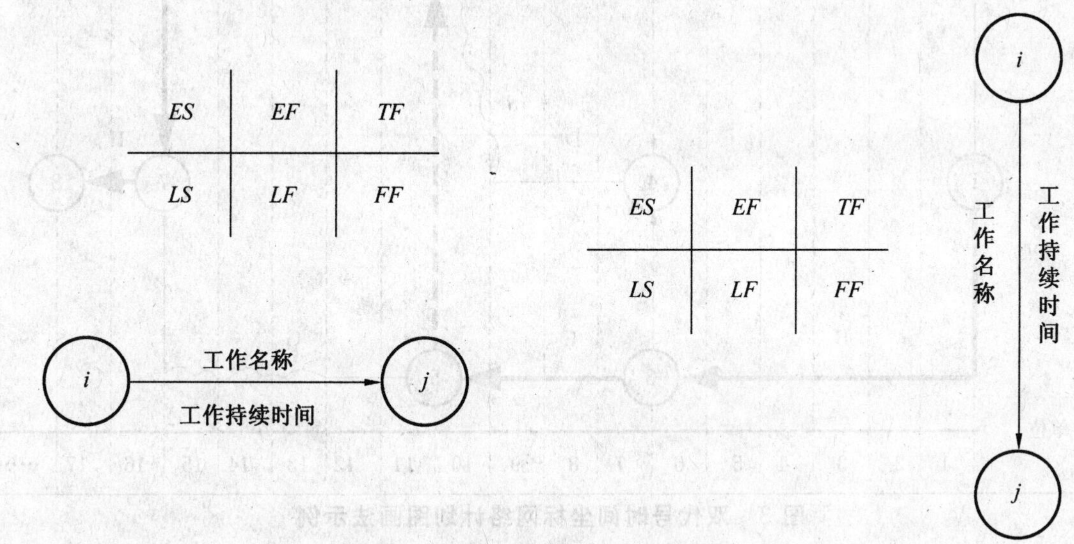

图 1 双代号网络图标识示例

4.2.2.2 单代号网络图标识示例，如图 2 所示。

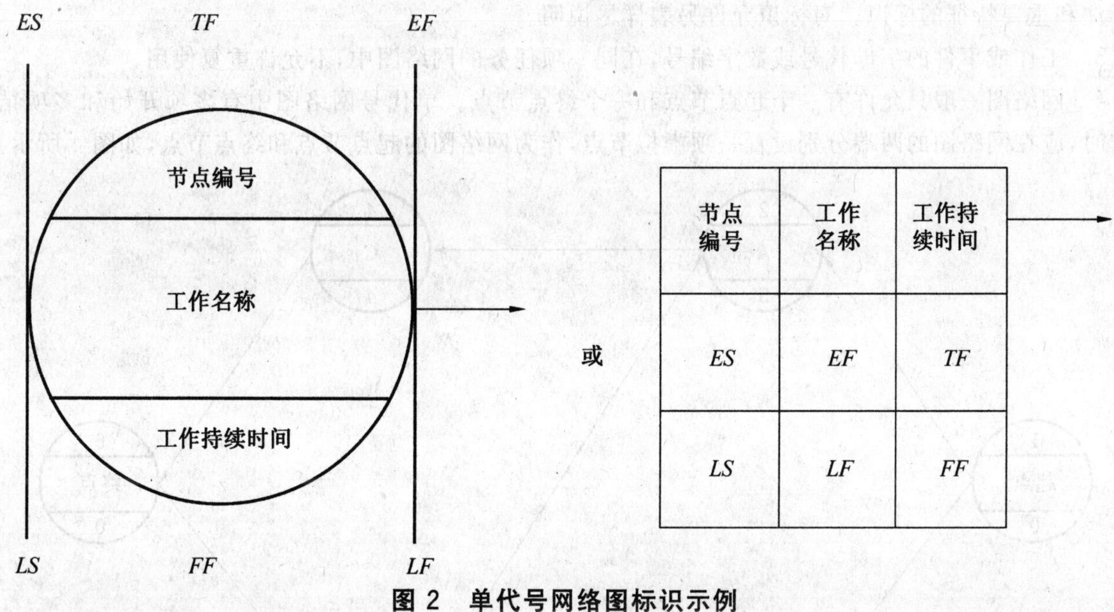

图 2 单代号网络图标识示例

4.3 **时间坐标网络计划图画法**

4.3.1 时间坐标是时间长度标志。时间坐标中的时间单位根据需要在编制网络计划之前确定，可以是分、小时、天(工作天或日历天)、周、月、季、年等。同一网络图的时间单位也可以根据需要进行局部调整。

4.3.2 时间坐标宜标注在图的顶部和底部；图面较小时也可只在顶部标注。

4.3.3 工期较长的项目,在时间坐标网络图的工作箭线上,宜标识工作持续时间。

4.3.4 双代号时间坐标网络计划图画法示例,如图3所示。

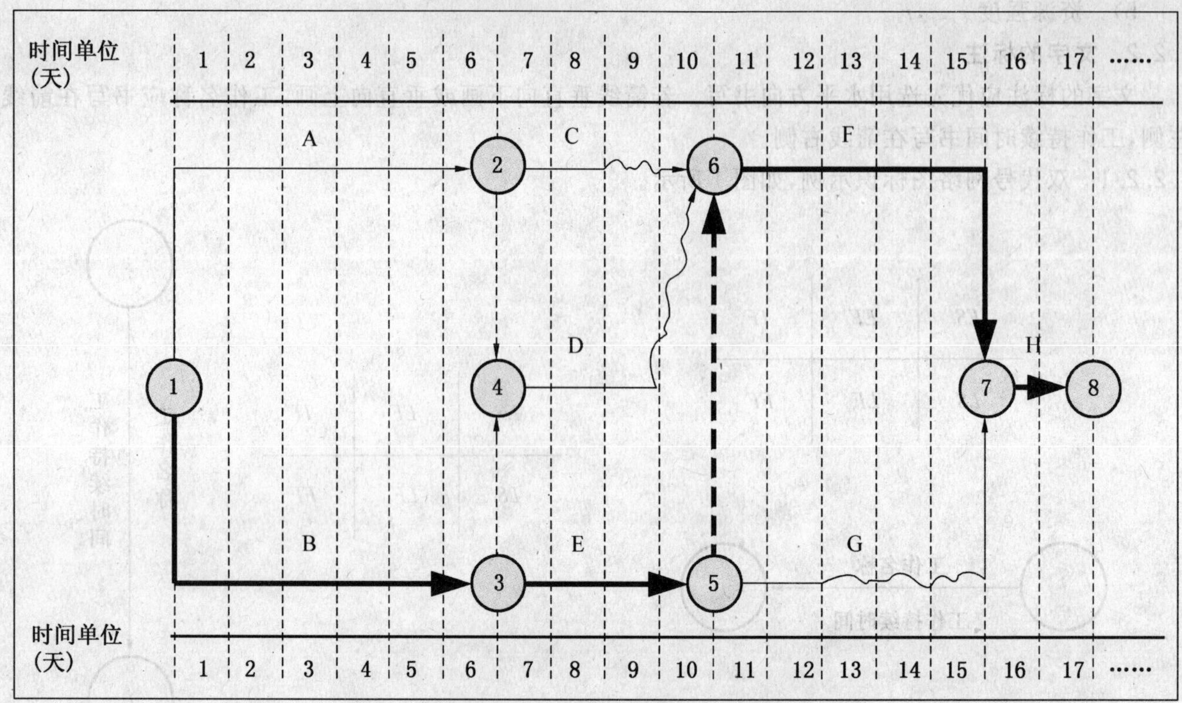

图3 双代号时间坐标网络计划图画法示例

4.4 网络图画法和节点编号的基本规则

4.4.1 应按工作的逻辑关系画图,使其简便、易读和易于处理。

4.4.2 网络图应含有能够表明基本信息的明确标识,包括文字、字母、数字(数字编号规则见4.4.12)的标注和重要特征的标识。对标识允许另表详尽说明。

4.4.3 工作或事件的字母代号或数字编号,在同一项任务的网络图中,不允许重复使用。

4.4.4 网络图一般只允许有一个起点节点和一个终点节点。单代号网络图中有多项开始和多项结束工作时,应在网络图的两端分别设置一项虚拟节点,作为网络图的起点节点和终点节点,如图4所示。

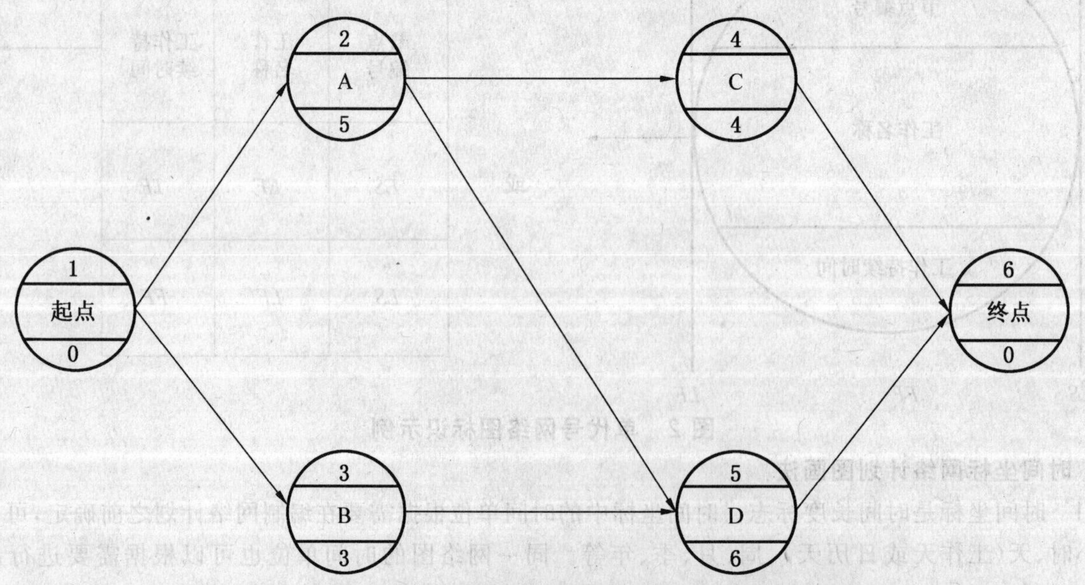

图4 单代号网络图的虚拟起点节点和终点节点示例

4.4.5 网络图是有向的。在肯定型网络计划的网络图中,不允许出现封闭循环回路。

4.4.6 网络图的主方向是从起点节点到终点节点的方向，在绘制网络图时应优先选择由左至右的水平走向。

4.4.7 箭线方向优先选择与主方向相应的走向，或者选择与主方向垂直的走向。

4.4.8 绘制网络图时，宜避免箭线的交叉。当箭线的交叉不可避免时，可选用“过桥”画法或“指向”画法，如图 5 所示。

4.4.9 除起点节点和终点节点外，其他所有节点的前后都应有箭线。

4.4.10 在双代号网络图中，代表工作的箭线两端应有节点，两个节点之间只能定义为一项工作。

4.4.11 同一网络图若需要用两张以上图纸表示，其断开部分的连接，应在连接点加以提示、标识或说明。

4.4.12 节点编号的基本规则

a) 每个节点都应编号；

b) 编号使用数字，但不使用数字 0；

c) 节点编号应自左向右、由小到大；

d) 节点编号不应重复；

e) 节点编号可不连续。

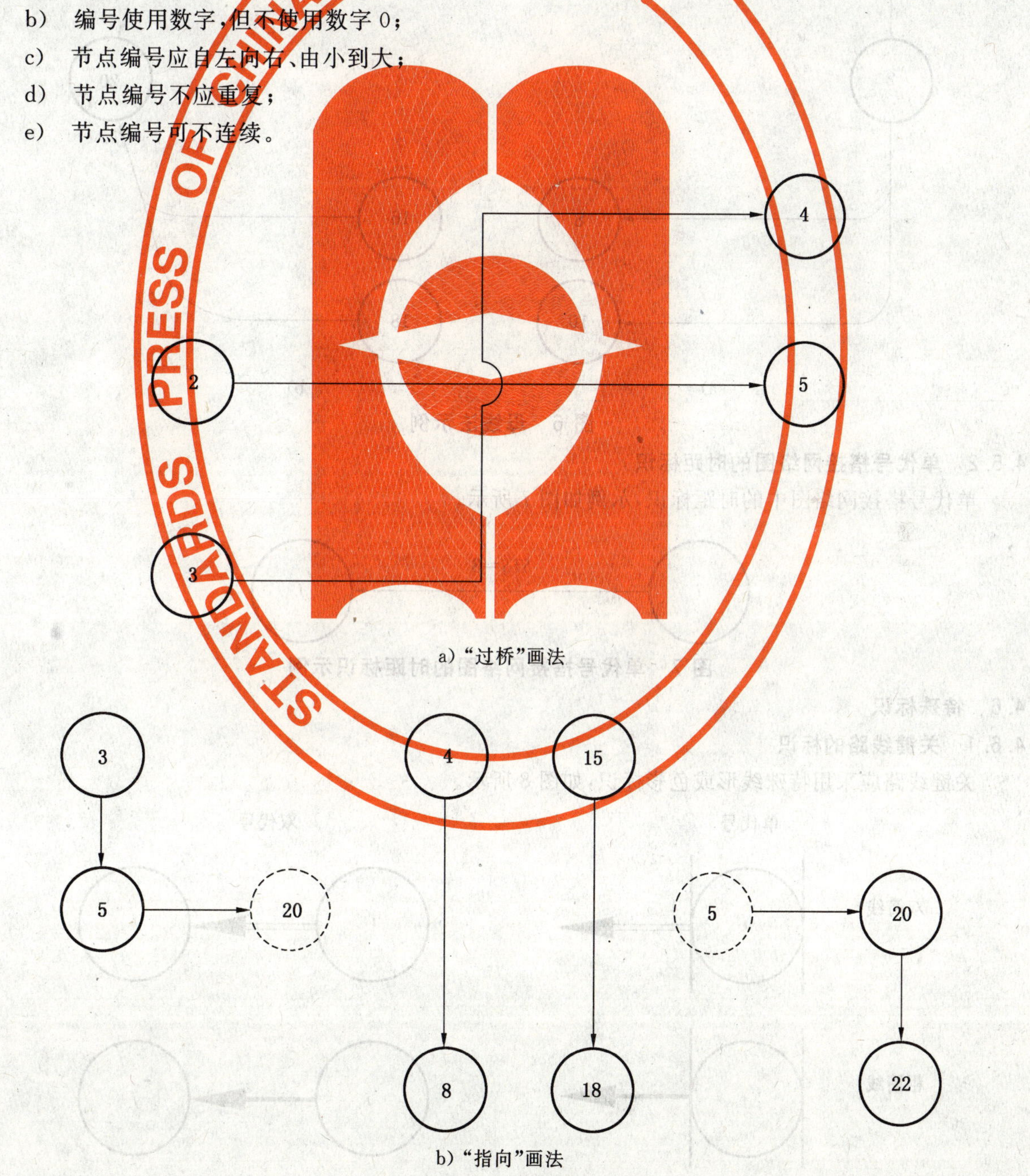

a) “过桥”画法

b) “指向”画法

图 5 箭线交叉画法示例

4.5 简化绘图法

4.5.1 母线法

当节点有多条内向箭线或多条外向箭线时,可采用母线法,如图6所示。

母线与水平方向可垂直或呈锐角;子线宜首选水平方向;子线与母线相交处应为弧形。

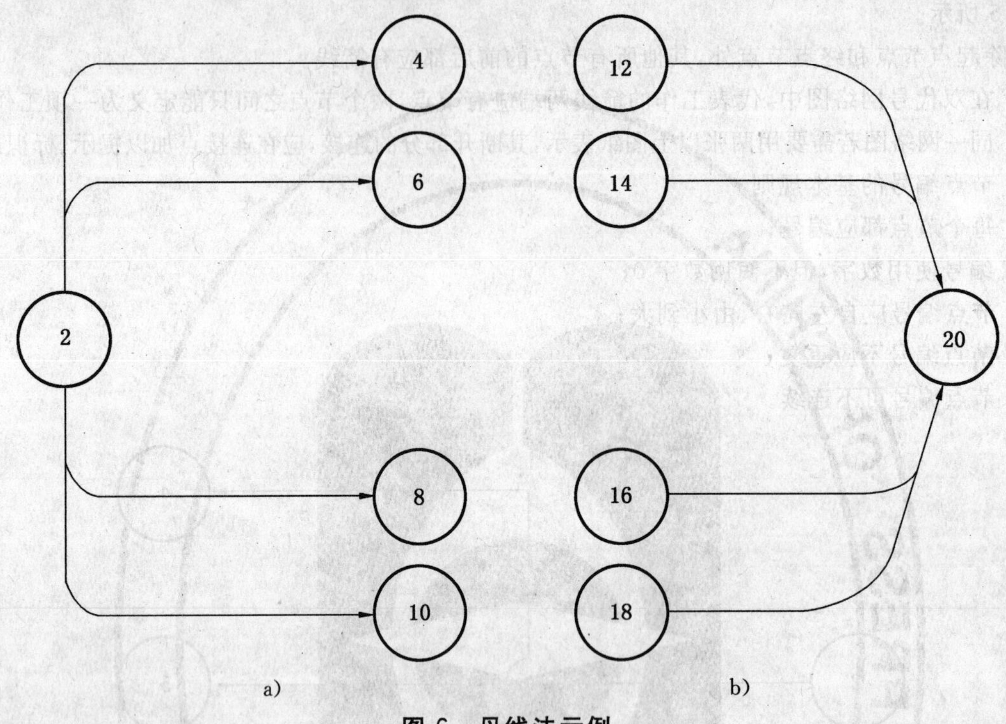

图6 母线法示例

4.5.2 单代号搭接网络图的时距标识

单代号搭接网络图中的时距标识,示例如图7所示。

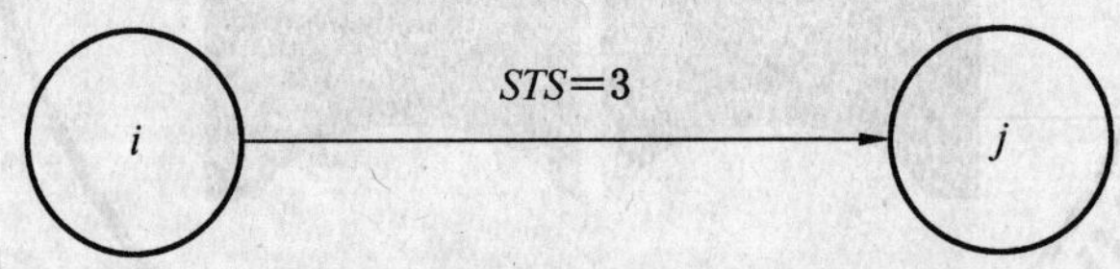

图7 单代号搭接网络图的时距标识示例

4.6 特殊标识

4.6.1 关键线路的标识

关键线路应采用特殊线形或色彩标识,如图8所示。

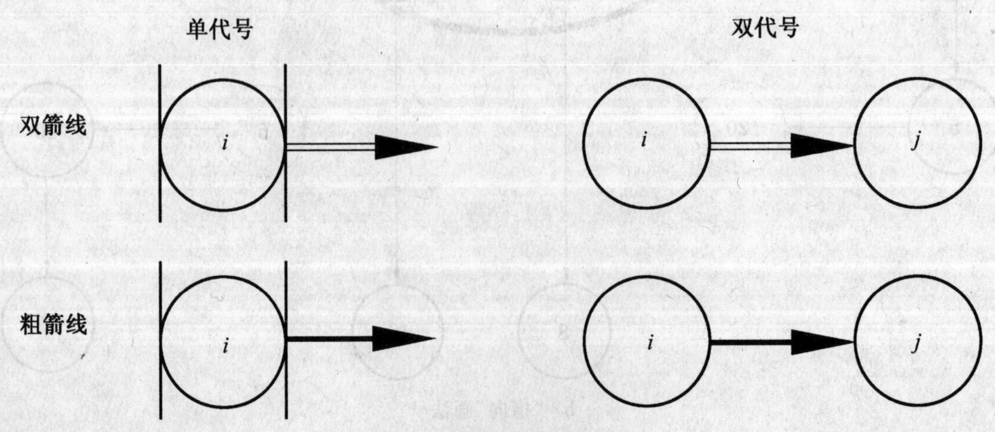

图8 关键线路的标识

4.6.2 虚工作的标识

在双代号网络图中，当虚箭线很短时，可在箭线标识时间的位置标识0。

4.6.3 特殊要求的注明

当工作名称较长时，可在图中用字母标注，在图外对字母含义另行(或列表)注明。

4.6.4 实施状况的标识

对已实施的工作，可用明显标识说明。例如，对网络图上的节点或箭线涂以醒目的色彩。

4.7 逻辑关系的表示方法

网络图中逻辑关系应如表4所示。

表4 逻辑关系的表示方法

序号	逻辑关系	双代号表示方法	单代号表示方法
1	A完成后进行B，B完成后进行C	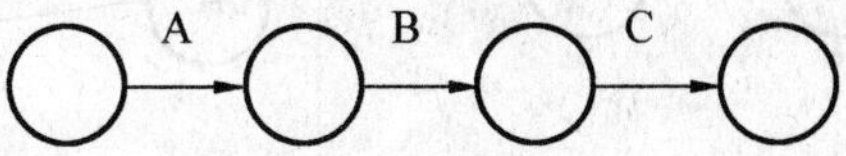 A B C	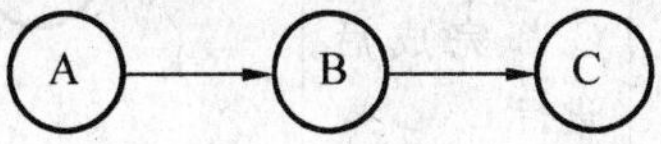 A B C
2	A完成后同时进行B和C	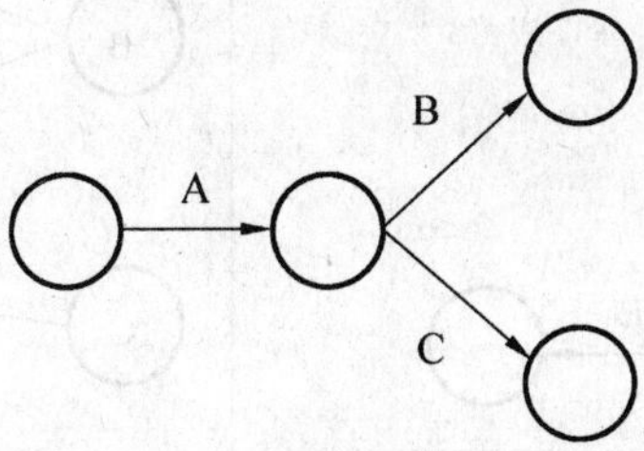 A B C	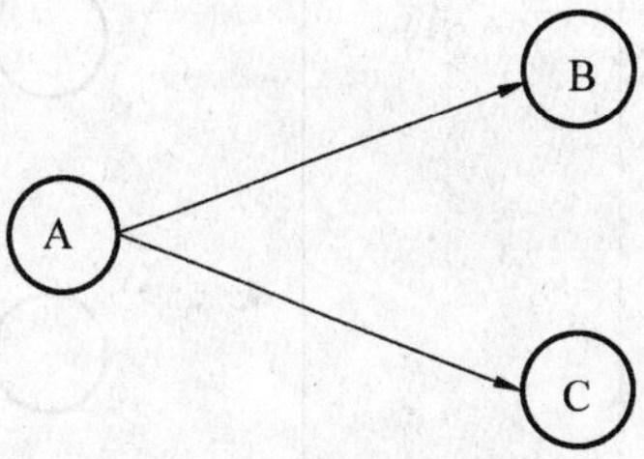 A B C
3	A和B都完成后进行C	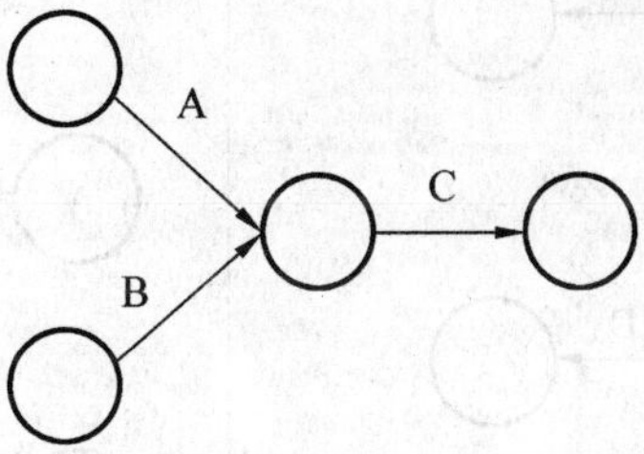 A B C	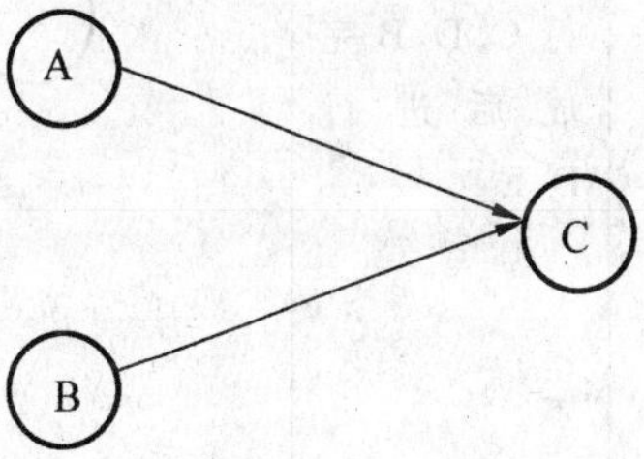 A B C
4	A完成后同时进行B、C。B和C完成后进行D	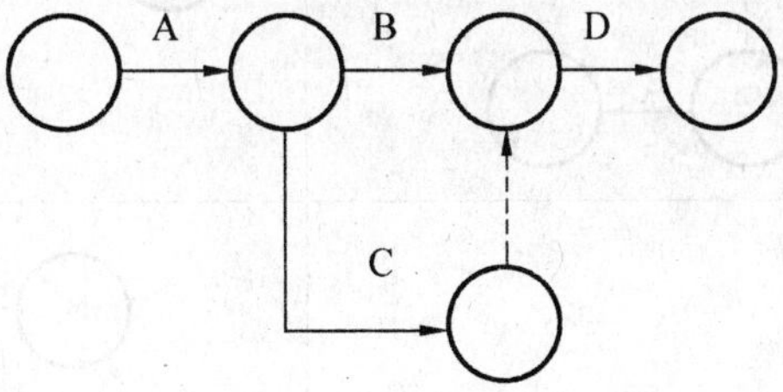 A B D C	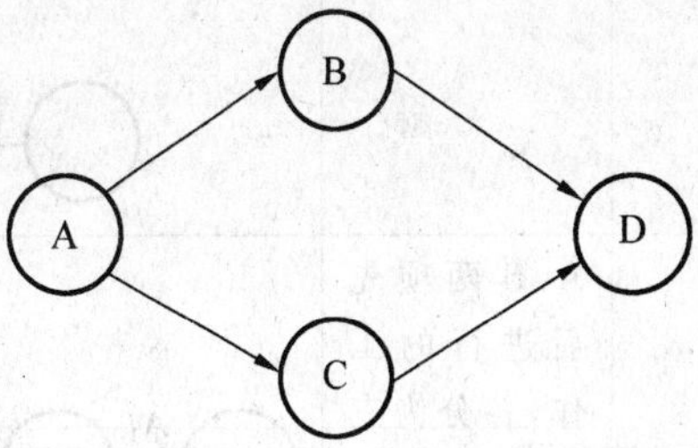 A B C D
5	A和B都完成后进行C、D	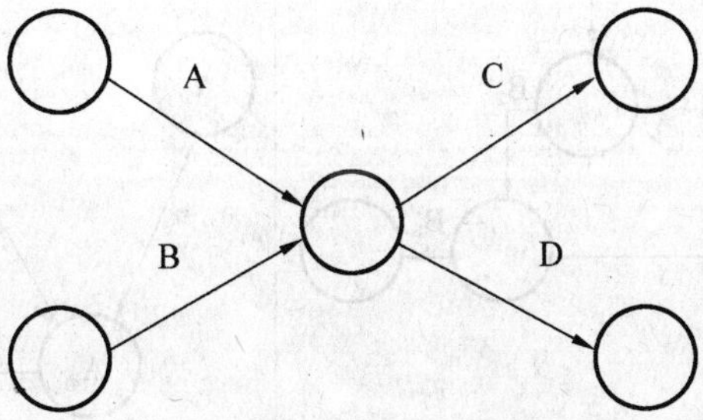 A B C D	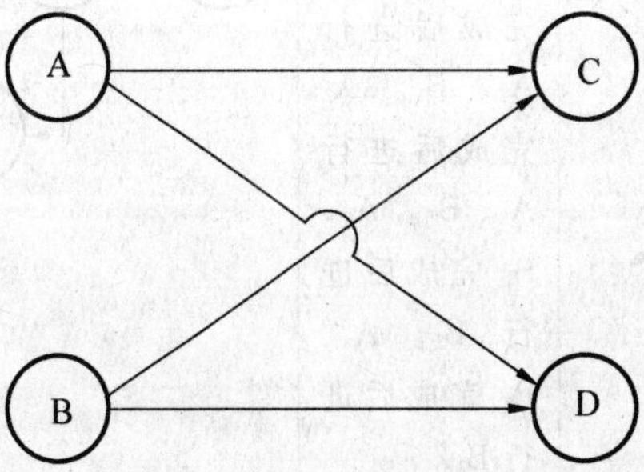 A B C D

表 4（续）

序号	逻辑关系	双代号表示方法	单代号表示方法
6	A 完成后进行 C，A 和 B 都完成后进行 D	A C B D	A C B D
7	A、B 都完成后进行 D，B、C 都完成后进行 E	A D B C E	A D B E C
8	A 完成后进行 C、D，B 完成后进行 D、E	A C D B E	C A D B E
9	A、B 两项先后进行的工作，各分为三段进行。A_1 完成后进行 A_2、B_1。A_2 完成后进行 A_3、B_2。A_2、B_1 完成后进行 B_2。A_3、B_2 完成后进行 B_3	A_1 B_1 A_2 B_2 A_3 B_3	B_1 B_2 A_1 B_3 A_2 A_3

4.8 非肯定逻辑关系节点的画法

4.8.1 “与”关系

如表 5 所示。

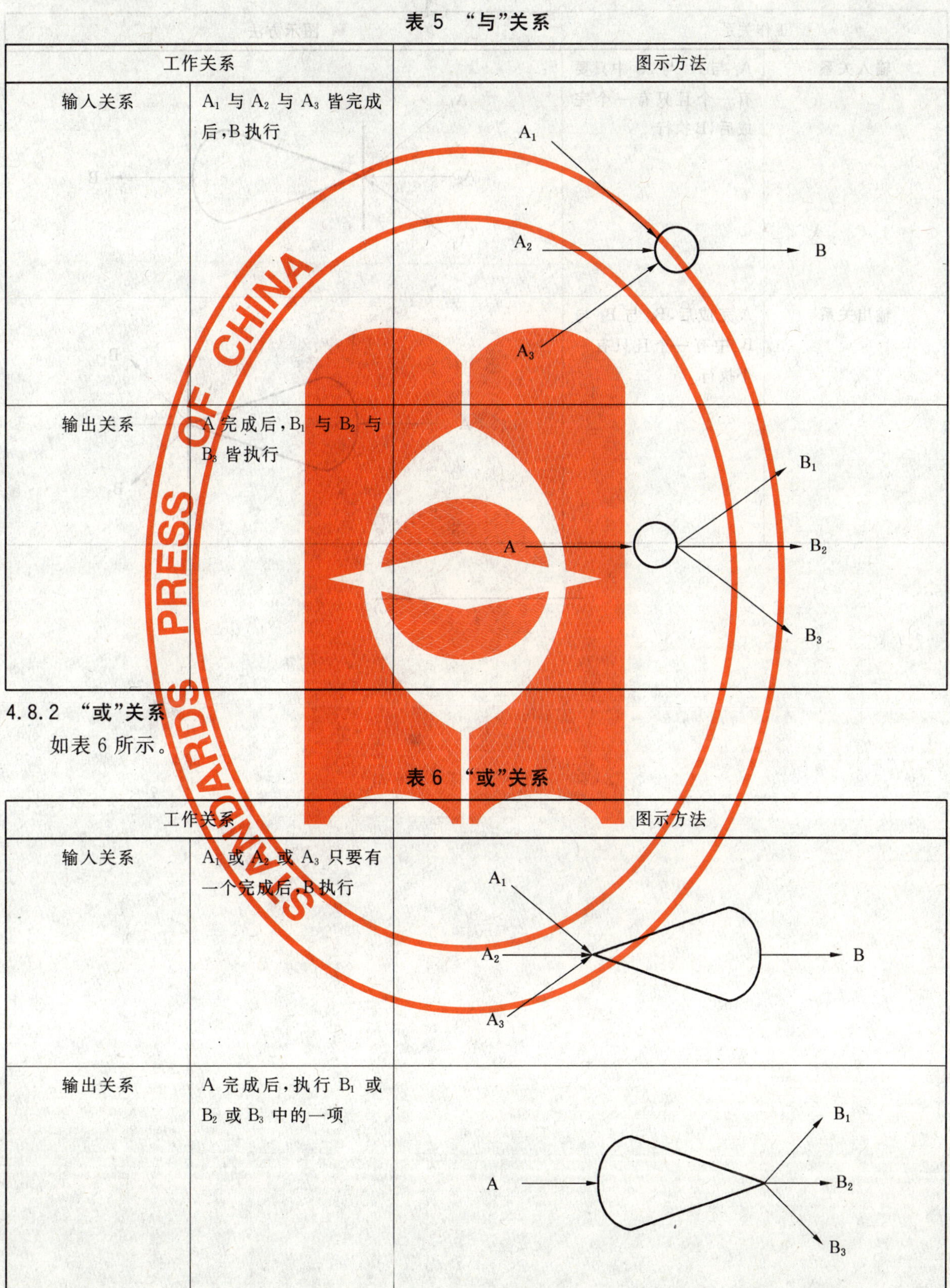

表 5 “与”关系

工作关系		图示方法
输入关系	A_1 与 A_2 与 A_3 皆完成后，B 执行	A_1 A_2 A_3 B
输出关系	A 完成后，B_1 与 B_2 与 B_3 皆执行	A B_1 B_2 B_3

4.8.2 “或”关系

如表 6 所示。

表 6 “或”关系

工作关系		图示方法
输入关系	A_1 或 A_2 或 A_3 只要有一个完成后，B 执行	A_1 A_2 A_3 B
输出关系	A 完成后，执行 B_1 或 B_2 或 B_3 中的一项	A B_1 B_2 B_3

4.8.3 “异或”关系

如表 7 所示。

表 7 “异或”关系

工作关系		图示方法
输入关系	A_1 与 A_2 与 A_3 中只要有一个且只有一个完成后，B 执行	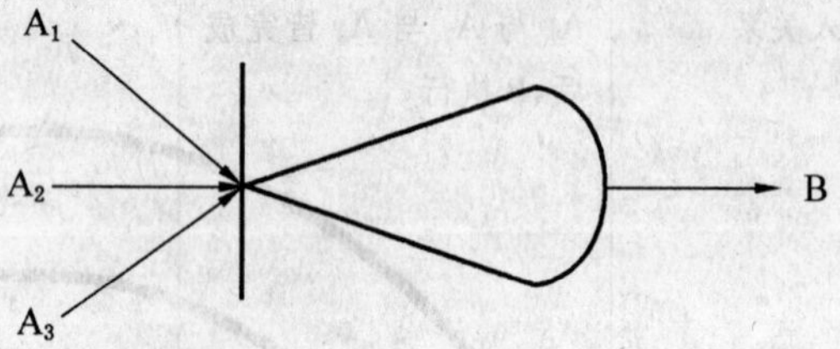 A_1 A_2 A_3 B
输出关系	A 完成后，B_1 与 B_2 与 B_3 中有一个且只有一个执行	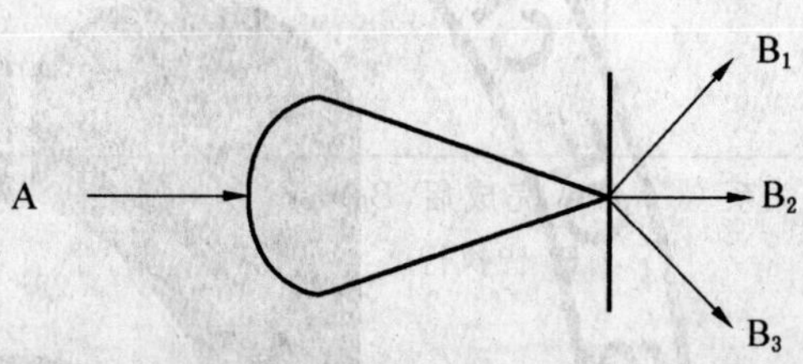 A B_1 B_2 B_3

ICS 07.020
A 41

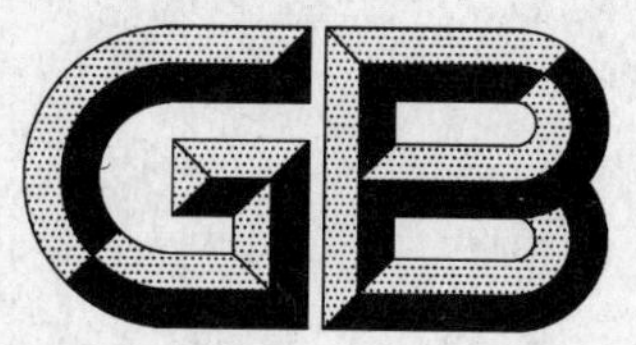

中华人民共和国国家标准

GB/T 13400.3—2009
代替 GB/T 13400.3—1992

网络计划技术
第3部分:在项目管理中应用的一般程序

**Network planning techniques—
Part 3:General process used in project management**

2009-05-06 发布　　2009-11-01 实施

中华人民共和国国家质量监督检验检疫总局
中国国家标准化管理委员会　发布

ICS 03.020

中华人民共和国国家标准

GB/T 13400.3—2009

网络计划技术
第3部分：在项目管理中应用的一般程序

Network planning techniques—
Part 3: General process used in project management

2009-05-06 发布　　2009-11-01 实施

中华人民共和国国家质量监督检验检疫总局
中国国家标准化管理委员会　发布

前　言

GB/T 13400《网络计划技术》分为三个部分：

——第 1 部分：常用术语；

——第 2 部分：网络图画法的一般规定；

——第 3 部分：在项目管理中应用的一般程序。

本部分为 GB/T 13400 的第 3 部分，代替 GB/T 13400.3—1992《网络计划技术　在项目计划管理中应用的一般程序》。

本部分与 GB/T 13400.3—1992 相比，主要变化如下：

——名称变更：从《网络计划技术　在项目计划管理中应用的一般程序》变更为《网络计划技术　第 3 部分：在项目管理中应用的一般程序》；

——标准的总体编排和结构按 GB/T 1.1—2000 进行了修改：增加了目次、前言、引言；第 1 章"主题内容与适用范围"更名为"范围"，第 2 章"引用标准"更名为"规范性引用文件"；

——增加了第 3 章"术语和定义"；

——在一般程序中，阶段"时间参数计算与确定关键线路"更名为"计算参数"，阶段"优化并确定正式网络计划"更名为"确定正式网络计划"，"结束阶段"更名为"收尾"；

——在一般程序中，"项目分解"这一步骤，从"绘制网络图"阶段调整至"准备"阶段，"总结分析"步骤分成"分析"和"总结"两个步骤；

——对一般程序中各个阶段和步骤的基本依据进行了明确的强调；

——对标准中出现的表添加了表题；

——对"工作分析表"和"计算时间参数结果"改用表格的形式给出；

——对标准的部分文字阐述进行了编辑性修改，力求达到更加精练、通俗、逻辑一致的目的。

本部分由中国标准化研究院提出并归口。

本部分主要起草单位：中国标准化研究院、北京工程管理科学学会、中国科学院研究生院、辽宁省标准化研究院。

本部分主要起草人：李小林、丛培经、詹伟、张婀娜、甘绍熺、洪岩、任冠华、王德海、赵克令。

本部分于 1992 年首次发布，本次修订为第一次修订。

引　言

知识经济时代是项目蓬勃发展的时代。实践表明，当今人类社会的大部分活动都可以按项目运作。项目管理正以一种新的思维方式和管理模式渗透到各个领域，成为人类生存和推动社会发展的一种必要手段。随着人们对项目和项目管理认识的不断深化，项目管理经历了从传统到现代的发展历程，逐渐发展成为具有科学理念、理论、知识、方法、技术和手段的系统学科。

项目管理是以项目为对象，依据项目的特点和规律，对项目运作进行高效率的计划、组织、领导、控制和协调，以实现项目目标的过程。项目管理的主要内容包括：项目范围管理、项目时间管理、项目费用管理、项目质量管理、项目人力资源管理、项目沟通管理、项目风险管理、项目采购管理、项目综合管理等。项目管理涉及的知识有一般管理知识、项目管理特有知识、与项目相关应用领域的知识，这些知识的总和构成项目管理知识体系，其中就包含了网络计划技术。网络计划技术是项目管理中最关键的方法，其应用程序的标准化对网络计划技术的应用效果起决定性作用。

网络计划技术是人们在管理实践中创造的专门用于对项目进行管理，以保证实现预定目标的科学管理技术，它既是一种科学的计划表达方式，又是一种有效的管理方法，被广泛应用于项目管理的规划、实施、控制诸阶段。其最大特点是能为项目管理提供多种信息，从而有助于管理人员合理地组织项目实施，做到统筹规划，明确重点，优化资源，实现项目目标。

在我国，网络计划技术于20世纪60年代得到推广和应用，至80年代开始与项目管理相结合，逐渐成为其核心技术及重要组成部分，并得到了很大的发展，积累了丰富的经验。为规范网络计划技术在项目管理中的应用，特制定GB/T 13400的本部分。

GB/T 13400的本部分为计算机辅助网络计划技术在项目管理中的应用提供指南，但不涉及计算机软件中的专业性操作。

网络计划技术
第3部分:在项目管理中应用的一般程序

1 范围

GB/T 13400 的本部分规定了网络计划技术在项目管理中应用的一般程序。

本部分适用于各领域项目的管理。

2 规范性引用文件

下列文件中的条款通过 GB/T 13400 的本部分的引用而成为本部分的条款。凡是注日期的引用文件,其随后所有的修改单(不包括勘误的内容)或修订版均不适用于本部分,然而,鼓励根据本部分达成协议的各方研究是否可使用这些文件的最新版本。凡是不注日期的引用文件,其最新版本适用于本部分。

GB/T 13400.1 网络计划技术 常用术语

GB/T 13400.2—2009 网络计划技术 第2部分:网络图画法的一般规定

3 术语和定义

GB/T 13400.1 确定的术语和定义适用于本部分。

4 一般原则

4.1 将项目管理及其相关要素作为一个系统来研究网络计划技术应用的一般程序。

4.2 网络计划技术应用程序的阶段划分应有利于强化项目管理。

4.3 程序制定有利于最大限度地调动组织的积极性,便于沟通协调,使工期、资源、费用、质量等目标综合最佳。

4.4 网络计划的管理是一个完整的系统动态过程,其程序制定应立足于在实施中持续控制和调整。

5 网络计划技术在项目管理中应用的阶段和步骤

网络计划技术在项目管理中应用的阶段和步骤见表1。

表1 网络计划技术在项目管理中应用的阶段和步骤

序号	阶段	步骤	方法
1	准备	确定网络计划目标	见6.1
		调查研究	见6.2
		项目分解	见6.3
		工作方案设计	见6.4
2	绘制网络图	逻辑关系分析	见7.1
		网络图构图	见7.2
3	计算参数	计算工作持续时间和搭接时间	见8.1
		计算其他时间参数	见8.2
		确定关键线路	见8.3

表 1（续）

序　号	阶　段	步　骤	方　法
4	编制可行网络计划	检查与修正	见 9.1
		可行网络计划编制	见 9.2
5	确定正式网络计划	网络计划优化	见 10.1
		网络计划的确定	见 10.2
6	网络计划的实施与控制	网络计划的贯彻	见 11.1
		检查和数据采集	见 11.2
		控制与调整	见 11.3
7	收尾	分析	见 12.1
		总结	见 12.2

6 准备

6.1 确定网络计划目标

6.1.1 依据

确定网络计划目标依据下列内容：

a) 项目范围说明书：详细说明项目的可交付成果、为提交这些可交付成果而必须开展的工作、项目的主要目标；

b) 环境因素：组织文化、组织结构、资源、相关标准、规范、制度等。

6.1.2 目标的主要内容

a) 时间目标；

b) 时间-资源目标；

c) 时间-费用目标。

6.2 调查研究

6.2.1 调查研究的主要内容

调查研究一般包括下列内容：

a) 项目有关的工作任务、实施条件、设计数据等资料；

b) 有关的标准、定额、规程、制度等；

c) 资源需求和供应情况；

d) 资金需求和供应情况；

e) 有关的经验、统计资料及历史资料；

f) 其他有关的技术经济资料等。

6.2.2 调查研究的方法

调查研究可使用下列方法：

a) 实际观察、测量与询问；

b) 会议调查；

c) 查阅资料；

d) 计算机检索；

e) 预测与分析等。

6.3 项目分解

6.3.1 目的

根据项目管理和网络计划的要求，将项目分解为较小的、易于管理的基本单元。

6.3.2 原则

a) 项目分解可面向对象、结构、团队、流程和交付成果等；

b) 项目分解宜根据具体情况决定分解的层次和任务范围。

6.3.3 依据

a) 项目范围；

b) 项目目标；

c) 调查信息和实施条件分析。

6.3.4 结果

a) 项目的分解说明；

b) 项目的工作分解结构(WBS)图或表。

6.4 工作方案设计

6.4.1 依据

项目的工作分解结果。

6.4.2 主要内容

工作方案设计应包括下列内容：

a) 确定工作(生产)顺序；

b) 确定工作(生产)方法；

c) 选择需要的资源；

d) 确定重要的工作管理组织；

e) 确定重要的工作保证措施；

f) 确定采用的网络图类型。

6.4.3 基本要求

工作方案设计基本要求应包括下列各项：

a) 寻求最佳工作程序；

b) 确保工作质量、安全、节约与环保；

c) 采用先进理念、技术和经验；

d) 分工合理，职责明确；

e) 有利于提高效率、缩短工期、增加效益。

7 绘制网络图

7.1 逻辑关系分析

7.1.1 依据

逻辑关系分析依据下列各项：

a) 已设计的工作方案；

b) 项目已分解的工作；

c) 收集到的有关信息；

d) 编制计划人员的专业工作经验和管理工作经验等。

7.1.2 逻辑关系类型

逻辑关系类型包括工艺关系、组织关系，等等。

7.1.3 逻辑关系分析的程序

a) 确定每项工作的紧前工作(或紧后工作)与搭接关系；

b) 完成工作分析表(见表 2)中逻辑关系分析部分(3～5 列)。

表 2　工作分析表

编码	工作名称	逻辑关系			工作持续时间				
		紧前工作（或紧后工作）	搭接		确定时间 D	三时估计法			
			相关工作	时距		最短估计时间 a	最长估计时间 b	最可能估计时间 m	期望持续时间 D_e
1	2	3	4	5	6	7	8	9	10

7.2　网络图构图

7.2.1　依据

绘制网络图应遵守下列依据：

a）表 2 中第 3～5 列所示的工作逻辑关系；

b）已选定的网络图类型；

c）GB/T 13400.2—2009 的各项规定。

7.2.2　要求

绘制网络图应满足下列要求：

a）按 GB/T 13400.2—2009 中 4.4 的规定绘图；

b）方便使用；

c）方便工作的组合、分图与并图。

7.2.3　绘制网络图的步骤

a）确定网络图的布局；

b）从起始工作开始，自左至右依次绘制；

c）检查工作和逻辑关系；

d）进行修正；

e）节点编号。

8　计算参数

8.1　计算工作持续时间和搭接时间

8.1.1　依据

计算工作持续时间应依据下列内容：

a）网络图；

b）工作的任务量；

c）资源供应能力；

d）工作组织方式；

e）工作能力与效率；

f）选择的计算方法。

8.1.2　计算方法

计算时间参数可选用下列方法：

a）参照以往实践经验估算；

b）经过试验推算；

c）按定额计算，计算见公式(1)：

$$D=\frac{Q}{R\cdot S} \qquad (1)$$

式中：

D——工作持续时间，月、旬、周、日、时等；

Q——工作任务量；

R——资源数量；

S——工效定额。

d) 对于一般非肯定型网络，工作持续时间可采用“三时估计法”，计算见公式(2)：

$$D_e = \frac{a + 4m + b}{6} \qquad \cdots\cdots(2)$$

式中：

D_e——期望持续时间计算值；

a——最短估计时间；

b——最长估计时间；

m——最可能估计时间。

e) 其他方法。

8.1.3 计算结果

a) 工作持续时间；

b) 搭接时间：开始到开始(STS)、开始到完成(STF)、完成到开始(FTS)、完成到完成(FTF)四种关系中之一。

8.2 计算其他时间参数

8.2.1 其他时间参数的种类

其他时间参数包括下列各项：

a) 工作时间参数：最早开始时间(ES)、最早完成时间(EF)、最迟开始时间(LS)、最迟完成时间(LF)、总时差(TF)、自由时差(FF)；

b) 节点时间参数：节点最早时间(ET)、节点最迟时间(LT)；

c) 节点时间间隔($LAG_{i,j}$)；

d) 工期(T)：计算工期(T_c)、要求工期(T_s)、计划工期(T_p)。

8.2.2 计算的结果

时间参数宜采用计算机软件计算。

时间参数的计算结果按表3的格式录入，也可直接标注在网络计划图上。

表3 计算时间参数结果

编　码	工作名称	工作持续时间	时间参数						是否关键工作
			ES	EF	LS	LF	TF	FF	
1	2	3	4	5	6	7	8	9	10

8.3 确定关键线路

8.3.1 依据

确定关键线路应依据下列内容：

a) 网络图；

b) 时间参数的计算结果；

c) 确定关键线路的规则、方法和标识。

8.3.2 方法

a) 从网络计划图起点节点开始到终点节点为止，持续时间最长的线路即为关键线路；

b) 在双代号网络计划中，从网络图起点节点开始到终点节点工作总时差为最小值的关键工作串联起来，即为关键线路；

c) 在单代号网络计划中，总时差为最小值且时间间隔为零的节点串联起来，即为关键线路。

9 编制可行网络计划

9.1 检查与修正

9.1.1 检查的主要内容

检查的主要内容应包括下列各项：

a) 工期是否符合要求；

b) 资源需用量是否满足条件，资源配置是否符合资源供应条件；

c) 费用是否符合要求。

9.1.2 修正的内容和方法

a) 工期修正：当“计算工期”不能满足预定的时间目标要求时，应进行修正。修正的方法是：适当压缩关键工作的持续时间、改变工作方案或逻辑关系。

b) 资源修正：当资源需用量超过供应条件时，应进行修正。修正的方法是：延长非关键工作持续时间，使资源需用量降低；在总时差允许范围内和其他条件允许的前提下，灵活安排非关键工作的起止时间，使资源需用量降低。

9.2 可行网络计划编制

9.2.1 依据

可行网络计划应依据9.1.2修正后的结果编制。

9.2.2 要求

编制可行网络计划应满足下列要求：

a) 实施本部分7.2.2的规定；

b) 执行网络计划修正结果；

c) 当网络计划复杂或工期长时，可采用分级或分层等方法进行细化。

10 确定正式网络计划

10.1 网络计划优化

可行网络计划一般需进行优化，方可编制成正式网络计划。当没有优化要求时，可行网络计划即可作为正式网络计划。

10.1.1 优化目标的确定

网络计划优化目标一般有以下几种选择：

a) 工期优化；

b) “时间固定、资源均衡”的优化；

c) “资源有限，工期最短”的优化；

d) 时间-费用优化。

10.1.2 网络计划优化的程序

网络计划应按下列程序进行优化：

a) 确定优化目标；

b) 选择优化方法并进行优化；

c) 对优化结果进行评审、决策。

10.2 网络计划的确定

10.2.1 编制网络计划说明书

网络计划说明一般包括下列内容：

a) 编制说明；

b) 主要计划指标一览表；

c) 执行计划的关键说明；

d) 需要解决的问题及主要措施；

e) 其他需要说明的问题；

f) 说明工作时差分配范围。

10.2.2 正式网络计划的确定

依据网络计划的优化结果制定拟付诸实施的正式网络计划，并应报请审批。

11 网络计划的实施与控制

11.1 网络计划的贯彻

网络计划的贯彻应进行下列工作：

a) 根据批准的网络计划组织实施；

b) 建立相应的组织保证体系；

c) 组织宣贯，进行必要的培训；

d) 将网络计划中的每一项工作落实到责任单位，作业性网络计划必须落实到责任人，并制定相应的保证计划实施的具体措施。

11.2 检查和数据采集

11.2.1 要求

网络计划执行中的检查和数据采集应满足下列要求：

a) 建立健全相应的检查制度和执行数据采集报告制度；

b) 建立有关数据库；

c) 定期、不定期或应急地对网络计划的执行情况进行检查并收集有关数据；

d) 对检查结果和收集反馈的有关数据进行分析，抓住关键，确定对策，采取相应的措施。

11.2.2 主要内容

网络计划的检查和数据采集包括以下主要内容：

a) 关键工作进度；

b) 非关键工作的进度及时差利用；

c) 工作逻辑关系的变化情况；

d) 资源状况；

e) 费用状况；

f) 存在的其他问题。

11.2.3 方法

检查时可采用下列方法记录实施进度：

a) 当采用时标网络计划时，可用“实际进度前锋线法”或“切割线法”；

b) 当不采用时标网络计划时，可直接在图上用文字或适当的符号表示，也可列表记录；

c) 挣值法等。

11.3 控制与调整

11.3.1 依据

网络计划控制与调整应依据下列内容：

a） 批准的正式网络计划；

b） 绩效报告提供的有关信息；

c） 变更请求。

11.3.2 内容

a） 时间；

b） 资源；

c） 费用；

d） 工作；

e） 其他。

11.3.3 纠偏

网络计划在执行中发生偏差时，需及时进行纠偏。网络计划纠偏应按下列程序实施：

a） 确定纠偏的对象和目标；

b） 选择纠正措施；

c） 对纠正措施进行评价和决策；

d） 确定更新的网络计划，并付诸实施。

12 收尾

12.1 分析

网络计划任务完成后，应进行分析。分析应包括下列内容：

a） 各项目标的完成情况；

b） 计划与控制工作中的问题及其原因；

c） 计划与控制工作中的经验；

d） 提高计划与控制工作水平的措施。

12.2 总结

计划与控制工作的总结应满足下列要求：

a） 总结应形成制度，完成总结报告，必要时纳入组织规范；

b） 归档。

ICS 01.140.20
A 14

中华人民共和国国家标准

GB/T 13417—2009
代替 GB/T 13417—1992

期刊目次表

Contents list of periodicals

(ISO 18:1981,Documentation—Contents list of periodicals,MOD)

2009-09-30 发布　　2010-02-01 实施

中华人民共和国国家质量监督检验检疫总局
中国国家标准化管理委员会　发布

前　言

本标准修改采用 ISO 18:1981《文献工作　期刊目次表》，与 ISO 18:1981 相比主要差异如下：

——增加了广告目次；

——多语种目次表的表述根据我国期刊的实际情况进行了修改；

——目次表中增加了封面及插页上的重要图片、插图、附表的条目等信息。

本标准代替 GB/T 13417—1992，与 GB/T 13417—1992 相比主要变化如下：

——标准名称由《科学技术期刊目次表》改为《期刊目次表》；

——增加了前言；

——增加了广告目次；

——简化了关于多语种目次表的表述；

——明确了封面及插页上的重要图片、插图、附表的条目，也应在目次表中列出。

本标准由全国信息与文献标准化技术委员会(SAC/TC 4)提出并归口。

本标准起草单位：清华大学出版社、北京林业大学、中国农业科学院信息所、北京师范大学、中国科学技术信息研究所。

本标准主要起草人：蔡鸿程、颜帅、刘春燕、陈浩元、潘淑春、沈玉兰。

本标准所代替标准的历次版本发布情况为：

——GB/T 13417—1992。

期 刊 目 次 表

1 范围

本标准规定了期刊目次表的构成、内容要求和编排格式。

本标准适用于期刊目次表的编排。

2 术语和定义

下列术语和定义适用于本标准。

2.1

目次表 contents list

单册期刊刊登的全部文章或其他内容的题名、责任者和所在页码的简明标目表。

2.2

题名项 title

标示文章或其他内容的完整题名(及其可能有的副题名)。

2.3

责任者项 responsibility

标示对文章或其他内容进行创作、整理、翻译、注释等负有直接责任的著者(自然人、法人或团体)。

2.4

栏目 section item

按内容、性质、表现形式或所属学科分支,将同范围、同类型或同主题的一组文章等分类编排所用的标目。

3 内容和结构

3.1 目次表应标示当期期刊登载的论文、评论、图片、通讯、消息以及补白和更正等的题名、责任者、所在页的起始页码或起止页码,以及分栏目编排的栏目名称。所刊登的广告宜单列广告目次,在广告目次上方应标示"广告"。

3.2 目次表的各条目可按其内容的重要性分为主要条目组(一般为期刊的主体文章、图片和评论等)和次要条目组(一般为通讯、消息、补白和更正等),也可按栏目名称将条目分类编排。

3.3 目次表的主要条目应包括对应内容的题名项、责任者项和所在页的起始页码或起止页码,次要条目至少要包括对应内容的题名项及其所在页的起始页码。广告目次中一般只列广告发布者名称及广告内容的起始页码。

4 编制基本规则

4.1 期刊每期均应有目次表,同一期中还可有目次表选录。

4.2 目次表条目应与其对应的内容一致。

4.3 目次表应独自成页,不宜编入正文的连续页码。目次表为多页并有必要时可用罗马数字单独编码,以便于查阅和复制。

4.4 目次表可以用1种以上语言文字。

5 位置

5.1 目次表一般应置于封二后的第1页,如需转页应转至第2页。目次表也可以置于封一、封二、封三或封四，但目次表的位置在一种期刊中应各期相同，如要变更时，应从新的一卷（年）的第1期开始。

5.2 如目次表置于封一，可接排在封二，也可接排在封四；目次表置于封四，可接排在封三。

6 编排细则

6.1 目次表的表题为“目次”。

6.2 目次条目的内容一般按题名项、责任者项、起始页码或起止页码的顺序排列；也可将所在页码置于题名项前。

6.3 在题名项和责任者项之间宜留空或以细点线连接。

6.4 期刊可设立1种或多种栏目。目次条目可分栏目或按文章主题分类分别汇集编排，同一栏目或同一类的文章应按其在期刊中的先后次序排列。栏目名称的字体应与目次条目中各项字体有所区别。主要条目组的栏目应排在次要条目组栏目的前面。

6.5 责任者项为多责任者时，各责任者间可用逗号隔开或留空。

6.6 译文应在题名后加注原著语种标志，原著责任者的译名后用圆括号注明其国别。

6.7 分期连续刊载的文章，在目次表所载该文的题名后应分别用圆括号加注“待续”“续1”“续前”或“续完”等字样。

6.8 目次表中应刊出各篇文章的起始页码或起止页码。刊出起止页码时，起始页码与终止页码之间用半字线(-)连接表示。

6.9 封面及插页上重要的图片、插图、附表的条目，也应在目次表中列出。

ICS 17.160;91.120.25
J 04

中华人民共和国国家标准

GB/T 13437—2009
代替 GB/T 13437—1992

扭转振动减振器特性描述

Description of torsional vibration absorber characteristics

2009-04-24 发布 2009-12-01 实施

中华人民共和国国家质量监督检验检疫总局
中国国家标准化管理委员会 发布

前言

本标准是对GB/T 13437—1992《扭转振动减振器特性描述》的修订。

本标准与GB/T 13437—1992比较主要技术变化如下：

——调整扭转振动减振器产品按原理分类方法；

——删减了目前已不再使用的挂摆式和簧片硅油型扭转振动减振器。

本标准代替GB/T 13437—1992。

本标准的附录A和附录B为资料性附录。

本标准由全国机械振动、冲击与状态监测标准化技术委员会(SAC/TC 53)提出并归口。

本标准起草单位：中国船舶工业总公司第七一一研究所。

本标准主要起草人：周文建、周炎、姜小荧、石菲、马炳杰。

本标准所代替标准的历次版本发布情况为：

——GB/T 13437—1992。

扭转振动减振器特性描述

1 范围

本标准规定了扭转振动减振器(以下简称减振器)的术语、分类、特性参数的表达和制造厂向用户提供的技术资料等。

本标准适用于往复式内燃机轴系(以下简称轴系)中常用结构形式的减振器。其他形式的减振器亦可参照使用。

2 规范性引用文件

下列文件中的条款通过本标准的引用而成为本标准的条款。凡是注日期的引用文件,其随后所有的修改单(不包括勘误的内容)或修订版均不适用于本标准。然而,鼓励根据本标准达成协议的各方研究是否可使用这些文件的最新版本。凡是不注日期的引用文件,其最新版本适用于本标准。

GB/T 2298 机械振动与冲击 术语

GB/T 15371 曲轴轴系扭转振动的测量与评定方法

CB/T 3853 船用柴油机轴系扭转振动测量方法

3 术语和定义

GB/T 2298 给出的以及下列术语和定义适用于本标准。

3.1

扭转振动系统 torsional vibration system

具有转动惯量、扭转刚度并产生扭转振动的有阻尼(或无阻尼)系统。

同义词:扭振系统。

3.2

激励扭矩 excitation torque

作用于扭转振动系统,激起系统出现某种响应的周期性外力矩。

3.3

简谐阶数 harmonic order

曲轴每转中由激励扭矩产生的正弦振动的周波数。

3.4

静态扭转刚度 static torsional stiffness

在力矩缓慢增加或减少的过程中,减振器所受外力矩的增量与其所产生的角位移的增量之比。

注:静态扭转刚度与力矩变化的速率有关。当减振器的弹性元件为橡胶件时,还与温度有关。

3.5

动态扭转刚度 dynamic torsional stiffness

在动态条件下,减振器所受外力矩的增量与其所产生的角位移的增量之比。

3.6

阻尼系数 damping coefficient

减振器产生的阻尼力矩与其相对角速度之比。

3.7

损耗系数 loss coefficient

损耗系数(也称相对阻尼)Ψ_d 由公式(1)定义:

$$\Psi_d = W_d / W_e \qquad (1)$$

式中：

W_d——减振器在每一循环中所做的阻尼功；

W_e——每一循环贮存在减振器弹性元件中之最大能量。

3.8

无因次阻尼系数　dimensionless damping coefficient

无因次阻尼系数 X_d 由公式(2)定义：

$$X_d = T_d / T_e \qquad (2)$$

式中：

T_d——减振器产生的阻尼力矩幅值；

T_e——减振器的弹性元件产生的弹性力矩幅值。

3.9

减振器　damper

在轴系中，能起到调整轴系扭转振动共振频率或利用阻尼耗散轴系扭转振动激励能量或兼有调频与耗能两种作用的装置。

3.10

有阻尼弹性减振器　damped elastic damper

通过改变局部转动惯量、扭转刚度和阻尼系数，来改变系统固有频率和振型并增加振动能量耗散，起到减小振动、降低扭转振动应力等作用的装置。

3.11

无阻尼弹性减振器　undamped elastic damper

通过改变局部转动惯量和扭转刚度，来改变系统固有频率和振型，起到减小振动、降低扭转振动应力等作用的装置。

3.12

纯阻尼减振器　pure damped damper

通过增加阻尼，来加大系统扭转振动能量耗散，起到减小振动、降低扭转振动应力等作用的装置。

4　产品分类

4.1　按作用原理分类：

a)　有阻尼弹性减振器；

b)　无阻尼弹性减振器；

c)　纯阻尼减振器。

4.2　按结构形式分类：

a)　弹簧减振器(见图 A.1)；

b)　硅油减振器(见图 A.2)；

c)　橡胶硅油减振器(见图 A.3)；

d)　卷簧减振器(见图 A.4)；

e)　簧片滑油减振器(见图 A.5)；

f)　压入式橡胶减振器(见图 A.6)；

g)　硫化橡胶减振器(见图 A.7)。

5　特性参数表达

减振器的特性参数包括转动惯量 I_d、扭转刚度 K_d 和阻尼系数 C_d 等。

5.1 有阻尼弹性减振器

扭转振动系统的运动方程见附录B中式(B.1)。

特性参数用 I_d、C_d 和 K_d 表达。

5.2 无阻尼弹性减振器

扭转振动系统的运动方程见附录B中式(B.2)。

特性参数用 I_d 和 K_d 表达。

5.3 纯阻尼减振器

扭转振动系统的运动方程见附录B中式(B.3)。

特性参数用 I_d 和 C_d 表达。

6 制造厂向用户提供的技术资料

6.1 性能数据

各种常用结构形式的减振器,制造厂应根据附录A的要求提供其特性参数及有关数据。

6.1.1 扭转刚度

通常只给出动态扭转刚度 K_d。

对橡胶减振器或橡胶硅油减振器,当只给出静态扭转刚度 K_s 之值时,还必须同时给出动静比 $\delta(\delta=K_d/K_s)$ 和获得 K_s 值的试验温度。

6.1.2 阻尼系数

阻尼系数 C_d 与无因次阻尼系数 X_d 及损耗系数 Ψ_d 之间的关系可表示为:

$$C_d = \frac{X_d \cdot K_d}{\omega_i} \quad \cdots\cdots(3)$$

$$\Psi_d = 2\pi\omega_i \frac{C_d}{K_d} \quad \cdots\cdots(4)$$

$$X_d = \frac{\Psi_d}{2\pi} \quad \cdots\cdots(5)$$

式中:

ω_i——轴系第 $i(i=1,2,3,\cdots\cdots)$ 阶振动的圆频率,单位为弧度每秒(rad/s)。

制造厂根据用户的要求,仅提供 C_d、Ψ_d 与 X_d 之一即可,并说明所得系数的试验温度。

6.1.3 转动惯量

分别给出减振器主动件与从动件的转动惯量。

6.2 图纸

提供下列图纸尺寸供装拆用:

a) 标有主要外形尺寸的外形图;

b) 根据不同的连接方式,提供满足装拆要求的全部尺寸或连接部件的图纸。

6.3 资料

6.3.1 规定的检验期及更换期

提供减振器定期检验与更换的规定等下述资料:

a) 对易损零件(如弹簧、滚柱、轴承等)及物理性能易变的零件(如橡胶件)、阻尼液(如硅油)应规定检验期或更换期;

b) 对不易(或不能)拆检的减振器,当采用对轴系进行扭转振动测量(复测)的方法来检验时,应参照GB/T 15371 、CB/T 3853中有关章条的规定,对轴系进行扭转振动测量并规定复测期;

c) 更换减振器的规定。

6.3.2 装拆说明

除提供一般的装拆说明外,对下列连接形式还应加以补充说明:

a) 液压套连接时，应给出液压油的压力范围和向用户推荐使用的液压工具；

b) 液压套与热套相结合连接时，除应给出液压油的压力范围和向用户推荐使用的液压工具外，还应规定加热的方法和加热的温度范围；

c) 法兰连接时，一般还应提供连接螺栓或螺钉的预紧力矩。

6.3.3 对所用阻尼液的说明

用甲基(或乙基)硅油时，给出所用硅油的名义黏度或牌号；用润滑油(机油)时，除标明规格外，还应说明供油压力。

6.3.4 特性参数的试验说明

制造厂提供的减振器特性参数，应说明是经过对样品进行试验验证而获得的数值，必要时应出示原始试验结果。

6.3.5 标志方法

制造厂应对减振器的标志方法加以规定。

对簿壁结构的减振器，在其外壳表面的醒目位置上还应牢固地贴有“警告牌”。

6.3.6 重量

提供减振器出厂(或装机)时的实际重量(总重量)。

6.3.7 环境资料

制造厂应提供下述资料，以确保减振器的正常使用：

a) 与设计要求相仿的减振器工作环境温度范围；

b) 减振器对化学物质抗腐蚀或抗损伤的性能；

c) 推荐的贮存环境；

d) 含有橡胶件的减振器，应规定其贮存期。

附 录 A
（资料性附录）
减振器的常用结构形式及其主要参数

A.1 弹簧减振器

结构形式及主要参数见图 A.1 和表 A.1。

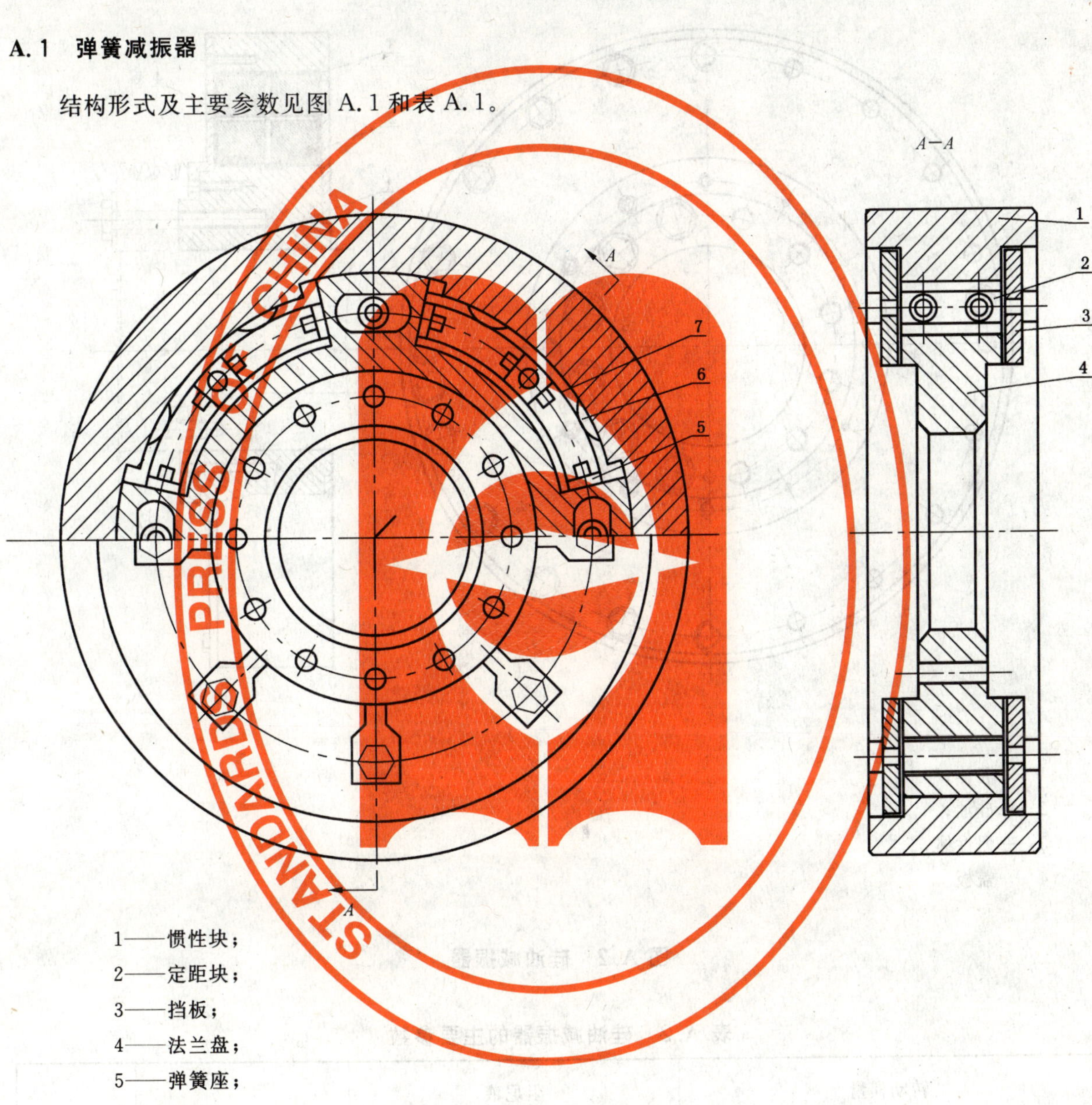

1——惯性块；
2——定距块；
3——挡板；
4——法兰盘；
5——弹簧座；
6——滑瓦；
7——弹簧。

图 A.1 弹簧减振器

表 A.1 弹簧减振器的主要参数

转动惯量		扭转刚度		质量/kg
主动件 $I_I/(\mathrm{kg \cdot m^2})$	从动件 $I_d/(\mathrm{kg \cdot m^2})$	静态 $K_s/(\mathrm{N \cdot m/rad})$	动态 $K_d/(\mathrm{N \cdot m/rad})$	

A.2 硅油减振器

结构形式及主要参数见图 A.2 和表 A.2。

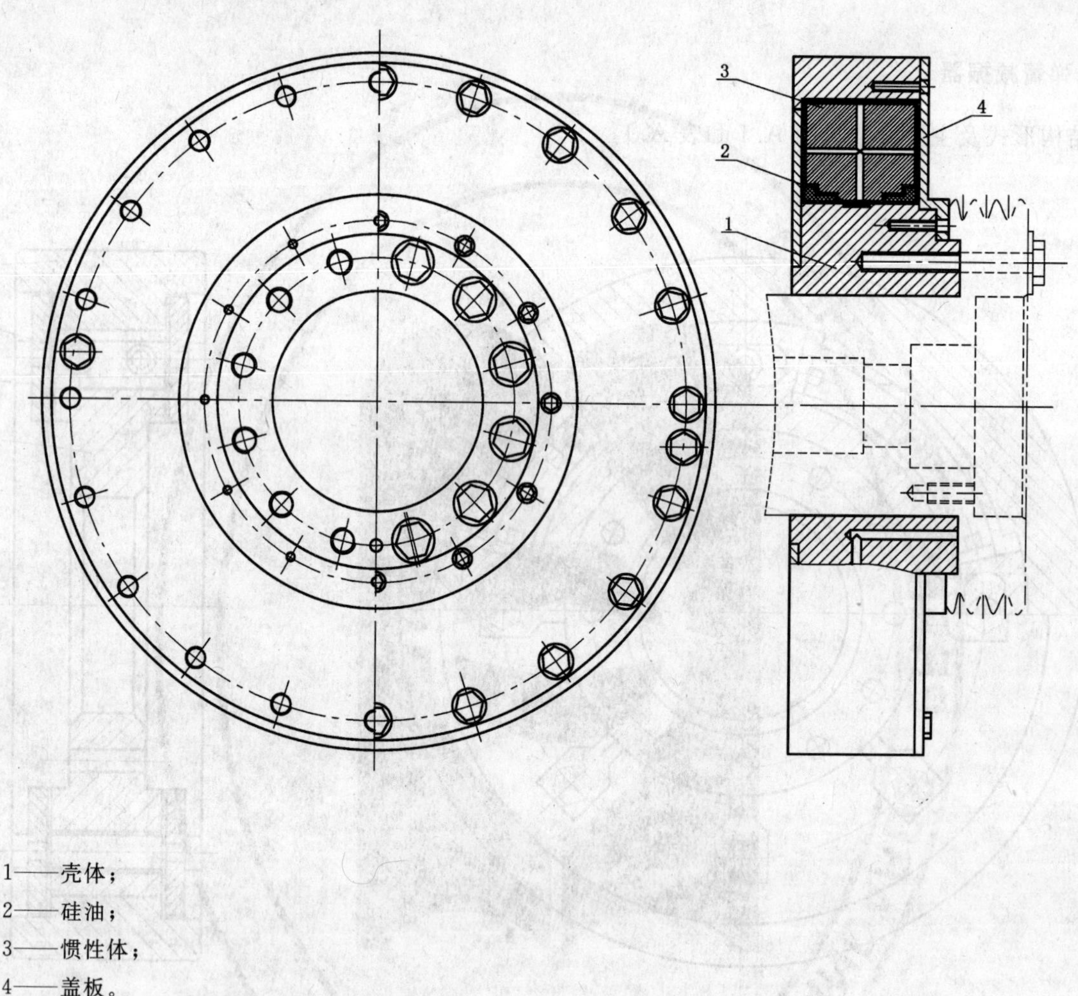

1——壳体；
2——硅油；
3——惯性体；
4——盖板。

图 A.2 硅油减振器

表 A.2 硅油减振器的主要参数

转动惯量		阻尼液		阻尼系数 C_d/(N·m·s/rad)	质量/kg
从动件 I_d/(kg·m²)	主动件 I_I/(kg·m²)	品牌/型号	名义黏度 ν_{ot}/(m²/s)		

A.3 橡胶硅油减振器

结构形式及主要参数见图 A.3 和表 A.3。

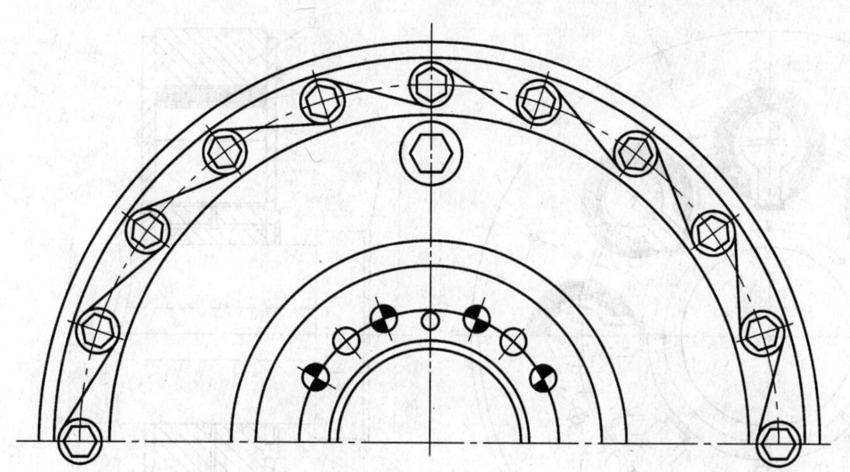

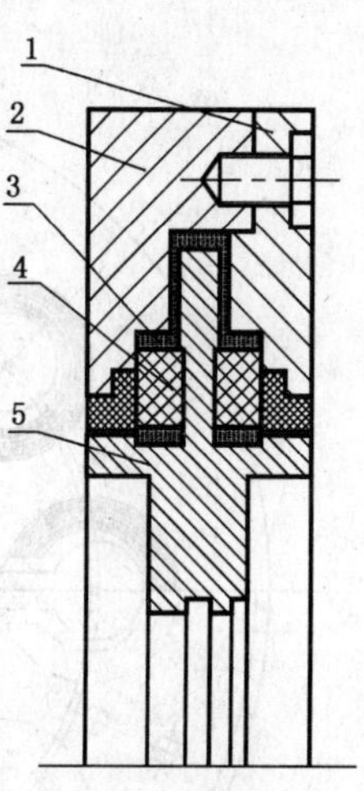

1——惯性块(Ⅰ)；

2——惯性块(Ⅱ)；

3——硅油；

4——橡胶环；

5——法兰盘。

图 A.3 橡胶硅油减振器

表 A.3 橡胶硅油减振器的主要参数

转动惯量		扭转刚度		橡胶环		阻尼液		阻尼(或损耗)系数			质量/kg
惯性体 I_d/(kg·m²)	壳体 I_I/(kg·m²)	静态 K_s/(N·m/rad)	动态 K_d/(N·m/rad)	品种	规格	品种	名义黏度 ν_{ot}/(m²/s)	C_d/(N·m·s/rad)	Ψ_d	X_d	

A.4 卷簧减振器

结构形式及主要参数见图 A.4 和表 A.4。

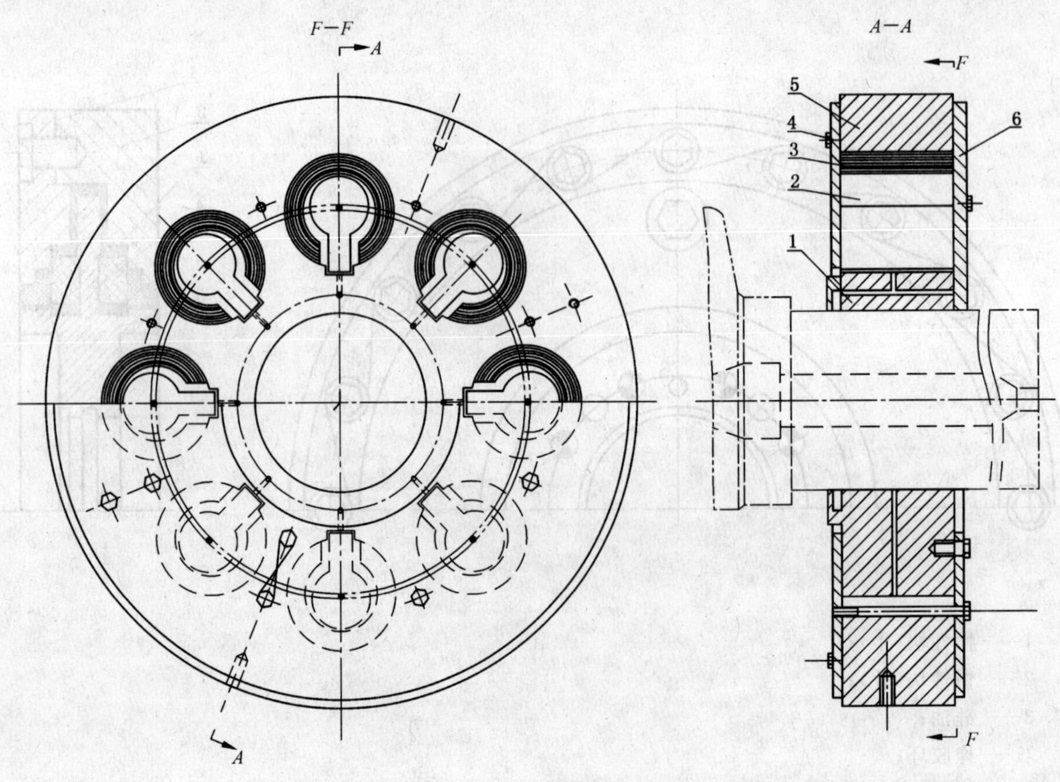

1——减振器座；
2——限制块；
3——卷簧组；
4——后盖板；
5——惯性块；
6——前盖板。

图 A.4 卷簧减振器

表 A.4 卷簧减振器的主要参数

转动惯量		扭转刚度		阻尼液		阻尼(或损耗)系数			质量/kg
主动件 I_1/(kg·m²)	从动件 I_d/(kg·m²)	静态 K_s/(N·m/rad)	动态 K_d/(N·m/rad)	品牌/型号	规格	C_d/(N·m·s/rad)	Ψ_d	X_d	
				机油					

A.5 簧片滑油减振器

结构形式及主要参数见图 A.5 和表 A.5。

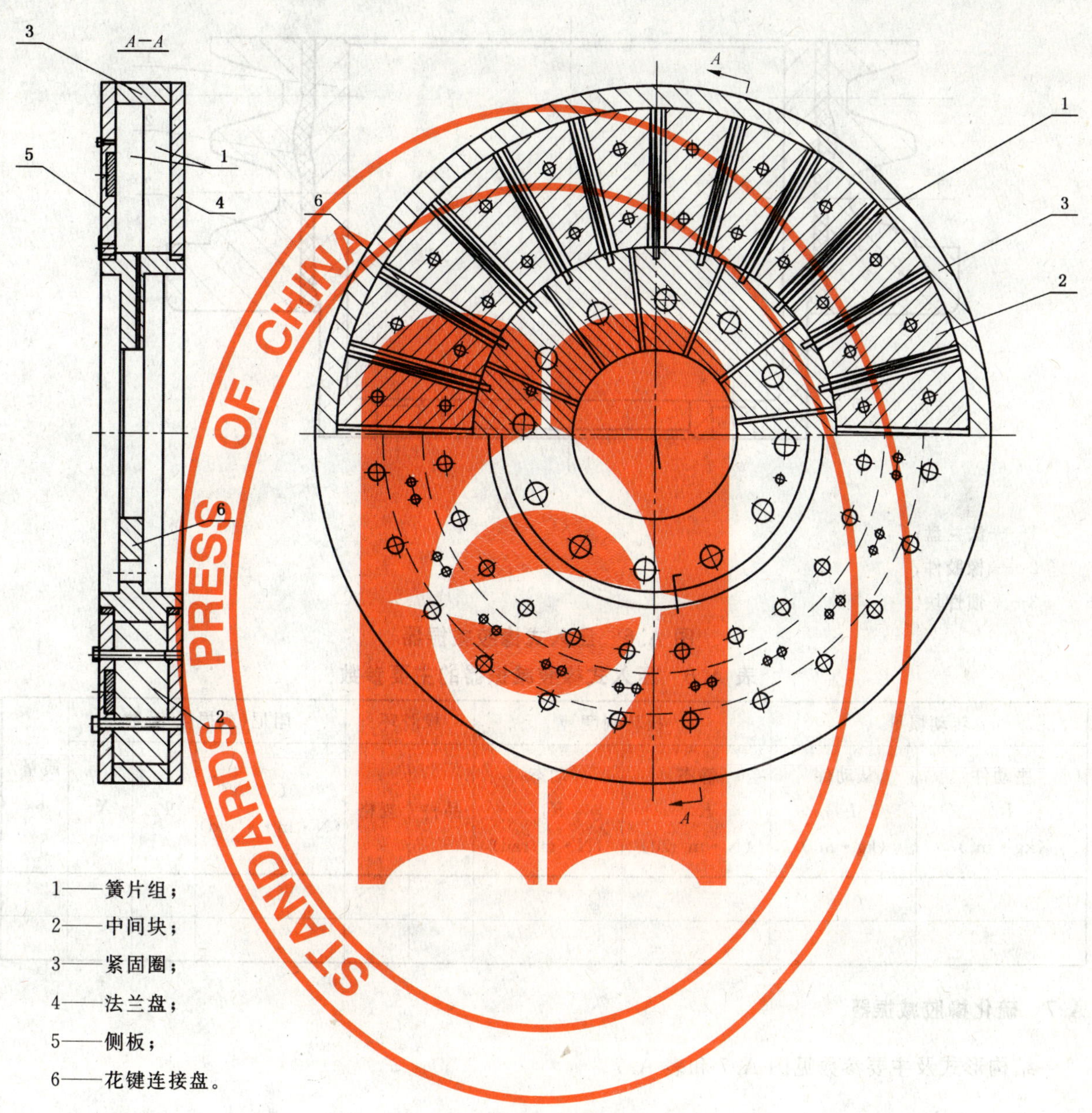

1——簧片组；
2——中间块；
3——紧固圈；
4——法兰盘；
5——侧板；
6——花键连接盘。

图 A.5 簧片滑油减振器

表 A.5 簧片滑油减振器的主要参数

转动惯量		扭转刚度		阻尼液		阻尼(或损耗)系数			质量/kg
主动件 I_1/(kg·m²)	从动件 I_d/(kg·m²)	静态 K_s/(N·m/rad)	动态 K_d/(N·m/rad)	品牌/型号	规格	C_d/(N·m·s/rad)	Ψ_d	X_d	
				机油					

A.6 压入式橡胶减振器

结构形式及主要参数见图 A.6 和表 A.6。

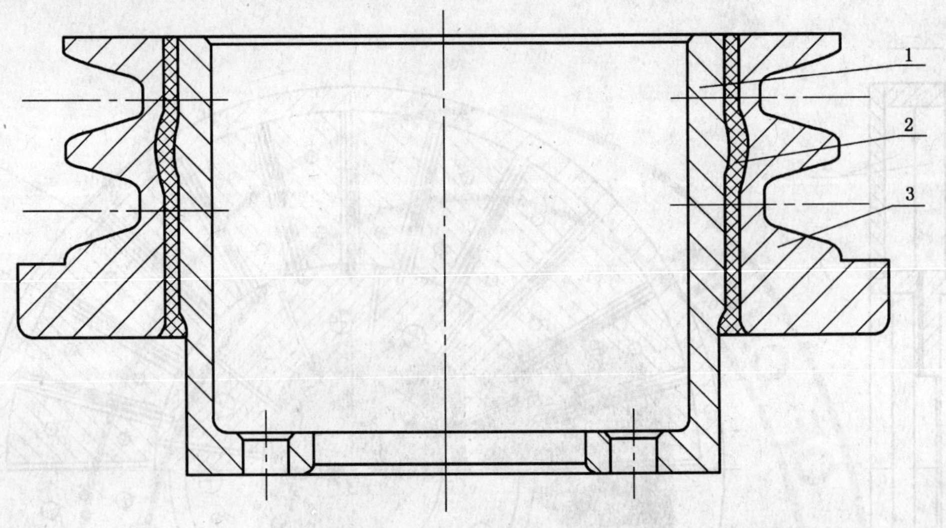

1——法兰盘；
2——橡胶件；
3——惯性块。

图 A.6 压入式橡胶减振器

表 A.6 压入式橡胶减振器的主要参数

转动惯量		扭转刚度		橡胶环		阻尼(或损耗)系数			质量/kg
主动件 I_1/ (kg·m²)	从动件 I_d/ (kg·m²)	静态 K_s/ (N·m/rad)	动态 K_d/ (N·m/rad)	品种	规格	C_d/ (N·m·s/rad)	Ψ_d	X_d	

A.7 硫化橡胶减振器

结构形式及主要参数见图 A.7 和表 A.7。

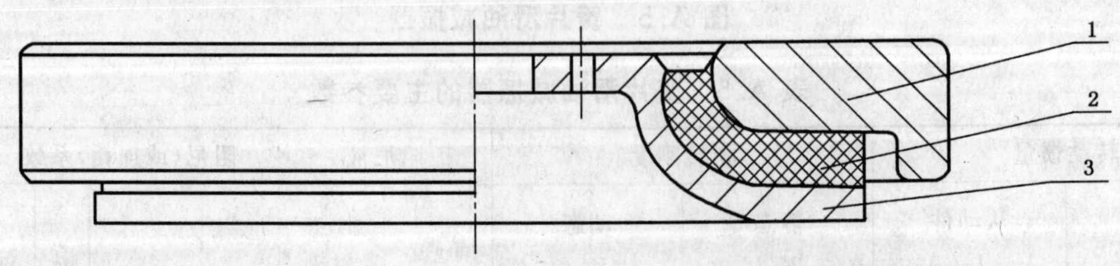

1——惯性块；
2——橡胶件；
3——法兰盘。

图 A.7 硫化橡胶减振器

表 A.7 硫化橡胶减振器的主要参数

转动惯量		扭转刚度		橡胶环		阻尼(或损耗)系数			质量/kg
主动件 I_1/(kg·m²)	从动件 I_d/(kg·m²)	静态 K_s/(N·m/rad)	动态 K_d/(N·m/rad)	品种	规格	C_d/(N·m·s/rad)	Ψ_d	X_d	

附 录 B
（资料性附录）
扭振系统的运动方程

B.1 装有有阻尼弹性减振器的扭转振动系统

在内燃机曲轴自由端装有有阻尼弹性减振器后，其简化的扭转振动系统如图 B.1 所示。

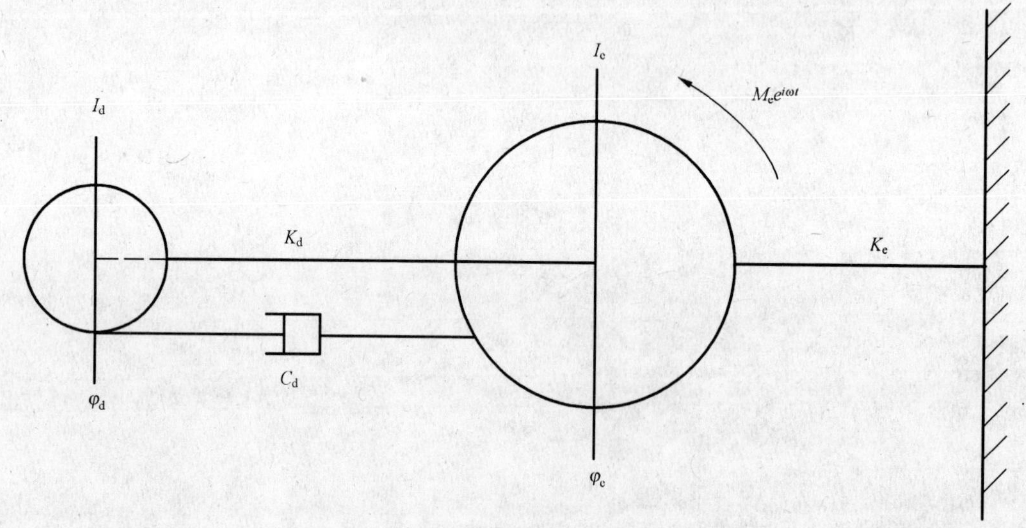

图 B.1

系统的运动方程为：

$$\left.\begin{aligned} I_d\ddot{\varphi}_d + C_d(\dot{\varphi}_d - \dot{\varphi}_e) + K_d(\varphi_d - \varphi_e) = 0 \\ I_e\ddot{\varphi}_e - C_d(\dot{\varphi}_d - \dot{\varphi}_e) - K_d(\varphi_d - \varphi_e) + K_e\varphi_e = M_e e^{i\omega t} \end{aligned}\right\} \quad \cdots\cdots\cdots\cdots\cdots\cdots (B.1)$$

式中：

I_d——减振器惯性体的转动惯量，单位为千克平方米（kg·m^2）；

I_e——轴系当量转化的转动惯量，单位为千克平方米（kg·m^2）；

C_d——减振器的阻尼系数，单位为牛米秒每弧度（N·m·s/rad）；

K_d——减振器的动态扭转刚度，单位为牛米秒每弧度（N·m/rad）；

K_e——轴系当量转化的扭转刚度，单位为牛米秒每弧度（N·m/rad）；

M_e——作用在轴系上的激励扭矩幅值，单位为牛米（N·m）；

ω——激励扭矩的圆频率，单位为弧度每秒（rad/s）；

t——时间，单位为秒（s）；

$\varphi_d,\dot{\varphi}_d,\ddot{\varphi}_d$——减振器惯性体的角位移、角速度和角加速度，单位为弧度（rad），单位为弧度每秒（rad/s），单位为弧度每平方秒（rad/s^2）；

$\varphi_e,\dot{\varphi}_e,\ddot{\varphi}_e$——轴系当量集中质量的角位移、角速度和角加速度，单位为弧度（rad），单位为弧度每秒（rad/s），单位为弧度每平方秒（rad/s^2）。

B.2 装有无阻尼弹性减振器的扭转振动系统

图 B.1 中当 $C_d\approx 0$ 时即属于装有这种类型减振器的简化系统。这时系统的运动方程为：

$$\left.\begin{aligned} I_{\mathrm{d}}\ddot{\varphi}_{\mathrm{d}} + K_{\mathrm{d}}(\varphi_{\mathrm{d}} - \varphi_{\mathrm{e}}) = 0 \\ I_{\mathrm{e}}\ddot{\varphi}_{\mathrm{e}} - K_{\mathrm{d}}(\varphi_{\mathrm{d}} - \varphi_{\mathrm{e}}) + K_{\mathrm{d}}\varphi_{\mathrm{e}} = M_{\mathrm{e}}e^{i\omega t} \end{aligned}\right\} \qquad \cdots\cdots\cdots\cdots\cdots\cdots (\mathrm{B.2})$$

B.3 装有纯阻尼减振器扭转振动系统

图 B.1 中当 $K_{\mathrm{d}} \approx 0$ 时就是装有这种类型减振器的简化系统。这时系统的运动方程为：

$$\left.\begin{aligned} I_{\mathrm{d}}\ddot{\varphi}_{\mathrm{d}} + C_{\mathrm{d}}(\dot{\varphi}_{\mathrm{d}} - \dot{\varphi}_{\mathrm{e}}) = 0 \\ I_{\mathrm{e}}\ddot{\varphi}_{e} - C_{\mathrm{d}}(\dot{\varphi}_{\mathrm{d}} - \dot{\varphi}_{\mathrm{e}}) + K_{\mathrm{e}}\varphi_{\mathrm{e}} = M_{\mathrm{e}}e^{i\omega t} \end{aligned}\right\} \qquad \cdots\cdots\cdots\cdots\cdots\cdots (\mathrm{B.3})$$

ICS 71.120
G 94

中华人民共和国国家标准

GB/T 13465.5—2009

不透性石墨酚醛粘接剂收缩率试验方法

Test method of contraction of the impermeable graphite phenolic aldehyde agglomerant

2009-04-29 发布　　2010-01-01 实施

中华人民共和国国家质量监督检验检疫总局
中国国家标准化管理委员会　发布

前 言

本部分对应于美国材料与试验协会标准 ASTM C695:2000《石墨耐压强度试验方法》,本部分与 ASTM C695:2000 的一致性程度为非等效。

本部分参照 ASTM C 695:2000 中试样形状和公差,对本部分的不透性石墨酚醛粘接剂收缩率试样形状和公差做出规定。

本部分由中国石油和化学工业协会提出。

本部分由全国非金属化工设备标准化技术委员会归口。

本部分起草单位:天华化工机械及自动化研究设计院、上海卡朋罗兰化工设备有限公司、南通京通石墨设备有限公司、辽阳炭素有限公司、南通晨光石墨换热器厂、深州市天承石墨制品有限公司、南通三鑫碳素石墨设备有限公司。

本部分主要起草人:周杰、周天锡、陈汉明、姚晓楠、黄健、李占省、钱蔚兵。

不透性石墨酚醛粘接剂收缩率试验方法

1 范围

GB/T 13465的本部分规定了检测不透性石墨酚醛粘接剂收缩率时所用的试样、试验仪器、试验程序和结果计算方法。

本部分适用于不透性石墨酚醛粘接剂收缩率的测定。

2 规范性引用文件

下列文件中的条款通过GB/T 13465的本部分的引用而成为本部分的条款。凡是注日期的引用文件,其随后所有的修改单(不包括勘误的内容)或修订版均不适用于本部分,然而,鼓励根据本部分达成协议的各方研究是否可使用这些文件的最新版本。凡是不注日期的引用文件,其最新版本适用于本部分。

GB/T 13465.1 不透性石墨材料力学性能试验方法总则

3 术语和定义

GB/T 13465.1确立的以及下列术语和定义适用于本部分。

3.1

不透性石墨酚醛粘接剂收缩率 contraction of the impermeable graphite phenolic aldehyde agglomerant

是以不透性石墨酚醛粘接剂材料在升温冷却后,材料在升温前后长度之比或体积之比的百分数。

4 仪器、设备

仪器和设备符合GB/T 13465.1的有关规定,应符合下列规定:

a) 电热烘箱:0 ℃～150 ℃,精度±2 ℃;

b) 千分尺:0 mm～25 mm,100 mm～125 mm,分度值0.01 mm。

5 试样

5.1 取样及试样制备按GB/T 13465.1的有关规定。

5.2 用粘接剂浇铸成试样,在28 ℃～32 ℃的温度下进行48 h固化,经加工后的不透性石墨酚醛粘接剂收缩率试样尺寸为120 mm×15 mm×10 mm。

5.3 试样表面应光洁平整,试样的高度及宽度两相对面偏差不大于0.03 mm,粗糙度 $Ra \leqslant 1.6\ \mu m$,露天施工制样时应设置防风雨设施。

5.4 试样表面应无裂纹、分层和其他影响测量精密度的缺陷。

5.5 每组试样不少于5个。

6 试验步骤

6.1 将试样用钢制划针刻记编号。

6.2 在室温下测定试样的长、宽、高,精确到0.01 mm,分别从三个不同位置测量,取算术平均值。

6.3 将试样平放置于电热烘箱中,进行热固化处理,小于85 ℃时,升温速度为10 ℃/h;85 ℃～130 ℃时,升温速度为15 ℃/h。130 ℃恒温5 h后,在电热烘箱内冷却至室温。

6.4 试样在室温放置 2 h 后，按 6.2 测量取值。

6.5 热处理前、后测量试样的室温温差不大于 4 ℃。

7 结果计算

7.1 计算方法

7.1.1 用式(1)计算不透性石墨粘接剂试样长度方向线收缩率。

$$S_e = (L - L_1)/L \times 100\% \qquad \cdots\cdots(1)$$

式中：

S_e——试样长度方向线收缩率；

L——热处理前试样长度，单位为毫米(mm)；

L_1——热处理后试样长度，单位为毫米(mm)。

7.1.2 用式(2)计算不透性石墨粘接剂试样体积收缩率。

$$S_v = [(L \times B \times H - L_1 \times B_1 \times H_1)/L \times B \times H] \times 100\% \qquad \cdots\cdots(2)$$

式中：

S_v——试样体积收缩率用体积分数表示；

L——热处理前试样长度，单位为毫米(mm)；

B——热处理前试样宽度，单位为毫米(mm)；

H——热处理前试样高度，单位为毫米(mm)；

L_1——热处理后试样长度，单位为毫米(mm)；

B_1——热处理后试样宽度，单位为毫米(mm)；

H_1——热处理后试样高度，单位为毫米(mm)。

7.2 单个试样的测试值与平均值偏差应不大于 20%，如超过 20%，此试样数据作废，另取一个试样补测。若补测值符合允许偏差范围，以补测值代替作废数据，如补测值仍不符合允许偏差范围，则另取一组试样重新进行测试。

一组试样如有两个试样的测试值与平均值的偏差超过 20%，该组数据作废，另取一组试样重新测定。

7.3 试验结果处理按 GB/T 13465.1 的有关规定。

8 试验报告

试验报告内容按 GB/T 13465.1 的有关规定。

ICS 71.120
G 94

中华人民共和国国家标准

GB/T 13465.6—2009

不透性石墨管水压爆破试验方法

Test method for hydraulic pressure bursting of impermeable graphite pipe

2009-04-29 发布 2010-01-01 实施

中华人民共和国国家质量监督检验检疫总局
中国国家标准化管理委员会 发布

前　言

本部分由中国石油和化学工业协会提出。

本部分由全国非金属化工设备标准化技术委员会归口。

本部分起草单位：吉林市四通防腐设备有限责任公司、天华化工机械及自动化研究设计院、大连振兴石墨设备防腐厂。

本部分主要起草人：杜明彦、宁永林、张俊科、黄玉平。

不透性石墨管水压爆破试验方法

1 范围

GB/T 13465 的本部分规定了不透性石墨管水压试验的仪器、设备、试样、试验步骤和结果处理的方法。

本部分适用于不透性石墨管水压爆破压力值的测定。

2 规范性引用文件

下列文件中的条款通过 GB/T 13465 的本部分的引用而成为本部分的条款。凡是注日期的引用文件，其随后所有的修改单(不包括勘误的内容)或修订版均不适用于本部分，然而，鼓励根据本部分达成协议的各方研究是否可使用这些文件的最新版本。凡是不注日期的引用文件，其最新版本适用于本部分。

GB/T 13465.1—2002 不透性石墨材料力学性能试验方法总则

HG/T 2059—2004 不透性石墨管技术条件

3 设备、仪器

3.1 具有足够压力的高压柱塞泵或高压齿轮泵。

3.2 压力表：表盘刻度极限值为 16 MPa，精度不低于 1.6 级。

3.3 游标卡尺：0 mm～500 mm，分度值 0.02 mm。

3.4 压力表、游标卡尺应选用鉴定合格有效期内的。

3.5 试验装置：试验装置如图 1 所示。

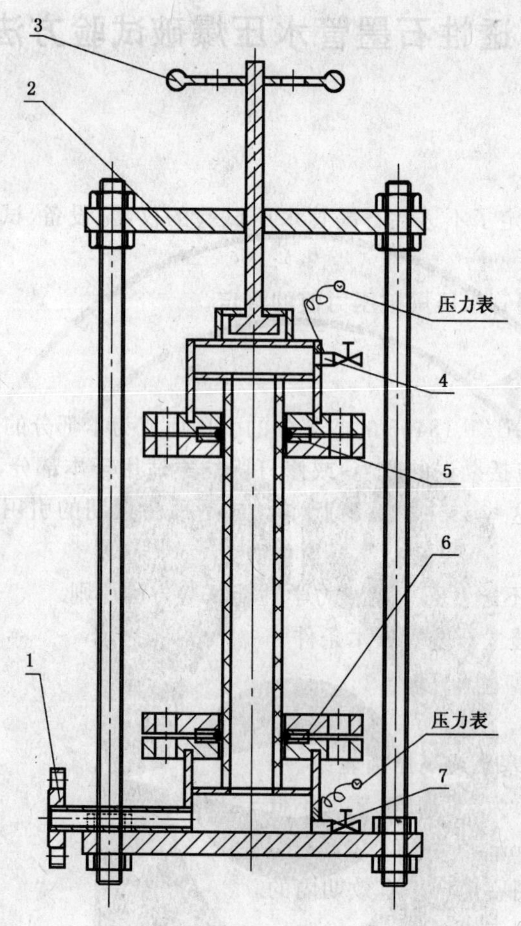

1——进水口；

2——打压机；

3——手轮；

4——放空阀；

5——O 型密封圈(可变更)；

6——法兰(可变更)；

7——排净阀。

图 1　水压试验装置

4　试样

4.1　试样取样方法按 GB/T 13465.1—2002 中的有关规定进行。

4.2　试样外观应符合 HG/T 2059—2004 中的有关规定。

4.3　试样尺寸按图 2 所示。外径、壁厚尺寸及偏差应符合产品标准 HG/T 2059—2004 规定。

4.4　每组试样数量不少于 5 个。

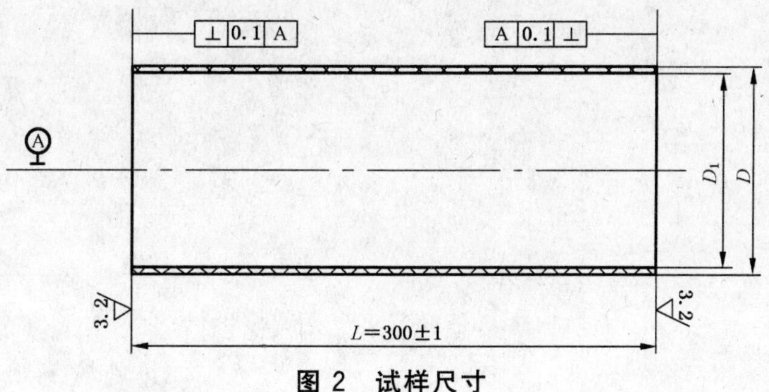

图 2 试样尺寸

5 试验条件与试验步骤

5.1 试验环境温度为常温，试样在常温下放置时间不小于 2 h。

5.2 试验用水保持清洁，水温不低于 5 ℃。

5.3 试验过程中应采取安全防护措施，对压力系统应做好安全检查。

5.4 按 4.2、4.3 规定对试样进行外观及几何尺寸检查。

5.5 将合格试样编号。

5.6 将试样垂直装入试验装置中，旋转手轮，调整距离，使试样两端以环向 O 型密封形式密封。

5.7 试样内充满清水，排除空气，关闭排气阀门。

5.8 启动压力泵，以 1 MPa/min～2 MPa/min 速度升压，直至试样破坏，读取试样爆破时的最大数值，即为爆破压力值。

6 试验结果

6.1 单个试样爆破值与平均值的偏差不大于 20%。如果其中一个大于 20%，此样作废，另取一个工艺条件相同的试样补测。补测值符合偏差范围，以补测值代替作废样数据计算平均值。

6.2 如果一组试样中有两个试样试验值大于该组平均值的 20%，则该组试验作废，另取一组重新测定。

6.3 按式(1)计算有效数据的算术平均值 x，修约到三位有效数字。

$$x = \sum_{i=1}^{n} x_i / n \qquad \cdots\cdots(1)$$

式中：

x——爆破强度平均值，单位为兆帕(MPa)；

x_i——某一试样的有效数据，单位为兆帕(MPa)；

n——有效数据数量。

7 试验报告

试验报告应包括下列内容：

a) 试样名称、规格、编号及来源；

b) 试样试验结果的单值与平均值；

c) 试验单位、试验人员；

d) 来样日期、试验日期。

ICS 71.120
G 94

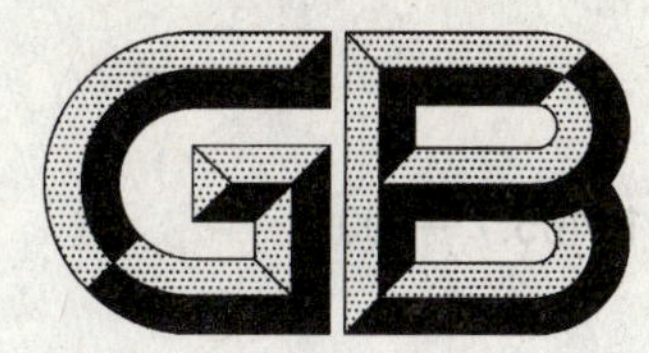

中华人民共和国国家标准

GB/T 13465.7—2009

不透性石墨增重率和填孔率试验方法

Test method of the rates of body weight gain and porefilling of impermeable graphite

2009-04-29 发布　　　　2010-01-01 实施

中华人民共和国国家质量监督检验检疫总局
中国国家标准化管理委员会　发布

前言

本部分对应于日本工业标准 JIS R 7222:1997《高纯度石墨材料的物理试验方法》,本部分与 JIS R 7222:1997的一致性程度为非等效。

本部分参照 JIS R 7222:1997 中真比重和假比重的术语和定义,对不透性石墨增重率和填孔率的术语做出定义。

本部分由中国石油和化学工业协会提出。

本部分由全国非金属化工设备标准化技术委员会归口。

本部分起草单位:天华化工机械及自动化研究设计院、上海卡朋罗兰化工设备有限公司、南通京通石墨设备有限公司、南通晨光石墨换热器厂、辽阳炭素有限公司、深州市天承石墨制品有限公司、南通三鑫碳素石墨设备有限公司。

本部分主要起草人:周杰、周天锡、陈汉明、黄健、姚晓楠、李占省、钱蔚兵。

不透性石墨增重率和填孔率试验方法

1 范围

GB/T 13465 的本部分规定了检测不透性石墨增重率和填孔率时所用的试样、试验仪器、试验程序和结果计算方法。

本部分适用于不透性石墨增重率和填孔率的测定。

2 规范性引用文件

下列文件中的条款通过 GB/T 13465 的本部分的引用而成为本部分的条款。凡是注日期的引用文件，其随后所有的修改单(不包括勘误的内容)或修订版均不适用于本部分，然而，鼓励根据本部分达成协议的各方研究是否可使用这些文件的最新版本。凡是不注日期的引用文件，其最新版本适用于本部分。

GB/T 13465.1 不透性石墨材料力学性能试验方法总则

YB/T 119 炭素材料体积密度测定方法

YB/T 908 炭素材料显气孔率的测定

3 术语和定义

GB/T 13465.1 确立的以及下列术语和定义适用于本部分。

3.1

不透性石墨增重率 the rates of body weight gain of impermeable graphite

是以石墨材料浸渍树脂后的质量与石墨材料浸渍前质量之比的百分数。

3.2

不透性石墨填孔率 the rates of porefilling of impermeable graphite

是以石墨材料体积密度和不透性石墨增重率的乘积与树脂密度和石墨材料显气孔率的乘积之比的百分数。

4 仪器、设备

仪器和设备符合 GB/T 13465.1 的有关规定，应符合下列规定：

a) 工业天平：0 g～200 g，感量 0.01 g；

b) 千分尺：0 mm～25 mm，100 mm～125 mm，分度值 0.01 mm；

c) 电热烘箱：0 ℃～150 ℃；

d) 干燥器。

5 试样

5.1 取样及试样制备按 GB/T 13465.1 的有关规定。

5.2 不透性石墨增重率和填空率试样尺寸：ϕ(45 mm±0.12 mm)×(45 mm±0.12 mm)。

5.3 试样表面粗糙度 $Ra \leqslant 3.2\ \mu m$，露天施工制样应设置防风雨设施。

5.4 试样表面应无裂纹、分层和其他影响试验结果的缺陷。

5.5 每组试样不少于 5 个。

6 试验步骤

6.1 将试样用钢制划针刻记编号。

6.2 将试样放置于电热烘箱中，在 105 ℃～110 ℃范围内烘干 2 h 后，取出试样放置于干燥器内，冷却至室温。

6.3 用工业天平称量浸渍前每个试样的质量，准确至 0.01 g。

6.4 试样体积密度按 YB/T 119 的有关规定进行测定。

6.5 试样显气孔率按 YB/T 908 的有关规定进行测定。

6.6 试样进行浸渍，按工艺条件热处理两次。试样在每次浸渍后必须擦净其表面树脂，第二次热处理后冷却至室温。

6.7 用工业天平称量浸渍后每个试样的质量，准确至 0.01 g。

7 结果计算

7.1 计算方法

7.1.1 用式(1)计算不透性石墨增重率：

$$G = (m_2 - m_1)/m_1 \times 100\% \qquad (1)$$

式中：

G——不透性石墨增重率，用质量分数表示；

m_1——试样浸渍前质量，单位为克(g)；

m_2——试样浸渍后质量，单位为克(g)。

7.1.2 用式(2)计算不透性石墨填孔率：

$$P = (D_b \times G)/(\rho \times H) \times 100\% \qquad (2)$$

式中：

P——不透性石墨填孔率，用体积分数表示；

D_b——石墨材料体积密度，单位为克每立方厘米(g/cm^3)；

ρ——树脂密度，单位为克每立方厘米(g/cm^3)；

H——显气孔率，用体积分数表示；

G——不透性石墨增重率。

7.2 试验结果处理按 GB/T 13465.1 的有关规定。

8 试验报告

试验报告内容按 GB/T 13465.1 的有关规定。

ICS 71.120
G 94

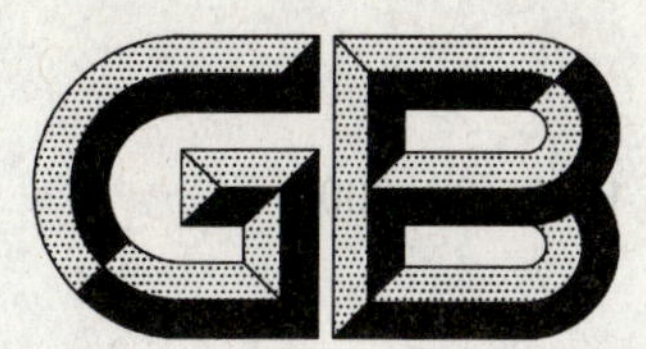

中华人民共和国国家标准

GB/T 13465.8—2009

不透性石墨粘接剂粘接剪切强度试验方法

Test method of the adhesion shear strength of impermeable graphite adhesion agent

2009-04-29 发布　　2010-01-01 实施

中华人民共和国国家质量监督检验检疫总局
中国国家标准化管理委员会　发布

前言

本部分对应于美国材料与试验协会标准 ASTM C565:1998《碳和石墨机械材料抗拉试验方法》,本部分与 ASTM C565:1998 的一致性程度为非等效。

本部分参照采用了 ASTM C565:1998 中规定的试验机测量量程的范围应使试验试样的断裂量程在其刻度量程的 10%~90%之间。

本部分由中国石油和化学工业协会提出。

本部分由全国非金属化工设备标准化技术委员会归口。

本部分起草单位:天华化工机械及自动化研究设计院、南通山剑石墨设备有限公司、上海卡朋罗兰化工设备有限公司、南通晨光石墨换热器厂、辽阳炭素有限公司、山东赫达股份有限公司、南通京通石墨设备有限公司、深州市天承石墨制品有限公司。

本部分主要起草人:周杰、姚建、周天锡、黄健、姚晓楠、李建、陈汉明、李占省。

不透性石墨粘接剂粘接剪切强度试验方法

1 范围

GB/T 13465 的本部分规定了检测不透性石墨粘接剂粘接剪切强度时所用试验装置、试样、试验程序和结果计算方法。

本部分适用于不透性石墨材料间用石墨粘接剂粘接剪切强度的测定。

2 规范性引用文件

下列文件中的条款通过 GB/T 13465 的本部分的引用而成为本部分的条款。凡是注日期的引用文件，其随后所有的修改单(不包括勘误的内容)或修订版均不适用本部分，然而，鼓励根据本部分达成协议的各方研究是否可使用这些文件的最新版本。凡是不注日期的引用文件，其最新版本适用于本部分。

GB/T 13465.1 不透性石墨材料力学性能试验方法总则

3 术语和定义

GB/T 13465.1 确立的以及下列术语和定义适用于本部分。

3.1

石墨粘接剂 graphite adhesion agent

粘接石墨材料所用石墨酚醛粘接剂或其他类型石墨粘接剂。

3.2

粘接剪切强度 adhesion tensile strength

石墨材料间用粘接剂粘接，在纯剪切载荷作用下，粘接面断裂时所承受的剪切载荷值。

4 仪器、设备

仪器和设备应符合 GB/T 13465.1 的有关规定。

5 试样

5.1 取样及试样制备应符合 GB/T 13465.1 的有关规定。

5.2 不透性石墨粘接剂粘接剪切试样尺寸和形状如图 1 所示。

5.3 试样表面粗糙度 $Ra \leqslant 3.2\ \mu m$，露天施工制样应设置防风雨设施。

5.4 试样粘接面应平整、粘接缝外部粘接剂应刮平，不应有凸缘。

5.5 试样粘接后应进行固化热处理，热处理温度应不低于 130 ℃。

5.6 每组试样不少于 5 个。

单位为毫米

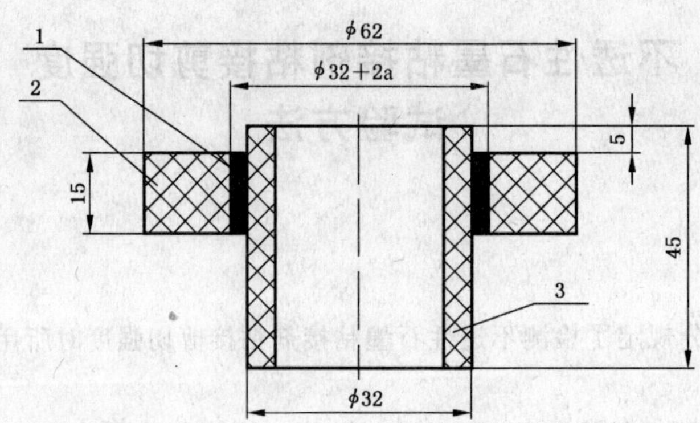

1——粘接缝，a<1 mm；

2——浸渍石墨；

3——石墨管或浸渍石墨（实心棒）。

图 1 不透性石墨粘接剂粘接剪切试样

6 试验步骤

6.1 将合格试样编号，用游标卡尺测量试样粘接面直径有效尺寸，测量三处，取其所得数据的算术平均值。

6.2 将试样连同施载圈放入试验机上，调整位置，使试样轴线与试验机上下压头轴线重合。

6.3 平衡地施加载荷，加载速度为 8 mm/min～10 mm/min，直至试样断裂，读取试样断裂时的剪切载荷值。

7 结果计算

7.1 计算方法

用式(1)计算不透性石墨粘接剂粘接剪切强度：

$$\tau_s = P/\pi DL \quad \cdots\cdots(1)$$

式中：

τ_s——粘接剪切强度，单位为兆帕(MPa)；

P——试样断裂时的载荷值，单位为牛顿(N)；

D——试样粘接面直径，单位为毫米(mm)；

L——外粘接件(圈)厚度，单位为毫米(mm)。

7.2 试验结果处理按 GB/T 13465.1 的有关规定。

8 试验报告

试验报告内容按 GB/T 13465.1 的有关规定。

ICS 71.120
G 94

中华人民共和国国家标准

GB/T 13465.9—2009

不透性石墨粘接剂粘接抗拉强度试验方法

Test method of the adhesion tensile strength of graphite impermeable adhesion agent

2009-04-29 发布　　　　2010-01-01 实施

中华人民共和国国家质量监督检验检疫总局
中国国家标准化管理委员会　发布

前 言

本部分对应于美国材料与试验协会标准 ASTM C565:1998《碳和石墨机械材料抗拉试验方法》,本部分与 ASTM C565:1998 的一致性程度为非等效。

本部分参照采用了 ASTM C565:1998 中试样形状。

本部分由中国石油和化学工业协会提出。

本部分由全国非金属化工设备标准化技术委员会归口。

本部分起草单位:天华化工机械及自动化研究设计院、上海卡朋罗兰化工设备有限公司、南通山剑石墨设备有限公司、南通晨光石墨换热器厂、山东赫达股份有限公司、辽阳炭素有限公司、南通京通石墨设备有限公司、深州市天承石墨制品有限公司。

本部分主要起草人:周杰、周天锡、姚建、黄健、李建、姚晓楠、陈汉明、李占省。

不透性石墨粘接剂粘接抗拉强度试验方法

1 范围

GB/T 13465 的本部分规定了检测不透性石墨粘接剂粘接抗拉强度时所用试验装置、试样、试验程序和结果计算方法。

本部分适用于不透性石墨材料间用石墨粘接剂粘接抗拉强度的测定。

2 规范性引用文件

下列文件中的条款通过 GB/T 13465 的本部分的引用而成为本部分的条款。凡是注日期的引用文件，其随后所有的修改单(不包括勘误的内容)或修订版均不适用于本部分，然而，鼓励根据本部分达成协议的各方研究是否可使用这些文件的最新版本。凡是不注日期的引用文件，其最新版本适用于本部分。

GB/T 13465.1 不透性石墨材料力学性能试验方法总则

3 术语和定义

GB/T 13465.1 确立的以及下列术语和定义适用于本部分。

3.1

石墨粘接剂 graphite adhesion angent

粘接石墨材料所用石墨酚醛粘接剂或其他类型石墨粘接剂。

3.2

粘接抗拉强度 adhesion tensile strength

石墨材料间用粘接剂粘接，在垂直于粘接面方向载荷作用下，粘接面断裂时所承受的极限载荷值。

4 仪器、设备

仪器和设备应符合 GB/T 13465.1 的有关规定。

5 试样

5.1 取样及试样制备应符合 GB/T 13465.1 的有关规定。

5.2 不透性石墨粘接剂粘接抗拉试样尺寸和形状如图 1 所示。

单位为毫米

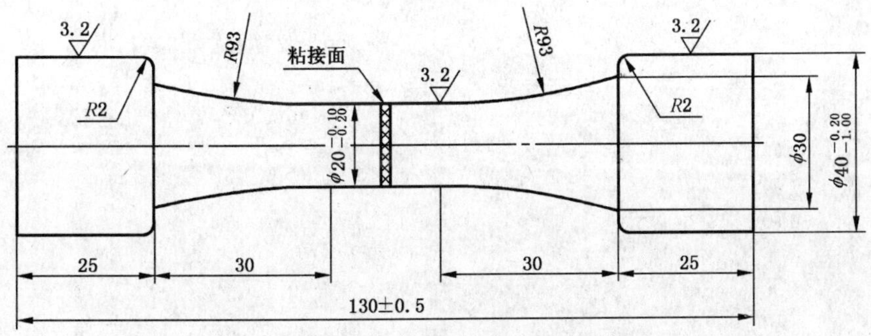

图 1 不透性石墨粘接剂粘接抗拉试样

5.3 试样表面粗糙度 $Ra \leqslant 3.2\ \mu m$，露天施工制样应设置防风雨设施。

5.4 试样有效断裂部位表面不应有影响试验结果的缺陷。

5.5 每组试样不少于5个。

6 试验步骤

6.1 将合格试样编号，并标明断裂有效部位，用游标卡尺测量试样粘接面有效断裂部位截面直径尺寸，沿试样轴向测量三处，每处测互相垂直的直径各一次，取其所得六个数据的算术平均值。

6.2 将试样放入试验夹具中，然后将试验夹具装入试验机上端，使其自然下垂到中心位置，再将试验夹具装入试验机下端。

6.3 平衡地施加载荷，加载速度为8 mm/min～10 mm/min，直至试样断裂，读取试样断裂时的载荷值。

7 结果计算

7.1 计算方法

用式(1)计算不透性石墨粘接剂粘接抗拉强度：

$$\sigma_b = 4P/\pi D^2 \qquad (1)$$

式中：

σ_b——粘接抗拉强度，单位为兆帕(MPa)；

P——试样断裂时的载荷值，单位为牛顿(N)；

D——试样粘接面直径，单位为毫米(mm)。

7.2 试验结果处理按GB/T 13465.1的有关规定。

8 试验报告

试验报告内容按GB/T 13465.1的有关规定。

ICS 91.100.30
Q 14

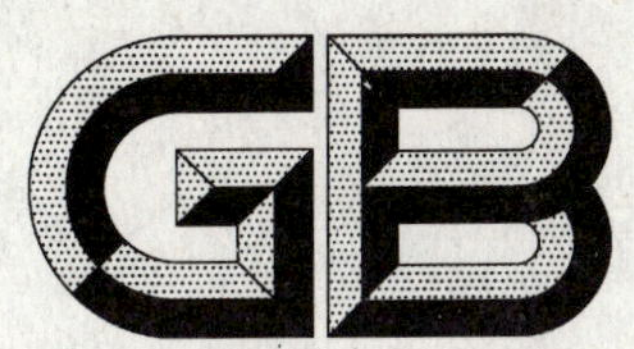

中华人民共和国国家标准

GB 13476—2009
代替 GB 13476—1999

先张法预应力混凝土管桩

Pretensioned spun concrete piles

2009-03-28 发布　　2010-03-01 实施

中华人民共和国国家质量监督检验检疫总局
中国国家标准化管理委员会　发布

前言

本标准第 5.1.2 条、5.1.3 条、5.2 条、5.3 条、5.6 条为强制性的，其余为推荐性的。

本标准与日本工业标准 JIS A 5373:2004《预制预应力混凝土制品》的一致性程度为非等效。

本标准代替 GB 13476—1999《先张法预应力混凝土管桩》。

本标准与 GB 13476—1999 相比主要差异如下：

——修订了规范性引用文件的表示方法(1999 年版的第 2 章；本版的第 2 章)；

——修订了产品分类(1999 年版的第 3 章；本版的第 3 章)；

——修订了原材料及一般要求(1999 年版的第 4 章；本版的第 4 章)；

——修订了技术要求(1999 年版的第 5 章；本版的第 5 章)；

——修订了试验方法(1999 年版的第 6 章；本版的第 6 章)；

——修订了检验规则(1999 年版的第 7 章；本版的第 7 章)；

——修订了标志(1999 年版的第 8 章；本版的第 8 章)；

——修订了贮存和运输(1999 年版的第 9 章；本版的第 9 章)；

——调整了产品合格证(本标准的第 10 章)；

——取消了对产品分等分级的规定。

——增加了管桩规格及预应力钢筋最小配筋面积(本标准的表 1)；

——增加了对端板最小厚度的要求(本标准的表 2)；

——增加了对有抗冻、抗渗或其他特殊要求的管桩所使用的骨料的要求(本标准的 4.1.2.3)；

——增加了硅砂粉、矿渣微粉、粉煤灰、硅灰等掺合料的质量要求(本标准的 4.1.6.1)；

——增加了管桩的抗剪性能要求及试验方法(本标准的 4.2.3)；

——增加了管桩的耐久性要求(本标准的 4.2.4)；

——增加了抗弯试验用管桩最短单节桩长的要求(本标准的 6.3.2、表 8)；

——增加了管桩吊装的要求(本标准的 9.1.4)；

——增加了非优选系列管桩的基本尺寸和力学性能指标(本标准的附录 A)；

——增加了管桩的结构配筋(本标准的附录 B)；

——增加了管桩的抗剪性能及其试验方法(本标准的附录 C)；

——增加了管桩混凝土有效预压应力值的计算方法(本标准的附录 D)。

本标准附录 B、附录 C、附录 D 为规范性附录，附录 A 为资料性附录。

本标准由中国建筑材料联合会提出。

本标准由全国水泥制品标准化技术委员会(SAC/TC 197)归口。

本标准由苏州混凝土水泥制品研究院、苏州中材建筑建材设计研究院负责起草。

本标准参加起草单位：嘉兴学院管桩应用技术研究所、广东省土木建筑学会、广东省建筑科学研究院、上海市建筑科学研究院、国家水泥混凝土制品质量监督检验中心、广东建科建筑工程质量检测中心、宝业集团浙江建设产业研究院有限公司、连云港市建筑设计研究院有限责任公司、宁波浙东建材集团有限公司、广东三和管桩集团有限公司、中山建华管桩有限公司、佛山市顺德区鸿业水泥制品有限公司、上海兴南混凝土有限公司、福建省大地管桩有限公司、佛山市禅城区瑞龙混凝土外加剂厂、中山市宏基管桩有限公司、天津市建城地基基础工程有限公司、广州羊城管桩有限公司、唐山市龙禹水泥制品有限公司唐海分公司、东莞市桦业土木基础工程有限公司、浙江天海管桩有限公司、上海柘中建设股份有限公司、中国二十冶建设有限公司、江苏东浦管桩有限公司、吉林电力管道工程总公司水泥杆厂、江苏戴园建材集团有限公司、杭州江南管桩有限公司、苏州中天新型建材制造有限公司、上海中技桩业发展有限公司、南京费隆复合材料有限责任公司等。

本标准主要起草人：匡红杰、蒋元海、严志隆、王离、王重、于缘宝、魏宜龄、王新祥、徐祥源、余亚超、何耀晖、邹文岗、周兆弟、徐醒华、章杰春、章耀、黄海燕、谢晓峰、谢彪、廖振中。

本标准1992年首次发布，1999年第一次修订，本次为第二次修订。

先张法预应力混凝土管桩

1 范围

本标准规定了先张法预应力混凝土管桩(以下简称管桩)的产品分类、原材料及一般要求、技术要求、试验方法、检验规则、标志、贮存和运输、产品合格证等。

本标准适用于工业与民用建筑、港口、市政、桥梁、铁路、公路、水利等工程使用的离心成型先张法预应力混凝土管桩。

2 规范性引用文件

下列文件中的条款通过本标准的引用而成为本标准的条款。凡是注日期的引用文件,其随后所有的修改单(不包括勘误的内容)或修订版均不适用于本标准,然而,鼓励根据本标准达成协议的各方研究是否可使用这些文件的最新版本。凡是不注日期的引用文件,其最新版本适用于本标准。

GB 175 通用硅酸盐水泥

GB/T 700 碳素结构钢

GB/T 701 低碳钢热轧圆盘条

GB 1499.2 钢筋混凝土用钢 第2部分:热轧带肋钢筋

GB/T 1596—2005 用于水泥和混凝土中的粉煤灰

GB/T 5223.3—2005 预应力混凝土用钢棒

GB 8076 混凝土外加剂

GB/T 14684 建筑用砂

GB/T 14685 建筑用卵石、碎石

GB/T 18046—2008 用于水泥和混凝土中的粒化高炉矿渣粉

GB/T 18736—2002 高强高性能混凝土用矿物外加剂

GB/T 50081 普通混凝土力学性能试验方法标准

GB 50164 混凝土质量控制标准

GBJ 107 混凝土强度检验评定标准

JC/T 540 混凝土制品用冷拔低碳钢丝

JC/T 947 先张法预应力混凝土管桩用端板

JC/T 950—2005 预应力高强混凝土管桩用硅砂粉

JGJ 63 混凝土用水标准

3 产品分类

3.1 产品品种和代号

管桩按混凝土强度等级分为预应力混凝土管桩和预应力高强混凝土管桩。预应力混凝土管桩的代号为PC,预应力高强混凝土管桩的代号为PHC。

3.2 产品规格、型号

3.2.1 管桩按外径分为300 mm、(350 mm)、400 mm、(450 mm)、500 mm、(550 mm)、600 mm、700 mm、800 mm、1 000 mm、1 200 mm、1 300 mm、1 400 mm等规格。

注:括号内规格为非优选系列,其基本尺寸参见附录A。

3.2.2 管桩按混凝土有效预压应力值分为A型、AB型、B型和C型。

3.3 结构尺寸

3.3.1 管桩的结构形状和基本尺寸应符合图1和表1的规定。

3.3.2 管桩的长度应包括桩身和接头。

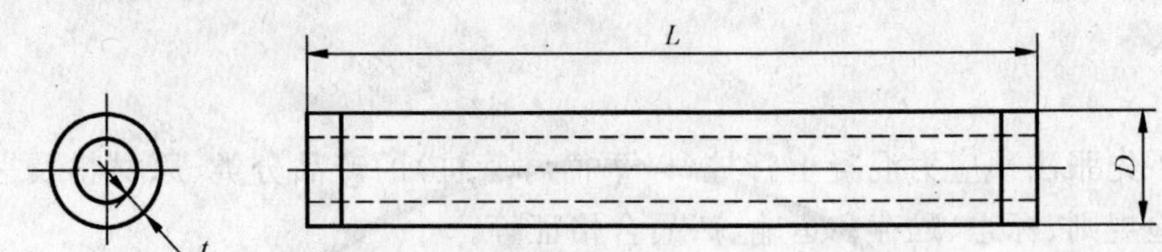

t——壁厚；

L——长度；

D——外径。

图1 管桩的结构形状

表1 管桩的基本尺寸

外径 D/mm	型号	壁厚 t/mm	长度 L/m	预应力钢筋最小配筋面积/mm^2	外径 D/mm	型号	壁厚 t/mm	长度 L/m	预应力钢筋最小配筋面积/mm^2
		PC、PHC					PC、PHC		
300	A	70	7～11	240	700	A	130	7～15	1 170
	AB			384		AB			1 664
	B			512		B			2 340
	C			720		C			3 250
400	A	95	7～12	400	800	A	110	7～30	1 350
	AB			640		AB			1 875
	B		7～13	900		B			2 700
	C			1 170		C			3 750
500	A	100	7～14	704		A	130	7～30	1 440
	AB		7～15	990		AB			2 000
	B			1 375		B			2 880
	C			1 625		C			4 000
	A	125	7～14	768	1 000	A	130	7～30	2 048
	AB		7～15	1 080		AB			2 880
	B			1 500		B			4 000
	C			1 875		C			4 928
600	A	110	7～15	896	1 200	A	150	7～30	2 700
	AB			1 260		AB			3 750
	B			1 750		B			5 625
	C			2 125		C			6 930
	A	130	7～15	1 024	1 300	A	150	7～30	3 000
	AB			1 440		AB			4 320
	B			2 000		B			6 000
	C			2 500		C			7 392
700	A	110	7～15	1 080	1 400	A	150	7～30	3 125
	AB			1 536		AB			4 500
	B			2 160		B			6 250
	C			3 000		C			7 700
注：根据供需双方协议，也可生产其他规格、型号、长度的管桩。									

3.4 标记示例

外径 500 mm、壁厚 100 mm、长度 12 m 的 A 型预应力高强混凝土管桩的标记为：

PHC 500 A 100-12 GB 13476

4 原材料及一般要求

4.1 原材料

4.1.1 水泥

宜采用强度等级不低于 42.5 级的硅酸盐水泥、普通硅酸盐水泥、矿渣硅酸盐水泥，其质量应符合 GB 175 的规定。

4.1.2 骨料

4.1.2.1 细骨料宜采用洁净的天然硬质中粗砂或人工砂，细度模数宜为 2.5～3.2，采用人工砂时，细度模数可为 2.5～3.5，质量应符合 GB/T 14684 的有关规定，且砂的含泥量不大于 1%，氯离子含量不大于 0.01%，硫化物及硫酸盐含量不大于 0.5%。

4.1.2.2 粗骨料宜采用碎石或破碎的卵石，其最大粒径不应大于 25 mm，且不得超过钢筋净距的 3/4，质量应符合 GB/T 14685 的有关规定，且石的含泥量不大于 0.5%，硫化物及硫酸盐含量不大于 0.5%。

4.1.2.3 对于有抗冻、抗渗或其他特殊要求的管桩，其所使用的骨料应符合相关标准的有关规定。

4.1.3 钢材

4.1.3.1 预应力钢筋应采用预应力混凝土用钢棒，其质量应符合 GB/T 5223.3 中低松弛螺旋槽钢棒的规定，且抗拉强度不小于 1 420 MPa、规定非比例延伸强度不小于 1 280 MPa，断后伸长率应大于 GB/T 5223.3—2005 表 3 中延性 35 级的规定要求。

4.1.3.2 螺旋筋宜采用低碳钢热轧圆盘条、混凝土制品用冷拔低碳钢丝，其质量应分别符合 GB/T 701、JC/T 540 的有关规定。

4.1.3.3 管桩一般可不设端部锚固钢筋，当需要设置端部锚固钢筋时，锚固钢筋宜采用低碳钢热轧圆盘条或钢筋混凝土用热轧带肋钢筋，其质量应分别符合 GB/T 701、GB 1499.2 的规定。

4.1.3.4 端板性能应符合 JC/T 947 的规定，材质应采用 Q235B，其厚度不得小于表 2 的规定。桩套箍材质的性能应符合 GB/T 700 中 Q235 的规定。

表 2 端板最小厚度

钢棒直径/mm	7.1	9.0	10.7	12.6
端板最小厚度/mm	16	18	20	24

4.1.4 水

混凝土拌合用水的质量应符合 JGJ 63 的规定。

4.1.5 外加剂

外加剂的质量应符合 GB 8076 的规定。

4.1.6 掺合料

4.1.6.1 掺合料宜采用硅砂粉、矿渣微粉、粉煤灰或硅灰等，硅砂粉的质量应符合 JC/T 950—2005 中表 1 的有关规定，矿渣微粉的质量不低于 GB/T 18046—2008 表 1 中 S95 级的有关规定，粉煤灰的质量不低于 GB/T 1596—2005 中Ⅱ级 F 类的有关规定，硅灰的质量应符合 GB/T 18736—2002 中表 1 的有关规定。

4.1.6.2 当采用其他品种的掺合料时，应通过试验鉴定，确认符合管桩混凝土质量要求时，方可使用。

4.2 一般要求

4.2.1 预应力钢筋的加工

4.2.1.1 钢筋应清除油污，切断前应保持平直，不应有局部弯曲，切断后端面应平整。同根管桩中钢筋长度的相对差值：长度小于或等于 15 m 时不得大于 1.5 mm，长度大于 15 m 时不得大于 2 mm。

4.2.1.2 钢筋镦头部位的强度不得低于该材料抗拉强度的 90%。

4.2.2 钢筋骨架

4.2.2.1 预应力钢筋应沿其分布圆周均匀配置，最小配筋率不得低于 0.4%，并不得少于 6 根，间距允许偏差为±5 mm。预应力钢筋最小配筋面积应符合表 1 中的规定。

注：与预应力钢筋最小配筋面积对应的结构配筋见附录 B。

4.2.2.2 螺旋筋的直径不应小于表 3 的规定。管桩两端 2 000 mm 范围内螺旋筋的螺距为 45 mm，其余部分螺旋筋的螺距为 80 mm。螺距允许偏差为±5 mm。

表 3 螺旋筋直径

管桩外径 D/mm	管桩型号	螺旋筋直径/mm	管桩外径 D/mm	管桩型号	螺旋筋直径/mm
300～400	A、AB、B、C	4	1 000～1 200	A、AB、B	6
500～600	A、AB、B、C	5		C	8
700	A、AB、B、C	6	1 300～1 400	A、AB	7
800	A、AB、B、C	6		B、C	8

4.2.2.3 钢筋和螺旋筋的焊接点的强度损失不得大于该材料抗拉强度的 5%。

4.2.2.4 端部设置锚固筋时，应符合设计图纸的要求。

4.2.3 抗剪性能

管桩的抗剪性能要求及试验方法见附录 C。

4.2.4 耐久性

对于有特殊要求及腐蚀、冻融环境下的管桩，应对其原材料、混凝土配合比和生产工艺等相关技术进行控制，并按设计要求对混凝土保护层等采取相应措施。

5 技术要求

5.1 混凝土抗压强度

5.1.1 混凝土质量控制应符合 GB 50164 的规定。

5.1.2 预应力混凝土管桩用混凝土强度等级不得低于 C60，预应力高强混凝土管桩用混凝土强度等级不得低于 C80。

5.1.3 预应力钢筋放张时，管桩的混凝土抗压强度不得低于 45 MPa。

5.1.4 产品出厂时，管桩用混凝土抗压强度不得低于其混凝土设计强度等级值。

5.2 混凝土有效预压应力值

A 型、AB 型、B 型和 C 型管桩的混凝土有效预压应力值分别为 4.0 N/mm^2、6.0 N/mm^2、8.0 N/mm^2 和 10.0 N/mm^2，其计算值应在各自规定值的±5%范围内。A 型、AB 型、B 型和 C 型管桩的抗弯性能指标见表 4。

注：管桩混凝土有效预压应力值的计算方法见附录 D。

表 4 管桩的抗弯性能

外径 D/mm	型号	壁厚 t/mm	抗裂弯矩/(kN·m)	极限弯矩/(kN·m)	外径 D/mm	型号	壁厚 t/mm	抗裂弯矩/(kN·m)	极限弯矩/(kN·m)
300	A	70	25	37	700	A	130	275	413
	AB		30	50		AB		332	556
	B		34	62		B		388	698
	C		39	79		C		459	918
400	A	95	54	81	800	A	110	392	589
	AB		64	106		AB		471	771
	B		74	132		B		540	971
	C		88	176		C		638	1 275
500	A	100	103	155		A	130	408	612
	AB		125	210		AB		484	811
	B		147	265		B		560	1 010
	C		167	334		C		663	1 326
	A	125	111	167	1 000	A	130	736	1 104
	AB		136	226		AB		883	1 457
	B		160	285		B		1 030	1 854
	C		180	360		C		1 177	2 354
600	A	110	167	250	1 200	A	150	1 177	1 766
	AB		206	346		AB		1 412	2 330
	B		245	441		B		1 668	3 002
	C		285	569		C		1 962	3 924
	A	130	180	270	1 300	A	150	1 334	2 000
	AB		223	374		AB		1 670	2 760
	B		265	477		B		2 060	3 710
	C		307	615		C		2 190	4 380
700	A	110	265	397	1 400	A	150	1 524	2 286
	AB		319	534		AB		1 940	3 200
	B		373	671		B		2 324	4 190
	C		441	883		C		2 530	5 060

5.3 混凝土保护层

外径 300 mm 管桩预应力钢筋的混凝土保护层厚度不得小于 25 mm，其余规格管桩预应力钢筋的混凝土保护层厚度不得小于 40 mm。

注：用于特殊要求环境下的管桩，保护层厚度应符合相关标准或规程的要求。

5.4 外观质量

外观质量应符合表 5 的规定。

表 5 管桩的外观质量

序号	项 目		外观质量要求
1	粘皮和麻面		局部粘皮和麻面累计面积不应大于桩总外表面的 0.5%；每处粘皮和麻面的深度不得大于 5 mm，且应修补。
2	桩身合缝漏浆		漏浆深度不应大于 5 mm，每处漏浆长度不得大于 300 mm，累计长度不得大于管桩长度的 10%，或对称漏浆的搭接长度不得大于 100 mm，且应修补。
3	局部磕损		局部磕损深度不应大于 5 mm，每处面积不得大于 5 000 mm^2，且应修补。
4	内外表面露筋		不允许
5	表面裂缝		不得出现环向和纵向裂缝，但龟裂、水纹和内壁浮浆层中的收缩裂缝不在此限。
6	桩端面平整度		管桩端面混凝土和预应力钢筋镦头不得高出端板平面。
7	断筋、脱头		不允许
8	桩套箍凹陷		凹陷深度不应大于 10 mm。
9	内表面混凝土塌落		不允许
10	接头和桩套箍与桩身结合面	漏浆	漏浆深度不应大于 5 mm，漏浆长度不得大于周长的 1/6，且应修补。
		空洞和蜂窝	不允许

5.5 尺寸允许偏差

管桩各部位的尺寸允许偏差应符合表 6 的规定。

表 6 管桩的尺寸允许偏差

单位为毫米

序号	项 目		允 许 偏 差
1	L		$\pm 0.5\%L$
2	端部倾斜		$\leqslant 0.5\%D$
3	D	300 mm～700 mm	$^{+5}_{-2}$
		800 mm～1 400 mm	$^{+7}_{-4}$
4	t		$^{+20}_{0}$
5	保护层厚度		$^{+5}_{0}$
6	桩身弯曲度	$L \leqslant 15$ m	$\leqslant L/1\,000$
		15 m$<L \leqslant 30$ m	$\leqslant L/2\,000$
7	端板	端面平面度	$\leqslant 0.5$
		外径	$^{0}_{-1}$
		内径	$^{0}_{-2}$
		厚度	正偏差不限 0

5.6 抗弯性能

5.6.1 管桩的抗弯性能指标不得低于表 4 中的规定。

5.6.2 管桩应按 6.4 进行抗弯试验，当加载至表 4 中的抗裂弯矩时，桩身不得出现裂缝。

5.6.3 当加载至表4中的极限弯矩时，管桩不得出现下列任何一种情况：

a) 受拉区混凝土裂缝宽度达到1.5 mm；

b) 受拉钢筋被拉断；

c) 受压区混凝土破坏。

5.6.4 管桩接头处极限弯矩不得低于桩身极限弯矩。

6 试验方法

6.1 混凝土抗压强度

6.1.1 混凝土试件的留置

6.1.1.1 当混凝土配合比调整或原材料发生变更时，应制作三组试件。

6.1.1.2 每拌制100盘或一个工作班拌制的同配合比混凝土不足100盘时，应制作三组试件。其中：一组试件检验预应力钢筋放张时混凝土抗压强度，一组试件检验28 d的混凝土抗压强度（采用压蒸养护工艺时，检验出釜后1 d的混凝土抗压强度），另一组备用或检验管桩出厂时的混凝土抗压强度。

6.1.2 混凝土抗压强度试验方法

6.1.2.1 混凝土拌合物应在搅拌站或喂料工序中随机抽取，制作标准尺寸试件，并与管桩同条件养护。

6.1.2.2 检验强度等级的试件，拆模后放入标准养护室养护至28 d，采用压蒸养护工艺时，出釜后冷却至常温。

6.1.2.3 检验出厂强度的试件，拆模后与管桩同条件养护。

6.1.2.4 混凝土抗压强度试验方法应符合GB/T 50081的有关规定。

6.2 外观质量和尺寸允许偏差

外观质量和尺寸允许偏差的检查工具和检查方法见表7。

表7 混凝土保护层厚度、外观质量和尺寸允许偏差的检查工具和检查方法

序号	检查项目	检查工具和检查方法	测量工具分度值/mm
1	混凝土保护层厚度	用深度游标卡尺或钢直尺在管桩中部同一断面的三处不同部位测量，精确至0.1 mm。	0.05
2	长度	用钢卷尺测量，精确至1 mm。	1
3	外径	用卡尺或钢直尺在同一断面测定相互垂直的两直径，取其平均值，精确至1 mm。	1
4	壁厚	用钢直尺在同一断面相互垂直的两直径上测定四处壁厚，取其平均值，精确至1 mm。	0.5
5	桩端部倾斜	将直角靠尺的一边紧靠桩身，另一边与端板紧靠，测其最大间隙处，精确至1 mm。	0.5
6	桩身弯曲度	将拉线紧靠桩的两端部，用钢直尺测量其弯曲处的最大距离，精确至1 mm。	0.5
7	漏浆长度	用钢卷尺测量，精确至1 mm。	1
8	漏浆深度	用深度游标卡尺测量，精确至0.1 mm。	0.02
9	裂缝宽度	用20倍读数放大镜测量，精确至0.01 mm。	0.01
10	端板端面平面度	用钢直尺立起横放在端板面上缓慢旋转，用塞尺测量最大间隙，精确至0.1 mm。	0.02

6.3 混凝土保护层厚度

混凝土保护层厚度的检查工具和检查方法见表7。

6.4 抗弯试验

6.4.1 管桩的抗弯试验采用简支梁对称加载装置，如图 2 所示，其中，P 的方向可垂直于地面，也可平行于地面（管桩的轴线均与地面平行）。

6.4.2 抗弯试验用的管桩，单节桩长不得超过表 1 中相应外径规定的长度上限值，也不得小于表 8 中规定的抗弯试验用管桩的最短单节桩长。

6.4.3 两根管桩焊接接头的抗弯试验方法与 6.4.1 相同，且两根管桩焊接后长度不得超过表 1 中相应外径规定的长度上限值，也不得小于表 8 中规定的抗弯试验用管桩的最短单节桩长，接头应位于最大弯矩处。

表 8 抗弯试验用管桩的最短单节桩长

外径 D/mm	300	400	500	600	700	800	1 000	1 200	1 300	1 400
最短单节桩长/m	5	6	7	8	9	10	12	14	15	16

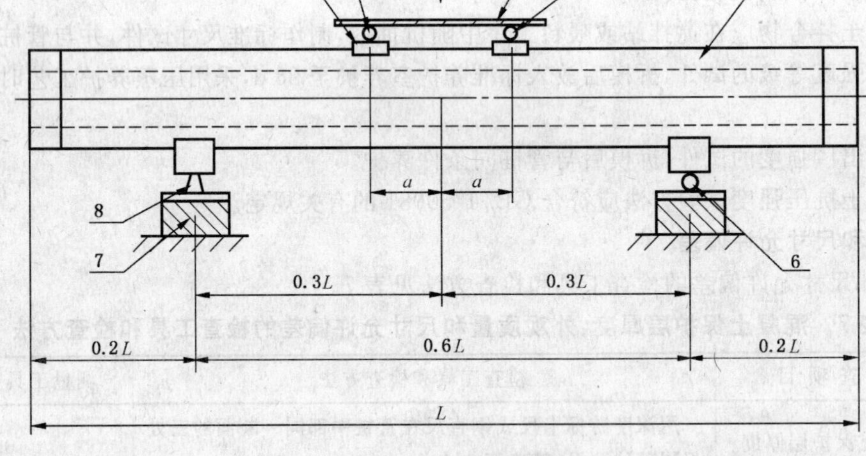

1——U 型垫板；
2——分配梁固定铰支座；
3——分配梁；
4——分配梁滚动铰支座；
5——管桩；
6——滚动铰支座；
7——支墩；
8——固定铰支座。

图 2 管桩的抗弯试验示意图

6.4.4 加载程序

第一步：按抗裂弯矩的 20% 的级差由零加载至抗裂弯矩的 80%，每级荷载的持续时间为 3 min；然后按抗裂弯矩的 10% 的级差继续加载至抗裂弯矩的 100%。每级荷载的持续时间为 3 min，观察是否有裂缝出现，测定并记录裂缝宽度。

第二步：如果在抗裂弯矩的 100% 时未出现裂缝，则按抗裂弯矩的 5% 的级差继续加载至裂缝出现。每级荷载的持续时间为 3 min，测定并记录裂缝宽度。

第三步：按极限弯矩的 5% 的级差继续加载至出现 5.6.3 所列极限状态的检验标志之一为止。每级荷载弯矩的持续时间为 3 min，观测并记录各项读数。

6.4.5 弯矩计算公式

实测弯矩按式(1)～式(3)计算。

6.4.5.1 垂直向下加载

$$M=\frac{P}{4}\left(\frac{3}{5}L-2a\right)+\frac{1}{40}WL \quad \cdots\cdots(1)$$

6.4.5.2 垂直向上加载

$$M=\frac{P}{4}\left(\frac{3}{5}L-2a\right)-\frac{1}{40}WL \quad \cdots\cdots(2)$$

6.4.5.3 水平加载

$$M=\frac{P}{4}\left(\frac{3}{5}L-2a\right) \quad \cdots\cdots(3)$$

式中：

M——抗弯弯矩，单位为千牛米(kN·m)；

W——管桩重量，单位为千牛(kN)；

L——管桩长度，单位为米(m)；

P——荷载(垂直加载时，应考虑加载设备的重量)，单位为千牛(kN)；

a——1/2的加荷跨距，单位为米(m)。外径小于1 200 mm且单节桩长不大于15 m时，a等于0.5 m；外径大于800 mm且单节桩长大于15 m时，a等于管桩外径D。

6.4.6 抗裂荷载和极限荷载的确定

6.4.6.1 当在加载过程中第一次出现裂缝时，应取前一级荷载值作为抗裂荷载实测值；当在规定的荷载持续时间内第一次出现裂缝时，应取本级荷载值与前一级荷载值的平均值作为抗裂荷载实测值；当在规定的荷载持续时间结束后第一次出现裂缝时，应取本级荷载值作为抗裂荷载实测值。

6.4.6.2 当在规定的荷载持续时间结束后出现5.6.3所列的情况之一时，应取此时的荷载值作为极限荷载实测值；当在加载过程中出现上述情况之一时，应取前一级荷载值作为极限荷载实测值；当在规定的荷载持续时间内出现上述情况之一时，应取本级荷载值与前一级荷载的平均值作为极限荷载实测值。

7 检验规则

7.1 检验分类

检验分出厂检验和型式检验。

7.2 出厂检验

7.2.1 检验项目

包括混凝土抗压强度、外观质量、尺寸允许偏差和抗裂性能等。

7.2.2 批量和抽样

7.2.2.1 混凝土抗压强度

批量和抽样按GBJ 107的有关规定执行。

7.2.2.2 外观质量和尺寸允许偏差

以同品种、同规格、同型号的管桩连续生产300 000 m为一批，但在三个月内生产总数不足300 000 m时仍作为一批，随机抽取10根进行检验。

7.2.2.3 抗裂性能

在外观质量和尺寸允许偏差检验合格的产品中随机抽取二根进行抗裂性能的检验。

7.2.3 判定规则

7.2.3.1 混凝土抗压强度

检查混凝土抗压强度检验的原始记录，评定按GBJ 107的有关规定执行。

7.2.3.2 外观质量

a) 全部符合5.4规定或符合5.4表5中第2、4、5、6、7、8、9、10项规定，其余项经修补能符合相应规定的管桩，外观质量为合格。

b) 若抽取的10根管桩全部符合a)，则判外观质量为合格；若有三根及以上不符合a)，则判外观质量为不合格；若有二根及以下不符合a)，应从同批产品中抽取加倍数量进行复验，复验产品全部符合a)，判外观质量为合格，若仍有一根不合格，则判外观质量为不合格；不符合5.4表5第2、4、5、6、7、8、9、10项中任意一项规定的管桩，外观质量为不合格。

7.2.3.3 尺寸允许偏差

若抽取的10根管桩全部符合5.5规定，则判尺寸允许偏差为合格；若有三根及以上不符合5.5条规定，则判尺寸允许偏差为不合格；若有二根及以下不符合5.5规定，应从同批产品中抽取加倍数量进行复验，复验产品全部符合5.5规定，判尺寸允许偏差为合格，若仍有一根不合格，则判尺寸允许偏差为不合格。

7.2.3.4 抗裂性能

若所抽二根全部符合5.6.2规定，则判抗裂性能合格；若有一根不符合5.6.2规定，应从同批产品中抽取加倍数量进行复验，复验结果若仍有一根不合格，则判抗裂性能不合格；若所抽二根全部不符合5.6.2条规定，则判抗裂性能为不合格。

7.2.3.5 总判定

在混凝土抗压强度、抗裂性能合格的基础上，外观质量和尺寸允许偏差全部合格，则判该批产品为合格，否则判为不合格。

7.3 型式检验

7.3.1 检验条件

有下列情况之一时均应进行型式检验：

a) 新产品投产或老产品转厂生产的试制定型鉴定；

b) 当结构、材料、工艺有较大改变时；

c) 正常生产每半年进行一次；

d) 停产半年以上恢复生产时；

e) 出厂检验结果与上次型式检验有较大差异时；

7.3.2 检验项目

包括混凝土抗压强度、外观质量、尺寸允许偏差、保护层厚度、抗弯性能等项目，必要时由双方协商，还可增加试验项目。

注：如无特殊要求，管桩接头处抗弯试验可以不检验。

7.3.3 抽样

在同品种、同规格、同型号的出厂检验合格产品中随机抽取10根进行外观质量和尺寸允许偏差检验，10根中随机抽取二根进行抗弯性能检验。抗弯试验完成后，在二根中抽取一根，于管桩中部同一断面的三处不同部位测量保护层厚度。

7.3.4 判定规则

7.3.4.1 混凝土抗压强度

检查同批次管桩用混凝土抗压强度检验的原始记录。

7.3.4.2 外观质量

若抽取的10根管桩全部符合7.2.3.2a)，则判外观质量为合格；若有三根及以上不符合7.2.3.2a)，则判外观质量为不合格；若有二根及以下不符合7.2.3.2a)，应从同批产品中抽取加倍数量进行复验，复验产品全部符合7.2.3.2a)，判外观质量为合格，若仍有一根不合格，则判外观质量为不合格；不符合5.4表5第2、4、5、6、7、8、9、10项中任意一项规定的管桩，外观质量为不合格。

7.3.4.3 尺寸允许偏差

若抽取的10根管桩全部符合5.5规定，则判尺寸允许偏差为合格；若有三根及以上不符合5.5条规定，则判尺寸允许偏差为不合格；若有二根及以下不符合5.5规定，应从同批产品中抽取加倍数量进行复验，复验产品全部符合5.5规定，判尺寸允许偏差为合格，若仍有一根不合格，则判尺寸允许偏差为不合格。

7.3.4.4 抗弯性能

若所抽二根全部符合5.6.2和5.6.3规定，则判抗弯性能合格；若有一根不符合5.6.2和5.6.3规定，应从同批产品中抽取加倍数量进行复验，复验结果若仍有一根不合格，则判抗弯性能不合格；若所抽二根全部不符合5.6.2和5.6.3规定，则判抗弯性能为不合格，且不得复检。

7.3.4.5 保护层厚度

若所抽一根中的三个数值全部符合5.3的规定，则判保护层厚度为合格。若有一个数值不符合5.3条的规定，应从同批产品中抽取加倍数量进行复验，复验结果若仍有一根不符合5.3的规定，则判保护层厚度不合格，且不得复检。

7.3.4.6 总判定

在混凝土抗压强度、保护层厚度、抗弯性能合格的基础上，外观质量和尺寸允许偏差全部合格时，则判该批产品为合格，否则判为不合格。

8 标志

8.1 标志应位于距端头1 000 mm～1 500 mm处的管桩外表面。

8.2 标志内容包括制造厂的厂名或产品注册商标、管桩标记、制造日期或管桩编号、合格标识。

9 贮存和运输

9.1 贮存

9.1.1 管桩堆放场地应坚实平整。

9.1.2 管桩堆放

长度不大于15 m的管桩，最下层宜按图3所示的两支点位置放在垫木上；长度大于15 m的管桩及拼接桩，最下层应采用多支垫堆放，垫木应均匀放置且在同一水平面上。

注：若堆场地基经过加固处理，也可采用着地平放。

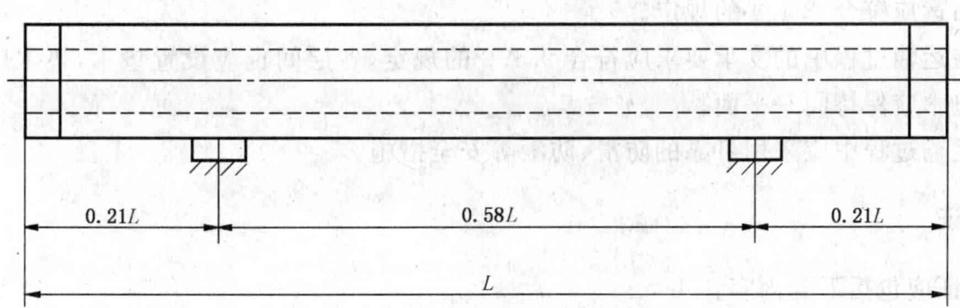

图3 两支点法位置示意图

9.1.3 管桩应按规格、类型、型号、壁厚、长度分别堆放，堆放过程中应采用可靠的防滑、防滚等安全措施。堆放层数不宜超过表9的规定。

表9 管桩堆放层数

外径 D/mm	300～400	500～600	700～1 000	1 200	1 300～1 400
堆放层数	9	7	5(4)	4(3)	3(2)
注：管桩及拼接桩长度超过15m时采用括号内数字。					

9.1.4 管桩吊装

9.1.4.1 长度不大于15 m且符合表1规定长度的管桩，宜采用两点吊(见图4)或两头钩吊法。

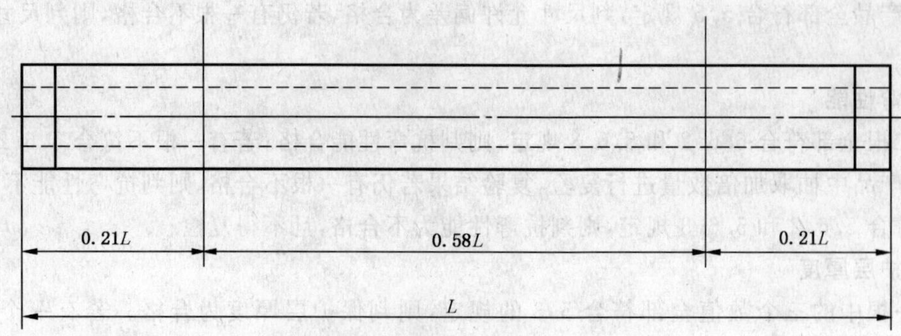

图 4　两点吊吊点位置示意图

9.1.4.2　长度大于 15 m 且小于 30 m 的管桩或拼接桩，应按图 5 采用四点吊。

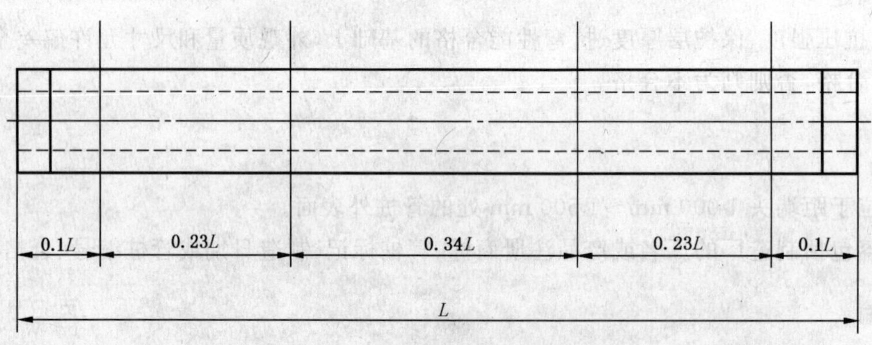

图 5　四点吊吊点位置示意图

9.1.4.3　长度大于 30 m 的管桩或拼接桩，应采用多点吊，吊点位置应另行验算。

9.1.4.4　吊点位置应符合设计要求，允许偏差为±200 mm。除两端钩吊外，吊索应与管桩纵轴线垂直。

9.1.4.5　管桩装卸应轻起轻放，严禁抛掷、碰撞、滚落。

9.2　运输

9.2.1　管桩吊运应符合 9.1.4 的规定。

9.2.2　管桩在运输过程中的支承要求应符合 9.1.2 的规定，各层间也应设置垫木，垫木应上下对齐材质一致，同层垫木应保持同一平面。

9.2.3　管桩运输过程中应采用可靠的防滑、防滚等安全措施。

10　产品合格证

产品合格证应包括下列内容：

a)　合格证编号；

b)　采用标准编号；

c)　管桩品种、规格、型号、长度及壁厚；

d)　产品数量；

e)　混凝土强度等级；

f)　制造日期或管桩编号；

g)　制造厂厂名、出厂日期；

h)　检验员签名或盖章(可用检验员代号表示)。

附 录 A
（资料性附录）
非优选系列管桩的基本尺寸和力学性能指标

A.1 除表1中规定的管桩基本规格外，非优选系列管桩的基本尺寸见表A.1。

表A.1 非优选系列管桩的基本尺寸

外径 D/mm	型号	壁厚 t/mm	长度 L/m	预应力钢筋分布圆直径 D_p/mm	预应力钢筋最小面积/mm²	预应力钢筋配筋
350	A	80	7~11	280	320	8ϕ7.1
	AB				512	8ϕ9.0
	B				640	10ϕ9.0
	C				900	10ϕ10.7
450	A	95	7~12	358	512	8ϕ9.0
	AB				720	8ϕ10.7
	B		7~13		1 080	12ϕ10.7
	C				1 350	15ϕ10.7
550	A	110	7~15	456	768	12ϕ9.0
	AB				1 080	12ϕ10.7
	B				1 500	12ϕ12.6
	C				1 875	15ϕ12.6
	A	125			896	14ϕ9.0
	AB				1 260	14ϕ10.7
	B				1 750	14ϕ12.6
	C				2 125	17ϕ12.6

注：若采用不同于表A.1中规定的钢筋直径进行等面积代换，代换后预应力钢筋最小配筋面积应符合表A.1的规定，钢筋的间距不小于2倍钢筋直径，且应大于粗骨料最大粒径的4/3。

A.2 非优选系列管桩的力学性能指标见表A.2。

A.3 非优选系列管桩力学性能的试验方法和检验规则应按第6章、第7章、C.2、C.3的规定执行。

表 A.2 非优选系列管桩的力学性能指标

外径 D/mm	型号	壁厚 t/mm	抗裂弯矩/(kN·m)	极限弯矩/(kN·m)	抗裂剪力/kN
350	A	80	36	54	129
	AB		44	73	148
	B		51	92	166
	C		61	122	181
450	A	95	79	120	204
	AB		98	165	230
	B		117	210	259
	C		132	265	283
550	A	110	125	188	262
	AB		154	254	302
	B		182	328	337
	C		211	422	369
	A	125	137	207	316
	AB		169	279	364
	B		200	361	407
	C		232	464	445

附 录 B
（规范性附录）
管桩的结构配筋

与表 1 中预应力钢筋最小配筋面积对应的管桩结构配筋见表 B.1。

表 B.1 管桩的结构配筋

外径 D/mm	型号	壁厚 t/mm	预应力钢筋分布圆直径 D_p/mm	预应力钢筋配筋	外径 D/mm	型号	壁厚 t/mm	预应力钢筋分布圆直径 D_p/mm	预应力钢筋配筋
300	A	70	230	6φ7.1	700	A	130	600	13φ10.7
	AB			6φ9.0		AB			26φ9.0
	B			8φ9.0		B			26φ10.7
	C			8φ10.7		C			26φ12.6
400	A	95	308	10φ7.1/7φ9.0	800	A	110	700	15φ10.7
	AB			10φ9.0/7φ10.7		AB			15φ12.6
	B			10φ10.7		B			30φ10.7
	C			13φ10.7		C			30φ12.6
500	A	100	406	11φ9.0		A	130		16φ10.7
	AB			11φ10.7		AB			16φ12.6
	B			11φ12.6		B			32φ10.7
	C			13φ12.6		C			32φ12.6
	A	125		12φ9.0	1 000	A	130	880	32φ9.0
	AB			12φ10.7		AB			32φ10.7
	B			12φ12.6		B			32φ12.6
	C			15φ12.6		C			32φ14.0
600	A	110	506	14φ9.0	1 200	A	150	1 060	30φ10.7
	AB			14φ10.7		AB			30φ12.6
	B			14φ12.6		B			45φ12.6
	C			17φ12.6		C			45φ14.0
	A	130		16φ9.0	1 300	A	150	1 160	24φ12.6
	AB			16φ10.7		AB			48φ10.7
	B			16φ12.6		B			48φ12.6
	C			20φ12.6		C			48φ14.0
700	A	110	600	12φ10.7	1 400	A	150	1 260	25φ12.6
	AB			24φ9.0		AB			50φ10.7
	B			24φ10.7		B			50φ12.6
	C			24φ12.6		C			50φ14.0

注 1：若采用不同于表 B.1 中规定的钢筋直径进行等面积代换，代换后预应力钢筋最小配筋面积应符合表 1 的规定，钢筋的间距不小于 2 倍钢筋直径，且应大于粗骨料最大粒径的 4/3。

注 2：由于 GB/T 5223.3 中低松弛螺旋槽钢棒的最大直径为 φ12.6 mm，对于直径大于 1 000 mm 的 C 型管桩，采用 φ12.6 mm 钢筋配筋时，钢筋的间距太密，不利于浇灌混凝土，建议采用质量符合 4.1.3.1 要求的 φ14.0 mm的钢筋。

附 录 C
（规范性附录）
管桩的抗剪性能及其试验方法

C.1 管桩的抗剪性能

C.1.1 管桩的抗剪性能见表 C.1。

表 C.1 管桩的抗剪性能

外径 D/mm	型号	壁厚 t/mm	抗裂剪力/kN	外径 D/mm	型号	壁厚 t/mm	抗裂剪力/kN
300	A	70	96	700	A	130	435
	AB		111		AB		498
	B		124		B		556
	C		136		C		610
400	A	95	173	800	A	110	468
	AB		200		AB		520
	B		224		B		573
	C		245		C		652
500	A	100	239		A	130	526
	AB		271		AB		584
	B		302		B		648
	C		331		C		725
	A	125	284	1 000	A	130	695
	AB		327		AB		774
	B		364		B		858
	C		399		C		1 262
600	A	110	316	1 200	A	150	946
	AB		362		AB		1 056
	B		404		B		1 175
	C		443		C		1 334
	A	130	362	1 300	A	150	1 018
	AB		417		AB		1 149
	B		465		B		1 302
	C		510		C		1 408
700	A	110	390	1 400	A	150	1 092
	AB		437		AB		1 236
	B		481		B		1 385
	C		545		C		1 511

C.1.2　管桩应按 C.2 进行抗剪性能试验，当加载至表 C.1 中的抗裂剪力时，桩身不得出现裂缝。

C.1.3　管桩接头部位不做抗剪性能试验。

C.2　抗剪试验方法

C.2.1　管桩的抗剪试验采用图 C.1 所示对称加载装置，其中，P 的方向可垂直于地面，也可平行于地面(管桩的轴线均与地面平行)。剪跨 b 取 1.0D，试件悬出长度 l_1 取(1.25～2.0)D。

1——分配梁支点；

2——分配梁；

3——管桩；

4——支墩；

L——试验用管桩长度；

l_1——管桩悬出长度；

b——剪跨。

图 C.1　管桩抗剪试验示意图

C.2.2　加载程序

第一步：按抗裂剪力的 20% 的级差由零加载至抗裂剪力的 80%，每级荷载的持续时间为 3 min；然后按抗裂剪力的 10% 的级差继续加载至抗裂剪力的 100%。每级荷载的持续时间为 3 min，观察是否有裂缝出现，测定并记录裂缝宽度。

第二步：如果在抗裂剪力的 100% 时未出现裂缝，则按抗裂剪力的 5% 的级差继续加载至裂缝出现。每级荷载的持续时间为 3 min，测定并记录裂缝宽度。

C.2.3　抗裂剪力计算公式

实测抗裂剪力按式(C.1)计算。

$$Q = \frac{P_c}{2} \qquad \cdots\cdots(C.1)$$

式中：

Q——抗裂剪力，单位为千牛(kN)；

P_c——剪跨内产生斜拉裂纹时的荷载，单位为千牛(kN)。

C.2.4　抗裂荷载的确定

当在加载过程中第一次出现裂缝时，应取前一级荷载值作为抗裂荷载实测值；当在规定的荷载持续时间内第一次出现裂缝时，应取本级荷载值与前一级荷载值的平均值作为抗裂荷载实测值；当在规定的荷载持续时间结束后第一次出现裂缝时，应取本级荷载值作为抗裂荷载实测值。

C.3 抗剪性能检验规则

C.3.1 抽样

在外观质量和尺寸允许偏差检验合格的抗剪试验用管桩产品中随机抽取二根进行抗剪性能的检验。

C.3.2 判定规则

若所抽二根全部符合 C.1.1 的规定，则判抗剪性能合格；若有一根不符合 C.1.1 条规定，应从同批产品中抽取加倍数量进行复验，复验结果若仍有一根不合格，则判抗剪性能不合格；若所抽二根全部不符合 C.1.1 的规定，则判抗剪性能不合格。

附 录 D
（规范性附录）
管桩混凝土有效预压应力值的计算方法

管桩混凝土有效预压应力与混凝土的弹性变形、混凝土的徐变、混凝土的收缩和预应力钢筋的松弛等有关，其计算方法如下。

D.1 预应力放张后预应力钢筋的拉应力 $\boldsymbol{\sigma}_{pt}$（N/mm²）

$$\sigma_{pt} = \frac{\sigma_{con}}{1 + n' \cdot \dfrac{A_p}{A_c}} \qquad \text{(D.1)}$$

式中：

σ_{con}——预应力钢筋的初始张拉应力，单位为牛每平方毫米（N/mm^2），$\sigma_{con} = 0.7 f_{ptk}$；

f_{ptk}——预应力钢筋的抗拉强度，单位为牛每平方毫米（N/mm^2）；

A_p——预应力钢筋的横截面积，单位为平方毫米（mm^2）；

A_c——管桩混凝土的横截面积，单位为平方毫米（mm^2）；

n'——预应力钢筋的弹性模量与放张时混凝土的弹性模量之比。

D.2 混凝土的徐变及混凝土的收缩引起的预应力钢筋拉应力损失 $\Delta\boldsymbol{\sigma}_{p\psi}$（N/mm²）

$$\Delta\sigma_{p\psi} = \frac{n \cdot \psi \cdot \sigma_{cpt} + E_p \cdot \delta_s}{1 + n \cdot \dfrac{\sigma_{cpt}}{\sigma_{pt}} \cdot \left(1 + \dfrac{\psi}{2}\right)} \qquad \text{(D.2)}$$

式中：

σ_{cpt}——放张后混凝土的预压应力，N/mm^2；

$$\sigma_{cpt} = \frac{\sigma_{pt} \cdot A_p}{A_c} \qquad \text{(D.3)}$$

n——预应力钢筋的弹性模量与管桩混凝土的弹性模量之比；

ψ——混凝土的徐变系数，取 2.0；

δ_s——混凝土的收缩率，取 1.5×10^{-4}；

E_p——预应力钢筋的弹性模量，N/mm^2。

D.3 预应力钢筋因松弛引起的拉应力损失 $\Delta\boldsymbol{\sigma}_r$（N/mm²）

$$\Delta\sigma_r = r_0 \cdot (\sigma_{pt} - 2\Delta\sigma_{p\psi}) \qquad \text{(D.4)}$$

式中：

r_0——预应力钢筋的松弛系数，取 2.5%。

D.4 预应力钢筋的有效拉应力 $\boldsymbol{\sigma}_{pe}$（N/mm²）

$$\sigma_{pe} = \sigma_{pt} - \Delta\sigma_{p\psi} - \Delta\sigma_r \qquad \text{(D.5)}$$

D.5 管桩混凝土的有效预压应力 $\boldsymbol{\sigma}_{ce}$（N/mm²）

$$\sigma_{ce} = \frac{\sigma_{pe} \cdot A_p}{A_c} \qquad \text{(D.6)}$$

ICS 29.020
K 04

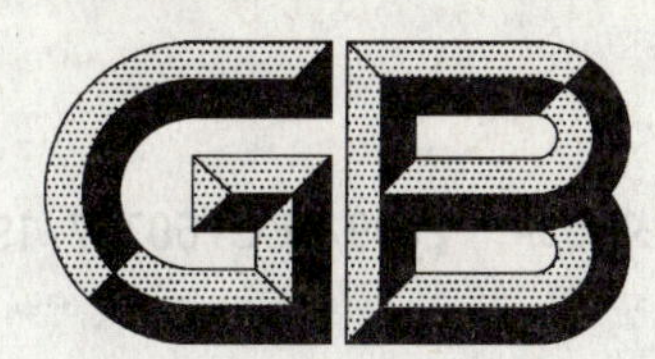

中华人民共和国国家标准

GB/T 13534—2009/IEC 60757:1983
代替 GB/T 13534—1992

颜色标志的代码

Code for designation of colours

(IEC 60757:1983,IDT)

2009-05-06 发布　　　　2009-11-01 实施

中华人民共和国国家质量监督检验检疫总局
中国国家标准化管理委员会　发布

前　言

本标准等同采用 IEC 60757:1983《颜色标志的代码》(英文版)。

本标准与 IEC 60757:1983 的编辑性差异为:

——取消了 IEC 标准的前言和序言,增加了我国标准的前言;

——将正文注 2 中的 ISO 3864.3 改为 GB 2893 和 GB 2894。

本标准代替 GB/T 13534—1992《电气颜色标志的代号》。本标准与 GB/T 13534—1992 相比,主要差异如下:

——标准的编写格式按照 GB/T 1.1—2000 进行修改和规范;

——增加了标准的前言;

——标准的名称修改为《颜色标志的代码》,与采用的国际标准名称统一;

——标准的英文名称由"Code for designation of colours for electricity"修改为"Code for designation of colours",与采用的国际标准一致;

——将第 1 章"主题内容与适用范围"修改为第 1 章"范围"和第 2 章"目的",并在第 2 章中增加了注,与 IEC 60757:1983 的编写结构一致。

本标准由全国电气安全标准化技术委员会(SAC/TC 25)提出并归口。

本标准起草单位:机械工业北京电工技术经济研究所、机械科学研究院、北京司坎·拓普国际电气有限公司、德力西电气有限公司、西门子(中国)有限公司。

本标准的主要起草人:曾雁鸿、郭汀、金卫东、黄蓉蓉、范一兵、李霞。

本标准所代替标准的历次版本发布情况为:

——GB/T 13534—1992。

颜色标志的代码

1 范围

本标准适用于电气技术方面的文件图样和标记等。

2 目的

本标准规定了常用颜色标志的字母代码及表示方法。

注1：数字代码的表示正在考虑中。

注2：本标准不对电气颜色的界限和性质加以规定。那些必须满足或符合安全颜色要求的准确的定义应参见GB 2893《安全色》和GB 2894《安全标志及其使用导则》。产品技术委员会可制定相关产品可接受或允许的颜色界限和性质的标准。

3 字母代码

常用颜色标志的字母代码示于表1。

如果有必要采用下表所示之外的其他颜色，应在相应设备的技术文件（如产品规范）中说明。

表1 常用颜色标志的字母代码

颜 色 名 称	字 母 代 码
黑色	BK
棕色	BN
红色	RD
橙色	OG
黄色	YE
绿色	GN
蓝色（包括淡蓝）	BU
紫色（紫红）	VT
灰色（蓝灰）	GY
白色	WH
粉红色	PK
金黄色	GD
青绿色	TQ
银白色	SR
绿/黄双色	GNYE
注：在本标准中大写字母和小写字母具有相同的意义，但优先采用大写字母。	

4 同一部件的颜色组合

在同一部件上使用的颜色组合，应按照表中所示顺序将不同颜色的字母代码相连表示。

例如，红/蓝双色部件的颜色代码为：RDBU。

5 不同部件的不同颜色

对于不同部件上的不同颜色，各颜色标志的字母代码之间用“加号”(+)隔开。

例如，具有两根黑色、一根棕色、一根蓝色和一根绿/黄双色的五芯电缆的颜色代码为：

BK+BK+BN+BU+GNYE

ICS 29.160.30
K 24

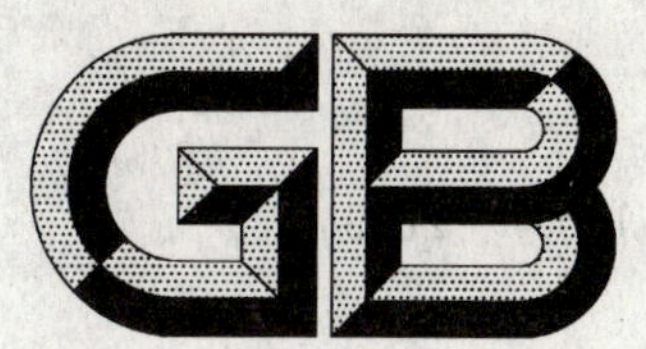

中华人民共和国国家标准

GB/T 13537—2009
代替 GB/T 13537—1992

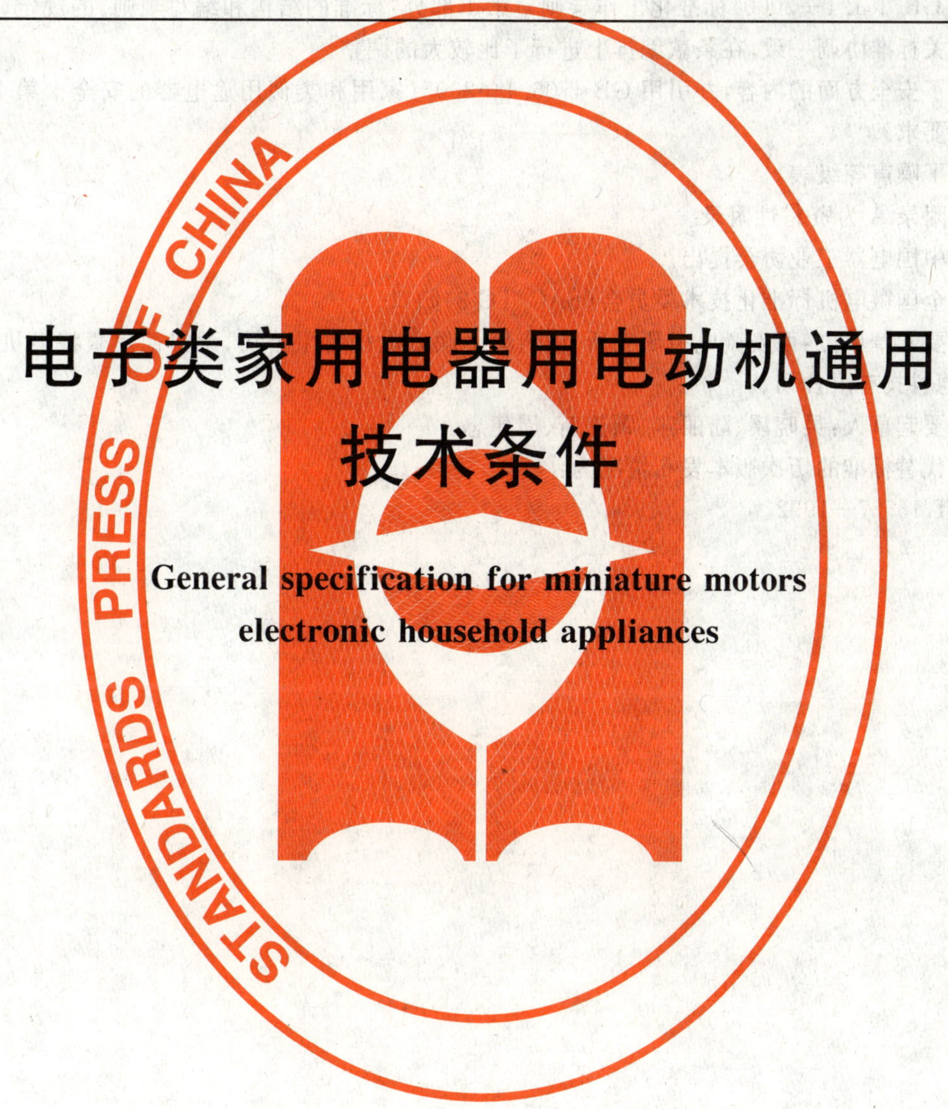

电子类家用电器用电动机通用技术条件

General specification for miniature motors electronic household appliances

2009-09-30 发布　　　　2010-02-01 实施

中华人民共和国国家质量监督检验检疫总局
中国国家标准化管理委员会　发布

前　言

本标准代替 GB/T 13537—1992《电子类家用电器用电动机通用技术要求》。

本标准与 GB/T 13537—1992 相比有下列主要差异：

——按照 GB/T 1.1—2000《标准化工作导则　第1部分：标准的结构和编写规则》的规定，并为了与相关标准协调一致，在条款编排上进行了比较大的调整。

——增加了安全方面的内容，并引用 GB 4706.1—2005《家用和类似用途电器的安全　第1部分：通用要求》。

——增加了噪声等级表。

本标准的附录 A 为资料性附录。

本标准由中国电器工业协会提出。

本标准由全国微电机标准化技术委员会(SAC/TC 2)归口。

本标准主要起草单位：西安微电机研究所、横店集团联宜电机有限公司、无锡德信微特电机有限公司、深圳市龙德科技有限公司。

本标准主要起草人：吴晓溪、陆丽燕、顾德新、周建忠。

本标准所代替标准的历次版本发布情况为：

——GB/T 13537—1992。

电子类家用电器用电动机通用技术条件

1 范围

本标准规定了机座外径不大于 90 mm 的电子类家用电器用电动机的产品分类、技术要求和试验方法、检验规则、交付准备等。

本标准适用于 DVD 录放机、录音机、摄像机、照相机、微波炉、取暖器、电子玩具、剃须刀、程控器、CPU 风扇、手机等电子类家用电器电动机如交流感应电动机、串激电动机、永磁直流电动机、无刷直流电动机、同步电动机、超声波电动机、步进电动机等。本标准也适用于不用机座外径表示机座号的其他结构型式电子类家用电器用电动机。

机座外径大于 90 mm 的电子类家用电器用电动机亦可参照采用本标准。

本标准应与电子类家用电器用电动机(以下简称电机)产品专用技术条件一起使用。各类电机的具体技术指标及附加或特殊要求在产品专用技术条件中规定。

2 规范性引用文件

下列文件中的条款通过本标准的引用而成为本标准的条款。凡是注日期的引用文件,其随后所有的修改单(不包括勘误的内容)或修订版均不适用于本标准,然而,鼓励根据本标准达成协议的各方研究是否可使用这些文件的最新版本。凡是不注日期的引用文件,其最新版本适用于本标准。

GB 755 旋转电机 定额和性能(GB 755—2008,IEC 60034-1:2004,IDT)

GB/T 2828.1 计数抽样检验程序 第 1 部分:按接收质量限(AQL)检索的逐批检验抽样计划(GB/T 2828.1—2003,ISO 2859-1:1999,IDT)

GB 4706.1—2005 家用和类似用途电器的安全 第 1 部分:通用要求(IEC 60335-1:2004,IDT)

GB/T 7345—2008 控制电机基本技术要求

GB/T 10069.1 旋转电机噪声测定方法及限值 第 1 部分:旋转电机噪声测定方法(GB/T 10069.1—2006,ISO 1680:1999,MOD)

3 产品分类

3.1 型号命名

产品型号命名应参见附录 A,由产品专用技术条件规定。

3.2 环境条件

本标准在以下规定的环境条件下,电机应能正常工作。

——环境温度:−25 ℃～40 ℃;

——相对湿度:45%～95%;

——气压:86 kPa～106 kPa。

3.3 电源频率和电压等级

各类电机的额定频率、额定电压应在表 1 中选取,当额定电压较低时,允许采用其他电压等级。

3.4 工作制

电机工作制采用 GB 755 中规定的连续工作制(S_1)、短时工作制(S_2)、断续周期工作制(S_3)和连续周期工作制(S_6)。

4 技术要求及试验方法

表 1

额定频率/(50 Hz)	额定电压/V
交流	110、220
直流	1.5、3、4.5、5、6、9、12、15、24、27、36、48、60、110

4.1 外观和装配质量

4.1.1 技术要求

电机表面应无锈蚀、涂覆层剥落、碰伤、划痕，接线板及铭牌的字迹和内容应清楚无误，且不应脱落，引出线应完整无损，颜色和标识应正确，并符合 GB/T 7345—2008 的有关规定。

4.1.2 试验方法

目检电机外观质量应符合 4.1.1 的要求。

4.2 外形及安装尺寸

4.2.1 技术要求

电机的外形和安装尺寸应符合产品专用技术条件的规定。

4.2.2 试验方法

用能保证尺寸精度要求的量具检查电机的外形和安装尺寸，结果应符合 4.2.1 的要求。

4.3 轴向间隙

4.3.1 技术要求

当有要求时，电机的轴向间隙应符合产品专用技术条件的规定。

4.3.2 试验方法

按 GB/T 7345—2008 规定的方法检查电机轴向间隙，轴向推力数值由产品专用技术条件规定，结果应符合 4.3.1 的要求。

4.4 轴伸径向圆跳动

4.4.1 技术要求

当有要求时，电机轴伸外圆配合部位的径向圆跳动应符合表 2 的规定。

表 2　　单位为毫米

机座号	≤30	>30～60	>60～90	≥90
径向圆跳动	0.02	0.03	0.04	0.06

4.4.2 试验方法

按 GB/T 7345—2008 规定的方法进行检查，结果应符合 4.4.1 的要求。

4.5 安装配合止口的同轴度和安装配合端面的垂直度

4.5.1 技术要求

当有要求时，电机安装配合面的同轴度和安装配合端面的垂直度应符合表 3 的规定。

表 3　　单位为毫米

机座号		≤30	>30～90	≥90
项目	安装配合止口同轴度	ϕ0.04	ϕ0.06	ϕ0.08
	安装配合端面的垂直度	0.06	0.08	0.10

4.5.2 试验方法

对小于 90 机座号的电机，用 GB/T 7345—2008 规定的方法进行测量。对于 90 及以上机座号的电机，将千分表底座与转轴固定连接，转动转子测取安装配合端面的全跳动，结果应符合 4.5.1 的要求。

4.6 旋转方向

4.6.1 技术要求

电机的旋转方向应符合产品专用技术条件的规定。

4.6.2 试验方法

电机按产品专用技术条件的规定通电，面对轴伸端(双轴伸电机为主轴伸端)沿轴向观察，其旋转方向应符合 4.6.1 的要求。

4.7 接地端

4.7.1 技术要求

当有要求时，接地端应符合按产品专用技术条件的规定。

4.7.2 试验方法

按 GB 4706.1—2005 中 27.5 的方法检查技术条件中规定的接地端与电机轴伸间的电阻，结果应符合 4.7.1 的要求。

4.8 绝缘介电强度

4.8.1 技术要求

当无特殊要求时，电机绕组对机壳间应能承受频率为 50 Hz 或 60 Hz、表 4 规定的正弦波试验电压、历时 1 min 的绝缘介电强度试验，其结果应无击穿或飞弧。绕组泄漏电流峰值按 GB 4706.1—2005 中相关的规定，最大为 5 mA。试验后测量绝缘电阻应符合 4.9 的规定。重复进行绝缘介电强度试验时，试验电压为规定值的 80%。对批量生产的电机，进行绝缘介电强度试验时，允许将试验电压提高至表 4 规定值的 120%，而将试验时间缩短至 1 s。

当电机的额定电压小于或等于 6 V 时，可根据产品类型及结构特性视绝缘介电强度试验为选择性项目。

表 4

单位为伏特

电机额定电压 U	绝缘介电强度试验电压(有效值)	兆欧表电压
$U \leqslant 12$	$100_{-5}^{\ 0}$	100
$U \leqslant 36$	$250_{-8}^{\ 0}$	250
$36 < U \leqslant 60$	$500_{-15}^{\ 0}$	500
$60 < U \leqslant 115$	$750_{-23}^{\ 0}$	
$115 < U \leqslant 220$	$1\,000_{-30}^{\ 0}$	
$U > 220$	$1\,500_{-45}^{\ 0}$	1 000

4.8.2 试验方法

按 GB/T 7345—2008 规定的方法进行绕组对机壳间的绝缘介电强度试验，其结果应符合 4.8.1 的要求。

4.9 绝缘电阻

4.9.1 技术要求

当无特殊要求时，电机绕组对机壳间的绝缘电阻，在正常气候条件下应不小于 100 MΩ；在产品专用技术条件规定的极限低温条件下应不小于 50 MΩ，在相应的极限高温条件下应不小于 10 MΩ；在恒定湿热试验后，箱内测量其绝缘电阻应不小于 2 MΩ。绝缘电阻检查用兆欧表的电压值应符合表 4 的规定或按相应电机产品专用技术条件的规定。

当电机的额定电压小于或等于6 V时,可根据产品类型及结构特性视绝缘电阻试验为选择性项目。

4.9.2 试验方法

用表4规定的兆欧表检查电枢绕组与机壳间的绝缘电阻,其值应符合表4的要求。

4.10 空载起动电压

4.10.1 技术要求

当有要求时,电机正、反两方向的空载起动电压均应符合产品专用技术条件的规定。

4.10.2 试验方法

按GB/T 7345—2008规定的方法进行电机空载起动电压试验,结果应符合4.10.1的要求。

4.11 额定数据

4.11.1 技术要求

电机的额定技术数据应符合产品专用技术条件的规定。

产品专用技术条件应给出如下额定技术数据:

4.11.1.1 直流电动机(含永磁直流、永磁无刷)

直流电动机(含永磁直流、永磁无刷)的额定技术数据应有:

a) 额定输入功率或额定输出功率;

b) 额定电压;

c) 额定转速;

d) 额定电流。

4.11.1.2 感应电动机

感应电动机的额定技术数据应有:

a) 额定输入功率或额定输出功率;

b) 额定电压;

c) 额定频率;

d) 额定电流;

e) 额定功率因素。

4.11.1.3 同步电动机

同步电动机的额定技术数据应有:

a) 额定输入功率或额定输出功率;

b) 额定电压;

c) 额定频率;

d) 额定电流;

e) 相数;

f) 额定功率因素。

4.11.1.4 步进电动机

步进电动机的额定技术数据应有:

a) 标称电压或峰值电流;

b) 步距角;

c) 保持转矩;

d) 相数。

4.11.2 试验方法

给被测电机施加有效输入参数(如额定电压、额定频率、额定转矩等)使其在额定工作状态下运行,达到通电稳定工作温度后,测量并计算出相应的输出参数(如功率、电流、转速等)。其值均应符合4.11.1的要求。

4.12 **堵转转矩**

4.12.1 **技术要求**

直流电机(含永磁直流、永磁无刷)和感应电机的堵转转矩应符合电机技术条件的规定。

4.12.2 **试验方法**

直流电机(含)和感应电机的堵转转矩测试按产品专用技术条件的规定。

4.13 **堵转转矩倍数**

4.13.1 **技术要求**

电机的堵转转矩倍数应符合专用电机技术条件的规定。

4.13.2 **试验方法**

4.13.2.1 **堵转试验法**

直流电机和感应电机的堵转转矩倍数可用堵转转矩试验测定。电机按产品专用技术条件的规定接线,将电机堵转,给电机施加额定电压(交流电机应规定额定频率)。试验时测量输入电压和转矩,转矩可用任何合适的方法进行测量,所测转矩即为堵转转矩。试验应尽快进行,接通电源后立即读数,以防止电机由于堵转而过热。异步电动机应根据所测堵转转矩计算堵转转矩倍数,结果应符合 4.13.1 的要求。

4.13.2.2 **替代试验法**

对于机械特性基本为线性的电机,可以不采用堵转方法。不堵转电机,对电机先后施加产品专用技术条件中规定的转矩,测出相应的转速,然后按式(1)计算堵转转矩,该值应符合 4.13.1 的要求。

$$T_{st} = \frac{T_2 n_1 - T_1 n_2}{n_1 - n_2} \qquad \cdots\cdots(1)$$

式中:

T_{st}——堵转转矩;

T_2——第二次施加的转矩;

n_1——施加第一次转矩测出的相应转速;

T_1——第一次施加的转矩;

n_2——施加第二次转矩测出的相应转速。

4.14 **牵入转矩**

4.14.1 **技术要求**

当有要求时,同步电机(含步进电机)的牵入转矩应符合产品专用技术条件的规定。

4.14.2 **试验方法**

将被测电机固定在试验支架上,如图 1 所示。测力盘上悬吊合适的砝码,电机施加额定频率的额定电压,使电机进入同步运行状态。逐渐调整电机频率,使转矩在转速变化时基本不变。直至电机失步。测出使电机牵入同步的最大负载转矩,反复多次测量,取其最小值即为牵入转矩,其计算方法如式(2)。注意测力盘质量应不足以影响牵入转矩。可以用其他测量方法。

$$T = 9.8 \times 10^{-7} \frac{DG}{2} \qquad \cdots\cdots(2)$$

式中:

T——牵入转矩,单位为牛·米(N·m);

D——测力盘直径,单位为毫米(mm);

G——砝码质量,单位为克(g)。

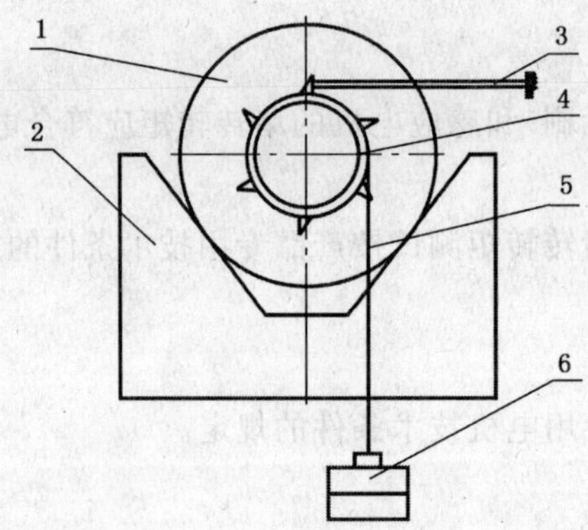

1——被测电机；

2——试验支架；

3——挡臂；

4——测力盘；

5——涤纶线；

6——砝码。

图 1　牵入转矩试验支架

4.15　最大转矩倍数

4.15.1　技术要求

当有要求时，感应电机的最大转矩倍数应符合产品专用技术条件的规定。

4.15.2　试验方法

电机按产品专用技术条件规定的额定供电方式供电，稳定运行在额定转速状态下，逐渐地连续加载，当电机出现转速突然大幅度下降或输入电流突变时，其转矩即为最大转矩。所测最大转矩与额定转矩的比值为最大转矩倍数，其值应符合 4.15.1 的要求。

4.16　最大同步转矩

4.16.1　技术要求

当有要求时，同步电机的最大同步转矩应符合产品专用技术条件的要求。

4.16.2　试验方法

同步电动机按产品专用技术条件规定的额定供电方式供电，当达到同步运行状态后，逐渐地不断增加被测电机负载，当电机出现失步，其转矩即为最大同步转矩，数值应符合 4.16.1 的要求。施加转矩可以采用任何合适的方法，但应避免产生冲击性负载。

4.17　稳速误差

4.17.1　总则

对于稳速电动机，应符合 4.17.2、4.17.3、4.17.4 规定的稳速误差要求。

4.17.2　时间变化时的稳速误差

4.17.2.1　技术要求

电机通电 15 s，最长为 30 min，所测各转速与 15 s 时转速之差与 15 s 时转速之比应在相应电机技术条件的规定的范围内。

$$\delta_t = \frac{n - n_{15}}{n_{15}} \qquad \cdots\cdots(3)$$

式中：

δ_t——时间变化时的稳速误差；

n——规定时间测量的转速；

n_{15}——通电 15 s 时的转速。

4.17.2.2 试验方法

电机带额定负载,以额定供电方式供电,分别在 15 s、30 s 及 1 min、2 min、5 min、10 min、20 min 及 30 min 各测一次转速,各转速与 15 s 时转速之差对 15 s 时转速之比应符合 4.17.2.1 的规定。时间变化时的稳速误差计算方法如式(3)。

4.17.3 电压变化时的稳速误差

4.17.3.1 技术要求

电机端电压在电机产品技术条件规定的工作范围内变化时,电机最高转速与最低转速之差对额定转速之比应在其规定范围内。

$$\delta_V = \frac{n_{max} - n_{min}}{n_n} \qquad (4)$$

式中:

δ_V——电压变化时的稳速误差;

n_{max}——电机最高转速;

n_{min}——电机最低转速;

n_n——电机额定转速。

4.17.3.2 试验方法

电机按产品专用技术条件的规定接线,并施加额定电压(交流电机应规定额定频率)。当电机端电压在规定的额定电压范围内变化时,测出其最高转速和最低转速,电机最高转速与最低转速之差与额定转速之比应符合 4.17.3.1 的规定。电压变化时的稳速误差计算方法如式(4)。

4.17.4 转矩变化时的稳速误差

4.17.4.1 技术要求

电机的负载转矩在相应电机技术条件规定的转矩范围内变化时,电机最高转速与最低转速之差对额定转速之比应在其规定范围内。

$$\delta_T = \frac{n_{max} - n_{min}}{n_n} \qquad (5)$$

式中:

δ_T——转矩变化时的稳速误差;

n_{max}——电机最高转速;

n_{min}——电机最低转速;

n_n——电机额定转速。

4.17.4.2 试验方法

电机按产品专用技术条件的规定接线,并施加额定电压。当电机的负载转矩在规定的转矩范围内变化时,测出其最高转速和最低转速,电机最高转速与最低转速之差与额定转速之比应符合 4.17.4.1 的规定。转矩变化时的稳速误差计算方法如式(5)。

4.18 接线端子(含接线片、螺纹接线端子)或引出线强度

4.18.1 技术要求

电机的接线端子或引出线应牢固可靠,承受规定的扭矩或拉力后,应无损伤现象。电机每根引出线长度应不小于 200 mm 或按产品专用技术条件的规定。

4.18.2 试验方法

将电机引绕组出线引出端垂直向下,施加力于引出线末端子,力的方向向下。对于端部引出线的电机,先将轴伸向上垂直放置,然后将电机转动 90°,使轴成水平,再将机壳绕轴线顺时针和逆时针各转动一次 360°,对于径向出线的电机,先水平放置,引线向下,然后将电机转 90°,使轴伸垂直向下,再将机壳绕出线孔的轴线顺时针和逆时针各转动一次 360°。24 及以下机座号电机及所有电机信号引出线每根的拉力为 4.5 N;28 至 90 机座号电机每根引出线的拉力为 9 N;90 以上机座号电机每根引出线的拉力为 18 N 或按电机产品专用技术条件的规定。

每个接线片应施加一次 9 N 的拉力，保持 5 s～10 s。

每一螺纹接线端施加一次 0.5 N·m 的扭矩，保持 5 s～10 s。

试验后，引出线不应断开，绝缘层和线芯不应损伤，接线片或接线片与周围结构不应有移位和损坏。

4.19 频繁起停循环

4.19.1 技术要求

当有要求时，电机应能承受产品专用技术条件规定次数的频繁起停循环试验，电机额定数据应符合 4.11 的规定。

4.19.2 试验方法

电机施加规定的额定电压和转矩，按规定的工作方式通电运行，完成频繁起动和停止规定的次数后，检查电机应符合 4.19.1 的规定。

4.20 质量

4.20.1 技术要求

电机的质量应符合产品专用技术条件的规定。

4.20.2 试验方法

用精度不低于 1% 的衡器，称取电机质量，称量电机及其附件的质量，电机及其附件的质量应符合 4.20.1 的要求。

4.21 噪声

4.21.1 技术要求

当有要求时，电机噪声应不超过规定限值。电机的噪声限值分为 N 级(普通级)、R 级(一级)、S 级(优等级)和 E 级(低噪声级)等四个等级。R 级噪声限值比 N 级低 5 dB，S 级比 N 级低 10 dB，E 级比 N 级低 15 dB。如无其他规定，电机的噪声应符合 N 级的要求。

电机在空载时的 A 计权声功率级和 A 计权声压级的噪声限值应符合 GB/T 10069.1 的规定。

4.21.2 试验方法

电机空载并施加额定电压(交流电机应规定额定频率)运行 15 s 以后，按 GB/T 10069.1 的方法，用精密声级计或精密更高的组合声学仪器测出图 2 所示三个位置电机噪声的 A 计权声功率，其算术平均值应符合 4.21.1 的规定。试验时，背景噪声应比电机噪声低 10 dB 以上。

4.22 温升

4.22.1 技术要求

当有要求时，制造商应根据电机的工作条件和使用环境对温升(温度)作出规定。电机温升(温度)应符合通用技术条件或产品专用技术条件的规定。

4.22.2 试验方法

试验前电机在正常气候条件下达到不通电稳定温度并固定在标准试验支架上。

温升试验支架结构，尺寸及材料参照 GB/T 7345—2008 中 5.21.2.1 的规定执行。

试验环境应不受外界辐射及气流的影响。

试验开始前，测取电机冷态电枢端电阻 R_1 和室温 t_1，然后电机施加额定电压、额定转矩运行直至达到通电稳定工作温度，测取此时绕组电阻 R_2 和室温 t_2。

电枢绕组温升按式(6)计算：

$$\theta = \frac{R_2 - R_1}{R_1}(235 + t_1) + (t_1 - t_2) \quad \cdots\cdots(6)$$

式中：

θ——电机的温升，单位为开尔文(K)；

R_2——试验结束时的电枢绕组直流电阻，单位为欧姆(Ω)；

R_1——冷态电枢绕组直流电阻，单位为欧姆(Ω)；

t_1——测量 R_1 时的环境温度，单位为摄氏度(℃)；

t_2——测量 R_2 时的环境温度，单位为摄氏度(℃)。

R_2 的测取应在电机断电后立即完成，若不能完成，则还需以实际测试时间为间隔，再测出两点的值，然后用回归法确定电机的冷却曲线并找出电机断电时的电阻值作为 R_2 的值。

测取 R_1 和 R_2 时，电枢应处于相同位置。

电机绕组温升允许用其他能保证测试精度的方法测取。

试验结果应符合 4.22.1 的要求。

4.23 低温贮存和低温

4.23.1 技术要求

当有要求时，电机应能承受产品专用技术条件规定的极限低温条件。试验时电机不通电，试验结束时立即检查电机的绝缘电阻和空载起动电压。绝缘电阻应符合 4.9 的规定，空载起动电压应不大于 4.10 的规定。电机结构件不应产生影响正常工作的有害变形。

4.23.2 试验方法

将电机安装在产品专用技术条件规定的试验支架上并置于试验箱中。试验时电机不通电，箱温降至产品专用技术规定的极限低温值，温差±2 ℃，保温 2 h。电机在此条件下达到不通电稳定温度。在箱内测量电机的绝缘电阻和空载起动电压，结果应符合 4.23.1 的要求。

4.24 高温贮存和高温

4.24.1 技术要求

当有要求时，电机应能承受产品专用技术条件规定的极限高温条件的高温试验。试验时电机在额定电压、额定转矩下运行至通电稳定工作温度。试验结束后立即检查电机的绝缘电阻和规定性能，结果应符合 4.11.1 和其他条款的规定，试验后电机的结构件不应产生影响正常工作的有害变形，轴承油脂不应外溢。

4.24.2 试验方法

将电机安装在产品专用技术条件规定的试验支架上并放入试验箱中。箱温逐渐上升至产品专用技术规定的极限高温值，温差±2 ℃，保温 2 h。然后给电机施加额定电压(交流电机应规定额定频率)空载运行直至达到通电稳定工作温度。在箱内测量电机的绝缘电阻。出箱后，立即按复试电压进行绝缘介电强度试验。试验结果应符合 4.24.1 的要求。

允许在 4.24.1 测试条件下，用其他方法进行高温试验。

4.25 振动

4.25.1 技术要求

当有要求时，电机应能承受规定条件的振动试验。试验结束后，电机不应出现紧固件松动或损坏，结构件不应产生影响正常工作的有害变形。

振动试验时，电机的通电方式，检验项目及方法均应符合产品专用技术条件规定。

4.25.2 试验方法

电机按 GB/T 7345—2008 规定的方法及 4.25.1 规定的条件进行振动试验。结果应符合 4.25.1 的要求。

4.26 冲击

4.26.1 技术要求

当有要求时，电机应能承受规定条件下的冲击试验。试验结束后，电机紧固件不应松动或损坏，结构件应无影响正常工作的有害变形。

试验后立即检查电机的额定技术数据，其结果应符合 4.11.1 的规定。

冲击试验时，电机的通电方式，检验项目及方法均应符合产品专用技术条件的规定。

4.26.2 试验方法

电机按 GB/T 7345—2008 规定的方法及 4.26.1 规定的条件进行冲击试验,结果应符合 4.26.1 的要求。

4.27 恒定湿热

4.27.1 技术要求

当有要求时,电机应能承受规定条件下的恒定湿热试验。试验结束时在箱内测量电机的绝缘电阻,其值应符合 4.9.1 的规定。电机应无明显的外表质量变坏及影响正常工作的锈蚀现象。

4.27.2 试验方法

电机按 GB/T 7345—2008 规定的方法及 4.27.1 规定的条件进行恒定湿热试验,结果应符合 4.27.1 的要求。

4.28 电磁兼容

4.28.1 技术要求

当有要求时,电机应满足规定的电磁兼容性。电机的电磁兼容性要求包括抗扰性要求和发射要求。其中抗扰性要求用抗扰性限值表示,发射要求用发射限值表示。制造商应对电机的电磁兼容试验样品处理、安装方式、电机运行条件及其检测要求作出规定。

抗扰性限值和发射限值应符合 GB 755 或产品专用技术条件的规定。

4.28.2 试验方法

抗扰性限值和发射限值试验方法按 GB/T 7345—2008 中 5.32.2 的规定。

其中电磁兼容试验样品处理、安装方式、电机运行条件及其检测要求应符合 4.28.1 的规定。

4.29 可靠性(寿命)

4.29.1 技术要求

电机应具有规定要求的可靠性,制造商应根据电机使用的规定条件和规定功能对其可靠性技术指标、样品抽样、产品失效判据、试验样品处理、试验检测要求和数据统计方法作出规定。可靠性试验应符合产品专用技术条件的规定。

电机常用可靠性技术指标包括下列几项,相关方可选择其中一项:

寿命(保证工作期限)T;

在规定时间 t 时的可靠度 $R(t)$;

失效前,平均工作时间 $MTTF$;

平均失效率 $\bar{\lambda}$。

表 5 列出了电机可靠性技术指标,供相关方规定可靠性技术指标时参考。

表 5

分类	寿命(保证工作期限)T h	平均工作时间 $MTTF$ h	平均失效率 $\bar{\lambda}$ $\times 10^{-6}\cdot h^{-1}$	可靠度 $R(t)$ 工作期限 t h	可靠度 $R(t)$ 可靠度 R
可靠性技术指标	100、500、750、1 000、1 500、2 000	500、750、1 000、1 500、2 000、3 000、5 000	2 000、1 500、1 000、750、500、100、75、50、20、10、1.0	50、75、100、500、750、1 000、1 500、2 000、3 000、5 000	0.98、0.96、0.94、0.92、0.90

可靠性抽样方案按可接收的可靠性水平 A_α 和拒收的可靠性水平 A_β,制造商风险 α 和用户风险 β,根据相关标准选取抽样数 n 和允许失效数 c。(n,c)构成了抽样方案。

注 1:按可靠性定义,保证工作期限不是可靠性技术指标,但制造商常给出该指标,并且通常称之为“寿命”,它的含义是指由制造商保证的最低限度无故障持续工作期限。用户在选用电机“寿命”时,可区分选择。

注 2：控制电机因其自身特点，一般规定为不可修复产品，这里的失效是指不可修复的失效。故平均寿命为失效前平均工作时间 *MTTF*(Mean Time to Failure)。因此，在可靠性试验中电机出现故障时不允许更换和修复。但对规定工作期限 t 大于或等于 1 000 h 的电机，在最初试验 30 h ～ 50 h 以内出现故障时除外。

注 3：经用户同意，可靠性试验可随用户整机在相应运行条件下进行，此时制造商应对试验数据收集及其处理方法做出规定。

注 4：可靠性试验允许采用加速试验方法，但电机通用技术条件或产品专用技术条件应对加速试验因子、加速次数和试验结果的计算方法做出规定。

4.29.2 试验方法

按产品专用技术条件规定进行试验，其中可靠性技术指标的选择、抽样方案、产品失效判据、试验样品处理、试验检测要求和数据统计方法按 4.29.1 的规定。检测结果应符合 4.29.1 的要求。

4.30 包装试验

4.30.1 技术要求

当有要求时，已完成包装的电机，其包装箱应能承受 0.4 m 高度的跌落试验。试验后包装箱不应有明显变形或损坏；打开包装检查电机的外观并检验额定数据应分别符合 4.1.1 和 4.11.1 的要求。

4.30.2 试验方法

将已包装好的电机的包装箱从 1 m 高度依次将每个侧面、三个棱边和一个棱角垂直向下跌落到平整的水泥地面上各一次。跌落试验中，应保证初速度为零，试验面与地面平行。

4.31 安全

4.31.1 技术要求

电机应具有规定的安全能力。电机的安全应符合 GB 4706.1—2005 的规定。其中，电机安全的标志和说明应符合 GB 4706.1—2005 中 7.1 的规定；当用户有要求时，电机引出线、接线端子、接地措施等应符合 GB 4706.1—2005 中第 26 章、第 27 章的规定。制造商应能提供与电机安全有关的证据。

4.31.2 试验方法

电机的安全试验方法按 GB 4706.1—2005 的规定，结果应符合 4.31.1 的要求。

4.32 试验条件

4.32.1 试验的标准大气条件

所有试验若无其他规定，均应在下列试验的标准大气条件下进行：

温度：15 ℃～35 ℃；

相对湿度：45%～75%；

气压：86 kPa～106 kPa。

4.32.2 仲裁试验的标准大气条件

如果需要严格控制试验大气条件，以获得重现结果时，规定在下列仲裁试验标准大气条件下进行：

温度：20 ℃±1 ℃；

相对湿度：48%～52%；

气压：86 kPa～106 kPa。

4.32.3 基准试验的标准大气条件

作为计算依据的基准试验标准大气条件为：

温度：20 ℃；

相对湿度：50%；

气压：101.3 kPa。

4.32.4 试验电源

试验用电源的电压幅值、频率的稳定度和允差、电压波形的非正弦失真度，以及直流电压的脉动分量等在产品专用技术条件中规定。

4.32.5 试验仪器、仪表精度

电工仪表精度不低于1级;电子仪表精度不低于1.5级;机械测量工具精度应高于被测要素公差等级。

4.32.6 电机的安装

如无特殊规定,试验时电机应轴向水平安装在产品专用技术条件规定的试验支架上。

5 检验规则

5.1 检验分类

检验分为:

a) 鉴定检验;

b) 质量一致性检验。

5.2 鉴定检验

5.2.1 鉴定检验时机和条件

当有要求时,鉴定检验应在国家认可的实验室按通用技术条件或产品专用技术条件的规定进行。

有下列情况之一时,应进行鉴定检验:

a) 新产品设计确认前;

b) 已鉴定产品设计或工艺变更时;

c) 已鉴定产品关键原材料、原器件变更时;

d) 产品制造场所改变时。

5.2.2 样机数量

从定型批产品中随机抽取六台样机,其中四台供鉴定检验用,另外两台保存备用。

注:定型批产品数量不足六台时,应全数提交鉴定检验。但供鉴定检验样机数量不应少于两台。

5.2.3 检验程序

鉴定检验项目、基本顺序和样机编号按表6的规定进行。

5.2.4 检验结果的评定

5.2.4.1 合格

鉴定检验用样机的全部项目检验符合要求,则鉴定检验合格。

5.2.4.2 不合格

只要有一台样机的任一项目不符合要求,则鉴定检验不合格。

5.2.4.3 偶然失效

当鉴定部门确定电机某一不合格项目属于孤立性质的偶然失效时,允许在每次提交的样机中取一台备用样机代替失效样机,并补做失效发生前(包括失效时)的所有项目。然后继续试验,若再有一台样机的任一个项目不符合要求,则鉴定检验不合格。

5.2.4.4 性能降低

样机经环境试验后,允许出现不影响其使用的性能降低,性能降低的允许值由产品专用技术条件规定。

5.2.4.5 环境试验期间和试验后的性能严重降低

样机在环境试验期间和试验后,出现影响其使用的性能严重降低时,鉴定部门可以采取两种方式:或者认为鉴定不合格,或者当一台样机出现失效时,允许用新的两台样机代替,并补做失效发生前(包括失效时)的所有试验,然后补足原样机数量继续试验,若再有一台样机的任一个项目不合格,则鉴定检验不合格。

5.2.4.6 同类型产品鉴定检验

当某一类同机座号的两个及两个以上型号的电机同时提交鉴定检验时,每种型号均应提交四台样机，所有样机应通过质量一致性中的A组检验，然后选取四台有代表性的不同型号的样机进行其余项目的试验。试验结果评定按5.2.4规定。任一台样机的任一项目不合格，则其所代表的电机鉴定检验不合格。本检验不允许样机替换。

若鉴定检验合格，则同时提交的所有型号的电机均鉴定合格。

对此后制造的同类同机座电机或对原型号设计更改的电机应进行差异性鉴定检验，差异性鉴定检验合格，则认为该型号电机鉴定检验合格。

5.3 质量一致性检验

质量一致性检验分为A组和C组检验：

a) A组检验是为了证实电机产品是否满足常规质量要求所进行的非破坏性检验。

b) C组检验是周期性检验，其中某些项目是破坏性试验。

5.3.1 A组检验

A组检验项目及基本顺序按表6规定进行。

A组检验可以抽样或逐台进行。抽样按GB/T 2828.1中检验水平Ⅱ，一次抽样方案进行，接收质量限（AQL值），由使用方和制造方协商选定。

逐台检验中，电机若有一项或一项以上不合格，则该电机为不合格品。

A组检验合格，则除抽样中的不合格电机之外，用户应整批接收。

若A组检验不合格，则整批拒收，由制造商消除缺陷并剔除不合格品后，再次提交A组检验。

注：表6所列项目，由制造商根据电机特点和质量控制要求程度选择使用。所选项目应满足法律法规和用户要求。

5.3.2 C组检验

C组检验项目及基本顺序按表6规定进行。

表6

序号	检验项目	技术要求和试验方法条款	鉴定检验样机编号	质量一致性检验	
				A组检验	C组检验
1	外观和装配质量	4.1	1,2,3,4	√	—
2	外形及安装尺寸	4.2	1,2,3,4	√	—
3	轴向间隙[a]	4.3	1,2,3,4	√	—
4	轴伸径向圆跳动[a]	4.4	1,2,3,4	√	—
5	安装配合面的同轴度和垂直度[a]	4.5	1,2,3,4	√	—
6	旋转方向	4.6	1,2,3,4	√	—
7	接地端	4.7	1,2,3,4	—	√
8	绝缘介电强度	4.8	3,4	√	—
9	绝缘电阻	4.9	1,2,3,4	√	—
10	空载起动电压[a]	4.10	1,2,3,4	√	—
11	额定数据	4.11	1,2,3,4	√	—
12	堵转转矩	4.12	1,2,3,4	√	—
13	堵转转矩倍数	4.13	1,2,3,4	—	√
14	牵入转矩	4.14	1,2,3,4	—	√
15	最大转矩倍数[a]	4.15	3,4	—	√
16	最大同步转矩倍数	4.16	3,4	—	√
17	稳速误差	4.17	3,4	—	√

表 6（续）

序号	检验项目	技术要求和试验方法条款	鉴定检验样机编号	质量一致性检验	
				A 组检验	C 组检验
18	接线端或引出线强度	4.18	3,4	—	√
19	频繁起停循环[a]	4.19	3,4	—	√
20	质量	4.20	3,4	—	√
21	噪声[a]	4.21	3,4	—	√
22	温升	4.22	1,2,3,4	—	√
23	低温贮存和低温[a]	4.23	1,2,3,4	—	√
24	高温贮存和高温[a]	4.24	3,4	—	√
25	振动[a]	4.25	1,2	—	√
26	冲击[a]	4.26	1,2	—	√
27	恒定湿热[a]	4.27	1,2,3,4	—	√
28	电磁兼容[a]	4.28	1,2,3,4	—	√
29	可靠性(寿命)	4.29	1,2	—	√
30	包装试验	4.30	1,2	—	√
31	安全	4.31	1,2,3,4	—	√
注：“√”表示进行该项目检验；“—”表示不进行该项目检验。					
[a] 当有要求时需进行的检验项目。					

5.3.2.1 **检验时机**

有下列情况之一时，一般应进行 C 组检验：

a) 相关项目检验；

b) A 组检验结果与鉴定检验结果发生较大偏差时；

c) 周期检验，除非另有规定，每两年应至少进行一次；

d) 政府或行业监管产品质量或用户要求时。

5.3.2.2 **检验规则**

C 组检验样机从已通过 A 组检验的产品中抽取，对未作过 A 组检验的样机应补作 A 组检验项目的试验，待合格后方能进行 C 组检验其余项目的试验。

C 组检验样机数量及检验结果评定按 5.2.1 和 5.2.4 的规定。

若 C 组检验不合格，由制造商消除不合格原因后，重新进行 C 组检验。

6 交付准备

6.1 总则

除非另有规定，交付的电机应是通过设计确认后制造的，且经 A 组检验合格的产品。

6.2 包装

电机包装前应将紧固件点封，单元包装电机应有产品合格证，制造商应确保产品通过包装能得到有效防护。

6.3 运输

包装的电机在运输过程中应小心轻放，避免碰撞和敲击，不应与酸碱等腐蚀性物品放在一起。制造商应通过标识或协议方式将运输条件告知用户和承运商。

6.4 储存

电机应储存在环境温度为−10 ℃～35 ℃，相对湿度不大于85％、清洁且通风良好的库房内，空气中不应含有腐蚀性气体。储存期分为一年、三年和五年，由制造商规定。制造商应将储存条件和储存期告知用户。

6.5 保证期

保证期系制造商就电机正确储存和使用期限而向用户的承诺。

保证期是从产品出厂之日算起的储存期（包括运输期）与保用期之和。

保用期从电机包装启封开始计算，分为一年、两年半或根据各类电机的特点，由电机产品专用技术条件规定。

在正确储存和使用电机的情况下，制造商应保证电机在保用期内正常工作。如在保用期内电机因制造质量不良而发生损坏或不能正常工作时，制造商应负责维修或更换。

7 用户服务

制造商应对电机交付后的技术服务作出规定，当用户有需求时，应能及时提供技术服务。

附 录 A
（资料性附录）
型 号 命 名

A.1 型号命名

电机型号命名方法应符合 GB/T 10405 的规定。型号应由以下部分组成：

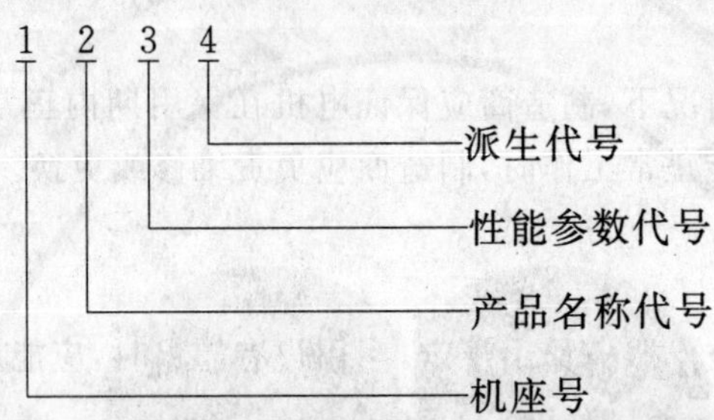

A.2 机座号

机座号表示机壳外径尺寸的毫米数，如表 A.1 所示。

表 A.1

单位为毫米

机座号	12	16	20	24	28	32	36	40	45	55	70	90
机壳外径	12.5	16	20	24	28	32	36	40	45	55	70	90

A.3 产品名称代号

产品名称代号由 1～3 个大写汉语拼音字母组成，每个字母具有一定含义，第一个字母代表电机的类别，第 2、3 个字母代表同类电机的系列、品种或结构。具体代号表示方法由产品专用技术条件规定。

A.4 性能参数代号

性能参数代号由 2～4 位阿拉伯数字组成，根据各类电机的主要性能参数给出。其代号尽可能具有直观意义，具体代号表示方法由产品专用技术条件规定。

A.5 派生代号

派生包含结构派生和性能派生。对基本型电机在结构和性能上的派生用汉语拼音字母“A”、“B”、“C”等顺序表示，但不应使用字母“I”、“O”。各派生字母的具体含义和使用方法由产品专用技术条件规定。

参 考 文 献

[1] GB/T 10405 控制电机型号命名方法

ICS 29.120.50
K 31

中华人民共和国国家标准

GB/T 13539.4—2009/IEC 60269-4:2006
代替 GB/T 13539.4—2005、GB/T 13539.7—2005

低压熔断器　第4部分：半导体设备保护用熔断体的补充要求

Low-voltage fuses—Part 4:Supplementary requirements for fuse-links for the protection of semiconductor devices

(IEC 60269-4:2006,IDT)

2009-04-21 发布　　2009-11-01 实施

中华人民共和国国家质量监督检验检疫总局
中国国家标准化管理委员会　发布

前言

GB 13539《低压熔断器》预计分为五个部分：

——第1部分：基本要求；

——第2部分：专职人员使用的熔断器的补充要求（主要用于工业的熔断器）标准化熔断器系统示例A至I；

——第3部分：非熟练人员使用的熔断器的补充要求（主要用于家用和类似用途的熔断器）标准化熔断器系统示例A至F；

——第4部分：半导体设备保护用熔断体的补充要求；

——第5部分：低压熔断器应用指南。

本部分为GB 13539的第4部分，本部分等同采用IEC 60269-4:2006《低压熔断器　第4部分：半导体设备保护用熔断体的补充要求》（英文版）。

为便于使用，本部分作了下列编辑性修改：

——删除国际标准的前言和引言；

——删除原表、图及部分条款下的编辑性注释；

——原7.4中倒数第二行“熔体不应熔化”疑有误，改为“熔断体不应熔断”；

——原图102“约定试验装置举例”中右图上标③疑有误，改为②。

本部分与GB 13539.1—2008一起使用。本部分的条款号与GB 13539.1相对应。

本部分代替GB/T 13539.4—2005《低压熔断器　第4部分：半导体设备保护用熔断体的补充要求》和GB/T 13539.7—2005《低压熔断器　第4部分：半导体设备保护用熔断体的补充要求　第1至3篇：标准化熔断体示例》。本部分主要由原GB/T 13539.4及GB/T 13539.7全部内容合并而成。

本部分与GB/T 13539.4—2005和GB/T 13539.7—2005相比主要变化如下：

——原GB/T 13539.4—2005中附录A规范性附录改为资料性附录，原附录B资料性附录改为规范性附录；原GB/T 13539.7—2005内容改为本部分附录C内容；

——图C.2表中原“F最大值”改为“F名义值”；

——图C.7表中最后一栏H最大值倒数第6行，原为“0.4”，现改为“33.4”。

本部分的附录B、附录C为规范性附录，附录A为资料性附录。

本部分由中国电器工业协会提出。

本部分由全国熔断器标准化技术委员会（SAC/TC 340）归口。

本部分负责起草单位：上海电器科学研究所（集团）有限公司。

本部分参加起草单位：上海电器陶瓷厂有限公司、西安西整熔断器厂、浙江西熔电气有限公司、人民电器集团有限公司、乐清市沪熔特种熔断器有限公司。

本部分主要起草人：季慧玉、吴庆云。

本部分参加起草人：林海鸥、刘双库、李全安、郎建才、黄章武、郑爱国。

本部分所代替标准的历次版本发布情况为：

——GB 13539.4—1992、GB/T 13539.4—2005；

——GB/T 13539.7—2005。

低压熔断器　第4部分：半导体设备保护用熔断体的补充要求

1　总则

除GB 13539.1—2008规定外，补充下列要求。

半导体设备保护用的熔断体应符合GB 13539.1—2008的所有要求，下文中没有另外指明的，也应符合本部分规定的补充要求。

1.1　范围和目的

本部分的补充要求适用于安装在具有半导体装置的设备上的熔断体，该熔断体适用于标称电压不超过交流1 000 V或直流1 500 V的电路。如适用，还可用于更高的标称电压的电路。

注1：此类熔断体通常称为“半导体熔断体”。

注2：在多数情况下，组合设备的一部分可用作熔断器底座。由于设备的多样性，难以作出一般的规定；组合设备是否适合作熔断器底座，应由用户与制造厂协商。但是，如果采用独立的熔断器底座或熔断器支持件，他们应符合GB 13539.1—2008的相关要求。

本部分的目的是确定半导体熔断体的特性，从而在相同尺寸的前提下，可以用具有相同特性的其他型式的熔断体替换半导体熔断体。因此，本部分中特别规定了：

a)　熔断体的下列特性：

1)　额定值；

2)　正常工作时的温升；

3)　耗散功率；

4)　时间-电流特性；

5)　分断能力；

6)　截断电流特性和I^2t特性；

7)　电弧电压极限值。

b)　验证熔断体特性的型式试验；

c)　熔断体标志；

d)　应提供的技术数据(见附录B)。

1.2　规范性引用文件

下列文件中的条款通过GB/T 13539的本部分的引用而成为本部分的条款。凡是注日期的引用文件，其随后所有的修改单(不包括勘误的内容)或修订版均不适用于本部分，然而，鼓励根据本部分达成协议的各方研究是否可使用这些文件的最新版本。凡是不注日期的引用文件，其最新版本适用于本部分。

GB/T 321—2005　优先数和优先数系(ISO 3:1973,IDT)

GB 13539.1—2008　低压熔断器　第1部分：基本要求(IEC 60269-1:2006,IDT)

GB/T 13539.2—2008　低压熔断器　第2部分：专职人员使用的熔断器的补充要求(主要用于工业的熔断器)标准化熔断器系统示例A至I(IEC 60269-2:2006,IDT)

GB 13539.3—2008　低压熔断器　第3部分：非熟练人员使用的熔断器的补充要求(主要用于家用和类似用途的熔断器)标准化熔断器系统示例A至F(IEC 60269-3:2006,IDT)

IEC 60417　设备用图形符号

2 术语和定义

除 GB 13539.1—2008 规定外，补充下列要求。

2.2 一般术语

2.2.101

半导体设备 semiconductor device

基本特性是由于载流子在半导体中流动引起的一种设备。

[IEV 521-04-01]

2.2.102

半导体熔断体 semiconductor fuse-link

在规定条件下，可以分断其分断范围内任何电流的限流熔断体(见 7.4)。

2.2.103

信号装置 signalling device

作为熔断器的部件，用于向远处发出熔断器动作信号的装置。信号装置由撞击器和辅助开关组成，也可以由电子装置组成。

3 正常工作条件

除 GB 13539.1—2008 规定外，补充下列要求。

3.4 电压

3.4.1 额定电压

对于交流，熔断体的额定电压与外加电压有关，它以正弦交流电压的有效值表示。可以假定在熔断体的熔断过程中，外加电压保持不变。验证额定值的所有试验以此为基础。

注：在很多应用中，在熔断时间的大部分时间内，外加电压相当接近正弦波。但是也有很多场合，此条件得不到满足。

非正弦外加电压时的熔断体的性能，可以通过对非正弦外加电压的算术平均值与正弦外加电压时比较来进行近似估算。

对于直流，熔断体的额定电压与外加电压有关，它以平均值表示。如果直流电压是由交流电压整流得到的，那么直流电压的波动不应超过平均值的 5%或低于平均值的 9%。

3.4.2 工作中的外加电压

正常工作条件下，外加电压是指当故障电路中电流增加到熔断体将要熔断时的电压。

对于交流，单相交流电路中外加电压值通常等于工频恢复电压的值。除正弦交流电压，其他交流电压必须知道外加电压与时间的函数关系。对于单向的电压，其主要数据有：

——熔断体整个熔断时间的平均值；

——燃弧末期的瞬时值。

对于直流，外加电压通常与恢复电压的平均值近似相等。

3.5 电流

半导体熔断体的额定电流是以额定频率下的正弦交流电流的有效值表示。

对于直流，认为电流有效值不超过额定频率时正弦交流的有效值。

注：熔体的热反应时间可能很短，以致在这非正弦电流的条件下熔体的熔断不能仅根据有效值电流来估算。这种情况特别出现在频率较低和电流出现较突出的峰值，而峰值间出现相当长的小电流。例如：在变频和牵引的使用场合。

3.6 频率、功率因数和时间常数

3.6.1 频率

额定频率是指型式试验中正弦电流和电压的频率。

注：当工作频率与额定频率相差很大时，用户应与制造厂协商。

3.6.3 时间常数(τ)

对于直流,实际运用中的时间常数应符合表105的规定。

注:某些使用场合对时间常数的要求可能超出表105的规定。在这种情况下,熔断体经试验证明符合要求并应标有相应标志或用户和制造厂之间达成关于该种熔断体适用性的协议。

3.10 壳内的温度

熔断体的额定值是根据规定条件而定的,当安装地点的实际情况(包括安装地的空气条件)与规定条件不符合时,用户应与制造厂协商是否需要重新规定额定值。

4 分类

GB 13539.1—2008 适用。

5 熔断器特性

除 GB 13539.1—2008 规定外,补充下列要求。

5.1 特性概要

5.1.2 熔断体

a) 额定电压(见5.2);

b) 额定电流(见 GB 13539.1—2008 中5.3);

c) 电流种类和频率(见 GB 13539.1—2008 中5.4);

d) 额定耗散功率(见 GB 13539.1—2008 中5.5);

e) 时间-电流特性(见5.6);

f) 分断范围(见 GB 13539.1—2008 中5.7.1);

g) 额定分断能力(见 GB 13539.1—2008 中5.7.2);

h) 截断电流特性(见5.8.1);

i) I^2t 特性(见5.8.2);

j) 尺寸或尺码(如适用);

k) 电弧电压极限值(见5.9)。

5.2 额定电压

对于额定交流电压不超过690 V,额定直流电压不超过750 V,GB 13539.1—2008 适用;对于更高的电压,可从 GB/T 321—2005 中的 R5 或 R10 系列中选取。

5.4 额定频率

额定频率是指与性能数据相关的频率。

5.5 熔断体的额定耗散功率

除 GB 13539.1—2008 规定外,制造厂应规定额定耗散功率与50%~100%额定电流的函数关系或50%、63%、80%和100%额定电流时的额定耗散功率。

注:熔断体的电阻值应根据耗散功率和相关电流的函数关系来确定。

5.6 时间-电流特性极限

5.6.1 时间-电流特性,时间-电流带

熔断体的时间-电流特性随设计而改变,对于给定的熔断体,也与周围空气温度和冷却条件有关。

制造厂应按8.3规定的条件,提供周围空气温度为20 ℃~25 ℃时的时间-电流特性。时间-电流特性是额定频率时的弧前特性和熔断特性(熔断特性以电压为参数)。

直流的时间-电流特性是按表105规定的时间常数时的特性。

对于某些使用场合,特别是对于高的预期电流(时间较短),可以用 I^2t 特性来代替时间-电流特性或同时规定 I^2t 特性和时间-电流特性。

5.6.1.1 弧前时间-电流特性

对于交流，弧前时间-电流特性应以给定频率(额定频率)下对称交流电流值表示。

注：在额定频率时的10个周波时间和处于绝热状态很短的时间之间，这特别重要。

对于直流，对时间超过15τ的弧前时间-电流特性部分特别重要，该部分与同一区域内的交流弧前时间-电流特性相同。

注1：由于实际使用中遇到的电路时间常数范围比较大，对于时间短于15τ的特性，以弧前I^2t特性来表示比较方便。

注2：选择15τ的数值是为了避免在较短的时间内，不同的电流上升率对弧前时间-电流特性的影响。

5.6.1.2 熔断时间-电流特性

熔断时间-电流特性在规定的功率因数值下，以外加电压为参数表示。原则上，熔断时间-电流特性应以导致最大熔断I^2t值的电流出现的瞬间为基础(见8.7)。电压参数至少应包括100％、50％和25％的额定电压。

对于直流，熔断时间-电流特性不适用，因为当时间超过15τ时，熔断时间-电流特性并不重要(见5.6.1.1)。

5.6.2 约定时间和约定电流

5.6.2.1 "aR"型熔断体的约定时间和约定电流

不适用。

5.6.2.2 "gR"和"gS"型熔断体的约定时间和约定电流

约定时间和约定电流在表101中规定。

表101 "gR"和"gS"型熔断体的约定时间和约定电流

额定电流 A	约定时间 h	约定电流			
		"gR"型		"gS"型	
		I_{nf}	I_f	I_{nf}	I_f
$I_n \leqslant 63$	1	$1.1I_n$	$1.6I_n$	$1.25I_n$	$1.6I_n$
$63 < I_n \leqslant 160$	2				
$160 < I_n \leqslant 400$	3				
$400 < I_n$	4				

5.6.3 门限

不适用。

5.6.4 过载曲线

5.6.4.1 验证过载能力

制造厂应标出几组沿着时间-电流特性的坐标点(见5.6.1)，这些坐标点已根据8.4.3.4规定程序进行了过载能力验证。

验证过载能力的坐标点的数量和位置应由制造厂选定。验证过载能力点的时间坐标应选择在0.01 s～60 s范围内。可根据用户和制造厂之间的协议补充规定其他坐标点。

5.6.4.2 约定过载曲线

约定过载曲线是由验证过载能力的坐标点上引出的直线段组成。从每组坐标点上，可引出两条直线：

——一条从已验证的坐标点出发，沿着电流为常数而时间坐标递减的方向；

——另一条从已验证的坐标点出发，沿着I^2t为常数而时间坐标递增的方向。

这些线段到代表额定电流的直线为止，形成约定过载曲线(见图101)。

注：实际应用中，经验证的过载能力的点只需要几个就足够了。当经验证过载能力的坐标点数增加时，约定过载曲线将更加精确。

5.7.1 分断范围和使用类别

第一个字母表示分断范围：

——“a”熔断体(部分范围分断能力，见7.4)；

——“g”熔断体(全范围分断能力)。

第二个字母“R”和“S”表示符合本部分的半导体设备保护用熔断体的使用类别。

“R”型与“S”型相比，动作较快，I^2t 值较小。

“S”型与“R”型相比，具有较小的耗散功率，可以提高电缆的利用。

5.7.2 额定分断能力

推荐的分断能力为：交流至少50 kA，直流至少8 kA。

对于交流，额定分断能力是以在仅含线性阻抗的电路中，在额定频率时外加恒定正弦电压所进行的型式试验为依据。

对于直流，额定分断能力是以在仅含线性电感和电阻的电路中，外加平均电压所进行的型式试验为依据。

注：实际应用中，增加非线性阻抗和单向电压器件都可能对分断的严酷性产生有利或不利的重大影响。

5.8 截断电流和 I^2t 特性

5.8.1 截断电流特性

制造厂按GB 13539.1—2008中图4的例子，提供以双对数坐标表示的截断电流特性，横坐标表示预期电流，如有必要，以外加电压和/或频率作为参数。

对于交流，截断电流特性应代表在工作中可能出现的最大电流值，它们应与本部分中相应的试验条件有关，例如给定电压、频率和功率因数。截断电流特性按8.6规定的试验进行验证。

对于直流，截断电流特性应代表工作在时间常数按表105规定的电路中可能出现的最大电流值。在时间常数较小的电路中，将超过这些值。制造厂应提供确定较大截断电流特性的有关资料。

注：截断电流特性随电路的时间常数不同而变化，制造厂应提供确定特性随时间常数变化的有关资料，至少应提供能确定时间常数为5 ms和10 ms时的特性变化的有关资料。

5.8.2 I^2t 特性

5.8.2.1 弧前 I^2t 特性

对于交流，弧前 I^2t 特性应以给定频率(额定频率)时的对称交流电流值表示。

对于直流，弧前 I^2t 特性应以时间常数按表105规定时的直流电流有效值表示。

注：对某些熔断器，弧前 I^2t 特性随电路的时间常数不同而变化。制造厂应提供确定特性随时间常数变化的有关资料，至少应提供能确定时间常数为5 ms和10 ms时的特性变化的有关资料。

5.8.2.2 熔断 I^2t 特性

对于交流，熔断 I^2t 特性应在规定的功率因数值下，以外加电压为参数表示。原则上，该特性应以导致最大熔断 I^2t 特性的电流出现的瞬间为基础(见8.7)。电压参数至少应包括100%、50%和25%的额定电压。

对于直流，熔断 I^2t 特性应在时间常数按表105规定下，以外加电压为参数表示。电压参数至少应包括100%和50%额定电压。较低电压下的熔断 I^2t 特性可以按表105的试验来确定。

5.9 电弧电压特性

制造厂提供的电弧电压特性应给出以熔断体所在电路的外加电压为函数的电弧电压的最大值(峰值)。对于交流，功率因数值按表106规定；对于直流，时间常数按表105规定。

6 标志

除GB 13539.1—2008规定外，补充下列要求。

6.2 熔断体的标志

GB 13539.1—2008中6.2适用，并补充：

——产品型号和/或代号,从中可以获得 GB 13539.1—2008 中 5.1.2 所列的全部特性;
——使用类别,“aR”或“gR”或“gS”;
——如下 IEC 60417 中所示的熔断器(5016)和整流器(5186)标志的组合。

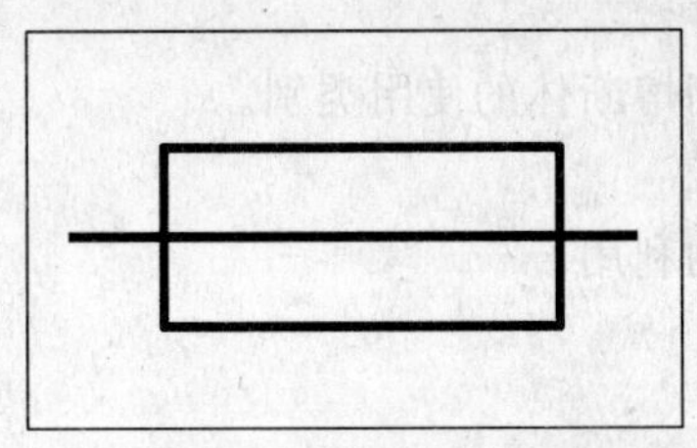
IEC 60417-5016 标志

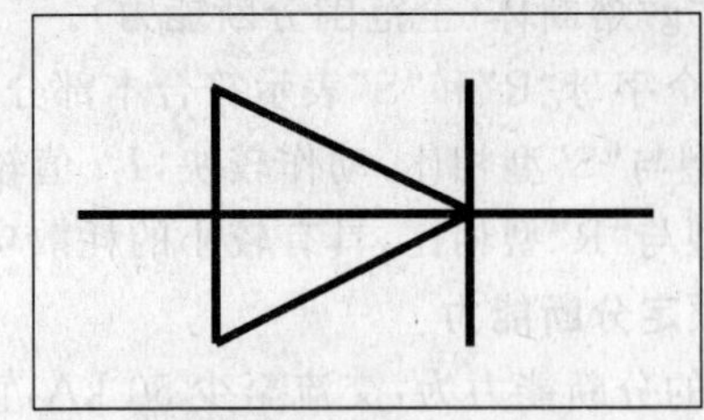
IEC 60417-5186 标志

7 设计的标准条件

除 GB 13539.1—2008 规定外,补充下列要求。

7.3 熔断体的温升和耗散功率

熔断体应设计成:按 8.3 规定通以额定电流时,不发生超出下列规定的情况:
——制造厂规定的熔断体上部最热金属部分的温升极限(见图 102 和图 103);
——制造厂规定的额定电流时的耗散功率。

7.4 动作

熔断体应设计成可以连续承载不超过额定电流的任何电流值(见 8.4.3.4)。

“aR”型熔断体应能分断电流值不大于额定分断能力以及不小于在 30 s 内足以熔化熔体的电流的电路。

注:在用户和制造厂协商后,对于特殊的使用场合,可以选择较短的时间。

对于约定时间内的“gR”和“gS”熔断体:
——当承载不超过约定不熔断电流(I_{nf})的任何电流时,熔断体不应熔断;
——当承载大于或等于约定熔断电流(I_f)的任何电流时,熔断体应熔断。

7.5 分断能力

熔断体在不超过 8.5 规定的电压下,应能分断预期电流处于在 7.4 规定时间内使得熔体熔化的电流和额定分断能力之间的任何电路:
——对于交流,功率因数不小于表 104 中规定的对应于预期电流的功率因数;
——对于直流,时间常数不大于表 105 中规定的对应于预期电流的时间常数。

7.7 I^2t 特性

根据 8.7 确定的熔断 I^2t 值不应超过制造厂的规定。根据 8.7 确定的弧前 I^2t 值不应小于给定值(见 5.8.2.1 和 5.8.2.2)。

7.14 电弧电压特性

根据 8.7.5 测量出的电弧电压值不应超过制造厂的规定(见 5.9)。

7.15 特殊工作条件

特殊工作条件,例如大的重力,用户应与制造厂协商。

8 试验

除 GB 13539.1—2008 规定外,补充下列要求。

8.1 一般要求

8.1.4 熔断体的布置

熔断体应无遮盖安装在无通风的场所,除非另有规定,熔断体应垂直安装(见 8.3.1)。试验装置的举例见图 102 和图 103。其他类别熔断体的试验装置见 GB/T 13539.2—2008 和 GB 13539.3—2008。

8.1.5 熔断体的试验

8.1.5.1 完整试验

熔断体的完整试验见表 102。应测量所有熔断体的内阻并记录在试验报告中。

表 102 完整试验清单

试验项目及相应条款			被试熔断体数量
8.3	温升和耗散功率		1
8.4.3.1a)	约定不熔断电流		1
8.4.3.1b)	约定熔断电流		1
8.4.3.2	额定电流验证		1
8.4.3.5	约定电缆过载试验(仅对"gR"和"gS"熔断体)		1
对于交流:			
8.5	No.5	"gR"和"gS"分断能力	1
	No.2a	"aR"分断能力	1
	No.2	分断能力[a]	3
	No.1	分断能力[a]	3
8.6	No.10	动作特性试验[b]	2
	No.9	动作特性试验[b]	2
	No.8	动作特性试验[b]	2
	No.7	动作特性试验[b]	2
	No.6	动作特性试验[b]	2
8.4.3.4	过载能力验证[c]		1
对于直流:			
8.5	No.13	"gR"和"gS"分断能力和动作特性	1
	No.12a	"aR"分断能力和动作特性	1
	No.12	分断能力和动作特性	3
	No.11	分断能力和动作特性	3

a 如果周围空气温度为 20 ℃±5 ℃,弧前 I^2t 特性有效。

b 试验对截断电流、I^2t、电弧电压和弧前 I^2t 特性有效。

c 验证过载能力的点数由制造厂规定。

8.1.5.2 同一熔断体系列的免做型式试验

如果同一熔断体系列中最大额定电流的熔断体已经按 8.1.5.1 的规定进行过试验,最小额定电流的熔断体已经按表 103 的规定进行过试验,其他中间额定电流的熔断体的型式试验可以免做。

表 103 同一熔断体系列中最小额定电流熔断体试验一览表

试验项目及相应条款	被试熔断体数量
8.3 温升和耗散功率	1
对于交流:	
8.6.2 No.6 动作特性试验	2
对于直流:	
8.6.2 No.11 动作特性试验	3

8.3 温升与耗散功率验证

8.3.1 熔断体的布置

试验只需用一个熔断体。熔断体应垂直安装在约定试验装置上，试验装置示例见图102和图103。

作为约定试验装置组成部分的铜导体的电流密度应不小于1 A/mm²、不大于1.6 A/mm²。这些数值应以熔断体的额定电流为依据而得出。铜导体的宽度和厚度之比：

——对于额定电流小于200 A，不大于10；

——对于额定电流大于和等于200 A，不大于5。

试验过程中周围空气温度在10 ℃～30 ℃范围内。

温升试验时，连接约定试验装置和电源的导线截面很重要。截面应根据GB 13539.1—2008中表17选择(不包括注)，导线长度至少为1 m。

对用于单独熔断器底座的熔断体，可将熔断体安装在熔断器底座上进行试验，导线根据GB 13539.1—2008表17选择。在其他情况下，试验必须按以上要求进行。

对特殊熔断体或用于特殊场合的熔断体，约定试验装置不适用时，可根据制造厂的规定进行特殊的试验，所有相关的试验数据应记录在试验报告中。

8.3.3和8.3.4.2 熔断体耗散功率的测量

GB 13539.1—2008中8.3.3适用，并补充：耗散功率试验在额定频率下，至少在50％、100％额定电流时相续进行。

8.3.5 试验结果的判别

熔断体的温升和耗散功率不应超出制造厂的规定。

试验后，熔断体性能不应有显著变化。

8.4 动作验证

8.4.1 熔断体的布置

动作验证时，熔断体的布置应按照8.1.4和8.3.1的要求。

8.4.3 试验方法和试验结果的判别

8.4.3.1 约定不熔断电流和约定熔断电流验证

"aR"型熔断体：

不适用。

"gR"和"gS"型熔断体：

可在低电压情况下进行以下试验：

a) 熔断体通以其约定不熔断电流(I_{nf})，并持续表101中规定的约定时间。在这段时间内，熔断体不应动作；

b) 熔断体冷却至周围空气温度后，通以约定熔断电流(I_f)。在表101规定的约定时间内应动作，熔断体动作时应没有外部影响或损伤。

8.4.3.2 额定电流验证(见A.3.3)

熔断体按8.3.1要求的试验条件进行试验。

熔断体需经受100个试验循环，每个循环应包括在额定电流下的0.1倍约定时间的"通电"和同样时间的"断电"。约定时间按表101规定。

试验后，熔断体不应出现性能变化(见8.3.5)。

8.4.3.3.1 时间-电流特性

时间-电流特性的验证可以通过在8.5试验过程中获得的示波图的数据来验证。

试验时确定以下时间：

——从接通电路的瞬间至电压测量装置指示出电弧发生的瞬间；

——从接通电路的瞬间至电路明确断开的瞬间。

以上确定的用对应于预期电流值横坐标来表示的弧前时间和熔断时间应在制造厂规定的时间-电流带之内。

对于交流，导致实际弧前时间小于额定频率的 10 个周波的预期电流值至绝热熔化的电流值范围内，应使预期电流是对称的。

对于直流，交流电流下确定的时间-电流特性可用于时间大于 15τ 的相关电路。

对于同一熔断体系列（见 8.1.5.2），8.5 的完整试验仅需在最大额定电流的熔断体上进行。对于最小额定电流的熔断体，只需验证弧前时间就可以了。

弧前时间-电流特性可以在任何约定电压值和任何线性电路下确定。熔断时间-电流特性需要在适当的电压值和电路特性下进行测定。

8.4.3.4 过载

熔断体按 8.3.1 要求的试验条件进行试验。

熔断体需经受 100 个负载循环，每个循环的全部时间为 0.2 倍的约定时间，每个循环的“通电”时间和试验电流与验证过载能力的坐标点相对应；其余时间为“断电”时间。约定时间在表 101 中规定。

试验后，熔断体的性能不应有显著变化（见 8.3.5）。

注：对于弧前时间大于 15τ 的相关电路，这些试验可以用来验证直流熔断体的过载能力。

8.4.3.5 约定电缆过载保护（仅适用于“gR”和“gS”型熔断体）

对于“gR”和“gS”型熔断体，GB 13539.1—2008 适用。

8.4.3.6 指示装置和撞击器（如有）的动作

指示装置正确动作的验证与分断能力的验证（见 8.5.5）结合进行。

验证撞击器（如有），应补充一个试品在如下条件下进行试验：

——I_{2a} 电流（见表 104）；

——20 V 的恢复电压。

恢复电压值可以超过 10%。

所有试验过程中，撞击器应该动作。

但是，如果在这些试验的某一项试验中指示装置或撞击器失败，若制造厂能提供证据说明此失败对本型式熔断器来说并非典型，而是由于个别试品缺陷所致，试验才可不被否定。如果发生这种情况，应提供 2 倍数量的试品用于进行指示装置或撞击器失败的试验项的试验，试验中不应再发生失败。

8.5 分断能力验证

8.5.1 熔断器的布置

除 8.1.4 和 8.3.1 规定外，补充如下：

对于分断能力试验，熔断体的安装应与实际使用情况相似，特别是导线的位置。如果熔断体仅可在一端刚性固定下使用，则试验也应一端刚性固定。若熔断体使用时两端刚性固定，则试验时也应这样安装。

8.5.5 试验方法

8.5.5.1 为验证熔断体是否满足 7.5 的条件，“aR”型熔断体应进行下述 No.1～No.2a 试验，“gR”、“gS”型应进行下述 No.1、No.2 和 No.5 试验。除非另有规定，应按表 104（见 8.5.5.2）规定的值进行试验。

No.1 和 No.2 试验：

对于每一项试验，应用三个熔断体相续进行试验。如果在 No.1 试验过程中，有些试验满足了 No.2 试验的要求，这些试验可以作为 No.2 试验的一部分，无需重复进行。

对于交流，No.2a 和 No.5 试验；对于直流，No.12a 和 No.13 试验：

对于交流，试验电流的值在表 104 中规定。对于直流，试验电流值在表 105 中规定。对于交流试验，可以在相对于电压过零的任一瞬间接通电路。若试验设备不允许电流在全电压下维持所要求的时间，可以用大致等于试验电流值的电流在低电压下预热熔断器。在此情况下，必须在产生电弧之前转换到8.5.2所规定的试验电路中去，并且转换时间 T_1（无电流的时间间隔）不得超过0.2 s，电流重新出现和开始燃弧之间的时间间隔不得小于 $3T_1$。

8.5.5.2　对于No.2中的一个试验和No.2a或No.5试验：

——对于交流，额定电压为690 V及以上的熔断体，恢复电压应保持在 100^{+10}_{0}%额定电压，对于其他熔断体，恢复电压保持在 100^{+15}_{0}%额定电压；

——对于直流，恢复电压保持在 100^{+20}_{0}%额定电压。

恢复电压至少保持：

——熔管或填充料不含有有机材料的熔断体熔断后时间为30 s；

——其他情况下，熔断体熔断后时间为5 min。如果熔断器切换时间（无电压的时间间隔）不超过0.1 s，允许熔断体在15 s后切换至另一电源。

对于所有其他试验，恢复电压在熔断器熔断后应保持15 s。

熔断体熔断后6 min～10 min，应测量熔断体触头之间的电阻（见8.5.8）并作记录。如果熔断体的熔管和填充料中不含有有机材料，在制造厂认可下，可以选用更短的时间。

表104　交流熔断器分断能力试验参数

	按8.5.5.1规定的试验			
	No.1	No.2	No.2a	No.5
工频恢复电压[c]	额定电压为690 V，105^{+5}_{0}%[a] 其他额定电压，110^{+5}_{0}%[a]			
预期试验电流	I_1	I_2	I_{2a} "aR"	$I_5=1.25I_f$ "gR"和"gS"
电流允差	$^{+10}_{0}$%[a]	不适用		$^{+20}_{0}$%
功率因数	预期电流不超过20 kA，0.2～0.3 预期电流超过20 kA，0.1～0.2		0.3～0.5[b]	
电压过零后的接通角	不适用	$0^{+20°}_{0}$	不作规定	
电压过零后的电弧始燃角	65°～90°	不适用		

I_1：表示额定分断能力的电流。

I_2：试验时电弧能量接近最大时的电流。

注：如果电弧出现时的电流（瞬时值）达到 $0.6\sqrt{2}$～$0.75\sqrt{2}$ 倍预期电流（对于交流，交流分量的有效值），可以认为电弧能量接近最大。

作为实际应用中的指南，可以认为 I_2 是对应于额定频率下，时间-电流特性中半个周波弧前时间时电流值的3～4倍。

I_{2a}：是导致弧前时间为30 s～45 s的电流。如果制造厂认可，可超过上限。对于特殊用途，可以选择小于30 s的时间。见7.4注。

I_5：验证熔断器在小过电流范围内是否能可靠工作的试验电流。如果弧前时间小于30 s，试验应在较小的电流下重复进行。

a　如果制造厂认可，可以超出偏差上限。

b　如果制造厂认可，功率因数可以小于0.3。

c　对于单相电路，实际应用中，外加电压的有效值等于工频恢复电压的有效值。

8.5.8 试验结果的判别

试验过程中,如发生以下一种或几种事故,熔断体则不符合本标准:

——熔断体引燃,除任何纸质标签或指示用的类似物外;

——约定试验装置的机械性损伤;

——熔断体的机械性损伤;

注:允许熔断体出现热开裂,但仍为一整体。

——端帽燃烧或熔化;

——端帽的明显移位。

表 105 直流熔断器分断能力试验参数

	按 8.5.5.1 规定的试验			
	No. 11	No. 12	No. 12a	No. 13
恢复电压平均值[a]	额定电压的 115^{+5}_{-9}%[b]			
预期试验电流	I_1	I_2	I_{2a} "aR"	$I_5=1.25I_f$ "gR"和"gS"
电流允差	$^{+10}_{0}$%	不适用		$^{+20}_{0}$%
时间常数[c]	预期试验电流超过 20 kA:10 ms~15 ms 预期试验电流 I 不超过 20 kA:$0.5(I)^{0.3}$ ms,偏差 $^{+20}_{0}$%[b](I 以 A 为单位)			

I_1:表示额定分断能力的电流(见 5.7)。

I_2:试验时电弧能量接近最大时的电流。

注:如果电弧出现时的电流达到 0.5~0.8 倍预期电流,可以认为电弧能量接近最大。

I_{2a}:是导致弧前时间为 30 s~45 s 的电流。如果制造厂认可,可超过上限。对于特殊用途,可以选择小于 30 s 的时间。见 7.4 注。

I_5:验证熔断器在小过电流范围内是否能可靠工作的试验电流。如果弧前时间小于 30 s,试验应在较小的电流下重复进行。

a 偏差包括脉动。

b 如果制造厂认可,可超出上限值。

c 在某些实际应用中,可能出现时间常数比试验中规定值小,这更有利于熔断器的运行。比规定值大的多的时间常数在大多数情况下会严重影响熔断器的性能,特别是对额定电压的影响。对此类应用情况,制造厂应提供更多资料。

8.6 截断电流特性验证

8.6.1 试验方法

试验布置、试验电路、测量器具、试验电路的整定和示波图的分析应与分断能力试验一样。这些试验可用于验证同一系列所有熔断体的特性。

对于交流,试验应按表 106 进行。对于 No. 6~No. 10 的每一项试验,应取同一系列中的最大额定电流的 2 个熔断体进行试验。此外,No. 6 试验还应取同一系列中最小额定电流的两个熔断体进行试验。如果 No. 6 试验中一次或多次试验满足 No. 7 试验要求,则可以认为这些试验在 No. 7 试验中无须重复进行。

对于直流，试验应按表105进行。按8.5进行的试验应按8.6.2的要求进行判别。

8.6.2 试验结果的判别

对于交流，峰值电流不应超过给定外加电压时的制造厂规定值。截断电流特性应根据No.6、No.7和No.8试验来验证；较低电压的，通过No.9和No.10试验来验证。

对于直流，截断电流特性应根据表105中No.11、No.12和No.12a试验验证。

8.7 I^2t 特性和过电流选择性验证

8.7.1 试验方法

试验方法按8.6.1规定。

8.7.2 试验结果的判别

对于交流，I^2t 特性应根据表106中No.6、No.7和No.8试验进行验证；较低电压的，通过No.9和No.10试验来验证。I^2t 值根据适当的示波图得出。

对于直流，I^2t 特性应根据表105中No.11、No.12和No.12a试验进行验证。

每个预期电流对应的弧前 I^2t 值不应小于制造厂的规定值。

每个预期电流对应的熔断 I^2t 值不应大于给定外加电压时的制造厂规定值。

表106 验证交流截断电流、I^2t 特性和电弧电压特性试验参数

	按8.6和8.7规定的试验				
	No.6	No.7	No.8	No.9	No.10
工频恢复电压为额定电压的百分比[b]	100%[a]			50%[a]	25%[a]
预期试验电流	I_1	I_2	I_6	I_7	I_8
电流允差	±10%	不适用	±30%	不适用	
功率因数	$I_1 \leqslant 20$ kA，0.2～0.3[c]；$I_1 > 20$ kA，0.1～0.2				
电压过零后的接通角	不适用	0^{+20}_{0}%	不适用		
电压过零后的电弧始燃角	65°～90°	不适用	65°～90°		

I_1：表示额定分断能力的电流(见GB 13539.1—2008中5.7)。

I_2：试验时电弧能量接近最大时的电流。

I_6：I_1 和 I_2 的几何平均值。

I_7：$0.5I_1$～I_1。

I_8：$0.25I_1$～I_1。

注：No.6、No.7和No.8试验用来确定额定电压下的特性。No.9和No.10试验用来提供确定较低电压下的特性的依据。

a 工频电压值允许有±5%的偏差。如果制造厂认可，可超出该偏差。

b 对于单相电路，在实际应用中，外加电压的有效值等于工频恢复电压的有效值。

c 在某些实际应用中，可能出现功率因数值比试验中规定值小，但可以认为不会显著影响熔断器的性能。然而，当功率因数明显大于试验电路的功率因数时，熔断器的运行性能会更好，特别是分断 I^2t 值。对此类应用情况，制造厂应提供更多资料。

8.7.3 “gG”熔断体和“gM”熔断体一致性验证

不适用。

8.7.4 过电流选择性验证

不适用。

8.7.5 电弧电压特性的验证和试验结果的判别

从以下每个试验中得出的最大电弧电压值不应大于制造厂的规定。

对于交流，电弧电压特性应根据表104和表106中的所有试验进行验证。如果从No.7试验中得出的电弧电压明显超出从No.6试验得出的电弧电压值，则应在50%和25%额定电压下再进行电流I_2下的试验，从而确定较低电压下的最大电弧电压。

对于直流，电弧电压特性应根据表105中的所有试验进行验证。

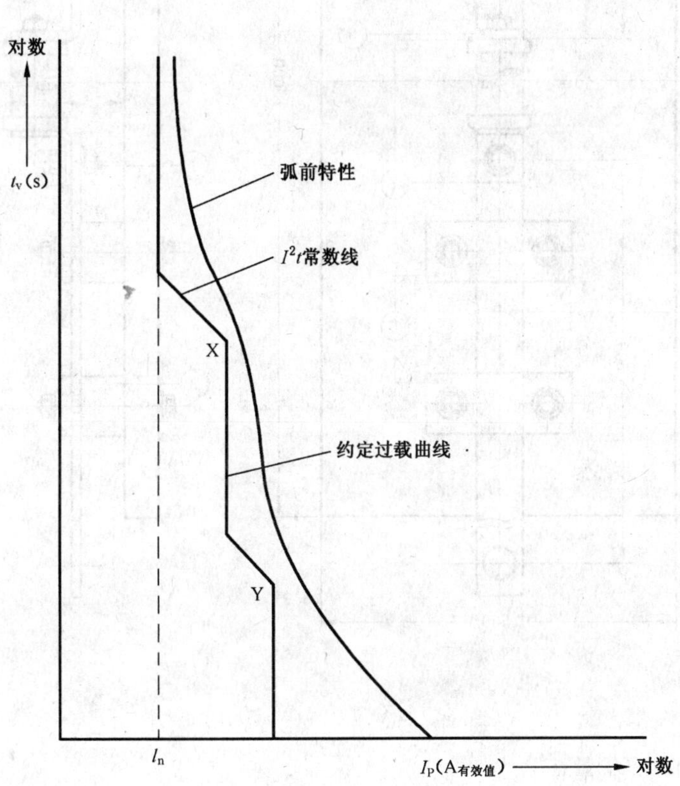

图101 约定过载曲线(举例)(X、Y为验证过载能力的点)

单位为毫米

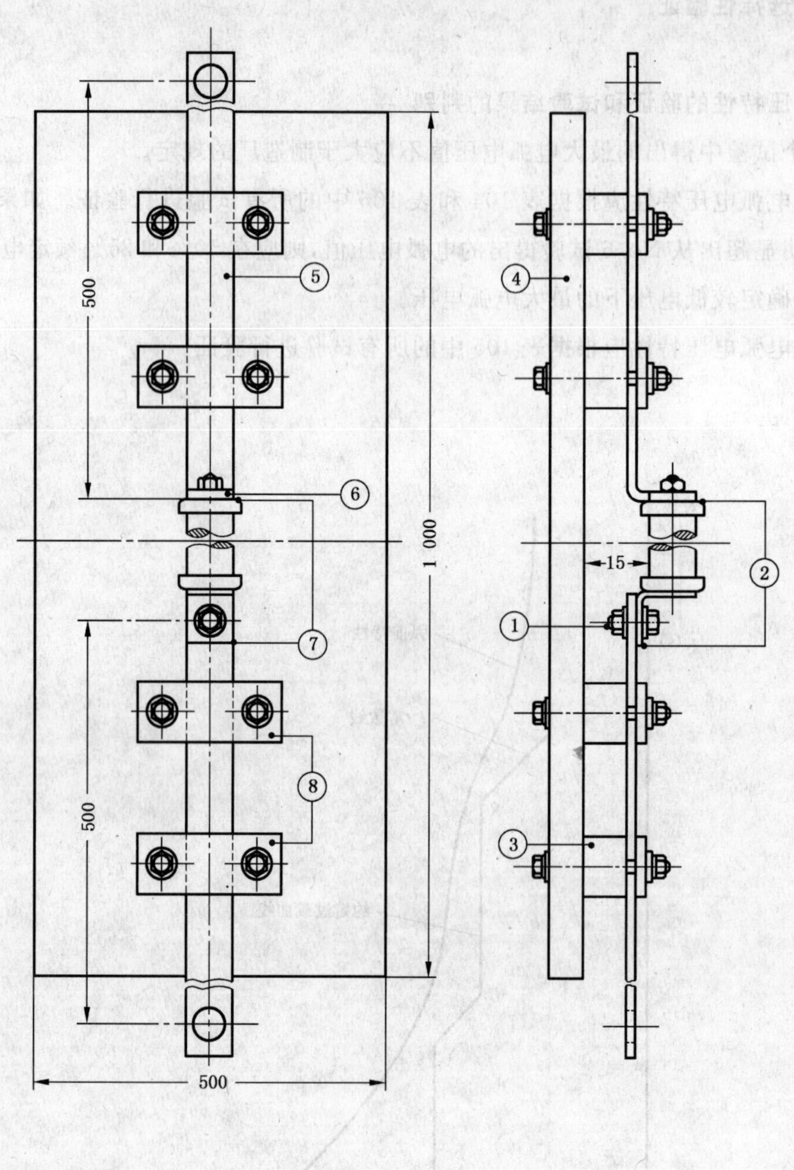

1——紧固螺栓；

2——确定耗散功率的电压测量点；

3——绝缘块(如木板)；

4——绝缘底板(如 16 mm 层压板)；

5——黑色无光表面；

6——由制造厂规定的或其他方面规定的热电偶安放点，热电偶固定在熔断体上部金属的最热点；

7——触头表面应镀锡；

8——绝缘夹板。如需要，上面的两个夹子可以松开；

9——熔断体的熔管可以为圆形或矩形。

图 102　约定试验装置举例

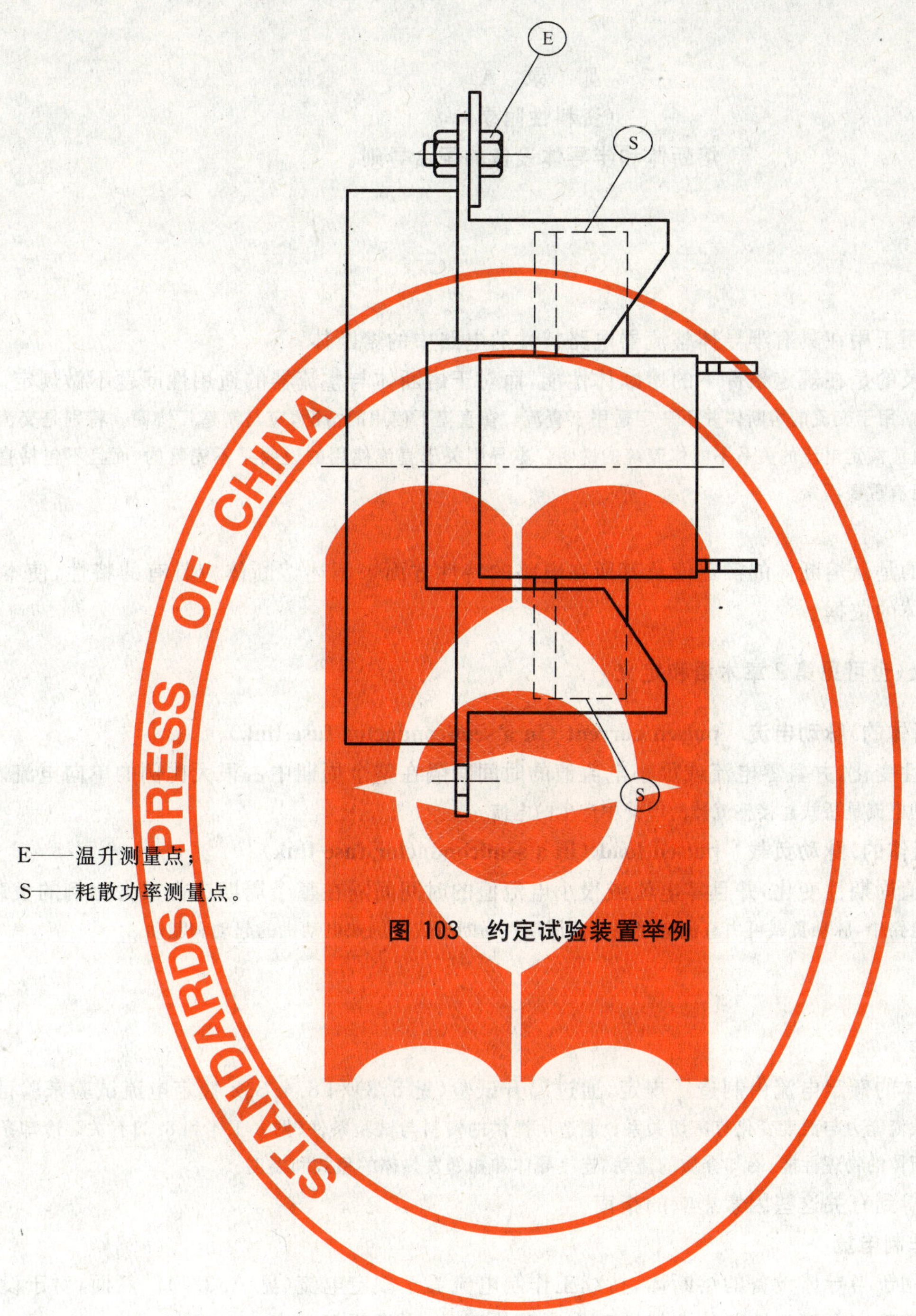

E——温升测量点；

S——耗散功率测量点。

图 103 约定试验装置举例

附 录 A
（资料性附录）
熔断体和半导体设备的配合导则

A.1 一般要求

A.1.1 范围

本附录仅适用于用在具有半导体整流器电路特性的电路中的熔断体。

本附录所涉及的是在规定条件下的熔断体性能，而对于熔断体与整流器的适用性问题不做规定。

注：特别要注意：用于交流的熔断体并不一定适用于直流。在直流下使用的情况，应与制造厂协商。特别是交流额定电压与直流额定电压的关系不能作笼统的说明。本导则关于直流使用的说明是不完整的，而且不包括直流使用时的所有重要因素。

A.1.2 目的

本附录的目的是从熔断体的额定值及其所在电路的特性方面来阐述熔断体应具有的特性，使本附录成为选择熔断体的依据。

A.2 术语和定义（也可见第2章术语和定义）

（半导体熔断体的）脉动电流 pulsed current (in a semiconductor fuse-link)

瞬时值周期性变化，并且零电流或很小电流值的时间间隔在整个周期中占很大比例的单向电流。

注：典型的脉动电流是桥式连接整流器的单臂中产生的电流。

（半导体熔断体的）脉动负载 pulsed load (in a semiconductor fuse-link)

电流的有效值周期性变化，并且零电流或很小电流值的时间间隔在整个周期中占很大比例的负载。

注：在整流器电路中，脉动负载可由直流电路电流的周期性通断造成。例如电动机的起动和制动。

A.3 载流能力

A.3.1 额定电流

半导体熔断体的额定电流由制造厂规定，通过温升试验（见8.3）和8.4.3.2额定电流试验来验证。

注：无老化的载流能力与温度变化有密切关系。制造厂提供的资料与试验条件（见8.1.4和8.3）有关。冷却条件取决于熔断体的物理性能、冷却介质的流动、连接导体和相邻发热体的型式和温度。

可从制造厂得到有关这些因素影响的指南。

A.3.2 持续工作制电流

对于大多数用于半导体设备的熔断体，持续工作制电流等于额定电流（见A.3.1）。然而，对于设计时不考虑持续承载额定电流的熔断体在持续工作制下使用时，应降低额定值。

A.3.3 重复工作制电流

额定电流试验是验证熔断体在规定试验条件下，至少能够重复承受100次额定电流负载。随着实际负载电流相对于额定电流减小，用重复次数表示的预期寿命增加。

由于规定的试验仅确定了最小寿命期望要求，制造厂应给出给定的熔断体是否适用于规定的重复工作制的建议。

A.3.4 过载电流

制造厂提供的过载能力（见5.6.4.1）是以一个或几个时间和电流坐标点为基础的，其过载能力已经在与额定电流验证条件（见8.4.3.4）相同的条件下进行验证。以这些已验证的点为依据的约定过载特性是对过载能力的保守估计（见5.6.4.2和图101）。

由于实际过载与时间的函数关系很少像约定过载和时间的函数关系，所以实际过载必须转化为如下的一种等效约定过载：

——实际过载的最大值等于等效约定过载的最大值；

——等效约定过载的时间应使其 I^2t 等于实际负载在熔断体约定时间的 0.2 倍时间内积分的 I^2t。

接近 0.2 倍约定时间的任何负载值，对熔断体来说，都应视为连续负载。

然而，因为过载能力验证是以 100 次过载循环试验为基础，所以实际情况中的重复过载，可能需要降低额定值。此情况应与制造厂进行协商。

A.3.5 峰值电流(截断电流)

峰值电流的最大值在熔断体处于绝热状态动作时得到。

当电流上升率基本为常数时，弧前时间末的电流瞬时值按上升率的立方根增加。对于大多数熔断体，这就是峰值。对于明显较晚(在燃弧时间内)达到电流峰值的熔断体，难以作出一般的说明，应从制造厂处得到更多的资料。

A.4 电压特性

A.4.1 额定电压

用于半导体设备保护的熔断体的额定电压(见 5.2)是在由制造厂规定的额定频率下(某些情况是直流)的正弦外加电压。熔断体的数据与额定电压有关。仅在额定电压值的基础上对不同厂家的熔断体进行比较是不够的。

A.4.2 工作中的外加电压

外加电压就是在故障电路中造成故障电流的电压。因为电压降的影响通常可以忽略，所以在大多数情况下可以认为故障电路中的空载电压为外加电压。

注：外加电压可能受到熔断体动作时发生的换流或另一个熔断体电弧电压的影响。

在弧前时间内，外加电压和电路的自感决定故障电流的上升率(通常认为故障电流是从零增长到接近其峰值)。在给定的电路中，即自感已给定，由 I^2t 值决定弧前时间的结束。在弧前时间内外加电压的积分决定了弧前时间末的电流瞬时值。

在燃弧时间内，燃弧电压和外加电压的差决定了电流的变化率。该变化率一般从峰值下降到零。在弧前时间内对燃弧电压和外加电压差的积分等于对外加电压的积分的瞬间时变化率达到零。在电弧电压小于外加电压的时间内，电流持续增长；但是，在很多情况下，这段时间是很短的，因此相关电流的增长可以忽略。

对于在绝热区域或绝热区域附近动作的熔断体，弧前 I^2t 值是一个很明确的量。而即使燃弧时间相同，燃弧 I^2t 可以呈现相差很大的值。在燃弧的早期阶段，电弧电压达到其最大值时，燃弧 I^2t 值为最小。

A.4.3 电弧电压

制造厂提供的电弧电压峰值是在最不利的条件下所获得的电弧电压值。电弧电压特性是外加电压的函数。电弧电压的峰值应限制在半导体设备所能承受的范围内。

A.5 耗散功率特性

A.5.1 额定耗散功率

额定耗散功率的确定是以额定电流和标准试验条件(见 8.1.4 和 8.3.1)为依据的。熔断体的电阻温度系数所引起耗散功率的增加速度比电流平方引起耗散功率的增加速度更快。

由于这个原因，制造厂提供的有关电流和耗散功率关系的信息可以用耗散功率特性的形式或分散数据点的形式表示。

由于安装条件与试验条件(见 8.3)不同，耗散功率特性可能偏离额定值。

A.5.2 影响耗散功率的因素

由于实际电流和额定电流之间的关系对耗散功率的影响显著，可能需要使用比重复工作制和过载所确定的额定电流更大的熔断体。但较大的额定电流意味着 I^2t 值也较大。使用能进行合理保护的最大额定电流的熔断体可同时减小耗散功率并可以解决重复工作制和过载的问题。

使用较高额定电压的熔断体会导致较高的耗散功率值。如果尽管电弧电压很大，但仍可以使用这种熔断体，那么 I^2t 值就可以减小，这样可允许选择较大额定电流的熔断体，从而可以减小耗散功率。

当带有铁制零件的熔断体使用在高于额定频率时的频率下，耗散功率将显著增大。

A.5.3 相互影响

熔断体与关联的半导体设备间非常短的电连接会产生显著的热耦合。

因此熔断体耗散功率的任何减小可以提高半导体设备的电流负载。

A.6 时间-电流特性

A.6.1 弧前特性

在整流器或变流器臂中出现的脉动电流不能仅仅在有效值基础上处理。在边缘情况时，应确保仅仅单个脉动不会损坏熔体。例如：按 8.4.3.4 考虑短时过载(如 0.1 s 以下)，实际过载的峰值不是最大有效值，而是最大脉动的峰值。

除上述提到的区域外，高于额定频率的任何频率的电流实际上对弧前 I^2t 的值没有影响。对于额定频率下弧前时间小于 1/4 周波的预期电流，频率越高，弧前时间越小。对于低于额定频率的频率，其影响与上述相反。但必须注意弧前时间的增加可能更显著，特别是对较大预期电流。

对于较小的预期电流，非对称电流(具有瞬态直流分量的交流电流)的唯一影响是使电流的有效值略微增加。

在绝热区域中，该影响最好是以上升率的增加或减少来表示，用在弧前时间具有相同(或相似)上升率的对称电流代替实际电流。

在弧前 I^2t 特性偏离绝热区域的临界区域中，必须区分非对称性电流开始时的程度，开始时程度大，弧前 I^2t 值会减小；开始时程度小，弧前 I^2t 值会增大。

在考虑熔断体承受非对称电流的能力时，必须考虑非对称峰值。

在直流情况下，基于交流的弧前 I^2t 特性可能不适用，或仅仅部分适用，这取决于电路的参数。

如果电路的时间常数小于所考虑的最短的时间，预期电流就等于外加电压除以电阻所得的值。

如果电路自感量很大，只要横坐标以上升率表示，而不以预期电流表示，也就是直流的上升率通过外加电压除以自感决定，可利用弧前 I^2t 特性的绝热区域。可进一步认为预期电流值(外加电压除以电阻)明显高于(3 倍或更多)在所考虑的电流上升率下的截断电流值。

对于直流的其他情况，很难从交流基础上的正常弧前 I^2t 特性来作出有关弧前时间的重要结论，应和制造厂进行协商。然而，大多数实际情况包含在对等效上升率的考虑中。

就非正弦电流来讲，正常弧前 I^2t 特性不提供大量的有关性能的信息。除非出现以下情况：上升率占优势(即电流非常大)或者电流值很小而时间很长，允许使用有效值。

A.6.2 熔断 I^2t 特性

对于给定的预期电流，弧前 I^2t 特性和熔断 I^2t 特性之差是在绘制熔断 I^2t 的各种条件下的燃弧 I^2t 最大值。制造厂提供的数据是以较低功率因数值(即 0.3 以下)及外加电压的有效值为基础的。

最恶劣的情况是外加电压的瞬时值在整个弧前时间和燃弧时间内都尽可能的大。因为这种情况很少发生，可以利用这种情况。

对于相同外加电压和预期短路电流，较高频率意味着较低的自感值，因此燃弧时间减少，而且在实际极限内与频率成反比。

对于相同外加电压和预期短路电流，较低频率意味着较高的自感值，因此燃弧时间增加，而且在实际极限内与频率成反比。

注：由于燃弧时间较长，造成能量释放，因此不能保证熔断体适用于低于额定频率的频率。当熔断体的使用频率低于额定频率时，应与制造厂进行协商。

选择燃弧时间的最大值时，必须考虑非对称电流的影响。

弧前 I^2t 是根据上升率判断(见 A.6.1)的所有直流(见 A.1.1 注)情况下，如果截断电流发生在弧前时间的末端，只要电压参数(基于有效值)选择为外加直流电压小于平均交流电压(90%有效值)，则熔断 I^2t 也是有效的。其他所有情况需要特殊考虑或从制造厂获得有关资料。

A.7 分断能力

在额定值内，分断非正弦交流电流的能力对半导体设备保护用熔断体来说要求不高。

对于较高电压值(高压熔断体)，分断小电流也可能存在问题，但此问题是在本文所述电流范围之外(见 7.4)。

只要不超过额定频率下电流上升率的最大值，频率高于额定频率对分断能力没有影响。频率低于额定频率时，熔断体内释放出能量大于额定频率时的能量。包括按 8.5.5.1 进行的低频试验在内的有关信息可从制造厂处获得。

对于直流分断能力(见 A.1.1 注)，熔断体中释放出的能量在大多数情况下大于额定频率时的释放出的能量。只有当使用交流额定电压明显大于直流电源电压的熔断体才能保证满意的熔断。附加的信息应从制造厂处获得。

A.8 换流

半导体设备中的短路电流一般涉及具有几个桥臂的电路，当熔断体熔断时，在各臂之间发生换流，这种换流是由交流电源电压的周期性变化、晶闸管导通或另一熔断体的电弧电压引起的。

换流通过改变电路结构、电路常数、外加电压(例如增加电弧电压)影响熔断体的动作。

另一种可能严重影响熔断体工作的误换流，它起因于第二次故障的出现。

附 录 B
（规范性附录）
制造厂应在产品使用说明书(样本)中列出的半导体设备保护用熔断体的资料

本资料应按交流和直流(如适合)分别提供。

1) 制造厂名称(商标)。

2) 产品型号或目录号。

3) 额定电压(见 3.4.1)。

4) 额定电流(见 3.5)。

5) 额定频率或其他频率(见 5.4)。

6) 额定分断能力(额定电压下和不同的外加电压下)(见 5.7.2 和 8.5)。

7) 弧前和熔断时间-电流特性(图)和适用等级(标志),如果适用(见 5.6.1 和 8.4.3.3.1)。

8) 弧前 I^2t 特性(见 5.8.2.1 和 8.7.2)。

9) 在规定功率因数或时间常数下与电压有关的熔断 I^2t 特性(见 5.8.2.2 和 8.7.2)。

10) 25%、50%和 100%额定电压下的电弧电压或以图表形式表示(见 5.9 和 8.7.5)。

11) 截断电流特性(见 5.8.1 和 8.6)。

12) 约定试验条件下额定电流时的温升以及指明规定的测量点(见 7.3 和 8.3.5)。

13) 至少 50%和 100%额定电流下的耗散功率,在固定点或以图表形式表示该范围内的耗散功率(附加参数可以是 63%和 80%)(见 7.3 和 8.3.4.2)。

14) 指示器所需要的最小动作电压(见 8.4.3.6)。

15) 允许电流和周围空气温度的函数关系(图)(见 8.4.3.2)。

16) 安装说明,如有需要,列出相关尺寸(草图)。

17) 特殊安装条件(如连接导体的截面积、冷却不足、附加热源等)下的载流能力。

注:如用于特殊条件应与制造厂进行协商。

附 录 C
（规范性附录）
半导体设备保护用标准化熔断体示例

C.1 总则

本附录分为如下 6 个具有标准尺寸的熔断体系统特殊示例：

——A 型螺栓连接熔断体系统；

——B 型螺栓连接熔断体系统；

——C 型螺栓连接熔断体系统；

——A 型接触片式熔断体系统；

——B 型接触片式熔断体系统；

——A 型圆筒形帽熔断体系统。

用于半导体设备保护的熔断体也可以具有与以下熔断体相同的尺寸：

——GB/T 13539.2—2008 中熔断器系统 A、B、F 和 H；

——GB 13539.3—2008 中熔断器系统 A。

熔断体的耗散功率除应满足本标准的要求外，同时不应超出配合使用的熔断器底座或熔断器支持件的接受耗散功率。如果熔断体的耗散功率大于标准熔断器底座或熔断器支持件的接受耗散功率，制造厂应降低其额定值。

C.2 A 型螺栓连接熔断体系统

C.2.1 范围

以下的补充要求适用于尺寸符合图 C.1 至图 C.3 要求的螺栓连接熔断体。其额定电压和电流如下：

——交流 230 V，电流不超过 900 A；

——交流 690 V，电流不超过 710 A。

C.2.2 机械设计（见 GB 13539.1—2008 中 7.1）

熔断体的标准尺寸在图 C.1 至图 C.3 中列出。

C.2.3 熔断体结构

为了指示动作，一个脱扣指示熔断体可与熔断体并联使用。指示熔断体的标准尺寸见图 C.4。

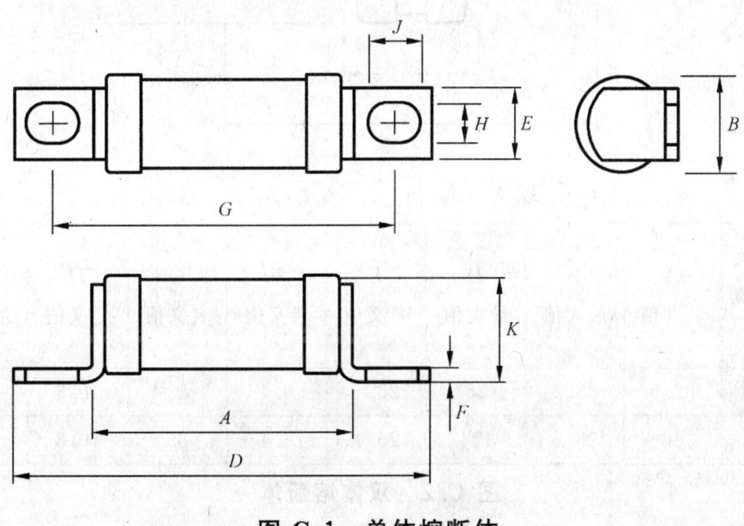

图 C.1 单体熔断体

单位为毫米

典型额定电压 V	典型最大额定电流 A	*A* 最大值	*B* 最大值	*D* 最大值	*E* 名义值	*F* 最大值	*G* 名义值	*H* 名义值	*J* 最小值	*K* 最大值
230	20	29	8.7	47.6	6.4	0.9	38	4	4.8	8.8
690	20	55	8.7	75	6.4	0.9	64.5	4	4.8	8.8
230	180	29.2	17.7	58.4	12.7	2.5	42	6.4	7.9	19.3
690	100	50.6	17.7	79.8	12.7	2.5	63.5	6.4	7.9	19.3
230	450	32.6	38.2	85	25.4	3.3	59	10.3	13	41.5
690	355	60	38.2	114	25.4	3.3	85	10.3	13	41.5

图 C.1（续）

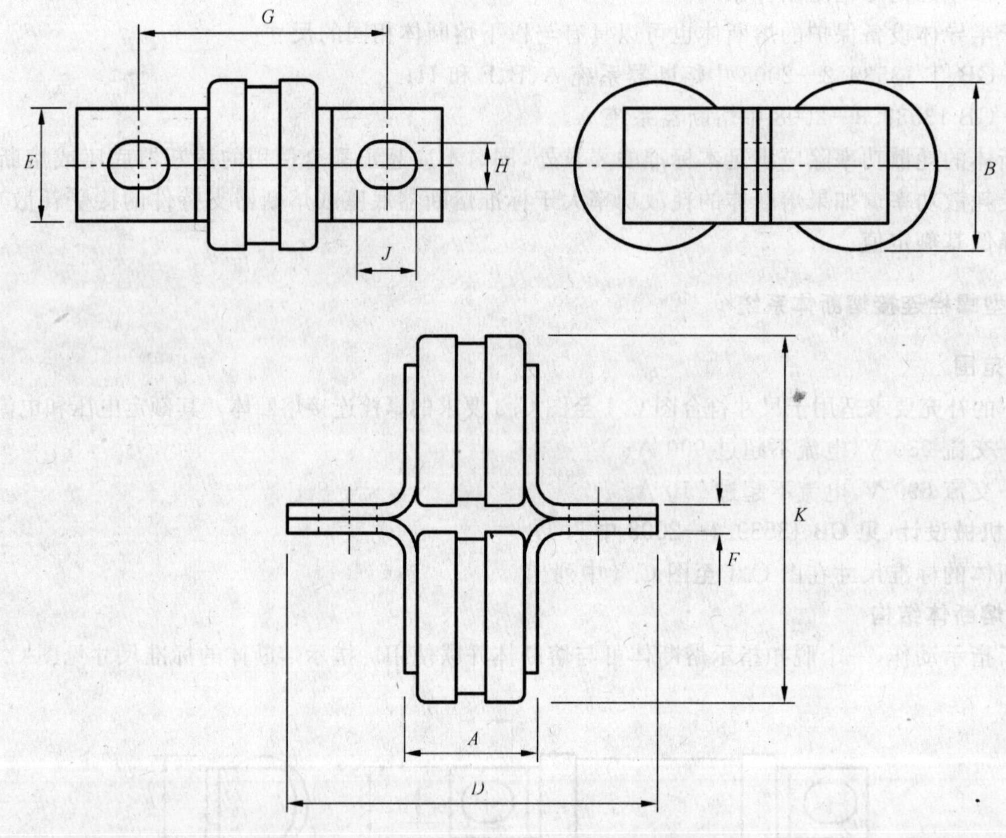

单位为毫米

典型额定电压 V	典型最大额定电流 A	*A* 最大值	*B* 最大值	*D* 最大值	*E* 名义值	*F* 名义值	*G* 名义值	*H* 名义值	*J* 最小值	*K* 最大值
230	900	32.6	38.2	85	25.4	6.4	59	10.3	13	83
690	710	60	38.2	114	25.4	6.4	85	10.3	13	83

图 C.2　双体熔断体

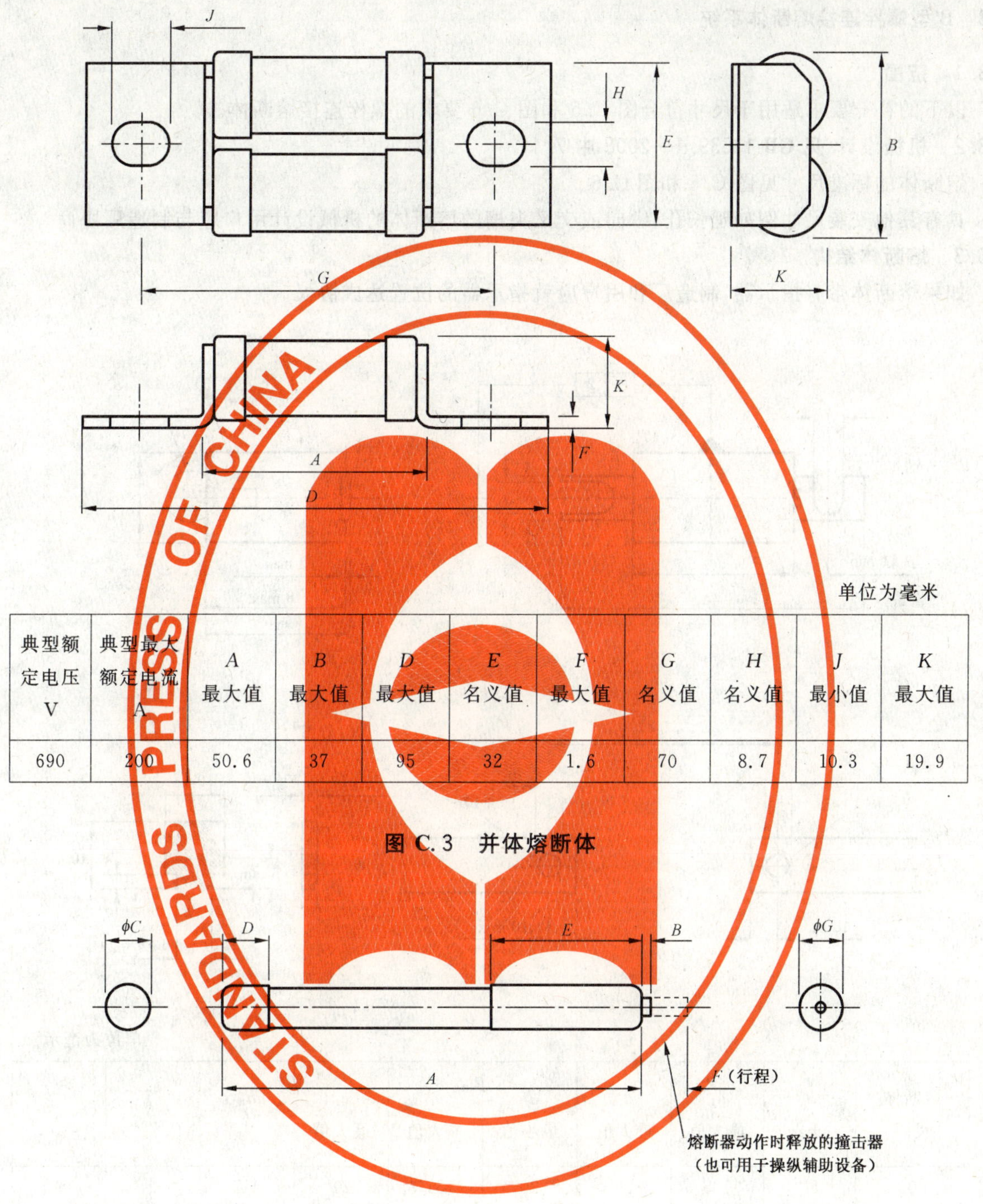

单位为毫米

典型额定电压 V	典型最大额定电流 A	*A* 最大值	*B* 最大值	*D* 最大值	*E* 名义值	*F* 最大值	*G* 名义值	*H* 名义值	*J* 最小值	*K* 最大值
690	200	50.6	37	95	32	1.6	70	8.7	10.3	19.9

图 C.3　并体熔断体

单位为毫米

典型额定电压 V	*A* 最大值	*B* 名义值	*ϕC* 名义值	*D* 最大值	*E* 名义值	*F* 名义值	*ϕG* 最大值
230	48	0.8	6.4	5.6	19	5.6	7.9
690	62	0.8	6.4	5.6	19	5.6	7.9

图 C.4　脱扣指示熔断体

C.3 B型螺栓连接熔断体系统

C.3.1 范围

以下的补充要求适用于尺寸符合图 C.5 和图 C.6 要求的螺栓连接熔断体。

C.3.2 机械设计(见 GB 13539.1—2008 中 7.1)

熔断体的标准尺寸见图 C.5 和图 C.6。

具有其他安装尺寸例如延长孔、纵向或交叉夹槽的熔断体的机械设计用户应与制造厂协商。

C.3.3 熔断体结构

如果熔断体带有指示器,制造厂和用户应就指示器的位置达成协议。

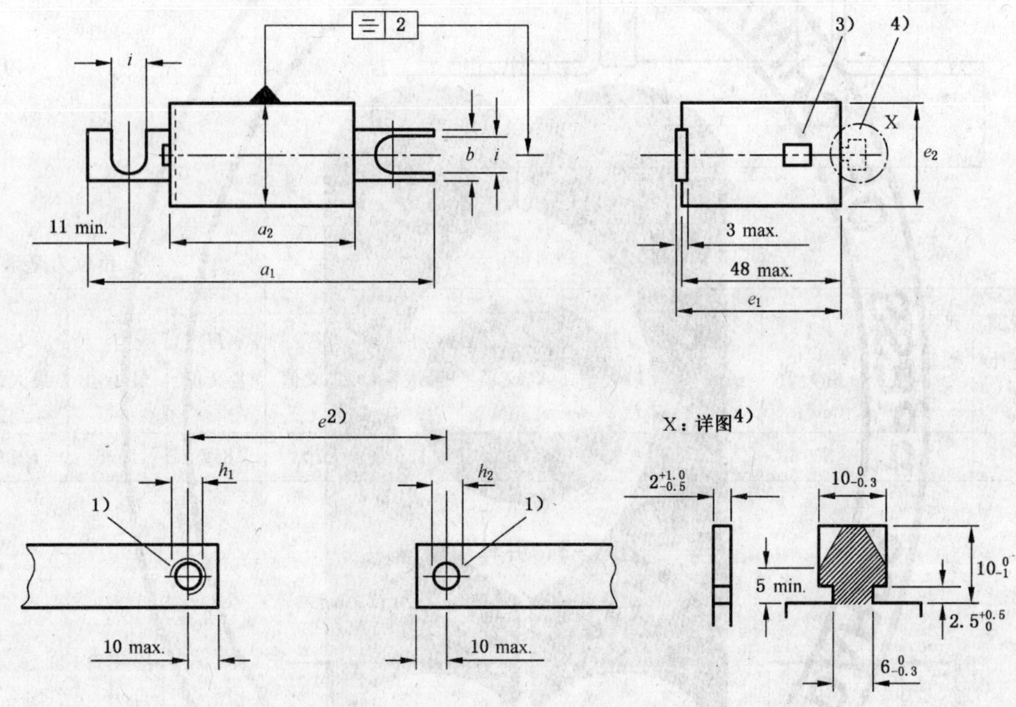

单位为毫米

熔断体尺码	e ±2	a_1 最大值	a_2 最大值	b 最小值	e_1 最大值	e_2 最大值	h_1	h_2 $^{+0.3}_{0}$	i $^{0}_{0.5}$
000	80	105	56	20	51	21	M8	9	9
00	80 110	105 140	56 86	20	51	30	M10	11	11

1)——扁平端子的螺纹或相应的通孔；

2)——端子间距离；

3)——指示器；

4)——信号装置的接线片(如需要)。

图 C.5 尺码 000 和 00 的 B 型螺栓连接熔断体

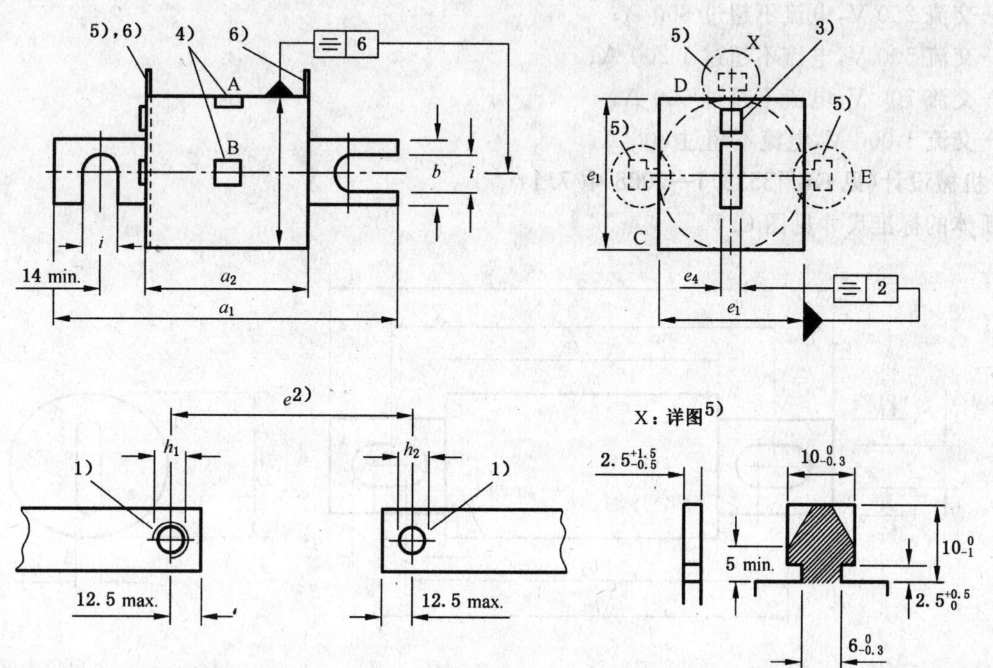

单位为毫米

熔断体 尺码	e ±2	a_1 最大值	a_2 最大值	b 最小值	e_1 最大值	e_4 最大值	h_1	h_2 +0.3 0	i 0 −0.5
0	80 110	110 150	50 80	19	45	6.5	M10	11	11
1	80 110	110 150	50 80	24	53	6.5	M10	11	11
2	80 110	110 150	50 80	24	61	6.5	M10	11	11
3	80 110	110 150	50 80	29	76	6.5	M12 7)	13	13 8)

1)——扁平端子的螺纹或相应的通孔；

2)——端子间距离；

3)——指示器(如需要)；

4)——信号装置，位置 A 或 B(如需要)；

5)——用于信号装置接线片的可选位置 C、D 和 E(如需要)；

6)——搭扣，尺寸见 GB/T 13539.2—2008 中图 101(如需要)；

7)——M10 也适用；

8)——对于 M10，11 也适用。

图 C.6 尺码 0、1、2 和 3 的 B 型螺栓连接熔断体

C.4 C 型螺栓连接熔断体系统

C.4.1 范围

以下的补充要求适用于尺寸符合图 C.7 要求的螺栓连接熔断体。其额定电压和电流如下：

——交流 130 V，电流不超过 1 000 A；

——交流 250 V,电流不超过 800 A;

——交流 500 V,电流不超过 1 200 A;

——交流 700 V,电流不超过 600 A;

——交流 1 000 V,电流不超过 800 A。

C.4.2 机械设计(见 GB 13539.1—2008 中 7.1)

熔断体的标准尺寸见图 C.7。

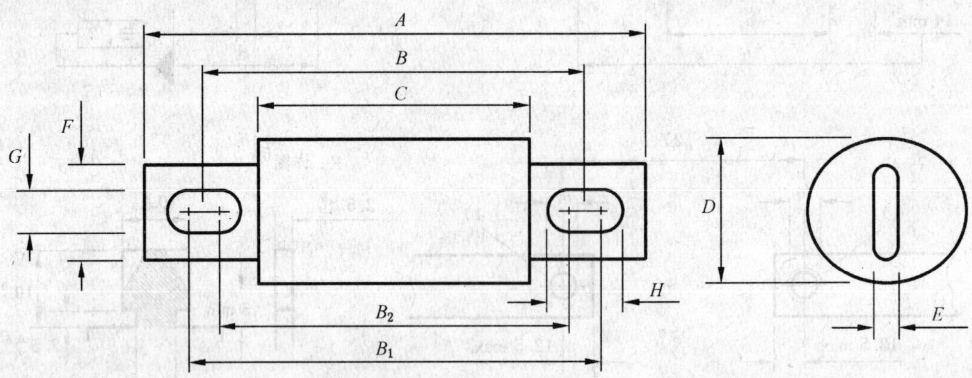

单位为毫米

额定电压 V	额定电流 A	A 最大值	B 名义值	B_1 最大值	B_2 最小值	C 最大值	D 最大值	E 最大值	F 最小值	G 最大值	H 最大值
130	65～400	69.1	52.4	57.5	45	31	29.1	5.2	22.6	8.3	11.9
	450～1 000	90.6	62.0	67	47.5	33.4	40.9	6.8	25.8	10.7	12.3
250	35～60	82.6	61.9	67.5	55.5	42.9	21	3.6	19.5	9.1	14.1
	65～200	81.1	60.3	64	54	42.9	31.8	5.2	25.8	9.1	12.3
	225～800	99.2	70.6	79	55.5	42.1	51.2	6.8	38.5	12.3	20.2
500	35～60	82.6	62.7	67.5	54	42.9	21	3.6	19.5	9.1	13.6
	65～100	93.5	73.0	79	66.5	55.6	25.8	3.7	19.5	9.3	17.9
	110～200	93.8	73.0	76.5	66.5	55.7	31.4	5.2	25.8	9.1	15.5
	225～400	111.9	83.3	89	68	54.8	38.5	6.8	25.8	11.4	19.9
	450～600	115.6	86.5	91.5	69	58	51.2	6.8	38.5	12.3	20.2
	700～800	166	110.0	128	85.5	58	63.9	10.1	51.2	15.9	33.4
	900～1 200	178.6	127.0	140	110	84.2	77.4	11.5	60.7	17.9	30.6
700	35～60	112.6	92.1	100	72	74.6	25.8	5.2	25.8	10.7	19.8
	65～100	113.6	92.1	95.5	72	74.6	31.4	5.2	25.8	10.7	18.6
	110～200	131	102.4	108	72	73.8	38.5	6.8	25.8	12.3	21
	225～400	131	102.4	111	73	73.8	51.2	6.8	38.5	14.7	20.2
	450～600	181.6	129.4	147	81	73.9	63.9	10.1	51.2	16.3	33.4
1 000	35～60	128.6	108.0	111	98	90.5	25.8	5.2	19.5	8.3	9.9
	65～100	128.6	108.0	111	104	90.5	31.4	5.2	25.8	9.3	10.7
	110～200	146.9	118.4	123	104	89.7	39.3	6.8	25.8	11.7	12.3
	225～400	148.1	118.4	124	104	90.5	51.2	6.8	38.5	11.4	20.1
	450～800	197.7	150.8	154	117	101.6	89.8	10.1	51.2	16.3	30.9

图 C.7 C 型螺栓连接熔断体

C.5 A 型接触片式熔断体系统

C.5.1 范围

以下的补充要求适用于尺寸符合图 C.8 要求的接触片式熔断体。熔断体的额定电流不超过 5 000 A，额定电压不超过交流 1 250 V。

C.5.2 机械设计(见 GB 13539.1—2008 中 7.1)

熔断体的标准尺寸见图 C.8。

C.5.3 熔断体结构

熔断体可带有指示器。指示器安装的标准位置见图 C.8。

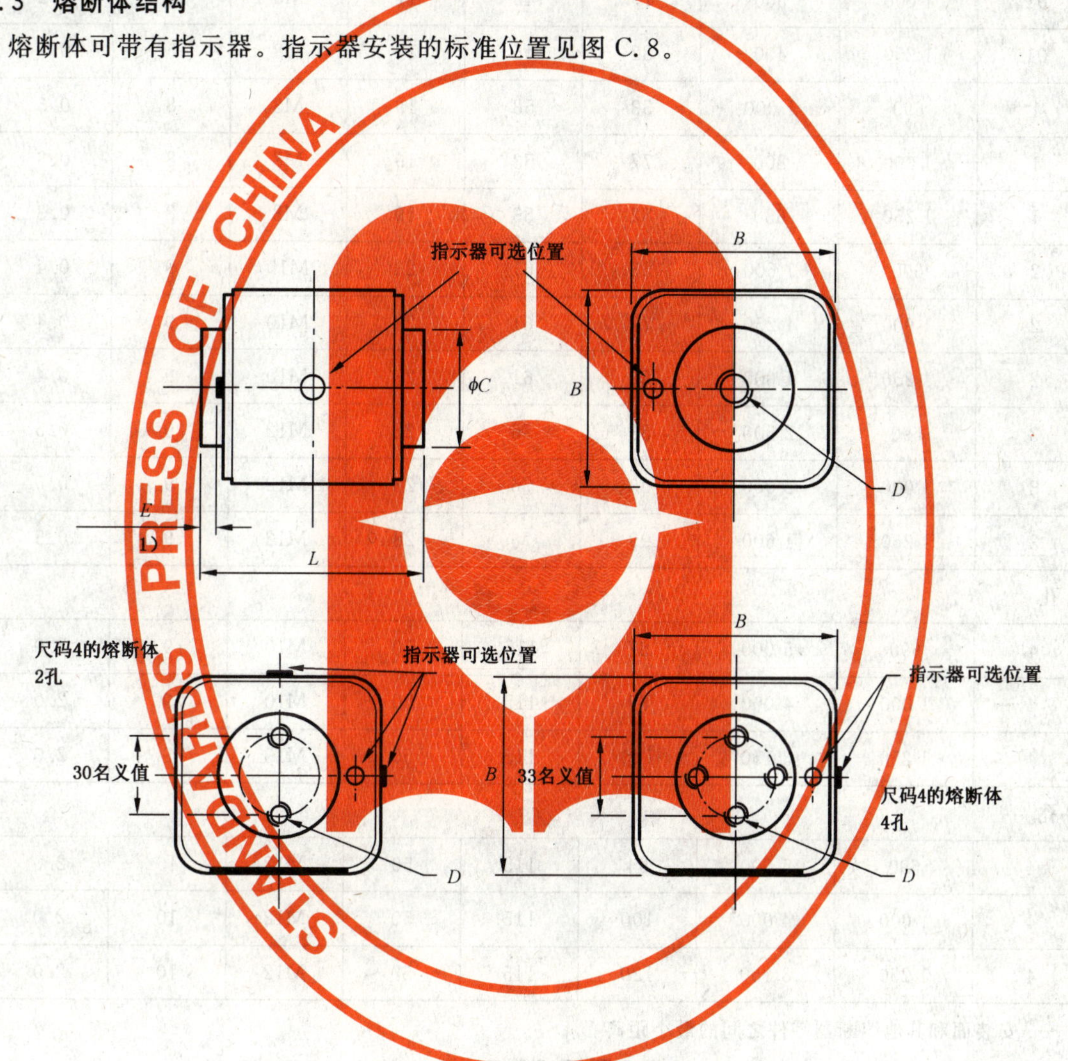

图 C.8 A 型接触片式熔断体

单位为毫米

熔断体尺码	推荐最大额定电压 V	推荐最大额定电流 A	*L* 最大值	*B* 最大值	*C* 最小值	*D*		*E*
						螺纹	最小深度	
00	690	400	65	30×48	15	M8	5	0.2
01	690	630	53	45	17	M8	5	0.2
01	1 000	500	77	45	17	M8	5	0.2
01	1 250	400	82	45	17	M8	5	0.2
1	690	1 000	53	53	19	M8	8	0.3
1	1 000	800	77	53	19	M8	8	0.3
1	1 250	630	82	53	19	M8	8	0.3
2	690	1 600	53	61	23	M10	9	0.4
2	1 000	1 250	77	61	23	M10	9	0.4
2	1 250	1 000	82	61	23	M10	9	0.4
3	690	2 500	53	76	28	M12	9	0.5
3	1 000	2 000	93	76	28	M12	9	0.5
3	1 250	1 600	99	76	28	M12	9	0.5
4孔								
4	690	5 000	67	115	50	M10	9	2.0
4	1 000	4 000	89	115	50	M10	9	2.0
4	1 250	3 150	110	115	50	M10	9	2.0
2孔								
4	690	5 000	94	115	50	M12	10	2.0
4	1 000	4 000	100	115	50	M12	10	2.0
4	1 250	3 150	120	115	50	M12	10	2.0

1)——安装面和其他熔断器零件之间的最小距离。

图 C.8（续）

C.6 B型接触片式熔断体系统

C.6.1 范围

以下的补充要求适用于尺寸符合图 C.9 要求的接触片式熔断体。其额定电压和电流如下：

——交流 130 V 或 150 V，电流不超过 6 000 A；

——交流 250 V，电流不超过 4 500 A；

——交流 600 V，电流不超过 2 000 A。

C.6.2 机械设计（见 GB 13539.1—2008 中 7.1）

熔断体的标准尺寸见图 C.9。

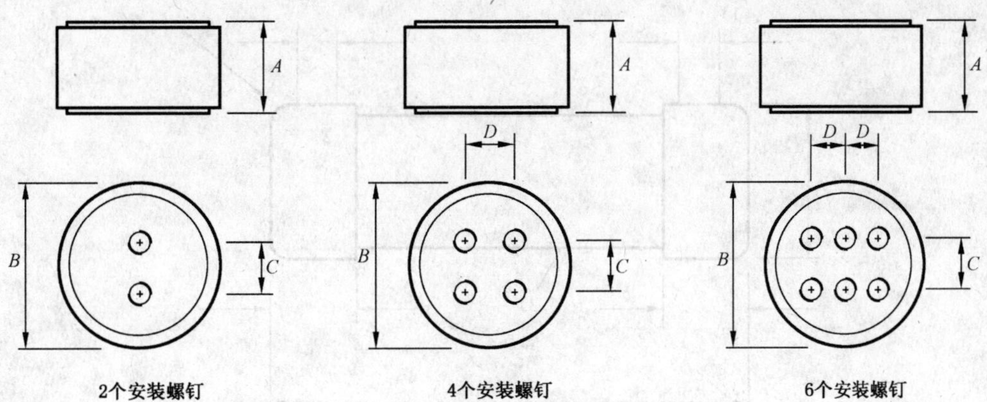

单位为毫米

额定电压 V	额定电流 A	*A* 最大值	*B* 最大值	*C* 最大值	*D* 最大值	螺纹 英寸[a]	安装螺钉数
130/150	1 000～2 000	49.2	51.2	25.8		3/8″-24×1/2″	2
	2 500～3 000	49.2	76.6	38.5		1/2″-20×1/2″	2
	3 500～4 000	49.2	89.5	38.5	38.5	1/2″-20×1/2″	4
	5 000～6 000	61.9	146.5	38.5	38.5	1/2″-20×1/2″	6
250	800～1 200	67.4	76.6	38.5		3/8″-24×1/2″	2
	1 500～2 500	67.4	88.5	38.5	38.5	3/8″-24×1/2″	4
	3 000～4 500	67.4	114.7	38.5	38.5	1/2″-20×1/2″	4
600	700～800	103.2	76.6	38.5		3/8″-24×1/2″	2
	1 000～1 200	103.2	89.5	38.5	38.5	3/8″-24×1/2″	4
	1 500～2 000	103.2	114.7	38.5	38.5	1/2″-20×1/2″	4
[a] 直径-每英寸螺纹数×深度。							

图 C.9　B 型接触片式熔断体

C.7　A 型圆筒形帽熔断体系统

C.7.1　范围

以下的补充要求适用于尺寸符合图 C.10 要求的圆筒形帽熔断体。其额定电压和电流如下：

——交流 130 V 或 150 V,电流不超过 60 A；

——交流 600 V,电流不超过 30 A；

——交流 1 000 V,电流不超过 30 A。

C.7.2　机械设计(见 GB 13539.1—2008 中 7.1)

熔断体标准尺寸见图 C.10。

注：圆筒形帽熔断体的标准尺寸在以下标准中也作了规定：

——GB/T 13539.2—2008 中熔断器系统 F：

尺码：10×38

14×51

22×58

——GB/T 13539.2—2008 中熔断器系统 H。

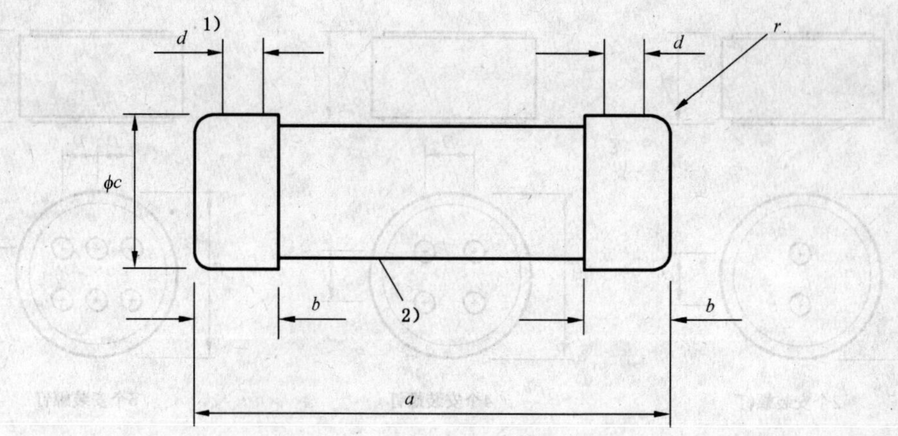

单位为毫米

最大额定电压 V	最大额定电流 A	a	b 最大值	c	d 最小值	r
130/150	35～60	$51^{+0.6}_{-1}$	15.9	20.6±0.175	6	2±1
600	1～30	$127^{+0.6}_{-3}$	16.2	$20.6^{+0.1}_{-0.2}$	11	2±1
1 000	1～30	$66.7^{+0.6}_{-2}$	16.2	14.5±0.1	11	2±1

1)——此圆柱部分内规定的允差不得超过。

2)——端帽间的熔管直径不应大于直径 c。

图 C.10　A 型圆筒形帽熔断体

ICS 29.130.10
K 40

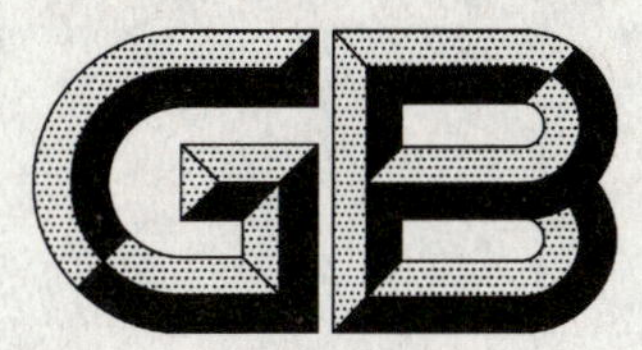

中华人民共和国国家标准

GB/T 13540—2009
代替 GB/T 13540—1992

高压开关设备和控制设备的抗震要求

Seismic qualification for high-voltage switchgear and controlgear

(IEC 62271-2:2003 High-voltage switchgear and controlgear—Part 2:Seismic qualification for rated voltages of 72.5 kV and above,MOD)

2009-11-30 发布　　2010-04-01 实施

中华人民共和国国家质量监督检验检疫总局
中国国家标准化管理委员会　发布

前 言

本标准修改采用 IEC 62271-2:2003《高压开关设备和控制设备　第 2 部分:额定电压 72.5 kV 及以上的抗震要求》,同时参考了 IEC 62271-207:2007《高压开关设备和控制设备　第 207 部分:额定电压 52 kV 以上的气体绝缘成套开关设备的抗震要求》和 IEC 62271-300:2006《高压开关设备和控制设备——第 300 部分:交流断路器的抗震要求》等标准。

本标准与 IEC 62271-2:2003 的主要差异:

——标准名称改为:高压开关设备和控制设备的抗震要求;

——适用范围改为:本标准适用于标称电压 3 kV 及以上,频率 50 Hz 及以下的电力系统中运行的户内和户外安装的所有高压开关设备和控制设备,包括其与地面刚性连接的支撑构架;

——删除了第 5 章地震烈度中的注 1 及其内容。并将第 5 章中的“地震烈度”改为“抗震水平”;

——参考 IEC 62271-300:2006 的相关内容,6.1 增加了以下内容:

该验证:

——当试品所有极都安装在同一构架上时,在完整的试品上进行;

——当试品具有三个独立极时,在一极上进行;

——当单个构架上有多个断开极时,用其断开单元在一列上进行。

——参考 IEC 62271-300:2006 的相关内容,6.3 增加了一个注释;

——参考 IEC 62271-207:2007 的相关内容,6.6.2 增加了:“强震波部分是时程曲线具有最大加速度的部分。”的内容;

——参考 IEC 62271-207:2007 和 IEC 62271-300:2006 的相关内容,6.7.2.1 增加了以下两个列项内容:

——主回路电阻测量;

——额定电压下辅助和控制回路的电气连续性检查;

——参考 IEC 62271-207:2007 的相关内容,6.7.2.3 增加了一个列项内容:“——试验时的水平和垂直加速度;”

——参考 IEC 62271-300:2006 的相关内容,7.3 增加了抗震分析的应用条件,即:“最终的抗震分析应是假设高压开关设备和控制设备固定在地面上的状况下进行,即高压开关设备和控制设备固定点之间没有地面移动。”

——参考 IEC 62271-207:2007 和 IEC 62271-300:2006 的相关内容,8.3 增加了一个列项“f)”。

——参考 IEC 62271-300:2006 的相关内容,增加了附录 C(资料性附录)。

本标准代替 GB/T 13540—1992《高压开关设备抗地震性能试验》。

本标准与 GB/T 13540—1992 的主要差异:

——标准结构及内容的不同(即除第 1 章、第 2 章、第 3 章外的各对应章条标题及内容完全不对应)。GB/T 13540—1992 规定了具体的抗震试验方法及程序,而本标准则规定了高压开关设备和控制设备总的抗震要求,并明确了采用分析、试验或两者的组合验证抗震性能。其具体的试验方法则引用了 GB/T 2423.43、GB/T 2423.48 和 GB/T 2424.25 等三个标准,本标准未作赘述;

——本标准主要适用的产品由原“设防烈度为 8 度至 9 度的瓷瓶支柱式高压开关设备”扩大至“额定电压 3.6 kV 及以上所有的高压开关设备和控制设备”(如:高压交流断路器、高压交流隔离开关和接地开关、72.5 kV 及以上气体绝缘金属封闭开关设备(GIS)、3.6 kV～40.5 kV 交流金属封闭开关设备、高压/低压预装式变电站等)；

——适用的抗震水平由原来的地面水平加速度 3 m/s²(对应参考的地震烈度Ⅷ度～Ⅸ度)向外扩展至 2 m/s²、3 m/s²、5 m/s²(对应参考的地震烈度分别为:<Ⅷ度、Ⅷ度～Ⅸ度、>Ⅸ度=的范围；

——采用的标准反应谱中的阻尼比分别为 2%、5%、10%、20%及更大，而原标准为 3%、5%、7%、10%、15%。

本标准的附录 A 是规范性附录，附录 B、附录 C 是资料性附录。

本标准由中国电器工业协会提出。

本标准由全国高压开关设备标准化技术委员会(SAC/TC 65)归口。

本标准负责起草单位:西安高压电器研究所。

本标准参加起草单位:西安西开高压电气股份有限公司、河南平高电气股份有限公司、新东北电气(沈阳)高压开关有限公司、郑州机械研究所、中国电力科学研究院高压开关研究所、正泰电气股份有限公司、宁波天安(集团)股份有限公司、川开电气有限公司、西门子中国输配电中压部、西门子(杭州)高压开关有限公司、ABB(中国)有限公司、ABB(中国)有限公司厦门分公司、厦门 ABB 华电高压开关有限公司、常州太平洋电力设备(集团)有限公司。

本标准主要起草人:严玉林、田恩文、张颜珠。

本标准参加起草人:王建西、闫关星、张姝、刘玉民、杨堃、刘景博、杨桃莉、王晋根、张希捷、李东妍、余明星、张天运、张德勤、朱佩龙、王其恺、姚彬彬、黄立群、徐先锋、张交锁、潘瑞琼、袁春萍、王向克、张艳。

本标准所代替标准的历次版本发布情况为:

——GB/T 13540—1992。

高压开关设备和控制设备的抗震要求

1 范围和目的

本标准规定了高压开关设备和控制设备的抗震要求,并明确了采用分析、试验或者两者的组合验证抗震性能的原则。

本标准适用于标称电压 3 kV 及以上、频率 50 Hz 及以下的电力系统中运行的户内和户外安装的所有高压开关设备和控制设备,包括其与地面刚性连接的支撑构架。

如果开关设备和控制设备不是地面安装的,例如安装在建筑物内,适用条件应根据用户和制造厂之间的协议。

开关设备和控制设备的抗震要求考虑了所有的辅助和控制设备,不论其是一体安装或独立安装。

本标准给出了验证地面安装的高压开关设备和控制设备抗震性能的试验程序。

适用时,开关设备和控制设备抗震性能需要进行验证。

本标准还对抗震性能的地面加速度水平进行了规定,并给出了适合于验证要求具有抗震能力的开关设备和控制设备性能的备选的方法。

2 规范性引用文件

下列文件中的条款通过本标准的引用而成为本标准的条款。凡是注日期的引用文件,其随后所有的修改单(不包括勘误的内容)或修订版均不适用于本标准,然而,鼓励根据本标准达成协议的各方研究是否可使用这些文件的最新版本。凡是不注日期的引用文件,其最新版本适用于本标准。

GB 1984 高压交流断路器(GB 1984—2003,IEC 62271-100:2001,MOD)

GB 1985 高压交流隔离开关和接地开关(GB 1985—2004,IEC 62271-102:2002,MOD)

GB/T 2423.43 电工电子产品环境试验 第 2 部分:试验方法 振动、冲击和类似动力学试验样品的安装(GB/T 2423.43—2008,IEC 60068-2-47:2005,IDT)

GB/T 2423.48 电工电子产品环境试验 第 2 部分:试验方法 试验 Ff:振动——时间历程法(GB/T 2423.48—2008,IEC 60068-2-57:1999,IDT)

GB/T 2424.25 电工电子产品环境试验 第 3 部分:试验导则地震试验方法(GB/T 2424.25—2000,IEC 60068-3-3:1991,IDT)

GB 3906 3.6 kV～40.5 kV 交流金属封闭开关设备和控制设备(GB 3906—2006,IEC 62271-200:2003,MOD)

GB 7674 额定电压 72.5 kV 及以上气体绝缘金属封闭开关设备(GB 7674—2008,IEC 62271-203:2003,MOD)

GB/T 11022 高压开关设备和控制设备标准的共用技术要求(IEC 62271-1,MOD)

GB 17467 高压/低压预装式变电站(IEC 62271-202,MOD)

3 术语和定义

GB 1984、GB 1985、GB/T 2424.25、GB 3906、GB 7674、GB/T 11022、GB 17467 确立的术语和定义适用于本标准。

4 抗震性能试验要求

4.1 总则

抗震性能试验应验证开关设备和控制设备耐受地震应力的能力。

抗震性能试验有以下要求内容：

主回路、控制和辅助回路包括相关的安装构架不应出现故障。

只要不降低设备的功能，永久的变形是允许的。在完成 8.2 和 8.3 确定的抗震试验后，应对设备进行操作。

应采用分析、试验或者两者的组合来验证抗震性能。

如果采用分析，则应有足够的 7.2 中所定义的数据；如果没有，应采用在结构和功能方面能够代表整个装置的试验样品进行试验。这些基本的试验数据应该用来作为输入参数来校正分析。

对于完整的成套开关设备和控制设备，应该认为分析能够充分证明抗震性能。

4.2 初步分析

4.2.1 代表性试品的选择

由于适用的试验设施方面的实际原因，开关设备和控制设备可要求确定和选择不同的、足以能够代表整个装置的试品来进行结构和功能检查。

这些试品应包括带有相关的操动机构和控制设备的开关装置以及它们的电气和机械接口。

推荐：

——试验通用元件；

——通过附录 A 中的试验来确定试品的动态特性(固有频率和阻尼比)。

4.2.2 试品的数学模型

在变电站设计特征技术资料的基础上，应建立试品的三维模型。该模型应考虑到实际的隔室和支撑构架，并在所研究的频率范围内描述试品的动态性能时具有足够的灵敏度。

5 抗震水平

抗震水平从表 1 中选取。

表 1 开关设备和控制设备的抗震性能水平——水平方向加速度

抗震水平	要求的响应频谱(RRS)	零周期加速度(ZPA) m/s^2
AG5	图 1	5
AG3	图 2	3
AG2	图 3	2

对于垂直方向抗震水平，方向系数为水平方向的 0.5(见 GB/T 2424.25)。

注：关于抗震性能水平和不同地震等级之间相关的资料在 GB/T 2424.25 中给出。

所选择的抗震性能水平应与设施的安装地点地震时最大地面运动相一致。这一水平对应于 S2 级地震(参见 GB/T 2424.25)。

6 试验验证

6.1 概述

试品的验证试验程序应符合 GB/T 2424.25。

应在 4.2.1 规定的具有代表性的试品上进行验证。

如果辅助和控制设备安装在单独的构架上，可以单独进行验证。

如果试品不能在自身的构架上进行试验(例如，由于尺寸)，应通过分析确定构架的动态作用，并在试验中予以考虑。

除非振动响应研究表明在分闸位置更严酷，一般开关设备及其成套装置应在合闸位置进行试验。

该验证：

——当试品所有极都安装在同一构架上时，在完整的试品上进行；

——当试品具有三个独立极时，在一极上进行；

——当单个构架上有多个断开极时，用其断开单元在一列上进行。

6.2 安装

试品应按运行条件进行安装，包括减震器(如果有)。

试品的水平方向应是沿着激励力作用的两个互相垂直的方向。

任何仅用于试验的固定和连接设施不应影响试品的动态性能。

试品的安装方法应予以文件化记录，且应包含所有固定和连接设施的说明(见 GB/T 2423.43)。

6.3 外部负载

一般情况下，地震试验时难以模拟运行中的电气和环境载荷。考虑到试验室的安全要求，这种情况也适用于试品的内部压力。

注：关于地震和运行载荷的组合见 8.1。

地震试验期间，不应操作试品；控制和辅助回路必须通电以监视继电器的任何振颤，但不应导致开关装置动作。

6.4 测量

应按 GB/T 2424.25 进行测量并包括：

——在可能出现的最大的形变和显著相对位移处元件的振动行程；

——关键部件(如：套管、法兰、外壳和支撑构件)上的应变。

6.5 频率范围

频率范围应在 0.5 Hz～35 Hz。

6.6 试验加速度

试验加速度应按第 5 章选取。

对于不同的抗震水平，图 1 到图 3 中给出了推荐的要求的响应频谱。该曲线与开关设备和控制设备 2%、5%、10%和 20%以及更大的阻尼比相关。

其余的阻尼比值的频谱可以通过线性插值获得。

时程试验法是优选的方法，由于它更贴切地模拟了实际的运行条件，尤其是在试品的性能为非线性的情况下。该试验方法应符合 GB/T 2423.48。

6.6.1 正弦拍波激励的参数

试验频率应以 1/2 倍频程覆盖 6.5 规定的频率范围。对每一试验频率，应施加五个周期的五个正弦拍波。

6.6.2 时程激励的参数

时程激励波的总的持续时间应为大约 30 s，其中强震波部分不应小于 6 s。强震波部分是时程曲线具有最大加速度的部分。

6.7 试验

6.7.1 试验方向

试验方向应按 GB/T 2424.25 的规定选取。

在某些情况下，垂直加速度的作用产生的应力很小，垂直方向的激励不必施加。

6.7.2 试验顺序

试验顺序如下：

——试验前的功能检查；

——振动响应检查试验(要求确定和/或分析试品的固有频率和阻尼比)；

——抗震性能试验；

——试验后的功能检查。

6.7.2.1 功能检查

试验前后，在额定电源电压和操作压力下应记录或计算(适用时)下述动作特性、状态或整定值：

——合闸时间；

——分闸时间；

——一极中各单元之间的时间差；

——极间的时间差(如果多极被试)；

——气体和/或液体的密封性(适用时)；

——主回路电阻测量；

——额定电压下辅助和控制回路的电气连续性检查；

——制造厂规定的其他重要特性或整定值。

6.7.2.2 振动响应检查试验

振动响应检查试验应在 6.5 规定的频率范围内按 GB/T 2424.25 的规定进行。

6.7.2.3 抗震性能试验

根据试验设施，通过施加 GB/T 2424.25 附录中的流程图所规定的试验程序之一进行试验。

试验应在从第 5 章选取的抗震水平下进行一次。

地震试验期间，应记录下列参数：

——试验时的水平和垂直加速度；

——关键元件(如：套管、法兰、外壳和支撑件等)的应力和应变；

——可能出现显著位移处的部件的偏移；

——主回路的电气连续性(如果适用)；

——在额定电压下辅助和控制回路的电气连续性。

7 试验和分析综合验证

7.1 概述

该方法可用于：

——验证仅靠试验无法验证其抗震性能的成套开关设备和控制设备(如：因为其尺寸和/或复杂性)；

——验证已经在不同的地震条件下试验过的开关设备和控制设备；

——验证与经过试验的开关设备和控制设备类似的、但包括影响动态特性的改动(如：装置布置方式的变化，或者元件质量的变化)的开关设备和控制设备；

——验证那些振动及性能数据已知的开关设备和控制设备。

7.2 振动和性能数据

通过下述试验之一可获得用于分析的振动方面的数据(固有频率、阻尼比和关键部件的应力)：

a) 类似试品的动态试验；

b) 降低试验水平时的动态试验；

c) 通过其他试验，如自由振动试验或低水平激励试验(见附录 A)确定固有频率及阻尼比。

性能数据可从与之类似的试品上进行的试验来获得。

7.3 数值分析

一般程序为：

a) 为了评估动态性能，利用 7.2 所述的试验数据建立开关设备和控制设备的数学模型。考虑到开关设备和控制设备的模块化特性，只要正确使用并考虑到不同模块之间的结构差异，完成和校正过的试品的数学模型可以扩展到整个变电站。

b) 考虑到在附录 A 的试验期间试品的动态响应的非线性来校正数学模型。

c) 在6.5规定的频率范围内，使用下述条款中所述的任一方法确定其响应。但是，如果正确，也可以使用其他方法。

最终的抗震分析应是假设高压开关设备和控制设备固定在地面上的状况下进行，即高压开关设备和控制设备固定点之间没有地面移动。

7.3.1 加速度时程数值分析

如果采用时程数值分析作抗震分析，地面运动加速度时程应满足要求的响应频谱(RRS)(见表1)。根据问题的复杂程度，通常采用两种叠加方法：

a) 分别计算由于地震运动产生的三个分量(水平面方向的 X 和 Y，以及垂直方向的 Z)中的最大响应。每个水平方向分量和垂直方向分量的综合效应是这两者平方和的平方根，即 $(x^2+z^2)^{1/2}$ 和 $(y^2+z^2)^{1/2}$。用两值中的较大者计算开关设备和控制设备的响应。

b) 先同时计算一个水平方向分量和垂直方向分量(X 和 Z)，然后计算另一个水平方向分量和垂直方向分量(Y 和 Z)。这就是说每一时间步长计算之后，所有的值(如力、应力)是代数和。用两个值中的较大者计算开关设备和控制设备的响应。

7.3.2 利用要求的响应频谱(RRS)的模型分析

当采用响应频谱法分析抗震性能时，应力叠加的过程描述如下：在与开关设备和控制设备主轴正交的坐标系中，X、Y 为两个相互垂直的水平方向，Z 代表垂直方向。用平方和的平方根法计算开关设备和控制设备在 X、Y、Z 三个方向的每一个方向在不同模态频率作用下的应力，对计算的应力叠加得到开关设备和控制设备该方向的应力最大值。X 和 Z 方向(或 Y 和 Z 方向)的最大值以平方和的平方根来叠加。这两种情况(X、Z)和(Y、Z)中的较大者就是开关设备和控制设备的计算系数。

7.3.3 静态系数分析

这种方法适用于刚性设备(设备最低的共振频率大于35 Hz)。作为一种替代的分析方法，它也适用于柔性设备。这种方法采用了一种更加保守、更加简单的计算技术。不需确定固有频率，但是，把开关设备和控制设备的响应频谱假设为阻尼比取值趋于保守且恰当的基础上的要求的响应频谱的峰值。然后，该响应应乘以静态系数1.5，该静态系数是在考虑了多频激励和多方式响应的影响后根据经验确定的。如果能证明其结果过于保守，可以采用较低的静态系数。

作用于高压开关设备和控制设备每一部件的地震力由该部件重心处集中质量和加速度的乘积求得。

得出的地震力应与质量分布成正比例分布。

然后按照8.1的规定完成应力分析。

8 抗震性能的评估

8.1 应力的组合

试验或分析确定的地震应力应与其他运行载荷组合后作为确定开关设备和控制设备总的承载能力。

在开关设备和控制设备的寿命期内出现所推荐的抗震性能水平的地震概率是很小的。在自然地震中，仅当开关设备和控制设备在其临界频率下以最大加速度被激励时，才会出现最大的地震载荷。由于此过程仅持续几秒钟，所以，如果以最大的电气负荷和运行环境载荷来组合会使得应力组合不切实际且过于保守。

除非另有规定，认为可以出现以下附加载荷：

——内部压力(适用时)；

——静态端子负荷；

注：对于高压交流断路器、高压交流隔离开关和接地开关分别见GB 1984、GB 1985中给出的数值。考虑到户外产品连接导体上的风速仅为10 m/s，其户外产品静态端子负荷应为0.7倍规定值。

——户外开关设备和控制设备上的风负荷(风速为 10 m/s)。

这些载荷的组合应受到静态分析的影响,采用在其出现方向上的力。

8.2 地震试验的认可判据

地震模拟波应产生覆盖要求的响应频谱(在相同的阻尼比下计算的)的试验响应频谱,其加速度峰值应等于或大于零周期加速度(ZPA)。地震试验认可判据的细节在 GB/T 2423.48 中给出。

8.3 试验结果的性能评价

正常情况下,性能的评价仅通过动态试验获得。还可以通过试验和分析综合外推这些结论来得到认可。特别是:

a) 抗震试验期间,主触头应保持在其合闸或分闸位置;

b) 继电器的振颤不应导致开关设备和控制设备的动作;

c) 继电器的振颤不应提供开关设备和控制设备错误的状态信号(位置、报警信号);

注:正常情况下,如果继电器的振颤时间小于 5 ms,则认为是可以接受的。

d) 如果开关设备和控制设备的整体性能不受影响,则认为可以重新设定监测装置;

e) 在试验顺序结束后,功能检查的记录不应与初始状态的记录有显著变化(见 6.7.2.1);

f) 设备和设备支撑构架上不应出现降低设备功能的裂纹和翘曲。

8.4 允许应力

机械和电气设备以及其支撑构架的设计的抗震验证应在许用应力的基础上完成。

根据 8.1 中规定的负载组合,用具有经过核实屈服点的材料制成的元件的总的应力不应超过该材料屈服强度的 90%。

对于套管,总应力不应超过材料破坏应力的 50%。

对于设备或支撑构架中的焊接结构,总的应力不应超过屈服强度的 100%。

最终的地震分析应在假定开关设备和控制设备安装在固定的地面上的情况下进行。

注:如果分析得来的最终数据说明相对于允许极限值的安全裕度太小,则可在考虑了地面对变电站的动态特性的影响后进行附加的分析。

9 文件

9.1 抗震性能试验的资料

无论对开关设备和控制设备采用试验或分析均需要以下资料:

a) 抗震水平(见第 5 章);

b) 结构和安装的详细资料(见 6.1 和 6.2);

c) 试验轴的数目及相对位置(见 6.2)。

9.2 试验报告

试验报告应包括:

a) 开关设备和控制设备的确认文件,包括结构和安装的详细资料;

b) 抗震性能试验的资料;

c) 试验设备:

  1) 位置;

  2) 试验设备的说明和校定;

d) 试验方法及程序;

e) 包含性能数据的试验数据(见 6.7.2.1 和 7.2);

f) 结果和结论;

g) 批准签字及日期。

9.3 分析报告

作为性能评价证据的分析应分步列出。

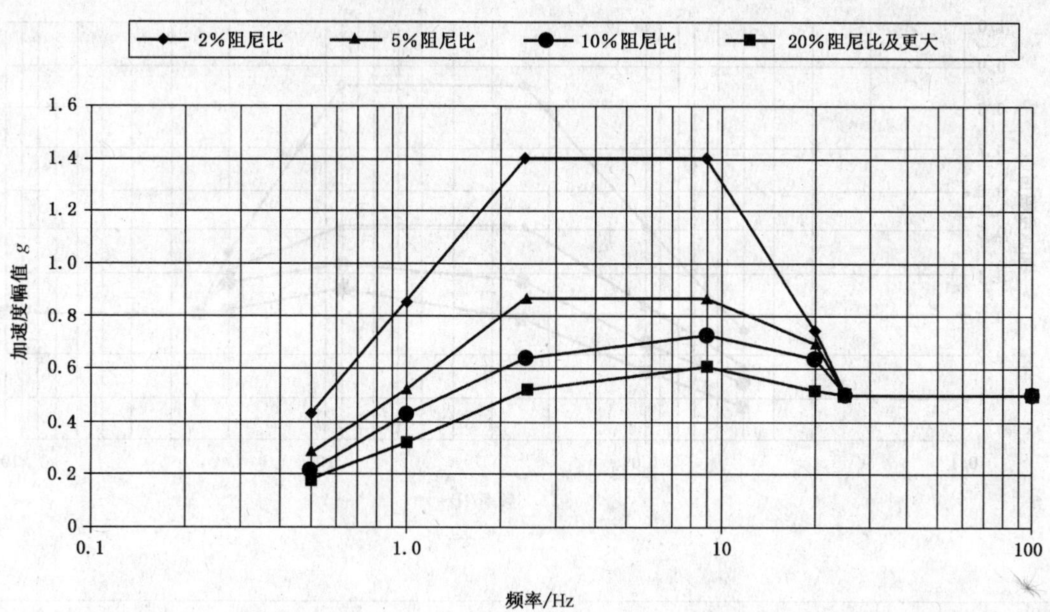

<table>
<tr><td rowspan="2">频率
Hz</td><td colspan="4">加速度幅值/(m/s²)</td></tr>
<tr><td>阻尼比
2%</td><td>阻尼比
5%</td><td>阻尼比
10%</td><td>阻尼比
20%及更大</td></tr>
<tr><td>0.5</td><td>4.3</td><td>2.9</td><td>2.1</td><td>1.8</td></tr>
<tr><td>1.0</td><td>8.5</td><td>5.2</td><td>4.3</td><td>3.2</td></tr>
<tr><td>2.4</td><td>14.0</td><td>8.7</td><td>6.4</td><td>5.2</td></tr>
<tr><td>9.0</td><td>14.0</td><td>8.7</td><td>7.3</td><td>6.1</td></tr>
<tr><td>20.0</td><td>7.5</td><td>7.0</td><td>6.4</td><td>5.2</td></tr>
<tr><td>≥25.0</td><td>5.0</td><td>5.0</td><td>5.0</td><td>5.0</td></tr>
</table>

注 1：根据 GB/T 2424.25，g 的数值应圆整到最后的整数，即 10 m/s²。

注 2：按照 GB/T 2423.48，RRS 表示生成的波形为推荐的形状。

图 1 地面安装的开关设备和控制设备的 RRS——水平方向地面加速度：AG5：ZPA＝5 m/s²(0.5g)

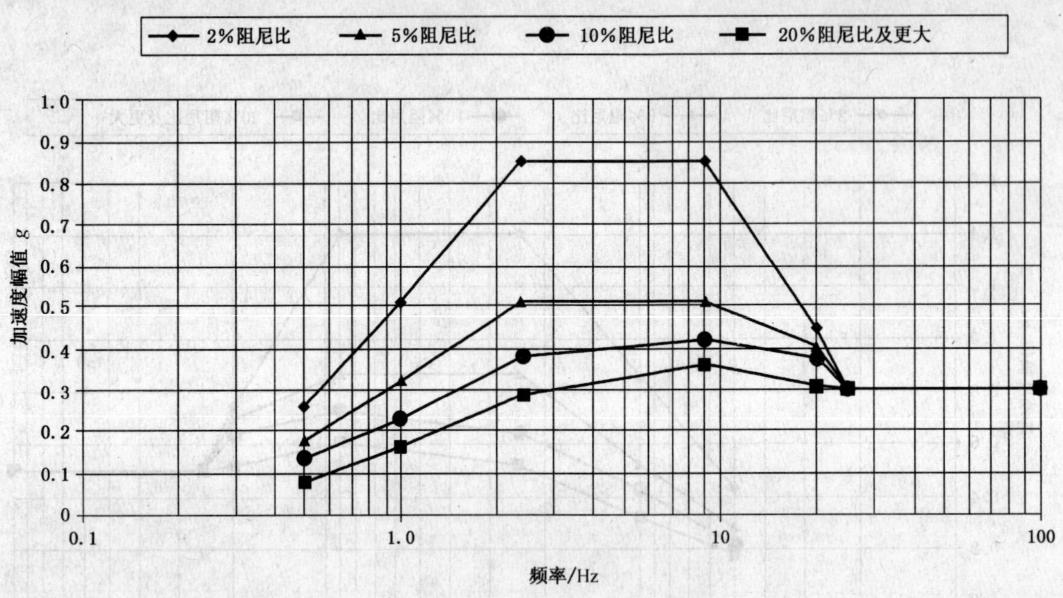

频率 Hz	加速度幅值/(m/s²)			
	阻尼比 2%	阻尼比 5%	阻尼比 10%	阻尼比 20%及更大
0.5	2.6	1.8	1.4	0.8
1.0	5.1	3.2	2.3	1.6
2.4	8.5	5.1	3.8	2.9
9.0	8.5	5.1	4.2	3.6
20.0	4.5	4.1	3.8	3.1
≥25.0	3.0	3.0	3.0	3.0

注 1：根据 GB/T 2424.25，g 的数值应圆整到最后的整数，即 10 m/s^2。

注 2：按照 GB/T 2423.48，RRS 表示生成的波形为推荐的形状。

图 2　地面安装的开关设备和控制设备的 RRS——水平方向地面加速度：AG3：ZPA＝3 m/s^2(0.3g)

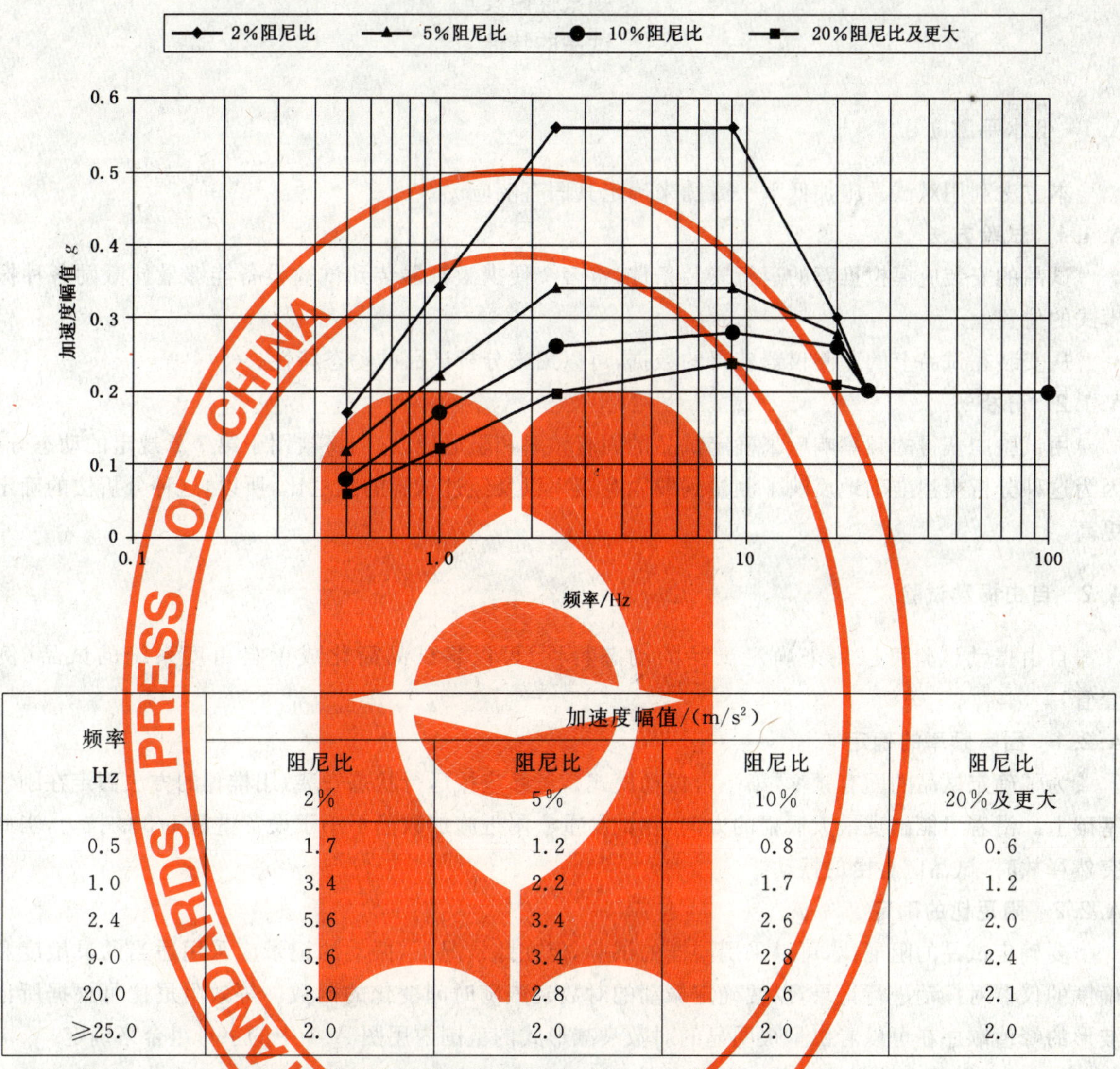

频率 Hz	加速度幅值/(m/s^2)			
	阻尼比 2%	阻尼比 5%	阻尼比 10%	阻尼比 20%及更大
0.5	1.7	1.2	0.8	0.6
1.0	3.4	2.2	1.7	1.2
2.4	5.6	3.4	2.6	2.0
9.0	5.6	3.4	2.8	2.4
20.0	3.0	2.8	2.6	2.1
≥25.0	2.0	2.0	2.0	2.0

注1：根据 GB/T 2424.25，g 的数值应圆整到最后的整数，即 10 m/s^2。

注2：按照 GB/T 2423.48，RRS 表示生成的波形为推荐的形状。

图3 地面安装的开关设备和控制设备的 RRS——水平方向地面加速度：AG2：ZPA＝2 m/s^2(0.2g)

附　录　A
（规范性附录）
试品的特性

A.1　低水平激励

本方法利用对试品施加低水平激励来确定其固有响应。

A.1.1　试验方法

试品的安装应模拟推荐的运行安装条件，将多个便携激励器装到试验设备能够最佳激励各种振动模式的位置上。

从安装在试品上的监测仪器获得的数据，可以用来分析试品的动态特性。

A.1.2　分析

用试验中获得的频率响应来确定试品的固有频率和阻尼比，它们将被用于第7章规定的动态分析。因为这种分析模型准确地反映了测量到的固有频率以及经过试验的阻尼比，所以，这种分析法的确定度更高。

A.2　自由振动试验

自由振动试验可以用来确定试品的动态特性，可以将试品简化成单自由度系统的试品（例如套管）。

A.2.1　固有频率的确定

为了确定试品的固有频率（第一阶振动模式），试品应按运行状态安装，用推荐的方法固定在刚性的基础上。沿着可能出现最大振幅的方向，在试品重心附近施加数值不小于设备重量1/3的拉力，当此力突然释放时，试品应自由的振动。

A.2.2　阻尼比的确定

要确定试品的阻尼比，可以采用同样的试验，但在此情况下，振动的记录应采用适当的灵敏度和准确度的仪器对振动进行记录，以便确定振动的对数衰减随时间变化的函数。等效阻尼比可根据所记录波形的峰值顺序在可以看出呈很明显的对数衰减形式的范围内用图A.1中的字母组合来确定。

A.2.3　确定固有频率和阻尼比时的特殊情况

试品由若干个对振动敏感的不同部件组成，进行A.2.1和A.2.2中的试验时，在这几个部件的每一个的重心周围施加拉力，使其振动，如果要探测这种布置下的所有振动模式，则应同时记录这些相应于最大振幅的点的振动。在这种情况下，可能某一个部件振动的记录受到频率比较接近的其他部件振动的影响，此时应参照图A.1的上部的简图来确定。

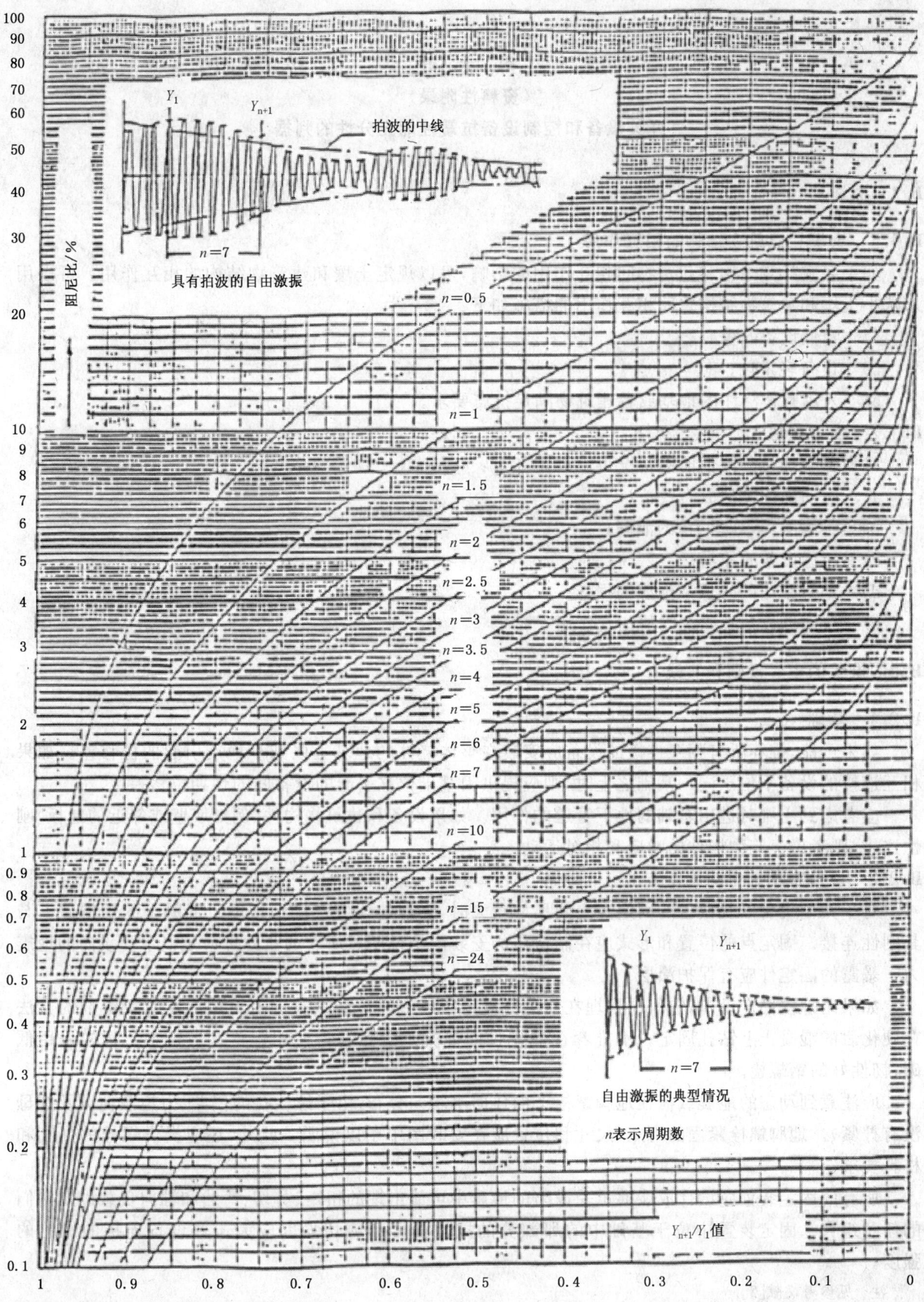

图 A.1 确定阻尼比的图表

附 录 B
（资料性附录）
开关设备和控制设备抗震性能充分性的判据

B.1 概述

B.1.1 土壤和建筑物结构的相互作用

如果要求计算土壤和建筑物间相互作用的影响，可以规定土壤和建筑物结构的相互作用。可以用来减小土壤和建筑物结构之间相互作用的措施如下：

a) 降低设备的重心；

b) 设备轻量化；

c) 采用整体浇注的地基或者建筑物满足抗震要求。

B.1.2 位移限值

对设备施加位移限值时的情况可以规定如下：

a) 运动部件排列成直线；

b) 绝缘气体（如果有）的泄漏；

c) 邻近设备的冲击；

d) 绝缘距离的降低和绝缘的损坏；

e) 与邻近设备基础之间的相互作用。

B.2 推荐的安装规则和实践

B.2.1 基础

如果可能，推荐所有相互连接的设备应安装在整体浇注的地基上以减小地震引起的位移差。如果相互连接的设备不位于同一基础之上时，则应提供因基础位移引起的设备间的预期位移差。

应考虑到土壤对进出基础的地下管道的作用。如果设备和建筑物构件（例如墙壁或邻近的地板）刚性连接，则考虑建筑物构件的响应和相对运动。

B.2.2 设备在基础上的固定方法

对于大型设备以及设备的固定点之间尺寸较大时，强烈建议应连接到预埋于混凝土的钢构件上与其刚性连接。固定点的位置和形式应在制造厂的安装图中说明。所有的紧固件应足以承受设防的地震力。暴露的固定件应有保护涂层。

如果用螺栓固定设备，它们应预埋在新的混凝土中或者通过经试验证明可用的化学铰链剂的方法在硬化后的混凝土上钻孔固定。不推荐在硬化过的混凝土上钻孔后使用螺栓和铰链剂。优先采用低碳、韧性好的钢螺栓。

应注意到动态的地震载荷在地脚螺栓上的任何不均匀分布（由于螺栓孔的偏差、力矩载荷以及螺母没有拧紧）。地脚螺栓紧固的力矩、尺寸和位置应在安装图中予以说明。此外，还应提供螺栓的强度和材料要求。

所有的固定装置应设计成能够承受设防的地震中可能出现的扭矩、剪切、弯曲和轴向负载以及它们的任意组合。固定装置中位于基础中的那部分的抗拉强度和剪切强度应大于和设备连接的螺栓的强度。

注：见参考文献[2]。

B.2.3 与邻近设备的连接

结构件之间的所有内部连接应足以承受所有大的相对位移。

在结构和动态特性上不相似的结构件可能会有大的相对位移。导向件和内部连接应足够长并具有弹性以允许这些位移而不损坏。尤其应注意脆性的非韧性的部件，例如瓷套管和绝缘子。无论如何，电气和结构的连接的突然硬化不应导致增加位移和力。此类非线性特性会产生大的冲击力。作为用来实现设备间连接的结果，应注意设备动态特性最终的变化。

B.2.4　对开关设备的结构件采用加强筋

增加设备的刚性可以提高某些设备的固有频率，使其超出地震波的典型频率范围。对角的横向加强筋和轴向承载元件可以用来加强设备和增加设备的刚性。如果采用了加强筋，应特别注意下述方面：

a)　在整个结构中推荐采用螺栓连接以增加在较大的力的情况下的有效阻尼；

b)　应对所有螺栓提供关于要求力矩的资料以保证开关设备和控制设备的动态特性和预期的一样；

c)　如果结构件的一部分是由用户提供的，则制造厂或用户、或者他们两者应提供必要的资料以便动态和静态特性以及基础要求能够容易地确定。

应考虑到下述关于加强筋的基本要求：

——加强筋应远远硬于结构件，使得加强有效；

——加强筋不应翘曲或表现出明显的非线性。尤其是在任何条件下应避免突然硬化；

——经过指定的地震试验后，只要不降低开关设备和控制设备的正常功能，加强筋的永久变形是可以接受的。

附 录 C
（资料性附录）
抗震验证报告

本附录的目的是提供一个抗震验证报告的例子。

C.1 封面示例

报告编号：

抗震分析验证报告

抗震水平：GB/T 13540—2009 的 AGx(0，×g)
产品型号名称：______
额定电压：______
产品制造单位：______

结论：兹证明(产品型号及名称)已经根据(依据标准代号及名称)通过了试验，在零周期加速度为×g 时具有下列安全系数：

编制：(签字及日期)
校核：(签字及日期)
签发：(签字及日期)

（验证单位公章）

C.2 抗震分析验证报告的内容示例

下列给出的例子适用于通过计算分析地震的内容。

C.2.1 概述

a） 产品的类型
  1） 结构方面的考虑，如产品的位置(见 6.1)，带或是不带辅助的控制柜等；
  2） 负载情况的考虑，设计压力、净重、端子静态负载、风及地震；
  3） 使用的地震响应频谱。
b） 试验(如果有，如阻尼试验，或元件试验)；
c） 为通过分析而要求的修改(如果有)；
d） 铭牌的详细内容。

C.2.2 产品数据

a） 总尺寸及重量；
b） 固有频率，如果采用动态分析；
c） 阻尼比，如果采用动态分析或是采用附录 A；
d） 固定处的情况，包括大小、位置及结构件、螺栓、焊接处及金属板的材料强度；

e） 材料特性。

C.2.3 分析方法

a） 分析方法；

b） 使用的计算机程序名称(如果有)；

c） 对产品和支撑结构建模型时所做的假设。

C.2.4 结果

a） 最大位移和应力的位置和数值；

b） 安全系数；

c） 在固定点(地脚螺栓)上产品及构架的地震负载,包括幅值和方向。

C.3 抗震试验验证报告的内容示例

如果抗震要求通过试验来完成,推荐下列内容。

a） 产品的型号

1） 结构方面的考虑,如产品的位置(见6.1),带或是不带辅助的控制柜等；

2） 负载情况的考虑,设计压力、净重、端子静态负载、风及地震；

3） 使用的地震响应频谱。

b） 试验(如果有,如阻尼试验,或元件试验)；

c） 为通过试验而要求的修改(如果有)；

d） 铭牌的详细内容。

C.3.1 设备数据

a） 总尺寸及重量；

b） 固有频率,如果采用动态分析；

c） 阻尼比,如果采用动态分析或是采用附录A；

d） 固定处的情况,包括大小、位置及结构件、螺栓、焊接处及金属板的材料强度；

e） 材料特性。

C.3.2 试验方法

a） 试验设备的描述(震动表)；

b） 试验方法的描述；

c） 测量点和测量仪器的描述；

d） 在校准期间获得的形变计的微小变形及弯曲度等值表；

e） 通过正弦扫描试验获得的固有频率和阻尼列表；

f） 试验响应频谱和所要求的响应频谱之间的比较；

g） 输入时程。

C.3.3 结果

最大加速度和应力的位置和数值。

参 考 文 献

[1] IEEE C37.122,1993,IEEE Standard for gas—Insulated substations

[2] IEEE 693,1997,IEEE Recommended practices for seismic design of substations

ICS 29.035.99
K 15

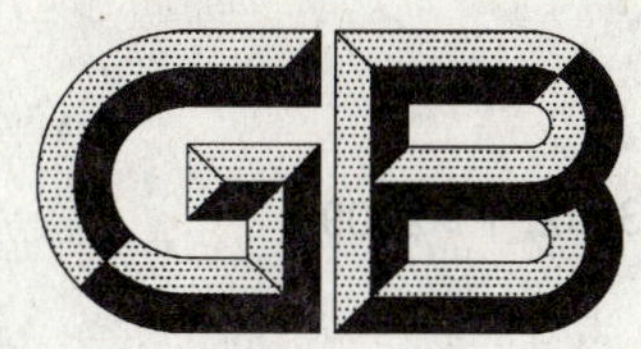

中华人民共和国国家标准

GB/T 13542.1—2009
代替 GB/T 13542—1992

电气绝缘用薄膜
第1部分：定义和一般要求

Film for electrical insulation—
Part 1: Definitions and general requirements

(IEC 60674-1:1980, Specification for plastic films for electrical purposes—Part 1: Definitions and general requirements, MOD)

2009-06-10 发布　　　　2009-12-01 实施

中华人民共和国国家质量监督检验检疫总局
中国国家标准化管理委员会　发布

前　言

GB/T 13542《电气绝缘用薄膜》分为以下几个部分：

——第1部分：定义和一般要求；

——第2部分：试验方法；

——第3部分：电容器用双轴定向聚丙烯薄膜；

——第4部分：聚酯薄膜；

……。

本部分为GB/T 13542的第1部分。

本部分修改采用IEC 60674-1：1980《电气用塑料薄膜　第1部分：定义和一般要求》(英文版)。

本部分与IEC 60674-1的主要技术差异如下：

1）　增加了"规范性引用文件"章；

2）　增加了"检验规则"章。

本部分代替GB/T 13542—1992《电气用塑料薄膜一般要求》。

本部分与GB/T 13542—1992相比主要差异如下：

1）　将"引用标准"改为"规范性引用文件"；

2）　定义3.1.1中"偏斜"改为"偏移/弧形"。

本部分由中国电器工业协会提出。

本部分由全国绝缘材料标准化技术委员会(SAC/TC 51)归口。

本部分起草单位：桂林电器科学研究所、东材科技集团股份有限公司。

本部分主要起草人：王先锋、赵平。

本部分所代替标准的历次版本发布情况为：

——GB/T 13542—1992。

电气绝缘用薄膜
第1部分:定义和一般要求

1 范围

GB/T 13542的本部分规定了电气绝缘用薄膜的定义、一般要求、尺寸、检验规则和标志、包装、运输和贮存。

本部分适用于电气绝缘用薄膜。

2 规范性引用文件

下列文件中的条款通过GB/T 13542的本部分的引用而成为本部分的条款。凡是注日期的引用文件,其随后所有的修改单(不包括勘误的内容)或修订版均不适用于本部分,然而,鼓励根据本部分达成协议的各方研究是否可使用这些文件的最新版本。凡是不注日期的引用文件,其最新版本适用于本部分。

GB/T 13542.2—2009 电气绝缘用薄膜 第2部分:试验方法(IEC 60674-2:1988,MOD)

3 术语和定义

下列术语和定义适用于本部分。

3.1

卷绕性 windability

薄膜的卷绕性用于评定成卷薄膜的变形情况,可由偏移/弧形和凹陷两方面衡量。

3.1.1

偏移/弧形 bias-camber

当薄膜平整地打开时,其边缘不呈直线(偏移或弧形)。

3.1.2

凹陷 sag

当一段薄膜由两个呈水平位置的平行辊支撑并承受一定张力的情况下,其中有部分薄膜会低于总的水平面。

3.2

脱筒 telescoping

薄膜卷由于卷绕不紧密,薄膜卷中的一部分对于其他部分发生的轴向移动称为脱筒。

4 一般要求

4.1 外观

薄膜成卷供应,薄膜表面应平整光洁,不应有折皱、撕裂、颗粒、气泡、针孔和外来杂质等缺陷。

4.2 膜卷

膜卷的外径由供需双方协商,膜卷应基本为圆柱形。薄膜应紧密卷绕在管芯上,以防在运输和以后正常使用时出现脱筒。

膜卷应容易开卷,不应有不利于开卷和应用的厚边。除非在产品标准中另有规定,否则,膜卷的端面应平整且垂直于管芯;端面上任何一处不应超出其主平面±2 mm。

4.3 接头

每卷膜接头数应符合产品标准的要求，接头处应能承受以后应用时受到的机械应力和热应力，接头应不妨碍薄膜开卷，并应有明显的标志。

接头耐热性或耐溶剂性等特殊要求应由供需双方协商。

4.4 管芯

薄膜应卷在圆形管芯上，管芯在卷绕拉伸下应不掉屑、坍塌或歪扭，也不应损坏薄膜或使其性能降低。管芯的所有性能和尺寸及其偏差由供需双方协商，管芯的优选内径为 76 mm 和 152 mm，管芯可以伸出膜卷的端部，或者与端部平齐。

5 尺寸

5.1 厚度

按 GB/T 13542.2—2009 第 4 章所述的方法测定厚度，除非在产品标准中另有规定，且测得的厚度应在标称值±10%范围内。

5.2 宽度

宽度应在产品标准中规定，按 GB/T 13542.2—2009 第 6 章规定的方法测定的宽度，除非产品标准另有规定，其允许偏差应符合表 1 的规定。

表 1 薄膜宽度

单位为毫米

宽　度	偏　差
≤50	±0.5
＞50～300	±1.0
＞300～450	±2.0
＞450	±4.0

5.3 长度

对长度的要求由产品标准规定。

6 检验规则

6.1 薄膜应进行出厂检验和型式检验。

6.2 型式检验项目为产品标准中技术要求规定的全部项目。每三个月至少进行一次。当原材料变更或工艺条件改变时，也应进行型式检验。

6.3 产品批量、抽样方法和出厂检验项目在产品标准中规定。每批薄膜应进行出厂检验，产品经检验合格才能出厂。制造厂应保证出厂产品符合产品标准中全部技术要求。

6.4 当试验结果中任何一项不符合技术要求时，应在该批薄膜另外二卷中各取一组试样重复该项试验，如仍有一组不符合要求时，该批薄膜为不合格品。

6.5 使用单位可按产品标准的全部或部分项目进行验收检验。预处理条件按 GB/T 13542.2—2009 中 3.2 要求进行。

6.6 使用单位有要求时，制造厂应提供产品检验报告。

7 标志、包装、运输和贮存

7.1 薄膜卷要用防潮纸或塑料薄膜包裹，外层套装塑料袋，并架空支撑放置于包装箱中，使薄膜在通常的贮存和运输条件下得到充分保护而不受损坏和变质。

7.2 每箱薄膜应有明显而牢固的标志：

a) 产品标准号；

b） 产品名称、型号、批号；

c） 厚度、宽度；

d） 毛重和净重；

e） 制造厂名称及出厂日期；

f） 注明“怕湿”、“小心轻放”等字样和图样。

7.3 薄膜应贮存在干燥而洁净的室内。不应靠近火源、暖气或受日光直射。

7.4 贮存期在产品标准中规定。超过贮存期按产品标准检验，合格者仍可使用。

7.5 产品在贮存和运输中应避免受潮和机械损伤。

ICS 29.035.99
K 15

中华人民共和国国家标准

GB/T 13542.2—2009
代替 GB/T 13541—1992

电气绝缘用薄膜 第2部分:试验方法

**Film for electrical insulation—
Part 2:Methods of test**

(IEC 60674-2:1988,Specification for plastic films for electrical purposes—Part 2:Methods of test,MOD)

2009-06-10 发布　　2009-12-01 实施

中华人民共和国国家质量监督检验检疫总局
中国国家标准化管理委员会　发布

前　言

GB/T 13542《电气绝缘用薄膜》分为下列几个部分：

——第1部分：定义和一般要求；

——第2部分：试验方法；

——第3部分：电容器用双轴定向聚丙烯薄膜；

——第4部分：聚酯薄膜；

……。

本部分为GB/T 13542的第2部分。

本部分修改采用IEC 60674-2:1988《电气用塑料薄膜　第2部分：试验方法》及第1次修正(2001)(英文版)。

考虑到我国国情，在采用IEC标准时，本部分做了一些修改。有关技术性差异在它们所涉及的条款的页边空白处用垂直单线标识。

为便于使用，本部分做了下列编辑性修改：

a) 删除了IEC的"前言"和"引言"；增加了"规范性引用文件"；

b) 在机械法测量厚度中增加了叠层法；

c) 在"卷绕性"中将"辊的直径为100 mm±10 mm"改为"辊的直径为100 mm±1 mm"；

d) 规定了"表面粗糙度"的测量方法；

e) 增加了2001年第1次修正补充的"非接触式电极测量"方法(变电容法、变间距法)，并细化了计算公式；

f) 对"模型电容器法"测"介质损耗因数和电容率"进行细化，并增加计算公式；

g) 删除了"浸渍状态下的损耗因数"；

h) 考虑到我国国情，电气强度直流试验中增加了"50点电极法"；

i) 考虑到我国国情，将电弱点试验方法中铝箔电极的厚度由6 μm改为7 μm，另外将施加直流电压由100 V/μm改为产品标准规定的电压值(200 V/μm)；

j) 规定了"熔点"的测量方法；

k) 在燃烧性试验中将"试样距燃烧器顶端9.5 mm"改为"试样距燃烧器顶端10 mm"；

l) 根据我国国情增加了"空隙率"的测量方法。

本部分代替GB/T 13541—1992《电气用塑料薄膜　试验方法》。

本部分与GB/T 13541—1992相比主要变化如下：

a) 部分章节顺序改变；

b) 删除了叠层法测厚度中表1的内容；

c) 厚度测量中增加"用重量法测定卷的平均厚度"及"横向厚度分布和纵向厚度变化"；

d) 规定了"表面粗糙度"的测量方法；

e) 规定了"挺度"的测量方法；

f) 在"介质损耗因数和电容率"试验方法中增加了"变间距法"及"流体排出法"；

g) 在"电气强度直流试验"方法中增加"50点电极法"；

h) 在"熔点"试验方法中增加了"DSC法"。

本部分由中国电器工业协会提出。

本部分由全国绝缘材料标准化技术委员会(SAC/TC 51)归口。

本部分负责起草单位：桂林电器科学研究所。

本部分参加起草单位：东材科技集团股份有限公司、江门润田投资实业有限公司、广东佛塑集团股份有限公司、安徽铜峰电子股份有限公司、浙江南洋科技股份有限公司、溧阳华晶电子材料有限公司、桂林电力电容器有限责任公司、西安交通大学。

本部分起草人：王先锋、李学敏、赵平、柯庆毅、唐晓玲、章晓红、丁邦建、钱时昌、李兆林、曹晓珑。

本部分所代替标准的历次版本发布情况为：

——GB/T 13541—1992。

电气绝缘用薄膜
第2部分:试验方法

1 范围

GB/T 13542 的本部分规定了电气绝缘用薄膜的试验方法。

本部分适用于电气绝缘用薄膜。

2 规范性引用文件

下列文件中的条款通过 GB/T 13542 的本部分的引用而成为本部分的条款。凡是注日期的引用文件,其随后所有的修改单(不包括勘误的内容)或修订版均不适用于本部分,然而,鼓励根据本部分达成协议的各方研究是否可使用这些文件的最新版本。凡是不注日期的引用文件,其最新版本适用于本部分。

GB/T 1033.1—2008 塑料 非泡沫塑料密度的测定 第1部分:浸渍法、液体比重瓶法和滴定法(ISO 1183-1:2004,IDT)

GB/T 1408.1—2006 绝缘材料电气强度试验方法 第1部分:工频下试验(IEC 60243-1:1998)

GB/T 1409—2006 测定电气绝缘材料在工频、音频、高频(包括米波波长在内)下电容率和介质损耗因数的推荐方法(IEC 60250:1969,MOD)

GB/T 1410—2006 固体绝缘材料体积电阻率和表面电阻率试验方法(IEC 60093:1980,IDT)

GB/T 7196—1987 用液体萃取测定电气绝缘材料离子杂质的试验方法(eqv IEC 60589:1977)

GB/T 10006—1988 塑料薄膜和薄片摩擦系数测定方法(idt ISO 8295:1986)

GB/T 10580—2003 固体绝缘材料试验前和试验时采用的标准条件(IEC 60212:1971,IDT)

GB/T 10582—2008 电气绝缘材料 测定因绝缘材料引起的电解腐蚀的试验方法(IEC 60426:2007,IDT)

GB/T 11026.1—2003 电气绝缘材料 耐热性 第1部分:老化程序和试验结果的评定(IEC 60216-1:2001,IDT)

GB/T 11026.2—2000 确定电气绝缘材料耐热性的导则 第2部分:试验判断标准的选择(idt IEC 60216-2:1990)

GB/T 11026.3—2006 电气绝缘材料耐热性 第3部分:计算耐热性特征参数的规程(IEC 60216-3:2002,IDT)

GB/T 11026.4—1999 确定电气绝缘材料耐热性的导则 第4部分:老化烘箱 单室烘箱(idt IEC 60216-4-1:1990)

GB/T 11999—1989 塑料薄膜和薄片耐撕裂性试验方法 埃莱门多夫法(eqv ISO 6383-2:1983)

JB/T 3282—1999 固体绝缘材料相对耐表面放电击穿性能试验方法(eqv IEC 60343:1991)

IEC 60260:1968 非注入式恒定相对湿度试验箱

IEC 61074:1991 用差示扫描量热法测定电气绝缘材料熔融热、熔点及结晶热、结晶温度的试验方法

ISO 4591:1992 塑料 薄膜和薄板 以重量分析技术(重量分析厚度)测定试样的平均厚度和整卷的平均厚度和量度

ISO 4592:1992 塑料 薄膜和薄板 长度和宽度的测定

ISO 4593:1993 塑料 薄膜和薄板 机械扫描测定厚度

3 取样、预处理条件和试验条件

3.1 取样

从薄膜卷上取样时，应至少先剥去最外三层薄膜，取样时的环境条件同试验条件，并按性能要求进行制样。

3.2 预处理条件

除非产品标准或本部分中个别试验另有规定外，取样前，样品薄膜卷应在 23 ℃±2 ℃，相对湿度 50%±5%的条件下至少放置 24 h，取好的试样应在该条件下处理 1 h。

3.3 试验条件

除非产品标准或本部分中个别试验另有规定外，试验应在温度 23 ℃±2 ℃、相对湿度 50%±5%、环境洁净度不大于 10 000 级的条件下进行。

4 厚度

厚度应按产品标准要求采用下列规定中的一种或几种方法进行测定。

4.1 机械法

4.1.1 单层法

4.1.1.1 原理

根据 ISO 4593:1993，用精密千分尺或立式光学计或其他仪器测量单张试样的厚度。

4.1.1.2 测量仪器

薄膜厚度小于 100 μm 时，用立式光学计或其他合适的测厚仪测量。采用直径为 2 mm 的平面测帽或曲率半径为 25 mm～50 mm 的球面测帽。测量压力为 0.5 N～1 N。薄膜厚度大于或等于 100 μm 时，可用千分尺测量。

仪器精度要求：

薄膜厚度小于 15 μm 时，精度不低于 0.2 μm；

薄膜厚度大于或等于 15 μm 但小于 100 μm 时，精度不低于 1 μm；

薄膜厚度大于或等于 100 μm 时，精度不低于 2 μm。

4.1.1.3 测量

沿样品宽度方向切取三条约 100 mm 宽的薄膜(当膜卷宽度小于 400 mm 时，可适当多取几条)，试样不应有皱折或其他缺陷。

按 ISO 4593:1993 的要求，测量试样的厚度。在试样上等距离共测量 27 点，两测量点间距不少于 50 mm。对未切边的膜卷，测量点应离薄膜边缘 50 mm，对已切边的卷，测量点应离薄膜边缘 2 mm。

4.1.1.4 结果

取 27 个测量值的中值作为试验结果，并报告最大值和最小值。

4.1.2 叠层法

4.1.2.1 测量仪器

千分尺：精度为 1 μm，直径为 6 mm 的平面测帽，测力为 6 N～10 N。

4.1.2.2 测量

薄膜叠层试样的数量为四个，每个叠层试样由 12 层薄膜组成。其制备方法如下：从离膜卷的外表面约 0.5 mm 厚处时切取，并沿薄膜样条的长度方向缠绕于洁净的样板(推荐尺寸为：250 mm×200 mm，其中 200 mm 为板的长度方向尺寸)。在测量之前去掉叠层的最外层和最内层(实际测量十层)，再进行测量。

4.1.2.3 结果

叠层试样测量厚度除以10,得到单层薄膜厚度,取其平均值作为试验结果,并报告最大值和最小值。

4.2 重量法(质量密度法)

4.2.1 原理:按 ISO 4591:1991 中的第1部分,根据测定的质量、面积和密度计算样品的厚度。

4.2.2 测量仪器

分析天平 感量 0.1 mg

钢板尺 分度值 0.5 mm

4.2.3 测量

在薄膜卷上取三片长方形试样,每片质量约 300 mg。用钢板尺测量试样面积,用分析天平测量试样质量。按本部分第5章规定测量试样的密度。

4.2.4 结果

每个测量值的结果按式(1)计算:

$$h = \frac{10\ 000m}{d \cdot s} \qquad \cdots\cdots(1)$$

式中:

h——试样的厚度,单位为微米(μm);

m——试样的质量,单位为克(g);

s——试样的面积,单位为平方厘米(cm^2);

d——试样的实测密度,单位为克每立方厘米(g/cm^3)。

取三个计算值的中值作为试验结果,结果取三位有效数字。

4.3 用重量法测定卷的平均厚度

原理:按 ISO 4591:1991 中的第2部分,根据膜卷的长度、平均宽度和净重以及薄膜的密度计算平均厚度。

4.4 横向厚度分布和纵向厚度变化

待定。

5 密度

按 GB/T 1033.1—2008 的规定。

6 宽度

按 ISO 4592:1992 中第2部分规定测定,沿样品纵向取 5 m,使薄膜处于放松状态 1 h 后,沿纵向等距离测定宽度五次。

记录每一宽度测定值,取中值作为该卷的宽度。

7 卷绕性(偏移/弧形或凹陷)

7.1 原理

用于评定成卷供货的薄膜的变形情况。

薄膜的变形可能有两种形式,它们会影响以后使用时的绕包性。这两种变形是:

a) 偏移/弧形:薄膜平整地展开时,其边缘不呈直线(见图1);

b) 凹陷:薄膜的局部面积因受拉伸,从而会出现低于总平面的凹陷部分(见图2和图3)。

规定两种方法测量变形:

a) 方法A适用于窄的薄膜(小于 150 mm),其变形主要表现为偏移/弧形;

b) 方法B适用于较宽的薄膜(大于或等于150 mm),其变形主要表现为凹陷。

对于很厚的薄膜,由于其变形主要表现为凹陷,因此采用方法A测量。若采用方法B时,因为薄膜的厚度很厚,使其延伸所需的张力过大而难以实现。

7.2 方法A

7.2.1 偏移/弧形的测量

从卷上放出一段薄膜,铺在平面上测量每一边与直线的偏离值(见图1)。

单位为毫米

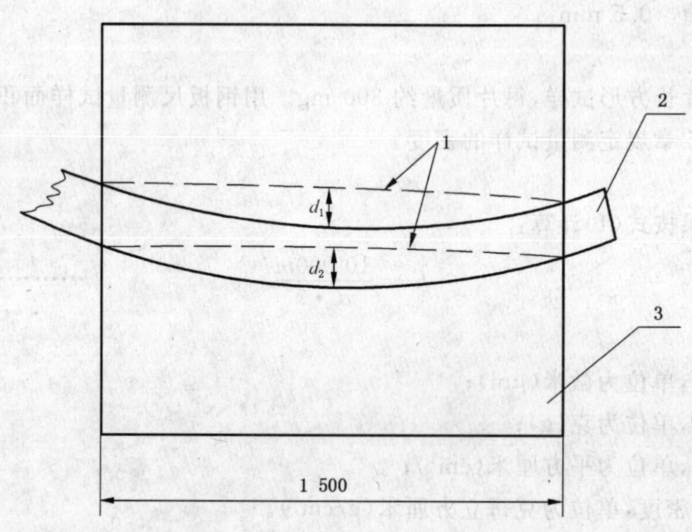

1——直边;
2——试样;
3——试验平台。

图1 卷绕性测定示意图(方法A 偏移/弧形的测量)

7.2.1.1 设备

平整水平台,其宽度大于被试薄膜宽度,长度为1 500 mm±15 mm,两端不平行度不超过0.1°(或1.8 mm每1 m桌宽)。

软刷子;

钢直尺,长度大于1 525 mm;

钢板尺,分度为1 mm,长度为150 mm。

7.2.1.2 试样

剥去膜卷最外三层薄膜。取一段约2 m长的薄膜作为一个试样,共取三个试样。取样时应缓慢放卷其速度约300 mm/s。

7.2.1.3 程序

将薄膜试样按图1所示放置于桌面上。用软刷子从一端起轻压试样,使之与桌面紧密接触,尽可能赶去里面的空气。然后,将钢直尺压在薄膜的一边相距1 500 mm±15 mm的两个点上,用钢板尺测量薄膜该边缘与钢直尺之间的最大距离 d_1。再将钢直尺压在薄膜的另一边相距1 500 mm±15 mm的两个点上,用钢板尺测量薄膜该边缘与钢直尺之间的最大距离 d_2。

用另两个试样重复上述过程。

7.2.1.4 结果

试样的偏移/弧形为 d_1 与 d_2 之和,单位为毫米(mm)。

取三次测定的中值作为试验结果,结果取两位有效数字。

7.2.2 凹陷的测量

从卷上放出一段薄膜,在规定的条件下,垂直放置于二平行辊上,测量与标准垂直直线之间的偏离值(见图 2)。

7.2.2.1 设备

在一个刚性机架上,装有两个平行的、能自由转动的金属辊,每个辊的直径为 100 mm±1 mm,其长度应大于被试薄膜的最大宽度。两辊的轴线应位于同一水平面,且相互间的不平行度不大于 0.1°(即 1.8 mm 每 1 m 辊长),两辊相距 1 500 mm±15 mm。辊面圆柱度为 0.1 mm,表面粗糙度 Ra 为 1.6 μm(见图 2)。机架上设有一个装置,能将被试薄膜卷固定在其中一个金属辊的正下方,使薄膜卷的轴线与上方的金属辊平行(不平行度为 1°以内),且薄膜的横向位置可随意调节,放卷时张力可调。在机架的另一端从第二辊子自由悬挂下来的薄膜上装一重物或弹簧夹,其重量或弹簧力及在薄膜上的位置可调,使薄膜横向承受产品标准中规定均匀的张力。

为了测量沿两辊中间的一条直线薄膜低于两辊平面的距离,需要一把长的钢直尺(长度在 1 525 mm 以上)和刻度为 1 mm 的钢板尺。也可采用其他装置,自动或半自动记录薄膜的位置。

7.2.2.2 试样

剥去膜卷最外三层薄膜。取一段约 2 m 长的薄膜作为一个试样,共取三个试样。取样时应缓慢放卷,其速度约 300 mm/s。

7.2.2.3 程序

将薄膜试样放在设备的两辊子上,把薄膜的自由端夹于张力装置中,调节张力至产品标准中规定值。当薄膜经过第二辊子时要调节薄膜的横向位置,使薄膜在两辊中间近似为水平。

将长钢直尺放在两平行辊上,用钢板尺测量长钢直尺与薄膜最大距离,准确至 1 mm(见图 3),作为该次试验的凹陷值,或用其他合适的装置进行测量。

另用两个试样重复上述过程。

7.2.2.4 结果

取三次测定的中值作为试验结果,并报告另两个值,结果取两位有效数字,单位为毫米(mm)。

单位为毫米

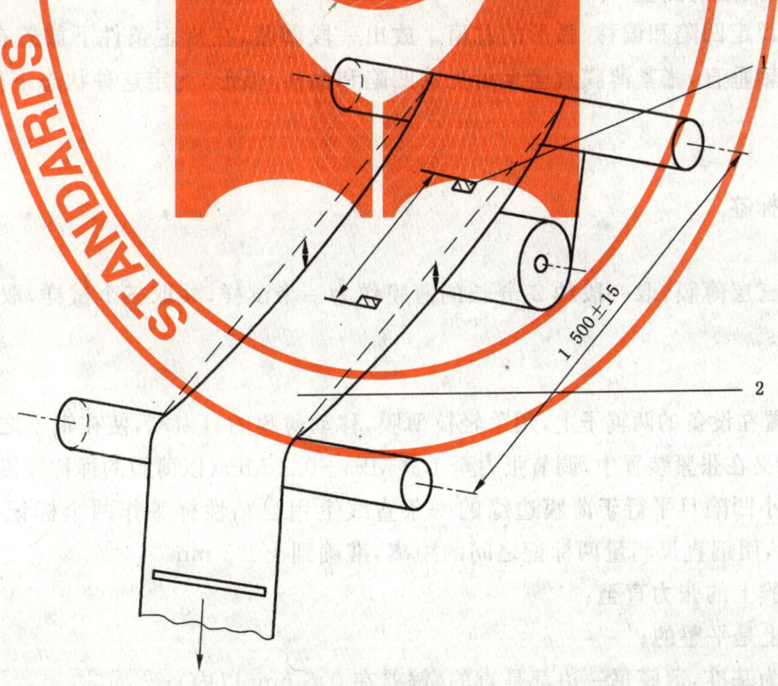

1——标记线;

2——试样。

图 2 卷绕性测定示意图(方法 A 偏移/弧形的测量及方法 B 偏移/弧形、凹陷的测量)

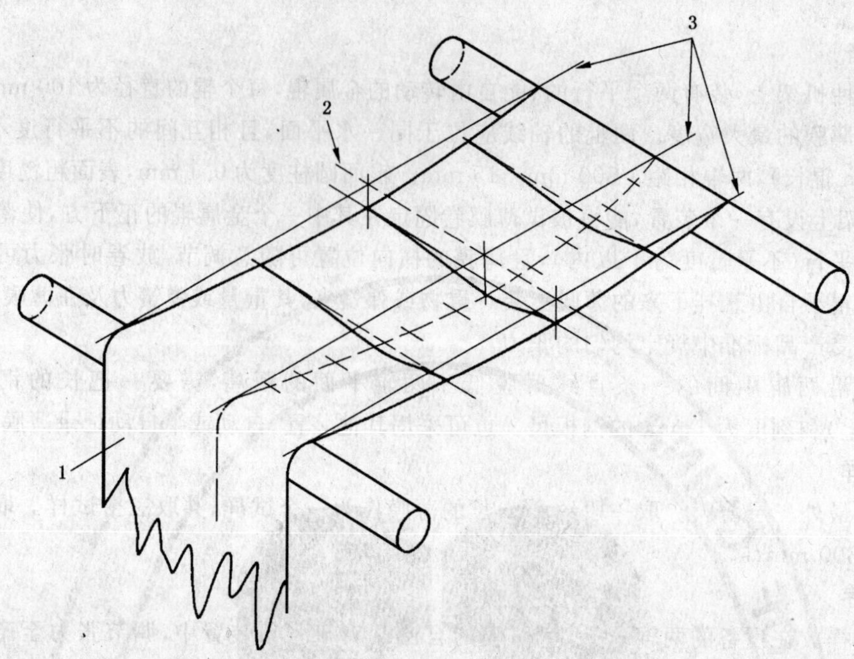

1——伸长范围；
2——测量尺位置；
3——直边位置。

图 3 卷绕性测定示意图(凹陷的测量)

7.3 方法 B

7.3.1 偏移/弧形、凹陷的测量

用一次测量来评定凹陷和偏移/弧形的总值。放出一段薄膜，在规定条件下放置在二个平行辊上，使薄膜的纵向与辊轴垂直，张紧薄膜直至无可见的凹陷和偏移/弧形，测定这种状态下薄膜的伸长。

7.3.2 设备

同 7.2.2.1。

合适的自粘性标签。

7.3.3 试样

剥去膜卷最外三层薄膜，取一段约 2 m 长的薄膜作为一个试样，共取三个试样，取样时应缓慢放卷其速度约 300 mm/s。

7.3.4 程序

将薄膜试样放置在设备的两辊子上，用手轻拉薄膜，移动薄膜的自由端，使在辊子之间的薄膜尽可能地平，然后把自由端夹在张紧装置中，调节张力至 1.0 MPa±0.2 MPa(以薄膜的标称厚度和宽度计算)。

在薄膜出现最小凹陷且平行于薄膜边缘的一条直线上用自粘性标签作两个标记(相距 1 000 mm 和 1 100 mm 之间)，用钢直尺测量两标记之间的距离，准确到±0.5 mm。

增加作用于薄膜上的张力直至：

a) 薄膜基本上是平整的；

b) 以钢直尺为基准，薄膜每一边都是直的(偏差在 0.5 mm 以内)；

c) 以钢直尺为基准，任一点的凹陷不超过 7.5 mm。

用钢直尺测量在此张力下两参考标记之间的距离，以薄膜的伸长占两标记间起始距离的百分数表示。

另用两个试样重复上述过程。

7.3.5 结果

凹陷和偏移/弧形的总值以三次测量值的中值表示，并报告另两个值。

8 表面粗糙度

表面粗糙度按以下规定进行。

8.1 测量原理

薄膜经粗化后，形成微小的凹凸不平的表面，利用仪器的触针(或探头)在薄膜表面上移动，从而测出薄膜的平面粗糙度 Ra。

8.2 试验仪器和用品

a) 能满足薄膜试样的平均粗糙度测试范围及精度要求的表面粗糙度测试仪器的均可使用，仪器误差不大于±10%。

b) 丙酮少许及端部包有脱脂棉花的棉签。

8.3 试样

从样品上纵、横向各取三块试样，其尺寸以能完全覆盖与仪器配套的测试小平面为准。试样表面必须洁净，无损伤、折皱。

8.4 程序

用棉签醮上丙酮清洗仪器的测试平面。将试样放在仪器的测试平面上，试样要完全贴紧平面，无气泡存在。试样的被测面朝向测试触针，读出三块试样纵、横向六个 Ra 的数值。

8.5 结果

薄膜的表面粗糙度以三个试样的六个 Ra 的算术平均值表示，单位为微米(μm)。

9 摩擦系数

按 GB/T 10006—1988 的规定。

10 湿润张力(聚烯烃薄膜)

10.1 原理

表面张力逐渐增加的一系列有机混合液滴，当它们达到一定浓度时，具有对薄膜表面湿润的能力。由于在空气存在下，薄膜与相应的混合液滴相接触的湿润张力是空气-薄膜和薄膜-液体两者界面的表面能的函数，从而在液体试剂或薄膜表面有任何的微量活性杂质会影响测定结果，因此，不应触摸或擦拭被试薄膜表面，所用设备必需干净，试剂应为分析纯。

10.2 设备

长约 150 mm 的棉签；

两个 50 mL 量杯；

贴有标签的 100 mL 带盖瓶。

10.3 试剂

用分析纯甲酰胺($HCONH_2$)和分析纯乙二醇单乙醚($CH_3CH_2\text{-}O\text{-}CH_2CH_2\text{-}OH$)按表 1 中的配比制备混合液。

如有要求，可在表 1 中所列的每种混合液中加入极少量的高着色性染料。所用染料的颜色应能使液滴在聚烯烃薄膜表面清晰可见，而且，染料的化学组份对测量混合液的湿润张力绝无影响。

对混合液的表面张力每周应校核一次，实验室常用的表面张力测定方法均可采用。虽然所列出的混合液相对比较稳定，但还应避免放置在温度高于 30 ℃，相对湿度大于 70%的场合。

注 1：乙二醇单乙醚和甲酰胺均有毒，操作时应适当注意。因甲酰胺直接接触到眼睛特别危险，在配制混合液时，应戴上防护眼镜，应遵守相关安全法。

表 1 测量聚乙烯和聚丙烯薄膜湿润张力时所用的乙二醇单乙醚、甲酰胺混合液的体积分数

甲酰胺体积分数/%	乙二醇单乙醚体积分数/%	湿润张力(mN/m)
0	100.0	30
2.5	97.5	31
10.5	89.5	32
19.5	81.0	33
26.5	73.5	34
35.0	65.0	35
42.5	57.5	36
48.5	51.5	37
54.0	46.0	38
59.0	41.0	39
63.5	36.5	40
67.5	32.5	41
71.5	28.5	42
74.7	25.3	43
78.0	22.0	44
80.3	19.7	45
83.0	17.0	46
87.0	13.0	48
90.7	9.3	50
93.7	6.3	52
96.3	3.7	54
99.0	1.0	56

10.4 试样

剥去薄膜卷最外三层薄膜，沿薄膜整个宽度取样，取样时应不要触摸薄膜试样被试部分的表面。

10.5 程序

用混合液中的一种沾湿棉签的顶部。液量尽可能少，因试剂过多会影响结果。

把液体轻轻洒在试样所选定的部位上约 6.5 cm^2（直径约 25 mm），不要试图去覆盖再大的面积，以免在有效面积液体不足，记下在薄膜上形成连续液面到分裂成液滴所需的时间。如果保持连续液面在 2 s 以上，则换用表面张力更高的混合液进行试验。如果保持连续液面不到 2 s 就分裂成液滴，则用表面张力更低一些的混合液进行试验。当混合液在试样上保持连续液面为 2 s 时，则认为这种混合液湿润了试样。能保持连续液面 2 s 所用混合液的表面张力称为该聚烯烃薄膜试样的湿润张力，以 mN/m 表示。为防止溶液污染，每次均应换用一根干净的棉签。应在试样的 1/4，1/2，3/4 宽度位置上进行试验。

10.6 结果

取三个测量值的中值作为试验结果。

如果三个测量值之间差值大于 2.0 mN/m，则应再试验六个，用九个测量值的中值作为试验结果，并报告个别值。

11 拉伸强度和断裂伸长率

11.1 试验仪器

合适量程的材料试验机，装有一对夹具用以夹住试样。在施加拉伸负荷时，夹具能以产品标准规定的速度彼此分离，试验机的拉伸负荷和伸长率的示值的相对误差不大于1%。

11.2 试样

沿薄膜的纵向和横向分别取长约200 mm、宽15 mm±1 mm的试样各五条。试样宽度的测量精度不低于0.15 mm。在试样中部标出两个相距至少50 mm的标记线，如产品标准对试样尺寸另有规定，则按产品标准定。按4.1.1所述方法，在每条试样的标线间测量三点厚度，取其中值作为试样厚度。

11.3 程序

测量试样标线间的长度，精确到1 mm。调节夹具间距离到产品标准规定的值。将试样平直地夹于两夹具间，使其拉伸时不在夹具内滑移，且不受夹具的机械损伤。安装伸长仪，使伸长仪的两夹口与试样上的两标线重合，伸长仪夹口不应对试样产生损伤或畸变。按产品标准规定的拉伸速度施加负荷直至试样断裂，记录最大负荷和试样断裂时两标线间的伸长。如试样在夹口处断裂(不包括在标记线外断裂)，该试验数据无效，应重新另取一个试样进行试验。

也可采用测量夹口间距离的增加来计算试样的断裂伸长率，但有争议时仍以标线间试样伸长计算所得的断裂伸长率为准。

11.4 试验结果

$$\sigma=\frac{p}{b\cdot h} \qquad (2)$$

式中：

σ——拉伸强度，单位为兆帕(MPa)；

p——最大负荷，单位为牛顿(N)；

h——试样厚度，单位为毫米(mm)；

b——试样宽度，单位为毫米(mm)。

$$e=\frac{L_2-L_1}{L_1}\times100 \qquad (3)$$

式中：

e——断裂伸长率，单位为百分率(%)；

L_1——未拉伸时试样两标线间距离，单位为毫米(mm)；

L_2——试样断裂时两标线间的距离，单位为毫米(mm)。

分别取纵向和横向的五个计算值的中值作为试验结果，并报告每个方向的最大值和最小值。拉伸强度结果取三位有效数字；断裂伸长率结果取两位有效数字。

12 边缘撕裂性

12.1 试验仪器

同11.1所述材料试验机，并附有图4所示夹具。

12.2 试样

沿薄膜纵、横向分别取长约300 mm、宽度为15 mm的试样各五个。

12.3 程序

把试样插入固定在试验机上夹头的试验夹具的斜槽中，试样两端夹在试验机下夹头中(见图4)。调节螺丝使橡胶垫轻轻压住试样以防在斜槽中滑动。从开始施加拉伸负荷到试样撕裂破坏的时间应在20 s±5 s内，读取试样边缘开始撕裂的力。

单位为毫米

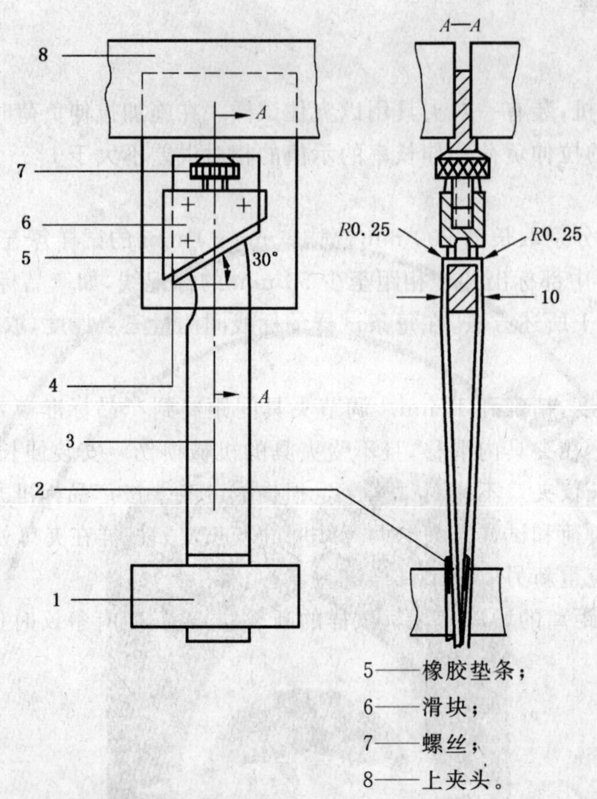

1——下夹头；
2——衬垫；
3——试样；
4——斜槽；
5——橡胶垫条；
6——滑块；
7——螺丝；
8——上夹头。

图 4 边缘撕裂性试验示意图

12.4 试验结果

分别取纵、横向五个测量值的中值作为纵、横向边缘撕裂性的试验结果，结果取三位有效数字。

13 内撕裂性

按 GB/T 11999—1989 的规定。

14 挺度

利用定角柔软性测定仪，通过试样因受自重而产生弯曲来测定其柔软性。把一长条试样放置于水平台上并垂直于平台的一边，试条伸出平台至规定长度(由产品标准规定)，记录其伸出部分下垂到水平面以下 41°30′时的时间。

15 表面电阻率

按 GB/T 1410—2006 进行，采用测量电极直径为 50 mm，间隙为 2 mm 的三电极系统，电极材料可选用真空镀膜、导电橡皮、油贴铝箔。试验电压、电化时间及试样数量按产品标准规定。

16 体积电阻率

16.1 方法 1 接触电极法

按 GB/T 1410—2006 进行，采用测量电极直径为 25 mm，高压电极直径为 27 mm 的两电极系统，电极材料可选用真空镀膜、导电橡皮、油贴铝箔。试验电压、电化时间及试样数量按产品标准规定。

16.2 方法 2 模型电容器法

适用于卷绕电容器介质用薄膜或对方法 1 来说更薄的薄膜。

16.2.1 设备

高阻计：可测电阻 10^{13} Ω 及以上；

电容测试仪：可测试样电容为 0.5 μF 左右的仪器；

卷制机：能卷绕模型电容器，对薄膜可施加 2.5 N±0.5 N 的卷绕张力。

16.2.2 试样

试样为卷在硬绝缘管芯上的模型电容器元件，采用铝箔突出型结构，介质为单层被试薄膜，电容量为 0.5 μF±0.1 μF。

模型电容器元件如图 5 所示。

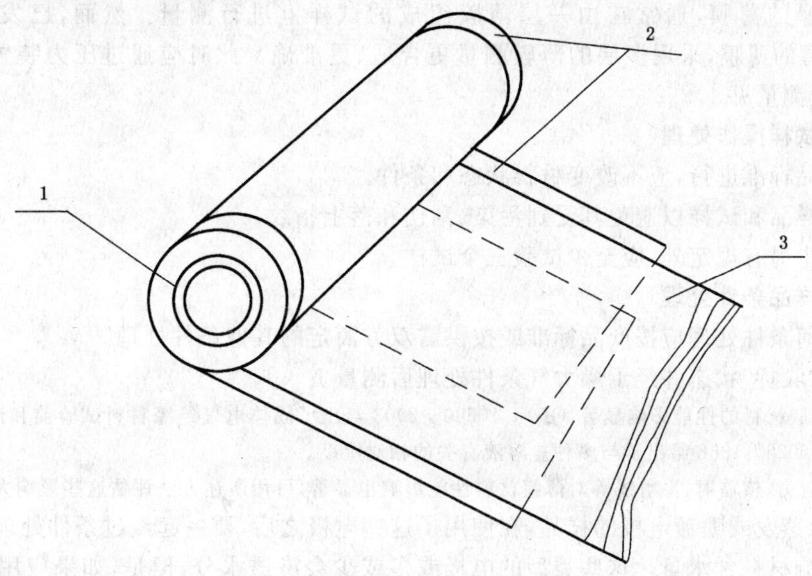

1——绝缘管芯；
2——铝箔电极；
3——薄膜。

图 5 测量体积电阻率用模型电容器试样结构示意图

在被试薄膜卷上分切 60 mm～80 mm 宽的薄膜卷两卷。将厚度约为 7 μm 的退火铝箔分切成 60 mm～80 mm 宽的铝箔卷两卷。然后将它们安装在卷制机上，并调好它们之间的相对位置。在绝缘硬管芯上卷绕元件（绝缘硬管芯的外径约为 20 mm，内径以与卷制机收卷轴配合适宜为准，绝缘硬管芯的绝缘电阻应大于 10^{13} Ω），试样数量为三个。

16.2.3 程序

16.2.3.1 测量电阻值

将元件两边突出的铝箔电极分别接到高阻计的高压端和测试端，测量试样的电阻值，其中测量电压为 100 V±10 V，电化时间为 2 min。

16.2.3.2 测量电容值

用工频（或音频）电桥或电容仪测量试样的电容值 C。

16.2.4 结果

体积电阻率可以用式(4)来计算：

$$\rho_v = \frac{C \cdot R}{\varepsilon_r \cdot \varepsilon_0} \qquad \cdots\cdots(4)$$

式中：

C——工频（或音频）下的试样的电容值，单位为皮法(pF)；

R——试样电阻测量值，单位为欧姆(Ω)；

ρ_v——试样体积电阻率，单位为欧姆米(Ω·m)；

ε_r——被试薄膜的电容率的理论值；

ε_0——8.85×10^{-12} F/m。

取三个试样的体积电阻率的中值作为试验结果，取两位有效数字。

17 介质损耗因数和电容率

覆盖频率范围为 50 Hz 至 100 MHz，并推荐三种试验方法，有争议时采用不接触电极法。

17.1 方法 1 接触电极法

试验应按 GB/T 1409—2006 进行，除非产品标准中另有规定，试验频率由供需双方商定，试验温度为 23 ℃±2 ℃。

在低频和对厚的薄膜，通常在由一层薄膜组成的试样上进行测量。然而，已发现在频率高于 1 MHz，对非常薄的薄膜，采用多层的薄膜测量更合适、更准确。此时应通过压力装置排除迭层中空气，试样平均厚度测量见 4.2.2。

17.1.1 样品和试样操作处理

取样应按产品标准进行，应不改变材料状态和条件。

应小心处置样品和试样以避免其受到污染、刮伤和落上指纹。

除产品标准中另有规定外，应至少试验三个试样。

17.1.2 测量前样品条件处理

测量前的任何条件处理应按产品标准或按供需双方商定的其他条件处理。

推荐试样在"收货"状态并经干燥大气条件处理后测量。

注 1：湿度对薄膜材料的性能影响显著，GB/T 10580—2003 给出了固体电气绝缘材料试验前和试验时采用标准条件。IEC 60260:1968 给出了与多种盐溶液有关的相对湿度。

注 2：热、机械应力、核辐射、X-射线等对薄膜材料性能影响也显著，可用所述方法评估这些影响大小。

对带有涂漆、蒸发或喷镀电极的样品，在使用了这些电极之后，要一起经过条件处理，因为涂漆和真空处理将大大影响材料含水量。这些类型的电极或多或少会渗透水分，但是，如果应用这样电极，要查看在相关产品标准规定的时间内试样是否真正已经与条件处理大气达到平衡。

注 4：可通过不同周期条件处理后一系列对比试验来实现。

17.1.3 接触式电极测量

对于频率最高约 50 Hz 的薄膜测量，应采用三电极系统，典型示例见图 6。

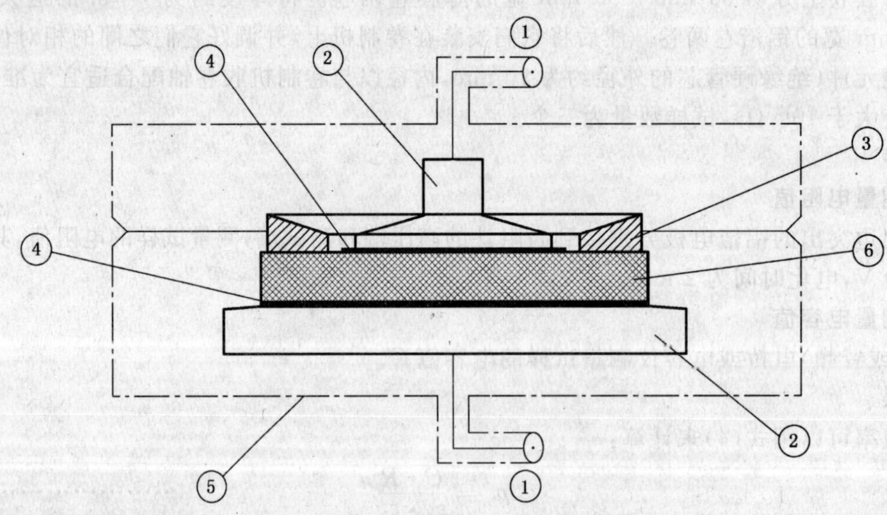

1——接到测量系统的屏蔽连接；

2——背托电极；

3——保护电极；

4——内电极；

5——屏蔽箱(罩)；

6——试样。

注：为了有助于对准电极，推荐小的那个内电极直径稍大于与其对应的背托电极直径。

图 6 低频(最大 50 kHz)测量的三电极系统

对于更高频率下的测量，应采用两电极系统，典型示例见图 7。

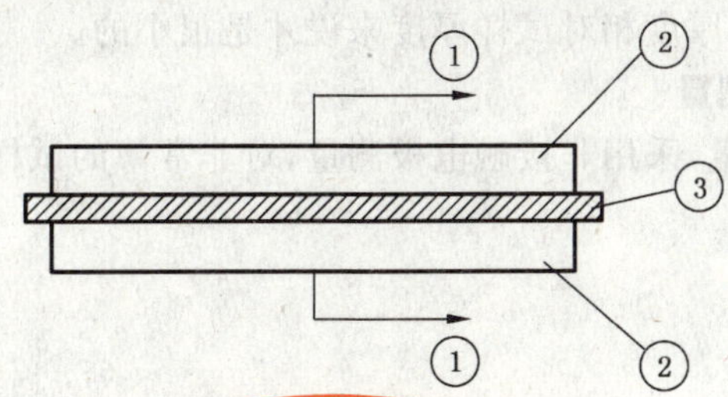

1——接到测量系统的短的硬直连接；

2——圆形的等直径同轴电极；

3——薄膜材料。

图 7　高频(50 kHz 以上)测量的两电极系统

内电极应由能与试样表面良好接触并且不会导致因接触电阻或污染试样而引起明显误差的材料组成。

注：应用非接触电极方法进行高频下的损耗因数测量可能更准确，这是因为由内电极产生的介质损失随频率而增加的缘故。

在试验条件下，电极材料应能耐腐蚀。这些电极应与背托电极一起使用。

如果测量非常薄的薄膜(2 μm 或更薄)，为了避免在背托电极定位时破坏试样，背托电极可衬有一层铝箔。

建议确定电极是否影响测试结果，可以通过应用两种不同类型电极，然后对其结果进行比较而实现。

17.1.4　电极材料

17.1.4.1　蒸发或真空喷镀金属

只要样品材料不受真空处理或离子辐射产生较大影响，大多数推荐的电极类型是由蒸发或真空喷镀金属制成的，通常铝、银或金也可用做电极材料。镀层厚度约为 150 nm 的金属膜，可在电气性能方面展现出最好结果，并且在金属沉积过程中对样品材料产生最低的应力。应用遮框制造电极具有非常精确的边缘，且遮框可重复使用。

蒸发之前，箱内真空度应为 5.25×10^{-3} mPa 或更低。在蒸发过程中，成膜速率大约为 1 nm/s。

通过产生电极的材料的蒸发，借助电容器在其上放电而形成的电极沉积，通常是一种不受控制的短暂过程。

喷镀电极在喷镀过程中施加于样品上的应力、质量和性能取决于气体选择、反应箱内的气体压力、施加电压和样品在反应箱内的位置。建议按所选择喷镀设备选定条件的最佳参数。

金属化试样不能在金属化后立即测量，例如，由于需要暴露于大气条件处理一段时间，应注意把电极腐蚀的影响降低到最小程度。在这种情况下，推荐使用蒸发的金电极，这对低损耗因数的材料，如对聚丙烯特别重要。

17.1.4.2　导电银漆

可以使用高导电银漆作为电极，使用前最好要确认漆中溶剂不会影响到样品的性能，并用遮框涂敷电极，以确保电极尺寸精度。

17.1.4.3　金属箔

薄金属箔电极可由铅、锡、铝、银或金制造，并通过少量石油润滑脂或硅脂把这些电极粘附着于样品表面上。

不推荐硅脂作为测量带有低损耗因数材料时用，因为这些硅脂在某些频率和温度下，呈现出很高的损耗因数。它们主要是应用于高温测量，因为高温下，石油润滑脂黏度很低。发现，较高分子量、低损耗的烯烃类脂是更适合的。

当使用金属箔电极时应施加平稳压力以消除空气和皱折。可以用薄绢纸把多余的脂擦净，涂在薄膜上的脂应尽可能的薄，此时其厚度相对试样厚度来说才是很小的。

17.2　方法2　非接触式电极测量

在接近环境温度下进行测量，采用非接触电极测量，对非常薄的试样或损耗很小或需要在高频下测量时是非常准确的。

17.2.1　空气替代法

17.2.1.1　变间距法

17.2.1.1.1　原理

将试样插入被保护电极系统内，该系统中电极间距是可调的，试样与电极之间留有小的空气间隙以确保试样不受机械应力作用下测量该组合的电容与介质损耗因数。

除去试样，调整电极间距至给出的电容读数与有试样时测得的电容相同，此时再次测量电极间距及介质损耗因数值。

17.2.1.1.2　电极结构

如图8所示。

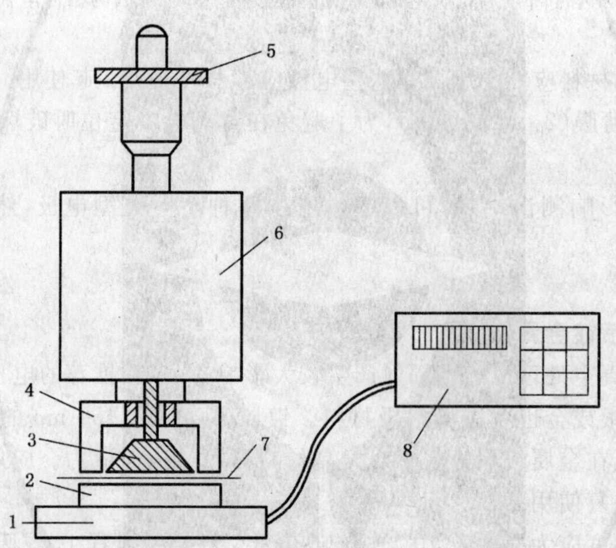

1——底座；
2——下电极；
3——测量极；
4——保护极；
5——电极升降旋扭；
6——传动轴箱体；
7——试样；
8——数显表。

图8　不接触电极结构原理图

17.2.1.1.3　测量电桥

用不接触电极测量薄膜材料所用的电桥应具有很高的精度和灵敏度，损耗因数测量精度不小于 1×10^{-6}，测量电压小于250 V，测试频率为工频或音频。

17.2.1.1.4　试样

试样为平整的单层或多层薄膜，试样的大小应能覆盖整个测量电极表面，共取三个试样。

17.2.1.1.5　程序

对不干净的试样进行酒精漂洗以除去试样表面的污物、灰尘、静电等。漂洗完之后将试样取出，晾干并压平。

在试验之前,应先清洁电极测量表面,用酒精或丙酮擦洗表面,然后用干净的绸布擦干。电极间杂质可用干燥氮气清洁,如果电极长久不用,还应先用金相砂纸将电极表面的污物磨去,然后再用酒精或丙酮擦洗干净。电极清洁处理完毕之后,将电极间距粗调至测试时的位置,此时测量空电极的损耗因数应基本为零,否则要继续清洗电极,直至损耗因数基本为零。

将平整干净的试样放入上、下电极之间,试样应覆盖整个测量电极表面,然后将电极调到合适的间距,上下电极之间的间距应以试样占间距的80%左右时为宜。即轻轻抽动试样,应保证试样能自由抽出而不致移动上下电极间的相对位置。

接好测量引线,平衡电桥,测量并记录此时的介质损耗因数值和电极间距。

轻轻抽出试样,调整电极间距至给出的电容读数与有试样时测得的电容相同,测量并记录此时的介质损耗因数值和电极间距。

按4.1规定测量试样厚度。

17.2.1.1.6 **结果**

采用不接触电极法测 ε_r 和 $\tan\delta$,改变电极间的间距,而不改变电桥电容的测量方式时,其计算公式为:

$$\varepsilon_r = \frac{t_g}{t_g - \Delta t} \qquad \cdots\cdots(5)$$

式中:

ε_r——材料的相对电容率;

t_g——试样叠层的厚度,单位为微米(μm);

Δt——有无试样时测微计测得的两个电极间间距值之差,单位为微米(μm)。

$$\tan\delta = \Delta\tan\delta \frac{t_2}{t_g - \Delta t} \qquad \cdots\cdots(6)$$

式中:

$\tan\delta$——材料介质损耗因数;

$\Delta\tan\delta$——有无试样时测得的两个介质损耗因数值之差;

t_2——无试样时由测微计测得的电极间的间距值,单位为微米(μm);

t_g——试样叠层厚度,单位为微米(μm);

t——有无试样时由测微计测得的两个电极间间距值之差,单位为微米(μm)。

取三个试样计算值的中值作为结果,取两位有效数字。

17.2.1.2 **变电容法**

17.2.1.2.1 **原理**

将试样插入被保护电极系统内,试样与电极之间留有小的空气间隙以确保试样不受机械应力作用的情况下测量该组合的电容与介质损耗因数。

除去试样,电极间距不改变,调节电容使电桥平衡读数,再次测量介质损耗因数值。

17.2.1.2.2 **电极结构**

如图8所示。

17.2.1.2.3 **测量电桥**

用不接触电极测量薄膜材料所用的电桥应具有很高的精度和灵敏度,损耗因数测量精度不小于 1×10^{-6},测量电压小于250 V,测试频率为工频或音频。

17.2.1.2.4 **试样**

试样为平整的单层或多层薄膜,试样的大小应能覆盖整个测量电极表面,共取三个试样。

17.2.1.2.5 **程序**

对不干净的试样进行酒精漂洗以除去试样表面的污物、灰尘、静电等。漂洗完之后将试样取出,晾干并压平。

在试验之前，应先清洁电极测量表面，用酒精或丙酮擦洗表面，然后用干净的绸布擦干。电极间杂质可用干燥氮气清洁，如果电极长久不用，还应先用金相砂纸将电极表面的污物磨去，然后再用酒精或丙酮擦洗干净，电极清洁处理完毕之后，将电极间距粗调至测试时的位置。此时测量空电极的损耗因数应基本为零，否则要继续清洗电极，直至损耗因数基本为零。

将平整干净的试样放入上、下电极之间，试样应覆盖整个测量电极表面。然后将电极调到合适的间距，上下电极之间的间距应以试样占间距的80%左右时为宜。轻轻抽动试样，应保证试样能自由抽出而不致移动上下电极间的相对位置。

接好测量引线，平衡电桥，测量并记录此时的电容 C_1 和介质损耗因数值 $\tan\delta_1$ 以及电极间距 t_0。

轻轻抽出试样，保证上下电极间的相对位置不变。平衡电桥测量并记录空电极的电容 C_2、介质损耗因数值 $\tan\delta_2$。

按 4.1 规定测量试样厚度 t_g。

17.2.1.2.6 结果

采用不接触电极法测量 ε_r 和 $\tan\delta$，改变电桥电容，而不改变电极间的间距的测量方式时，其计算公式为

$$\varepsilon_r = \frac{1}{1-\left(1-\frac{C_2}{C_1}\right)\times\frac{t_0}{t_g}} \qquad \cdots\cdots(7)$$

式中：

ε_r——材料的相对电容率；

C_1——有试样时测得的电容值，单位为微法（μF）；

C_2——无试样时测得的电容值，单位为微法（μF）；

t_0——电极之间的间距，单位为微米（μm）；

t_g——试样叠层厚度，单位为微米（μm）。

$$\tan\delta = \tan\delta_1 + \varepsilon_r \times \Delta\tan\delta \times \left(\frac{t_0}{t_g}-1\right) \qquad \cdots\cdots(8)$$

式中：

$\tan\delta$——材料的介质损耗因数；

$\tan\delta_1$——有试样时测得的介质损耗因数值；

$\Delta\tan\delta$——有无试样时测得的两个介质损耗因数值之差；

ε_r——材料的相对电容率；

t_0——电极之间的间距，单位为微米（μm）；

t_g——试样叠层厚度，单位为微米（μm）。

取三个试样计算值的中值作为结果，取两位有效数字。

17.2.2 流体排出法

按 GB/T 1409—2006 的 5.1.2.2.2 规定进行室温下介电常数的测量。

17.3 方法 3 模型电容器法

适用于卷绕电容器介质用薄膜或对方法 1 来说太薄的薄膜。

17.3.1 设备

音频大电容电桥：损耗因数测量精度 5×10^{-5}；

卷制机：能卷绕模型电容器，对薄膜的卷绕张力为 2.5 N±0.5 N；

压紧装置；能提供均匀的不小于 3 000 N 的压力，压紧面积 100 mm×100 mm。

17.3.2 试样

试样为压扁的模型电容器元件，采用铝箔突出型结构，极间介质为单层或双层被试薄膜，元件的电

容量视电桥量程而定，通常应不小于0.5 μF，模型电容器元件如图9所示。

1——铝箔电极；

2——薄膜。

图9 测量介质损耗因数和电容率试样结构示意图

在被试薄膜卷上分切60 mm～80 mm宽的试样两卷，将厚度约为7 μm的退火铝箔分切为60 mm～80 mm宽的铝箔卷两卷。然后将它们安装在卷制机上，并调好它们之间的相对位置。在直径45 mm的芯轴上卷元件。卷好之后，取下并压扁。再将压扁的元件放在压紧装置内。试样与压紧装置之间用平整洁净的聚四氟乙烯绝缘板隔开，绝缘板之间衬垫柔软的橡胶片，施加压力，使试样上所受的压强不小于0.3 MPa。试样数量三个。

17.3.3 程序

元件卷好压紧之后，连同压紧装置在50 ℃左右的条件下处理1 h～2 h，冷却到室温后再进一步压紧。为了获得更加准确的结果，可通过真空处理除去卷绕电容器中截留的空气。测量时将元件的两边铝箔伸出端分别接到电桥的测量极和高压极，并将压紧装置接地，测试元件的介质损耗因数和电容值C，测试完毕后，将元件摊开，测量并计算电极的有效面积S，并按4.1.1规定的方法测量电极间薄膜的厚度h。

17.3.4 试验结果

$$\varepsilon_r = \frac{C \cdot h}{\varepsilon_0 S} \quad \cdots\cdots\cdots\cdots\cdots\cdots\cdots\cdots (9)$$

式中：

C——测得的试样电容值，单位为皮法(pF)；

H——电极间薄膜厚度，单位为米(m)；

ε_0——真空介电常数，为8.85×10^{-12} F/m；

S——电极有效面积，单位为平方米(m^2)；

ε_r——试样的相对介电常数。

取三个试样计算值的中值作为结果，取两位有效数字。

18 电气强度

18.1 交流试验

按GB/T 1408.1—2006的规定进行。

可采用上电极直径为25 mm和下电极直径为75 mm或上下电极直径为6 mm的电极系统，在空气中或变压器油中进行试验，具体由产品标准规定，若在变压器油中试验时，变压器油的电气强度不小于12 kV/ mm，试样数量按产品标准规定。

18.2 直流试验

18.2.1 元件法

18.2.1.1 试验装置

直流击穿试验仪：输出电压在0～10 kV范围内应均匀可调，在大于50%击穿电压的电压范围内，交流脉动应不大于2%，试验电压中也不应有超过1%施加电压的暂态或其他波动。

卷制机：能卷绕模型电容器，对薄膜施加的卷绕张力为2.5 N±0.5 N。

18.2.1.2 试样及其制备

试样为无绝缘管芯的模型电容器元件，采用铝箔突出型结构，介质为单层被试薄膜，元件的电容量为0.5 μF±0.1 μF，模型电容器元件如图5所示。

在被试薄膜卷上分切宽度为60 mm～80 mm的薄膜试样两卷，将厚度约为7 μm的退火铝箔分切成60 mm～80 mm宽的铝箔卷两卷。将它们装在卷制机上，并调好它们之间的相对位置。在直径约为20 mm的芯轴上卷绕元件，卷好后从芯轴上取下但不压扁作为一个试样。

试样数量：21个。

18.2.1.3 程序

将元件的两边铝箔电极分别接到击穿试验仪的高压电极和接地电极，使用连续升压法自零开始升高电压，升压速度为200 V/s，记录击穿电压值，并按4.1.1规定测量电极间薄膜厚度。

18.2.1.4 试验结果

按产品标准规定报告电气强度或击穿电压，击穿电压的单位为kV，电气强度为击穿电压除以厚度，单位为V/μm或kV/ mm。

取21个试样的测量值的中值作为试验结果。取三位有效数字。

18.2.2 50点电极法

18.2.2.1 试样

取不小于450 mm×650 mm长方形试样两张，当宽度小于450 mm时，可取若干张，以保证能做50个击穿点。试样要保持清洁、平整、无折皱、无损伤。

18.2.2.2 电极

上电极为直径25 mm，倒角半径为2.5 mm，高度120 mm的黄铜柱形电极，工作面粗糙度*Ra*小于1.25 μm。

在平台上铺一张厚约3 mm的橡皮，其邵氏硬度为60度～70度，在橡皮上铺一张退火铝箔作为下电极。

电极工作面应平整、光滑、无伤痕。

18.2.2.3 击穿装置

高压试验变电器的容量应保证次级额定电流不小于0.1 A，直流电源的电压脉动系数不应超过5%，保护电阻为0.2 Ω/V～0.5 Ω/V，调压器应能均匀调节电压，过电流继电器应有足够的灵敏度以使试样击穿时在0.1 s内切断电源，动作电流应选择适当值，避免发生击穿后不动作或未击穿而产生误动作，电压测量误差不超过4%。

18.2.2.4 试验步骤

采用单层试样试验，将试样置于上下电极间，采用连续升压法，其升压速度为0.2 kV/s～1.0 kV/s，均匀等距离测量50点，读取试样击穿电压值，并按4.1.1规定测量厚度。

18.2.2.5 试验结果

在50点击穿测定值中分别去掉最大值，最小值各5点，计算其余40点的算术平均值并找出最小值。将击穿电压平均值和最小值除以试样厚度，即为该批薄膜介电强度的平均值和最低值，精确到个位。

18.2.2.6 介电强度的出厂检验及用户的验收试验可采用50点电极法进行，型式检验及有争议时的仲裁试验采用元件法进行，也可按供需双方协商进行。

19 电弱点

19.1 方法 A 窄条试验法

本方法适用于试验窄条薄膜。

19.1.1 试验装置

高压直流发生装置:能产生 0～5 kV 的直流高压,电压波动不大于±1%。该装置应能在试样弱点击穿后约 0.1 s 内使电压回升到原来设定的电压。

试样和电极的配置:如图 10 所示,该设备能将薄膜试条以近似 90°的圆周角绕辊子以 5 m/min 的恒速移动,低压电极由不锈钢制成并抛光的直径为 15 mm 的圆柱体,作为低压电极的圆柱体应接地可靠并能灵活转动;高压电极为 10 mm～20 mm 宽、厚度约为 7 μm 的退火铝箔,重锤用来保证铝箔与试样接触良好,每 10 mm 宽铝箔加荷约 0.4 N。

计数器:能灵敏地记录试样弱点的击穿点数。

19.1.2 试样

试样为薄膜卷,宽度大于铝箔的宽度至少 5 mm(每边至少超出铝箔 2.5 mm),薄膜被试面积按产品标准规定。

19.1.3 程序

按图 10 安装好试样,调节试样移动速度为 5 m/min,在试样移动的条件下,在辊子和铝箔间施加产品标准规定的电压。记录被试有效面积上的电弱点数。

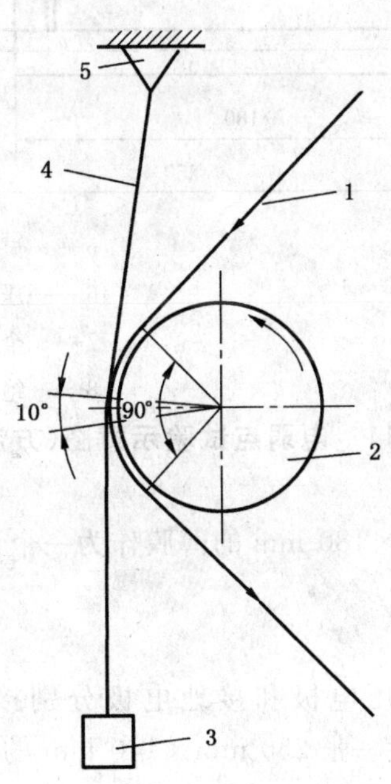

1——试样;
2——辊子;
3——重锤;
4——铝箔;
5——挂钩。

图 10 电弱点试验示意图(方法 A)

19.1.4 结果

试验结果为测得的电弱点数除以被试面积,以个/m^2 表示。

19.2 方法 B 平板法

本方法用于试验宽条薄膜。

19.2.1 试验装置

高压直流发生装置：同 19.1.1 中对高压直流发生装置的要求。

电极装置；如图 11 所示。

单位为毫米

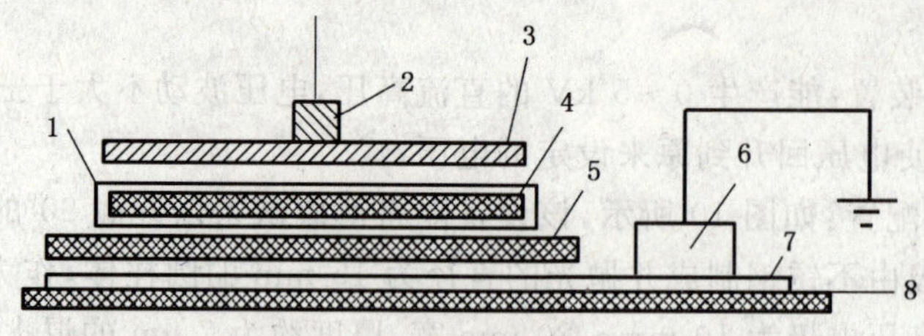

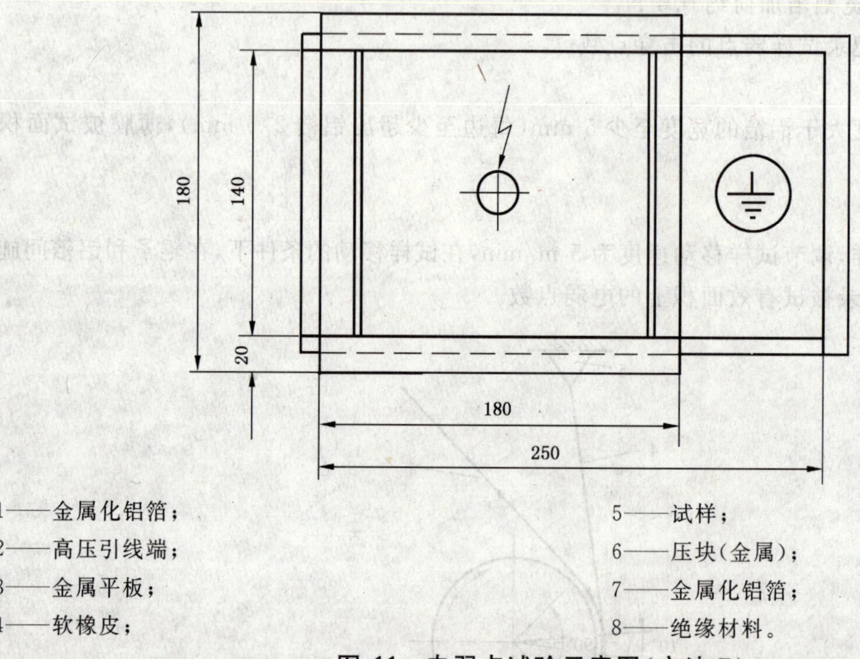

1——金属化铝箔；
2——高压引线端；
3——金属平板；
4——软橡皮；
5——试样；
6——压块(金属)；
7——金属化铝箔；
8——绝缘材料。

图 11 电弱点试验示意图(方法 B)

19.2.2 试样

在薄膜卷的整幅宽上取 180 mm×180 mm 的薄膜作为一个试样，取样方式为沿幅宽方向均匀取十个试样。

19.2.3 程序

按图 11 装好试样和电极，将高压电极和接地电极分别接到高压直流发生器的引出端(用约 270 mm×160 mm 的电绝缘板上放置一张 250 mm×140 mm 的金属化塑料箔，金属化层朝上，金属化塑料箔的自由端接地来作为接地电极；用另一张宽 140 mm 的金属化塑料箔放置在试样上，金属化层朝下，在箔上面放置一块 140 mm×140 mm，厚度为 4 mm 的软橡皮，然后折叠金属化薄膜把橡皮块包住，并在其上再压一块 140 mm×140 mm 的金属板并作为高压电极)。以 0.5 kV/s 的速度自零升高电压到产品标准规定的电压值，然后将此电压保持 1 min 后降下电压至零。拿出试样，用放大镜辩别并计数离电极边缘 20 mm 内的击穿点数。每个试样的被试面积以 0.01 m^2 计。

19.2.4 结果

试验结果为十个试样上测得的电弱点数除以被试面积，以个/m^2 表示。

19.3 方法 C 宽条成卷试验法

本方法适用于试验宽条成卷薄膜。

19.3.1 设备

薄膜电弱点测定仪:能产生 0～6 kV 的直流电压,电压波动不大于±1%。测试仪应能在试样弱点击穿后约 0.5 s 内使电压升到原来设定的电压。试样以 2 m/min～5 m/min 的速度移动。接地电极为转动灵活的铜辊,直径为 100 mm,表面粗糙度 *Ra* 为 0.2 μm,高压电极为导电橡皮,厚度为 2 mm～3 mm,宽度比试样窄 20 mm～30 mm。测试仪器中有测长装置(用于计算面积)和击穿点自动计数装置。

19.3.2 试样

试样为 200 mm～400 mm 的膜卷,被试面积按产品标准规定。

19.3.3 程序

按图 12 所示安装试样,调节试样移动的速度,根据被试面积及导电橡皮的宽度,预置需试验的试样长度。在试样移动的条件下,在高压和接地电极间施加产品标准规定的电压。启动测试仪,记录被试面积上的电弱点数。

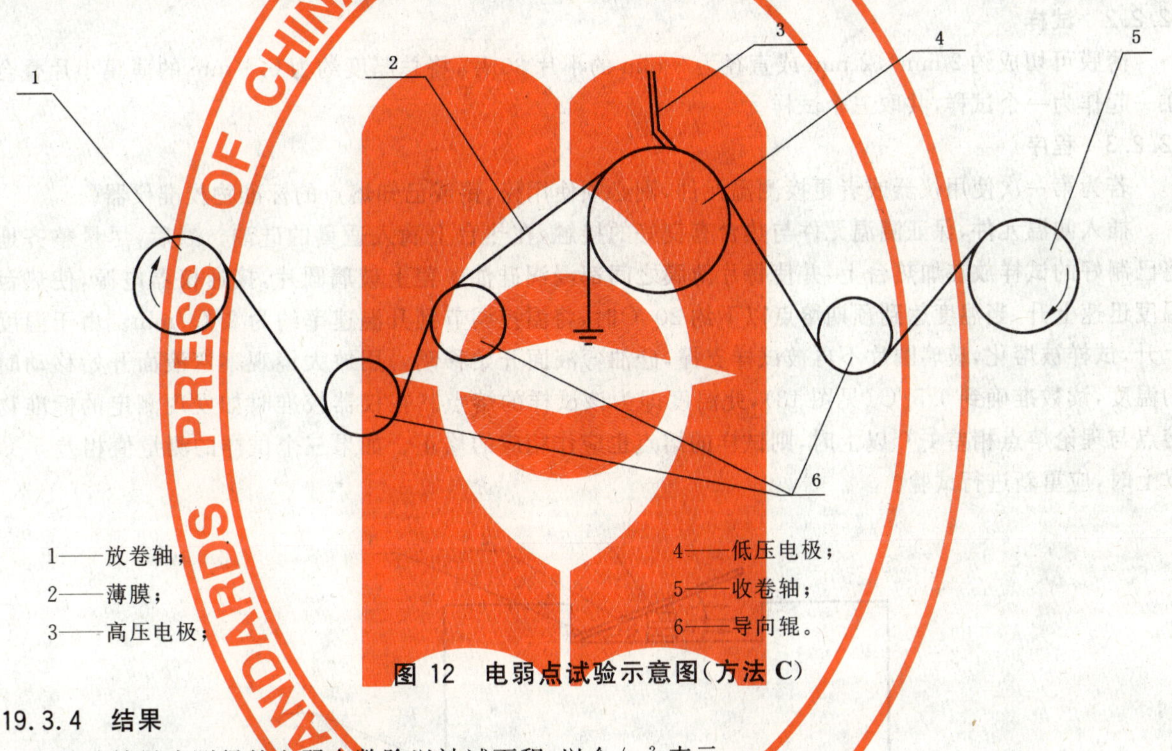

1——放卷轴;
2——薄膜;
3——高压电极;
4——低压电极;
5——收卷轴;
6——导向辊。

图 12 电弱点试验示意图(方法 C)

19.3.4 结果

试验结果为测得的电弱点数除以被试面积,以个/m^2 表示。

20 耐表面放电击穿性

按 JB/T 3282—1999 的规定。

21 电解腐蚀

按 GB/T 10582—2008 的规定进行,具体选用何种方法由产品标准规定。

22 熔点

熔点试验推荐两种方法,有争议时采用方法 A。

22.1 方法 A DSC 法

按 IEC 61074:1991 的规定。

22.2 方法 B 弯液面法

将被试薄膜放在滴有少量硅油的热台上,盖上玻璃圆片,使它在试样支撑下与硅油形成弯液面。用肉眼观察，当试样不再支撑玻璃圆片而使弯液面向前移动时的温度即为被试薄膜的熔点。

22.2.1 **试验仪器和材料**

铋：分析纯，熔点为 271.3 ℃；

锡：分析纯，熔点为 231.9 ℃；

（或其他已知熔点的标准物）

硅油：沸点高于被测物体的熔点；

弯液面法熔点测定仪：由铝块和加热器组成的加热台，并附有测温元件孔。测温元件紧贴在加热台的规定位置，温控系统具有高、低两档调温功能，其中低档升温速率约为 2 ℃/min；

3×5 放大镜；

精密测温元件：测温范围 20 ℃～300 ℃，分度值为 0.5 ℃；

制备试样的工具：如刀片、镊子等。

22.2.2 **试样**

薄膜可切成约 2 mm×2 mm 或直径为 2 mm 的小片 30 片，将总厚度约为 0.1 mm 的薄膜小片叠合在一起作为一个试样，共取三个试样。

22.2.3 **程序**

若为第一次使用仪器或者更换测温元件，则必须使用铋、锡或已知熔点的标准物校准仪器。

插入测温元件，保证测温元件与热台有良好的接触，在热台上滴入适量的硅油。然后，尽量整齐地将已制好的试样放在加热台上，并使每片薄膜之间都浸润硅油。盖上玻璃圆片，接通仪器电源，使热台温度迅速上升，当温度达到预期熔点以下约 20 ℃时，将温控调节到升温速率约为 2 ℃/min。由于温度上升，试样被熔化，玻璃圆片不再被试样支撑，硅油弯液面开始移动。用放大镜观察弯液面开始移动时的温度，读数准确到 0.5 ℃（见图 13），此温度即为该试样的熔点。在仪器校准时如发现测定的标准物熔点与理论熔点相差 1 ℃以上时，则试样的熔点也应作相应的修正。如果三个试样的测量值相差 5 ℃以上时，应重新进行试验。

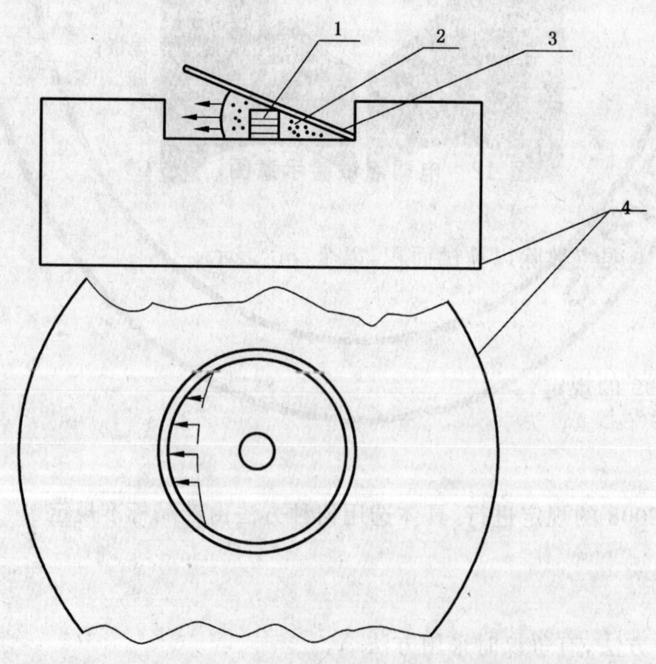

1——试样；

2——硅油；

3——玻璃圆片；

4——加热平台。

图 13 弯液面法熔点测定示意图

22.2.4 结果

取三个试样测量值的中值作为试验结果。

23 收缩率

23.1 设备

烘箱：自然循环空气，温度范围为室温～300 ℃，控温精度为±2 ℃；

钢直尺：分度值为0.5 mm。

23.2 试样

从薄膜卷上取两块100 mm×100 mm的试样，并做纵向、横向标记。若薄膜幅宽小于100 mm，试样宽为薄膜幅宽。

23.3 程序

分别测量每块试样的纵向、横向尺寸 L_0，精确到0.5 mm。然后把试样放入烘箱中。按产品标准规定的温度和时间处理后，从烘箱中取出试样，冷却到室温。重新测量试样纵向、横向尺寸 L_1。

23.4 结果

$$X_1 = \frac{L_0 - L_1}{L_0} \times 100 \qquad \cdots\cdots(10)$$

式中：

X_1——收缩率，单位为百分数(%)；

L_0——热处理前试样的纵向、横向尺寸，单位为毫米(mm)；

L_1——热处理后试样的纵向、横向尺寸，单位为毫米(mm)。

分别取两个试样的纵向、横向收缩率的平均值作为该方向的试验结果。

24 拉力下尺寸稳定性

24.1 设备

恒速升温试验箱：自然空气循环，温度范围为室温～300 ℃，升温速率为(50 ℃±1 ℃)/h；

夹具：能夹持住试样，但不损伤试样的夹具；

砝码：1 g～200 g若干个；

测温元件：精确到1 ℃。

24.2 试样

沿薄膜纵向取15 mm宽，长度视试验箱体尺寸而定的试样三条。在试样中央区域画两条相距20 mm的标记线。

24.3 程序

把试样安装在恒速升温试验箱中的试验夹具上。根据试样尺寸选择负荷，使试样所受的拉应力为2.5 MPa(试样厚度测量同11.2)。安装试样及施加负荷过程中应使试样平直，夹具不应对试样产生损伤。在靠近每一试样标记线区域中央处。分别放置一测温元件(见图14)。以(50 ℃±1 ℃)/h的速率恒速升温。记录试样标线距离增大40%或者试样断裂时刻的温度。如试样在夹口处断裂，则应重新取样测试。

24.4 结果

取三个试样测量值的中值(℃)作为试验结果。

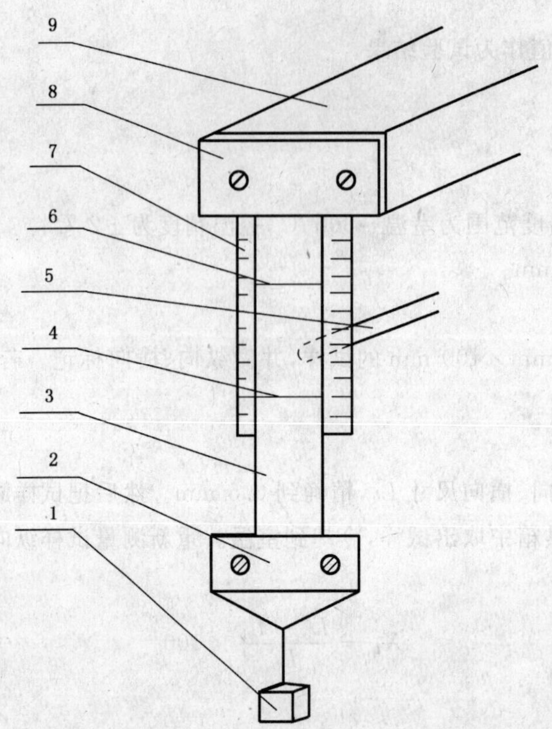

1——负荷；
2——下夹具；
3——试样；
4——下标记线；
5——测温元件；
6——上标记线；
7——钢板尺；
8——上夹具；
9——支架。

图 14 拉力下尺寸稳定性试验示意图

25 压力下尺寸稳定性

25.1 设备

恒速升温试验箱：同 24.1 规定；

加荷装置：带有托盘和导杆的加荷装置；

穿透报警装置：能检测试样穿透时的短路信号；

镍线：直径为 1 mm。

25.2 试样

从薄膜上取三片约 30 mm×30 mm 的试样。

25.3 程序

将每一试样分别固定在两垂直相交的镍线中间，把检测穿透的报警装置的连线分别与上下镍线相连，然后平稳地施加 30 N 静负荷，在每个试样附近放置测温元件（见图 15）。以（50 ℃±1 ℃）/h 的速率恒速升温，记录每个试样穿透时刻的温度。

25.4 结果

取三个试样测量值的中值（℃）作为试验结果。

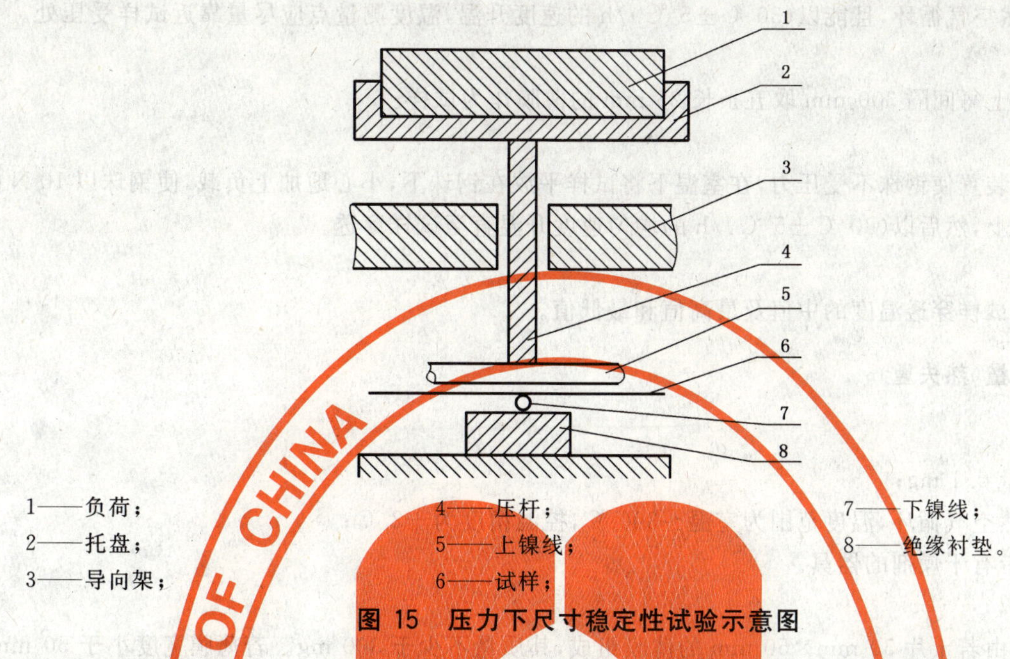

1——负荷；
2——托盘；
3——导向架；
4——压杆；
5——上镍线；
6——试样；
7——下镍线；
8——绝缘衬垫。

图 15 压力下尺寸稳定性试验示意图

26 耐高温穿透性

26.1 原理

该方法是以测定直径 1.5 mm 的钢珠穿透薄膜从而引起电接触时的温度作为耐高温穿透性。

26.2 设备

耐高温穿透测试仪：其原理图如图 16 所示。图中 6 为长 300 mm、宽 30 mm、厚 3 mm 耐腐蚀钢板。条形试样放在钢板上；图中 4 为磁化钢杆，其一端凹进用以嵌住直径为 1.5 mm 的钢珠，该装置通过钢珠对试样施加压力，磁化钢杆装在一个附有平衡装置的 C 形夹上并能稍作转动。当 C 形夹具的下脚没有负荷时，可调节平衡装置上的游码使钢杆对钢珠不产生压力。测试时，给 C 形的下脚加上负荷，使钢珠对水平位置的钢板产生 10 N 垂直向下的压力；

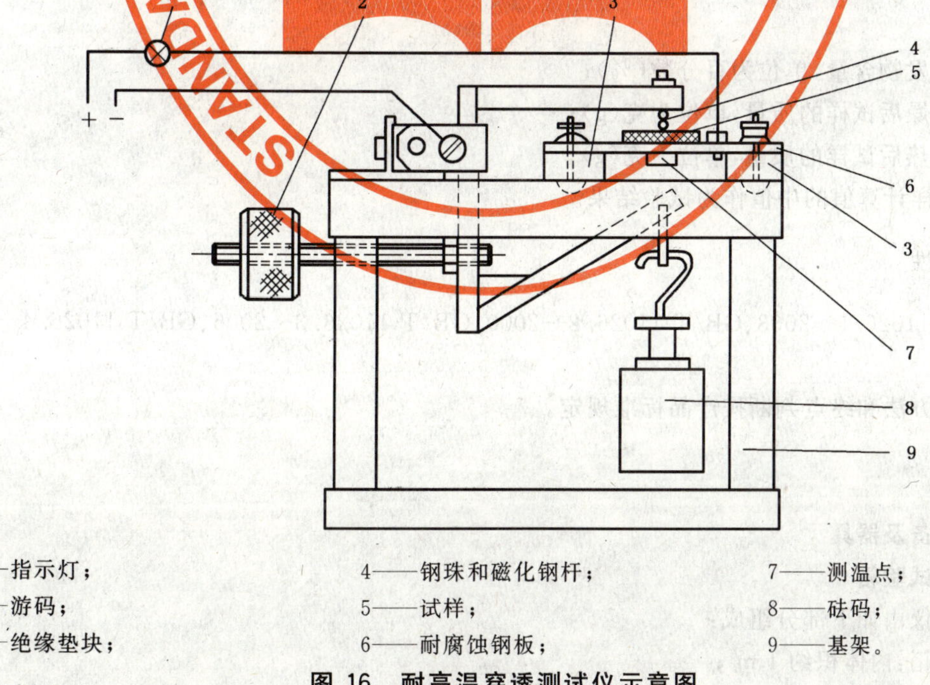

1——指示灯；
2——游码；
3——绝缘垫块；
4——钢珠和磁化钢杆；
5——试样；
6——耐腐蚀钢板；
7——测温点；
8——砝码；
9——基架。

图 16 耐高温穿透测试仪示意图

烘箱：自然空气循环，且能以(30 ℃±5 ℃)/h 的速度升温，温度测量点应尽量靠近试样受压处。

26.3 试样

从薄膜卷上每间隔 300 mm 取五条长 25 mm 的薄膜作为试样。

26.4 程序

调节平衡装置使钢珠不受压力，在室温下将试样平放在钢珠下，小心地加上负载，使钢珠以 10 N 的压力压在试样上，然后以(30 ℃±5 ℃)/h 的均匀速度升温直至试样穿透。

26.5 结果

报告五个试样穿透温度的中值及最高值和最低值。

27 挥发物含量(热失重)

27.1 设备

天平；感量 0.1 mg；

烘箱；自然空气循环，温度范围为室温～300 ℃，控温精度为±2 ℃；

干燥器；带有干燥剂的器具。

27.2 试样

每个试样由若干片 50 mm×50 mm 的薄膜组成，其质量不少于 300 mg。若薄膜宽度小于 50 mm，则可取条形试样，但其质量不得少于 300 mg，试样数量三个。

27.3 程序

接产品标准规定的温度和时间对试样进行预处理，预处理过程中应保证试样所有表面都与空气接触。预处理后取出试样放入干燥器中冷却至室温，称量预处理后每个试样的质量 m_1；再按产品标准规定的加热温度、时间，对预处理后的试样进行加热，加热过程同样应保证试样的所有表面与空气接触。加热后取出试样放入干燥器中冷却至室温，称量加热后每个试样的质量 m_2。

27.4 结果

每个试样的挥发物含量为：

$$X_2 = \frac{m_1 - m_2}{m_1} \times 100 \qquad \cdots\cdots(11)$$

式中：

X_2——挥发物含量，单位为百分数(%)；

m_1——干燥后试样的质量，单位为克(g)；

m_2——加热后试样的质量，单位为克(g)。

取三个试样计算值的中值作为试验结果。

28 长期耐热性

按 GB/T 11026.1—2003、GB/T 11026.2—2000、GB/T 11026.3—2006、GB/T 11026.4—1999 的规定进行。

具体试验方法和终点判断按产品标准规定。

29 燃烧性

29.1 试验设备及器具

29.1.1 燃烧试验箱

燃烧试验仪由如下部分组成：

密闭试验箱：内体积约 1 m^3；

本生灯：喷管长为 100 mm，内直径为 9 mm；

垂直固定试样的圆形夹具：用于固定试样；

甲烷气源（工业用）；也可以使用热值不小于 38 000 kJ/m^3（1 000 Btu/ft^3）的其他可燃性气体；

减压阀、压力表、调节阀。

29.1.2 其他器具

直尺：分度值为 1 mm；

秒表或类拟适用装置：精度为 0.1 s；

医用脱脂棉：用于滴落燃烧物引燃的铺底材料；

干燥剂：无水 $CaCl_2$；

烘箱：控温精度±1 ℃；

芯轴：卷制试样用直径为 9.5 mm±0.5 mm；

粘带：用于固定试样宽 75 mm 的粘带。

29.2 试样

从被试薄膜上取五条长 200 mm，宽 50 mm 的试样，并在距一端 125 mm 处画一标记线。

将每个试样卷在直径 9.5 mm±0.5 mm 的芯轴上，标线朝外，用 75 mm 宽粘带沿标记线固定试样一端，取出芯轴，形成长 200 mm 的圆筒形试样。

29.3 条件处理

试样应在温度 23 ℃±2 ℃，相对湿度 50%±5%的条件下预处理 48 h。

试验前试样应在 70 ℃±1 ℃循环鼓风烘箱中处理 168 h，取出后冷却至室温。

29.4 试验步骤

试验应在密闭试验箱或不抽风的实验室通风柜内进行，由于燃烧时产生有害物质，试验后应及时排风。

29.4.1 试样安装

将试样垂直固定在顶部开口的试样夹具上，试样上端伸入夹具 6 mm，下端距水平铺置的 50 mm×50 mm×6 mm 医用脱脂棉 300 mm，距燃烧器顶端 10 mm，试样距标记线 125 mm 的一端为下端。

29.4.2 火焰高度的调节

将本生灯移开试样至少 150 mm 处点燃，先调节燃气和空气供给量得到 20 mm±1 mm 高、顶部为黄色的火焰，然后再增大空气供给量，直到形成 20 mm±1 mm 的蓝色火焰。

29.4.3 燃烧程序

将火焰对准试样下端中央保持 3 s，然后立即把火焰移开至少 150 mm，同时记录试样有焰燃烧时间，燃烧停止后立即再次将火焰移到试样下面保持 3 s，燃后再移开火焰。记录试样有焰燃烧和无焰燃烧时间。

若燃烧过程中，试样融熔滴落，应将本生灯倾斜 45°，以防滴落物落入灯管内。此时应保证试样底部与灯口中央相距 10 mm 左右。

若因试样卷曲或烧掉而使试样与灯口距离增大时，点燃期间应调节灯口与试样的距离始终保持 10 mm。但此时融熔物及燃烧产生物不能作为试样底部。

29.4.4 观察和记录下列情况

a) 第一次施加火焰后试样有焰燃烧时间。

b) 第二次施加火焰后试样有焰燃烧时间。

c) 第二次施加火焰后试样无焰燃烧时间。

d) 是否有点燃医用脱脂棉的燃烧滴落物落下。

e) 试样是否燃到 125 mm 标记线。

29.5 结果

试样燃烧性级别按表 2 评定。

29.5.1 如果每组五个试样施加十次火焰后，总的有焰燃烧时间不超过 50 s 或 250 s，则分别允许有一次施加火焰后有焰燃烧时间超过 10 s 或 30 s。

29.5.2 如果一组五个试样中有一个不符合表中的要求,应再取一组试样进行试验,第二组的五个试样应全部符合要求。

29.5.3 如果第二组中仍有一个试样不符合表中相应的要求,则以两组中数字最大的级别作为该材料级别。如试验结果超出 VTF2 相应要求,则不能用本方法评定。

表 2 燃烧性级别

试样燃烧行为	级别		
	VTF0	VTF1	VTF2
每个试样在每次施加火焰移开后有焰燃烧的时间/s,不大于	10	30	30
五个试样施加 10 次火焰移开后有焰燃烧时间的总和/s,不大于	50	250	250
每个试样第二次施加火焰移开后无焰燃烧的时间/s,不大于	30	60	60
每个试样有焰或无焰燃烧蔓延到标记线的现象	无	无	无
每个试样滴落物引燃医用脱脂棉现象	无	无	有

30 潮湿空气中的吸湿性

30.1 试验仪器

天平:感量为 0.1 mg;

烘箱:控温精度为±2 ℃;

恒湿箱:能保持 93%±2%相对湿度;

称量瓶和装有五氧化二磷的干燥器。

30.2 试样

每个试样由若干片 50 mm×50 mm 的薄膜组成,其质量不少于 300 mg。若薄膜宽度小于 50 mm,则可取条形试样,但其质量不得少于 300 mg。试样数量三个。

30.3 程序

30.3.1 收货状态材料的吸湿性

首先测定收货状态每个试样的质量 m_1,然后将试样放入相对湿度为 93%±2%的恒湿箱内,处理时间按产品标准规定。达到时间后立即取出并分别放入密闭称量瓶中,再次称量每个试样的质量 m_2。

30.3.2 干燥材料的吸湿性

把三个试样按产品标准规定的温度干燥 24 h 后,放入装有五氧化二磷的干燥器中冷却至室温。然后将试样分别放入密称量瓶中,并称出每个试样的质量 m_3。

将试样放入相对湿度为 93%±2%的恒湿箱中,处理时间按产品标准规定。达到处理时间后立即取出放入密闭称量瓶中,称量每个试样的质量 m_4。

30.4 结果

$$X_3 = \frac{m_2 - m_1}{m_1} \times 100 \qquad \cdots\cdots(12)$$

式中:

X_3——收货状态材料的吸湿性,单位为百分率(%);

m_1——收货状态试样的质量,单位为克(g);

m_2——湿度处理后试样(收货状态)的质量,单位为克(g)。

$$X_4 = \frac{m_4 - m_3}{m_3} \times 100 \qquad \cdots\cdots(13)$$

式中：

X_4——干燥材料的吸湿性，单位为百分率(%)；

m_3——干燥处理后或收货状态试样的质量，单位为克(g)；

m_4——湿度处理后试样(干燥材料)的质量，单位为克(g)。

取三个试样计算结果的中值作为试验结果。

31 吸液性

31.1 试验器材

烘箱：控温精度±1 ℃，温度范围为室温～300 ℃；

天平：感量为 0.1 mg；

玻璃器皿：直径为 100 mm 并带盖；

称量瓶、密度瓶和滤纸；

浸渍液由产品标准规定。

31.2 试样

每个试样由若干片 50 mm×50 mm 的薄膜组成，其质量不少于 300 mg，若薄膜宽度小于 50 mm，则可取条形试样，但其质量不得少于 300 mg。试样数量三个。

31.3 程序

在 23℃ ±1 ℃下测量每个试样的质量 m_1，精确到 0.1 mg。将盛有一定深度(10 mm 以上)浸渍液的玻璃器皿放到烘箱中，加热到产品标准所规定的温度。

当浸渍液达到试验温度后，把每组试样分别浸入浸渍液中。浸渍时应保证每片试样都互不接触。浸渍时间按产品标准的规定。达到浸渍时间后，从浸渍液中取出试样，分别用滤纸吸去每片试样表面的液体，然后再用新的滤纸擦干。在 23 ℃±1 ℃下称量每个试样的质量 m_2。擦干和称量应在试样从烘箱内取出后的 15 min 之内完成(因有些浸渍液在室温下可挥发，因此不要超过此时间)。

按第 5 章所述方法测定薄膜密度 d_1。

用密度瓶在 23 ℃±1 ℃下测量浸渍液的密度 d_2。

31.4 结果

$$X_5 = \frac{m_2 - m_1}{m_1} \cdot \frac{d_1}{d_2} \times 100 \qquad \cdots\cdots(14)$$

式中：

X_5——吸液性，单位为百分率(%)；

m_2——浸渍后每个试样的质量，单位为克(g)；

m_1——浸渍前每个试样的质量，单位为克(g)；

d_1——薄膜密度，单位为克立方厘米(g/cm^3)；

d_2——浸渍液密度，单位为克立方厘米(g/cm^3)。

取三个试样吸液性计算值的中值作为试验结果。

32 离子杂质萃取

按 GB/T 7196—1987 的规定。

33 绝缘漆的影响

33.1 设备

试验机：合适量程的材料试验机，装有一对夹具用于夹住试样。在施加拉伸负荷时，夹具能以产品标准规定的速度彼此分离，试验机的拉伸负荷和伸长率的示值的相对误差不大于1%；

烘箱：自然循环空气，温度范围为室温～300 ℃，控温精度为±2 ℃；

测厚仪：同 4.1.1.1；

玻璃容器。

33.2 试样

取五片 50 mm×50 mm 的试样用来测量厚度。

按 11.2 取十条纵向试样用来测量浸漆前后薄膜的拉伸强度和断裂伸长率。

33.3 试验步骤

在五片测量厚度的试样中心处，用 4.1.1.1 所述仪器分别测量其厚度（每片试样上均匀地测量五点，取其中值作为该片试样的厚度）。从十条纵向试样中取出五条，按 11.3 测量未浸绝缘漆时的拉伸强度和断裂伸长率，并检查未浸漆时试样的平整度、透明度和颜色。

将绝缘漆倒入玻璃容器中，加热到产品标准规定的温度。然后将五片测过厚度的试样以及另外五条纵向试样完全浸没在绝缘漆中。浸漆时试样之间，试样和容器间互不接触。浸约 4 h 后，取出试样，放入产品标准规定的溶剂中漂洗几秒钟，再用滤纸擦干。漂洗和擦干应在试样取出后的 1 min 内完成。

测量浸漆后试样的厚度、拉伸强度和断裂伸长率。这些试验应尽可能在试样从绝缘漆中取出后的 3 min 内完成，检查浸漆后试样的平整度、透明度和颜色。

33.4 结果

报告所用的绝缘漆的变化及试样在浸漆前后的平整度、透明度和颜色是否发生变化；

浸漆前后薄膜厚度的变化百分数；

浸漆前后薄膜拉伸强度的变化百分数；

浸漆前后薄膜断裂伸长率的变化百分数。

34 液态可聚合树脂复合物的影响

34.1 设备

试验设备同 33.1。

34.2 试样

试样同 33.2。

34.3 程序

试验步骤同 33.3。具体试验温度及浸渍时间视可聚合树脂的性质而定，一般浸渍时间不超过 4 h。达到浸渍时间后（应小于可聚合树脂的胶化时间）取出试样，放在甲苯中漂洗几秒钟。

34.4 结果

同 33.4。

35 空隙率

35.1 试验仪器

分析天平：称量 200 g，感量 0.1 mg；

杠杆千分尺：量程 25 mm，分度值 0.001 mm；

取样板：300 mm×100 mm×(1.5～3.0) mm 的不锈钢板。

35.2 试样

取十层薄膜，在离薄膜边缘 20 mm 以上的位置，用取样板取 300 mm（纵向）×100 mm（横向）的试样三个，若薄膜宽度小于 100 mm 时，薄膜的宽度即为试样的宽度。

35.3 程序

按 4.1.2 测定试样叠层法的厚度；

按 4.2 测定试样质量密度法的厚度。

35.4 结果

$$X_6 = \frac{t_1 - t_2}{t_2} \times 100 \quad \cdots\cdots (15)$$

式中：

X_6——空隙率，单位为百分率(%)；

t_1——试样叠层法厚度，单位为微米(μm)；

t_2——试样质量密度法厚度，单位为微米(μm)。

取三个试样计算值的中值作为试验结果，同时报告最大值和最小值。

ICS 29.035.99
K 15

中华人民共和国国家标准

GB/T 13542.4—2009
代替 GB 12802.2—2004

电气绝缘用薄膜 第4部分:聚酯薄膜

Film for electrical insulation—
Part 4: Polythylene terephthalate film used for electrical insulation

(IEC 60674-3-2:1992, Specification for plastic films for electrical purposes—
Part 3: Specifications for individual materials—
Sheet 2: Requirements for balanced biaxially oriented polythylene terephthalate (PET) films used for electrical insulation, MOD)

2009-06-10 发布 2009-12-01 实施

中华人民共和国国家质量监督检验检疫总局
中国国家标准化管理委员会 发布

前言

GB/T 13542《电气绝缘用薄膜》分为以下几个部分：

——第1部分：定义和一般要求；

——第2部分：试验方法；

——第3部分：电容器用双轴定向聚丙烯薄膜；

——第4部分：聚酯薄膜；

…………。

本部分为GB/T 13542的第4部分。

本部分修改采用IEC 60674-3-2:1992《电气用塑料薄膜　第3部分：单项材料规范　第2篇：对电气绝缘用均衡双轴定向聚对苯二甲酸乙二醇酯(PET)薄膜的要求》(英文版)。

本部分与IEC 60674-3-2:1992的主要差异如下：

a) 增加了25 μm和150 μm厚度规格的聚酯薄膜；

b) 增加了对最短段长度的规定；

c) 增加了规范性引用文件IEC 61074:1991《用差示扫描量热法测定电气绝缘材料熔融热、熔点及结晶热、结晶温度的试验方法》；

d) 规定了熔点的具体要求，同时在“6.1　与厚度无关的性能要求”增加了条文说明：熔点可用DSC法，按IEC 61074的规定进行，性能值待定；

e) 分类按国内实际分为1型：6020和6021，2型：6022；

f) 删除了“命名”一章。

本部分代替GB 12802.2—2004《电气绝缘用薄膜　第2部分：电气绝缘用聚酯薄膜》。

本部分与GB 12802.2—2004相比主要差异：对“拉伸强度和断裂伸长率”在“6.2　与厚度有关的性能要求”增加了条文说明：试验无争议时也可采用夹持距离为100 mm。

本部分由中国电器工业协会提出。

本部分由全国绝缘材料标准化技术委员会(SAC/TC 51)归口。

本部分主要起草单位：桂林电器科学研究所、四川东材科技集团股份有限公司、桂林电力电容器有限责任公司。

本部分起草人：王先锋、赵平、李兆林。

本部分所代替标准的历次版本发布情况为：

——GB 13950—1992、GB 12802.2—2004。

电气绝缘用薄膜　第4部分:聚酯薄膜

1　范围

GB/T 13542的本部分规定了电气绝缘用聚酯薄膜(以下简称薄膜)的分类和要求。

本部分适用于由聚对苯二甲酸乙二醇酯(PET)经铸片及均衡双轴定向而制得的薄膜。

2　规范性引用文件

下列文件中的条款通过GB/T 13542的本部分的引用而成为本部分的条款。凡是注日期的引用文件,其随后所有的修改单(不包括勘误的内容)或修订版均不适用于本部分,然而,鼓励根据本部分达成协议的各方研究是否可使用这些文件的最新版本。凡是不注日期的引用文件,其最新版本适用于本部分。

GB/T 13542.1—2009　电气绝缘用薄膜　第1部分:一般要求(IEC 60674-1:1980,IDT)

GB/T 13542.2—2009　电气绝缘用薄膜　第2部分:试验方法(IEC 60674-2:1988,MOD)

IEC 61074:1991　用差示扫描量热法测定电气绝缘材料熔融热、熔点及结晶热、结晶温度的试验方法

3　分类

薄膜根据其特性及用途分为两种类型和三种型号,如表1所示。

表1　薄膜的分类和型号

类　型	型　号	特性及用途
1型	6020	一般用途的透明薄膜
	6021	一般用途的不透明薄膜
2型	6022	电容器介质薄膜

4　一般要求

薄膜应由对苯二甲酸乙二醇酯制成;具有近似均衡取向的双轴定向结构并符合GB/T 13542.1—2009中的要求。

对于某些应用,可提出在材料中加入添加剂(例如颜料、染料)的要求。但除非另有规定,添加剂应不影响所列出的该型号薄膜的任何性能要求。

5　尺寸

5.1　厚度

薄膜厚度按GB/T 13542.2—2009中第4章的规定进行。薄膜厚度在15 μm及以下按4.1.2或4.2的规定进行,薄膜厚度在15 μm以上的按4.1.1或4.2的规定进行。

本部分对厚度不作要求,但优选厚度如下:

2 μm,3 μm,3.5 μm,5 μm,6 μm,8 μm,10 μm,12 μm,15 μm,19 μm,23 μm,25 μm,36 μm,50 μm,75 μm,100 μm,125 μm,150 μm,190 μm,250 μm,300 μm,350 μm。

除非在供货合同中另有规定,测量的厚度应在标称值±10%范围内。

5.2 宽度

薄膜宽度应按 GB/T 13542.2—2009 第 6 章进行。由于应用情况不同，不可能给出优选的宽度规格，宽度规格由供需双方商定。除了供作槽楔用薄膜规定其宽度小于 25 mm 时可选取用 −0.3 mm～0 mm 的偏差外，其他薄膜的宽度偏差应符合 GB/T 13542.1—2009 中 5.2 的要求。

6 性能要求

6.1 与厚度无关的性能要求

与厚度无关的性能要求见表 2。

表 2 与厚度无关的性能要求

性能		要求	单位	GB/T 13542.2—2009 章条号	型号
密度	6020、6022	1 390±10	kg/m^3	5	1 和 2
	6021	1 400±10			
熔点		≥256	℃	22	1
相对电容率	48 Hz～62 Hz	2.9～3.4	—	17.1	1
	1 kHz	3.2±0.3		17.1	1
	1 kHz	3.2±0.3		17.3	2
介质损耗因数	48 Hz～62 Hz	$\leqslant 3\times10^{-3}$	—	17.1	1
	1 kHz	$\leqslant 6\times10^{-3}$		17.1	1
	1 kHz	$\leqslant 6\times10^{-3}$		17.3	2
体积电阻率		$\geqslant 1.0\times10^{14}$	Ω·m	16.1	1
		$\geqslant 1.0\times10^{15}$		16.2	2
表面电阻率		$\geqslant 1.0\times10^{13}$	Ω	15	1
		$\geqslant 1.0\times10^{14}$			2
电解腐蚀		A1	—	21 目测法	1 和 2
		2	%	21 拉伸导线法	
高温下尺寸稳定性	拉力下	≥200	℃	24	1
	压力下	≥200		25	

密度采用沉浮法或密度梯度柱法进行测试，浸渍液采用碘化钾的水溶液，取三个测试值为试验结果，保留 4 位有效数字。本方法仅适用于厚度大于 12 μm 的薄膜。

熔点也可用 DSC 法，按 IEC 61074 的规定进行，性能值待定。

相对电容率、介质损耗因数、体积电阻率试验时施加在试样上的交流电场强度不大于 10 V/μm。根据测试仪器的要求，可采用多层薄膜迭合的方法。试样数为三个。取三个测试值的中值为试验结果。

表面电阻率测量条件为 23 ℃，50%RH 下经 24 h 暴露后，试验电压对厚度大于 10 μm 者为(100±10)V；对厚度小于 10 μm 者为 10 V。1 型根据测试仪器的要求，可采用多层薄膜迭合的方法进行。电化时间为 2 min。试样数为三个。取三个测试值的中值为试验结果。

电解腐蚀拉伸导线法试验条件为 40 ℃，93%RH，暴露周期 96 h。

6.2 与厚度有关的性能要求

与厚度有关的性能要求见表 3。

表 3 与厚度有关的性能要求

性　能	要　求				单位	GB/T 13542.2—2009 章条号	型号
	≤15 μm	>15 μm~≤100 μm	>100 μm~≤250 μm	>250 μm			
拉伸强度(两方向中任一方向)最小值	170	150	140	110	MPa	11	1 和 2
断裂伸长率(两方向中任一方向)最小值	50	80	80	80	%	11	1 和 2
尺寸变化(两方向中任一方向收缩)最大值	3.5	3.0	3.0	2.0	%	23(150 ℃，15 min)	1 和 2
电气强度	见表 4					18.1	1 和 2
击穿电压	见表 5					18.2	2
电气弱点	见表 6					19	2

拉伸强度和断裂伸长率对厚度小于 5 μm 的薄膜不要求。拉伸速度为 100 mm/min，标线间距离为 100 mm，无争议时也可采用夹持距离为 100 mm。

电气强度和击穿电压应用 6 mm 直径电极。对厚度≤100 μm 的薄膜应在空气中试验，升压速度为 500 V/s。对厚度大于 100 μm 的材料，应在变压器油中试验。取 10 次试验的算术平均值作为试验结果。

电弱点试验面积为 10 m^2。试验电压根据薄膜的标称厚度按 200 V/μm 进行计算。

表 4 电气强度(交流试验)，对所有型号

标称厚度 μm	电气强度　最小值 V/μm	GB/T 13542.2—2009 章条号
<6	—	18.1 使用 6 mm 直径的电极，在空气中
6	—	
8	—	
10	210	
12	208	
15	200	
19	190	
23	174	
25	170	
36	150	
50	130	
75	105	
100	90	
125	80	18.1 使用 6 mm 直径的电极，在变压器油中
150	75	
190	65	
250	60	
300	55	
350	50	

注：非推荐优选标称厚度的性能指标值由内插法求得。

表 5　击穿电压(直流试验)仅适用于 2 型

标称厚度 μm	最低击穿电压中值 kV	21 个结果中允许有 2 个以下低于下列规定值 kV	21 个结果中允许有 1 个低于下列规定值 kV
≤6	1.50	0.60	0.40
8	2.00	1.10	0.55
10	2.40	1.50	0.80
12	2.80	1.80	1.00
15	3.20	2.00	1.60
19	3.40	2.20	1.90
23	4.00	2.50	2.20
注：非推荐优选标称厚度的性能指标值由内插法求得。			

表 6　6022 型薄膜的电气弱点

标称厚度 μm	弱点数 个/m²
3	≤6
3.5	≤4
5	≤2
6	≤1
8	≤0.8
10	≤0.4
12 及以上	≤0.2
注：非推荐优选标称厚度的性能指标值由内插法求得。	

电气弱点按 GB/T 13542.2—2009 第 19 章测量，并根据薄膜的标称厚度按 200 V/μm 施加试验电压时测量得的弱点数应不超过表 6 给出的值。

6.3　其他性能

6.3.1　长期耐热性

长期耐热性应按 GB/T 13542.2—2009 第 28 章测试。并仅对 1 型薄膜适用。

TI≥130；终点标准：拉伸强度保持起始值的 10%。

TI≥115；终点标准：拉伸强度保持起始值的 50%。

满足这两个终点标准中的任一个者，可视为符合本部分的要求。

老化过程中，老化烘箱内空气的含湿量应为 9.5 g/m³～12.5 g/m³。

推荐老化温度为 140 ℃，160 ℃，180 ℃。

7　对所有型号的膜卷特性

7.1　卷径/膜长

由供需双方商定。

7.2　可卷绕性

按 GB/T 13542.2—2009 第 7 章进行，性能要求见表 7。

7.2.1　对宽度小于 150 mm 的膜卷，按 GB/T 13542.2—2009 的 7.2 进行。

表 7 薄膜的可卷绕性

单位为毫米

性 能	1型	2型
偏移/弧形	<10	<10
下垂(张力 5 MPa)	<5	<2

7.2.2 对宽度 150 mm 及以上膜卷,按 GB/T 13542.2—2009 的 7.3 进行

使偏移/弧形及下垂极限达到要求时所需的延伸应不大于 0.1%。对厚度大于 36 μm 的薄膜无要求。

7.3 接头数及最短段长度

每卷的接头数及最短段长度由供需双方商定。当未协商时,每卷的接头数及最短段长度见表 8。

表 8 接头数及最短段长度

薄膜厚度 μm	接头数(个)			最短段长度 m
	宽度≤50 mm			
	外径<250 mm	外径<250 mm	外径<250 mm～<450 mm	
2;3;3.5	≤6	≤4	≤6	≥200
5;6	≤5	≤4	≤5	
8	≤4	≤3	≤4	
10	≤4	≤3	≤4	
≥12	≤4	≤3	≤3	≥100

7.4 膜卷宽度

按 GB/T 13542.2—2009 第 6 章测得的薄膜宽度与不计卷芯在内的膜卷宽度之差值应不大于表 9 的规定。

表 9 膜卷宽度

单位为毫米

标称膜卷宽度	要求(最大差值)
<150	0.5
150～300	1.0
>300	2.0

7.5 管芯

优选的管芯为 76 mm 和 152 mm。

ICS 77.150.99
H 65

中华人民共和国国家标准

GB/T 13560—2009
代替 GB/T 13560—2000

烧结钕铁硼永磁材料

Materials for sintered neodymium iron boron permanent magnets

2009-04-23 发布　　2010-02-01 实施

中华人民共和国国家质量监督检验检疫总局
中国国家标准化管理委员会　发布

前　言

本标准代替 GB/T 13560—2000《烧结钕铁硼永磁材料》。

本标准与 GB/T 13560—2000 相比主要变化如下：

——引用标准中增加了“GB/T 17951 硬磁材料一般技术条件”；

——新增加了材料的牌号；

——对部分材料牌号的参数进行了调整。

本标准的附录 A 为规范性附录，附录 B、附录 C 为资料性附录。

本标准由全国稀土标准化技术委员会提出并归口。

本标准由包头稀土研究院负责起草。

本标准主要起草人：刘国征、赵增祺、赵瑞金、赵明静、王标、高兰。

本标准所代替标准的历次版本发布情况为：

——GB/T 13560—1992、GB/T 13560—2000。

烧结钕铁硼永磁材料

1 范围

本标准规定了烧结钕铁硼永磁材料的要求、试验方法、检验规则和标志、包装、运输、贮存。

本标准适用于粉末冶金工艺生产的烧结钕铁硼永磁材料，供电子、电力、机械、医疗器械等领域制作永磁器件等用。

2 规范性引用文件

下列文件中的条款通过本标准中的引用而构成为本标准的条款。凡是注日期的引用文件，其后所有的修改单(不包括勘误的内容)或修订版均不适用于本标准，然而，鼓励根据本标准达成协议各方研究是否可使用这些文件的最新版本，凡是不注日期的引用文件，其最新版本适用于本标准。

GB/T 2828.1 计数抽样检验程序 第1部分：按接收质量限(AQL)检索的逐批检验抽样计划

GB/T 3217 永磁(硬磁)材料磁性试验方法

GB/T 8170 数值修约规则

GB/T 9637 电工术语 磁性材料与元件

3 术语和定义

GB/T 9637 确立的以及下列术语和定义适用于本标准。

3.1

主要磁性能 principal magnetic properties

包括永磁材料的剩磁(B_r)、磁极化强度矫顽力〔内禀矫顽力〕(H_{cJ})、磁感应强度矫顽力(H_{cB})、最大磁能积($(BH)_{max}$)。

3.2

辅助磁性能 additional magnetic properties

包括永磁材料的相对回复磁导率(μ_{rec})、剩磁温度系数($\alpha(B_r)$)、磁极化强度矫顽力温度系数($\alpha(H_{cJ})$)、居里温度(T_c)。

4 要求

4.1 产品按磁极化强度矫顽力大小分为低矫顽力(N)、中等矫顽力(M)、高矫顽力(H)、特高矫顽力(SH)、超高矫顽力(UH)、极高矫顽力(EH)、至高矫顽力(TH)七类。

4.2 产品在 23 ℃±3 ℃下的主要磁性能应符合表1的规定。如需方有特殊要求，供需双方可另行协商。

4.3 每一牌号的产品分为毛坯状态和机械加工状态，产品的尺寸偏差、形状和位置偏差(简称形位偏差)见附录A，特殊要求可由供需双方共同商定。

4.4 产品的辅助磁性能和主要机械物理性能参见附录B，仅供设计和选材时参考，不做验收依据。

4.5 产品的化学组成、制造工艺及应用参见附录C，仅供设计和选材时参考，不做验收依据。

4.6 产品表面不允许有影响使用的裂纹、砂眼、夹杂和边、角脱落等缺陷，具体要求由供需双方共同商定。

表 1

数字牌号	字符牌号	类别	主要磁性能			
			B_r/T 不小于	H_{cJ}/(kA/m) 不小于	H_{cB}/(kA/m) 不小于	$(BH)_{max}$/(kJ/m^3) 范围值
048000	NdFeB 415/80	N	1.42	800	677	406～438
048001	NdFeB 380/80		1.38	800	756	366～398
048002	NdFeB 350/96		1.33	960	756	335～366
048003	NdFeB 320/96		1.27	960	876	302～335
048004	NdFeB 300/96		1.23	960	860	287～320
048005	NdFeB 280/96		1.18	960	860	263～295
048006	NdFeB 260/96		1.14	960	836	247～279
048007	NdFeB 240/96		1.08	960	796	223～256
048010	NdFeB 400/107	M	1.41	1 075	938	374～406
048011	NdFeB 380/107		1.38	1 075	938	358～390
048012	NdFeB 350/110		1.33	1 100	938	335～366
048013	NdFeB 320/110		1.27	1 100	910	302～335
048014	NdFeB 300/110		1.23	1 100	876	287～320
048015	NdFeB 280/110		1.18	1 100	860	263～295
048020	NdFeB 380/127	H	1.38	1 274	1 000	358～390
048021	NdFeB 365/127		1.36	1 274	976	342～374
048022	NdFeB 350/135		1.33	1 350	938	335～366
048023	NdFeB 330/135		1.29	1 350	938	318～350
048024	NdFeB 315/135		1.26	1 350	912	302～335
048025	NdFeB 300/135		1.23	1 350	890	287～318
048026	NdFeB 280/135		1.18	1 350	876	263～295
048027	NdFeB 260/135		1.14	1 350	844	247～279
048028	NdFeB 240/135		1.08	1 350	812	223～255
048030	NdFeB 350/160	SH	1.33	1 600	938	335～366
048031	NdFeB 330/160		1.29	1 600	938	318～350
048032	NdFeB 315/160		1.26	1 600	912	302～335
048033	NdFeB 300/160		1.23	1 600	886	287～318
048034	NdFeB 280/160		1.18	1 600	876	263～295
048035	NdFeB 260/160		1.14	1 600	836	247～279
048036	NdFeB 240/160		1.08	1 600	796	223～255
048037	NdFeB 220/160		1.05	1 600	756	207～239

表 1（续）

数字牌号	字符牌号	类别	主要磁性能			
			B_r/T 不小于	H_{cJ}/(kA/m) 不小于	H_{cB}/(kA/m) 不小于	$(BH)_{max}$/(kJ/m^3) 范围值
048040	NdFeB 300/200	UH	1.23	1 910	886	287～318
048041	NdFeB 280/200		1.18	1 910	845	263～295
048042	NdFeB 260/200		1.14	2 000	816	247～279
048043	NdFeB 240/200		1.08	2 000	756	223～255
048044	NdFeB 220/200		1.05	2 000	756	207～239
048045	NdFeB 210/200		1.02	2 000	732	191～223
048050	NdFeB 280/240	EH	1.18	2 400	845	263～295
048051	NdFeB 260/240		1.14	2 400	816	247～279
048052	NdFeB 240/240		1.08	2 400	756	223～255
048053	NdFeB 220/240		1.05	2 400	756	207～239
048060	NdFeB 240/260	TH	1.08	2 600	756	220～255
048061	NdFeB 220/278		1.05	2 786	756	207～239

5 试验方法

5.1 产品的主要磁性能试验方法按 GB/T 3217 的规定进行。

5.2 产品的尺寸、形位偏差采用满足精度要求且符合国家计量标准的量具检测，或由供需双方确认的专用量具检验。

5.3 产品的表面质量用目视检查。

5.4 数值修约按 GB/T 8170 的规定进行。

6 检验规则

6.1 检查与验收

6.1.1 产品由供方质量技术监督部门进行检验，保证产品符合本标准规定，并填写质量证明书。

6.1.2 需方应对收到的产品按本标准的规定进行检验。如检验结果与本标准规定不符时，应在收到产品之日起两个月内向供方提出，由供需双方协商解决。如需仲裁，可委托双方认可的单位进行，并在需方共同取样。

6.2 组批

每批产品应由同一牌号、同一生产工艺制成的同一规格的产品组成。

6.3 检验项目

每批产品应进行主要磁性能、尺寸偏差、形位偏差和表面质量的检验。

6.4 取样

取样数量按 GB/T 2828.1 规定进行，其产品的主要磁性能合格水平为特殊检查水平 S2 的 1.5 级，其他项目检验合格水平为检查水平Ⅱ的 1.5 级。

6.5 检验结果判定

如有任何一项结果不合格，则从该批产品中取双倍试样对不合格项目进行复验，如仍不合格，则判定该批产品为不合格。

7 标志、包装、运输、贮存

7.1 标志、包装

7.1.1 每个包装箱(盒)应附标签并注明:供方名称、产品名称、牌号、规格尺寸、批号、件数、净质量、出厂日期。产品一般以磁中性状态交货。如需方要求充磁并在合同中注明,可充磁交货。对取向方向不易辨别的产品,应标明充磁方向。

7.1.2 产品用箱(盒)包装,并保证在运输和贮存过程中不损坏。充磁材料的包装要求应符合相应运输和贮存方式的相应规定。

7.2 运输、贮存

产品在运输过程中应小心轻放,存放于通风良好、干燥、无腐蚀气氛的场所。

7.3 质量证明书

每批产品应附质量证明书,注明:

a) 供方名称;
b) 产品名称、牌号、规格尺寸;
c) 批号;
d) 净重、件数;
e) 各项检验结果和供方质量技术检验部门印记;
f) 本标准编号;
g) 检验日期;
h) 出厂日期。

附 录 A
（规范性附录）
烧结钕铁硼永磁材料的尺寸和形位偏差

A.1 表A.1为烧结钕铁硼永磁材料毛坯状态和机械加工状态尺寸偏差。

表 A.1

单位为毫米

尺寸范围	烧结面偏差值		加工面偏差值			
	垂直于压制方向	压制方向	平磨	内外圆磨	线切割	切片
≤10	±0.25	±0.30	±0.05	±0.05	±0.03	±0.03
>10～20	±0.40	±0.45	±0.05	±0.08	±0.05	±0.05
>20～50	±0.70	±0.85	±0.10	±0.13	±0.08	±0.10
>50～80	±1.10	±1.30	±0.15	±0.20	±0.13	±0.15

A.2 表A.2为烧结钕铁硼永磁材料形位偏差。

表 A.2

<table>
<tr><th>偏差种类</th><th>检查部位</th><th colspan="2">基本尺寸/mm</th><th>偏差值</th></tr>
<tr><td>平行度</td><td>加工面间</td><td colspan="2">任意</td><td>两平面间公差值的二分之一</td></tr>
<tr><td rowspan="3">垂直度</td><td>烧结面间</td><td colspan="2" rowspan="3">任意</td><td>90°±1°</td></tr>
<tr><td>加工面与烧结面间</td><td>90°±1°</td></tr>
<tr><td>两加工面间</td><td>90°±1°</td></tr>
<tr><td rowspan="7">同轴度</td><td rowspan="6">烧结面间</td><td rowspan="6">外径</td><td>≤14</td><td>±0.35 mm</td></tr>
<tr><td>>14～24</td><td>±0.60 mm</td></tr>
<tr><td>>24～40</td><td>±0.80 mm</td></tr>
<tr><td>>40～60</td><td>±1.10 mm</td></tr>
<tr><td>>60～80</td><td>±1.50 mm</td></tr>
<tr><td>>80～100</td><td>±2.00 mm</td></tr>
<tr><td>加工面间</td><td colspan="2">任意</td><td>±0.08 mm</td></tr>
</table>

附 录 B
（资料性附录）
烧结钕铁硼永磁材料的辅助磁性能和主要机械物理性能

表 B.1 为烧结钕铁硼永磁材料的辅助磁性能和主要机械物理性能。

表 B.1

规格	参 数	参考值
辅助磁性能	剩磁温度系数（$\alpha(B_r)$）/（%/K）	−0.1～−0.12
	内禀矫顽力温度系数（$\alpha(H_{cJj})$）/（%/K）	−0.4～−0.6
	居里温度（T_c）/K	583～623
	回复磁导率（μ_{rec}）	1.05
机械物理特性	密度/（g/cm^3）	7.40～7.70
	维氏硬度（HV）	500～600
	电阻率/（μΩ·m）	1.4～1.6
	抗压强度/MPa	1 000～1 100
	抗拉强度/MPa	80～90
	热传导率/（W/（m·K））	8～10
	杨氏模量/GPa	150～200
	热膨胀系数（垂直于取向方向）/（10^{-6}/K）	1～3
	热膨胀系数（平行于取向方向）/（10^{-6}/K）	3～4
注：剩磁温度系数（$\alpha(B_r)$）、内禀矫顽力温度系数（$\alpha(H_{cJj})$）的测量温度范围是 293 K～373 K，但不排除产品可以在此温度范围外使用。		

附 录 C
（资料性附录）
烧结钕铁硼永磁材料的化学成分、制造工艺及应用

C.1 烧结钕铁硼永磁材料的化学组分

烧结钕铁硼永磁材料是以金属间化合物 $Nd_2Fe_{14}B$ 为基础的永磁材料，是永磁特性的来源，主要成分为钕(Nd)、铁(Fe)、硼(B)。为了获得不同性能，产品中的钕可用部分镝(Dy)、镨(Pr)等其他稀土金属替代，铁可被钴(Co)、铝(Al)等其他金属部分替代，其中Co元素可显著提高居里温度。

C.2 烧结钕铁硼永磁材料的制造工艺

烧结钕铁硼永磁材料采用的是粉末冶金工艺，熔炼后的合金制成粉末并在磁场中压制成压坯，压坯在惰性气体或真空中烧结达到致密化。为了提高磁体的矫顽力，通常需要进行时效热处理。烧结钕铁硼永磁材料的工艺流程如图C.1所示。

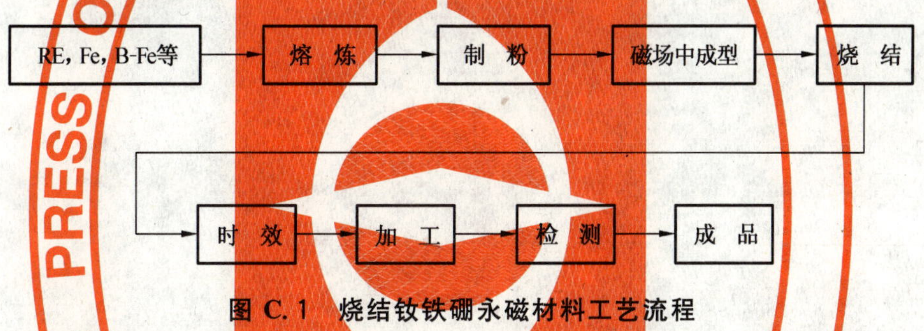

图 C.1 烧结钕铁硼永磁材料工艺流程

C.3 烧结钕铁硼永磁材料应用

烧结钕铁硼永磁材料具有优异的磁性能，可广泛地应用于电子、电力、机械、医疗器械等领域。如：在永磁电机、扬声器、磁选机、计算机磁盘驱动器、核磁共振成象设备、仪表等方面的应用。

ICS 03.220.40;53.080
R 46

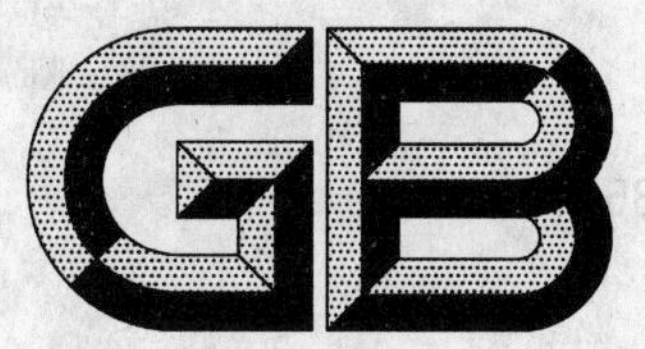

中华人民共和国国家标准

GB 13561.1—2009
代替 GB 13561.1—1992

港口连续装卸设备安全规程 第1部分:散粮筒仓系统

Safety rules on port's continuous handling facilities—Part 1:Grain silos system

2009-06-04 发布　　2010-01-01 实施

中华人民共和国国家质量监督检验检疫总局
中国国家标准化管理委员会　发布

前　言

本部分的全部技术内容为强制性。

GB 13561《港口连续装卸设备安全规程》包括四个部分：

——第1部分：散粮筒仓系统；

——第2部分：气力卸船机；

——第3部分：带式输送机、埋刮板输送机和斗式提升机；

——第6部分：连续装卸机械。

本部分为GB 13561的第1部分。

本部分代替GB 13561.1—1992《港口连续装卸设备安全规程　散粮筒仓系统》。

本部分与GB 13561.1—1992相比主要技术差异如下：

——增加了粮食粉尘、粉尘爆炸危险场所、二次爆炸、粮食粉尘防爆、爆炸泄压、隔爆和熏蒸七个术语和定义(见3.3、3.4、3.5、3.6、3.7、3.8和3.9)；

——提高了布置与结构的安全防护要求(见4.2、4.3.3、4.3.4、4.4.6)；

——提高了泄爆的安全防护要求(见4.4.1、4.4.3)；

——降低了隔爆的安全要求(见4.4.5)；

——取消了4.5，相关内容并入5.1、7.10和11.13中；

——提高了工艺设计及装卸设备的安全防护要求(见5.1.1、5.1.2、5.2.1、5.2.3等)；

——提高了监控系统的安全防护要求(见6.1.2、6.1.3、6.2.1、6.2.2、6.2.3等)；

——提高了静电防护的安全防护要求(见7.1、7.2、7.3等)；

——提高了通风除尘的安全防护要求(见8.1.1、8.2.1、8.2.6、8.3.1、8.3.6等)；

——提高了熏蒸的安全防护要求(见10.1、10.2等)；

——降低了消防器材布置的安全要求(见9.4)；

——取消了1992版的附录A。

本部分由中华人民共和国交通运输部提出。

本部分由交通部港机标准归口单位归口。

本部分起草单位：交通部水运科学研究院。

本部分主要起草人：谢天生、傅玲、俞维纫、李瑞金。

本部分所代替标准的历次版本发布情况为：

——GB 13561.1—1992。

港口连续装卸设备安全规程
第1部分:散粮筒仓系统

1 范围

GB 13561的本部分规定了港口散粮筒仓系统的布置与结构、工艺设计及装卸设备、电气及监控系统、静电防护、通风除尘、消防设施、熏蒸和安全管理的防火防爆等基本要求。

本部分适用于港口散粮筒仓系统的防火防爆设计、安全设施的配置和安全管理,其他散粮筒仓系统也可参照使用。

2 规范性引用文件

下列文件中的条款通过GB 13561的本部分的引用而成为本部分的条款。凡是注日期的引用文件,其随后所有的修改单(不包括勘误的内容)或修订版均不适用于本部分,然而,鼓励根据本部分达成协议的各方研究是否可使用这些文件的最新版本。凡是不注日期的引用文件,其最新版本适用于本部分。

GB 8958 缺氧危险作业安全规程

GB 12158 防止静电事故通用导则

GB 12476.1 可燃性粉尘环境用电气设备 第1部分:用外壳和限制表面温度保护的电气设备 第1节:电气设备的技术要求(GB 12476.1—2000,idt IEC 61241-1:1999)

GB/T 13561.2 港口连续装卸设备安全规程 第2部分:气力卸船机

GB/T 13561.3 港口连续装卸设备安全规程 第3部分:带式输送机、埋刮板输送机和斗式提升机

GB/T 13561.6 港口连续装卸设备安全规范 第6部分:连续装卸机械

GB 15577 粉尘防爆安全规程

GB 15603 常用危险化学品储存通则

GB/T 15605 粉尘爆炸泄压指南(GB/T 15605—1995,neq NFPA 68)

GB 17440 粮食加工、储运系统粉尘防爆安全规程

GB 17918 港口散粮装卸系统粉尘防爆安全规程

GB/T 17919 粉尘爆炸危险场所用收尘器 防爆导则

GB 50016 建筑设计防火规范

GB 50052 供配电系统设计规范

GB 50053 10千伏及以下变电所设计规范

GB 50057 建筑物防雷设计规范

GB 50058 爆炸和火灾危险环境电力装置设计规范

GB 50077 钢筋混凝土筒仓设计规范

GB 50140 建筑灭火器配置设计规范

GB 50322 粮食钢板筒仓设计规范

GBZ 2.1 工作场所有害因素职业接触限值 化学有害因素

JT 556 港口防雷与接地技术要求

JTJ 211 海港总平面设计规范及其局部修订

LS 1201　磷化氢环流熏蒸技术规程

LS 1202　储粮机械通风技术规程

3　术语和定义

下列术语和定义适用于 GB 13561 的本部分。

3.1

筒仓　silos

贮存散装物料的立式容器。本部分系指贮存散粮的立式容器。

3.2

筒仓系统　silos system

是筒仓、工作楼(塔)、灌包间、转接塔、廊道等建筑物,装卸设备、输送设备、工艺设备及其他辅助设施的总称。

3.3

粮食粉尘　grain dust

粮食在生产和储存过程中所产生能较长时间悬浮于空气中的固体微粒,是一种不导电的可燃性粉尘。

3.4

粉尘爆炸危险场所　dust explosion hazardous area

存在可燃粉尘和气态氧化剂(或空气)的场所。

3.5

二次爆炸　secondary explosion

发生粉尘爆炸时,初始爆炸的冲击波将沉积粉尘再次扬起,形成粉尘云,并被其后的火焰引燃发生的连续爆炸。

3.6

粮食粉尘防爆　the protection for grain dust explosion

预防粮食粉尘燃烧、爆炸,并使粉尘燃烧、爆炸发生时损失减少的技术。

3.7

爆炸泄压　explosion pressure venting

一种限制爆炸超压的防护方法,通过打开设定的泄爆装置,释放未燃混合物和燃烧产物,避免压力上升超过围包体设计强度(抗爆强度)从而保护围包体。

3.8

隔爆　explosion suppression

一种限制爆炸扩展的防护方法,通过阻断爆炸波或燃烧波的传播,从而限制爆炸的扩展。

3.9

熏蒸　suffocating

采用熏蒸剂在密闭的场所杀死害虫、病菌或其他有害生物的技术措施。

4　布置与结构

4.1　基本要求

4.1.1　工作楼(塔)及灌包间的火灾危险性属乙类生产的火灾危险性,筒仓的火灾危险性属丙类储存物品的火灾危险性,其建筑防火设计应符合 GB 50016 的有关要求或规定。

4.1.2　筒仓及工作楼(塔)为二类防雷建筑,其防雷措施应符合 GB 50057 和 JT 556 的有关要求或规定。

4.1.3 钢筋混凝土筒仓的设计应符合 GB 50077 的有关要求或规定，钢板筒仓的设计应符合 GB 50322 的有关要求或规定。

4.1.4 变电所及配电所的设置应符合 GB 50016、GB 50052、GB 50053 和 GB 50058 的有关要求或规定。

4.1.5 散粮筒仓系统的设计应符合 GB 15577、GB 17440 和 GB 17918 的有关要求或规定。

4.2 布置要求

4.2.1 筒仓系统的布置应符合 JTJ 211 的有关要求或规定，装卸船作业区、装卸车作业区、散粮储存区、生产辅助区等应各自按功能分区，相对集中、独立布置。

4.2.2 筒仓系统应划定封闭管理区域，实行封闭管理。

4.2.3 筒仓的单仓容量、数量及平面布置应根据工艺、地形、工程地质、施工条件和防火防爆原则，经技术、经济、安全三方面比较综合考虑后确定。

4.2.4 钢筋混凝土结构的筒仓和封闭式工作楼(塔)与人员集中区域或场所的间距应大于 30 m，钢板筒仓或开敞式结构工作楼(塔)与人员集中区域或场所的间距应大于 20 m。

4.2.5 休息室、值班室等应远离筒仓，休息室的安全间距应大于 4.2.4 所规定的距离。值班室如必须贴邻筒仓时，应采用一、二级耐火等级建筑，并应采用耐火极限不低于 3 h 的不燃烧体防护墙隔开，并设置直通室外或疏散楼梯的安全出口。

4.2.6 中控楼(室)应远离筒仓，如必须贴邻筒仓时，应采用耐火极限不低于 3 h 的不燃烧体防护墙隔开，并设置直通室外或疏散楼梯的安全出口，并严禁设置在筒仓顶部。

4.2.7 筒仓宜设置环形消防通道，道路宽度和转弯半径应满足安全要求。如确有困难，可沿筒仓群两个长边设置宽度不小于 6 m 的消防通道。

4.2.8 工作楼(塔)应设置电缆竖井。

4.2.9 粉尘爆炸危险区域应有疏散路线，疏散路线应设置醒目的路标和应急照明设施。

4.3 结构要求

4.3.1 钢筋混凝土筒仓仓壁表面应平整、光滑，以减少粉尘积集。

4.3.2 筒仓之间不得留有构造上的洞孔和连通的气孔。

4.3.3 钢筋混凝土筒仓的顶部应设置人孔，以便进行安全检查、清扫和维修，人孔尺寸应不小于 0.6 m×0.7 m，并应防止仓内粉尘逸出。

4.3.4 除筒仓外，工作楼(塔)及廊道等产生粉尘的场所，宜采用开敞式结构。

4.3.5 仓顶屋面应有排水孔或排水管用于排除积水。

4.3.6 筒仓筒体与锥体连接处应密闭，防止水的渗透。

4.4 泄爆与隔爆要求

4.4.1 筒仓、提升机、埋刮板机、除尘器及计量装置等设备设施均应设置能有效泄压的泄爆装置，泄爆装置面积和开启压力应以 GB/T 15605 或粉尘爆炸标准试验作依据，以保证发生意外爆炸时可能达到的最大爆炸压力不超过设备设施的设计强度。

4.4.2 筒仓仓顶及封闭式工作楼(塔)应设置泄爆装置，以将因爆炸而产生的高压气体和附带的燃烧物及未燃物向无危险的方向泄出，保证筒仓及工作楼(塔)结构不致被破坏。

4.4.3 设置在封闭区域内部的设备设施，如需泄爆，应设直通室外的泄爆管道。

4.4.4 筒仓与提升机之间宜设置隔爆装置。

5 工艺设计及装卸设备

5.1 工艺设计

5.1.1 应做好码头、输送系统、筒仓的设备设施选型和工艺系统连接，并设置倒仓工艺。

5.1.2 应设置料位、仓温的连续监控系统和高低料位报警系统。

5.1.3 应在粮流进入主流程之前设置铁磁分离器和粗清筛。

5.1.4 工艺流程的设计，应尽量避免不必要的反复提升，以减少产尘点、粮食破碎和可能的点火源。

5.1.5 各工艺连接处应采取密封和除尘措施，以防止粉尘外逸。

5.2 装卸设备

5.2.1 宜选用密闭式的连续装卸船和输送设备。

5.2.2 应选用防尘、防爆、噪声低、维修保养方便的装卸设备和输送设备。

5.2.3 斗式提升设备宜选用低速斗式提升机，同时应注意畚斗的选择，宜选用导静电非金属畚斗。

5.2.4 输送设备应输送平稳、不颠簸、不易撒料、不易扬尘和不易跑偏。

5.2.5 装卸设备的其他安全要求应符合 GB/T 13561.2、GB/T 13561.3 和 GB/T 13561.6 的有关要求或规定。

5.2.6 设备设施的招标、选型、购置过程中，应明确火灾爆炸防护要求。

6 电气及监控系统

6.1 电气系统

6.1.1 筒仓、提升机设备、水平输送设备、除尘器等设备设施内部属 20 区爆炸危险区域，筒仓仓顶(底)、工作楼(塔)、水平输送廊道、除尘设施附近区域及其他封闭区域属 21 区爆炸危险区域。

6.1.2 安装在筒仓系统内的全部电气设备均应符合 GB 12476.1 的有关要求或规定。

6.1.3 安装在筒仓系统内的所有电机、电器的防护等级应符合 GB 12476.1 的有关要求或规定。

6.1.4 安装在筒仓系统内的所有电气设备的外壳表面温度不得超过 145 ℃。

6.1.5 供电系统应采用带剩余电流保护功能的系统，防止因为绝缘损坏而引起的漏电起火。

6.1.6 应定期检查各电气设备，以防绝缘老化、动作失灵、接触不良等故障的发生。

6.1.7 配电室不应设置在火灾、粉尘爆炸危险场所，当设置在工作楼(塔)内时，应用耐火极限不低于 3 h 的不燃烧体防护墙隔开，并应具有双层门窗；继电器、接触器、闸刀等电气设备宜集中安装在配电室内。

6.1.8 所有电气电缆宜选用铠装电缆，非铠装电缆应有漏电保护功能，并应定期进行检查，防止鼠害，发现破损应及时修复，防止造成短路漏电等故障。

6.1.9 爆炸危险场所应设置粉尘防爆型事故应急照明设施。

6.2 监控系统

6.2.1 筒仓系统应设置监控系统，监控系统能够实现对现场设备的起动、停止、连锁、检测以及信息采集与传输等功能，实现生产报表、流程监控、称重计量、粮情检测、通风除尘等自动化管理功能。

6.2.2 监控系统应设置现场手动控制、中控室集中手动控制和中控室自动控制三种控制方式。

6.2.3 筒仓系统应设置工业电视监控系统、语音广播系统和工业电话系统。

6.2.4 作业现场应设置起动预告信号装置，装置的位置及数量应能满足对整个工艺流程各部位都起到警示作用；装卸输送设备应设置现场紧急停车装置。

6.2.5 装卸设备、水平输送设备(皮带输送机、气垫输送机、埋刮板输送机等)、提升设备、除尘器、计量秤、缓冲漏斗等设备及装卸作业过程应设置各种故障监控和防护系统。

6.2.6 宜对除尘器的进出风口压差、进出风口和灰斗的温度等参数进行监测，对于脉冲喷吹类除尘器还应监测喷吹压力，出现异常时应予以报警。

6.2.7 宜对除尘器的卸灰装置、清灰阀门(停风阀、切换阀)等部件的工况进行监控。

6.2.8 工艺过程应实现全自动控制，每条作业线均应做到：逆工艺流程开车，顺工艺流程停车。故障时，故障点前的设备应立即停车，停止进料；故障点后的设备顺工艺流程依次停车，排尽物料。

6.2.9 所有监控、保护装置应与工艺流程联锁，一旦出现故障，流程应能自动停止，并应设有在紧急情况下能够切断有关设备电源的开关。

6.2.10 监控系统应设防感应雷电的装置。

6.2.11 监控系统设计应保证系统稳定和可靠运行。

6.2.12 应定期检查各监控设备，以保证监控设备在任何时候都能正常工作。

7 静电防护

7.1 筒仓系统中能产生、积聚静电的设备设施均应可靠接地，静电接地应符合 GB 12158 中的有关要求或规定。

7.2 筒仓内测温电缆、卸料溜筒应有可靠的静电消除装置。

7.3 清仓设备应设静电消除装置。

7.4 各类装卸机械、输送设备所用胶带应采用抗静电、阻燃胶带；胶带不应采用刚性结合。

7.5 不应利用避雷接地线、电源零线、输气管道、暖气管道等作为静电接地线。

7.6 静电接地体电阻值不得大于 100 Ω，并应定期进行检查。

7.7 接地连接点应保证接触牢固可靠，对有振动、位移的物体连接处，应加挠性连接线过渡，所有连接点均不得采用接地线和被接地体相互缠绕的方法连接。

7.8 接地干线在爆炸危险场所的不同方向，应与接地体有不少于两处的连接点。

7.9 进入筒仓内时应穿戴防静电服装、鞋帽。

7.10 中控室应铺设防静电地板。

7.11 料位检测时，严禁用带有金属头的皮尺一类的工具检测料位，以防止操作者遭受静电电击和产生静电火花。

8 通风除尘

8.1 通风

8.1.1 通风系统的设计和操作应符合 LS 1202 的有关要求或规定。

8.1.2 通风系统应采用不燃烧材料制作，其结构应坚固，连接应严密，系统内不应有阻碍气流的死角。

8.1.3 每个筒仓应有独立的空气置换装置。

8.1.4 排气管应垂直设置，不能垂直安放时，可与垂线成小于 30°的倾角。倾斜的排气管应在一定间隔处设置清扫口。

8.1.5 排气管的出口应设防风罩。

8.2 除尘系统

8.2.1 工作场所粉尘时间加权平均允许浓度不得超过 4 mg/m³，除尘器排放口粉尘浓度不得超过 120 mg/m³，作业流程中产尘点的粉尘浓度应不超过 4 g/m³。

8.2.2 应根据工艺流程、工艺设备、粉尘浓度等决定除尘方式及选用除尘器和风机，除尘系统的设计应满足 8.2.1 的要求，除尘器应符合 GB/T 17919 的有关要求或规定。

8.2.3 除尘系统风网的设计应在满足吸风量及净化空气要求的前提下，力求布置合理、管路短、维修方便。

8.2.4 各装卸设备的进、出料口、转接点等易起尘的部位，应设置吸尘罩，吸尘罩周围应有防止粉尘外逸的设施，有效控制粉尘的扩散。

8.2.5 除尘器应有良好的气密性，在其额定工作压力下的漏风率不应高于 5%。

8.2.6 除尘器进、出风口处宜设置隔离阀，并安装温度监控装置。

8.2.7 应根据除尘器类型、清灰方式、过滤风速、粉尘物性、入口处粉尘浓度等因素合理确定清灰周期，并应有可靠的清灰自控系统。

8.2.8 通风除尘系统含尘管道的风速应位于 12 m/s～20 m/s 之间。

8.2.9 除尘器应设静电直接接地，接地电阻不得大于 100 Ω。

8.2.10　除尘器宜安装在开敞式场所，并应具有防雨防腐蚀的能力；当除尘器安装在封闭式火灾爆炸场所时，应靠近外墙安装，并具有直接通向外部的泄爆管道，其直通管道长度应小于 3 m。

8.2.11　计量装置(包括计量秤、秤上斗、秤下斗)均应封闭，并宜配置独立的通风除尘系统。

8.2.12　应在装卸作业前 5 min 启动通风除尘系统，作业停止后，通风除尘系统仍需继续运行 10 min 以上。

8.3　集(积)尘的清理

8.3.1　除尘管道应每隔一定间距设置清扫口。

8.3.2　筒仓系统应建立集尘系统，以清理除尘器收集到的集尘。

8.3.3　筒仓系统宜设置真空积尘收集系统，配备相应的吸尘器，定期清理设备内部、设备表面、地面、坑道、墙壁等处的积尘。

8.3.4　应及时清除溢出和堵塞的粉尘及剩余的物料。

8.3.5　清理积尘前应先打开门、窗及通风口，清理过程中禁止使用压缩空气和其他易使粉尘飞扬的清扫办法，严禁使用能摩擦产生火花的清扫工具。

8.3.6　集尘不宜直接返回粮流。

9　消防设施

9.1　筒仓系统的消防设施应符合 GB 50016 的有关要求或规定。

9.2　筒仓系统消防供电应为二级负荷供电。

9.3　筒仓及工作楼(塔)顶应设消火栓，配置消防器材，消防管道应有排空系统。

9.4　筒仓系统内应按 GB 50140 要求设置灭火器，其手提式灭火器最大保护距离不应大于 20 m。

9.5　筒仓系统应设置火灾报警装置，并设火警专用通讯联络线路。

10　熏蒸

10.1　熏蒸作业应符合 LS 1201 的有关要求或规定。

10.2　熏蒸工艺投产前，应对熏蒸筒仓、熏蒸设备及所有熏蒸管路系统的气密性进行检测，符合要求后，方可投产。

10.3　熏蒸前应对投药工艺设备进行预检。

10.4　熏蒸前应检查消防设备，并保持完好状态。

10.5　熏蒸区域应建立封闭区域，实行封闭管理，设立熏蒸作业标志和标示。

10.6　需要熏蒸的筒仓，在熏蒸前应设置明显的熏蒸标志。

10.7　熏蒸作业场所的管理人员、装卸人员及熏蒸作业负责人应事先商定投药时间、送风排毒时间和相互联系方式，并清点作业前后的人数。

10.8　熏蒸时应按国家检验检疫部门的有关规定进行投药操作和监测。

10.9　需要熏蒸的筒仓密闭熏蒸时，应对毗连的空间进行周期性检验，以检查是否有熏蒸气体泄漏。

10.10　检验人员应戴好防毒面具，如泄漏超过允许浓度，应及时予以处理。

10.11　熏蒸后，应对熏蒸仓进行通风，并符合 GBZ 2.1 中的有关要求。

10.12　在投药过程中，因机械故障或停电等使流程中途停滞时，对已投放在输送设备上的熏蒸剂应有应急处理措施。

10.13　熏蒸剂的储存管理应符合 GB 15603 的要求或规定。

10.14　应为作业人员配备气体浓度检测仪和隔离式防毒面具。

10.15　建立熏蒸安全操作规程，严格按规程进行熏蒸作业。

10.16　应制定熏蒸事故应急救援预案，有发生毒气泄漏或人员中毒的现场应急处置措施。

11 安全管理

11.1 筒仓系统的生产经营单位应设立专门的安全生产管理机构或配备专职安全生产管理人员。

11.2 应建立健全各种规章制度和操作规程，制定各项应急救援预案，包括火灾爆炸事故应急救援预案和紧急情况人员疏散预案，并定期演练。

11.3 筒仓系统的工作人员在上岗前，应经过严格培训，熟悉本岗位职责，了解粉尘防爆知识，经考试或考核合格后方可上岗。

11.4 筒仓系统应为无火种区，凡进入筒仓系统的人员应办理出入手续，严禁穿带铁钉的鞋进入筒仓系统，严禁带入火种。

11.5 筒仓系统各部位应有明显的禁止吸烟、警惕粉尘爆炸及火警电话等安全标志。

11.6 装卸作业时，在爆炸危险场所内严禁用铁器敲击墙壁、金属设备管道及其他物体。

11.7 入库作业的机械车辆应性能完好，并配备火花熄灭装置和灭火器材。

11.8 应严格按照机电设备管理制度进行设备的运行管理和维修保养工作。

11.9 应绘制、编制所有运动部件的检查、清洁、润滑、拆洗、紧固与调整的周期表和流程图，并落实到岗位责任制上。

11.10 在筒仓系统内，不应进行明火作业，如需进行此类作业时，应向主管部门提出临时动火申请，确定作业负责人和安全监护人，由主管部门召集安全、消防和技术部门察看现场，确认具备严密的安全措施后方可批准作业。

11.11 在获准进行明火作业时应遵循如下规定：

a) 筒仓系统内与动火作业有关的各种机械应全部停机；
b) 清除需要焊接或切割的设备内壁的积尘；
c) 作业点周围半径 10 m 范围内，所有可燃性材料均应从作业现场搬离，确实不能移走的，应用不燃烧材料隔离保护；
d) 作业现场的门、窗、泄爆口应打开，与其他密闭容器相连的管道，有隔离阀门的应把阀门关严，无隔离阀门的则应拆除一段管道，使管道有开放段，同时封闭非动火作业段管道；
e) 作业现场的地面及其下层地面均应打扫干净并用水淋湿；
f) 作业点周围半径 10 m 范围内，地面与墙壁上的孔洞、通风除尘吸风口等均应用非燃烧材料覆盖，防止火花溅落在孔洞内；
g) 作业时严禁无关人员进入作业现场；
h) 作业时，应有消防人员携带灭火器在现场监视作业，结束后作业负责人、安全监护人和消防人员应共同负责熄灭残火，安全监护人进行守护，检查确认安全后，方可撤离作业现场。

11.12 筒仓系统应配备氧浓度测定仪，在筒仓、船舱有可能缺氧的场所作业时，应按 GB 8958 的规定执行。

11.13 在检查仓内料位或清扫仓底时，应用防爆灯具进行照明。

11.14 安全设施和通风除尘设施未经安全主管部门批准，严禁拆除。

ICS 03.220.40;53.040.10
R 46

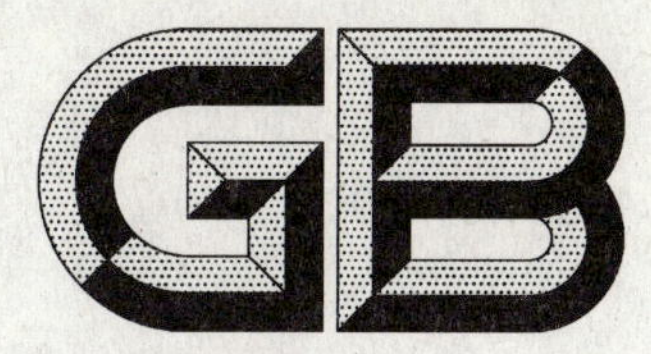

中华人民共和国国家标准

GB/T 13561.3—2009
代替 GB/T 13561.3～13561.5—1992

港口连续装卸设备安全规程 第3部分:带式输送机、埋刮板输送机和斗式提升机

Safety rules on port's continuous handling facilities—
Part 3:Belt conveyers,mass conveyer and bucket elevator

2009-03-31 发布　　2009-11-01 实施

中华人民共和国国家质量监督检验检疫总局
中国国家标准化管理委员会　发布

前　言

GB/T 13561《港口连续装卸设备安全规程》包括四个部分：

——第1部分：散粮筒仓系统；

——第2部分：气力卸船机；

——第3部分：带式输送机、埋刮板输送机和斗式提升机；

——第6部分：连续装卸机械。

本部分为GB/T 13561的第3部分。

本部分代替GB/T 13561.3—1992《港口连续装卸设备安全规程　带式输送机》，GB/T 13561.4—1992《港口连续装卸设备安全规程　埋刮板输送机》，GB/T 13561.5—1992《港口连续装卸设备安全规程　斗式提升机》。本部分将GB/T 13561.3—1992、GB/T 13561.4—1992、GB/T 13561.5—1992三个部分进行整合修订。

本部分与GB/T 13561.3—1992、GB/T 13561.4—1992、GB/T 13561.5—1992相比，主要区别如下：

——具体规定了设备的运行噪音要求(见3.1.6)；

——修改了带式输送机的速度要求(见4.2.3)；

——明确了埋刮板输送机张紧行程的具体尺寸要求(见4.7.1)；

——明确了输送的安全保护要求(见6.1～6.11)；

——增加了连续输送机物料输送系统启停顺序要求(见6.7)。

本部分由中华人民共和国交通运输部提出。

本部分由交通运输部港机标准归口单位归口。

本部分起草单位：交通部水运科学研究所、湖北宜都机电工程股份有限公司。

本部分主要起草人：崔若东、王传平、陈丽昕、丁敏。

本部分所代替标准的历次版本发布情况为：

——GB/T 13561.3—1992；

——GB/T 13561.4—1992；

——GB/T 13561.5—1992。

港口连续装卸设备安全规程 第3部分:带式输送机、埋刮板输送机和斗式提升机

1 范围

GB/T 13561 的本部分规定了港口带式输送机、埋刮板输送机和斗式提升机在设计、制造、使用、保养和维修及报废等方面的安全要求。

本部分适用于港口装卸、粮仓储运的带式输送机、埋刮板输送机、斗式提升机(以下统称连续输送机)。

2 规范性引用文件

下列文件中的条款通过 GB/T 13561 的本部分的引用而成为本部分的条款。凡是注日期的引用文件,其随后所有的修改单(不包括勘误的内容)或修订版均不适用于本部分,然而,鼓励根据本部分达成协议的各方研究是否可使用这些文件的最新版本。凡是不注日期的引用文件,其最新版本适用于本部分。

GB/T 699 优质碳素结构钢

GB/T 700 碳素结构钢(GB/T 700—2006,ISO 630:1995,NEQ)

GB/T 985 气焊、手工电弧焊及气体保护焊焊缝坡口的基本形式与尺寸

GB/T 986 埋弧焊焊缝坡口的基本形式和尺寸

GB/T 987 带式输送机 基本参数与尺寸

GB/T 988 带式输送机 滚筒 基本参数与尺寸

GB/T 990 带式输送机 托辊 基本参数与尺寸

GB/T 1184—1996 形状和位置公差 未注公差值(eqv ISO 2768-2:1989)

GB/T 1348 球墨铸铁件

GB/T 2828.1—2003 计数抽样检验程序 第1部分:按接收质量限(AQL)检索的逐批检验抽样计划(ISO 2859-1:1999,IDT)

GB 4208 外壳防护等级(IP 代码)(GB 4208—2008,IEC 60529:2001,IDT)

GB/T 7984 输送带 具有橡胶或塑料覆盖层的普通用途织物芯输送带(GB/T 7984—2001,eqv ISO/FDIS 14890:1990)

GB/T 9439 灰铸铁件

GB/T 9770 普通用途钢丝绳芯输送带(GB/T 9770—2001,neq DIN 22131:1988)

GB/T 10595 带式输送机 技术条件(GB/T 10595—1989,eqv DIN 22112:1985)

GB/T 10596.1 埋刮板输送机 型式与基本尺寸(GB/T 10596.1—1989,neq ISO 1977-1:1976)

GB/T 10596.2 埋刮板输送机 技术条件(GB/T 10596.2—1989,neq ISO 1977-1:1976)

GB/T 10596.3 埋刮板输送机 试验方法(GB/T 10596.3—1989,neq ISO 1977-1:1976)

JB/T 3926.2 垂直斗式提升机 技术条件

JT/90 港口装卸机械风载荷计算及防风安全要求

3 基本要求

3.1 工作环境温度:－20 ℃～45 ℃。

3.2 连续输送机的制造应按规定程序批准的设计图样进行，质量不合格的产品不准出厂和使用。

3.3 连续输送机的铸件材料应按 GB/T 9439、GB/T 1348 的规定执行。

3.4 连续输送机金属结构件的焊接应符合 GB/T 985、GB/T 986 的规定，埋刮板输送机和斗式提升机的链条等主要焊缝强度不低于 400 MPa。

3.5 连续输送机的起动应平稳。负载运转后，轴承温升不应超过 40 ℃。

3.6 连续输送机负载运行时，设备本体运转的噪声距设备外壳 1 m 处应不超过 85 dB(A)。

3.7 连续输送机整机在工作状态和非工作状态的防风安全要求应符合 JT 90 的规定。

3.8 带式输送机的型式和参数应符合 GB/T 987、GB/T 988、GB/T 990 的规定。

3.9 埋刮板输送机的整体型式及技术参数和试验方法应符合 GB/T 10596.1～10596.3 的规定。

3.10 斗式提升机技术条件选用应符合 JB/T 3926.2 的规定。

4 主要部件

4.1 一般要求

4.1.1 对可能造成危险的运转部位和影响使用性能(转动或移动)的零部件，均应采取安全防护措施。电器设备应设置防雨装置，且视情设置检查孔或观察窗。

4.2 带式输送机

4.2.1 驱动滚筒

带式输送机应按以下比例选取驱动滚筒直径：

硫化接头 $D/Z \geqslant 125$

式中：

D——传动滚筒直径，单位为毫米(mm)；

Z——芯层数。

4.2.2 输送带

4.2.2.1 输送带安全系数见表1。

表 1

芯层数 Z	3～4	5～8	9～12
安全系数(硫化接头)	8	9	10

4.2.2.2 输送带的接缝处，在 10 m 范围内其弯曲度不得大于 20 mm(见图 1)，且应与其本身的弯曲方向相反。

单位为毫米

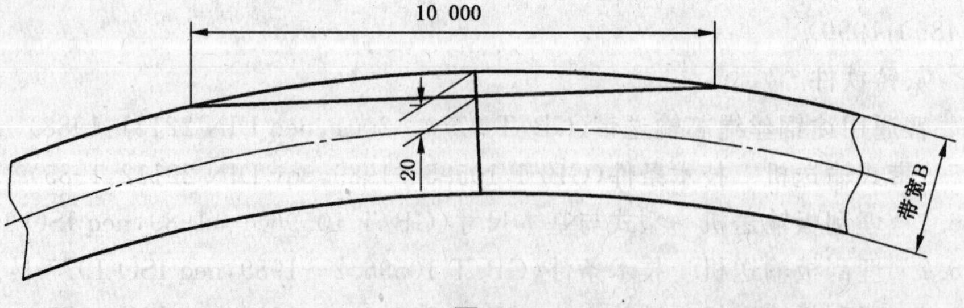

图 1

4.2.2.3 输送带运行时，其边缘不得超出托辊辊子或滚筒的端缘。

4.2.3 带速

带速应满足下列要求：

a) 水平输送时，可选较高带速；

b) 用于给料或输送粉尘很大的物料时，带速取 0.8 m/s～1.0 m/s(采用带防护罩的气垫式皮带时不受此限制)；

c) 人工配料称重时，带速应不大于1.25 m/s；

d) 采用犁式卸料器时，带速应不大于2.0 m/s；

e) 输送成件物品时，带速应不大于1.25 m/s；

f) 采用用电动卸料车时带速不应大于3.15 m/s。

4.2.4 制动器及逆止装置

4.2.4.1 倾斜带式输送机应设逆止或止动装置。

4.2.4.2 逆止器、制动器工作应安全可靠。

4.2.4.3 带式制动器的制动带其背衬钢带的端部与固定部分的连接，应采用铰接，不应采用刚性连接。

4.2.5 制动轮

4.2.5.1 机械加工后留有毛坯面的制动轮应作静平衡试验。

4.2.5.2 制动轮的制动摩擦面不应有妨碍制动性能的缺陷或沾染油污。

4.2.6 滚筒

4.2.6.1 滚筒装配时，轴承和轴承座油腔中应充以润滑脂，轴承座油腔应充满。

4.2.6.2 滚筒表面粗糙度为12.5 μm，驱动滚筒视工况应采用胶面，胶面厚度应大于8 mm。

4.2.6.3 在粉尘大、通风条件差的工况条件下，其输送机的电动滚筒应采用防爆型电动滚筒。

4.2.7 托辊

4.2.7.1 槽型托辊两个侧辊子端面与边支柱之间最小间隙应大于3 mm。

4.2.7.2 托辊辊子正常使用寿命不小于三年。

4.3 埋刮板输送机

4.3.1 槽体

4.3.1.1 槽体有效宽度。有效高度及输送链节距均应符合GB/T 10596.1的尺寸要求。

4.3.1.2 槽体两端法兰面平行度及槽体中心线对法兰的垂直度应符合GB/T 1184中12级的规定。

4.3.1.3 各段槽体法兰内口的连接应平整、密封良好，允许刮板链条运行前方的导轨稍低，其值应不大于2 mm。

4.3.1.4 水平型导轨局部凸起量应不大于2 mm。

4.3.1.5 垂直型的弯曲段的导轨与隔板曲率应一致，且贴合紧密，局部凸起量不大于1.5 mm。

4.3.1.6 卸料口处滑动门开闭应灵活可靠，密封良好。

4.3.1.7 卸料溜槽应加衬耐磨材料，要固定平整牢固并便于更换。

4.3.2 刮板链条

4.3.2.1 链条材料应不低于GB/T 699中45号钢的规定，链条焊缝强度不低于400 MPa。

4.3.2.2 刮板链条经拉伸破断抽样试验合格后方可进行组装。拉伸破断试验应符合GB/T 10596.3规定。

4.3.2.3 刮板链条长度累计误差应符合GB/T 10596.2的规定的(0～+0.25)%，输送链测试长度应符合表2的规定。

表2

节距/mm	80	100	125	160	200	250	315
测试长度/mm	3 120	3 100	3 125	3 040	3 000	3 250	3 465
应组装链节数/节	39	31	25	19	15	13	11

4.3.2.4 同型号输送链应有互换性。

4.3.2.5 链条速度偏差应不大于±5%。

4.3.3 头轮和尾轮

头轮和尾轮经组装在轴承座上后，轮齿对称中心面与槽体对称中心面的对称度应小于2 mm。头轮轮齿与脱链板之间的间隙不大于 3 mm。

4.3.4 料层指示装置

料层指示装置挡板轴组在壳体上安装调整好后应转动灵活，当挡板下沿距壳体底板高度达到规定要求时，应保证摇柄与行程开关的触头接触。

4.4 斗式提升机

4.4.1 带式斗式提升机

4.4.1.1 传动滚筒应符合下列要求：

a) 应采用胶面，胶面厚度应大于 10 mm；

b) 主轴与驱动装置低速轴的同轴度应符合 GB/T 1184—1996 表 4 中 9 级的规定。

4.4.1.2 尼龙芯及帆布芯橡胶带纵向全厚度拉伸强度与全厚度纵向拉断伸长率均应符合 GB/T 7984 的规定。

4.4.1.3 钢丝绳芯橡胶带纵向拉伸强度及钢丝绳粘合强度均应符合 GB/T 9770 的规定。

4.4.1.4 胶带接头处，纵向承载能力不应低于胶带纵向拉伸强度。

4.4.1.5 具有拉伸试验合格证的胶带方能进行组装。

4.4.2 链式斗式提升机

4.4.2.1 链轮尺寸公差及热处理硬度应符合 JB/T 3926.2 的有关规定。

4.4.2.2 主轴对水平面的平行度，主轴与低速轴的同轴度均应与 4.4.1.1b)的要求相同。

4.4.2.3 经过拉力试验合格的链条才能进行组装。

4.4.2.4 套筒滚子链链长极限偏差，链条在测量力为破断载荷的 1/50，测量长度不小于 3 000 mm 时的极限偏差为＋0.25％。

4.4.2.5 圆环链，测量长度于 4 000 mm 时的链长极限偏差不大于＋0.5％。

4.4.3 壳体

4.4.3.1 提升机壳体尺寸应符合 JB/T 3926.2 推荐的数据。

4.4.3.2 每节壳体表面平面度应符合表 3 数据。

表 3 单位为毫米

提升机规格	100～250	315～500	630～1 000
平面度	$^{+10}_{0}$	$^{+12}_{0}$	$^{+15}_{0}$

4.4.3.3 机壳两端法兰面平行度及机壳体中心线对法兰的垂直度应符合 GB/T 1184—1996 表 3 中 12 级的规定。

4.4.4 机架

4.4.4.1 机架结构应保证有足够的刚度，采用碳素结构钢应符合 GB/T 700 的规定。

4.4.4.2 机架任一截面两对角线之差小于 2 mm。架体纵向中心线偏差应按表 4 规定。

表 4 单位为毫米

提升机长度	10 000	20 000	30 000
纵向中心线偏差值	+5	+10	+15

4.5 液力偶合器

4.5.1 液力偶合器性能应良好，不应有异常噪声。

4.5.2 液力偶合器应设油温报警装置，工作油温不得超过 90 ℃。

4.6 减速器

减速器运转后不得渗油，工作油温不得超过 95 ℃。

4.7 张紧装置

4.7.1 螺旋式、车式和重锤式三种张紧装置应调整方便、灵活，并安装行程刻度标志，张紧装置经调整后，未被利用行程不应小于全行程的50%。

4.7.2 连续输送机启动和运行过程中，输送带、链条不得打滑。

4.8 卸料装置

4.8.1 带式输送机卸料器卡紧装置应灵活平稳可靠，不应有颤跳和溜车现象。

4.8.2 电动卸料车驱动装置的技术要求应符合GB/T 10595的有关规定。

4.9 机架

4.9.1 所有固定机架应牢固准确的安装在预埋基础上，并焊接加固。

4.9.2 悬挂机架应满足足够的刚度和稳定性。

5 电气系统

5.1 连续输送机的供电和控制应符合设计规范，在紧急情况下能安全停车，安全装置可靠。

5.2 电气设备的选择应满足工况条件要求。

5.3 连续输送机电气联接应当接触良好，导线线束应固定，接地、接零连接可靠。

5.4 电机功率应满足满载起动要求。

5.5 应根据防尘、防爆及防鼠的要求设计和选用电气设备。

5.6 电器外壳防护性能应符合GB 4208电机、低压电器外壳防护等级要求，具有合格证后方可使用。

5.7 与前方供料机械或后续机械应设有电控联锁保护装置，作业时按程序起动和停机。

6 安全装置

6.1 连续输送机在正常工作情况下可能发生危险的外露运动件和操作人员容易接近的运动部件上，均应装设防护装置。

6.2 连续输送机应设置紧急停车装置。

6.3 当连续输送机工作电流达到设定的过载电流时，过载保护装置应能使电动机在规定的时间内停止工作。

6.4 连续输送机功率大于30 kW时应采用液力耦合器传动。

6.5 连续输送机出现断链、断带事故时，断链、断带保护报警装置应能在规定的时间内使电动机停止工作，同时发出报警信号。

6.6 连续输送机应设置物料堵塞保护装置。

6.7 连续输送机物料输送系统应按"逆物料输送方向"依次连锁顺序启动，按"顺物料输送方向"依次连锁顺序停止。

6.8 连续输送机进、排料口应装防尘罩，必要时应采用有效的除尘措施。

6.9 埋刮板输送机应符合下列要求：

a) 进入埋刮板输送机的物料应预先清除金属等异物。进料口应安装清除异物的筛选装置；
b) 埋刮板输送机应设置清扫刮板或斗形板以防止物料在机槽内积压，以便清除终点的剩余物料；
c) 用于易爆物料的密闭壳体的埋刮板输送机应设置吸尘口和泄爆装置；
d) 埋刮板输送机应设有检查窗及检修门。

6.10 斗式提升机应符合下列要求：

a) 进入斗式提升机的物料应预先清除金属等异物。进料口应安装清除异物的筛选装置；
b) 用于易爆物料的密闭壳体的斗式提升机，应设置吸尘口和泄爆装置；
c) 带式斗式提升机应安装防胶带跑偏装置及跑偏警报器，其性能应灵敏可靠；
d) 斗式提升机应设有逆止装置；
e) 斗式提升机应设有张紧限位装置；

f) 敞开式提升机的链轮应围以网栅以防止人员接近。

6.11 带式输送机应符合下列要求：

a) 带式输送机在重锤式张紧装置及小车涨紧装置中，重锤及小车处应有防护装置，以防伤人。

b) 带式输送机升降装置应装有能防止机架意外降落的安全装置。

c) 移动式带式输送机处于工作状态时，行走轮应锁住。

d) 所有带式输送机都应设防跑偏装置。对于固定式长距离皮带输送机还应设防打滑和防撕裂的安全装置。

e) 有倾角的皮带输送机应设有逆止装置。

f) 敞开式带式输送机的滚筒应围以网栅以防止人员接近。

7 使用、保养和维修

7.1 连续输送机应按设备使用说明书进行使用和保养。

7.2 刮板输送机的检查如下：

a) 刮板有变形或断裂情况应更换；

b) 变形或磨损严重的销轴及滚子应予更换；

c) 导轨经使用后磨损严重者应更换；

d) 修复组装应注意刮板链条运行方向应与头轮旋转方向一致。

7.3 斗式提升机的检查如下：

a) 定期或事故停机时，应进行检查。

b) 如发现以下情况应立即维修或更换：

1) 斗变形及焊缝开裂者应更换；

2) 螺钉变形应更换；

3) 链斗提升机的导轨、圆环链等变形或开裂应更换；

4) 链片、销轴有裂痕应更换。

7.4 带式输送机检查如下：

a) 带式输送机在修补或更换输送带后、投入使用前，应对输送带的全长及其接缝部位进行检查。防止胶带跑偏，胶带保持在整机中心线上运转。

b) 滚筒装配后，应能灵活转动。

c) 托辊检查保持每个托辊转动灵活，及时更换不转或损坏的托辊。

d) 清扫装置橡胶刮板有严重磨损、与胶带不能紧密接触时，则应调整或更换。

e) 定期检修检查以下部位：

1) 定期给各种轴承、齿轮加油；

2) 拆洗减速器，检查齿轮的点蚀和磨损情况，点蚀和磨损严重的应更换新齿轮；

3) 拆洗滚筒、托辊轴承，更换润滑油；

4) 所有地脚螺栓、横梁连结螺栓均应重新可靠紧固。

f) 对规格相同，数量较多的部件(如托辊辊子、托辊支架等)应按 GB/T 2828.1 中一般检查的二级水平，进行一次抽验。

8 报废

8.1 制动器的零件出现下述情况之一时应报废：

a) 裂纹；

b) 制动带磨损达原厚度的 50%；

c) 弹簧出现裂纹或塑性变形；

d) 小轴或轴孔磨损达原直径的5%。

8.2 制动轮出现下述情况之一时应报废：

a) 裂纹；

b) 轮缘厚度磨损达原尺寸的50%；

c) 轮面平面度公差达1.5 mm时。

8.3 滚筒、托辊出现下述情况之一时应报废：

a) 出现有影响使用性能的裂纹；

b) 表面凹坑无法修复；

c) 轴与壳体运转时出现超标的径、轴向跳动。

8.4 输送带有裂口、脱层、撕边等现象已无修复价值时应报废。

8.5 连续输送机主要结构件由于磨损、腐蚀、变形而影响使用，已无修复价值者应报废。

8.6 埋刮板输送机和斗式提升机输送链条因磨损、变形而影响使用，已无修复价值者应报废。

ICS 71.100.40
J 76

中华人民共和国国家标准

GB 13591—2009
代替 GB 13591—1992

溶解乙炔气瓶充装规定

Rules for the filling of dissolved acetylene cylinders

2009-06-25 发布　　　　2010-04-01 实施

中华人民共和国国家质量监督检验检疫总局
中国国家标准化管理委员会　发布

前言

本标准的全部技术内容为强制性。

本标准代替 GB 13591—1992《溶解乙炔充装规定》。

本标准与 GB 13591—1992 相比，主要变化内容如下：

——标准的名称改为《溶解乙炔气瓶充装规定》，因为本标准的规定对象是溶解乙炔气瓶；

——在标准适用范围中规定本标准不适用于溶解乙炔气瓶组；

——“充装后的检查”列为独立的条目；增加了贴气瓶警示标签的要求；增加了气瓶检漏的方法和对有泄漏的气瓶的处理要求。

本标准由全国气瓶标准化技术委员会(SAC/TC 31)提出并归口。

本标准起草单位：上海中远化工有限公司、北京东方气体有限公司。

本标准主要起草人：虞希锡、马昌华、冯志强。

本标准所代替标准的历次版本发布情况为：

——GB 13591—1992。

溶解乙炔气瓶充装规定

1 范围

本标准规定了溶解乙炔气瓶(以下简称乙炔瓶)充装的基本原则和安全技术要求。

本标准适用于按 GB 11638 制造的乙炔瓶的充装。

本标准不适用于乙炔瓶组的充装。

本标准不适用于化工生产过程中盛装溶解乙炔的固定容器的充装。

注:本标准中的压力均指表压,有标注的除外。

2 规范性引用文件

下列文件中的条款通过本标准的引用而成为本标准的条款。凡是注日期的引用文件,其随后所有的修改单(不包括勘误的内容)或修订版均不适用于本标准,然而,鼓励根据本标准达成协议的各方研究是否可使用这些文件的最新版本。凡是不注日期的引用文件,其最新版本适用于本标准。

GB/T 3864 工业氮

GB/T 6026 工业丙酮(GB/T 6026—1998,eqv ASTM D329-1995)

GB 6819 溶解乙炔[GB 6819—2004,JIS K 1902:1980(1992),MOD]

GB 7144 气瓶颜色标志

GB 11638 溶解乙炔气瓶(GB 11638—2003,ISO 3807.2:2000,Cylinders for acetylene—Basic requirements—Part 2:Cylinders with fusible plugs,MOD)

GB/T 13005 气瓶术语

GB 13076 溶解乙炔气瓶定期检验与评定

GB 16804 气瓶警示标签(GB 16804—1997,eqv ISO 7225:1994)

3 术语和定义

GB/T 13005 确立的以及下列术语和定义适用于本标准。

3.1

乙炔瓶皮重 tare weight

钢瓶、填料、附件(瓶阀、固定式专用瓶帽、易熔合金塞和检验标记环)的质量与丙酮规定充装量之和。

3.2

乙炔瓶实重 actual weight

在用乙炔瓶再次充装前或充装后的实际称量值。

3.3

剩余压力 residual pressure

在用乙炔瓶再次充装前瓶内乙炔的压力。

3.4

最大乙炔量 maximum acetylene content

规定的瓶内乙炔的最大限定质量。

3.5

最大限定压力 maximum permissible settled pressure

在基准温度 15 ℃时,充以规定丙酮量和最大乙炔量的乙炔瓶的最大允许压力。

3.6

静置后压力　settled pressure

乙炔瓶充以规定丙酮量并充装乙炔，静置后，瓶内气体在当时均匀环境温度下的压力。

4　符号

以下符号适用于本标准：

B——乙炔在丙酮中的质量溶解度，单位为千克每千克(kg/kg)；

G_s——乙炔瓶内剩余乙炔量，单位为千克(kg)；

m_{A1}——乙炔瓶内乙炔充装量，单位为千克(kg)；

m_A——乙炔瓶的最大乙炔量，单位为千克(kg)；

m_F——丙酮补加量，单位为千克(kg)；

T_A——乙炔瓶实重，单位为千克(kg)(T_{A1}—充装前，T_{A2}—充装后)；

T_m——乙炔瓶皮重，单位为千克(kg)；

V——钢瓶实际容积，单位为升(L)；

δ——瓶内多孔填料孔隙率，%。

5　充装前的检查

乙炔瓶充装单位应取得省级质量监督部门颁发的《气瓶充装许可证》。

操作人员应经质量监督部门考核合格，并持有特种设备作业人员证书。

5.1　乙炔瓶的检查

5.1.1　乙炔瓶充装前，充装单位应有充装前专职检查员负责，逐只检查。

5.1.2　乙炔瓶有下列情况之一的，严禁充装：

a)　无制造许可证单位生产的；

b)　未取得中国特种设备制造许可证的国外制造商生产的；

c)　不是本充装单位自有产权乙炔瓶且未办理临时充装变更手续的；

d)　瓶体腐蚀、机械损伤等表面缺陷，按 GB 13076 应报废的；

e)　易熔合金熔融、流失、损伤的；

f)　超过规定使用年限的；

g)　有其他影响安全充装缺陷的。

5.1.3　乙炔瓶有下列情况之一的，必须做相应处理或送乙炔瓶检验单位检验：

a)　无产品合格证的(首次充装)；

b)　颜色标志不符合 GB 7144 规定或表面漆色脱落严重的；

c)　钢印标志不全或不能识别的；

d)　附件不全、损坏或不符合规定的；

e)　首次充装或经拆装、更换瓶阀、易熔合金塞后，未进行置换的；

f)　超过检验期限的；

g)　瓶阀侧接嘴处积有炭黑或焦油等异物的；

h)　对瓶内多孔填料、溶剂的质量有怀疑的；

i)　有其他影响安全使用缺陷的。

对国外或港澳地区用户的乙炔瓶检查，除原始标志、颜色标志和附件按国外或特殊的规定检查外，其他项目仍按本条的规定进行检查。

5.2　剩余压力检查

乙炔瓶在充装前，应逐只检查瓶内是否存有压力，检查前乙炔瓶应在室内静置 8 h 以上。

5.2.1 用表盘直径不小于 100 mm，精度不低于 1.6 级的压力表测定瓶中的剩余压力。

5.2.2 根据剩余压力和测定剩余压力时乙炔瓶周围环境温度，求出瓶内剩余乙炔量。乙炔瓶内剩余乙炔量按公式(1)计算：

$$G_s = 0.38 \cdot \delta \cdot V \cdot B \qquad \cdots\cdots(1)$$

乙炔在丙酮中的质量溶解度 B 按表 1 选取。

公称容积 10 L～60 L 乙炔瓶的剩余乙炔量可按表 2～表 6 选取。

5.2.3 对无剩余压力或经内部检查后首次充装的乙炔瓶，必须按下列规定进行置换：

a) 用于置换的乙炔气，应符合 GB 6819 的要求。

b) 置换时乙炔气压力宜小于 0.2 MPa。

c) 置换后的乙炔瓶，应按 GB 6819 规定的试验方法和技术要求测定乙炔纯度。

d) 对于混入空气或其他非乙炔气体的乙炔瓶，应先用符合 GB/T 3864 中一等品要求的氮气进行置换；置换后分析，瓶内气体中的氧气体积百分数低于 3% 时，再按本条中 a)、b)、c) 的规定用乙炔气进行置换。

表 1 乙炔在丙酮中的质量溶解度 *B*　　单位为千克每千克

温度/℃	压力/MPa(绝对压力)				
	0.1	0.2	0.3	0.4	0.5
−20	0.116 5	0.169 29	0.248 57	0.342 86	0.428 57
−15	0.096 5	0.147 86	0.221 43	0.296 43	0.371 43
−10	0.080 5	0.128 57	0.192 86	0.257 14	0.321 43
−5	0.067 5	0.114 28	0.171 43	0.221 48	0.278 58
0	0.057 24	0.108 07	0.156	0.189	0.237 85
5	0.048 06	0.094 05	0.135 21	0.174 9	0.205 28
10	0.040 56	0.081 9	0.120 4	0.152 5	0.179 6
15	0.033 56	0.071 06	0.105 8	0.131 5	0.158 9
20	0.027 54	0.061 6	0.093	0.118 5	0.140 44
25	0.022 1	0.052 8	0.081 13	0.104 2	0.124 9
30	0.017 67	0.045 1	0.071 16	0.088 5	0.111 52
35	0.013 9	0.038 5	0.061 5	0.081 5	0.099 5
40	0.010 26	0.032 57	0.053 3	0.073 5	0.091 3

表 2 10 L 乙炔瓶不同温度、压力下剩余乙炔量　　单位为千克

温度/℃	压力/MPa(表压力)							
	0.05	0.10	0.15	0.20	0.25	0.30	0.35	0.40
−20	0.5	0.6	0.7	0.9	1.1	1.2	1.3	1.5
−15	0.4	0.5	0.6	0.8	0.9	1.1	1.1	1.3
−10	0.4	0.5	0.6	0.7	0.8	0.9	1.0	1.1
−5	0.3	0.4	0.5	0.6	0.7	0.8	0.9	1.0
0	0.3	0.4	0.4	0.5	0.6	0.7	0.8	0.9

表 2（续） 单位为千克

温度/℃	压力/MPa(表压力)							
	0.05	0.10	0.15	0.20	0.25	0.30	0.35	0.40
5	0.2	0.3	0.4	0.5	0.5	0.6	0.7	0.8
10	0.2	0.3	0.3	0.4	0.5	0.5	0.6	0.7
15	0.2	0.2	0.3	0.4	0.4	0.5	0.5	0.6
20	0.2	0.2	0.3	0.3	0.4	0.4	0.4	0.5
25	0.1	0.2	0.2	0.3	0.3	0.4	0.4	0.4
30	0.1	0.2	0.2	0.3	0.3	0.3	0.4	0.4
35	0.1	0.1	0.2	0.2	0.2	0.3	0.3	0.3
40	0.1	0.1	0.1	0.2	0.2	0.3	0.3	0.3

表 3 16 L 乙炔瓶不同温度、压力下剩余乙炔量 单位为千克

温度/℃	压力/MPa(表压力)							
	0.05	0.10	0.15	0.20	0.25	0.30	0.35	0.40
−20	0.8	1.0	1.1	1.4	1.7	1.9	2.1	2.4
−15	0.6	0.8	1.0	1.2	1.5	1.7	1.8	2.1
−10	0.6	0.7	0.9	1.0	1.3	1.4	1.6	1.8
−5	0.5	0.6	0.8	1.0	1.1	1.2	1.4	1.6
0	0.4	0.6	0.7	0.8	1.0	1.1	1.2	1.3
5	0.4	0.5	0.6	0.7	0.8	1.0	1.1	1.2
10	0.3	0.4	0.5	0.5	0.7	0.8	0.9	1.0
15	0.3	0.4	0.4	0.5	0.6	0.7	0.8	0.9
20	0.2	0.3	0.4	0.5	0.5	0.6	0.7	0.8
25	0.2	0.3	0.4	0.4	0.5	0.5	0.6	0.7
30	0.2	0.2	0.3	0.4	0.4	0.5	0.5	0.6
35	0.2	0.2	0.3	0.3	0.4	0.4	0.5	0.5
40	0.1	0.2	0.2	0.3	0.3	0.4	0.4	0.5

表 4 25 L 乙炔瓶不同温度、压力下剩余乙炔量 单位为千克

温度/℃	压力/MPa(表压力)							
	0.05	0.10	0.15	0.20	0.25	0.30	0.35	0.40
−20	1.2	1.6	1.8	2.2	2.7	3.0	3.3	3.8
−15	1.0	1.3	1.6	1.9	2.3	2.6	2.8	3.3
−10	0.9	1.1	1.4	1.7	2.0	2.3	2.6	2.8
−5	0.8	1.0	1.3	1.6	1.7	1.9	2.2	2.4

表 4（续）　　单位为千克

温度/℃	压力/MPa(表压力)							
	0.05	0.10	0.15	0.20	0.25	0.30	0.35	0.40
0	0.6	0.9	1.1	1.3	1.6	1.7	1.9	2.1
5	0.6	0.8	0.9	1.1	1.3	1.6	1.7	1.9
10	0.5	0.6	0.8	1.0	1.1	1.3	1.5	1.6
15	0.4	0.6	0.7	0.9	1.0	1.1	1.3	1.5
20	0.4	0.5	0.6	0.8	0.9	1.0	1.1	1.3
25	0.3	0.4	0.6	0.6	0.8	0.9	0.9	1.1
30	0.3	0.4	0.5	0.6	0.7	0.8	0.9	0.9
35	0.3	0.3	0.4	0.5	0.6	0.7	0.8	0.8
40	0.2	0.3	0.3	0.4	0.5	0.6	0.7	0.8

表 5　40 L 乙炔瓶不同温度、压力下剩余乙炔量　　单位为千克

温度/℃	压力/MPa(表压力)							
	0.05	0.10	0.15	0.20	0.25	0.30	0.35	0.40
−20	1.9	2.5	2.8	3.5	4.3	5.0	5.2	6.0
−15	1.6	2.1	2.5	3.1	3.7	4.2	4.5	5.2
−10	1.4	1.8	2.2	2.7	3.2	3.6	4.1	4.5
−5	1.2	1.6	2.0	2.4	2.7	3.1	3.5	3.9
0	1.0	1.4	1.7	2.1	2.4	2.7	3.1	3.4
5	0.9	1.2	1.5	1.8	2.1	2.4	2.7	3.0
10	0.8	1.0	1.3	1.6	1.8	2.0	2.3	2.6
15	0.7	0.9	1.1	1.4	1.6	1.8	2.0	2.3
20	0.6	0.8	1.0	1.2	1.4	1.6	1.7	2.0
25	0.5	0.7	0.9	1.0	1.2	1.4	1.5	1.7
30	0.5	0.6	0.8	0.9	1.1	1.2	1.4	1.5
35	0.4	0.5	0.7	0.8	0.9	1.1	1.2	1.3
40	0.3	0.4	0.5	0.7	0.8	1.0	1.1	1.2

表 6　60 L 乙炔瓶不同温度、压力下剩余乙炔量　　单位为千克

温度/℃	压力/MPa(表压力)							
	0.05	0.10	0.15	0.20	0.25	0.30	0.35	0.40
−20	2.8	3.5	4.2	5.2	6.5	7.2	8.0	9.0
−15	2.4	3.1	3.7	4.6	5.6	6.3	6.7	7.8
−10	2.1	2.7	3.3	4.1	4.8	5.4	6.2	6.8

表 6（续）

单位为千克

温度/℃	压力/MPa(表压力)							
	0.05	0.10	0.15	0.20	0.25	0.30	0.35	0.40
−5	1.8	2.4	3.0	3.6	4.1	4.7	5.3	5.9
0	1.5	2.1	2.6	3.1	3.6	4.1	4.7	5.1
5	1.4	1.8	2.3	2.7	3.2	3.6	4.1	4.5
10	1.2	1.5	2.0	2.4	2.7	3.0	3.5	3.9
15	1.1	1.4	1.7	2.1	2.4	2.7	3.0	3.5
20	0.9	1.2	1.5	1.8	2.1	2.4	2.6	3.0
25	0.8	1.1	1.3	1.5	1.8	2.1	2.3	2.6
30	0.7	0.9	1.2	1.4	1.6	1.8	2.1	2.3
35	0.6	0.8	1.0	1.2	1.4	1.6	1.8	2.0
40	0.5	0.6	0.8	1.1	1.2	1.5	1.6	1.8

5.3 丙酮的充装

乙炔瓶补加丙酮前，应逐只称量乙炔瓶实重。称量结果，保留一位小数。

5.3.1 称量衡器的最大称量值应为乙炔瓶充装后质量的(1.5～3)倍。衡器应经常保持准确，其检验周期不超过3个月，并每天用四等砝码至少校正一次。电子衡器应符合乙炔的防爆要求。

5.3.2 丙酮的品质应符合GB/T 6026一等品的要求。

5.3.3 丙酮规定充装量按GB 11638的规定执行。

5.3.4 丙酮补加量按公式(2)计算：

$$m_F = T_m + G_s - T_{A1} \qquad \cdots\cdots(2)$$

5.3.5 对公称容积大于等于40 L的乙炔瓶，如实重减去剩余乙炔量后，其值大于乙炔瓶皮重0.5 kg或小于乙炔瓶皮重1.5 kg时，则该瓶应做处理，否则严禁充装。

5.3.6 对首次充装丙酮的乙炔瓶，应先抽真空。然后充装规定的丙酮量，经复核后，再按5.2.3中a)、b)、c)的规定用乙炔气置换。

5.3.7 补加丙酮后，必须对丙酮充装量进行复核，其允许偏差值应符合表7的规定。超差的必须做处理，否则严禁充装乙炔。

表 7 丙酮充装量允许偏差值

乙炔瓶公称容积 V_g/L	≤10	16	25	40	60
丙酮充装量允许偏差 Δm_s/kg	$^{+0.1}_{0}$		$^{+0.2}_{0}$	$^{+0.4}_{0}$	$^{+0.5}_{0}$

5.3.8 充装丙酮时的压力应小于0.8 MPa。采用氮气直接压装丙酮时，氮气应符合GB/T 3864中一等品要求。

6 乙炔的充装

6.1 充装前必须保证

6.1.1 待充装的乙炔瓶是经过充装前检查，符合充装要求的。

6.1.2 充装管路、阀门、安全装置及各连接部位均处于完好、无泄漏状态。充装系统用的压力表，精度应不低于1.6级，直径应不小于100 mm。压力表应按有关规定，6个月校验一次。

6.1.3 充装管路中乙炔质量应符合GB 6819的要求。

6.1.4 确保乙炔瓶充装的容积流速小于0.015 $m^3/(h \cdot L)$，采用强制冷却快速充装的除外。

注：容积指钢瓶容积。

6.1.5 充装场所的安全设施完好。充装中应注意的安全事项和安全措施，按有关规定执行。

6.2 充装中的检查

6.2.1 检查喷淋冷却水，水量应均匀、稳定喷淋在乙炔瓶上。

6.2.2 检查瓶壁温度不超过40 ℃。超温时，必须停止该瓶的充装，移至安全地点检查处理。

6.2.3 检查瓶阀有无堵塞现象，应保证充装顺畅。

6.2.4 充装中随时巡检，发现泄漏及时处理。

6.2.5 分次充装时，每次充装后的静置时间不小于8 h，并应关闭瓶阀。

6.2.6 因故中断充装的乙炔瓶需要继续充装时，必须保证充装主管内乙炔气压力大于等于乙炔瓶内压力时，才可开启瓶阀和支管切换阀。

6.2.7 乙炔瓶的充装压力，任何情况下不得大于2.5 MPa。

7 充装后的检查

7.1 充装结束关闭瓶阀后，应通过乙炔回收系统将充装主管和支管内的乙炔回收。关闭瓶阀和管路阀时应轻缓，严而不紧，防止用力过度。

7.2 充装结束后，应用肥皂水或其他合适的方法检查瓶阀、易熔塞的密封部位及它们与钢瓶的连接部位的气密性，以保证无泄漏。对于发现有泄漏的气瓶，应用安全的方法将瓶内乙炔排空，送有检验资质单位处理，在泄漏未完全排除之前，严禁重新充装。

7.3 充装后的乙炔瓶，应逐只置于符合5.3.1要求的衡器上称重，测定瓶内乙炔充装量。乙炔瓶内乙炔充装量按公式(3)计算：

$$m_{A1} = T_{A2} - T_m \qquad \cdots\cdots(3)$$

7.4 乙炔瓶内乙炔充装量应小于等于该瓶的最大乙炔量。乙炔瓶的最大乙炔量按公式(4)计算：

$$m_A = 0.20 \cdot \delta \cdot V \qquad \cdots\cdots(4)$$

注：保留一位小数。

7.5 乙炔充装量超过最大乙炔量时，应将乙炔瓶内超装的乙炔回收到符合7.4的要求，否则严禁出厂。

7.6 在正常充装条件下，乙炔瓶单位容积充装量，若低于0.12 kg/L时，将瓶内乙炔回收后，把乙炔瓶送至有检验资质单位处理。

7.7 乙炔瓶充装后，应按GB 6819规定的验收规则、试验方法、技术要求分析瓶内乙炔质量并验收。不合格的应妥善处理，严禁出厂。

7.8 乙炔瓶充装后，应静置8 h以上，然后从同一批中抽取10%的瓶(不少于两只)，测定其静置后压力。静置后压力不应超过表8的规定。发现有一只气瓶超过表8的规定值时，同一批乙炔瓶应逐只测定。对于超过表8规定的乙炔瓶，应及时妥善处理，否则严禁出厂。

表8 乙炔瓶的静置后压力

环境温度/℃	−20	−15	−10	−5	0	5	10	15	20	25	30	35	40
静置后压力/MPa	0.50	0.60	0.70	0.80	0.90	1.05	1.20	1.40	1.60	1.80	2.00	2.25	2.50

注1：如果静置后压力太高，而乙炔充装量是正确的。这可能表明：

a) 溶剂量不足；

b) 溶剂被污染，例如被水取代；

c) 乙炔中杂质气体浓度较高。

注2：如果静置后压力太低，则可能表明：

a) 溶剂量过多；

b) 乙炔气被污染，例如被水取代。

7.9 出厂成品，应粘贴符合国家安全技术规范及GB 16804规定的警示标签。

8 记录

8.1 充装单位应认真填写充装前检查记录，其内容至少包括：日期、乙炔瓶制造厂代号、乙炔瓶编号、乙炔瓶缺陷、处理措施和检查人员签章等。记录至少保存两年。

8.2 充装单位应认真填写充装和充装后检查记录。其内容至少包括：充装日期、充装间环境温度、乙炔瓶制造厂代号、乙炔瓶编号、实际容积、乙炔瓶皮重、乙炔瓶实重、剩余压力、剩余乙炔量、丙酮补加量、乙炔充装量、静置后压力、发生的问题、处理结果和操作者签章等。记录至少保存两年。

8.3 充装单位应建立所充装乙炔瓶的档案，其内容至少应包括乙炔瓶的原始资料、技术参数和历次充装、检验实况等。

ICS 21.260
F 01

中华人民共和国国家标准

GB/T 13608—2009
代替 GB/T 13608—1992

合理润滑技术通则

General principle for rational lubrication technology

2009-10-30 发布　　　　2010-05-01 实施

中华人民共和国国家质量监督检验检疫总局
中国国家标准化管理委员会　发布

前言

本标准代替 GB/T 13608—1992《合理润滑技术通则》。

本标准与 GB/T 13608—1992 相比主要变化为：

——删除原标准中“4.1.2,4.1.3”中关于节能指标的相关要求；

——删除原标准中“4.2”中关于润滑剂产品供应的技术要求；

——删除原标准中“5　合理润滑技术的经济效益计算”内容；

——增加了安全、环保和健康的内容；

——增加了对润滑剂产品的规范力度；

——增加了润滑管理的相关内容。

本标准的附录 A、附录 B 和附录 C 均为规范性附录。

本标准由全国能源基础与管理标准化技术委员会提出。

本标准由全国能源基础与管理标准化技术委员会归口。

本标准起草单位：中国标准化研究院、中国石油化工股份有限公司。

本标准主要起草人：李万英、贾铁鹰、胡刚、陈丹。

本标准所代替标准的历次版本发布情况为：

——GB/T 13608—1992。

合理润滑技术通则

1 范围

本标准规定了合理润滑的术语和定义、合理润滑设计、润滑剂产品供应、润滑剂使用和润滑剂报废及再利用等技术要求。

本标准适用于需要给予润滑的设备的设计与制造以及使用与管理；润滑剂的生产；润滑剂的使用与管理；报废润滑剂的处理与再利用。

2 规范性引用文件

下列文件中的条款通过本标准的引用而成为本标准的条款。凡是注日期的引用文件，其随后所有的修改单(不包括勘误的内容)或修订版均不适用于本标准，然而，鼓励根据本标准达成协议的各方研究是否可使用这些文件的最新版本。凡是不注日期的引用文件，其最新版本适用于本标准。

本标准使用的规范性引用文件见附录 A、附录 B 和附录 C。

3 术语和定义

下列术语和定义适用于本标准。

3.1

合理润滑　rational lubrication

为实现设备的可靠运行、性能改善、降低摩擦功耗、减少温升和磨损及润滑剂消耗量，对设备的润滑设计、润滑系统的运行操作、状态监测和使用润滑剂的品种、性能等所采取的各种技术和管理措施。

3.2

合理润滑设计　rational lubrication design

符合合理润滑技术要求的设备润滑系统的设计与实施合理润滑技术相关的设计。

3.3

润滑系统　lubrication system

由摩擦副、润滑剂及润滑辅助装置等组合成实施润滑功能的系统。

4 合理润滑设计要求

4.1 凡需要润滑的设备，进行产品润滑相关设计时应满足设备各种运行工况的要求。

4.2 应采用技术先进、可靠的润滑系统及润滑装置。

4.3 应编制设备润滑系统说明书。

a) 设备润滑系统说明书包括：润滑系统及其装置的设计参数、润滑剂类型和执行标准、润滑剂消耗定额、必要的润滑图表和润滑剂使用性能指标的允许值及更换建议；

b) 设备使用说明书应附润滑系统说明书。

4.4 润滑设计应遵循通用性的原则，优先采用国家、行业现行润滑剂产品标准规范，不应使用作废的润滑剂产品标准规范。

5 润滑剂产品供应技术要求

5.1 润滑剂产品分类应按附录 A 中标准规定的分类原则进行。附录 A 未涵盖的产品类型的分类应根据产品类型和用途在分类时注明。

5.2 润滑剂生产企业应按照国家、行业或已备案产品企业标准生产。

5.3 应定期对产品进行质量检测，检测应由第三方独立检测机构完成。

润滑剂购买者对产品质量提出异议时，润滑剂生产企业应提供相应产品的执行的产品标准。

5.4 润滑剂在使用过程中如有可能对环境(水源、土壤、空气等)产生不良影响的，产品制造商应在包装和说明书注明潜在环境危害及应急对策。

5.5 润滑剂产品资料应包括化学品安全说明书(Material Safety Data Sheet，MSDS)数据，以及发生安全事故的应急对策及注意事项。

6 润滑剂使用要求

6.1 润滑剂使用企业应建立润滑管理机构和规章制度，配备专职或兼职的润滑技术人员。

a) 大型企业应配备专职润滑工程师，中小企业亦应配备专(兼)职润滑技术人员，分管润滑技术和管理工作；

b) 应配备必要的检测仪器，企业可建立润滑实验室；

c) 对润滑技术人员和设备操作人员进行润滑技术培训，推广应用润滑新技术、新材料和新装备，不断提高设备润滑管理水平；

d) 对润滑技术人员应建立技术考核制度，定期评价润滑管理效果。

6.2 建立设备润滑档案。对设备的润滑部位，保养、维修与改造，以及选用或更换润滑剂的日期、牌号、数量和换油周期作详细记录。

6.3 制定各种设备润滑材料的消耗定额。参照设备润滑说明书的要求，结合设备运行特点，科学制定设备润滑材料消耗定额，并严格记录实际消耗情况。

6.4 设备润滑监测：

a) 对一般设备应定期抽样检查润滑剂的性能变化情况，并建立监测档案；

b) 对大型、重点、关键设备的润滑应进行状态监测，按国家及行业标准和设备使用说明书按质、按时、按量更换润滑剂。

6.5 润滑剂更换要求：

a) 应针对设备润滑具体情况，制定润滑系统清洗和润滑剂更换操作规程，更换润滑剂时，应严格执行；

b) 对于连续运转设备，可通过润滑剂在线过滤和再生的方法，适当延长润滑剂使用寿命。

6.6 润滑剂的入库与储运：

a) 新润滑剂入库前应校验所入批次产品合格证，企业可根据需要进行抽检。对于无产品合格证或抽检数据与产品合格证不符的产品，应拒绝验收入库；

b) 润滑剂在储运过程中应使用专用容器，要确保安全、防止渗漏、污染和变质。保管时，应严格区分润滑剂厂家和型号，要分类存放。定期做质量检查，保持容器整洁，控制较低的储存温度和湿度，并做好质量档案和预防污染工作。

6.7 安全、健康、环保：

a) 不应对润滑剂包装物进行明火加热。使用和储存时严禁与明火接触。发生火灾时用干粉或泡沫灭火器灭火；

b) 抽取液体润滑剂时，应采取适当的措施，防止润滑剂飞溅；

c) 残留及废弃润滑油脂及使用后的包装物应妥善处理，不得污染环境；

d) 润滑剂的储运、使用、保管和报废过程中，严格遵守消防及环保的有关规定，作好个人防护，保护环境、保证安全。

7 润滑剂报废与再利用要求

7.1 报废

a) 润滑剂的使用性能达不到设备润滑最低要求，应及时报废。

b) 润滑剂报废分为按质报废和按时报废。按时报废应根据按质报废要求和现实有效的统计数据制定报废周期，定期进行抽样监测，根据结果调整报废周期。

7.2 报废指标与换油指标

a) 按质报废指标应依据设备润滑系统说明书中润滑剂使用性能指标的允许值执行；

b) 无润滑剂使用性能指标的允许值的设备应按附录B中标准的规定执行；

c) 设备润滑系统说明书和附录B均未涉及产品应与润滑剂制造商共同确定换油指标；

d) 运行工况特殊的设备应根据具体使用要求自行确定报废指标。

7.3 特殊要求

设备运行工况特殊或使用要求不同时，可以根据润滑系统内油品的抽样检验结果，正确判断报废与换油周期。根据设备操作情况、工作环境和润滑剂污染程度，换油周期应适当缩短或延长。

7.4 再利用

按照附录C中标准的规定执行。

附 录 A
（规范性附录）
润滑剂产品分类标准目录

GB/T 498　石油产品及润滑剂的总分类
GB/T 3141　工业液体润滑剂　ISO 粘度分类
GB/T 7631.1　润滑剂、工业用油和有关产品(L类)的分类　第1部分:总分组
GB/T 7631.2　润滑剂、工业用油和有关产品(L类)的分类　第2部分:H组(液压系统)
GB/T 7631.3　内燃机油分类
GB/T 7631.4　润滑剂和有关产品(L类)的分类　第4部分:F组(主轴、轴承和有关离合器)
GB/T 7631.5　润滑剂和有关产品(L类)的分类　第5部分:M组(金属加工)
GB/T 7631.6　润滑剂和有关产品(L类)的分类　第6部分:R组(暂时保护防腐蚀)
GB/T 7631.7　润滑剂和有关产品(L类)的分类　第7部分:C组(齿轮)
GB/T 7631.8　润滑剂和有关产品(L类)的分类　第8部分:X组(润滑脂)
GB/T 7631.9　润滑剂和有关产品(L类)的分类　第9部分:D组(压缩机)
GB/T 7631.10　润滑剂和有关产品(L类)的分类　第10部分:T组(汽轮机)
GB/T 7631.11　润滑剂和有关产品(L类)的分类　第11部分:G组(导轨)
GB/T 7631.12　润滑剂和有关产品(L类)的分类　第12部分:Q组(热传导液)
GB/T 7631.13　润滑剂和有关产品(L类)的分类　第13部分:A组(全损耗系统)
GB/T 7631.14　润滑剂和有关产品(L类)的分类　第14部分:U组(热处理)
GB/T 7631.15　润滑剂和有关产品(L类)的分类　第15部分:N组(绝缘液体)
GB/T 7631.16　润滑剂和有关产品(L类)的分类　第16部分:P组(气动工具)
GB/T 7631.17　润滑剂、工业用油和相关产品(L类)的分类　第17部分:E组(内燃机油)
GB/T 14906　内燃机油粘度分类
GB/T 17477　驱动桥和手动变速器润滑剂粘度分类

附 录 B
（规范性附录）
润滑剂产品换油和选用指标标准目录

GB/T 7607 柴油机油换油指标
GB/T 7632 机床用润滑剂的选用
GB/T 8028 汽油机油换油指标
SH/T 0137 抗氨汽轮机油换油指标
SH/T 0475 普通车辆齿轮油换油指标
SH/T 0476 L-HL 液压油换油指标
SH/T 0538 轻负荷喷油回转式空气压缩机油换油指标
SH/T 0586 L-CKC 工业闭式齿轮油换油指标
SH/T 0599 L-HM 液压油换油指标
SH/T 0636 L-TSA 汽轮机油换油指标

附 录 C
（规范性附录）
报废润滑剂产品再利用标准目录

GB/T 17145 废润滑油回收与再生利用技术导则

ICS 33.100
M 04

中华人民共和国国家标准

GB 13615—2009
代替 GB 13615—1992

地球站电磁环境保护要求

Electromagnetic environment protection requirements for earth stations

2009-05-05 发布　　2010-07-01 实施

中华人民共和国国家质量监督检验检疫总局
中国国家标准化管理委员会　发布

前言

本标准全部技术内容为强制性。

本标准代替 GB 13615—1992《地球站电磁环境保护要求》。

本标准与 GB 13615—1992 相比主要变化如下：

——修改并更新了本标准的规范性引用文件；

——修订了干扰允许值的技术指标要求；

——修改了附录 B、附录 D 和附录 E；

——增加了附录 C。

本标准部分采用了国际电联的相关建议书中关于其他网络的地球站和同步卫星空间站的干扰允许值的建议。

本标准的附录 A、附录 B 为规范性附录，附录 C、附录 D、附录 E 和附录 F 为资料性附录。

本标准由全国无线电干扰标准化技术委员会(SAC/TC 79)提出并归口。

本标准起草单位：国家无线电监测中心。

本标准主要起草人：曾繁声、丛远东、潘冀、王晓冬、李建欣。

本标准所代替标准的历次版本发布情况为：

——GB 13615—1992。

地球站电磁环境保护要求

1 范围

本标准规定了地球站电磁环境干扰允许值以及干扰电平计算方法。

本标准规定了地球站电磁环境测试方法。

本标准适用于工作频段为 1 GHz～40 GHz 同步卫星通信地球站、同步气象卫星地球站以及海岸地球站。

2 规范性引用文件

下列文件中的条款通过本标准的引用而成为本标准的条款。凡是注日期的引用文件，其随后所有的修改单（不包括勘误的内容）或修订版均不适用于本标准，然而，鼓励根据本标准达成协议的各方研究是否可使用这些文件的最新版本。凡是不注日期的引用文件，其最新版本适用于本标准。

GB 4824—2004 工业、科学和医疗（ISM）射频设备 电磁骚扰特性 限值和测量方法（CISPR 11：2003，IDT）

GB/T 6113.204 无线电骚扰和抗扰度测量设备和测量方法规范 第 2-4 部分：无线电骚扰和抗扰度测量方法 抗扰度测量（GB/T 6113.204—2008，CISPR 16-2-4：2003，IDT）

GB/T 7615—1987 共用天线电视系统 天线部分

GB 50016—2006 建筑设计防火规范

3 术语和定义

下列术语和定义适用于本标准。

3.1

干扰 interference

由于一种或多种发射、辐射、感应或其组合所产生的无用能量对无线电通信系统的接收产生的影响，其表现为性能下降、误解、或信息丢失，若不存在这种无用能量，则造成的上述后果可以避免。

4 干扰源

4.1 数字微波接力系统干扰。

4.2 来自所有其他网络的地球站和空间站的干扰。

4.3 雷达、广播、电视、移动通信和其他无线电发射机的同频、谐波和寄生发射干扰。

4.4 工业、科学和医疗设备辐射干扰。

5 干扰允许值

5.1 来自数字微波接力系统的干扰允许值

当地球站与数字微波接力系统共用同一频段时，由无线接力系统引起的对 8 比特 PCM 电话卫星固定业务假设参考数字通道输出端的干扰应符合下列允许值：

a) 任何月份的 20％以上时间，任意 10 min 射频干扰功率不应超过相当于产生 1×10^{-6} 平均误比特率的解调器输入端总噪声功率的 10％；

b) 任何月份的 0.03%以上时间，任意 1 min 射频干扰功率引起的平均误比特率不应超过 1×10^{-4}；

c) 任何月份的 0.005%以上的时间内，任意 1 s 射频干扰功率引起的平均误比特率不应超过 1×10^{-3}。

5.2 来自所有其他网络的地球站和同步卫星空间站的干扰允许值

在 15 GHz 以下相同频段上工作的卫星固定业务网，由所有其他网络的地球站和空间站发射机产生的干扰进入 8 比特 PCM 卫星固定业务电话系统的总干扰量应符合下列允许值：

a) 在网络不实施频率复用的频段中，任何月份的 20%以上时间，其 10 min 平均干扰噪声功率电平不应超过相当于产生平均误比特率不应超过 1×10^{-6} 误比特率的解调器输入端总噪声功率的 25%；

b) 在网络实施频率复用的频段中，任何月份的 20%以上时间，10 min 平均干扰噪声功率电平不应超过相当于产生平均误比特率不应超过 1×10^{-6} 误比特率的解调器输入端总噪声功率的 20%；

c) 在任何月份的 20%以上时间，由另一个卫星固定业务网络的发射机产生并落到任何一个 8 比特 PCM 电话系统中 10 min 平均最大干扰功率电平不应超过相当于产生 1×10^{-6} 误比特率的解调器输入端总噪声功率的 6%。

5.3 来自雷达、广播、电视、移动通信等其他业务无线电发射机的同频、谐波和寄生发射的干扰值

地球站与其他业务系统共用同一频段时，在卫星固定业务地球站的通信方向上，任何月份允许的干扰恶化量不应超过对应差错性能指标的 10%，其中来自固定业务部分干扰引起的恶化量不应超过 89%，来自共用频率的雷达、广播、电视、移动通信等主要业务引起的恶化量不应超过 10%，来自所有其他干扰源所引起的恶化量不应超过 1%。

5.4 来自雷达、广播、电视和移动通信系统的干扰允许值

5.4.1 来自雷达系统的干扰落入同步气象卫星地球站接收机输入端的干扰信号峰值电平应比正常接收信号电平低 10 dB。

5.4.2 来自雷达系统的干扰落入海岸地球站接收机输入端的干扰信号峰值电平应比正常接收信号电平低 10 dB。

5.4.3 来自中波、调频广播和 1～5 频道电视广播的发射干扰，在卫星通信系统地球站的电场强度应不大于 125 dB(μV/m)。

5.4.4 来自电视广播的谐波发射干扰，落入同步气象卫星地球站接收机输入端的干扰信号电平应比正常接收信号电平低 25 dB。

5.4.5 来自短波广播的发射干扰，在卫星通信系统地球站的电场强度应不大于 105 dB(μV/m)。

5.4.6 来自移动通信系统的谐波发射干扰，落入同步气象卫星地球站接收机输入端的干扰信号电平应比正常接收信号低 25 dB。

5.5 来自工业、科学和医疗设备的辐射干扰允许值

5.5.1 来自频段为 300 MHz 以下工业、科学和医疗设备的辐射干扰，在地球站的电场强度应执行国家标准 GB 4824—2004 规定。

5.5.2 来自频段为 1 GHz～18 GHz 的工业、科学和医疗设备的辐射干扰，落入地球站接收机输入端的干扰信号电平应比正常接收信号电平低 30 dB。

6 天线前方净空区要求

地球站天线正前方，地势应开阔，如图 1 所示。要求天线前方净空区内不应有树木、烟囱、水塔、建筑物、金属反射物、架空电力线、电线杆等障碍物。

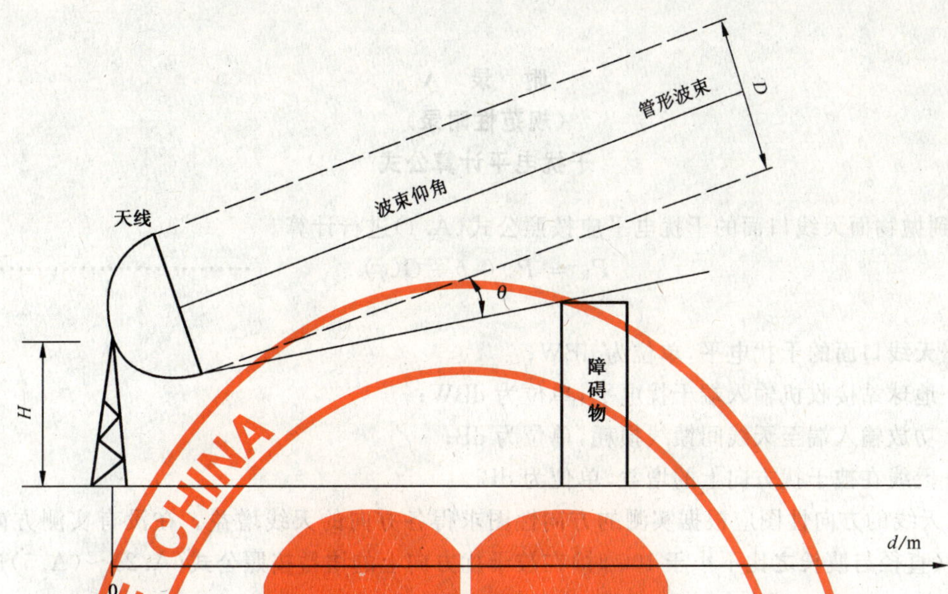

H——天线高度,单位为 m;

D——天线直径,单位为 m;

d——离开天线的水平距离,单位为 m;

θ——管形波束保护角,单位为(°)。

图 1 天线前方净空区要求

当地球站工作在 C 频段时,天线在静止卫星轨道可用弧段内的工作仰角与天际线仰角的夹角(θ)不宜小于 5°;当地球站工作在 Ku 频段时,天线在静止卫星轨道可用弧段内的工作仰角与天际线仰角的夹角(θ)不宜小于 10°。

7 干扰计算方法

干扰计算方法见附录 A。

8 地球站电磁环境的测试方法

地球站电磁环境的测试方法见附录 B。

9 地球站站址要求以及分类

地球站站址要求以及分类等参见附录 C、附录 D、附录 E 以及附录 F。

附 录 A
（规范性附录）
干扰电平计算公式

A.1 折算到抛物面天线口面的干扰电平应按照公式(A.1)进行计算。

$$P_R = P_{in} + b - G(\varphi) \qquad \cdots\cdots(A.1)$$

式中：

P_R——天线口面的干扰电平，单位为 dBW；

P_{in}——地球站接收机输入端干扰电平，单位为 dBW；

b——功放输入端至天线间馈线损耗，单位为 dB；

$G(\varphi)$——天线在被干扰方向上的增益，单位为 dBi。

地球站天线的方向性图应根据实测的方向性图求得各方向的天线增益。在没有实测方向性图时，大口径天线(直径与波长之比不小于 100 时)在被干扰方向上的增益按照公式(A.2)～(A.5)进行计算：

$$G(\varphi) = G_{max} - 2.5 \times 10^{-3}\left(\frac{D}{\lambda}\varphi\right)^2 \qquad 0^\circ \leqslant \varphi < \varphi_m \qquad \cdots\cdots(A.2)$$

$$G(\varphi) = G_1 \qquad \varphi_m \leqslant \varphi < \varphi_r \qquad \cdots\cdots(A.3)$$

$$G(\varphi) = 32 - 25\lg\varphi \qquad \varphi_r \leqslant \varphi < 48^\circ \qquad \cdots\cdots(A.4)$$

$$G(\varphi) = -10 \qquad 48^\circ \leqslant \varphi \leqslant 180^\circ \qquad \cdots\cdots(A.5)$$

式中：

$G(\varphi)$——天线在被干扰方向上的增益，单位为 dB；

G_{max}——天线主瓣增益，单位为 dB；

φ——偏离天线主波束中心轴的角度，单位为(°)；

D——天线直径，单位为 m；

G_1——天线第一旁瓣增益，单位为 dB。

$$G_1 = 2 + 15\lg\frac{D}{\lambda} \qquad \cdots\cdots(A.6)$$

$$\varphi_m = \frac{20\lambda}{D}\sqrt{G_{max} - G_1} \qquad \cdots\cdots(A.7)$$

$$\varphi_r = 15.85\left(\frac{D}{\lambda}\right)^{-0.6} \qquad \cdots\cdots(A.8)$$

如果天线直径与波长之比小于 100 的地球站，也应采用实际测得的天线方向性图。在无实测资料时，天线在被干扰方向上的增益应按照公式(A.9)～(A.12)进行计算。

$$G(\varphi) = G_{max} - 2.5 \times 10^{-3}\left(\frac{D}{\lambda}\varphi\right)^2 \qquad 0^\circ \leqslant \varphi < \varphi_m \qquad \cdots\cdots(A.9)$$

$$G(\varphi) = G_1 \qquad \varphi_m \leqslant \varphi < 100\frac{\lambda}{D} \qquad \cdots\cdots(A.10)$$

$$G(\varphi) = 52 - 10\lg\frac{D}{\lambda} - 25\lg\varphi \qquad 100\frac{\lambda}{D} \leqslant \varphi < 48^\circ \qquad \cdots\cdots(A.11)$$

$$G(\varphi) = 10 - 10\lg\frac{D}{\lambda} \qquad 48^\circ \leqslant \varphi \leqslant 180^\circ \qquad \cdots\cdots(A.12)$$

式中：

$G(\varphi)$——天线在被干扰方向上的增益，单位为 dB；

G_{max}——天线主瓣增益，单位为 dB；

φ——偏离天线主波束中心轴的角度，单位为(°)；

D——天线直径，单位为 m；

λ——工作波长，单位为 m；

G_1——天线第一旁瓣增益，单位为 dB。

$$G_1 = 2 + 15\lg \frac{D}{\lambda} \qquad \text{(A. 13)}$$

$$\varphi_m = \frac{20\lambda}{D} \sqrt{G_{max} - G_1} \qquad \text{(A. 14)}$$

附 录 B
（规范性附录）
地球站电磁环境测试方法

B.1 测试目的

确定落入接收系统工作频段内的各类干扰信号的电场强度，确定接收系统入口处的射频信号干扰比，从而判断测试地点的电磁环境是否满足地球站正常接收的要求。

B.2 测试系统（建议采用系统）

B.2.1 测试系统如图 B.1 所示。

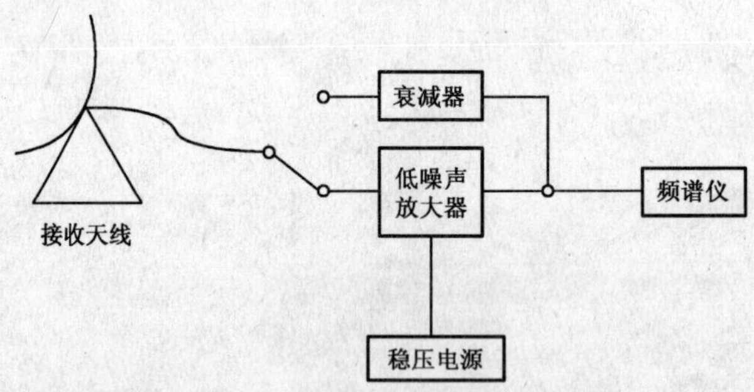

图 B.1 电磁环境测试系统方框图

B.2.2 测试系统要求

a） 测试系统由频谱仪、天馈线、低噪声放大器、电源以及可能用到的衰减器等组成；

b） 测试仪表应符合 GB/T 6113.204 的规定，并经计量部门检定，以保证测试数据准确；

c） 天线应放置距地面 1.5 m 以上的位置；

d） 天线与测试仪器之间必须用性能良好的电缆连接，天线、馈线、测试仪器输入电路之间的电压驻波比应小于 2.0；

e） 低噪声放大器与频谱分析仪测试连接时，机壳事先应良好的接地；

f） 测试仪器应符合 GB/T 6113.204 的规定，灵敏度能满足系统测试要求；

g） 低噪声放大器和衰减器应符合测试频段以及系统灵敏度的要求。

B.3 测试方法

B.3.1 测试方法应符合以下国家标准规定：

a） GB/T 7615-1987 中 2.3；

b） GB 4824—2004。

B.3.2 根据预判干扰源发射功率量级，按照图 B.1 正确连接测试系统，按仪器使用说明书操作仪器进行测试。

B.3.3 根据地球站的工作参数，设置测试系统的各项参数（包括测试频点、带宽、分辨率带宽等）。

B.3.4 在地球站接收工作频段内连续扫描，观察有无干扰信号；在地球站天线工作的方位角附近，反复测量，重点观察；在有干扰源的方位上，反复调整天线的方位角和仰角，调整极化方式以及测试系统参数，在频谱分析仪上读出最大干扰电平 P。

B.3.5 当测试的信噪比较低时，可参照附录 C 对读数进行修正。

B.3.6 天线口面处干扰信号电平 P_R 的折算应按照公式（B.1）进行计算。

$$P_R = P - G_a - G_L + b \qquad \text{(B.1)}$$

式中：

P_R——天线口面处干扰信号电平，单位为 dBW；

P——频谱分析仪电平读数，单位为 dBW；

G_a——测试天线增益，单位为 dBi；

G_L——低噪声放大器增益，单位为 dB；

b——馈线系统总损耗(包括馈线、转接头以及衰减器)，单位为 dB。

B.4　空间电场强度与功率通量密度的换算

当测试空间场强得到是电场强度[dB(V/m)]时，可按照公式(B.2)换算成功率通量密度[dB(W/m²)]：

$$P = 20\lg E - 10\lg Z \qquad \text{(B.2)}$$

式中：

P——功率通量密度，单位为 dB(W/m²)；

E——电场强度，单位为 V/m；

Z——自由空间波阻抗，377 Ω。

B.5　频谱分析仪读数 dBm 与空间电场强度的换算

用频谱分析仪测试空间干扰信号时，读数一般为 dBm，可按照公式(B.3)换算成空间电场强度 dB(μV/m)：

$$E' = P + A + F \qquad \text{(B.3)}$$

式中：

E'——空间电场强度，单位为 dB(μV/m)；

P——频谱分析仪读数，单位为 dBm；

A——天线系数，单位为 dB(1/m)；

F——折算系数，单位为 dB。频谱分析仪输入阻抗为 50 Ω 时，该折算系数为 107 dB；输入阻抗为 75 Ω 时，该折算系数为 109 dB。

附 录 C
（资料性附录）
频谱分析仪在低信噪比下读数的修正

显示在频谱分析仪上的信号电平数值为输入信号电平(S)与热噪声(N)电平的叠加值。

当输入信号较低，特别是当输入信号电平与频谱分析仪的灵敏度的余量不足 10 dB 时，叠加噪声后的频谱分析仪的读数将会产生不可忽略的误差。因此在测试过程中，当测试低信噪比的情形时，必须对读数进行修正。

修正系数的确定方法如下：

a) 读出频谱分析仪上信号电平值(也就是输入信号与热噪声信号之和)；

b) 读出上述信号与频谱分析仪的噪声电平的差值(dB)，并在图 C.1 横坐标中找到对应的位置；

c) 曲线中对应点的纵坐标数值即为修正系数；

d) 真实的输入信号电平为频谱分析仪读数减去修正系数。

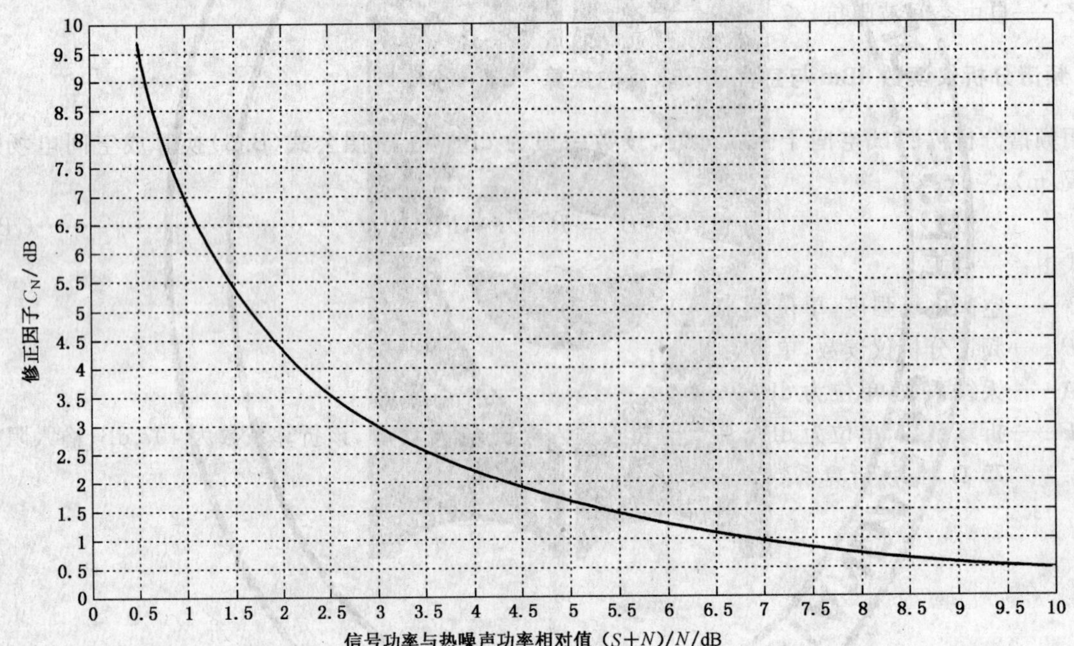

图 C.1 修正系数曲线

附 录 D
（资料性附录）
地球站周围环境干扰场强与机房自然屏蔽效果

D.1 卫星系统地球站机房对中波、电视广播发射干扰的自然屏蔽效果应以实测为准。

D.2 卫星系统地球站的微波载波设备抗中波广播发射干扰的能力为 110 dB(μV/m)。根据部分框架结构机房对中波广播发射干扰的自然屏蔽效果测试统计数据为(10～20)dB。当机房自然屏蔽效果为 15 dB 时，卫星通信系统地球站周围电磁环境要求中波广播电场强度应不大于 125 dB(μV/m)。

D.3 卫星系统地球站的微波载波设备抗(1～5)频道电视广播发射干扰的能力为 120 dB(μV/m)。根据部分框架结构机房对(1～5)频道电视广播发射干扰的自然屏蔽效果测试统计数据为(5～20)dB。当机房自然屏蔽效果为 5 dB 时，卫星系统地球站周围电磁环境要求(1～5)频道电视广播电场强度应不大于 125 dB(μV/m)。

附 录 E
（资料性附录）
地球站选址要求

E.1 应避免地球站天线波束与共用频段的数字微波接力系统微波站构成视通路径，天线主波束偏离角应大于5°。

E.2 应避免地球站天线波束与飞机航线（特别是起飞和降落航线）交叉，站址距大型飞机场的边沿距离不小于2 000 m。

E.3 架空高压输电线不应穿越地球站场地，距35 kV及以上的高压电力线应大于100 m。

E.4 地球站站址应保证天线工作范围避开人口密集的城镇和村庄。

E.5 应避免在强噪声源，如大型飞机场、火车站以及发生较大震动和较强噪声的工业企业附近设一类、二类卫星通信地球站。

E.6 站址选择应具有良好的卫生环境，应避开产生烟雾、尘粒、散发有害气体的场所和腐蚀性排放物的工业企业。严禁将地球站站址选择在矿山开采区。

E.7 地球站与易燃、易爆的仓库和材料堆积场以及在生产过程中易发生火灾、爆炸危险的工业企业之间的距离应执行国家标准GB 50016—2006的规定。

E.8 地球站站址应选择在地形以及地质适合房屋、天线和铁塔建筑的地方，严禁将站址选择在地震带和易受洪水淹灌的地方。

附 录 F
（资料性附录）
卫星通信地球站的分类

F.1 对于C频段卫星通信地球站，按其天线口径大小和业务种类可划分为一类站、二类站、三类站和四类站，具体分类见表F.1。

表 F.1 卫星通信地球站的分类

地球站类别	一类站		二类站	三类站	四类站
	中央站	其他			
G/T dB/K	≥33+20lg$f$/4	≥31.7+20lg$f$/4	≥28.5+20lg$f$/4	≥23+20lg$f$/4	≥18.5+20lg$f$/4
天线直径（参考值）	13 m～18 m	11 m～13 m	9 m～10 m	4.5 m～6 m	3 m
适用范围	大区、一级交换中心以及业务量大，业务种类多或具有全网监控管理功能	一、二级交换中心以及业务量大，业务种类多的其他中心局	某些二级交换中心局和某些业务量大，业务种类多的交换中心局	小型地球站，用于VSAT、稀路由业务、IBS以及电视单收站	

注1：表中G/T值为晴天、微风和仰角为10°条件下的值；G为低噪声放大器输入端天线增益，dBi；T为低噪声放大器输入端接收系统噪声温度，K。

注2：表中f为接收频率，GHz。

注3：对IDR业务不设中央站。

F.2 对于Ku频段地球站，在国内尚未划分类别前，可按照IESS-203（C标准地球站）和IESS-205（E标准地球站）规定执行。

F.2.1 C标准地球站

F.2.1.1 在晴空和微风条件下：G/T≥37.0+20lg$f$/11.2 dB/K。

F.2.2 E标准地球站

F.2.2.1 在晴空和微风条件下的最小值：

E-1标准站：G/T≥25.0+20lg$f$/11 dB/K。

E-2标准站：G/T≥29.0+20lg$f$/11 dB/K。

E-3标准站：G/T≥34.0+20lg$f$/11 dB/K。

ICS 33.100
M 04

中华人民共和国国家标准

GB 13616—2009
代替 GB 13616—1992

数字微波接力站电磁环境保护要求

Electromagnetic environment protection requirements for digital radio-relay stations

2009-05-05 发布　　2010-07-01 实施

中华人民共和国国家质量监督检验检疫总局
中国国家标准化管理委员会　发布

前言

本标准全部技术内容为强制性。

本标准代替 GB 13616—1992《微波接力站电磁环境保护要求》。

本标准与 GB 13616—1992 相比主要变化如下：

——修改了标准的名称；

——更新了本标准的规范性引用文件；

——更新了干扰允许值的技术指标要求；

——对原附录 A 进行了修改：修改了 A.1、A.3，删除 A.2，修改后列为新的附录 B；

——对原附录 B 进行了修改：重新编写了 B.1，并将其列为新的附录 A；将原 B.1.3.4 修改后，与原 B.3 合并，作为新的附录 C；删除原 B.2；

——对原附录 C 进行了修改，并将修改后的内容移至正文；

——增加了一个新的附录：附录 D。

本标准参考了国际电信联盟有关建议书中给出的数字微波接力系统相应计算方法与差错性能分配等技术参数，结合了我国现行有关行业技术规范和数字微波接力站的技术特点。

本标准的附录 A 为规范性附录，附录 B、附录 C、附录 D 和附录 E 为资料性附录。

本标准由全国无线电干扰标准化技术委员会(SAC/TC 79)提出并归口。

本标准起草单位：国家无线电监测中心。

本标准主要起草人：刘斌、李景春、谭海峰、周兴国、黄标、方箭。

本标准所代替标准的历次版本发布情况为：

——GB 13616—1992。

数字微波接力站电磁环境保护要求

1 范围

本标准规定了数字微波接力站电磁环境干扰允许值、天线前方净空区要求以及数字微波接力站电磁环境测试的方法。

本标准适用于工作频段为1 GHz～40 GHz视距数字微波接力传输系统台站。

本标准不适用于对流层散射微波站。

2 规范性引用文件

下列文件中的条款通过本标准的引用而成为本标准的条款。凡是注日期的引用文件，其随后所有的修改单(不包括勘误的内容)或修订版均不适用于本标准，然而，鼓励根据本标准达成协议的各方研究是否可使用这些文件的最新版本。凡是不注日期的引用文件，其最新版本适用于本标准。

GB 4824—2004 工业、科学和医疗(ISM)射频设备 电磁骚扰特性 限值和测量方法(CISPR 11:2003,IDT)

YD/T 5088—2005 SDH微波接力通信系统工程设计规范

3 术语和定义

下列术语和定义适用于本标准。

3.1

干扰 interference

由于一种或多种发射、辐射、感应或其组合所产生的无用能量对无线电通信系统的接收产生的影响，其表现为性能下降、误解或信息丢失，若不存在这种无用能量，则造成的上述后果可以避免。

4 干扰源

数字微波接力站可能受到的无线电干扰主要有：

a) 卫星通信系统发射干扰(包括地球站及卫星发射)；

b) 微波、雷达、广播、电视和其他无线电发射的同频、谐波和杂散发射干扰；

c) 工业、科学和医疗射频设备辐射干扰。

5 干扰允许值

5.1 数字微波接力通信系统与其他业务系统共享频段时的干扰允许值

每个射频波道传输基群或基群以上恒定比特率的SDH微波接力通信系统与其他业务系统共享同一频段时，省际干线、省内干线、本地微波传输以及接入微波传输这四种基本通道在每一个传输方向任何月份允许的来自其他业务的干扰恶化量不应超过对应通道的差错性能指标的10%，其中来自固定业务部分干扰引起的恶化量不应超过89%，来自共用频率的其他主要业务引起的恶化量不应超过10%，来自所有其他干扰源所引起的恶化量不应超过1%。

注：省际干线、省内干线、本地微波传输以及接入微波传输这四种基本通道的差错性能指标依据YD/T 5088—2005。

5.2 来自同步卫星通信系统的干扰允许值

与同步卫星工作于同一频段时，地球表面来自其发射干扰(包括反射卫星的发射)，在数字微波接力站周围环境产生的最大干扰功率通量密度，在任何条件和调制方式下，均不应超过表1规定的允许值。

表1 来自同步卫星通信系统的干扰允许值

频段/GHz	参考带宽	最大干扰功率通量密度/dB(W/m²)		
		θ≤5°	5°<θ≤25°	25°<θ≤90°
2.5～2.69	任一4 kHz	−152	−152+0.75×(θ−5)	−137
3.4～4.2	任一4 kHz	−152	−152+0.5×(θ−5)	−142
4.5～4.8	任一4 kHz	−152	−152+0.5×(θ−5)	−142
6.825～7.705	任一4 kHz	−154	−154+0.5×(θ−5)	−144
8.025～8.5	任一4 kHz	−150	−150+0.5×(θ−5)	−140
12.2～12.75	任一4 kHz	−148	−148+0.5×(θ−5)	−138
17.7～19.7	任一1 MHz	−115	−115+0.5×(θ−5)	−105
31.0～31.3	任一1 MHz	−115	−115+0.5×(θ−5)	−105
37～38	任一1 MHz	−125	−125+(θ−5)	−105
37.5～40	任一1 MHz	−127	5°<θ≤20° −127+(4/3)×(θ−5) 20°<θ≤25° −107+0.4×(θ−20)	−105
注：θ为水平面以上的到达角。				

5.3 来自中波、电视广播、短波广播的干扰允许值

a) 来自中波和(1～5)频道电视广播的发射干扰，在数字微波接力站周围环境的电场强度均应不大于125 dB(μV/m)；

b) 来自短波广播的发射干扰，在数字微波接力站周围环境的电场强度均应不大于105 dB(μV/m)。

5.4 来自工业、科学和医疗射频设备的干扰允许值

在数字微波接力站周围环境，工业、科学和医疗设备的辐射干扰在300 MHz以下频段干扰信号电场强度应符合GB 4824—2004之规定。在与数字微波接力站同频段内，落入数字微波接力站接收机输入端的干扰信号功率电平应比数字微波接力站正常接收信号功率电平低30 dB或以上。

6 数字微波接力站电磁环境测试方法

数字微波接力站电磁环境测试的方法见附录A。

7 天线前方净空区要求

数字微波接力站天线的正前方要求有一定空旷地带(即净空区)。净空区要求见图1所示。在此范围内不应有森林、较高树木、建筑物、金属构筑物等。

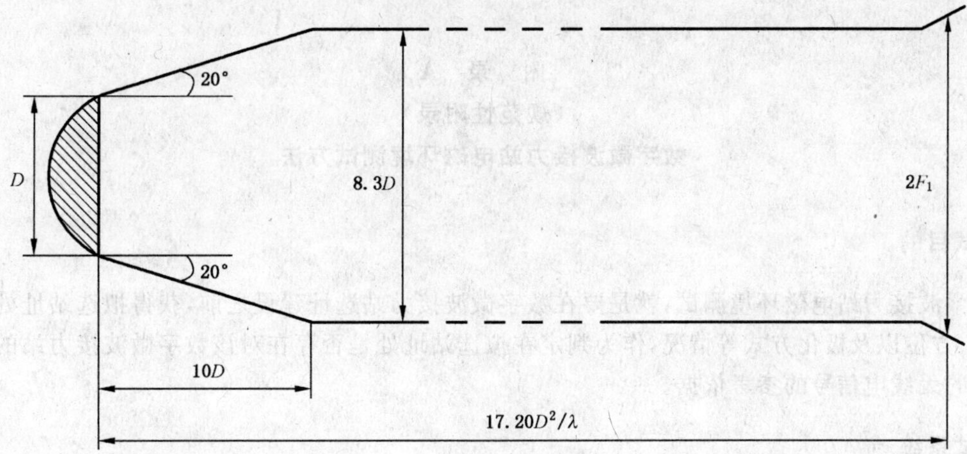

D——天线开口面直径，单位为 m（D≤4 m）；

λ——工作波长，单位为 m；

F_1——第 1 菲涅耳区半径。

图 1　天线前方净空区

图中 F_1 由式(1)确定：

$$F_1 = \sqrt{\frac{\lambda d_1 d_2}{d}}(\mathrm{m}) \quad \cdots\cdots(1)$$

式中：

d——发送点至接收点距离，单位为 m；

d_1——发送点至计算点距离，单位为 m；

d_2——接收点至计算点距离，单位为 m。

$d>17.20D^2/\lambda$ 的区域净空区要求应为半径等于 F_1 之椭圆体空间。

注：数字微波接力站其他选址要求可参考附录 E。

附 录 A
（规范性附录）
数字微波接力站电磁环境测试方法

A.1 测试目的

数字微波接力站电磁环境测试，就是要在数字微波接力站选址建设之前，获得拟选站址处无线电信号的强度、方位以及极化方式等情况，作为判定在拟选站址处是否存在对该数字微波接力站的正常工作造成影响的无线电信号的参考依据。

A.2 测试系统

测试系统的组成（见图 A.1）：

a） 适应于数字微波频段经过计量的频谱分析仪；
b） 适用于数字微波频段的定向测试天线；
c） 适应于数字微波频段的射频连接电缆（馈线）；
d） 适用于数字微波频段的测试选件（包括低噪声放大器、衰减器、滤波器等）；
e） 供测试系统使用的稳定的电源。

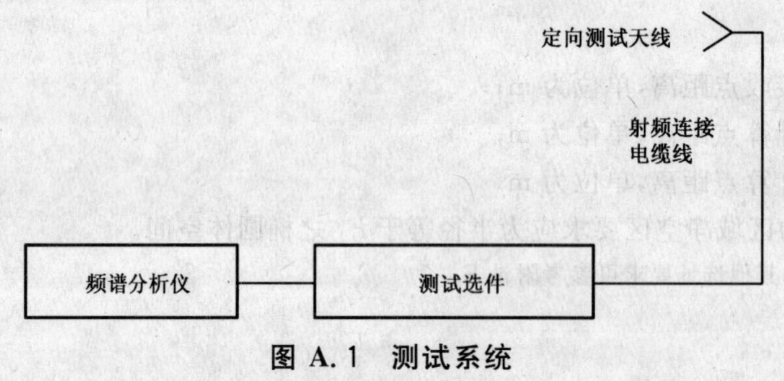

图 A.1 测试系统

A.3 测试的基本要求

a） 测试天线原则上应为数字微波接力站天线位置处；在测试设备灵敏度满足指标要求并留有一定的余量来弥补由于高度不足引起的绕射损耗时，测试也可以在站址附近高大而且相对开阔的建筑物顶部进行；
b） 所有测试设备都应经过校准，并在核准的有效期内和在正常工作条件下使用；
c） 测试天线与测试仪器之间应用性能良好的电缆连接；
d） 测试选件均应根据需要可以调节；
e） 频谱分析仪灵敏度指标应符合或优于表 A.1 的要求。

表 A.1 频谱分析仪灵敏度指标要求

频率范围/GHz	灵敏度/dBm
0.001～2.5	<−134
2～5.8	<−132
5.8～12.5	<−125
12.5～18.6	<−119
18.6～22	<−114

注：表 A.1 为频谱分析仪接收带宽 10 Hz 时的灵敏度。

A.4 测试步骤

A.4.1 向建站单位了解有关参数

进行数字微波电磁环境测试之前，向建站单位了解拟选站址的地理位置、工作频率、信号带宽、发射功率、天线参数、调制参数、设备参数以及允许的干扰电平指标等参数。确保测试系统有足够的灵敏度。

A.4.2 实地测试

a) 在拟建数字微波接力站站址处，按照图 A.1 连接好测试设备；

b) 用 GPS 接收机测量出拟建地球站站址的经纬度和海拔高度，用指南针确定磁北方向，根据磁北与真北的角度偏差确定真北方向，并将真北方向定为参考 0°；

c) 开机，并按仪表使用说明书预置仪表各功能键，调整好各项功能设置；

d) 调整方位和(或)俯仰以及极化方式，全方位搜索或者按照已知方位测试拟选站址处的信号情况，并记录信号的最大电平值及对应方位。

A.4.3 测试数据的处理

测试天线口面处干扰信号电平值的折算公式如式(A.1)所示：

$$P'_{R} = P'_{in} - G'(\varphi) + b' - b'' \quad \cdots\cdots (A.1)$$

式中：

P'_{R}——测试天线口面处信号电平，单位为 dBW；

P'_{in}——频谱分析仪电平数值，单位为 dBW；

$G'(\varphi)$——测试天线的方向性增益，计算方法可参考附录 B，单位为 dBi；

b'——射频连接电缆衰耗(在使用选件进行测试时，还应包括选件的衰耗)，单位为 dB；

b''——为低噪声放大器的增益，单位为 dB。

注 1：当输入信号较低，特别是当输入信号电平与频谱分析仪的灵敏度的余量不足 10 dB 时，叠加噪声后的频谱分析仪的读数将会产生不可忽略的误差。因此在测试过程中，当测试低信噪比的情形时，应对读数进行修正。

注 2：天线口面处干扰信号的单位换算方法可参考附录 C。

注 3：误码率与信噪比的关系和相关计算公式可参考附录 D。

附　录　B
（资料性附录）
干扰电平计算主要公式

B.1　数字微波接力站天线口面最大允许干扰电平计算公式

折算到数字微波接力站天线口面最大允许干扰信号电平计算公式如式(B.1)所示：

$$P_R = P_{in} + b - G(\varphi) \quad \cdots\cdots\cdots\cdots\cdots\cdots\cdots\cdots\cdots\cdots\cdots\cdots(B.1)$$

式中：

P_R——数字微波接力站天线口面最大允许干扰信号电平，单位为 dBW；

P_{in}——数字微波接力站接收机输入端最大允许干扰信号电平，单位为 dBW；

$G(\varphi)$——数字微波接力站接收天线在干扰方向上的方向性增益，单位为 dBi；

b——数字微波接力站的馈线系统损耗，单位为 dB。

B.2　天线增益的计算

计算数字微波接力站接收天线在干扰信号方向上的增益时，宜采用实测的天线方向性图等相关资料。若没有该资料，那么对于抛物面天线，可使用式(B.2)～(B.14)进行计算。

B.2.1　数字微波接力站接收天线直径与工作波长的比值小于 100 时的计算公式

$$G(\varphi) = G_{max} - 2.5\times 10^{-3}\left(\frac{D}{\lambda}\cdot\varphi\right) \qquad 0^\circ \leqslant \varphi < \varphi_m \quad \cdots\cdots(B.2)$$

$$G(\varphi) = G_1 \qquad \varphi_m \leqslant \varphi < 100\lambda/D \quad \cdots\cdots(B.3)$$

$$G(\varphi) = 52 - 10\lg(D/\lambda) - 25\lg\varphi \qquad 100\lambda/D \leqslant \varphi < 48^\circ \quad \cdots\cdots(B.4)$$

$$G(\varphi) = 10 - 10\lg(D/\lambda) \qquad 48^\circ \leqslant \varphi \leqslant 180^\circ \quad \cdots\cdots(B.5)$$

式中：

$G(\varphi)$——数字微波接力站接收天线在干扰信号方向上的增益，单位为 dBi；

D——天线直径，单位为 m；

φ——偏离天线主波束中心轴的角度，单位为度(°)；

λ——波长，单位为 m；

G_1——第一旁瓣增益，单位为 dBi。

G_1 的数值可由式(B.6)计算得出：

$$G_1 = 2 + 15\lg(D/\lambda) \quad \cdots\cdots(B.6)$$

φ_m 的数值可由式(B.7)计算得出：

$$\varphi_m = \frac{20\lambda}{D}\sqrt{G_{max} - G_1} \quad \cdots\cdots(B.7)$$

B.2.2　数字微波接力站接收天线直径与工作波长的比值不小于 100 时的计算公式

$$G(\varphi) = G_{max} - 2.5\times 10^{-3}\left(\frac{D}{\lambda}\cdot\varphi\right) \qquad 0^\circ \leqslant \varphi < \varphi_m \quad \cdots\cdots(B.8)$$

$$G(\varphi) = G_1 \qquad \varphi_m \leqslant \varphi < \varphi_r \quad \cdots\cdots(B.9)$$

$$G(\varphi) = 32 - 25\lg\varphi \qquad \varphi_r \leqslant \varphi < 48^\circ \quad \cdots\cdots(B.10)$$

$$G(\varphi) = -10 \qquad 48^\circ \leqslant \varphi \leqslant 180^\circ \quad \cdots\cdots(B.11)$$

式中：

$G(\varphi)$——数字微波接力站接收天线在干扰信号方向上的增益，单位为 dBi；

D——天线直径，单位为 m；

λ——波长，单位为 m；

G_1——第一旁瓣增益，单位为 dBi；

G_{max}——天线主瓣增益最大值，单位为 dBi。

G_1 的数值可由式(B.12)计算得出：

$$G_1 = 2 + 15\lg D/\lambda \qquad \text{(B.12)}$$

φ_m 的数值可由式(B.13)计算得出：

$$\varphi_m = \frac{20\lambda}{D}\sqrt{G_{max} - G_1} \qquad \text{(B.13)}$$

φ_r 的数值可由式(B.14)计算得出：

$$\varphi_r = 15.85(D/\lambda)^{-0.6} \qquad \text{(B.14)}$$

附 录 C
（资料性附录）
天线口面处的空间干扰信号功率通量密度的换算

C.1 功率通量密度与信号电平的换算

有些测试需要用到天线口面处的空间信号功率通量密度，其与信号电平之间可通过式(C.1)换算：

$$P_r = 10\lg(P'_R/S_e) \qquad \cdots\cdots (C.1)$$

式中：

P_r——天线口面处空间干扰信号功率通量密度，单位为 dB(W/m²)；

P'_R——天线口面处干扰信号功率，单位为 W；

$S_e=\dfrac{\lambda^2}{4\pi}$，式中 λ 为波长。

C.2 功率通量密度与场强之间的换算

空间信号的功率通量密度与场强之间可通过式(C.2)换算：

$$P = 20\lg E - 10\lg Z \qquad \cdots\cdots (C.2)$$

式中：

P——空间信号功率通量密度，单位为 dB(W/m²)；

E——空间信号电场强度，单位为 V/m；

Z——自由空间阻抗，为 377 Ω。

C.3 频谱分析仪读数与空间电场强度的换算

当时使用频谱分析仪测量场强时，场强与读数关系式如式(C.3)所示：

$$E' = P + A + F \qquad \cdots\cdots (C.3)$$

式中：

E'——电场强度，单位为 dB(μV/m)；

P——频谱分析仪读数，单位为 dBm；

A——天线系数，dB(1/m)；

F——折算系数，dB。频谱分析仪输入阻抗为 50 Ω 时，F=107 dB。

附 录 D
（资料性附录）
误码率与信噪比的关系

D.1 MPSK 调制系统误码率与信噪比的关系

当 $M=2$ 时，

$$P_e \approx 2Q\left(\sqrt{2\frac{E_b}{N_0}}\right)\text{(相干解调 DPSK)} \quad \text{(D.1)}$$

$$P_e \approx 0.5\exp(-E_b/N_0)\text{(非相干解调 DPSK)} \quad \text{(D.2)}$$

$$P_e \approx Q\left(\sqrt{\frac{2E_b}{N_0}}\right)\text{(BPSK)} \quad \text{(D.3)}$$

当 $M>2$ 时，

$$P_e \approx 2Q\left[\sqrt{2(C/N)_0}\sin(\pi/M)\right] \quad \text{(D.4)}$$

$$\log_2(ME_b/N_0) = (C/N)_0 \quad \text{(D.5)}$$

式中：

Q 函数的表达式为：

$$Q(z) = \int_z^{\infty} \frac{1}{\sqrt{2\pi}} e^{-x^2/2} dx \quad \text{(D.6)}$$

M——调相相数；

E_b/N_0——信号比特能量与噪声功率谱密度之比；

$(C/N)_0$——对应于某一误码率（如 10^{-3} 或 10^{-6}）的信噪比理论值，单位为 dB。

D.2 MQAM 调制系统误码率与信噪比的关系

$$P_e = 2P_L\left(1-\frac{1}{2}P_L\right) \quad \text{(D.7)}$$

$$P_L \approx \frac{2(L-1)}{L} Q\left(\sqrt{\frac{3}{M-1}(C/N)_0}\right) \quad \text{(D.8)}$$

式中：

P_L——MQAM 调制系统两个正交分量之一的基带信号误码率；

$L=\sqrt{M}$。

由以上公式可得出理论 $(C/N)_0$。

附 录 E
（资料性附录）
数字微波接力站选址要求

数字微波接力站选址应满足以下要求：

a） 站址应选择在交通方便、具有可靠电源的地方；

b） 站址应避开经常有较大震动或较强噪声的地方；

c） 站址应选择在土质均匀，没有坍塌、危岩及滑坡的地段；

d） 站址不应选择在生产过程中散发较多粉尘和有腐蚀性气体、有腐蚀性排放物的工业企业附近；

e） 站址不应选择在有易燃易爆的仓库和材料对机场以及在生产过程中容易发生火灾、爆炸危险的工业企业附近；

f） 站址不应选择在矿山开采区和易受洪水淹灌的地方。

参 考 文 献

[1] GB/T 3383 电信传输单位 分贝.

[2] GB/T 6113.104 无线电骚扰和抗扰度测量设备和测量方法规范 第1-4部分:无线电骚扰和抗扰度测量设备 辅助设备 辐射骚扰(GB/T 6113.104—2008,CISPR 16-1-4:2005,IDT).

[3] GB/T 7615—1987 共用天线电视系统 天线部分.

[4] GB/T 13619 数字微波接力通信系统干扰计算方法.

[5] GB 50016—2006 建筑设计防火规范.

[6] 国际电信联盟 《无线电规则》2004年版.

ICS 33.100
M 04

中华人民共和国国家标准

GB/T 13619—2009
代替 GB/T 13619—1992

数字微波接力通信系统干扰计算方法

Interference calculation methods for digital radio-relay systems

2009-05-05 发布 2010-07-01 实施

中华人民共和国国家质量监督检验检疫总局
中国国家标准化管理委员会 发布

前　言

本标准代替 GB/T 13619—1992《微波接力通信系统干扰计算方法》。

本标准与 GB/T 13619—1992 相比主要变化如下：

——删除了原标准中所有关于模拟微波的部分；

——更新了系统干扰允许值和误码率计算的相关内容；

——更新了部分传输损耗的计算方法；

——增加了附录 B。

本标准的附录 A、附录 B 为资料性附录。

本标准由全国无线电干扰标准化技术委员会(SAC/TC 79)提出并归口。

本标准起草单位:国家无线电监测中心。

本标准主要起草人:谭海峰、李景春、刘斌、周兴国、黄标、靳頔。

本标准所代替标准的历次版本发布情况为：

——GB/T 13619—1992。

数字微波接力通信系统干扰计算方法

1 范围

本标准给出了数字微波接力通信系统的干扰容限、干扰类型和干扰计算方法。

本标准适用于1 GHz~40 GHz频段，数字微波接力通信系统之间以及雷达系统对数字微波接力通信系统的干扰计算。

本标准是数字微波通信系统之间干扰协调的主要依据和验算手段，也是数字微波通信系统总体设计、工程建设与维护的依据。

2 规范性引用文件

下列文件中的条款通过本标准的引用而成为本标准的条款。凡是注日期的引用文件，其随后所有的修改单(不包括勘误的内容)或修订版均不适用于本标准，然而，鼓励根据本标准达成协议的各方研究是否可使用这些文件的最新版本。凡是不注日期的引用文件，其最新版本适用于本标准。

YD/T 5088—2005 SDH微波接力通信系统工程设计规范

3 术语和定义

下列术语和定义适用于本标准。

3.1

同波道干扰 co channel interference

在可以预料的频率稳定度范围内，干扰信号与有用信号载波频率相同或相近时产生的干扰。

3.2

相邻波道干扰 adjacent channel interference

由于相邻波道的边带互相覆盖而产生的干扰。

3.3

鉴别角 discrimination angle

干扰站或被干扰站天线的主波束中心轴方向偏离两站连线的夹角(见图9)。

3.4

干扰抑制因子 interference rejection factor

在数字微波系统中由于射频与中频电路的选择性，对相邻波道无用边带的衰减量。

3.5

块 block

数字微波通道中的一组连续比特，通道中每个比特只属于一个块。

3.6

差错块 errored block

当一个块中出现一个或一个以上的比特错误时，称该块为差错块。

3.7

差错秒 errored second

在1 s时间内，若出现一个或一个以上的差错块，则称该秒为差错秒。

3.8

严重差错秒　severely errored second

在1 s时间内,若出现30%以上的差错块,则称该秒为严重差错秒。

3.9

背景块差错　background block error

统计差错性能的总时间,扣除不可用时间和严重差错时间后,其余时间内发生的块差错,称为背景块差错。

3.10

误块率　errored block ratio

EBR

任意一个块成为差错块的概率,称为误块率。

3.11

差错秒比　errored second ratio

ESR

可用时间内的差错秒与总可用时间之比,称为差错秒比。

3.12

严重差错秒比　severely errored second ratio

SESR

严重差错秒与总可用秒的比值。

3.13

背景误块秒比　background block error ratio

BBER

统计差错性能的总时间,扣除不可用时间和严重差错时间后,其余时间内发生的差错块与总块数的比,称为背景误块秒比。

4　数字微波接力系统差错性能指标

4.1　假设参考通道(HRP)

国际与国内部分的边界为国际接口局(IG),国内部分指IG到通道终端点(PEP)之间的部分,国际假设参考通道(HRP)的长度为27 500 km,如图1所示。

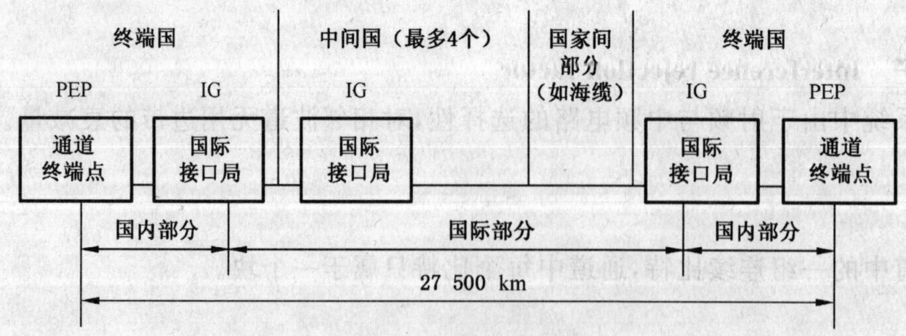

图1　数字通信网假设参考通道

4.2　数字微波接力系统误码性能参数及其分配

4.2.1　数字微波接力系统差错性能指标

全程端到端27 500 km假想参考通道差错性能的指标如表1所示。只要有任一差错性能参数不满足,就认为该通道不满足性能要求。

表 1　全程端到端通道差错性能要求

速率 Mbit/s	1.5～5	5～15（不含 5）	15～55（不含 15）	55～160（不含 55）	160～35 000（不含 160）
每块的比特数 bit	600～5 000	2 000～8 000	4 000～20 000	6 000～20 000	15 000～30 000
ESR	0.04	0.05	0.075	0.16	未定义
SESR	0.002	0.002	0.002	0.002	0.002
BBER	2×10^{-4}	2×10^{-4}	2×10^{-4}	2×10^{-4}	10^{-4}

注：端到端差错性能的评估时间为一个月。

上述参数中，*SESR* 主要反映系统抗干扰的能力，与环境条件和系统自身的抗干扰能力有关，因此本标准对数字微波系统干扰允许值的计算主要参考系统的 *SESR* 性能。

4.2.2　数字微波接力系统差错性能指标的分配

数字微波接力系统中差错性能指标包括国际和国内两部分。

4.2.2.1　国际部分指标分配

国际网应分配的指标：国际网指两个 IG 之间的部分，因而实际上包括了两终端国家 IG 到实际边界的部分、中间国家以及国际部分（例如海缆段）。首先，每个中间国家可以分得 2%的端到端指标，最多允许 4 个国家，共 8%。两终端国家 IG 到实际边界各分得 1%，然后再按距离每 500 km 分给 1%的端到端指标。国际间部分只按每 500 km 分给 1%指标处理。IG 之间的距离按实际路由长度计。如果实际路由长度不清，则按空中直线距离乘上路由系数来计，再按 500 km 或其整数倍靠近取整。路由系数取值如下：

当 IG 之间的直线距离小于 1 000 km，路由系数取 1.5；

当 IG 之间的直线距离大于 1 000 km 并且小于 1 200 km，路由长度直接取 1 500 km；

当 IG 之间的直线距离大于 1 200 km，路由系数取 1.25；

4.2.2.2　国内部分指标分配

国际与国内部分的边界是国际接口局（IG），国内部分是指 IG 到通道终端点（PEP）之间的部分，这中间包括长途电路、短途电路和接入网电路，如图 2 所示。

图 2　国内部分的假想数字通道组成

总指标在各区段内的分配策略是将长途网差错性能配额分成两部分，一部分是取决于距离的配额，另一部分是附加的区段配额。长途网的总差错性能指标分配与国际电路相同。短途网也称本地网，给它分配 5%的区段配额，一般不再分配取决于距离的配额。在某些省、自治区，本地网范围很大，可另加每 500 km 1%的距离配额。接入网分配 8%的配额。对于国内部分总的终端配额不得超过 17.5%。

各区段的具体分配如下：

a）　长途网电路

1）　省际电路：每 5 000 km 12%的配额，按长度线性分配。

2）　省中心至地区中心电路：每 500 km 1%的距离配额，另加 2.5%的区段配额。

b）　短途网（本地网）电路

区段配额 5%。

本地微波传输分配终端配额 5%，一般不再分配距离配额。如果某些省、自治区，本地微波传输线路长度大于超过 500 km 时，可另加 1%每 500 km 的距离配额。

c) 接入网电路

区段配额 8%。

接入网不再分配距离配额。

根据以上分配原则,可计算出其电路指标如表 2、表 3 所示。

表 2 接入网端到端通道差错性能要求

速率 Mbit/s	1.5～5	5～15 (不含 5)	15～55 (不含 15)	55～160 (不含 55)	160～35 000 (不含 160)
ESR	3.2×10^{-3}	4.0×10^{-3}	6.0×10^{-3}	1.28×10^{-2}	未定义
SESR	1.6×10^{-4}	1.6×10^{-4}	1.6×10^{-4}	1.6×10^{-4}	1.6×10^{-4}
BBER	1.6×10^{-5}	1.6×10^{-5}	1.6×10^{-5}	1.6×10^{-5}	8.0×10^{-6}

表 3 500 km 短途网端到端通道差错性能要求

速率 Mbit/s	1.5～5	5～15 (不含 5)	15～55 (不含 15)	55～160 (不含 55)	160～35 000 (不含 160)
ESR	2.0×10^{-3}	2.5×10^{-3}	3.75×10^{-3}	8×10^{-3}	未定义
SESR	1.0×10^{-4}	1.0×10^{-4}	1.0×10^{-4}	1.0×10^{-4}	1.0×10^{-4}
BBER	1.0×10^{-5}	1.0×10^{-5}	1.0×10^{-5}	1.0×10^{-5}	5.0×10^{-6}
注:国内部分的差错性能计算依据 YD/T 5088—2005 相关部分进行。					

5 干扰允许值计算方法

5.1 严重误秒比与误码率的折算

5.1.1 误块率与误码率的关系

不考虑奇偶校验及纠错编码,则误块率可以简化为:

$$EBR = 1-(1-P_e)^M \quad \cdots\cdots(1)$$

式中:

P_e——误码率;

M——一个块内的总比特数,可在表 4 中第 3 列中查到。

表 4 SDH 中块的大小

SDH 容器的速率 kbit/s	容器类型	SDH 块的大小 bit	容器中块的数量
1 664	VC-11	832	2 000
2 240	VC-12	1 120	2 000
6 848	VC-2	3 424	2 000
48 960	VC-3	6 120	8 000
150 336	VC-4	18 792	8 000
$m\times6\ 848$	VC-2-mc	3 424	$m\times2\ 000$
34 240	VC-2-5c	17 120	2 000
601 344	VC-4-4c	75 168	8 000

5.1.2 严重错误秒比(*SESR*)与误块率(*EBR*)的关系

SERS 与 *EBR* 之间的关系可用下式来描述:

$$SESR = \sum_{K_1=0.3K}^{K} C_K^{K_1} \cdot EBR^{K_1} \cdot (1-EBR)^{K-K_1} \qquad (2)$$

式中：

K——每秒传输的块的数量，见表 4 中第 4 列“容器中块的数量”；

K_1——30%的 K 块数目，取整。

通过公式可以从 $SESR$ 中计算出对应的 SBR，由查出的 EBR 代入公式(3)中得到 P_e：

$$P_e = 1 - e^{\frac{1}{M}\ln(1-EBR)} \qquad (3)$$

对于短途网和接入网，误码率可参考表 5 和表 6。

不同大小的块，M 对应的误码率 P_e 如下表(参见附录 B)：

表 5　K=2 000 时 M 对应的误码率 P_e

M	832	1 120	3 424	6 120	17 120	18 792	75 168
P_e	3.40×10^{-4}	2.52×10^{-4}	8.25×10^{-5}	4.62×10^{-5}	1.50×10^{-5}	1.65×10^{-5}	3.76×10^{-6}
短途网(500 km)	3.38×10^{-4}	2.51×10^{-4}	8.21×10^{-5}	4.59×10^{-5}	1.5×10^{-5}	1.64×10^{-5}	3.74×10^{-6}
接入网	3.40×10^{-4}	2.52×10^{-4}	8.25×10^{-5}	4.62×10^{-5}	1.50×10^{-5}	1.65×10^{-5}	3.76×10^{-6}

表 6　K=8 000 时 M 对应的误码率 P_e

M	832	1 120	3 424	6 120	17 120	18 792	75 168
P_e	3.80×10^{-4}	2.82×10^{-4}	9.23×10^{-5}	5.16×10^{-5}	1.68×10^{-5}	1.85×10^{-5}	4.20×10^{-6}
短途网(500 km)	3.79×10^{-4}	2.82×10^{-4}	9.22×10^{-5}	5.16×10^{-5}	1.68×10^{-5}	1.84×10^{-5}	4.20×10^{-6}
接入网	3.80×10^{-4}	2.82×10^{-4}	9.24×10^{-5}	5.17×10^{-5}	1.68×10^{-5}	1.85×10^{-5}	4.21×10^{-6}

注：M 是一个块内的所有 bit 数目。

5.2　误码率与信噪比的关系

5.2.1　MPSK 调制系统

当 M=2 时，

$$P_e \approx 2Q\left(\sqrt{2\frac{E_b}{N_0}}\right) \quad (\text{相干解调 } DPSK) \qquad (4)$$

$$P_e \approx 0.5\exp(-E_b/N_0) \quad (\text{非相干解调 } DPSK) \qquad (5)$$

$$P_e \approx Q\left(\sqrt{2\frac{E_b}{N_0}}\right) \quad (BPSK) \qquad (6)$$

当 M>2 时，

$$P_e \approx 2Q(\sqrt{2(C/N)_0}\sin(\pi/M)) \qquad (7)$$

$$\log_2 ME_b/N_0 = (C/N)_0 \qquad (8)$$

式中：

$Q(z)$ 函数的表达式：$Q(z)=\int_z^{\infty}\frac{1}{\sqrt{2\pi}}e^{-x^2/2}dx$ ……（9）

M——调相相数；

E_b/N_0——信号比特能量与噪声功率谱密度之比；

$(C/N)_0$——对应于某一误码率(如 10^{-3} 或 10^{-6})的信噪比理论值，单位为 dB。

5.2.2　MQAM 调制系统

$$P_e = 2P_L(1-P_L) \qquad (10)$$

$$P_L \approx \frac{2(L-1)}{L} Q\left(\sqrt{\frac{3}{M-1}}(C/N)_0\right) \quad \cdots\cdots(11)$$

式中：

P_L——MQAM 调制系统两个正交分量之一的基带信号误码率；

M——调制星座点数；

$L=\sqrt{M}$——电平数。

由以上公式可得出理论$(C/N)_0$。

5.3 信号干扰比允许值计算

5.3.1 同波道干扰

根据上述公式可算出信噪比的理论值$(C/N)_0$，另外还有设备不完善引起的恶化，系统内部干扰引起的恶化和系统外部干扰引起的恶化。因此，实际的门限信噪比可表达如下：

$$(C/N)_{th} = (C/N)_0 + \delta_1 + \delta_2 + \delta_3 \quad \cdots\cdots(12)$$

式中：

$(C/N)_{th}$——对应于某一误码率（如 10^{-3} 或 10^{-6}）的门限信噪比，单位为 dB；

$(C/N)_0$——对应于某一误码率（如 10^{-3} 或 10^{-6}）的信噪比理论值，单位为 dB；

δ_1——设备恶化量（设备厂家给出），单位为 dB；

δ_2——系统内部干扰的恶化量（系统设计人员给出），单位为 dB；

δ_3——系统外部干扰恶化量，指来自微波通信系统以外的信号引起的干扰，单位为 dB。

信号干扰比允许值$(C/I)_0$ 可按下式近似估算：

$$(C/I)_0 = (C/N)_{th} + \Delta(\text{dB}) \quad \cdots\cdots(13)$$

式中：

Δ——由于系统外部干扰所要求的信号干扰比增量，单位为 dB；

Δ 与 δ_3 的关系式：

$$\Delta = -10\lg(10^{0.1\delta_3} - 1) \quad \cdots\cdots(14)$$

一般取 $\delta_3=(0.04\sim0.4)$dB，则 $\Delta=(10\sim20)$dB。

为了提高数字微波通信系统的可通率，还应考虑衰落储备等因素。

5.3.2 相邻波道干扰

相邻波道干扰计算应加入干扰抑制因子 IRF，此时信号干扰比允许值修改如下：

$$(C/I)_A = (C/I)_0 - IRF \quad \cdots\cdots(15)$$

$$IRF = 10\lg \frac{\int_0^\infty W(f)Y^2(f)\mathrm{d}f}{\int_0^\infty W_1(f-f_0)Y^2(f)\mathrm{d}f} \quad \cdots\cdots(16)$$

式中：

$(C/I)_A$——相邻波道干扰的信号干扰比允许值，单位为 dB；

$W(f)$——有用信号归一化功率谱密度，单位为 Hz^{-1}，计算方法参见附录 A；

$W_1(f)$——干扰信号归一化功率谱密度，单位为 Hz^{-1}，计算方法参见附录 A；

$f-f_0$——有用信号与干扰信号载波频率差，单位为 Hz；

$Y(f)$——收信滤波器选择性。

收信滤波器选择性，一般是由设备厂家给出。如无收信滤波器选择性，可用 Butterworth 滤波器来代替。n 阶 Butterworth 滤波器的频率响应由下式给出。

$$Y^2(f) = \frac{1}{1+(f\times T_s)^{2n}} \quad \cdots\cdots(17)$$

式中：

$T_s=1/(\beta D)$；

$\beta=1/\log_2 M$

M——调制星座点数；

D——信号比特率，单位为 bit/s。

6 干扰分析参数的计算方法

6.1 传输损耗的计算

6.1.1 视距路径传输损耗计算

视距路径传输损耗主要包括自由空间传输损耗及氧气和水汽的吸收损耗(对应于50%的时间百分比)：

$$L_s = L_{bf} + (\gamma_O + \gamma_W)d \qquad (18)$$

$$L_{bf} = 92.5 + 20\lg f + 20\lg d \qquad (19)$$

式中：

L_s——视距路径传输损耗，单位为 dB；

L_{bf}——自由空间传输损耗，单位为 dB；

f——频率，单位为 GHz；

d——路径长度，单位为 km；

γ_W——水汽吸收衰减系数，单位为 dB/km；

γ_O——氧气吸收衰减系数，单位为 dB/km。

当 $f<15$ GHz 时，

$\gamma_W=0$；

当 $f\geqslant 15$ GHz 时，

$$\gamma_W = \left[6.73 + \frac{300}{(f-22.3)^2+7.3}\right] f^2 \rho/10^6 \qquad (20)$$

式中：

ρ——水气浓度，取决于无线电气候区。

A_2 区：$\rho=5$ g/m³，

A_1 与 B 区：$\rho=7.5$ g/m³，

C 区：$\rho=10$ g/m³。

$$\gamma_O = \left[0.00719 + \frac{6.09}{f^2+0.227} + \frac{4.81}{(f-57)^2+1.5}\right] f^2 \times 10^{-3} \qquad (21)$$

6.1.2 超视距路径传输损耗计算

超视距传播机制主要是绕射(包括障碍物绕射和光滑球面绕射)和对流层散射，但在较少的时间里，也可能出现超折射与对流层波导之类的反常传播机制。对于距离稍超过视距的传输路径，在大多数情况下绕射是主要传播机制，散射可忽略不计。相反，对很长的路径来说，绕射场比散射场可能弱几百个分贝，因此，绕射传播机制可忽略不计。对于中等长度的路径两种传播机制都需考虑，在干扰计算中，可取传输损耗较少的为主要传播机制。

6.1.2.1 光滑球面绕射

光滑球面附加绕射损耗的近似计算公式如下：

$$L_d = -[F(X) + GH(Y_1) + GH(Y_2)] \qquad (22)$$

式中：

L_d——光滑球面绕射损耗，单位为 dB；

$F(X)$——距离项函数，单位为 dB；

$GH(Y)$——高度增益项函数，单位为 dB；

X——两天线间的归一化距离；

$Y_i(i=1,2)$——天线的归一化高度。

$$X = 2.2\beta f^{1/3} a_e^{-2/3} d \quad \cdots\cdots(23)$$

$$Y = 9.6 \times 10^{-3} \beta f^{2/3} a_e^{-1/3} h \quad \cdots\cdots(24)$$

式中：

d——路径长度，单位为 km；

a_e——等效地球半径，单位为 km；

h——天线距离地面高度，单位为 m；

f——频率，单位为 MHz；

β——是一个与地形、频率和极化类型有关的参数，对于本标准所考虑的频段 β 可近似为 1。

$$F(X) = 11 + 10\lg(X) - 17.6X \quad \cdots\cdots(25)$$

$$GH(Y) = \begin{cases} 17.6(Y-1.1)^{1/2} - 5\lg(Y-1.1) - 8 & Y < 2 \\ 20\lg(Y + 0.1Y^3) & 10K_I < Y \leqslant 2 \\ 2 + 20\lg K_I + 9\lg(Y/K_I)[\lg(Y/K_I)+1] & 0.1K_I < Y \leqslant 10K_I \\ 2 + 20\lg K_I & Y < 0.1K_I \end{cases} \quad \cdots\cdots(26)$$

式中：

K_I(I=h,v)表示地面导纳归一化因子，并由下式给出：

对于水平极化：

$$K_h = 0.36(a_e f)^{-1/3}[(\varepsilon - 1)^2 + (18\,000\sigma/f)^2]^{-1/4} \quad \cdots\cdots(27)$$

对于垂直极化：

$$K_v = K_h[\varepsilon^2 + (18\,000\sigma/f)^2]^{1/2} \quad \cdots\cdots(28)$$

式中：

ε——相对介电常数；

σ——大地导电率，单位为 S/m。

不同地面的特性参数 ε、σ 值见表 7。

表 7　地面电特性参数 ε、σ 值

地　形	参数变化范围		平均值	
	ε	σ S/m	ε	σ S/m
海水	80	1～4.3	80	3
淡水	80	10^{-3}～2.4×10^{-2}	80	5×10^{-3}
湿土	10～30	3×10^{-3}～3×10^{-2}	10	8×10^{-3}
干土	3～4	1.1×10^{-5}～2×10^{-3}	4	10^{-4}

6.1.2.2　不规则地形障碍物的绕射

在传输路径上往往会遇到一个或多个障碍物，为了估算这些障碍物的附加绕射损耗，通常是将障碍物的形状理想化。

一种情况是当障碍物的厚度相对较窄时，可假定为刃形障碍。另一种情况是当障碍物的厚度相对较宽时，可假定为平滑的物体，并在顶部可定义出曲率半径，这种障碍物称为圆形障碍。

a)　刃形绕射损耗的计算：

刃形绕射损耗的近似计算公式如下：

$$L_d = 6.9 + 20\lg(\sqrt{(v-0.1)^2+1} + v - 0.1) \quad v > -0.78 \quad \cdots\cdots(29)$$

式中：

$$v = h\sqrt{\frac{2}{\lambda}\left(\frac{1}{d_1} + \frac{1}{d_2}\right)} \quad \cdots\cdots(30)$$

式中：

λ——波长，单位为 m；

h——路径余隙，单位为 m；

d_1 和 d_2——两个天线至障碍物顶端的距离，单位为 m。

h、d_1 和 d_2 的定义参见图 3。

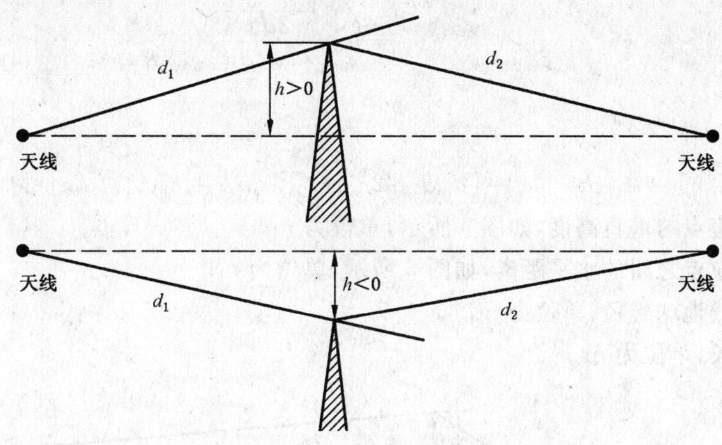

图 3 $\boldsymbol{d_1}$ 和 $\boldsymbol{d_2}$ 的确定

b) 圆形障碍物绕射损耗的计算：

$$L_d = J(v) + T(m,n) \quad (\text{dB}) \qquad \cdots\cdots(31)$$

式中：

$$J(v) = 6.9 + 20\lg\left(\sqrt{(v-0.1)^2+1}+v-0.1\right) \quad v>-0.78 \qquad \cdots\cdots(32)$$

v 的计算公式同式(30)。

h、d_1 和 d_2 的定义参见图 4。

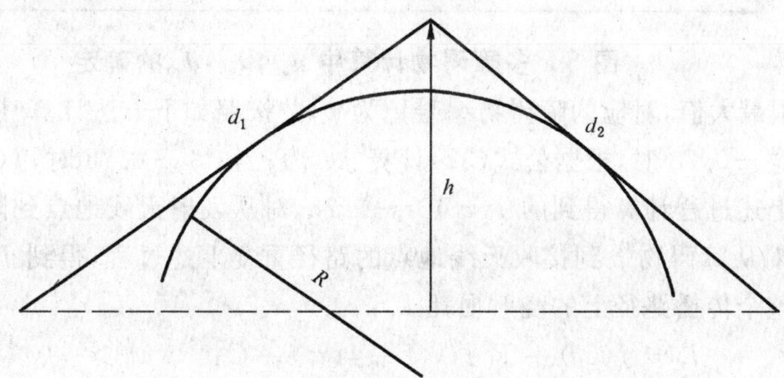

图 4 圆形障碍物 $\boldsymbol{h}$、$\boldsymbol{d_1}$ 和 $\boldsymbol{d_2}$ 的确定

$$T(m,n) = \begin{cases} 7.2m^{1/2} - (2-12.5n)m + 3.6m^{3/2} - 0.8m^2 & mn \leqslant 4 \\ -6 - 20\lg(mn) + 7.2m^{1/2} - (2-17n)m + 3.6m^{3/2} - 0.8m^2 & mn > 4 \end{cases} \qquad \cdots\cdots(33)$$

$$m = R\left[\frac{d_1+d_2}{d_1 d_2}\right] \Big/ \left[\frac{\pi R}{\lambda}\right]^{1/3} \qquad \cdots\cdots(34)$$

$$n = h\left[\frac{\pi R}{\lambda}\right]^{2/3} \Big/ R \qquad \cdots\cdots(35)$$

式中：

R——圆形障碍物的等效半径，参见图 4，单位为 m。

当 R 趋近于 0 时，$T(m,n)$ 趋近于 0，公式(31)退化为刃形绕射损耗计算公式(29)。

6.1.2.3 多重障碍物绕射计算

这种情况在高低起伏的山区和丘陵地带常常出现，可将多重障碍物均视为刃形，并按照如下过程处理。

假设需要计算的路径起始和终止点分别编号为 a、b；a 和 b 点之间的障碍物依次编号为 $n(n=a+1,\cdots,b-1)$。

首先对整个传播路径进行计算，即发射天线地点为 a，接收天线地点为 b。按照6.1.2.2a)部分的方法计算第 n 个障碍物对应的 v_n，计算公式如下：

$$v_n = h\sqrt{\frac{2d_{ab}}{\lambda d_{an}/d_{nb}}} \qquad \cdots\cdots(36)$$

式中：

$$h = h_n + [d_{an}d_{nb}/2r_e] - [(h_a d_{nb} + h_b d_{an})/d_{ab}] \qquad \cdots\cdots(37)$$

h_a, h_b, h_n——对应点的垂直高度，如图5所示，单位为m；

d_{an}, d_{nb}, d_{ab}——对应点之间的水平距离，如图5所示，单位为m；

r_e——等效地球半径，单位为m；

λ——波长，单位为m。

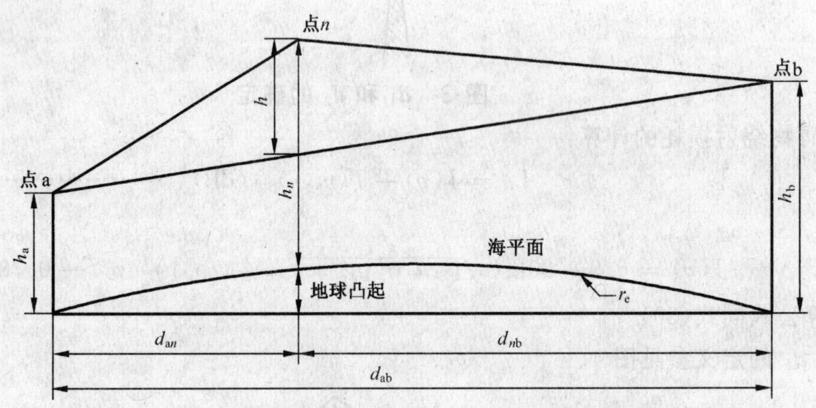

图5 多障碍物计算中 d_{an}, d_{nb}, d_{ab} 的确定

找出所有 v_n 中最大值，对应的障碍物编号记为 p，并按照如下方法计算其产生的绕射损耗 $J(v_p)$：

第一步，当 $v_p > -0.78$ 时，根据公式(32)计算 $J(v_p)$；当 $v \leqslant -0.78$ 时，$J(v_p)=0$。

第二步，如果上述过程计算得到的 $J(v_p) > -0.78$，对从发射天线地点到障碍物 p 的路径重复上述过程，得到 $J(v_t)$；对从障碍物 p 到接收天线地点的路径重复上述过程，得到 $J(v_r)$。

第三步，计算整个传播路径上的绕射损耗 L_d：

$$L = J(v_p) + T[J(v_t) + J(v_r) + C] \qquad v_p > -0.78 \qquad \cdots\cdots(38)$$

$L=0 \qquad v_p \leqslant -0.78$

式中：

$C=10.0+0.04D$

D——总路径长度，单位为km；

$T=1.0-\exp[-J(v_p)/6.0]$

6.1.2.4 对流层散射传输损耗

a) 年度传输损耗

大于50%的时间年度对流层散射传输损耗如下预测：

$$L(q) = M + 30\lg(f) + 10\lg(d) + 30\lg(\theta) + N(H,h) + L_C - C(q)Y(90) \quad \cdots(39)$$

式中：

$L(q)$——q(%)时间内的传输损耗($q \geqslant 50$)，单位为dB；

f——频率，单位为MHz；

d——路径长度，单位为 km；

θ——最小散射角，即收、发无线电地平线间的夹角，单位为毫弧度。

$$N(H,h)=20\lg(5+\gamma H)+4.34\gamma h \quad \cdots\cdots(40)$$

$$H=10^{-3}\theta d/4 \quad \cdots\cdots(41)$$

$$h=10^{-6}\theta^{2}a_{e}/8 \quad \cdots\cdots(42)$$

式中：

a_e——等效地球半径，单位为 km；

L_C——天线口面介质耦合损耗，单位为 dB；

$$L_C=0.07\exp(0.055(G_t+G_r)) \quad \cdots\cdots(43)$$

G_r、G_t——分别为收、发信天线增益，单位为 dBi；

M——气象参考因子，单位为 dB；

γ——大气结构参数(见表 8)，单位为 km^{-1}；

$C(q)$——表征对数正态分布斜率，为 q 的函数，$q\geqslant 50$ 时，$C(q)$ 的典型值见表 9；

$Y(90)$——50%和 90%时间传输损耗差，单位为 dB。

对于气候区 2,6,7a 和 7b 型气候区，$Y(90)$确定如下：

$$Y(90)=\begin{cases}-2.2-(8.1-2.3\times10^{-4})\exp(-0.137h) & (2,6,7a\text{ 区})\\ -9.5-3\exp(-0.137h) & (7b\text{ 区})\end{cases} \quad \cdots\cdots(44)$$

3、4 型气候区的 $Y(90)$由图 6 确定，其中 d_s 为路径长度与收、发视距和的差。

$$d_s=\theta a_e/1\,000 \quad \cdots\cdots(45)$$

有关气候区类型为：

2 区：大陆性亚热带；

3 区：海洋性亚热带；

4 区：沙漠；

6 区：大陆性温带；

7a 区：海洋性温带陆地；

7b 区：海洋性温带海面。

表 8　气象因子和大气结构的参数

气候区	2	3	4	6	7a	7b
M/dB	29.73	19.30	38.50	29.73	33.20	26.00
γ/km^{-1}	20.27	10.32	30.27	20.27	30.27	20.27

表 9　$C(q)$的典型值

Q	50	90	99	99.9	99.99
$C(q)$	0	1	1.82	2.41	2.90

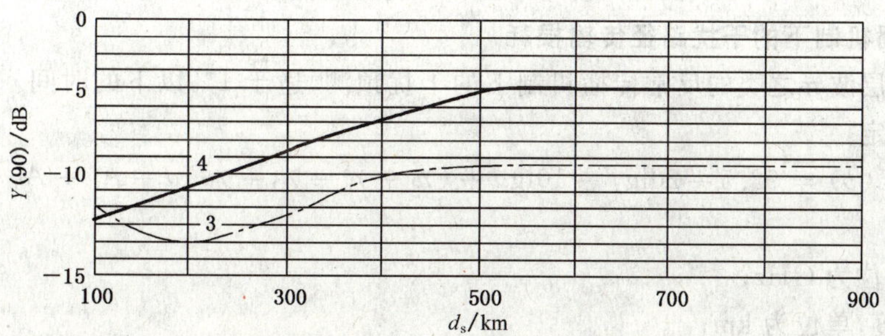

图 6　3、4 区 $Y(90)$曲线

对于20%～50%的时间年度对流层散射传输损耗,按照下列方法计算:

$$L(p)=L(50)-[L(q)-L(50)] \quad 20<p<50, q\geqslant 50$$

对于某些干燥气候的陆地地形,上式可适用于1%～50%的时间年度对流层散射传输损耗计算。

b) 最坏月份损耗

最坏月份对流层散射传输损耗,由6.1.2.4a)中年度传输损耗加一修正值得到。此项修正由图7确定。等效距离 d_s 的计算见式(45)。

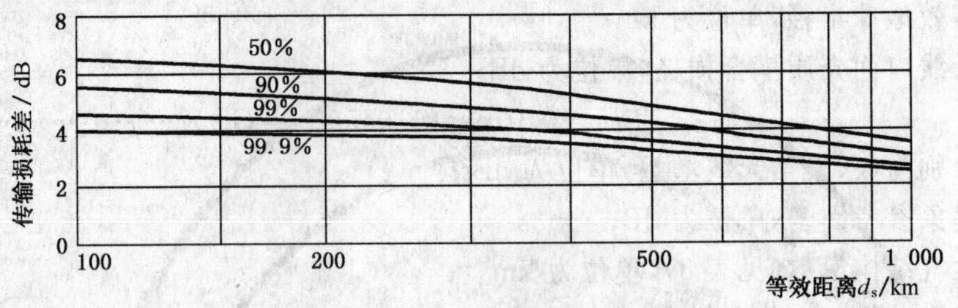

a) 潮湿热带气候

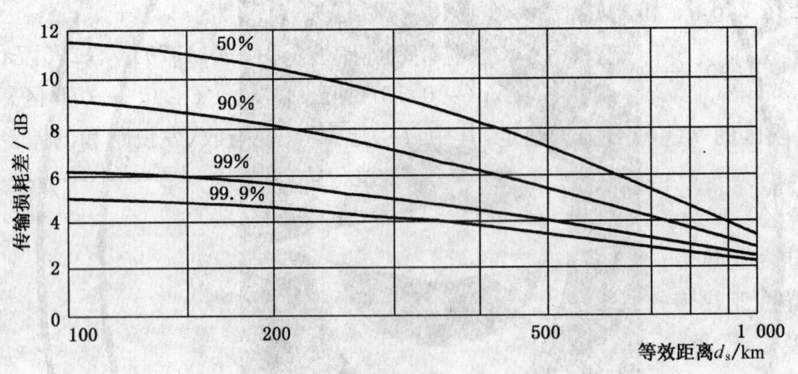

b) 沙漠气候

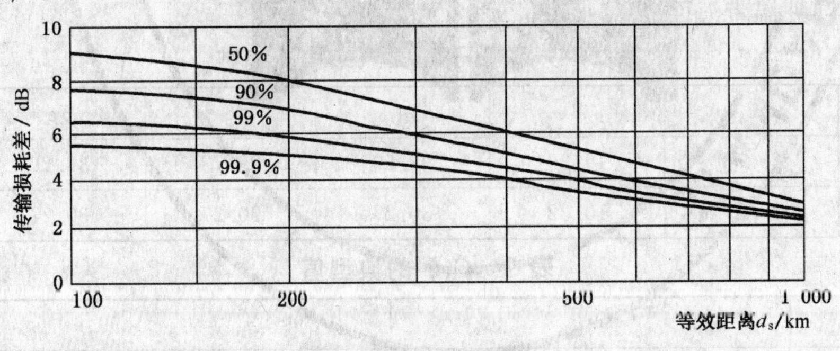

c) 温带气候

图7 最坏月份和年度传输损耗差

6.1.2.5 反常传播机制下的干扰路径传输损耗

超折射与对流层波导之类的反常传播机制下的干扰预测,适于1%以下的时间。这种机制下的干扰传输损耗如下确定:

$$L(p)=92.5+20\lg f+10\lg d+(\gamma_d+\gamma_h+\gamma_O+\gamma_W)d+A_C+A_h \quad \cdots\cdots\cdots\cdots(46)$$

式中:

f——频率,单位为GHz;

d——路径长度,单位为km;

γ_d——为与无线电气候区、频率和时间百分数有关的衰减率,单位为dB/km。

$$\gamma_d = [C_1 + C_2 \lg(f + C_3)]P^{C_4} \quad \cdots\cdots (47)$$

式中：

p——时间百分数，单位为%；

$C_1 \sim C_4$ 的值见表 10。

表 10 $C_1 \sim C_4$ 在不同气候区的值

区域	C_1	C_2	C_3	C_4
A_1	0.109	0.100	−0.10	0.16
A_2	0.146	0.148	−0.15	0.12
B	0.050	0.096	0.25	0.19
C	0.040	0.078	0.25	0.16

γ_h——为与地形不规则度 Δh 有关的衰减率，单位为 dB/km；

$$\gamma_h = \begin{cases} 0 & \text{B、C 区} \\ 10^{-3}(\Delta h - 50) & \text{A}_1\text{、A}_2 \text{ 区} \end{cases} \quad \cdots\cdots (48)$$

式中：

Δh——地形不规则度（通常可表示为传输路径上 10%和 90%的地形高度值的差）。乘积 $\gamma_h d$ 的最大值为 30 dB；

A_C——耦合损耗（其值与气候区和时间百分数的关系列于表 11），单位为 dB。

表 11 耦合损耗 A_C

区　域	时间百分比			
	0.001	0.01	0.1	1
A_2	9	10	11	14
A_1,B,C	6	7	8	11

A_h——发、收端水平仰角所引起的附加绕射衰减，单位为 dB。

$$A_h = A_{h_1} + A_{h_2} \quad \cdots\cdots (49)$$

$$A_{h_i} = \begin{cases} 20\lg[1 + 6.3\theta_i \sqrt{f d_{h_i}}] + 0.46\theta_i \sqrt[3]{f C_r} & \theta_i > 0 \\ 0 & \theta_i \leqslant 0 \end{cases} \quad (i = 1,2) \quad \cdots\cdots (50)$$

式中：

A_{h_1}，A_{h_2}——分别为发、收端的附加绕射衰减（A_{h_i} 的最大值为 30 dB），单位为 dB；

θ_1，θ_2——分别为两端的水平仰角（见图 8），单位为（°）；

d_{h_1}，d_{h_2}——分别为两端的视距（从接收天线或发射天线到相应视线点的大圆路径），单位为 km；

C_r——障碍物的曲率半径，单位为 m。

水平仰角可在现场用仪器测出，也可用下面的公式近似计算：

$$\begin{aligned} \theta_1 &= 180[(h_{L_1} - h_1)/d_{h_1} - d_{h_1}/(2a_e)]/\pi \\ \theta_2 &= 180[(h_{L_2} - h_2)/d_{h_2} - d_{h_2}/(2a_e)]/\pi \end{aligned} \quad \cdots\cdots (51)$$

式中：

h_1，h_2——分别为两端天线的海拔高度，单位为 km；

h_{L_1}，h_{L_2}——分别为两端视线点的海拔高度，单位为 km；

a_e——等效地球半径，单位为 km。

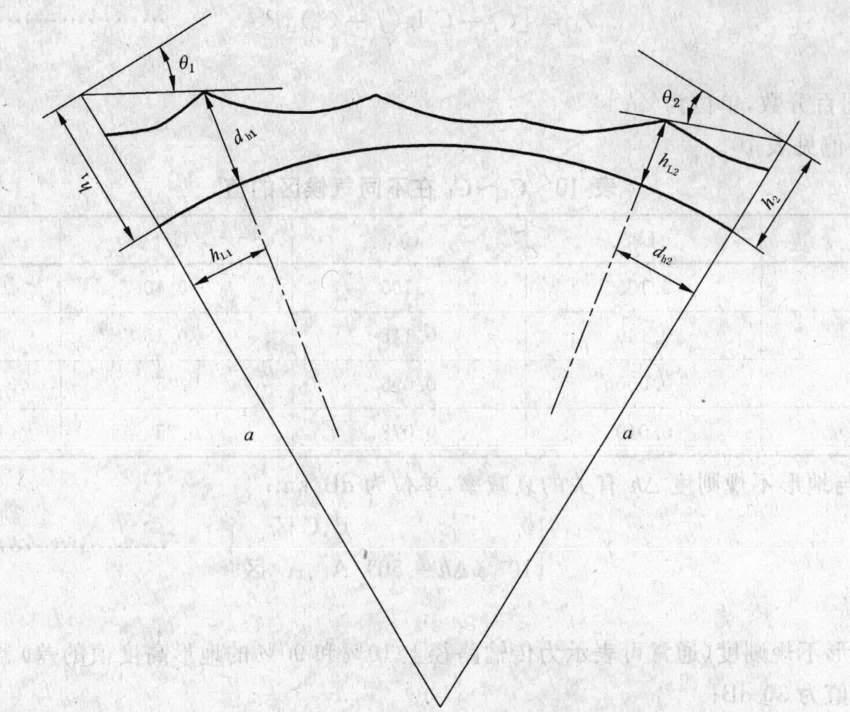

图 8 路径的几何参数

6.2 基本参数计算

6.2.1 微波站天线通信方位的计算

a) 根据收发 A、B 两点的经纬度，计算 A 点到 B 点的真北方位角 α_A。

$$\alpha = \arctan\frac{\sin(\phi_2-\phi_1)}{\cos V_1\tan V_2-\sin V_1\cos(\phi_2-\phi_1)}(\mathrm{rad}) \qquad \cdots\cdots(52)$$

当 $\tan\alpha>0, V_1<V_2, \alpha_A=\alpha$；

$V_1>V_2, \alpha_A=\pi+\alpha$。

当 $\tan\alpha<0, V_1>V_2, \alpha_A=\pi-|\alpha|$；

$V_1<V_2, \alpha_A=2\pi-|\alpha|$。

角度与弧度的关系如下：

$1°=\frac{\pi}{180}(\mathrm{rad})$

式中：

ϕ_1——A 点经度；

ϕ_2——B 点经度；

V_1——A 点纬度；

V_2——B 点纬度。

b) 根据收发 A、B 两点投影坐标计算 A 点对 B 点的真北方位角 α_A。

$$\alpha = \arctan\frac{\Delta X}{\Delta Y}(\mathrm{rad}) \qquad \cdots\cdots(53)$$

$\Delta X=|X_2-X_1|$

$\Delta Y=|Y_2-Y_1|$

$\alpha_A=\alpha+\theta_m \qquad X_1\leqslant X_2, Y_1\leqslant Y_2$

$\alpha_A=\pi+\alpha+\theta_m \qquad X_1\geqslant X_2, Y_1\geqslant Y_2$

$\alpha_A=\pi-\alpha+\theta_m \qquad X_1\geqslant X_2, Y_1\leqslant Y_2$

$\alpha_A = 2\pi - \alpha + \theta_m \qquad X_1 \leqslant X_2, Y_1 \geqslant Y_2$

$(\Delta X^2 + \Delta Y^2 \neq 0)$

式中：

X_1——A 点纵坐标；

X_2——B 点纵坐标；

Y_2——B 点横坐标；

θ_m——A 点所在地图下方标出的真子午线与坐标轴的夹角。

A 点坐标线在真子午线左侧，θ_m 取(－)值；

A 点坐标线在真子午线右侧，θ_m 取(＋)值。

6.2.2 路径距离的计算

a) 平坦地面计算方法($d<10$ km)

$$d = a\sqrt{(V_2 - V_1)^2 + [(\phi_2 - \phi_1)\cos V_2]^2} \quad (\text{km}) \qquad (54)$$

式中：

a——地球半径，$a = 6\ 370$ km；

经、纬度参数均为弧度。

b) 大圆路径计算方法

$$d = \arccos(\cos\alpha\cos\beta + \sin\alpha\text{ain}\beta\cos C)\cdot\alpha \quad (\text{km}) \qquad (55)$$

式中：

$\alpha = \pi/2 - V_1$；$\beta = \pi/2 - V_2$；$C = \phi_1 - \phi_2$

c) 坐标路径距离计算方法

$$d = \sqrt{\Delta X^2 + \Delta Y^2} \quad (\text{km}) \qquad (56)$$

式中各参数意义与 6.2.1b)相同。

6.2.3 天线增益的确定

天线增益是通过实际天线方向图来确定的，但当缺少方向图资料时，可采用下述公式预测：

设 D 为天线直径，λ 为波长，当 $D/\lambda > 100$ 时，

$$G(\phi) = \begin{cases} G_0 - 2.5\times10^{-3}(\phi D/\lambda)^2 & 0^\circ \leqslant \phi < \phi_1 \\ 2 + 15\lg(D/\lambda) & \phi_1 \leqslant \phi < \phi_r \\ 32 - 25\lg\phi & \phi_r \leqslant \phi < 48^\circ \\ -10 & 48^\circ \leqslant \phi < 180^\circ \end{cases} \quad (\text{dB}) \qquad (57)$$

当 $D/\lambda \leqslant 100$ 时，

$$G(\phi) = \begin{cases} G_0 - 2.5\times10^{-3}(\phi D/\lambda)^2 & 0^\circ \leqslant \phi < \phi_1 \\ 2 + 15\lg(D/\lambda) & \phi_1 \leqslant \phi < 100\lambda/D \\ 52 - 10\lg(D/\lambda) - 25\lg\phi & 100\lambda/D \leqslant \phi < 48^\circ \\ 10 - 10\lg(D/\lambda) & 48^\circ \leqslant \phi < 180^\circ \end{cases} \quad (\text{dB}) \qquad (58)$$

式中：

$$G_0 = 10\lg[0.6(\pi D/\lambda)^2] \qquad (59)$$

$$\phi_1 = \frac{20\lambda}{D}\sqrt{G_0 - 2 - 15\lg(D/\lambda)} \quad (^\circ) \qquad (60)$$

$$\phi_r = 15.85(D/\lambda)^{-0.6} \quad (^\circ) \qquad (61)$$

ϕ——偏离主波束中心轴的张角，单位为(°)。

6.2.4 鉴别角计算

鉴别角计算公式如下：

$$\left.\begin{aligned} &\phi'_R = |\beta_{QP} - \alpha_Q| && \text{(rad)} \\ &\phi_R = \begin{cases} \phi'_R & 0 \leqslant \phi'_R \leqslant \pi \\ 2\pi - \phi'_R & \phi'_R > \pi \end{cases} \end{aligned}\right\} \quad \cdots\cdots (62)$$

$$\left.\begin{aligned} &\phi'_I = |\beta_{PQ} - \alpha_P| && \text{(rad)} \\ &\phi_I = \begin{cases} \phi'_I & 0 \leqslant \phi'_I \leqslant \pi \\ 2\pi - \phi'_I & \phi'_I > \pi \end{cases} \end{aligned}\right\} \quad \cdots\cdots (63)$$

式中：

α_Q——被干扰站的通信方位；

α_P——干扰站的通信方位；

ϕ_R——Q 点对 P 点的鉴别角；

ϕ_I——P 点对 Q 点的鉴别角。

β_{PQ}、β_{QP}如图 9 所示；图中，AQ 为信号传输路径，PQ 为干扰路径。

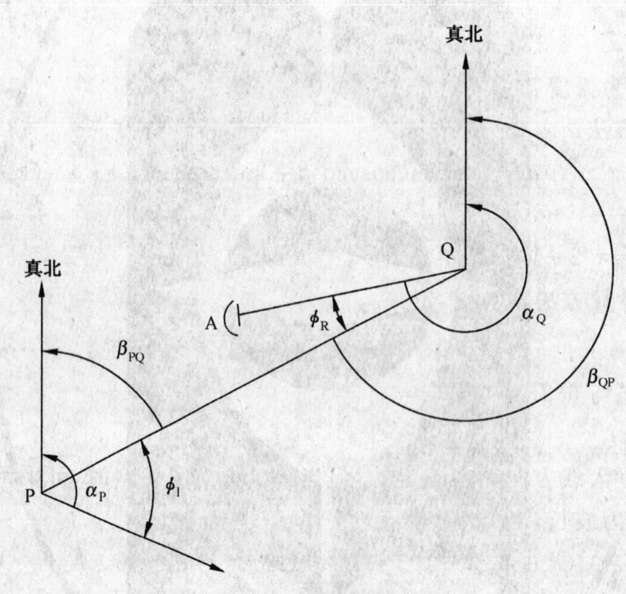

图 9 鉴别角计算

6.3 载波干扰比 *C/I* 的计算

6.3.1 有用信号电平的计算

$$C = P_T - L_T + G_t + G_r - L_R - L_{SC} \quad \cdots\cdots (64)$$

式中：

C——收信机输入端的信号功率，单位为 dBm；

P_T——发信机输出端的信号功率，单位为 dBm；

G_t——发射天线增益，单位为 dBi；

G_r——接收天线增益，单位为 dBi；

L_T——发射端馈线系统损耗，单位为 dB；

L_R——接收端馈线系统损耗，单位为 dB；

L_{SC}——路径传输损耗，单位为 dB。

路径传输损耗 L_{SC} 可按如下方法确定：

当路径余隙 $h > H_0$（h 的含义见 6.1.2.2a）部分），并且路径距离不超过 100 km 时，按自由空间传输损耗计算：

$$L_{SC} = 92.5 + 20\lg f + 20\lg d \quad \cdots\cdots(65)$$

当路径余隙 $h > H_0$，并且路径距离大于 100 km 时，L_{SC} 按(18)计算；

当路径余隙 $h \leqslant H_0$，并且路径距离不超过 100 km 时，

$$L_{SC} = 92.5 + 20\lg f + 20\lg d + L_d \quad \cdots\cdots(66)$$

当路径余隙 $h \leqslant H_0$，并且路径距离超过 100 km，L_{SC} 按(18)计算，并附加绕射损耗 L_d。

其中，H_0 是由第一菲涅尔半径确定的自由空间传播余隙，单位为 m。

$$H_0 = 18.26\sqrt{\frac{\lambda d'_1 d'_2}{d}}$$

上式中：

λ——波长，单位为 m；

d'_1——发射天线至障碍物的距离，单位为 km；

d'_2——接收天线至障碍物的距离，单位为 km；

$d = d'_1 + d'_2$

6.3.2 干扰信号电平的计算

$$I = P_I - L'_T + G'_I + G'_R - L_R - L_{ST} - XPD \quad \cdots\cdots(67)$$

式中：

I——收信机输入的干扰信号功率，单位为 dBm；

P_I——干扰发射机输出端信号功率，单位为 dBm；

$G'_I = G_I(\phi_I)$——干扰站天线在被干扰站方向的天线发射增益，单位为 dBi；

$G'_R = G_R(\phi_R)$——被干扰站天线在干扰源方向的天线接收增益，单位为 dBi；

L_R——被干扰站接收端馈线系统损耗，单位为 dB；

L'_T——干扰站发射端馈线系统损耗，单位为 dB；

L_{ST}——干扰路径传输损耗，单位为 dB；

XPD——交叉极化去耦，单位为 dB；

XPD 与鉴别角有关，计算时查天线方向图；

ϕ_R、ϕ_I 的计算参见 6.2.4。

干扰路径传输损耗 L_{ST}，确定如下：

a) 视距传播机制下的干扰路径传输损耗

与有用信号的视距路径传输损耗计算方法相同。

b) 绕射传播机制下的干扰路径传输损耗

这种传播机制下的干扰预测，适于 10%～50%的时间。绕射衰减量按 6.1.2.1～6.1.2.3 中方法计算。

c) 对流层散射机制下的干扰路径传输损耗(这里指的系统内散射不是主要因素，多径才是主要因素，应引入衰落储备)

这种传播机制下的干扰预测，主要适于 1%～50%的时间。传输损耗按 6.1.2.4 中式(39)预测，此时式中的 G_r 和 G_t 分别为被干扰站和干扰站的天线增益，并且 $C(q)$ 需要以 $-C(q)$ 代之，其中 $q = 100 - p$，p 是干扰预测所关心的干扰出现时间百分数。

d) 反常传播机制下的干扰路径传输损耗

超折射与对流层波导之类的反常传播机制下的干扰预测，适于 1%以下的时间。这种机制下的干扰传输按 6.1.2.5 中的方法计算。

6.3.3 载波干扰比 C/I 的计算

载波干扰比的计算公式为：

$(C/I)_{dB} = C - I(dB)$，其中 C 和 I 的计算方法分别见 6.3.1 和 6.3.2。

7 雷达对数字微波接力通信系统的干扰计算

7.1 雷达干扰的主要因素

雷达对数字微波接力系统的干扰可分为两类：雷达辐射成分落入接收机通带内产生的干扰；由于数字微波接收机混频器的非线性，带外雷达基波产生的干扰。

7.2 干扰预测模型

7.2.1 带内干扰

微波站天线端口的射频信号干扰比$(C/I)_{dB}$计算：

$$(C/I)_{dB} = C - I \quad (dB) \qquad \cdots\cdots(68)$$

式中：

C——收信机输入端射频信号电平，单位为 dBm；

I——收信机输入端雷达干扰信号的峰值电平，单位为 dBm。

$$I = P_{tP} - L_{SI} + G_R(\phi_R) - L_r - XPD \qquad \cdots\cdots(69)$$

$$P_{tP} = P_t + G_t - L_t' - L_{sp} \qquad \cdots\cdots(70)$$

式中：

P_{tP}——干扰信号的辐射功率，单位为 dBm；

L_{sp}——辐射衰减量，单位为 dB；该参数与雷达的辐射类型和调制信号的形状有关；一般由雷达设备厂家或通过测试给出；当该参数未知时，对于脉冲幅度调制的雷达信号，可按下面公式近似计算。

当雷达干扰信号的载波频率落入被干扰接收机通带内时，$L_{sp}=0$；

当雷达干扰信号的基波频谱落入被干扰接收机通带内时，根据调制脉冲的形状按如下情况考虑：

矩形调制脉冲

$$L_{sp} \approx 20\lg(f\tau) - 10\lg(B_r\tau) + 13 \qquad \cdots\cdots(71)$$

余弦调制脉冲

$$L_{sp} \approx 40\lg(f_0\tau) - 10\lg(B_r\tau) + 19 \qquad \cdots\cdots(72)$$

余弦平方调制脉冲

$$L_{sp} \approx 60\lg(f_0\tau) - 10\lg(B_r\tau) + 19 \qquad \cdots\cdots(73)$$

当雷达的调制脉冲形状未知时，采用下列近似计算公式：

$$L_{sp} \approx 30\lg(f_0\tau) - 10\lg(B_r\tau) + 24 \qquad \cdots\cdots(74)$$

式中：

$f_0 = |f_C - f_1|$

f_C，f_I——有用信号和雷达干扰信号的载波频率，单位为 MHz；

B_r——收信机频带宽度，单位为 MHz；

τ——脉冲宽度，单位为 μs。

当雷达干扰信号的杂散辐射功率落入被干扰信号接收机通带内时：

杂散辐射衰减量应以实测数据为准；

P_t——脉冲发射峰值功率，单位为 dBm；

G_t——雷达天线增益，单位为 dBi；

L_t'——雷达馈线损耗，单位为 dB；

L_{SI}——干扰路径传输损耗，单位为 dB；

$G_R(\phi_R)$——被干扰站在干扰源方向的天线增益，单位为 dB；

XPD——被干扰站天线在 ϕ_R 角时的交叉极化去耦，单位为 dB；

L_r——被干扰站接收端馈线系统损耗，单位为 dB。

注：当干扰噪声临界于干扰允许值时，应以实测值为准。

7.2.2 带外干扰

微波接收系统对带外的频率响应，取决于它的馈线和分路滤波系统在工作频带外的频率响应，以及由混频器形成的变频响应。

混频器产生的新的频率成分为：$f_{Ni}=nf_L-mf_I$

式中：

f_L——为被干扰信道的本振频率；

f_z——为接收机的中频；

f_I——为干扰信号的载波频率。

当 $f_z-0.5B_{ri}\leqslant f_{Ni}\leqslant f_z+0.5B_{ri}$ 时，就能对微波接收机形成变频干扰。式中 B_{ri} 为中频带宽，n 和 m 分别为本振信号和干扰信号频率的谐波次数。

$$(C/I)_{idB}=(C/I)_{dB}+L(f_I)+L_i \qquad \cdots\cdots(75)$$

式中：

$(C/I)_{idB}$——混频器输出端的信噪比，单位为 dB；

$(C/I)_{dB}$——被干扰信道载波功率与雷达干扰载波功率比，单位为 dB；

$L(f_I)$——被干扰信道的天线至混频器输入端的天线馈线波道频率系统在频率 f_I 的总响应，该参数有设备厂家给出，单位为 dB；

L_i——微波接收机混频器的变频响应，单位为 dB；

$$L_i=20\lg\frac{I_1(10)}{I_n(10)}+20\lg(m!)-(m-1)(14+P_{IdB0m}) \quad (\text{dB}) \qquad \cdots\cdots(76)$$

$I_n(10)$——n 阶第一类修正贝塞尔函数。

$$I_n(10)=\sum_{k=0}^{\infty}\frac{10^{n+2k}}{2^{n+2k}\,!(k+n)!} \qquad \cdots\cdots(77)$$

$$P_{IdB0m}=C-(C/I)_{dB}-L(f_I) \qquad \cdots\cdots(78)$$

式中：

P_{IdB0m}——混频器输入端干扰信号以毫瓦为零分贝的绝对功率电平，单位为 dBm；

C——收信机输入端射频信号电平，单位为 dBm。

附 录 A
（资料性附录）
功率谱密度

A.1 数字信号功率谱密度

a) MPSK 信号归一化功率谱密度

以载波频率为中心的归一化功率谱密度：

$$W(f) = T_s\left[\frac{\sin\pi f T_s}{\pi f T}\right]^2 \quad \cdots\cdots(\text{A.1})$$

式中：

$T_s = 1/(\beta D)$

D——信号比特率，单位为 bit/s；

$\beta = 1/\log_2 M$；

M——调制星座图点数。

b) MQAM 信号归一化功率谱密度

$$W(f) = T_s\left[\frac{\sin\pi f T_s}{\pi f T}\right]^2 \quad \cdots\cdots(\text{A.2})$$

式中：

$T_s = 1/(\beta D)$

D——信号比特率，单位为 bit/s；

$\beta = 1/\log_2 M$；

M——调制星座图点数。

A.2 雷达幅度调制信号的归一化功率谱密度

a) 矩形脉冲

$$W(f) = \tau\left[\frac{\sin\pi f\tau}{\pi f\tau}\right]^2 \quad \cdots\cdots(\text{A.3})$$

式中：

τ——脉冲宽度。

b) 余弦调制脉冲

$$W(f) = A\left[\frac{\cos\pi f\tau}{1 \quad 4\tau^2 f^2}\right]^2 \quad \cdots\cdots(\text{A.4})$$

式中：

$A = \frac{\tau}{16\pi^2}$

其他参数意义与 a)相同。

c) 正弦平方调制脉冲

$$W(f) = A\left[\frac{\sin\pi f\tau}{\tau f(1-\tau^2 f^2)}\right]^2 \quad \cdots\cdots(\text{A.5})$$

式中：

$A = \frac{\tau}{16\pi^2}$

其他参数意义与 a)相同。

附 录 B
(资料性附录)
SESR 与 P_e 的关系

公式(2)中累加的各项是二项式分布概率，在 K 较大的情况下，可简化为泊松分布。即公式(2)可简化为：

$$SESR=\sum_{K_1=0.3K}^{K}\frac{e^{-(\lambda)}}{K_1!}(\lambda)^{K_1}$$

上式中：

$\lambda=EBR\cdot K$。

当 $K=2\ 000$ 时，不同 M 值下 *SESR* 对应的误码率如表 B.1 和图 B.1。

表 B.1 不同 *M* 值下 *SESR* 对应的误码率

SESR	P_e						
	M=832	M=1 120	M=3 424	M=6 120	M=17 120	M=18 792	M=75 168
6.09×10^{-8}	3.17×10^{-4}	2.36×10^{-4}	7.71×10^{-5}	4.31×10^{-5}	1.40×10^{-5}	1.54×10^{-5}	3.51×10^{-6}
1.11×10^{-7}	3.19×10^{-4}	2.37×10^{-4}	7.75×10^{-5}	4.33×10^{-5}	1.41×10^{-5}	1.55×10^{-5}	3.53×10^{-6}
1.98×10^{-7}	3.20×10^{-4}	2.38×10^{-4}	7.79×10^{-5}	4.36×10^{-5}	1.42×10^{-5}	1.56×10^{-5}	3.55×10^{-6}
3.52×10^{-7}	3.22×10^{-4}	2.39×10^{-4}	7.82×10^{-5}	4.38×10^{-5}	1.43×10^{-5}	1.56×10^{-5}	3.56×10^{-6}
6.18×10^{-7}	3.23×10^{-4}	2.40×10^{-4}	7.86×10^{-5}	4.40×10^{-5}	1.43×10^{-5}	1.57×10^{-5}	3.58×10^{-6}
1.07×10^{-6}	3.25×10^{-4}	2.41×10^{-4}	7.90×10^{-5}	4.42×10^{-5}	1.44×10^{-5}	1.58×10^{-5}	3.60×10^{-6}
1.85×10^{-6}	3.27×10^{-4}	2.43×10^{-4}	7.94×10^{-5}	4.44×10^{-5}	1.45×10^{-5}	1.59×10^{-5}	3.62×10^{-6}
3.14×10^{-6}	3.28×10^{-4}	2.44×10^{-4}	7.98×10^{-5}	4.46×10^{-5}	1.45×10^{-5}	1.60×10^{-5}	3.63×10^{-6}
5.28×10^{-6}	3.30×10^{-4}	2.45×10^{-4}	8.01×10^{-5}	4.48×10^{-5}	1.46×10^{-5}	1.60×10^{-5}	3.65×10^{-6}
8.78×10^{-6}	3.31×10^{-4}	2.46×10^{-4}	8.05×10^{-5}	4.51×10^{-5}	1.47×10^{-5}	1.61×10^{-5}	3.67×10^{-6}
1.45×10^{-5}	3.31×10^{-4}	2.46×10^{-4}	8.05×10^{-5}	4.51×10^{-5}	1.47×10^{-5}	1.61×10^{-5}	3.67×10^{-6}
2.36×10^{-5}	3.33×10^{-4}	2.47×10^{-4}	8.09×10^{-5}	4.53×10^{-5}	1.47×10^{-5}	1.62×10^{-5}	3.69×10^{-6}
3.8×10^{-5}	3.35×10^{-4}	2.49×10^{-4}	8.13×10^{-5}	4.55×10^{-5}	1.48×10^{-5}	1.63×10^{-5}	3.70×10^{-6}
6.07×10^{-5}	3.36×10^{-4}	2.50×10^{-4}	8.17×10^{-5}	4.57×10^{-5}	1.49×10^{-5}	1.63×10^{-5}	3.72×10^{-6}
9.6×10^{-5}	3.38×10^{-4}	2.51×10^{-4}	8.21×10^{-5}	4.59×10^{-5}	1.50×10^{-5}	1.64×10^{-5}	3.74×10^{-6}
1.00×10^{-4}	3.38×10^{-4}	2.51×10^{-4}	8.21×10^{-5}	4.59×10^{-5}	1.5×10^{-5}	1.64×10^{-5}	3.74×10^{-6}
1.05×10^{-4}	3.38×10^{-4}	2.51×10^{-4}	8.22×10^{-5}	4.60×10^{-5}	1.50×10^{-5}	1.64×10^{-5}	3.74×10^{-6}
1.10×10^{-4}	3.38×10^{-4}	2.51×10^{-4}	8.22×10^{-5}	4.60×10^{-5}	1.50×10^{-5}	1.64×10^{-5}	3.74×10^{-6}
1.15×10^{-4}	3.38×10^{-4}	2.51×10^{-4}	8.22×10^{-5}	4.60×10^{-5}	1.50×10^{-5}	1.64×10^{-5}	3.75×10^{-6}
1.20×10^{-4}	3.39×10^{-4}	2.51×10^{-4}	8.23×10^{-5}	4.60×10^{-5}	1.50×10^{-5}	1.65×10^{-5}	3.75×10^{-6}
1.26×10^{-4}	3.39×10^{-4}	2.52×10^{-4}	8.23×10^{-5}	4.61×10^{-5}	1.50×10^{-5}	1.65×10^{-5}	3.75×10^{-6}
1.32×10^{-4}	3.39×10^{-4}	2.52×10^{-4}	8.23×10^{-5}	4.61×10^{-5}	1.50×10^{-5}	1.65×10^{-5}	3.75×10^{-6}
1.38×10^{-4}	3.39×10^{-4}	2.52×10^{-4}	8.24×10^{-5}	4.61×10^{-5}	1.50×10^{-5}	1.65×10^{-5}	3.75×10^{-6}
1.44×10^{-4}	3.39×10^{-4}	2.52×10^{-4}	8.24×10^{-5}	4.61×10^{-5}	1.50×10^{-5}	1.65×10^{-5}	3.75×10^{-6}
1.50×10^{-4}	3.39×10^{-4}	2.52×10^{-4}	8.25×10^{-5}	4.61×10^{-5}	1.5×10^{-5}	1.65×10^{-5}	3.76×10^{-6}
1.57×10^{-4}	3.39×10^{-4}	2.52×10^{-4}	8.25×10^{-5}	4.62×10^{-5}	1.50×10^{-5}	1.65×10^{-5}	3.76×10^{-6}

表 B.1（续）

SESR	P_e						
	M=832	M=1 120	M=3 424	M=6 120	M=17 120	M=18 792	M=75 168
1.58×10^{-4}	3.39×10^{-4}	2.52×10^{-4}	8.25×10^{-5}	4.62×10^{-5}	1.5×10^{-5}	1.65×10^{-5}	3.76×10^{-6}
1.59×10^{-4}	3.40×10^{-4}	2.52×10^{-4}	8.25×10^{-5}	4.62×10^{-5}	1.50×10^{-5}	1.65×10^{-5}	3.76×10^{-6}
1.60×10^{-4}	3.40×10^{-4}	2.52×10^{-4}	8.25×10^{-5}	4.62×10^{-5}	1.50×10^{-5}	1.65×10^{-5}	3.76×10^{-6}
1.61×10^{-4}	3.40×10^{-4}	2.52×10^{-4}	8.25×10^{-5}	4.62×10^{-5}	1.50×10^{-5}	1.65×10^{-5}	3.76×10^{-6}
1.61×10^{-4}	3.40×10^{-4}	2.52×10^{-4}	8.25×10^{-5}	4.62×10^{-5}	1.50×10^{-5}	1.65×10^{-5}	3.76×10^{-6}
1.62×10^{-4}	3.40×10^{-4}	2.52×10^{-4}	8.25×10^{-5}	4.62×10^{-5}	1.50×10^{-5}	1.65×10^{-5}	3.76×10^{-6}
1.63×10^{-4}	3.40×10^{-4}	2.52×10^{-4}	8.25×10^{-5}	4.62×10^{-5}	1.50×10^{-5}	1.65×10^{-5}	3.76×10^{-6}

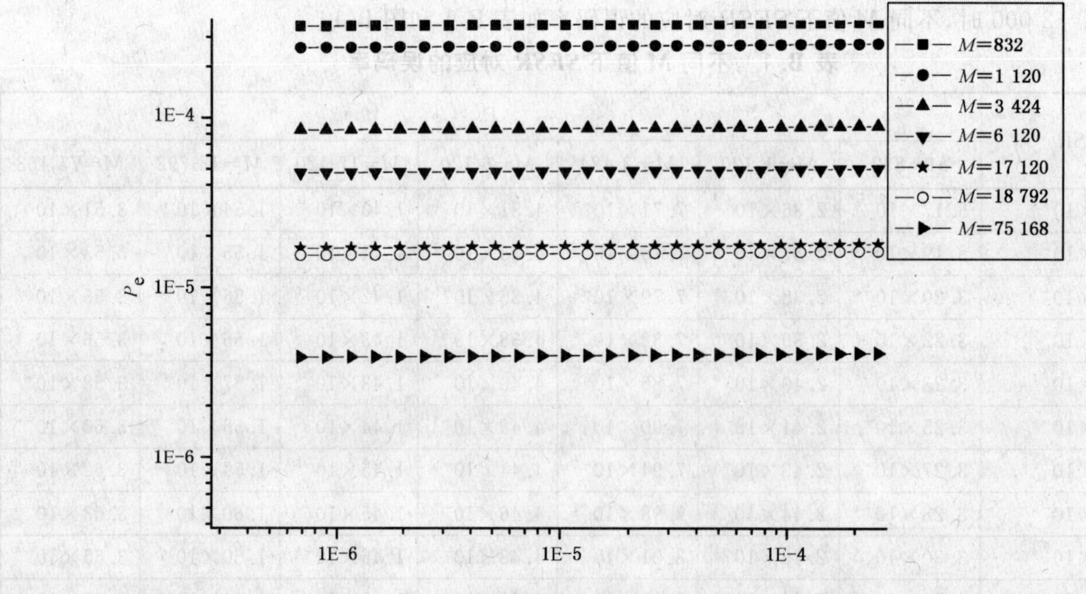

图 B.1 不同 *M* 值下 *SESR* 对应的误码率

当 K=8 000 时，不同 M 值下 $SESR$ 对应的误码率如表 B.2 和图 B.2。

表 B.2 不同 *M* 值下 *SESR* 对应的误码率

SESR	P_e						
	M=832	M=1 120	M=3 424	M=6 120	M=17 120	M=18 792	M=75 168
1.35×10^{-9}	3.62×10^{-4}	2.69×10^{-4}	8.79×10^{-5}	4.92×10^{-5}	1.60×10^{-5}	1.76×10^{-5}	4.01×10^{-6}
4.54×10^{-9}	3.63×10^{-4}	2.70×10^{-4}	8.83×10^{-5}	4.94×10^{-5}	1.61×10^{-5}	1.77×10^{-5}	4.02×10^{-6}
1.48×10^{-8}	3.65×10^{-4}	2.71×10^{-4}	8.87×10^{-5}	4.96×10^{-5}	1.62×10^{-5}	1.77×10^{-5}	4.04×10^{-6}
4.66×10^{-8}	3.67×10^{-4}	2.72×10^{-4}	8.91×10^{-5}	4.99×10^{-5}	1.62×10^{-5}	1.78×10^{-5}	4.06×10^{-6}
1.42×10^{-7}	3.68×10^{-4}	2.74×10^{-4}	8.95×10^{-5}	5.01×10^{-5}	1.63×10^{-5}	1.79×10^{-5}	4.08×10^{-6}
4.16×10^{-7}	3.70×10^{-4}	2.75×10^{-4}	8.99×10^{-5}	5.03×10^{-5}	1.64×10^{-5}	1.80×10^{-5}	4.10×10^{-6}
1.18×10^{-6}	3.72×10^{-4}	2.76×10^{-4}	9.03×10^{-5}	5.05×10^{-5}	1.65×10^{-5}	1.81×10^{-5}	4.11×10^{-6}
3.24×10^{-6}	3.73×10^{-4}	2.77×10^{-4}	9.07×10^{-5}	5.08×10^{-5}	1.65×10^{-5}	1.81×10^{-5}	4.13×10^{-6}
8.6×10^{-6}	3.75×10^{-4}	2.79×10^{-4}	9.11×10^{-5}	5.10×10^{-5}	1.66×10^{-5}	1.82×10^{-5}	4.15×10^{-6}
2.21×10^{-5}	3.77×10^{-4}	2.80×10^{-4}	9.15×10^{-5}	5.12×10^{-5}	1.67×10^{-5}	1.83×10^{-5}	4.17×10^{-6}
5.48×10^{-5}	3.78×10^{-4}	2.81×10^{-4}	9.19×10^{-5}	5.14×10^{-5}	1.67×10^{-5}	1.84×10^{-5}	4.19×10^{-6}

表 B.2（续）

SESR	P_e						
	M=832	M=1 120	M=3 424	M=6 120	M=17 120	M=18 792	M=75 168
8.53×10^{-5}	3.79×10^{-4}	2.82×10^{-4}	9.21×10^{-5}	5.15×10^{-5}	1.68×10^{-5}	1.84×10^{-5}	4.20×10^{-6}
9.30×10^{-5}	3.79×10^{-4}	2.82×10^{-4}	9.21×10^{-5}	5.16×10^{-5}	1.68×10^{-5}	1.84×10^{-5}	4.20×10^{-6}
1.02×10^{-4}	3.79×10^{-4}	2.82×10^{-4}	9.22×10^{-5}	5.16×10^{-5}	1.68×10^{-5}	1.84×10^{-5}	4.20×10^{-6}
1.11×10^{-4}	3.80×10^{-4}	2.82×10^{-4}	9.22×10^{-5}	5.16×10^{-5}	1.68×10^{-5}	1.84×10^{-5}	4.20×10^{-6}
1.21×10^{-4}	3.80×10^{-4}	2.82×10^{-4}	9.23×10^{-5}	5.16×10^{-5}	1.68×10^{-5}	1.85×10^{-5}	4.20×10^{-6}
1.32×10^{-4}	3.80×10^{-4}	2.82×10^{-4}	9.23×10^{-5}	5.16×10^{-5}	1.68×10^{-5}	1.85×10^{-5}	4.20×10^{-6}
1.43×10^{-4}	3.80×10^{-4}	2.82×10^{-4}	9.23×10^{-5}	5.17×10^{-5}	1.68×10^{-5}	1.85×10^{-5}	4.21×10^{-6}
1.56×10^{-4}	3.80×10^{-4}	2.82×10^{-4}	9.24×10^{-5}	5.17×10^{-5}	1.68×10^{-5}	1.85×10^{-5}	4.21×10^{-6}
1.58×10^{-4}	3.80×10^{-4}	2.82×10^{-4}	9.24×10^{-5}	5.17×10^{-5}	1.68×10^{-5}	1.85×10^{-5}	4.21×10^{-6}
1.59×10^{-4}	3.80×10^{-4}	2.82×10^{-4}	9.24×10^{-5}	5.17×10^{-5}	1.68×10^{-5}	1.85×10^{-5}	4.21×10^{-6}
1.60×10^{-4}	3.80×10^{-4}	2.82×10^{-4}	9.24×10^{-5}	5.17×10^{-5}	1.68×10^{-5}	1.85×10^{-5}	4.21×10^{-6}
1.62×10^{-4}	3.80×10^{-4}	2.82×10^{-4}	9.24×10^{-5}	5.17×10^{-5}	1.68×10^{-5}	1.85×10^{-5}	4.21×10^{-6}
1.63×10^{-4}	3.80×10^{-4}	2.82×10^{-4}	9.24×10^{-5}	5.17×10^{-5}	1.68×10^{-5}	1.85×10^{-5}	4.21×10^{-6}
1.64×10^{-4}	3.80×10^{-4}	2.82×10^{-4}	9.24×10^{-5}	5.17×10^{-5}	1.68×10^{-5}	1.85×10^{-5}	4.21×10^{-6}
1.66×10^{-4}	3.80×10^{-4}	2.83×10^{-4}	9.24×10^{-5}	5.17×10^{-5}	1.68×10^{-5}	1.85×10^{-5}	4.21×10^{-6}
1.67×10^{-4}	3.80×10^{-4}	2.83×10^{-4}	9.24×10^{-5}	5.17×10^{-5}	1.68×10^{-5}	1.85×10^{-5}	4.21×10^{-6}
1.69×10^{-4}	3.80×10^{-4}	2.83×10^{-4}	9.24×10^{-5}	5.17×10^{-5}	1.68×10^{-5}	1.85×10^{-5}	4.21×10^{-6}
1.70×10^{-4}	3.80×10^{-4}	2.83×10^{-4}	9.24×10^{-5}	5.17×10^{-5}	1.68×10^{-5}	1.85×10^{-5}	4.21×10^{-6}

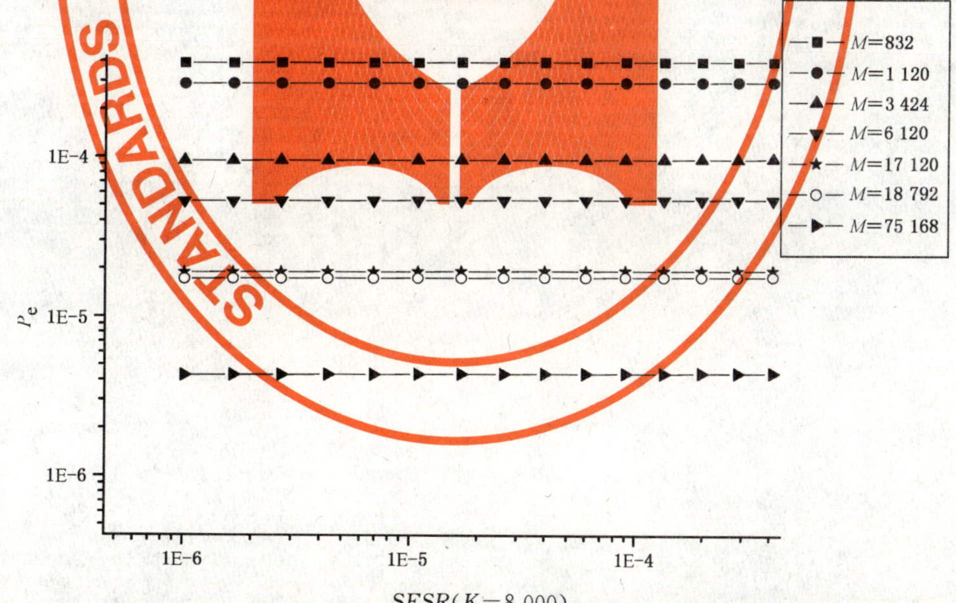

图 B.2　不同 *M* 值下 *SESR* 对应的误码率

由上述数据可以看出当 *SESR* 在同一数量级时，其所对应的误码率相差不大，因此在工程计算中，可以按照 5.1.2 中表 5 和表 6 的数据作为常用值进行计算。

参 考 文 献

［1］ 国际电信联盟 建议书 ITU-T G.826 End-to-end error performance parameters and objectives for international、constant bit-rate digital paths and connections.

［2］ 国际电信联盟 建议书 ITU-R P.526-10 Propagation by diffraction.

ICS 33.100
M 04

中华人民共和国国家标准

GB/T 13620—2009
代替 GB/T 13620—1992

卫星通信地球站与地面微波站之间协调区的确定和干扰计算方法

Determination of coordination area and predication methods of interference between satellite communication earth station and terrestrial microwave station

2009-05-05 发布

2010-07-01 实施

中华人民共和国国家质量监督检验检疫总局
中国国家标准化管理委员会
发布

前言

本标准代替 GB/T 13620—1992《卫星通信地球站与地面微波站之间协调区的确定和干扰计算方法》。

本标准与 GB/T 13620—1992 相比主要变化如下：

——删除了原标准中所有与模拟卫星通信系统地球站和模拟微波通信系统微波站的有关的干扰标准、干扰计算方法及附件内容；

——修改了地球站协调区计算方式，更新了计算协调区所需参数，更新了接收机输入允许干扰电平的判断方式；

——完善了协调区确定条件，修改了两种传播模式下的协调区确定方法和步骤；

——在干扰预排除一节，增加了两种传播模式的辅助协调区计算原理，给出了计算方法，对干扰预排除内容进行了简化；

——细化了干扰计算采用的方法；

——删除了附录 A 确定协调区图解法相关内容，保留了与降雨散射有关的气候区相关内容；

——对附录 B 绕射损耗计算内容进行了修改更新。

本标准在修订过程中，参考了国际电联无线电规则附录 7 有关卫星地球站协调区的确定方法相关内容，二者在基本原理和方法上是一致的。因此依据本国标进行的相关计算，同样适应于我国开展卫星地球站和微波站的国际协调。

本标准的附录 A、附录 B 为规范性附录，附录 C、附录 D 和附录 E 为资料性附录。

本标准由全国无线电干扰标准化技术委员会(SAC/TC 79)提出并归口。

本标准起草单位：国家无线电监测中心。

本标准主要起草人：王晓冬、李景春、丛远东、黄标、潘冀、曾繁声、李建欣。

本标准所代替标准的历次版本发布情况为：

——GB/T 13620—1992。

卫星通信地球站与地面微波站之间协调区的确定和干扰计算方法

1 范围

本标准给出在 1 GHz～40 GHz 范围内，进行同频共用的卫星通信地球站(正文简称地球站)和地面数字微波接力系统微波站(正文简称微波站)之间的协调、干扰计算方法。对协调区的确定、干扰预排除、干扰计算提供实用方法。

本标准适用于数字体制的地球站与微波站之间的协调、干扰计算，其预测结果可为系统设计、安装调测、竣工验收提供基础数据；也可作为无线电管理主管部门进行干扰协调的依据。

2 规范性引用文件

下列文件中的条款通过本标准的引用而成为本标准的条款。凡是注日期的引用文件，其随后所有的修改单(不包括勘误的内容)或修订版均不适用于本标准，然而，鼓励根据本标准达成协议的各方研究是否可使用这些文件的最新版本。凡是不注日期的引用文件，其最新版本适用于本标准。

国际电信联盟　无线电规则　APPENDIX 7 Methods for the determination of the coordination area around an earth station in frequency bands between 100 MHz and 105 GHz

3 术语和定义

3.1

协调距离　coordination distance

在某给定方位上从地球站起算的距离，位于这个距离以外的与该站共用同一个频带的地面电台所产生的或受到的干扰电平，在特定百分比时间内，应不超过某允许值。

3.2

协调等值线　coordination contour

连接各方位上地球站协调距离端点而形成的曲线。等值线闭合且环绕协调区。

3.3

协调区　coordination area

地球站周围的区域，在此区域以外，与该站共用同一频带的地面电台所产生或受到的干扰电平，在特定的百分比时间内，不超过某允许值。在该区域内，频率相关的地球站和地面电台之间应进行协调。

3.4

辅助等值线　auxiliary contour

采用相对确定协调等值线稍许宽松的假设为依据绘出的一些等值线。

3.5

自然水平线　physical horizontal line

从地球站天线中心至各方向障碍物最高点的连线。

3.6

干扰预排除　interference pre-elimination

借助辅助等值线，简单快速地进行干扰排除的方法。

3.7

干扰预测　interference predication

干扰预排除后，对仍没有排除掉的干扰源进行精确的计算，这个过程称为干扰预测。

3.8

传播模式(1)　propagation mode 1

信号通过接近大圆路径的对流层进行传播。短时间内，需要考虑对流层散射和大气波导对信号传播的影响。

3.9

传播模式(2)　propagation mode 2

信号通过雨区而产生的散射传播。

3.10

回避角　avoidance angle

微波站天线主波束轴线的水平投影与微波站至地球站连线之间的夹角。

4　干扰允许值

4.1　卫星通信系统干扰允许值

微波接力通信系统对脉冲编码调制卫星固定业务假设参考通道 64 kbit/s 输出端引起的干扰应符合下述要求：

a)　任何月份 2%以上时间，任一分钟射频干扰功率应不超过相当于产生 1×10^{-6} 平均误码率的解调器输入端的总噪声功率的 10%；

b)　任何月份 0.003%以上时间，任一秒钟射频干扰功率引起的平均误码率应不超过 1×10^{-3}；

c)　任何月份由于射频干扰功率引起的误码秒积累时间应不大于 0.16%。

4.2　微波接力通信系统干扰允许值

卫星固定业务通信系统地球站对数字微波接力系统的干扰允许值应符合下述要求：

a)　任何月份 0.04%以上的时间，任一分钟射频干扰功率引起的平均误码率应不超过 1×10^{-6}；

b)　任何月份 0.005 4%以上的时间，任一秒钟射频干扰功率引起的平均误码率应不超过 1×10^{-3}；

c)　任何月份由于射频干扰功率引起的误码秒积累时间应不大于 0.032%。

5　地球站干扰协调区的确定

5.1　协调区划分

确定协调区时，应考虑两种情况：

a)　发射地球站协调区(可能存在地球站干扰微波站的情况)；

b)　接收地球站协调区(可能存在微波站干扰地球站的情况)。

5.2　最小允许基本传输损耗

在干扰发射机和被干扰接收机之间所需的衰减量 $L(p)$，由“p%时间内最小允许基本传输损耗 $L(p)$”给出。实际中或“预测基本传输损耗”在 p%以上的时间内应大于该传输损耗值。

5.2.1　传播模式(1)的最小允许基本传输损耗

考虑干扰路径两端发射机和接收机的天线增益，传播模式(1)情况下的最小允许基本传输损耗 $L_b(p)$(dB)可表示为：

$$L_b(p) = P_t + G_t + G_r - P_r(p) \quad \text{(dB)} \qquad \cdots\cdots(1)$$

式中：

P_t——在参考带宽内干扰站天线输入端最大可用发射功率，dBW；

G_t——发射天线增益，dBi；

G_r——接收天线增益，dBi；

$P_r(p)$——被干扰站天线输出端在与干扰信号同一参考带宽内，在不大于 p%时间内，可以超过的来自单一干扰源的允许干扰功率，dBW。

5.2.2 传播模式(2)的最小允许基本传输损耗

传播模式(2)情况下，由于地球站天线的增益与波束宽度成反比，而天线波束宽度又决定了雨散射区域的体积的大小，所以地球站天线增益与雨区对信号散射的强弱成反比，两者构成了互补效应。因此可简化假设路径损耗与地球站天线增益无关。信号传播模式(2)情况下的最小允许基本传输损耗 $L_x(p)$ 可表示为：

$$L_x(p) = P_t + G_x - P_r(p) \quad \text{(dB)} \qquad \cdots\cdots(2)$$

式中：

G_x——地面电台最大天线增益，dBi；

P_t 和 $P_r(p)$ 定义同前，参见公式(1)。

5.3 干扰协调基本参数

5.3.1 接收机入口干扰允许电平

接收天线输出端允许干扰电平标准可以分为长时间干扰标准和短时间干扰标准。长时间干扰标准(一般与≥20%的时间百分数相关)主要反映中长期时间内，来自所有干扰源的发射的集总的干扰效应；短时间干扰标准(一般与0.001%～1%之间时间百分数相关)则反映较短时期内，来自单一干扰源发射的影响情况。

确定地球站协调区时，主要研究对于短时间干扰标准的保护，在满足短时间干扰标准的情况下，长时间干扰标准也将得到满足。

在受到干扰影响的地球站(或微波站)的接收天线输出端，在参考带宽内不大于 p%的时间内来自任意一个干扰源发射的允许干扰电平 $P_r(p)$(dBW)，按公式(3)计算：

$$P_r(p) = 10\lg(kT_eB) + N_L + 10\lg(10^{M_s/10} - 1) - W \qquad \cdots\cdots(3)$$

式中：

p——从一个干扰源来的干扰可以超过允许值的时间百分数。由于各干扰途径不一定会同时出现，所以 $p = p_0/n$；

p_0——从所有干扰源来的干扰可以超过允许值的时间百分数；

n——预期的干扰途径数目，假定这些干扰途径是互不相关的；

k——波尔兹曼常数 1.38×10^{-23}，J/K；

T_e——在接收天线输出端接收系统的等效热噪声温度，K；

B——参考带宽(被干扰系统的带宽，在该带宽内可以对干扰功率进行平均)，Hz；

N_L——链路噪声贡献，dB；对于卫星固定链路：$N_L = 1$，对于地面链路：$N_L = 0$；

M_s——链路性能余量；

W——来自发射干扰的干扰同在参考带宽内由于引入功率相等的额外热噪声而引起的干扰相比的等效因数，dB。当发射干扰比热噪声引起的恶化大时，该因素为正数。

对于不同频段收发地球站协调区确定所需的以上参数取值，见表A.2和表A.3。

5.3.2 干扰灵敏度因子

从公式(1)中分离出 $G_r - P_r(p)$ 项，定义为被干扰站的干扰灵敏度因子 S(dBW)：

$$S = G_r - P_r(p) \qquad \cdots\cdots(4)$$

对于地球站发射协调区，协调等值线是对应于某一最大灵敏度因子 S 的等值线，并用其数值作为等值线之表明。辅助等值线的 S 值比对应协调区等值线的 S 值分别低 5 dB,10 dB,15 dB,20 dB 等。

5.3.3 等效全向辐射功率(EIRP)

从公式(1)中,同样可以分离出 P_t+G_t 项,定义为干扰站等效全向辐射功率 E(dBW):

$$E=P_t+G_t \qquad (5)$$

对于地球站接收协调区,协调等值线对应于一个最大 E 值,并用此值在曲线上标明。辅助协调区的 E 值比相应协调等值线的 E 值分别低 5 dB,10 dB,15 dB,20 dB 等。

5.3.4 辅助协调区

由于地球站协调区的确定是采用最大 S 值或最大 E 值。因此,实际上位于协调区内的某些地面微波站并不一定会产生或受到干扰。为能方便地进行干扰预排除,在绘制协调等值线的同时,宜采用较确定协调等值线稍许有利的假设为依据绘出一些辅助等值线,这些辅助等值线所包围的区域,称为辅助协调区。辅助等值线一般以干扰灵敏度因子 S 或等效全向辐射功率 E 为参数绘制。

5.4 计算协调区的一般性考虑

5.4.1 无线电气候区的划分

为了计算传播模式(1)的协调距离,划分为四个基本无线电气候区。这些气候区定义为:

A1 区——与 B 区或 C 区相邻的海岸或海湾陆地,其海拔标高低于 100 m,且离最近的 B 区或 C 区的距离不超过 50 km 的地带。

A2 区——除 A1 区之外的其他所有陆地。

B 区——纬度高于 30°的海、洋和其他大面积水域(至少覆盖直径 100 km 的圆面积),但不包括地中海和黑海。

C 区——纬度低于 30°的海、洋和其他大面积水域(至少覆盖直径 100 km 的圆面积),包括地中海和黑海。

5.4.2 协调距离范围

5.4.2.1 最小协调距离

在计算地球站协调区时,需要设定与地面电台进行协调所需的最小协调距离,在该距离之内,地球站与微波站之间的干扰情况需要针对性地计算,如在考虑自由空间传输损耗的同时,也需要考虑信号衍射、地形的散射等因素的影响,同时采用收发台站的实际参数进行计算。

传播模式(1)和传播模式(2)的最小协调距离可按公式(6)计算:

$$d_{\min}=100+\frac{(\beta_e-f)}{2}\quad \text{km}\quad f\leqslant 40\quad \text{GHz} \qquad (6)$$

式中:

β_e——晴空反常传播特性参数,可用公式(7)计算得到:

$$\beta_e=\begin{cases}10^{1.67-0.015\zeta_r} & \zeta_r\leqslant 70^\circ\\ 4.17 & \zeta_r>70^\circ\end{cases} \qquad (7)$$

式中:

$$\zeta_r=\begin{cases}|\zeta|-1.8 & \text{for } |\zeta|>1.8^\circ\\ 0 & \text{for } |\zeta|\leqslant 1.8^\circ\end{cases} \qquad (8)$$

ζ——地球站所处的纬度,度。

5.4.2.2 最大协调距离

同样,也给出需要考虑的最大协调距离,在该距离之外,实际或预测的基本传输损耗将超过最小允许基本传输损耗的要求,台站之间将不存在有害干扰。

传播模式(1)的最大协调距离 $d_{\max 1}$ 在表 1 中按不同无线电气候区给出:

表 1 40 GHz 以下传播模式(1)的最大协调距离

无线电气候区	d_{max1}/km
A1	500
A2	375
B	900
C	1 200

传播模式(2)的最大协调距离 d_{max2}：

$$d_{max2}=\sqrt{17\,000(h_R+3)}\quad km \qquad \cdots\cdots(9)$$

式中：

h_R——雨区高度,km。

$$h_R=\begin{cases}5-0.075(\zeta-23) & \zeta>23\\ 5 & 0\leqslant\zeta\leqslant 23\end{cases} \qquad \cdots\cdots(10)$$

式中：

ζ——地球站纬度,度。

5.4.3 地球站自然水平特性

地球站自然水平线特性可用地球站天线中心点至各方向障碍物的水平距离 d_h 和自然水平角 ε_h(即天际线仰角)两个参数进行描述,d_h 和 ε_h 数值可由实测获得。一般的有：

$$d_h=\begin{cases}0.5\ km & 水平距离<0.5\ km 或无水平距离信息\\ 水平距离 & 0.5\ km\leqslant 水平距离\leqslant 5.0\ km\\ 5.0\ km & 水平距离>5.0\ km\end{cases} \qquad \cdots\cdots(11)$$

由自然水平线特性产生的场地屏蔽效应可由公式(12)表示：

$$A_h=\begin{cases}20\lg(1+4.5\varepsilon_h f^{1/2})+\varepsilon_h f^{1/3}+A_d & dB \quad \varepsilon_h\geqslant 0^\circ\\ 3[(f+1)^{1/2}-0.000\,1f-1.048\,7]\varepsilon_h & dB \quad 0^\circ>\varepsilon_h\geqslant -0.5^\circ\\ -1.5[(f+1)^{1/2}-0.000\,1f-1.048\,7] & dB \quad \varepsilon_h<-0.5^\circ\end{cases} \qquad \cdots\cdots(12)$$

其中：

$$A_d=15\left[1-\exp\left(\frac{0.5-d_h}{5}\right)\right][1-\exp(-\varepsilon_h f^{1/3})] \quad (dB) \qquad \cdots\cdots(13)$$

5.5 地球站协调区的计算

在地球站周边全方位计算协调距离,形成协调等值线和辅助等值线,然后将其绘制在适当的比例尺地图上就可以形成协调区了。由于计算较为复杂,建议采用计算机编程方式实现协调区的计算和制图。

5.5.1 传播模式(1)协调距离的计算

传播模式(1)情况下,电波传播主要以电波的自由传播为主,此外还受到对流层散射、地面波导、大气层反射和衍射、大气吸收作用和地场屏蔽的综合影响。对应于短时间干扰标准,则因重点考虑对流层反射和大气波导两种传播形式。对流层反射主要在长距离大面积陆地情况时产生,而大气波导则主要在水域及临近水域的陆地形成。

5.5.1.1 迭代法和判别标准

协调距离的计算,采用逐步增加协调距离的方式,分别计算并判断"预测基本传输损耗"何时超过"最小允许基本传输损耗",以此为依据来得到协调距离。

具体计算步骤如下：

a) 从最小协调距离 d_{min} 开始,以 s 为步长(如 1 km)逐次递增距离,即 $d_i=d_{min}+i\times s(i=0,1,2,K)$,迭代计算步骤 b)中的损耗值,直到满足步骤 c)所列判别标准;

b) 将 d_i 代入公式(18)、(26)分别计算大气波导和对流层散射两种传播形式下的"预测基本传输损耗”；同时代入公式(24)、(27)分别计算大气波导和对流层散射两种传播形式下的“最小允许基本传输损耗”；

c) 比较步骤 b)中的预测基本传输损耗和最小允许基本传输损耗值，直到满足下列判别标准为止，否则，重复以上步骤 a)和 b)。

迭代法的判别标准可用公式(14)表示：

$$L_{\mathrm{Bld}}(p) \geqslant L_{\mathrm{Mld}}(p) \text{ 且 } L_{\mathrm{Blt}}(p) \geqslant L_{\mathrm{Mlt}}(p) \qquad (14)$$

$L_{\mathrm{Bld}}(p)$、$L_{\mathrm{Mld}}(p)$、$L_{\mathrm{Blt}}(p)$、$L_{\mathrm{Mlt}}(p)$各式含义和计算方法参见 5.5.1.3 和 5.5.1.4 内容。

或者当

$$d_i \geqslant d_{\mathrm{max1}} \qquad (15)$$

时，停止计算，此时所得的 d_i 值，即为传播模式(1)协调距离，记为 d_1，km。

d_{max1}为传播模式(1)的最大协调距离。

下面分别介绍最小允许基本传输损耗和预测基本传输损耗的计算方法。

5.5.1.2 大气吸收所引起的损耗因子

由干燥空气所引起的单位距离衰减如下，(dB/km)：

$$\gamma_{\mathrm{o}} = \left[7.19 \times 10^{-3} + \frac{6.09}{f^2 + 0.227} + \frac{4.81}{(f-57)^2 + 1.50}\right] f^2 \times 10^{-3} \quad f \leqslant 40\ \mathrm{GHz} \qquad (16)$$

由水蒸汽引起的单位距离衰减，(dB/km)：

$$\gamma_{\mathrm{w}}(\rho) = \left(0.050 + 0.0021\rho + \frac{3.6}{(f-22.2)^2 + 8.5}\right) f^2 \rho \times 10^{-4} \qquad (17)$$

式中：

ρ——水蒸汽密度变量，(g/m³)。

对流层散射传播模式下，使用水蒸汽值 3.0 g/m³，即 $\gamma_{\mathrm{wt}} = \gamma_{\mathrm{w}}(3.0)$，计算信号传播的具体损耗。

波导传播方式下，使用水蒸汽值 7.5 g/m³，即 $\gamma_{\mathrm{wdl}} = \gamma_{\mathrm{w}}(7.5)$，计算陆地路径(A1 区及 A2 区)的具体损耗；使用水蒸汽值 10 g/m³，即 $\gamma_{\mathrm{wds}} = \gamma_{\mathrm{w}}(10.0)$，计算海洋路径(B 区及 C 区)的具体损耗。

5.5.1.3 大气波导传播形式下的预测基本传输损耗和最小允许基本传输损耗

首先，我们需要计算传播模式(1)情况下，大气波导传播形式下的预测基本传输损耗 L_{Bld}，可由公式(18)计算得到：

$$L_{\mathrm{Bld}}(p) = (\gamma_{\mathrm{d}} + \gamma_{\mathrm{g}}) d_i + (1.2 + 3.7 \times 10^{-3} d_i) \lg\left(\frac{p}{\beta}\right) + 12\left(\frac{p}{\beta}\right)^{\Gamma_1} + C_{2i} \qquad (18)$$

式中：

γ_{d}——与频率相关的波导衰减，dB/km；

γ_{g}——由气体吸收引起的具体衰减，dB/km；

d_i——当前协调距离的迭代值，km；

β——波导传播相关于路径的因子；

Γ_1——路径损耗的时间相关性参数；

C_{2i}——路径中影响传输损耗最不利情况可能发生的校正因素。

上述公式中各参数的取值可按下列方法计算得到：

$$\gamma_{\mathrm{d}} = 0.05 f^{1/3} \quad (\mathrm{dB/km}) \qquad (19)$$

$$\gamma_{\mathrm{g}} = \gamma_0 + \gamma_{\mathrm{wdl}}\left(\frac{d_{\mathrm{t}}}{d_i}\right) + \gamma_{\mathrm{wds}}\left(1 - \frac{d_{\mathrm{t}}}{d_i}\right) \qquad (20)$$

式中：

d_{t}——当前的集总陆地距离，km；沿当前路径 A1 区和 A2 区距离之和。

$$\beta = \beta_{\mathrm{e}} \cdot \mu_1 \cdot \mu_2 \cdot \mu_4 \qquad (21)$$

式中：

β_{e}——晴空反常传播特性参数，参见公式(7)；

$\mu_1 = [10^{\frac{-d_{tm}}{16-6.6\tau}} + [10^{-(0.496+0.345\tau)}]^5]^{0.2}$，其中 τ 为与区相关的参数，可用下式计算：

$\tau = 1 - \exp[-(4.12 \times 10^{-4}(d_{lm})^{2.41})]$

d_{lm}(km)为最长的连续陆地，含 A1 区和 A2 区的内陆和海岸，且 $\mu_1 \leqslant 1$；

$\mu_2 = (2.48 \times 10^{-4} d_i^2)^\sigma$ 且应满足 $\mu_2 \leqslant 1$；

式中：

$\sigma = -0.6 - 8.5 \times 10^{-9} d_i^{3.1}\tau$，且 $\sigma \geqslant -3.4$；

$$\mu_4 = \begin{cases} 10^{(-0.935+0.0176\zeta_r)\lg\mu_1} & \zeta_r \leqslant 70^\circ \\ 10^{0.3\lg\mu_1} & \zeta_r > 70^\circ \end{cases}$$

式中 ζ_r 参见公式(8)。

$$\Gamma_1 = \frac{1.076}{(2.0058 - \lg\beta)^{1.012}} \exp[-(9.51 - 4.8\lg\beta + 0.198(\lg\beta)^2) \times 10^{-6} d_i^{1.13}] \quad \cdots\cdots(22)$$

C_{2i} 为校正因子，可用公式(23)计算：

$$C_{2i} = Z(f)(d_i - d_{\min})\tau \quad \text{dB} \quad \cdots\cdots(23)$$

其中 $Z(f)$ 为校正常数，可用下式表示：

$$Z(f) = \frac{X(f)}{375 - d_{\min}}$$

其中任何频率上的标称校正值 $X(f)$ 可用下式表示：

$$X(f) = \begin{cases} X & \text{dB} \quad 1\ \text{GHz} < f \leqslant 4.2\ \text{GHz} \\ -0.8659X(\lg f - 1.7781) & \text{dB} \quad 4.2\ \text{GHz} < f \leqslant 40\ \text{GHz} \end{cases}$$

X：发射地球站为 15 dB；接收地球站为 25 dB。

若距离大于 375 km 时，采用 375 km 处的校正因子值 C_{2i}。

其次，计算传播模式(1)中大气波导传播形式下的最小基本允许传输损耗 $L_{Mld}(p)$，可用公式(24)计算得到：

$$L_{Mld}(p) = P_t + G_e + G_r - P_r - A_{ld} \quad \cdots\cdots(24)$$

式中：

A_{ld}——迭代计算中要达到的最小损耗，dB

$$A_{ld} = 122.43 + 16.5\lg f + A_h + A_c \quad \cdots\cdots(25)$$

式中：

A_h——地场屏蔽造成的损耗，dB；参见公式(12)；

A_c——由直接耦合到海上波导而应起衰减的减少量，dB；

$A_c = \frac{-6}{(1+d_c)}$；d_c 为从基于陆地的地球站到所考虑方向上的海岸之间的距离，其他情况 d_c 为 0。

5.5.1.4 对流层散射传播形式下的预测基本传输损耗和最小允许基本传输损耗

同理，计算传播模式(1)下，对流层散射模式的预测基本传输损耗 $L_{Blt}(p)$，可由公式(26)计算得到：

$$L_{Blt}(p) = 20\lg d_i + 5.73 \times 10^{-4}(112 - 15\cos(2\zeta))d_i + (\gamma_o + \gamma_{wt})d_i + C_{2i} \quad \cdots\cdots(26)$$

式中：

d_i——当前迭代距离，km；

γ_o、γ_{wt}、ζ、C_{2i} 含义同前。

同时，传播模式(1)下，对流层散射模式的最小允许基本传输损耗 $L_{Mlt}(p)$，可由公式(27)计算得到：

$$L_{Mlt} = P_t + G_e + G_r - P_r - A_{lt} \quad \cdots\cdots(27)$$

式中：

A_{lt}——与距离无关的损耗，dB

$$A_{lt} = 187.36 + 10\varepsilon_h + L_f - 0.15N_0 - 10.1\left(-\lg\left(\frac{p}{50}\right)\right)^{0.7} \quad \cdots\cdots(28)$$

式中：

ε_h——地球站水平仰角，度；

N_0——路径中心海平面折射率，$N_0 = 330 + 62.6\mathrm{e}^{-\left(\frac{\xi-2}{32.7}\right)^2}$；

L_f——与频率相关的损耗，dB

$$L_f = 25\lg f - 2.5\left[\lg\left(\frac{f}{2}\right)\right]^2 \quad \cdots\cdots(29)$$

5.5.2 传播模式(2)协调距离的计算

确定降雨散射(雨散射)的协调等值线是根据路径的几何关系加以预测的。这种路径关系完全不同于大圆传播机理的几何关系。作为第一阶段近似，能量是由降雨而各向同性散射的。这样，在大散射角和偏离大圆路径的射束交点都可能产生干扰。

5.5.2.1 迭代法和判别标准

传播模式(2)情况下，协调距离的计算，类似于传播模式(1)的计算方法，也是采用逐步增加协调距离的方式，分别计算并判断“预测传输损耗”何时超过“最小允许传输损耗”，以此为依据，知道满足判别标准时，即可得到协调距离。

具体计算步骤如下：

a) 从地球站所处的雨气候区，确定降雨率 $R(p_x)$值；

b) 从最小协调距离 $d_{\min}$开始，以 s 为步长(如 1 km)逐次递增距离，即 $d_i = d_{\min} + i \times s (i = 0,1,2, K)$，迭代计算步骤 c)中的损耗值，直到满足步骤 d)所列判别标准；

c) 将 d_i 代入下列公式(32)、(33)分别计算最小允许传输损耗和预测传输损耗；

d) 比较步骤 c)中的传输损耗和最小允许传输损耗值，直到满足下列判别标准为止，否则，重复以上步骤 b)和 c)。

迭代法的判别标准可用公式(30)表示：

$$L_r(p) \geqslant L_x(p) \quad \cdots\cdots(30)$$

或者当

$$d_i \geqslant d_{\max 2} \quad \cdots\cdots(31)$$

时，停止计算，此时所得的 d_i 值，即为传播模式(1)协调距离，记为 d_2，km。

$d_{\max 2}$为传播模式(2)得最大协调距离。

$L_r(p)$、$L_x(p)$各式含义和计算方法参见 5.5.2.2 和 5.5.2.3 内容。

下面分别介绍传输损耗和最小允许传输损耗和的计算方法。

5.5.2.2 最小允许传输损耗 $L_x(p_x)$

为了确定与雨散射有关的协调等值线，必须确定“最小允许传输损耗”。它表示最小允许基本传输损耗对 $p \leqslant p_x \leqslant 20\%$的积累分布。

$$L_x(p_x) = P_t + G_x - P_r(p) \quad (\mathrm{dB}) \quad \cdots\cdots(32)$$

上式各参数含义同公式(2)；

5.5.2.3 传输损耗的数值计算

传输损耗是距离 r(km)、频率 f(GHz)、和表面降雨率 R(mm/h)的函数。

$$L_r = 168 + 20\lg r_i - 20\lg f - 13.2\lg R - G_x + A_b - 10\lg R_{cv} + L_{ar} + \Gamma_2 + \gamma_o d_o + \gamma_{wr} d_v \quad (\mathrm{dB}) \quad \cdots\cdots(33)$$

式中：

r_i——降雨散射距离，km；

R——表面降雨率(mm/h)，附录 A 给出各个雨区的 R 值；

G_x——微波站天线增益；

A_b——偏离瑞利散射的附加衰减，由公式(34)给出：

$$A_b = \begin{cases} 0.005(f-10)^{1.7}R^{0.4} & 10\ \text{GHz} \leqslant f \leqslant 40\ \text{GHz} \\ 0 & f < 10\ \text{GHz 或 } L_{ar} \neq 0 \end{cases} \qquad \cdots\cdots(34)$$

R_{cv}——有效散射的传递函数，由公式(35)给出：

$$R_{cv} = \frac{2.17}{\gamma_R d_s}(1 - 10^{-\gamma_R d_s/5}) \qquad \cdots\cdots(35)$$

式中：γ_R 为降雨引起的具体损耗，由下式给出：

$$\gamma_R = KR^{\alpha} \quad (\text{dB})$$

表 2 中给出了垂直极化的 K 和 α 值。不同于表中的频率可以通过内插频率对数标度，K 对数标度和 α 线性标度，得到相应的 K 和 α 值。

d_s——雨区的有效直径，由下式给出：

$$d_s = 3.5R^{-0.08} \quad (\text{km})$$

Γ_2——公共体之外附加损耗，由公式(36)给出：

$$\Gamma_2 = 631KR^{\alpha-0.5} \times 10^{-[(R+1)^{0.19}]} \quad (\text{dB}) \qquad \cdots\cdots(36)$$

L_{ar}——雨区高度之上的损耗(dB)，可由公式(37)给出：

$$L_{ar} = \begin{cases} 6.5[6(r_i-50)^2 \times 10^{-5} - h_R] & 6(r_i-50)^2 \times 10^{-5} > h_R \\ 0 & 6(r_i-50)^2 \times 10^{-5} < h_R \end{cases} \qquad \cdots\cdots(37)$$

d_o——氧气吸收的有效路径长度，由公式(38)给出：

$$d_o = \begin{cases} 0.7r+32 & r < 340\ \text{km} \\ 270 & r \geqslant 340\ \text{km} \end{cases} \quad (\text{km}) \qquad \cdots\cdots(38)$$

γ_o——由干燥空气引起的单位距离损耗，(dB/km)；参见公式(16)；

γ_{wr}——由水蒸气吸收引起的单位距离损耗(水蒸气密度取 7.5 g/m³)，(dB/km)；

$$\gamma_{wr} = \left[0.06575 + \frac{3.6}{(f-22.2)^2+8.5}\right] f^2 7.5 \times 10^{-4} \qquad \cdots\cdots(39)$$

d_v——水蒸气吸收的有效路径长度，由公式(40)给出：

$$d_v = \begin{cases} 0.7r+32 & r < 240\ \text{km} \\ 200 & r \geqslant 240\ \text{km} \end{cases} \quad (\text{km}) \qquad \cdots\cdots(40)$$

表 2　各种频率的 K,α

频率/GHz	K	α
1	0.000 035 2	0.88
4	0.000 591	1.075
6	0.001 55	1.265
8	0.003 95	1.31
10	0.008 87	1.264
12	0.016 8	1.2
14	0.029	1.15
18	0.055	1.09
20	0.069 1	1.065
22.4	0.09	1.05
25	0.113	1.03
28	0.15	1.01

表 2(续)

频率/GHz	K	α
30	0.167	1
35	0.233	0.963
40	0.31	0.929

传播模式(2)的协调区等值线为一圆,其半径为 d_r(km),圆心为沿地球站天线主波束方向上,距离地球站 Δd(km)的位置:

$$\Delta d = \frac{h_R}{2}\mathrm{ctg}\varepsilon_E \qquad \cdots\cdots(41)$$

式中:

ε_E——地球站天线波束仰角,度;

h_R——雨区高度,(km);参见公式(10)。

沿地球站通信方位,以距离地球站 Δd 处为圆心,r 为半径画圆,此圆就是雨散射协调等值线。在所有方位上,传播模式(2)的协调距离就是从地球站到协调等值线间的距离,记为 d_2。不同纬度区域的最大雨散射距离如表 3。

表 3 最大雨散射距离

纬度/(°)	最大雨散射距离/km
0～30	350
30～40	360
40～50	340
50～60	310
＞60	280

5.5.3 协调区的确定

在任意一个方位角上,传播模式(1)的协调距离 d_1 和传播模式(2)的协调距离 d_2 中较大的一个就是协调区的协调距离。

协调区总是被限制在最小协调距离和最大协调距离之间的。

6 地球站辅助协调区的确定和干扰预排除

地球站协调区等值线是在假设传播模式(1)采用最大的 E 值和 S 值,而传播模式(2)在地球站与微波站主波束在雨散射区内正好正交的情况下计算最小允许基本传输损耗而得到的。实际情况下,所有不利的假设情况很小概率能够同时发生,因此做地球站协调区时,还考虑计算辅助等值线,用来还原当实际情况比以上假设稍许有利时,对于协调距离的影响,这将直接导致协调距离的减小,利用协调辅助等值线作为参考进行干扰预排除的方法,也往往更加有用。

6.1 传播模式(1)辅助协调区和干扰预排除

6.1.1 传播模式(1)辅助协调区确定

传播模式(1)的辅助等值线的确定,同正文中传播模式(1)协调等值线的计算方法基本相同。所不同的是辅助协调距离的计算是通过将传播模式(1)中最小允许基本传输损耗的数值衰减 5 dB、10 dB、15 dB、20 dB 等数值分别进行计算而得到的,图 1 给出了不同衰减数值下传播模式(1)的协调区示例图。一般的,辅助等值线采用负数形式的衰减量进行标识。表示实际情况中 E 和天线增益的减小对协调距离减小的贡献。

在计算传播模式(1)辅助协调距离时,公式(18)和(30)中的 C_{2i} 取值为 0。因此,只有当衰减量取值

超过 C_{2i} 值时，辅助协调距离才有实际意义。例如，当传播模式(1)中的衰减因子为 10 dB 时，第一个辅助等值线将是按照最小所需损耗衰减 5 dB，从而辅助等值线标识应为 −15 dB。

6.1.2 传播模式(1)干扰预排除

由传播模式(1)最小允许基本传输损耗公式：

$$L_b(p) = P_t + G_t + G_r - P_r(p)$$

可以看出，$L_b(p)$ 的大小取决于实际干扰发射机等效全向辐射功率 $E = P_t + G_t$ 和接收机干扰灵敏度因子 $S = G_r - P_r(p)$ 的值。采用干扰协调区等值线以及辅助等值线进行干扰预排除时，可以通过较实际台站的 E 和 S 因子的减小量与相应协调辅助等值线衰减量的关系进行判断。

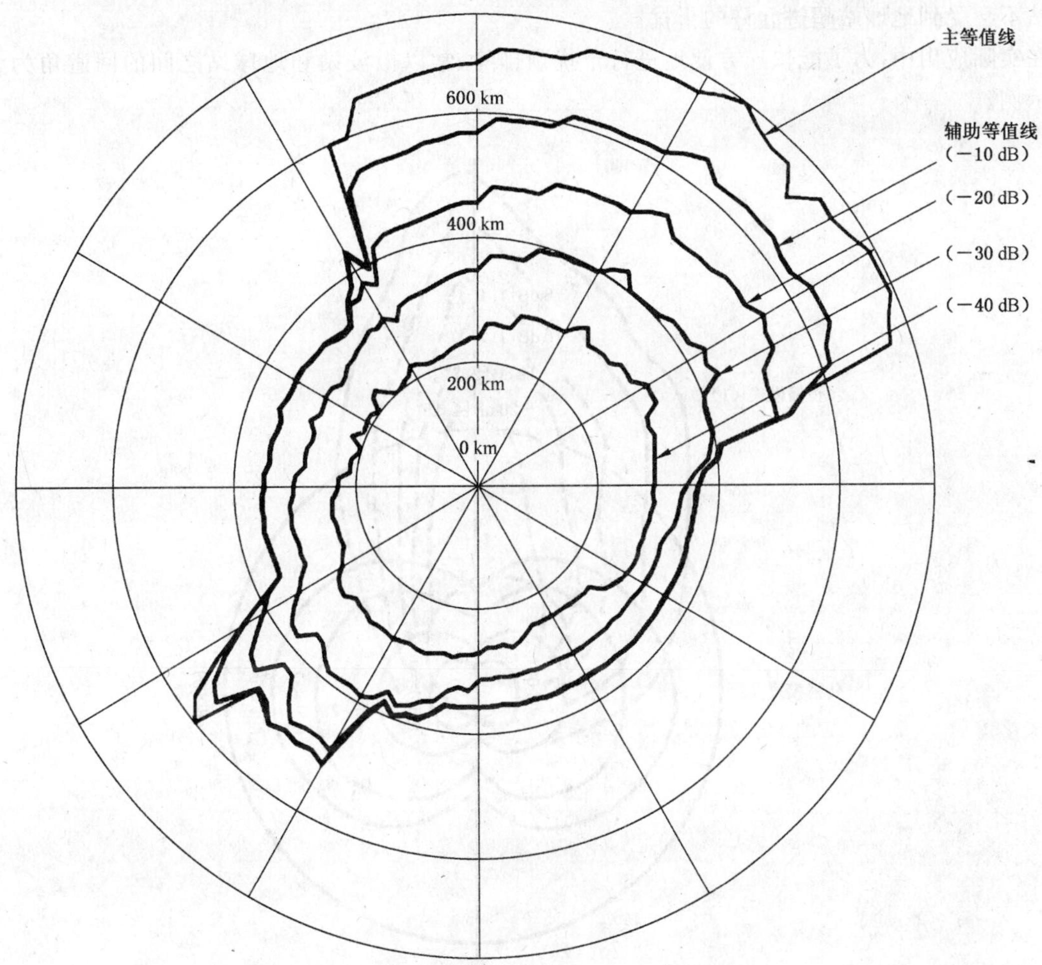

图 1 最小允许基本传输损耗进行 −10 dB、−20 dB、−30 dB 和 −40 dB 衰减后的传播模式(1)辅助等值线

在接收地球站协调区内，考虑地面微波站的等效全向辐射功率 $E = P_t + G_t$。当 E 减小时(由于实际的发射功率和天线增益比协调用的数值小)，允许的传输损耗将减小。这样，微波站与地球站之间的协调距离就可以减小而不致对地球站产生超过允许的干扰(即协调区可以缩小，以辅助协调区为判断依据)。

在某一方位角协调等值线上，接收地球站的最小允许基本传输损耗为 $L_b(p)$；地面微波站等效全向辐射功率为 $E_{等值线}$，协调距离为 d。某一辅助等值线上，允许基本传输损耗为 $L_{b0}(p)$，等效全向辐射功率为 $E_{辅助等值线}$，协调距离为 d_0。辅助等值线上的 E 的减小量为 $\Delta E_{辅助等值线} = E_{等值线} - E_{辅助等值线}$，实际微波站 E 的减小量为 $\Delta E_{实际} = E_{等值线} - E_{实际}$。

在干扰预排除时，如果某一微波站满足：

$$\begin{cases} \Delta E_{实际} \geqslant \Delta E_{辅助等值线} \\ d_{实际} \geqslant d_0 \end{cases} \qquad \cdots\cdots(42)$$

则此站不会对地球站产生超过允许的干扰。

在发射地球站协调区内，考虑地面微波站的干扰灵敏度因子 $S = G_t - P_t(p)$。设某一方位角协调等值线上干扰灵敏度因子为 $S_{等值线}$。协调距离为 d；某一辅助等值线上，干扰灵敏度因子为 $S_{辅助等值线}$。协调距离为 d_0。辅助等值线上的 S 的减小量为 $\Delta S_{辅助等值线} = S_{等值线} - S_{辅助等值线}$，实际微波站 S 的减小量为 $\Delta S_{实际} = S_{等值线} - S_{实际}$。

原理同上，在干扰预排除时，如果某一微波站满足：

$$\begin{cases} \Delta S_{实际} \geqslant \Delta S_{辅助等值线} \\ d_{实际} \geqslant d_0 \end{cases} \qquad \cdots\cdots(43)$$

则此站不会受到地球站超过允许的干扰。

在实际应用中，为了能快速方便地进行干扰预排除，常以微波站和地球站之间的回避角为参数，见图 2 示例。

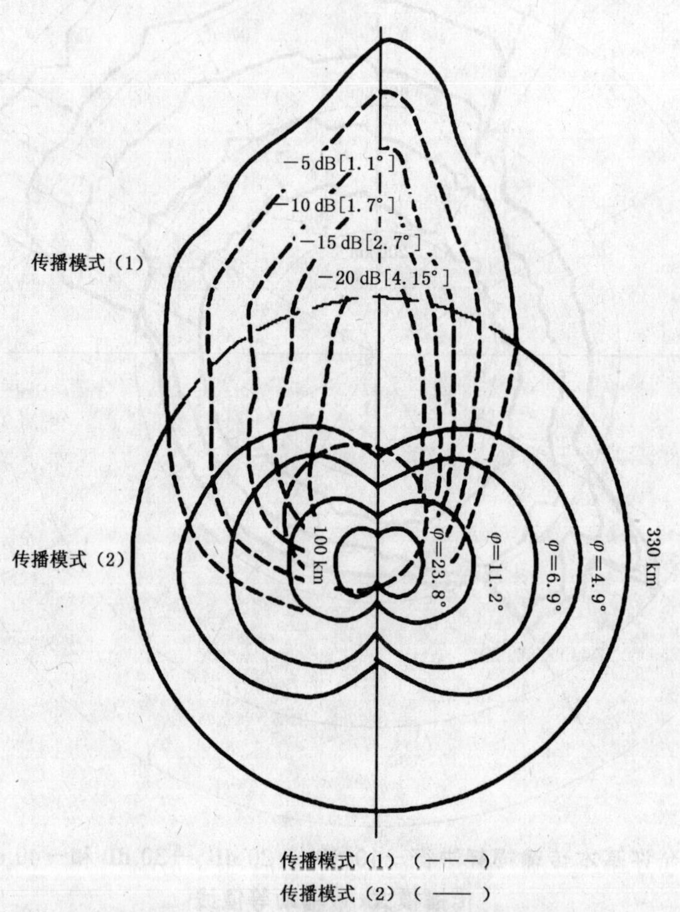

图 2　以回避角 φ 为参数的辅助等值线的例子

如果某一微波站满足：

$$\begin{cases} \varphi_{实际} \geqslant \varphi_0 \\ d_{实际} \geqslant d_0 \end{cases} \qquad \cdots\cdots(44)$$

则此站不会产生或受到超过允许的干扰。

φ_0——某一辅助等值线上微波站的回避角，(°)；

d_0——某一辅助等值线与地球站间的距离，km。

为了分析方便，对接收地球站协调区，如果同时存在等效全向辐射功率的减小和回避角时，可将回避角记入 E 内。此时，$E = P_t + G_t(\varphi)$。同理，对发射地球站协调区，可将记入回避角的灵敏度因子等效为：$S = G_r(\varphi) - P_r(p)$。这样可利用 E、S 的等值线同时排除包括回避角及有关协调参数的减小而引起的各个干扰源，提高计算速度。

6.2 传播模式(2)辅助协调区和干扰预排除

6.2.1 传播模式(2)辅助协调区确定

实际情况下，两站波束在雨散射区内正交的可能性很小，所以传播模式(2)可以考虑当微波站天线波束与协调地球站之间角度上的不同偏差分量情况下的辅助等值线。对于因全向等效辐射功率或接收天线增益减小情况所导致的协调距离的减小，可以视为传播模式(2)在最小允许基本传输损耗有相应程度降低情况下的协调等值线计算，计算方法相同，此处不再详述。

要考虑以微波站天线主波束与地球站位置之间的波束回避角为参数的辅助协调等值线的计算原理和方法，首先可以分析发生传播模式(2)情况下的水平面投影图，见图3。

图中地球站和微波站分别位于A点和B点，C点为传播模式(2)协调区，以及辅助协调区的中心。从C点看微波站位于与地球站主波束成ω角的圆弧上。

图中阴影部分代表地球站主波束轴与雨区高度共同构建的临界区域，也就是形成雨散射的区域。临界区域长度为b，临界区域两端点在水平面上的投影为A和M点。对于传播模式(2)中协调区内的任一给定点，临界区域与其所成交角为临界角Ψ，微波站主波束与偏离临界区域的角度为保护角ν。微波站主波束与地球站位置之间的波束回避角为φ。它是Ψ和ν之和，且对于某一具体的辅助等值线，其值固定。

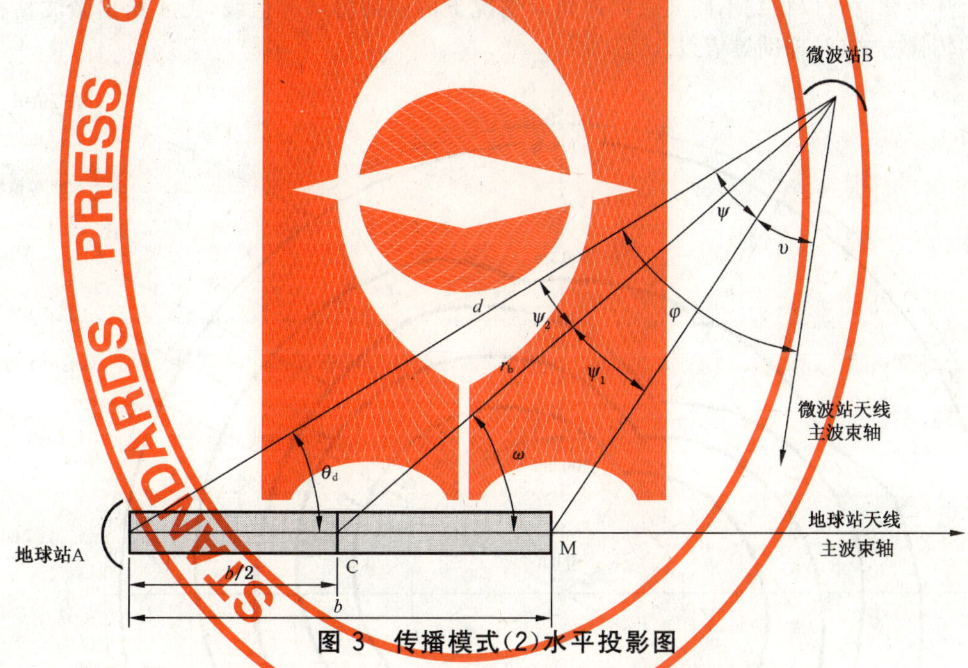

图3 传播模式(2)水平投影图

传播模式(2)对于某一给定波束回避角φ的辅助等值线具体计算方法如下：

首先，计算辅助协调区中心点C的距离，$b/2=\Delta d$，方法同传播模式2雨散射协调区中心点计算方法。

其次，对于给定的波束回避角φ，求取ω值(从0°到180°)对应的辅助等值线。如下：

a) 将r_b赋值为辅助等值线距离d_r；

b) 从公式(45)～(47)计算出Ψ：

$$\Psi_1=\arctan\left(\frac{b\sin\omega}{2r_b-b\cos\omega}\right) \qquad (45)$$

$$\Psi_2=\arctan\left(\frac{b\sin\omega}{2r_b+b\cos\omega}\right) \qquad (46)$$

$$\Psi=\Psi_1+\Psi_2 \qquad (47)$$

c) 如果$\Psi>\varphi$，则辅助等值线正好重合于当前值的主等值线，且如计算ω值完成，继续以下d)至

i)步，直到步骤 f)和 i)所述终止条件能有一个满足；

d) 将 r_b 从当前值减少 0.2 km；

e) 利用上述方法继续计算 Ψ；

f) 如果$(0.5b\sin\omega/\sin\Psi_2)<d_{min}$，则等值线恰好重合于最小协调距离 d_{min}。且如计算当前 ω 值完成，则继续步骤 j)，否则，继续步骤 g)；

g) 计算保护角 $\nu=\varphi-\Psi$；

h) 利用天线方向性图计算微波站天线在与主波束轴成 ν 方向上的天线增益；

i) 在传播模式(2)预测基本传输损耗公式中，用步骤 h)中计算得到的天线增益代替 G_x，并用 r_b 代替 r_i，计算对应的传播模式(2)的路径损耗 L_r。如果，$L_r<L(p)$，则将 r_b 增加 0.2 km，并将其作为当前半径距离。否则，重复步骤 d)；

j) 一旦对应当前 ω 角度的 r_b 被求出，则按公式(48)计算偏离地球站的角度 θ_d，且如可能的话，利用公式(49)计算距离等值线点的距离 d：

$$\theta_d=\omega-\Psi_2 \quad \cdots\cdots(48)$$

$$d=0.5b\sin\omega/\sin\Psi_2 \quad \cdots\cdots(49)$$

传播模式(2)的辅助等值线在地球站主波束两侧是对称的。因此，只需要计算 ω 在 0°～180°范围内的 d 和 θ_d，就可以得到 181°～360°的 d 和 θ_d 了。

利用上述步骤就可以得到不同波束回避角 φ 情况下的辅助协调等值线，图 4 给出微波站在不同主回避角时的传播方式(2)辅助等值线。

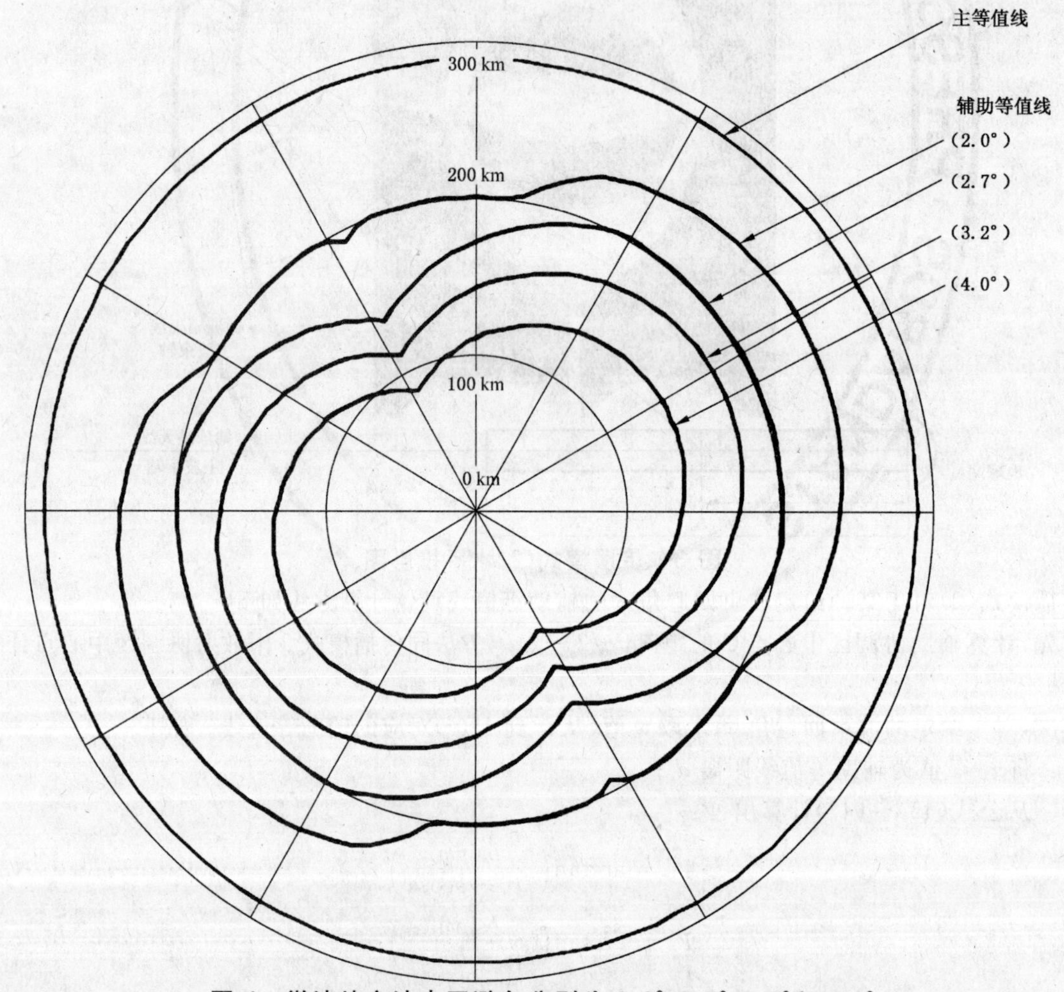

图 4 微波站主波束回避角分别为 2.0°，2.7°，3.2°和 4.0°的传播方式(2)辅助等值线

6.2.2 传播模式(2)的干扰预排除

利用传播模式(2)协调区辅助等值线进行干扰预排除，可以方便的通过微波站与地球站间的实际波束回避角与辅助等值线标识的波束回避角进行判断。

当某一微波站满足：

$$\begin{cases}\varphi_{实际} \geqslant \varphi_0 \\ d_{实际} \geqslant d_0\end{cases} \quad \cdots\cdots(50)$$

则此站不会产生或受到超过允许的干扰。

φ_0——某一辅助等值线上微波站的回避角，(°)；

d_0——某一辅助等值线与地球站间的距离，km。

7 干扰计算方法

在协调区内经过干扰预排除后，仍有少数地球站与微波站之间互相干扰超过干扰容限。这时必须进一步计算实际干扰电平，以便进行干扰恶化的定量分析。

干扰分析的原则是由不同时间百分比的数字系统误码率干扰允许标准，按照不同调制特性计算系统的载干比。以此为标准去衡量由具体计算得到的被干扰站载干比，从而判断干扰是否超过标准。实际载干比计算与可能发生干扰的地球站和微波站的发射特性、收发设备参数，以及路径损耗等因素有关，下面给出具体说明。

7.1 干扰计算方法

7.1.1 干扰效应

数字系统的干扰效应可以用误码率门限载波干扰比允许值或中断率允许值表示。根据第4节有关数字通信系统干扰允许值要求，在外部干扰电平小于系统本身的噪声电平时，数字系统的载波干扰比允许值可采用统一的公式表示：

$$(C/I)_0 = (C/I)_{th} + 10 \quad \cdots\cdots(51)$$

式中：

$(C/I)_0$——误码率门限载波干扰比允许值，dB；

$(C/I)_{th}$——对应于某一误码率门限值(例如：10^{-3}，10^{-6})的实际载噪比，dB。

$$(C/N)_{th} = C/N + \Delta \quad \cdots\cdots(52)$$

C/N——对应于某一误码率门限值(例如：10^{-3}，10^{-6})载噪比(理论值)；

Δ——设备及传输系统恶化量，厂家给定。

7.1.2 误码率计算公式

7.1.2.1 MPSK调制误码率表达式

$$P_e = \frac{1}{\log_2 M}\mathrm{erfc}(x) \quad \cdots\cdots(53)$$

$$x = \sin\frac{\pi}{M}\sqrt{\log_2 M\left(\frac{E_b}{N_0}\right)} = \sin\frac{\pi}{M}\sqrt{\frac{C}{N}}$$

$$\mathrm{erfc}(x) = \frac{2}{\sqrt{\pi}}\int_x^{+\infty} e^{-t^2}\,dt$$

式中：

$\mathrm{erfc}(x)$——余误差函数；

$\frac{E_b}{N_0}$——信号单位比特能量与噪声功率密度比；

$\frac{C}{N}$——载噪比；

M——调相相数，$M=4,8,16,\cdots\cdots$。

$M=2$ 时，使用公式(54)计算：

$$P_e = \frac{1}{2}\exp\left(-\frac{E_b}{N_0}\right) = \frac{1}{2}\exp\left(-\frac{C}{N}\right) \quad \cdots\cdots(54)$$

7.1.2.2 MQAM 调制误码率表达式

$$P_e = \frac{\sqrt{M-1}}{2\sqrt{M}}\text{erfc}(x) \quad \cdots\cdots(55)$$

$$x = \frac{\sqrt{\log_2 M}}{\sqrt{M}-1}\sqrt{\frac{E_b}{2N_0}} = \frac{1}{\sqrt{2}(\sqrt{M}-1)}\sqrt{\frac{C}{N}}$$

式中：

M——调制电平数。

7.1.3 同邻频载干比计算

7.1.3.1 同频干扰计算

当同时存在多个干扰信号的载波频率与有用的数字信道载波频率相同，且每个干扰源的干扰电平均小于数字信道接收机的干扰噪声电平时，多个干扰源的干扰电平可按功率叠加计算。

$$\left(\frac{C}{I}\right)_0 = -10\lg\sum_{i=1}^{n}10^{-0.1\left(\frac{C}{I}\right)_i} \quad \cdots\cdots(56)$$

式中：

n——干扰源的个数；

$\left(\frac{C}{I}\right)_i$——第 i 个干扰源的载干比，dB；

$\left(\frac{C}{I}\right)_0$——总的载干比，dB。

7.1.3.2 异频干扰计算

当同时存在的多个干扰信号的载波频率与有用数字信道载波频率不完全相同，且每个干扰源的干扰电平均小于数字信道接收机的噪声电平时，多个干扰源的干扰电平在相加时应记及干扰降低因子。

$$\left(\frac{C}{I}\right)_0 = -10\lg\sum_{i=1}^{n}10^{-0.1\left[\left(\frac{C}{I}\right)_i + IRF_i\right]_i} \quad (\text{dB}) \quad \cdots\cdots(57)$$

式中：

IRF_i——第 i 个干扰源的干扰降低因子。

干扰降低因子按公式(58)计算：

$$IRF = 10\lg\frac{\int_0^{\infty}W(f)Y^2(f)\mathrm{d}f}{\int_0^{\infty}W_i(f-f_0)Y^2(f)\mathrm{d}f} \quad (\text{dB}) \quad \cdots\cdots(58)$$

式中：

$W(f)$——信号功率归一化频谱密度，Hz^{-1}；

$W_i(f)$——干扰功率归一化频谱密度，Hz^{-1}；

f_0——干扰源载波频率与数字信号载波频率的差值，Hz；

$Y(f)$——信号滤波器选择性。

关于信号归一化频谱密度和信号滤波器的选择性，可参考附录 E。

7.2 射频载波干扰比计算方法

7.2.1 地球站干扰微波站

图 5 为地球站 D 干扰微波站 B 的一个平面投影图，图中：

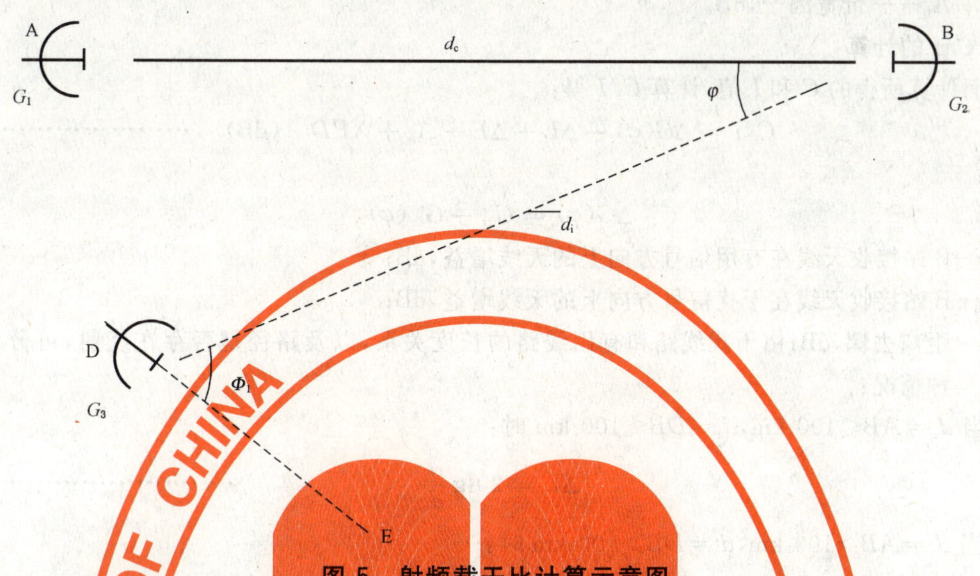

图 5 射频载干比计算示意图

A,B 为微波站,D 为地球站;

AB 为信号传输路径,站距为 d_c;

BD 为干扰传输路径,站距为 d_i;

$\angle ABD=\varphi$,$\angle BDE=\Phi_1$。

下面我们分别介绍有用信号电平 C 和干扰信号电平 I 的计算,然后推导受干扰站 B 的载干比计算公式。

7.2.1.1 有用信号电平 C 的计算

$$C = P_{1t} - L_T + G_{1t} + G_{2r} - L_R - L_{AB} \quad \cdots\cdots (59)$$

式中:

C——B 站收信机输入端的信号功率,dBW;

P_{1t}——A 站发射机输出端的信号功率,dBW;

G_{1t}——A 站发射天线增益,dBi;

G_{2r}——B 站接收天线增益,dBi;

L_T——A 站发射端馈线系统损耗,dB;

L_R——B 站接收端馈线系统损耗,dB;

L_{AB}——A、B 站间的路径传输损耗,dB。

7.2.1.2 干扰信号电平 I 的计算

$$I = P_{3t} - L_T + G'_{3t} + G'_{2r} - L_R - L_{DB} - XPD + A_h + A_b \quad \cdots\cdots (60)$$

式中:

I——B 站收信机输入的干扰信号功率,dBW;

P_{3t}——D 站发射机输出端信号功率,dBW;

$G'_{3t}=G_3(\Phi_1)$——D 站天线在被干扰站方向的天线增益,dBi;

$G'_{2r}=G_2(\varphi)$——B 站天线在干扰源方向的天线增益,dBi;

L_R——被干扰站接收端馈线系统损耗,dB;

L_T——干扰站发射端馈线系统损耗,dB;

L_{DB}——干扰路径传输损耗,dB;

XPD——交叉极化去耦,dB;

A_h——水平仰角修正值，dB；

A_b——带宽因子，dB。

7.2.1.3 **C/I 的计算**

由前面计算所得的 C 和 I 值，计算 C/I 得：

$$C/I = \Delta G(\varphi) + \Delta L + \Delta E + A_h + XPD \quad (\text{dB}) \qquad (61)$$

式中：

$$\Delta G(\varphi) = G_{2r} - G_{2r}(\varphi)$$

G_{2r}——B 站接收天线在有用信号方向上的天线增益，dB；

$G_{2r}(\varphi)$——B 站接收天线在干扰信号方向上的天线增益，dB；

ΔL——距离去耦，dB；由干扰线路和有用线路的长度关系，以及路径是否存在绕射，可分为如下 4 种情况：

a) 当 $d_c = AB \leqslant 100$ km，$d_i = DB \leqslant 100$ km 时：

$$\Delta L = 20\lg \frac{d_i}{d_c} \qquad (62)$$

b) 当 $d_c = AB > 100$ km，$d_i = DB > 100$ km 时：

$$\Delta L = \beta(d_i - d_c) \qquad (63)$$

c) 当 $d_c = AB \leqslant 100$ km，$d_i = DB > 100$ km 时：

$$\Delta L = 27.5 + \beta d_i - 20\lg d_c \qquad (64)$$

d) 当 $d_c = AB > 100$ km，$d_i = DB < 100$ km 时：

$$\Delta L = 20\lg d_i - \beta d_c - 27.5 \qquad (65)$$

式中：

d_i，d_c——距离，km；

β——水和氧气吸收系数，dB/km；

XPD——交叉极化去耦，dB；

A_h——地球站水平仰角修正值，dB；

$$\Delta E = (EIRP)_C - (EIRP)_I \qquad (66)$$

$(EIRP)_C$——A 站信号发射的等效全向辐射功率，dBW；

$(EIRP)_I$——D 站干扰发射在 BD 方向的等效全向辐射功率，dBW；

$$(EIRP)_C = P_{1t} + G_{1t} \qquad (67)$$

$$(EIRP)_I = P_{3t} + G_{3t}(\Phi_I) \qquad (68)$$

式中：

P_{1t}——为 A 站天线发射端的发射功率，dBW；

G_{1t}——为 A 站的发射天线增益，dB；

P_{3t}——为 D 站天线输入端的发射功率，dBW；

G_{3t}——为 D 站发射天线在 BD 方向上的增益，dB。

7.2.2 **微波站干扰地球站**

如图 5，此时假设 A 为通信卫星，B 为地球站，D 为微波站。

此时微波站干扰地球站的情形与上述分析类似，可得相同的 C/I 计算公式，只需注意路径损耗的如下两种情况：

a) 当微波站至地球站的距离 $d \leqslant 100$ km 时：

$$\Delta L = 20\lg \frac{d_i}{d_c} \qquad (69)$$

b) 当微波站至地球站的距离 $d_i > 100$ km 时：

$$\Delta L = 27.5 + \beta d_{i} - 20\lg d_{c} \tag{70}$$

$$\Delta G(\varphi) = G_{2r} - G_{2r}(\Phi_{1}) \tag{71}$$

式中：

G_{2r}——地球站接收天线增益，dB；

$G_{2r}(\Phi)$——地球站在接收天线在干扰方向上的增益，dB。

7.3 信号传播模型和传输损耗

传输损耗的计算是确定地球站协调区等值线和分析具体台站间是否存在干扰的重要步骤，而传输损耗的计算，需要首先明确信号在干扰路径上的传播模型。

地球站和微波站之间出现干扰时，可能由视距传播和超视距传播两种方式引起。

7.3.1 视距路径传输损耗计算

视距路径传输损耗主要包括自由空间传输损耗及氧气和水汽的吸收损耗：

$$L_{s} = L_{bf} + (\gamma_{o} + \gamma_{w})d \tag{72}$$

$$L_{bf} = 92.45 + 20\lg f + 20\lg d \tag{73}$$

式中：

L_{s}——视距路径传输损耗，dB；

L_{bf}——自由空间传输损耗，dB；

f——频率，GHz；

d——路径长度，km；

γ_{w}——水汽吸收衰减系数，dB/km；

γ_{o}——氧气吸收衰减系数，dB/km。

7.3.2 超视距路径传输损耗计算

超视距传播机制主要是绕射（包括障碍物绕射和光滑球面绕射）和对流层散射，但在较少的时间里，也可能出现超折射与对流层波导之类的反常传播机制。对于距离稍超过视距的传输路径，在大多数情况下绕射是主要传播机制，散射可忽略不计。相反，对很长的路径来说，绕射场比散射场可能弱几百个分贝，因此，绕射传播机制可忽略不计。对于中等长度的路径两种传播机制都需考虑，在干扰计算中，可取传输损耗较少的为主要传播机制。

超视距模式的绕射传输损耗计算见附录B。

附 录 A
（规范性附录）
降雨率分布及确定地球站协调区所需的参数

A.1 降雨率 $R(p_x)$

要获得某地的降雨数据，首先需要了解该地区所处的雨气候区，图 A.1 给出了我国各地所处的雨气候区信息。在此前提下，可以通过如下方法估算降雨率 $R(p)$(mm/h)。

——当降雨时间百分比 p_x 满足 $0.001\% < p_x < 0.3\%$ 时：

降雨率 $R(p_x)$ 由图 A.2 查出或由公式(A.2)～(A.6)计算得到；

图 A.2 是降雨率统一积累分布的曲线图，代表不同雨气候区在时间百分比 $p(\%)$ 内的降雨率分布。

——当降雨时间百分比 p_x 满足 $p_x > 0.3\%$ 时：

$$R(p_x) = R(0.3\%)\left[\frac{\lg(p_c/p_x)}{\lg(p_c/0.3)}\right]^2 \quad \cdots\cdots\cdots(\text{A.1})$$

式中：

p_c——降雨率为零的百分比。

$R(0.3\%)$ 和 p_c 值由表 A.1 给出：

表 A.1 不同雨区的 $R(0.3\%)$ 和 p_c 值

雨气候区	$R(0.3\%)$/(mm/h)	p_c/%
A,B	1.5	2
C,D,E	3.5	3
F,G,H,J,K	7.0	5
L,M	9.0	7.5
N,P	25.0	10

公式(A.2)～(A.6)是不同雨气候区的降雨率计算公式：

——A、B 区(1 区)：

$$R = 1.1p_x^{-0.465} + 0.25[\lg(p_x/0.001)\lg^3(0.3/p_x)] - [|\lg(p_x/0.1)| + 1.1]^{-2} \quad \cdots(\text{A.2})$$

——C、D、E 区(2 区)：

$$R = 2p_x^{-0.466} + 0.5[\lg(p_x/0.001)\lg^3(0.3/p_x)] \quad \cdots\cdots\cdots(\text{A.3})$$

——F、G、H、J、K 区(3 区)：

$$R = 4.17p_x^{-0.418} + 1.6[\lg(p_x/0.001)\lg^3(0.3/p_x)] \quad \cdots\cdots\cdots(\text{A.4})$$

——L、M 区(4 区)：

$$R = 4.9p_x^{-0.48} + 6.5[\lg(p_x/0.001)\lg^2(0.3/p_x)] \quad \cdots\cdots\cdots(\text{A.5})$$

——N、P 区(5 区)：

$$R = 15.6\{p_x^{-0.383} + [\lg(p_x/0.001)\lg^{1.5}(0.3/p_x)]\} \quad \cdots\cdots\cdots(\text{A.6})$$

其中：$0.001 \leqslant p_x \leqslant 0.3\%$。

A.2 确定地球站协调区所需的参数

为方便计算地球站发射协调区和接收协调区，我们将所需参数进行了归纳，列在附表 A.2 和 A.3 中。

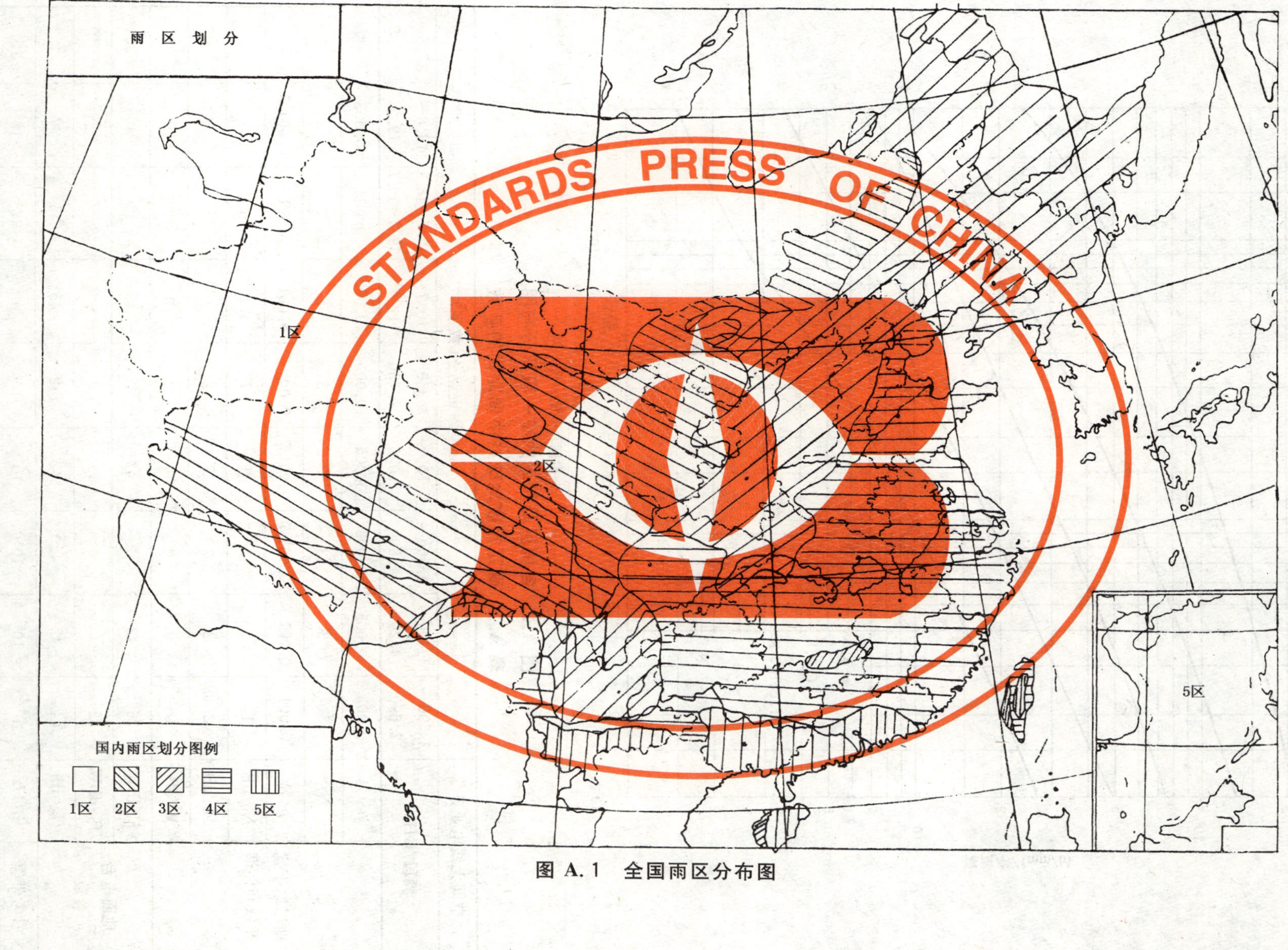

图 A.1 全国雨区分布图

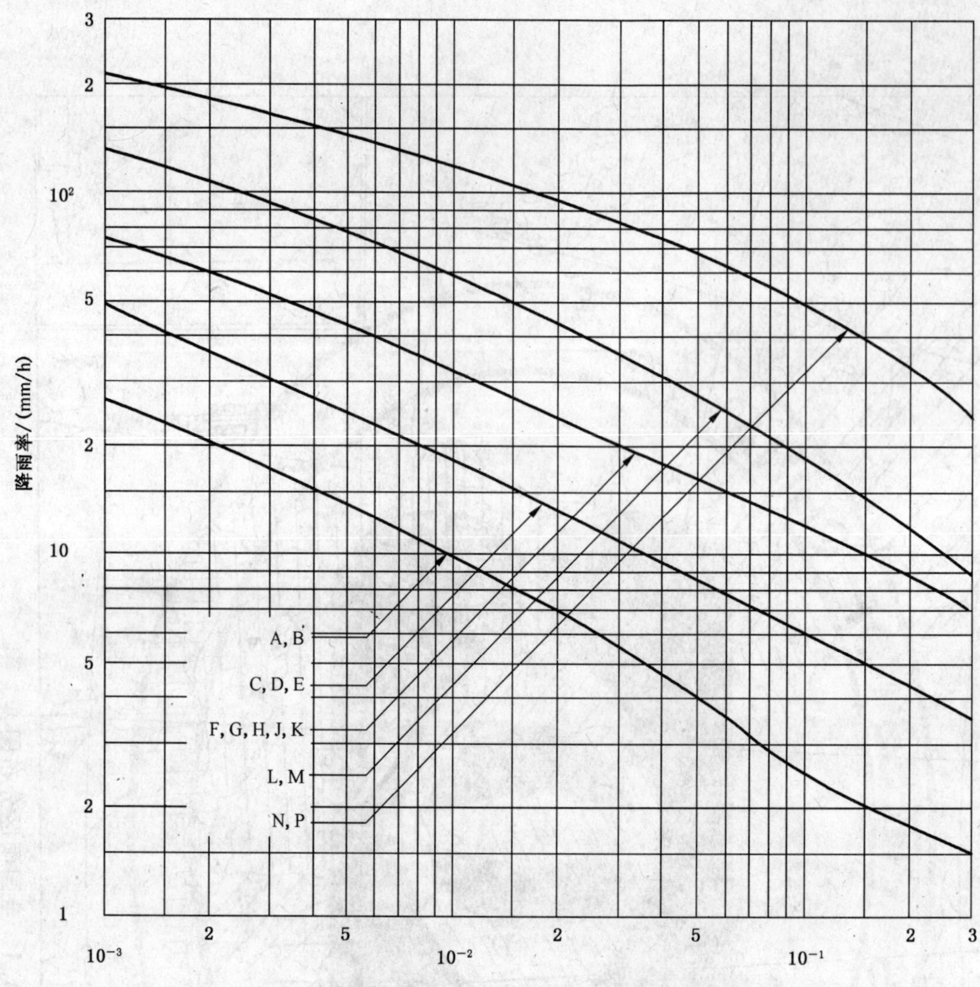

图 A.2 各雨区降雨率的统一积累分布图

表 A.2 确定接收地球站协调距离的参数

空间无线电业务		卫星固定业务(数字)								
频段/GHz		2.500~2.690	3.400~4.200	4.500~4.800	6.700~7.075	7.250~7.750	10.7~12.75	17.7~18.8 19.3~19.7	18.8~19.3	37.5~40.5
地球站干扰参数和标准	p_0/%	0.003	0.005	0.005	0.005	0.005	0.003	0.003	0.003	0.003
	N	3	3	3	3	3	2	2	2	2
	p/%	0.001	0.001 7	0.001 7	0.001 7	0.001 7	0.001 5	0.001 5	0.001 5	0.001 5
	N_L/dB	1	1	1	1	1	1	1	0	1
	M_s/dB	2	2	2	2	2	4	6	5	6
	W/dB	0	0	0	0	0	0	0	0	0
地面电台参数	E/dBW	76	42	42	42	42	43	40	40	35
	P_t/dBW	32	0	0	0	0	−2	−5	−7	−10
	G_x/dBi	44	42	42	42	42	45	45	47	45
参考带宽	B/Hz	10^6	10^6	10^6	10^6	10^6	10^6	10^6	10^6	10^6
允许干扰功率	$P_r(p)$/dBW				−151.2				−140	

表 A.3 确定发射地球站协调距离的参数

地面电台类型		地面数字微波接力系统						
频段/GHz		5.725～7.075	7.900～8.400	10.7～11.7	12.5～14.8	13.75～14.3	17.7～18.4	24.75～25.25 27.0～29.5
地面电台干扰参数和标准	p_0/%	0.005	0.005	0.005	0.005	0.01	0.005	0.005
	N	2	2	2	2	1	2	1
	p/%	0.002 5	0.002 5	0.002 5	0.002 5	0.01	0.002 5	0.005
	N_L/dB	0	0	0	0	0	0	0
	M_s/dB	37	37	40	40	1	25	25
	W/dB	0	0	0	0	0	0	0
地面电台参数	G_x/dBi	46	46	50	52	36	48	50
	T_e/K	750	750	1 100	1 100	2 636	1 100	2 000
参考带宽	B/Hz	10^6	10^6	10^6	10^6	10^6	10^6	10^6
干扰灵敏度因子	S/dB	149	149	148	150	167	151	161
允许干扰功率	$P_r(p)$/dBW	−103	−103	−98	−98	−131	−113	−111

附 录 B
（规范性附录）
绕射损耗计算

B.1 光滑球面绕射

光滑球面附加绕射损耗的近似计算公式如下：

$$L_d = -[F(X) + GH(Y_1) + GH(Y_2)] \quad \text{(B.1)}$$

式中：

L_d——光滑球面绕射损耗，单位为 dB；

$F(X)$——距离项函数，单位为 dB；

$GH(Y)$——高度增益项函数，单位为 dB；

X——两天线间的归一化距离；

$Y_i(i=1,2)$——天线的归一化高度。

$$X = 2.2\beta f^{1/3} a_e^{-2/3} d \quad \text{(B.2)}$$

$$Y = 9.6 \times 10^{-3} \beta f^{2/3} a_e^{-1/3} h \quad \text{(B.3)}$$

式中：

d——路径长度，单位为 km；

a_e——等效地球半径，单位为 km；

h——天线距离地面高度，单位为 m；

f——频率，单位为 MHz；

β——是一个与地形、频率和极化类型有关的参数，对于本标准所考虑的频段 β 可近似为 1。

$$F(X) = 11 + 10\lg X - 17.6X \quad \text{(B.4)}$$

$$GH(Y) = \begin{cases} 17.6(Y-1.1)^{1/2} - 5\lg(Y-1.1) - 8 & Y < 2 \\ 20\lg(Y + 0.1Y^3) & 10K_I < Y \leqslant 2 \\ 2 + 20\lg K_I + 9\lg(Y/K_I)[\lg(Y/K_I)+1] & 0.1K_I < Y < 10K_I \\ 2 + 20\lg K_I & Y < 0.1K_I \end{cases} \quad \text{(B.5)}$$

式中：

K_I(I=h,v)表示地面导纳归一化因子，并由下式给出：

对于水平极化：

$$K_h = 0.36(a_e f)^{-1/3}[(\varepsilon - 1)^2 + (18\,000\sigma/f)^2]^{-1/4} \quad \text{(B.6)}$$

对于垂直极化：

$$K_v = K_h[\varepsilon^2 + (18\,000\sigma/f)^2]^{1/2} \quad \text{(B.7)}$$

式中：

ε——相对介电常数；

σ——大地导电率，单位为 S/m。

不同地面的特性参数 ε、σ 值见表 B.1。

表 B.1 地面电特性参数 ε、σ 值

地 形	参数变化范围		平均值	
	ε	σ/(S/m)	ε	σ/(S/m)
海水	80	1～4.3	80	3

表 B.1（续）

地 形	参数变化范围		平均值	
	ε	σ/(S/m)	ε	σ/(S/m)
淡水	80	10^{-3}～2.4×10^{-2}	80	5×10^{-3}
湿土	10～30	3×10^{-3}～3×10^{-2}	10	8×10^{-3}
干土	3～4	1.1×10^{-5}～2×10^{-3}	4	10^{-4}

B.2 不规则地形障碍物的绕射

在传输路径上往往会遇到一个或多个障碍物，为了估算这些障碍物的附加绕射损耗，通常是将障碍物的形状理想化。

一种情况是当障碍物的厚度相对较窄时，可假定为刃形障碍。另一种情况是当障碍物的厚度相对较宽时，可假定为平滑的物体，并在顶部可定义出曲率半径，这种障碍物称为圆形障碍。

B.2.1 刃形绕射损耗的计算：

刃形绕射损耗的近似计算公式如下：

$$L_d = 6.9 + 20\lg\left(\sqrt{(\nu-0.1)^2+1}+\nu-0.1\right) \quad \nu > -0.78 \qquad \cdots\cdots\cdots\cdots(\text{B.8})$$

式中：

$$\nu = h\sqrt{\frac{2}{\lambda}\left(\frac{1}{d_1}+\frac{1}{d_2}\right)} \qquad \cdots\cdots\cdots\cdots(\text{B.9})$$

式中：

λ——波长，单位为 m；

h——路径余隙，单位为 m；

d_1 和 d_2——两个天线至障碍物顶端的距离，单位为 m。

h、d_1 和 d_2 的定义参见图 B.1。

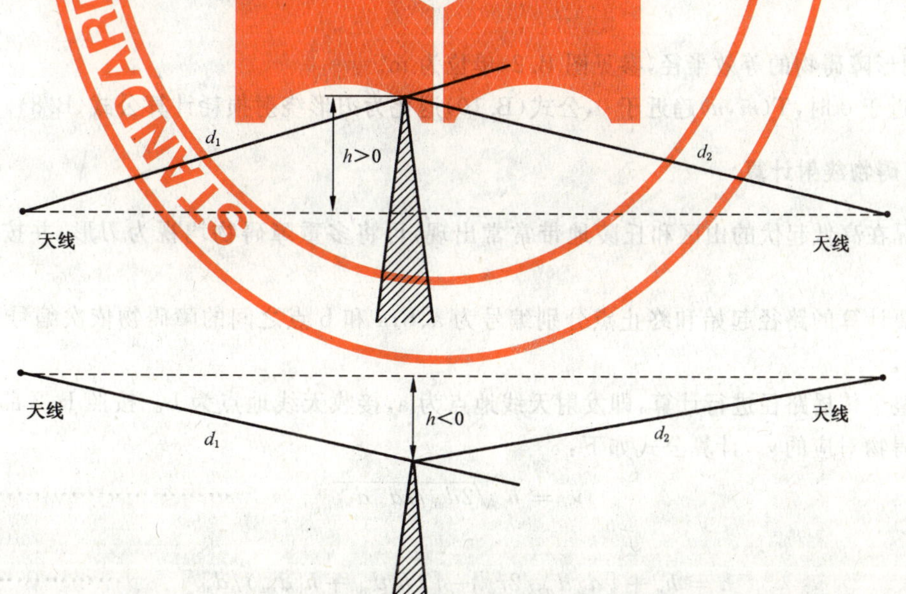

图 B.1 d_1和 d_2 的确定

B.2.2 圆形障碍物绕射损耗的计算

$$L_d = J(\nu) + T(m,n) \quad \text{dB} \qquad \cdots\cdots\cdots\cdots(\text{B.10})$$

式中：

$$J(\nu)=6.9+20\lg\left(\sqrt{(\nu-0.1)^2+1}+\nu-0.1\right) \quad \nu>-0.78 \qquad \cdots\cdots\cdots(\text{B.11})$$

ν 的计算公式同公式(B.9)；

h、d_1 和 d_2 所定义见图 B.2。

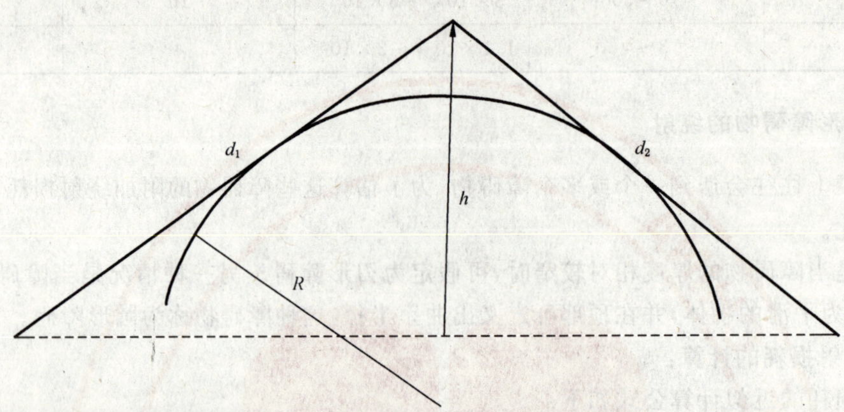

图 B.2　圆形障碍物 h、d_1 和 d_2 的确定

$$T(m,n)=\begin{cases}7.2m^{1/2}-(2-125n)m+3.6m^{3/2}-0.8m^2 & mn\leqslant 4\\ -6-20\lg(mn)+7.2m^{1/2}-(2-17n)m+3.6m^{3/2}-0.8m^2 & mn>4\end{cases} \qquad \cdots\cdots(\text{B.12})$$

$$m=R\left[\frac{d_1+d_2}{d_1d_2}\right]\Big/\left[\frac{\pi R}{\lambda}\right]^{1/3} \qquad \cdots\cdots(\text{B.13})$$

$$n=h\left[\frac{\pi R}{\lambda}\right]^{2/3}/R \qquad \cdots\cdots(\text{B.14})$$

式中：

R——圆形障碍物的等效半径，参见图 B.2，单位为 m。

当 R 趋近于 0 时，$T(m,n)$ 趋近于 0，公式(B.10)退化为刃形绕射损耗计算公式(B.8)。

B.3　多重障碍物绕射计算

这种情况在高低起伏的山区和丘陵地带常常出现，可将多重障碍物均视为刃形，并按照如下过程处理。

假设需要计算的路径起始和终止点分别编号为 a、b；a 和 b 点之间的障碍物依次编号为 $n(n=\text{a}+1,\ldots,\text{b}-1)$。

首先对整个传播路径进行计算，即发射天线地点为 a，接收天线地点为 b。按照 B.2 部分的方法计算第 n 个障碍物对应的 ν_n，计算公式如下：

$$\nu_n=h\sqrt{2d_{\text{ab}}/\lambda d_{\text{an}}d_{\text{nb}}} \qquad \cdots\cdots(\text{B.15})$$

式中：

$$h=h_n+[d_{\text{an}}d_{\text{nb}}/2r_{\text{e}}]-[(h_{\text{a}}d_{\text{nb}}+h_{\text{b}}d_{\text{an}})/d_{\text{ab}}] \qquad \cdots\cdots(\text{B.16})$$

$h_{\text{a}},h_{\text{b}},h_n$——对应点的垂直高度，如图所示，单位为 m；

$d_{\text{an}},d_{\text{nb}},d_{\text{ab}}$——对应点之间的水平距离，如图 B.3 所示，单位为 m；

r_{e}——等效地球半径，单位为 m；

λ——波长，单位为 m。

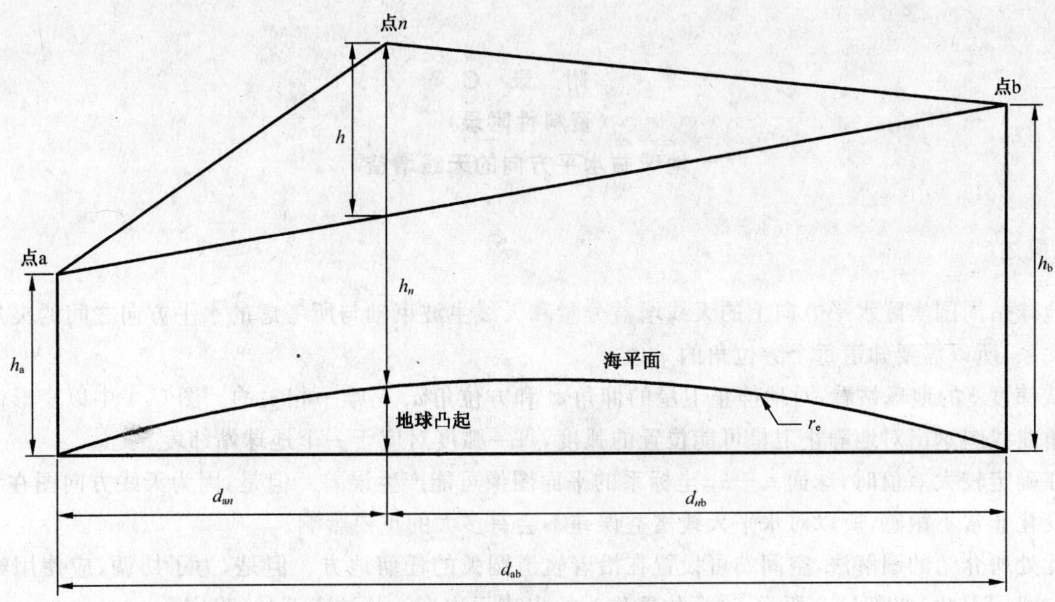

图 B.3 多障碍物计算中 d_{an},d_{nb},d_{ab} 的确定

找出所有 ν_n 中最大值,对应的障碍物编号记为 p,并按照如下方法计算其产生的绕射损耗 $J(\nu_p)$:

第一步,当 $\nu_p > -0.78$ 时,根据公式(33)计算 $J(\nu_p)$;当 $\nu \leqslant -0.78$ 时,$J(\nu_p)=0$。

第二步,如果上述过程计算得到的 $J(\nu_p) > -0.78$,对从发射天线地点到障碍物 p 的路径重复上述过程,得到 $J(\nu_t)$;对从障碍物 p 到接收天线地点的路径重复上述过程,得到 $J(\nu_r)$。

第三步,计算整个传播路径上的绕射损耗 L_d:

$$L = J(\nu_p) + T[J(\nu_t) + J(\nu_r) + C] \quad \nu_p > -0.78 \qquad \cdots\cdots(B.17)$$

$$L = 0 \quad \nu_p \leqslant -0.78$$

式中:

$C = 10.0 + 0.04D$

D——总路径长度,km;

$T = 1.0 - \exp[-J(\nu_p)/6.0]$。

附 录 C
（资料性附录）
地球站水平方向的天线增益

C.1 概述

地球站周围实际水平方向上的天线增益分量和天线主波束轴与所考虑的水平方向之间的夹角 φ 成函数关系，所以需要知道每个方位角的 φ 值。

从纬度 ξ 的地球站看，对地静止卫星的仰角 ε_s 和方位角 a_s 是唯一相关的。图 C.1 中以矩形仰角—方位角曲线图示出对地静止卫星可能位置的弧度，每一弧度对应于一个地球站纬度。

在确定较大 φ 值时，球面 $\varepsilon_s - a_s$ 坐标系的平面图像可能产生误差。但是，因为天线方向图在大角 φ 时的变化非常不敏感，所以对水平天线增益误差不会有多大的重要影响。

此处所介绍的图解法，空间站可设置在沿着轨道圆弧的任何地方。但是，为了协调，应使用给定的轨道位置。因此，如图 C.2 所示，这个位置作为一点表示出来。从这点开始，确定角 $\varphi(a)$。

特殊的相对卫星经度事先可能并不知道。但即使知道，也还有增加新卫星和重新设置卫星的可能性。所以建议把整个或部分可用圆弧看作后续卫星的位置。

C.2 确定 $\varphi(a)$ 的数学法

在给出计算 $\varphi(a)$ 的等式之前，先给出下列可能用到的辅助等式：

$$\psi = \arccos(\cos\xi\cos\delta)$$

$$a'_s = \arccos(\mathrm{tg}\xi\,\mathrm{ctg}\psi)$$

$a_s = a'_s + 180°$ 是对于地球站位于北半球，卫星位于地球站西边的情况。

$a_s = 180° - a'_s$ 是对于地球站位于北半球，卫星位于地球站东边的情况。

$$\varepsilon_s = \mathrm{arctg}\left(\frac{K - \cos\psi}{\sin\psi}\right) - \psi$$

$$\varphi(a) = \arccos[\cos\varepsilon\cos\varepsilon_s\cos(a - a_s) + \sin\varepsilon\sin\varepsilon_s]$$

式中：

ξ——地球站纬度；

δ——卫星和地球站间的经度差；

ψ——地球站和星下点之间的大圆弧；

a_s——从地球站方向看去的卫星方位角；

ε_s——从地球站看去的卫星仰角；

a——相关方向的方位角；

ε——相关方位角 a 上的水平仰角；

$\varphi(a)$——主波束轴线与相关方位角 a 上的水平方向之间的夹角；

K——轨道半径/地球站半径，假定为 6.62。

以上所有弧度，单位为：度。

C.3 确定 $\varphi(a)$ 的图解法

把选用的正确弧度或弧度段适当地标在图 C.1 上，再把水平断面图 $\varepsilon(a)$ 加绘在图 C.1 上。图 C.2 是一个例子，地球站位于 45°N 纬度，而所希望定位的卫星位置是在经度 10°E 和 45°W 间的某处。

对于局部水平 $\varepsilon(a)$ 上的每一点来说，可根据仰角标度确定并测量到达圆弧的最小距离。图 C.2 的

实例说明方位角 a(=210°)和水平仰角 ε(=4°)测定角 φ 的值,测得的 φ 值为 26°。

所有方位角都按上述程序去作(用适当增量,即 5°),可得出 $\varphi(a)$ 的关系。

C.4 天线增益的确定

利用地球站实际天线方向图或利用给出近似值的式子,根据方位角 a 的函数,通过关系式 $\varphi(a)$ 可导出水平天线增益 G(dB)。假如,天线直径与波长之比不小于 100,应使用下列等式:

$$\left.\begin{aligned} G(\varphi) &= G_{\max} - 2.5\times10^{-3}\left(\frac{D}{\lambda}\varphi\right)^2 && 0^\circ \leqslant \varphi < \varphi_m \\ G(\varphi) &= G_1 && \varphi_m \leqslant \varphi < \varphi_r \\ G(\varphi) &= 32 - 25\lg\varphi && \varphi_r \leqslant \varphi < 48^\circ \\ G(\varphi) &= -10 && 48^\circ \leqslant \varphi \leqslant 100^\circ \end{aligned}\right\} \quad \cdots\cdots\cdots\cdots\cdots\cdots (C.1)$$

式中:

D——天线直径,m;

λ——波长,m;

G_1——第一旁瓣增益,等于 $2+15\lg D/\lambda$,dB;

$\varphi_m = \frac{20\lambda}{D}\sqrt{G_{\max}-G_1}$,(°);

$\varphi_r = 15.85\left(\frac{D}{\lambda}\right)^{-0.6}$,(°)。

对于 D/λ 的比值小于 100 的天线,不能使用上述的参考天线方向图。在没有实测数据和可供引用的建议时,可采用下述公式预测:

$$\left.\begin{aligned} G(\varphi) &= G_{\max} - 2.5\times10^{-3}\left(\frac{D}{\lambda}\cdot\varphi\right)^2 && 0^\circ \leqslant \varphi < \varphi_m \\ G(\varphi) &= G_1 && \varphi_m \leqslant \varphi < 100\frac{\lambda}{D} \\ G(\varphi) &= 52 - 10\lg\frac{D}{\lambda} - 25\lg\varphi && 100\frac{\lambda}{D} \leqslant \varphi < 48^\circ \\ G(\varphi) &= 10 - 10\lg\frac{D}{\lambda} && 48^\circ \leqslant \varphi \leqslant 180^\circ \end{aligned}\right\} \quad \cdots\cdots\cdots\cdots\cdots (C.2)$$

式中:

D——天线直径,m;

λ——波长,m;

G_1——第一旁瓣增益,等于 $2+15\lg\frac{D}{\lambda}$,dB;

$\varphi_m = \frac{20\lambda}{D}\sqrt{G_{\max}-G_1}$,(°);

$G_{\max}$——主波束天线增益,dB;在未知实际值时,可取 $G_{\max}\approx 10\lg\left[0.6\left(\frac{\pi D}{\lambda}\right)^2\right]$。

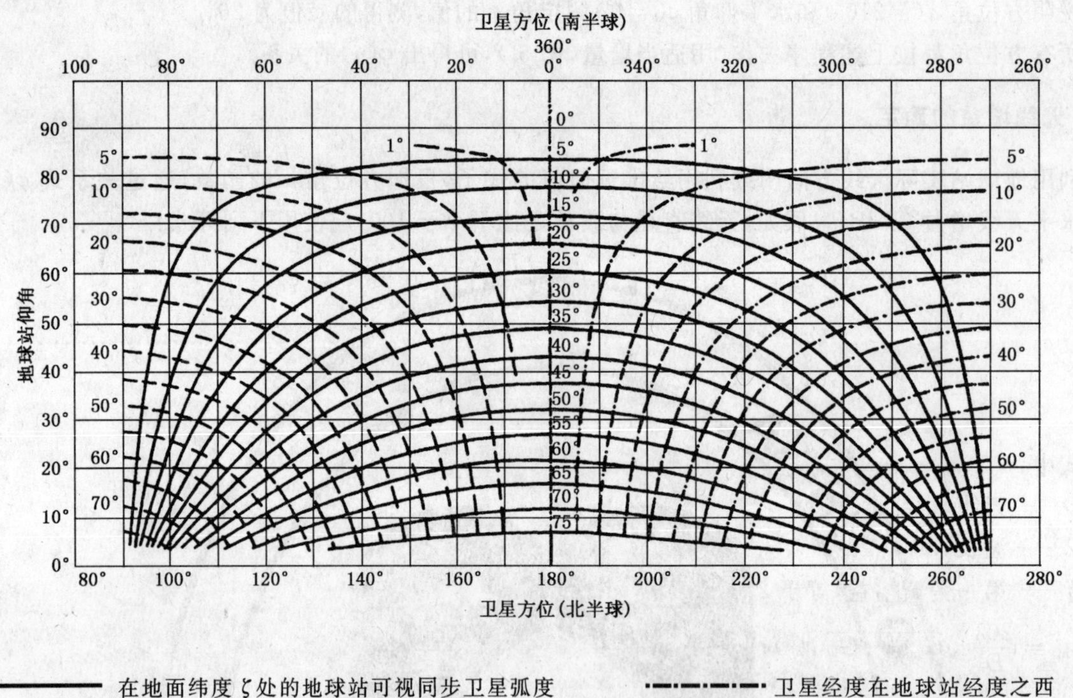

在地面纬度 ζ 处的地球站可视同步卫星弧度

地球站与星下点的经度差

卫星经度在地球站经度之东

卫星经度在地球站经度之西

卫星经度等于地球站经度

图 C.1 同步卫星的弧度位置

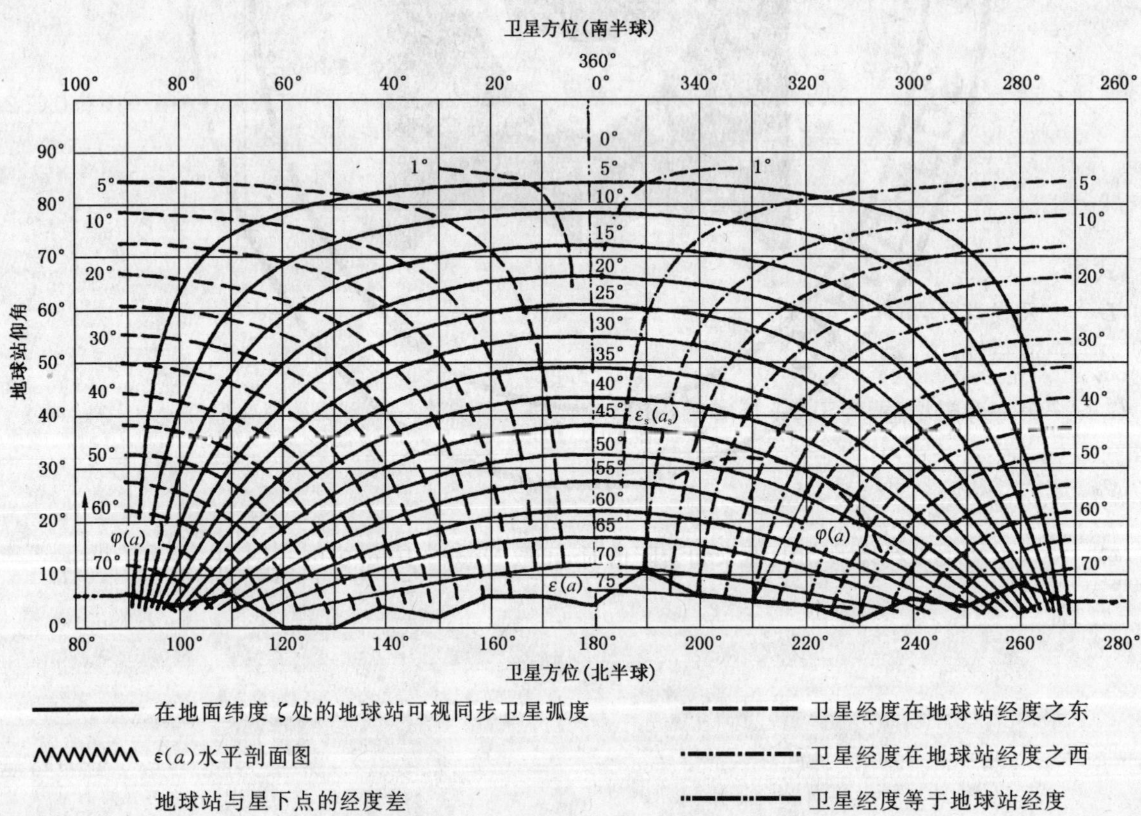

在地面纬度 ζ 处的地球站可视同步卫星弧度

ε(a)水平剖面图

地球站与星下点的经度差

卫星经度在地球站经度之东

卫星经度在地球站经度之西

卫星经度等于地球站经度

图 C.2 求解 φ(a) 角的示例

附　录　D
（资料性附录）
雨散射干扰预排除公式的推导

如图 D.1，根据雷达原理，可把雨散射公式简化为：

$$\frac{P_r}{P_t}=G_rG_tG_s\left(\frac{\lambda}{4\pi d_1}\right)^2\left(\frac{\lambda}{4\pi d_2}\right)^2 \quad \cdots\cdots(D.1)$$

式中：

G_r——接收天线增益；

G_t——发射天线增益；

G_s——散射体的有效增益；

$\left(\frac{\lambda}{4\pi d}\right)$——自由空间传输衰耗；

令：

$$G_s=\frac{4\pi A_e}{\lambda^2} \quad \cdots\cdots(D.2)$$

A_e——垂直于接收天线主波束的有效反射面；

$$A_e=\bar{\eta}V \quad \cdots\cdots(D.3)$$

$\bar{\eta}$——为每单位接收天线主波束的有效反射面，m^2/m^3；

V——为平均散射体积。

根据瑞利散射公式：

$$\bar{\eta}=\frac{\pi^3}{\lambda^4}|M|^2\cdot X\cdot Z\cdot 10^{-18}$$

$$M^2=\left|\frac{\varepsilon-1}{\varepsilon+2}\right|^2\approx 0.93 \quad (\text{对水})$$

式中：

λ——波长，m；

ε——水的介电常数；

X——极化去耦；

Z——有效散射因子，它相当于单位体积内所有雨滴直径 6 次方的总合，mm^6/m^3。其统计经验公式为：

$$Z=400R^{1.4}$$

R 为降雨强度。

将式(D.2)代入式(D.1)得：

$$\frac{P_r}{P_t}=\frac{G_rG_t\lambda^2}{(4\pi)^3d_1^2d_2^2}\cdot A_e \quad \cdots\cdots(D.4)$$

将式(D.3)代入式(D.4)得：

$$\frac{P_r}{P_t}=\frac{G_rG_t\lambda^2}{(4\pi)^3d_1^2d_2^2}\cdot\bar{\eta}\cdot V=C\cdot\bar{\eta}\cdot V \quad \cdots\cdots(D.5)$$

式中：

$$C=\frac{G_rG_t\lambda^2}{(4\pi)^3d_1^2d_2^2}$$

$$V=S_0L_e \quad \cdots\cdots(D.6)$$

L_e 为两天线主波束半功率角宽度公共照射区圆筒体之有效长度平均值，以圆筒所截轴线作为平均值的近似。因为电波在这个区域内有损耗，所以其有效长度与几何长度的关系为：

$$L_e = \int_{\gamma_1}^{\gamma_3} e^{-\gamma L} dy \qquad \cdots\cdots(D.7)$$

γ 为单位距离之雨散射损耗(真数)。

$$\gamma = KR^{\alpha} \qquad \cdots\cdots(D.8)$$

K，α 的取值见正文中表 2。

由图 D.1，图 D.2 可见散射体内电波行程为：

在前向散射区内 $L = D \quad -90^{\circ} < \Phi < 90^{\circ}$

在后向散射区内 $L = 2(y - y_1) \quad 180^{\circ} < \Phi < 360^{\circ}$

(参见图 D.3)将上述关系式代入(D.7)得到：

在前向散射区内：

$$L_{e1} = \int_{y_1}^{y_2} e^{-\gamma D} dy = D \cdot e^{-\gamma D} \qquad \cdots\cdots(D.9)$$

在后向散射区内：

$$L_{e2} = \int_{y_1}^{y_2} e^{-2\gamma(y_1 - y_2)} dy = \frac{1 - e^{-2\gamma D}}{2\gamma} \qquad \cdots\cdots(D.10)$$

当 $2\gamma D \ll 1$ 时，式(D.9)和式(D.10)的近似式为：

$$L_{e1} = De^{-\gamma D} \approx D \qquad \cdots\cdots(D.11)$$

$$L_{e2} = \frac{1 - e^{-2\gamma D}}{2\gamma} \approx \frac{1 - (1 - 2\gamma D)}{2\gamma} = D \qquad \cdots\cdots(D.12)$$

由此可见在 $2\gamma D \ll 1$ 时，$L_{e1} = L_{e2} = D$，这一条件在 4 GHz，6 GHz 频段均可满足，这使分析大为简化。D 与电波入射的角度有关，如图 D.4 所示。设所有地面微波站射线均为水平入射(地面微波站间一般俯仰角接近 0，故假定成立)，则截面 S 为一椭圆，易于证明其直径与方位角 Φ 的关系为：

$$D(\Phi) = \sqrt{2} d_1 \cdot \sqrt{1 - \cos\theta_1} \cdot \sqrt{\frac{\cos^2\Phi}{\sin^2\varepsilon_s} + \sin^2\Phi} \qquad \cdots\cdots(D.13)$$

当

$$\Phi = 0^{\circ} \quad D(0^{\circ}) = \sqrt{2} d_1 \cdot \frac{\sqrt{1 - \cos\theta_1}}{\sin\varepsilon_s} \qquad \cdots\cdots(D.14)$$

$$\Phi = 90^{\circ} \quad D(90^{\circ}) = \sqrt{2} d_1 \cdot \sqrt{1 - \cos\theta_1} \qquad \cdots\cdots(D.15)$$

$$S_0 = \pi(D_0/2)^2 = \pi\left[d_1 \mathrm{tg}\left(\frac{\theta_1}{2}\right)\right]^2 = \pi\left[d_1 \sqrt{\frac{1 - \cos\theta_1}{1 + \cos\theta_1}}\right]^2 = \frac{\pi}{2} d_1^2 (1 - \cos\theta_1) \quad \cdots(D.16)$$

根据公式(D.5)、(D.6)、(D.12)、(D.13)(D.16)，经过计算可得：

$$\frac{P_r}{P_t} = \frac{G_1 G_2 \lambda^2 d_1}{(4\pi)^3 d_2^2} \cdot \bar{\eta} \cdot \frac{\pi}{\sqrt{2}} \cdot \sqrt{1 - \cos\theta_1} (1 - \cos\theta_1) \cdot \sqrt{\frac{\cos^2\Phi}{\sin^2\varepsilon_s} + \sin^2\Phi} = A \cdot \sqrt{\frac{\cos^2\Phi}{\sin^2\varepsilon_s} + \sin^2\Phi} \qquad \cdots\cdots(D.17)$$

式中：

$$A = \frac{P_r}{P_t} = \frac{G_1 G_2 \lambda^2 d_1}{(4\pi)^3 d_2^2} \cdot \bar{\eta} \cdot \frac{\pi}{2} (1 - \cos\theta_1)^{\frac{3}{2}}$$

由此可见，当 d_1，d_2 假定不变时，收信功率与 $\sqrt{\frac{\cos^2\Phi}{\sin^2\varepsilon_s} + \sin^2\Phi}$ 成正比，传输损耗与 $\sqrt{\frac{\cos^2\Phi}{\sin^2\varepsilon_s} + \sin^2\Phi}$ 成反比。

a）侧视图

b）平面投影图

图 D.1 前向雨散射电波行程示意图

a）侧视图

b）平面投影图（270°<ϕ<90°）

图 D.2 后向雨散射电波行程示意图

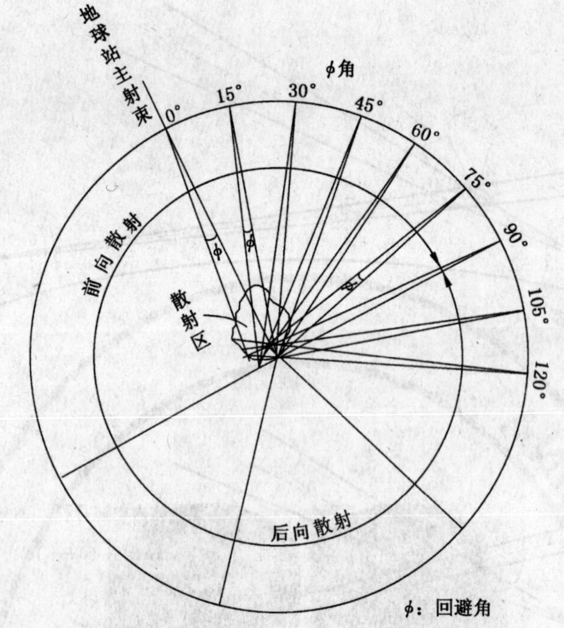

图 D.3　雨散射示意图

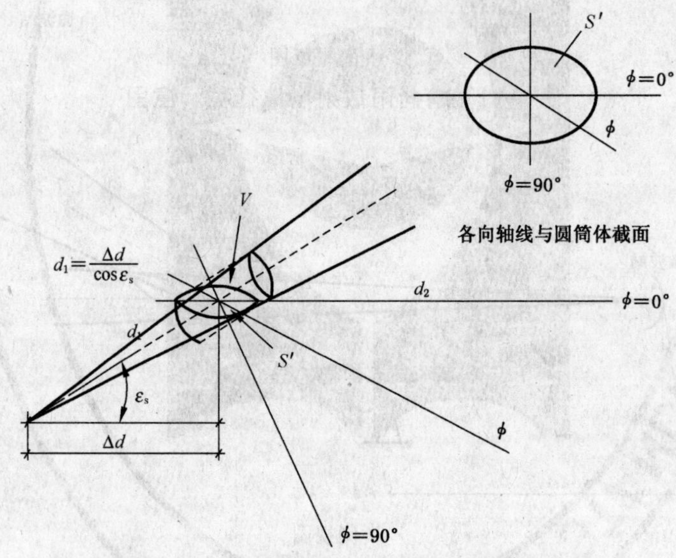

图 D.4　电波行程与 Φ 角的关系图示

附 录 E
（资料性附录）
信号频谱密度和收信滤波器的特性

对数字信号干扰效应的计算，在假定干扰小于热噪声的条件下，干扰与热噪声可按功率相加方法估算，计算简单。这时关键的问题是如何计算干扰降低因子。它与信号和干扰的频谱密度及收信滤波器的特性有关。为便于分析，给出下面各种调制方式的功率谱密度和数字微波收信滤波器的特性。

E.1 信号归一化功率谱密度

a) MPSK 信号

以载波频率为中心的归一化功率频谱密度：

$$W(f)=T_s\left[\frac{\sin\pi fT_s}{\pi fT_s}\right]^2 \qquad \text{(E.1)}$$

$T_s=1/\beta D$

式中：

D——信号比特率，bit/s；

$\beta=\dfrac{1}{\log_2 M}$

M——信号调相相数；

f——频率，Hz。

b) MQAM 信号

$$W(f)=\frac{m+1}{3(m-1)}\cdot T_s\left[\frac{\sin\pi fT_s}{\pi fT_s}\right]^2 \qquad \text{(E.2)}$$

式中：

M——调制电平数；

$m=\sqrt{M}$；

其他符号与式(E.1)相同。

c) 雷达信号

$$W(f)=\frac{\tau_0^2}{T}\left[\frac{\sin\pi f\tau}{\pi f\tau}\right]^2 \qquad \text{(E.3)}$$

式中：

τ_0——脉冲宽度；

T——脉冲周期。

E.2 收信滤波器的特性

数字通信系统的收信滤波器特性按滚降因子不同可表示为：

$$Y(f)=\begin{cases}1 & 0\leqslant f\leqslant\dfrac{1}{2T_s}(1-a)\\[2mm] \dfrac{1}{2}\left[1-\sin\dfrac{T_s}{2a}\left(2\pi f-\dfrac{\pi}{T_s}\right)\right] & \dfrac{1}{2T_s}(1-a)\leqslant f\leqslant\dfrac{1}{2T_s}(1+a)\\[2mm] 0 & f\geqslant\dfrac{(1+a)}{2T_s}\end{cases} \qquad \text{(E.4)}$$

式中：

$T_s = \frac{1}{\beta D}$

D——信号比特率，bit/s；

$\beta = \frac{1}{\log_2 M}$

a——升余弦滤波器滚降因子(0.3～1)，典型值0.5；

M——调制电平数。

参 考 文 献

[1] GB/T 13619—2009 数字微波接力通信系统干扰计算方法.

[2] 国际电信联盟 建议书 ITU-R SM.1448* Determination of the coordination area around an earth station in the frequency bands between 100 MHz and 105 GHz.

[3] 国际电信联盟 建议书 ITU-R P.526-10(Propagation by diffraction).

[4] 国际电信联盟 建议书 ITU-R P.452-12 Prediction procedure for the evalution of microwave interfence between stations on the surface of the earth at frequencies above 0.7 GHz.

参考文献

[1] [illegible]

[2] [illegible] ITU-R SM.1448 Determination [illegible] around an earth station [illegible] between [illegible]

[3] [illegible]

[4] [illegible]

ICS 65.100.10
G 25

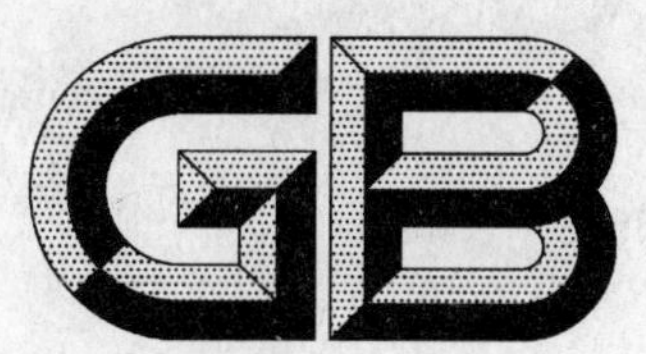

中华人民共和国国家标准

GB 13649—2009
代替 GB 13649—1992

杀螟硫磷原药

Fenitrothion technical

2009-11-30 发布　　　　2010-07-01 实施

中华人民共和国国家质量监督检验检疫总局
中国国家标准化管理委员会　发布

前　言

本标准的第3章、第5章为强制性的，其余为推荐性的。

本标准使用重新起草法修改采用FAO规格35/TC/S(1988)《杀螟硫磷原药》。

本标准与FAO规格35/TC/S(1988)的主要技术差异如下：

——本标准规定杀螟硫磷质量分数不小于95.0%，FAO规格规定杀螟硫磷质量分数不小于930 g/kg。

本标准代替GB 13649—1992《杀螟硫磷原药》。

本标准与GB 13649—1992相比，主要差异如下：

——杀螟硫磷原药质量分数由不小于93%、85%和70%改为不小于95%；

——增加*S*-甲基杀螟硫磷控制指标；

——酸度由不大于0.3%、0.4%和0.5%改为不大于0.1%；

——水分由不大于0.2%改为不大于0.1%。

本标准的附录A为资料性附录。

本标准由中国石油和化学工业协会提出。

本标准由全国农药标准化技术委员会(SAC/TC 133)归口。

本标准负责起草单位：农业部农药检定所。

本标准参加起草单位：浙江嘉化集团股份有限公司、宁波中化化学品有限公司。

本标准主要起草人：姜宜飞、李友顺、王小丽、陈铁春、王国联、李国平、徐强华、唐光传。

本标准所代替标准的历次版本发布情况为：

——GB 13649—1992。

杀螟硫磷原药

本产品有效成分杀螟硫磷的其他名称、结构式和基本物化参数如下：

ISO 通用名称：fenitrothion

CIPAC 数字代号：35

CA 登记号：122-4-5

化学名称：*O*,*O*-二甲基-*O*-(4-硝基-3-甲基苯基)硫代磷酸酯

结构式：

S

CH_3 $P(OCH_3)_2$

O_2N O

实验式：$C_9H_{12}NO_5$

相对分子质量：277.2(按 2005 年国际相对原子质量计)

生物活性：杀虫

熔点：0.3 ℃

沸点：140 ℃～145 ℃/1 mmHg(分解)

蒸气压(20 ℃)：18 mPa

溶解度：水 14 mg/L(30 ℃)，易溶于醇类、酯类、酮类、芳香烃类和氯代烃类，己烷 24，异丙醇 138(g/L，20 ℃)

稳定性：正常条件下相对稳定，不易水解

1 范围

本标准规定了杀螟硫磷原药的要求、试验方法以及标志、标签、包装、贮运。

本标准适用于由杀螟硫磷及其生产中产生的杂质组成的杀螟硫磷原药。

2 规范性引用文件

下列文件中的条款通过本标准的引用而成为本标准的条款。凡是注日期的引用文件，其随后所有的修改单(不包括勘误的内容)或修订版均不适用于本标准，然而，鼓励根据本标准达成协议的各方研究是否可使用这些文件的最新版本。凡是不注日期的引用文件，其最新版本适用于本标准。

GB/T 1600　农药水分测定方法

GB/T 1604　商品农药验收规则

GB/T 1605—2001　商品农药采样方法

GB 3796　农药包装通则

3 要求

3.1　组成和外观：本品应由杀螟硫磷及其生产中产生的杂质组成，应为淡黄色至深棕色液体，无可见的外来物。

3.2　杀螟硫磷原药应符合表 1 要求。

表 1 杀螟硫磷原药控制项目指标

项　　目		指　　标
杀螟硫磷质量分数/%	≥	95.0
S-甲基杀螟硫磷质量分数/%	≤	2.0
水分/%	≤	0.1
酸度(以 H_2SO_4 计)/%	≤	0.3

4 试验方法

4.1 抽样

按 GB/T 1605—2001 中 5.3.1“商品原药采样”进行。用随机数表法确定抽样的包装件,最终抽样量不少于 100 g。

4.2 鉴别试验

气相色谱法——本鉴别试验可与杀螟硫磷(S-甲基杀螟硫磷)质量分数的测定同时进行。在相同的色谱操作条件下,试样溶液某一色谱峰的保留时间与标样溶液中杀螟硫磷(S-甲基杀螟硫磷)色谱峰的保留时间,其相对差值应在 1.5%以内。

红外光谱法——试样与标样在 4 000 cm^{-1}～400 cm^{-1}波数范围内的红外光谱图,应没有明显的差异。杀螟硫磷标样的红外光谱图见图 1。

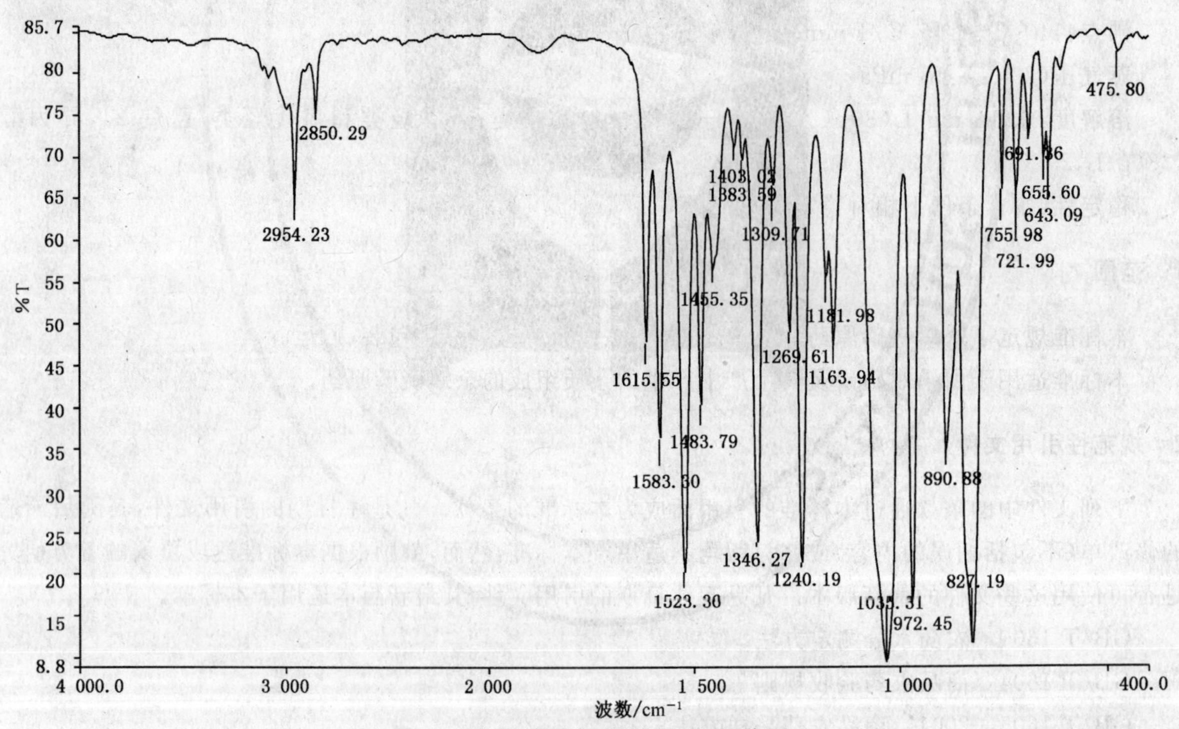

图 1 杀螟硫磷标样的红外光谱图

4.3 杀螟硫磷、S-甲基杀螟硫磷质量分数的测定

4.3.1 方法提要

试样用丙酮溶解,以邻苯二甲酸二丙烯酯为内标物,使用 HP-5 毛细管柱和氢火焰离子化检测器,对试样中的杀螟硫磷、S-甲基杀螟硫磷进行气相色谱分离和测定,内标法定量。也可使用填充柱气相色谱法测定,色谱操作条件参见附录 A。

4.3.2 试剂和溶液

丙酮:分析纯;

杀螟硫磷标样：已知质量分数，$w \geqslant 98.0\%$；

内标物：邻苯二甲酸二丙烯酯，不应含有干扰分析的杂质；

内标溶液：称取邻苯二甲酸二丙烯酯 2.5 g，置于 500 mL 容量瓶中，用丙酮溶解并稀释至刻度，摇匀。

4.3.3 **仪器**

气相色谱仪：具有氢火焰离子化检测器，分流/不分流进样口；

色谱数据处理机或色谱工作站；

色谱柱：30 m×0.32 mm(i.d.)HP-5 毛细管柱，膜厚 0.25 μm；

微量进样器：10 μL。

4.3.4 **气相色谱操作条件**

温度(℃)：柱室 210，气化室 230，检测室 270；

气体流量(mL/min)：载气(N_2)1.5，尾吹气(N_2)30，氢气 30，空气 300；

分流比：50：1；

进样体积：1.0 μL；

保留时间：杀螟硫磷 4.9 min，*S*-甲基杀螟硫磷 6.4 min，邻苯二甲酸二丙烯酯 3.2 min。

上述操作条件，系典型操作参数，可根据不同仪器及色谱柱特点，对给定的操作参数作适当调整，以期获得最佳效果。典型的杀螟硫磷原药气相色谱图见图 2。

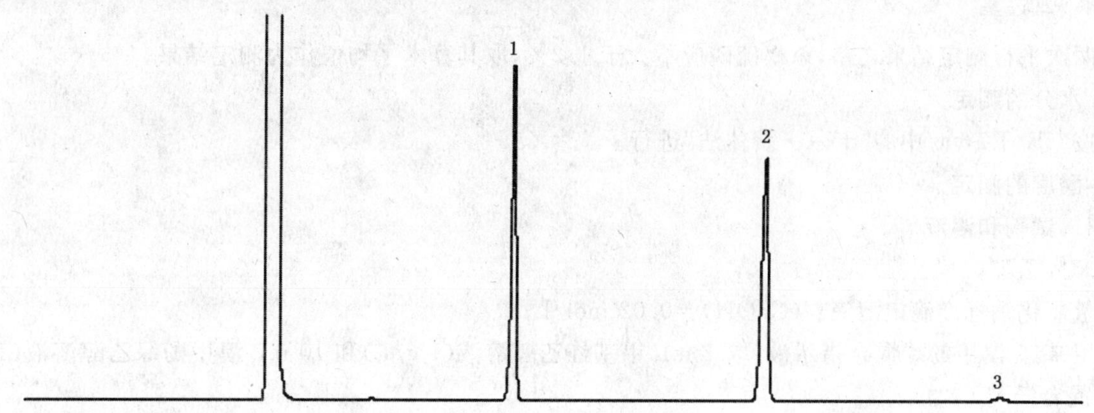

1——内标物(邻苯二甲酸二丙烯酯)；

2——杀螟硫磷；

3——*S*-甲基杀螟硫磷。

图 2 杀螟硫磷原药气相色谱图

4.3.5 **测定步骤**

4.3.5.1 **标样溶液的制备**

称取杀螟硫磷标样 0.1 g(精确至 0.000 2 g)，置于 15 mL 具塞玻璃瓶中，用移液管准确加入 10 mL 内标溶液，摇匀。

4.3.5.2 **试样溶液的制备**

称取含杀螟硫磷 0.1 g 的试样(精确至 0.000 2 g)，置于 15 mL 具塞玻璃瓶中，用与 4.3.5.1 中同一只移液管准确加入 10 mL 内标溶液，摇匀。

4.3.5.3 **测定**

在上述操作条件下，待仪器稳定后，连续注入数针标样溶液，直至相邻两针杀螟硫磷与内标物峰面积比的相对变化小于 1.2%后，按照标样溶液、试样溶液、试样溶液、标样溶液的顺序进行测定。

4.3.6 **计算**

将测得的两针试样溶液以及试样前后两针标样溶液中杀螟硫磷与内标物峰面积比分别进行平均。

试样中杀螟硫磷的质量分数 w_1(%)按式(1)计算：

$$w_1 = \frac{r_2 \times m_1 \times w}{r_1 \times m_2} \quad \cdots\cdots(1)$$

式中：

r_1——标样溶液中，杀螟硫磷与内标物峰面积比的平均值；

r_2——试样溶液中，杀螟硫磷与内标物峰面积比的平均值；

m_1——标样的质量，单位为克(g)；

m_2——试样的质量，单位为克(g)；

w——标样中杀螟硫磷的质量分数，以%表示。

将测得的两针试样溶液中杀螟硫磷与 S-甲基杀螟硫磷峰面积分别进行平均。试样中 S-甲基杀螟硫磷的质量分数 w_2(%)按式(2)计算：

$$w_2 = \frac{A_2}{A_1} \times w_1 \quad \cdots\cdots(2)$$

式中：

A_1——试样溶液中，杀螟硫磷峰面积的平均值；

A_2——试样溶液中，S-甲基杀螟硫磷峰面积的平均值；

w_1——试样中杀螟硫磷的质量分数，以%表示。

4.3.7 允许差

两次平行测定结果之差，杀螟硫磷应不大于 1.2%，取其算术平均值作为测定结果。

4.4 水分的测定

按 GB/T 1600 中的"卡尔·费休法"进行。

4.5 酸度的测定

4.5.1 试剂和溶液

95%乙醇；

氢氧化钠标准滴定溶液：$c(NaOH)=0.02$ mol/L；

甲基红-溴甲酚绿混合指示液：取 2 mL 甲基红乙醇溶液(1 g/L)和 10 mL 溴甲酚绿乙醇溶液(1 g/L)相混合摇匀。

4.5.2 测定步骤

称取试样 4 g(精确至 0.002 g)，置于一个 250 mL 锥形瓶中，加入 40 mL 95%乙醇，振摇使试样溶解，加入 2 mL 混合指示液，用氢氧化钠标准滴定溶液滴定至暗绿色为终点。

同时做空白测定。

4.5.3 计算

试样的酸度 w_3(%)，按式(3)计算：

$$w_3 = \frac{c \cdot (V_1 - V_0) \cdot M}{1\,000m} \times 100 \quad \cdots\cdots(3)$$

式中：

c——氢氧化钠标准滴定溶液的实际浓度，单位为摩尔每升(mol/L)；

V_1——滴定试样溶液，消耗氢氧化钠标准滴定溶液的体积，单位为毫升(mL)；

V_0——滴定空白溶液，消耗氢氧化钠标准滴定溶液的体积，单位为毫升(mL)；

m——试样的质量，单位为克(g)；

M——硫酸的摩尔质量的数值，单位为克每摩尔(g/mol)，[$M(1/2H_2SO_4)=49$ g/mol]。

4.6 产品的检验与验收

应符合 GB/T 1604 的规定。极限数值的处理采用修约值比较法。

5 标志、标签、包装、贮运

5.1 杀螟硫磷原药的标志、标签、包装，应符合 GB 3796 的规定。

5.2 杀螟硫磷原药应用清洁、干燥的内壁涂保护层的铁桶包装，每桶净含量应不大于 200 kg。也可根据用户要求或订货协议，采用其他形式的包装，但要符合 GB 3796 的规定。

5.3 杀螟硫磷原药包装件应贮存在通风、干燥的库房中。

5.4 贮运时，严防潮湿和日晒，不得与食物、种子、饲料混放，避免与皮肤、眼睛接触，防止由口鼻吸入。

5.5 **安全：本品为中毒有机磷杀虫剂农药，吞噬或吸入均有毒，对眼睛、皮肤有刺激性。使用本品应戴防护手套、口罩和护目镜，穿干净的防护服，施药后立即用肥皂水洗净，避免皮肤和眼睛接触药液。如果误服，应及时送医院诊治。**

5.6 验收期：杀螟硫磷原药验收期为 1 个月。从交货之日起，在 1 个月内，完成产品质量验收，其各项指标应符合本标准要求。

附 录 A
（资料性附录）
杀螟硫磷质量分数填充柱气相色谱测定方法

A.1 方法提要

试样用三氯甲烷溶解，以林丹为内标物，使用5%OV-101/Chromosorb W-HP为填充物的不锈钢柱和氢火焰离子化检测器，对试样中的杀螟硫磷、*S*-甲基杀螟硫磷进行气相色谱分离和测定，内标法定量。

A.2 试剂和溶液

三氯甲烷；

杀螟硫磷标样：已知质量分数，$w \geqslant 98.0\%$；

内标物：林丹，应不含有干扰分析的杂质；

固定液：OV-101；

载体：Chromosorb W-HP，粒径125 μm～150 μm（100目～120目）；

内标溶液：称取林丹5 g，置于500 mL容量瓶中，用三氯甲烷溶解并稀释至刻度，摇匀。

A.3 仪器

气相色谱仪：具有氢火焰离子化检测器；

色谱数据处理机或色谱工作站；

色谱柱：500 mm×2.2 mm（i.d.）不锈钢柱，内填5%OV-101/Chromosorb W-HP填充物；

微量进样器：10 μL。

A.4 气相色谱操作条件

温度（℃）：柱室155±5，气化室220，检测室250；

气体流量（mL/min）：载气（N_2）15，氢气30，空气300；

进样体积：1.0 μL；

保留时间：杀螟硫磷约11 min，*S*-甲基杀螟硫磷约16 min，林丹约5 min。

上述操作条件，系典型操作参数，可根据不同仪器及色谱柱特点，对给定的操作参数作适当调整，以期获得最佳效果。典型的杀螟硫磷原药气相色谱图见图A.1。

1——内标物(林丹);

2——杀螟硫磷;

3——*S*-甲基杀螟硫磷。

图 A.1 杀螟硫磷原药气相色谱图

A.5 测定步骤

A.5.1 标样溶液的制备

称取杀螟硫磷标样 0.1 g(精确至 0.000 2 g),置于 15 mL 具塞玻璃瓶中,用移液管准确加入 10 mL 内标溶液,摇匀。

A.5.2 试样溶液的制备

称取含杀螟硫磷 0.1 g 的试样(精确至 0.000 2 g),置于 15 mL 具塞玻璃瓶中,用与 A.5.1 中同一只移液管准确加入 10 mL 内标溶液,摇匀。

A.5.3 测定

在上述操作条件下,待仪器稳定后,连续注入数针标样溶液,直至相邻两针杀螟硫磷与内标物峰面积比的相对变化小于 1.5%后,按照标样溶液、试样溶液、试样溶液、标样溶液的顺序进行测定。

A.6 计算

将测得的两针试样溶液以及试样前后两针标样溶液中杀螟硫磷与内标物峰面积比分别进行平均。试样中杀螟硫磷的质量分数 w_1(%)按式(A.1)计算:

$$w_1 = \frac{r_2 \times m_1 \times w}{r_1 \times m_2} \qquad \cdots\cdots\cdots\cdots(A.1)$$

式中:

r_1——标样溶液中,杀螟硫磷与内标物峰面积比的平均值;

r_2——试样溶液中,杀螟硫磷与内标物峰面积比的平均值;

m_1——标样的质量,单位为克(g);

m_2——试样的质量,单位为克(g);

w——标样中杀螟硫磷的质量分数,以%表示。

将测得的两针试样溶液中杀螟硫磷与 S-甲基杀螟硫磷峰面积分别进行平均。试样中 S-甲基杀螟硫磷的质量分数 w_2(%)按式(A.2)计算:

$$w_2 = \frac{A_2}{A_1} \times w_1 \quad \cdots\cdots\cdots\cdots (A.2)$$

式中:

A_1——试样溶液中,杀螟硫磷峰面积的平均值;

A_2——试样溶液中,S-甲基杀螟硫磷峰面积的平均值;

w_1——试样中杀螟硫磷的质量分数,以%表示。

A.7 允许差

两次平行测定结果之差,杀螟硫磷应不大于 1.2%,取其算术平均值作为测定结果。

ICS 65.100.10
G 25

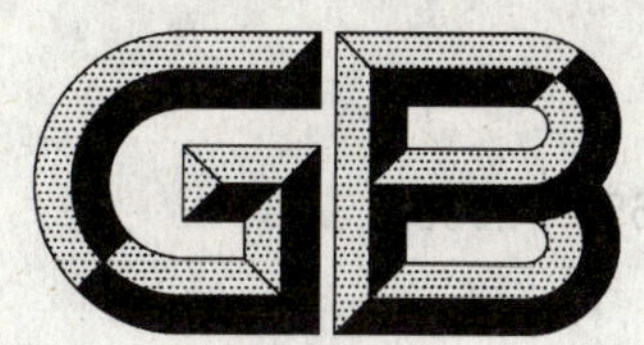

中华人民共和国国家标准

GB 13650—2009
代替 GB 13650—1992

杀螟硫磷乳油

Fenitrothion emulsifiable concentrates

2009-04-27 发布　　2009-11-01 实施

中华人民共和国国家质量监督检验检疫总局
中国国家标准化管理委员会　发布

前　言

本标准的第3章、第5章为强制性的，其余为推荐性的。

本标准使用重新起草法修改采用FAO规格35/EC/S(1988)《杀螟硫磷乳油》。

本标准与FAO规格35/EC/S(1988)的主要技术差异如下：

——本标准规定水分不大于0.3%，FAO规格规定水分不大于2 g/kg；

——本标准规定酸度不大于0.3%，FAO规格规定酸度不大于2 g/kg。

本标准代替GB 13650—1992《杀螟硫磷乳油》。

本标准与GB 13650—1992相比，主要差异为：

——杀螟硫磷乳油规格由45%改为45%和50%；

——增加S-甲基杀螟硫磷控制指标。

本标准的附录A为资料性附录。

本标准由中国石油和化学工业协会提出。

本标准由全国农药标准化技术委员会(SAC/TC 133)归口。

本标准负责起草单位：农业部农药检定所。

本标准参加起草单位：宁波中化化学品有限公司、浙江嘉化集团股份有限公司。

本标准主要起草人：姜宜飞、王小丽、李友顺、陈铁春、王国联、李国平、唐光传、徐强华。

本标准所代替标准的历次版本发布情况为：

——GB 13650—1992。

杀螟硫磷乳油

本产品有效成分杀螟硫磷的其他名称、结构式和基本物化参数如下：

ISO通用名称：fenitrothion

CIPAC数字代号：35

CA登记号：122-4-5

化学名称：O,O-二甲基-O-(4-硝基-3-甲基苯基)硫代磷酸酯

结构式：

$$\mathrm{O_2N}-\underset{\mathrm{CH_3}(3)}{\mathrm{C_6H_3}}-\mathrm{O}-\overset{\mathrm{S}}{\overset{\|}{\mathrm{P}}}(\mathrm{OCH_3})_2$$

实验式：$C_9H_{12}NO_5$

相对分子质量：277.2(按2005年国际相对原子质量计)

生物活性：杀虫

熔点：0.3 ℃

沸点：140 ℃～145 ℃/1 mmHg(分解)

蒸气压(20 ℃)：18 mPa

溶解度：水14 mg/L(30 ℃)，易溶于醇类、酯类、酮类、芳香烃类和氯代烃类，己烷24，异丙醇138(g/L,20 ℃)

稳定性：正常条件下相对稳定，不易水解

1 范围

本标准规定了杀螟硫磷乳油的要求、试验方法以及标志、标签、包装、贮运。

本标准适用于由杀螟硫磷原药与乳化剂溶解在适宜的溶剂中配制而成的杀螟硫磷乳油。

2 规范性引用文件

下列文件中的条款通过本标准的引用而成为本标准的条款。凡是注日期的引用文件，其随后所有的修改单(不包括勘误的内容)或修订版均不适用于本标准，然而，鼓励根据本标准达成协议的各方研究是否可使用这些文件的最新版本。凡是不注日期的引用文件，其最新版本适用于本标准。

GB/T 1600　农药水分测定方法

GB/T 1603　农药乳液稳定性测定方法

GB/T 1604　商品农药验收规则

GB/T 1605—2001　商品农药采样方法

GB 4838　农药乳油包装

GB/T 19136　农药热贮稳定性测定方法

GB/T 19137　农药低温稳定性测定方法

3 要求

3.1 组成和外观

本品应由符合标准的杀螟硫磷原药制成，应为淡黄色至深棕色稳定的均相液体，无可见悬浮

物和沉淀。

3.2 技术指标

杀螟硫磷乳油应符合表1要求。

表1 杀螟硫磷乳油控制项目指标

项目		指标	
		45%	50%
杀螟硫磷质量分数/%	≥	$45.0^{+2.2}_{-2.2}$	$50.0^{+2.5}_{-2.5}$
S-甲基杀螟硫磷质量分数/%	≤	1.0	
水分/%	≤	0.3	
酸度(以 H_2SO_4 计)/%	≤	0.3	
乳液稳定性(稀释200倍)		合格	
低温稳定性[a]		合格	
热贮稳定性[a]		合格	

[a] 正常生产时,低温稳定性和热贮稳定性试验,每3个月至少进行1次。

4 试验方法

4.1 抽样

按GB/T 1605—2001中5.3.2"液体制剂采样"进行。用随机数表法确定抽样的包装件,最终抽样量不少于200 mL。

4.2 鉴别试验

气相色谱法——本鉴别试验可与杀螟硫磷(S-甲基杀螟硫磷)质量分数的测定同时进行。在相同的色谱操作条件下,试样溶液某一色谱峰的保留时间与标样溶液中杀螟硫磷(S-甲基杀螟硫磷)色谱峰的保留时间,其相对差值应在1.5%以内。

4.3 杀螟硫磷、S-甲基杀螟硫磷质量分数的测定

4.3.1 方法提要

试样用丙酮溶解,以邻苯二甲酸二丙烯酯为内标物,使用HP-5毛细管柱和氢火焰离子化检测器,对试样中的杀螟硫磷、S-甲基杀螟硫磷进行气相色谱分离和测定,内标法定量。也可使用填充柱气相色谱法测定,色谱操作条件参见附录A。

4.3.2 试剂和溶液

丙酮:分析纯;

杀螟硫磷标样:已知质量分数 $w \geqslant 98.0\%$;

内标物:邻苯二甲酸二丙烯酯,不应含有干扰分析的杂质;

内标溶液:称取邻苯二甲酸二丙烯酯2.5 g,置于500 mL容量瓶中,用丙酮溶解并稀释至刻度,摇匀。

4.3.3 仪器

气相色谱仪:具有氢火焰离子化检测器,分流/不分流进样口;

色谱数据处理机或色谱工作站;

色谱柱:30 m×0.32 mm(i.d.)HP-5毛细管柱,膜厚0.25 μm;

微量进样器:10 μL。

4.3.4 气相色谱操作条件

温度(℃):柱室210,气化室230,检测室270;

气体流量(mL/min):载气(N_2)1.5,尾吹气(N_2)30,氢气 30,空气 300;

分流比:50∶1;

进样体积:1.0 μL;

保留时间:杀螟硫磷 4.9 min,S-甲基杀螟硫磷 6.4 min,邻苯二甲酸二丙烯酯 3.2 min。

上述操作条件,系典型操作参数,可根据不同仪器及色谱柱特点,对给定的操作参数作适当调整,以期获得最佳效果。典型的杀螟硫磷乳油气相色谱图见图 1。

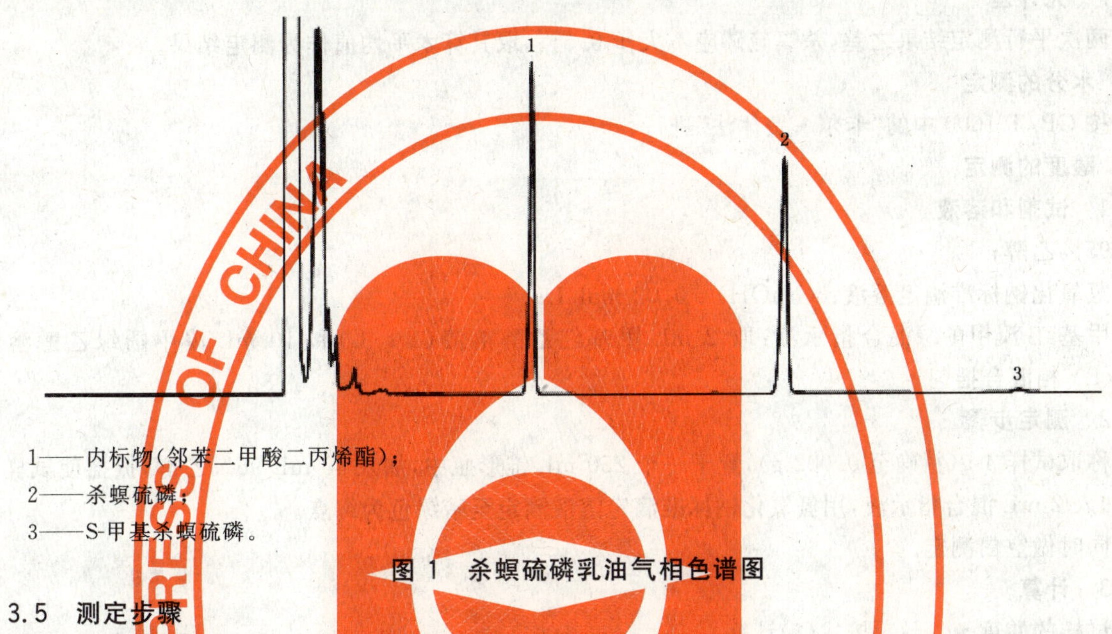

1——内标物(邻苯二甲酸二丙烯酯);

2——杀螟硫磷;

3——S-甲基杀螟硫磷。

图 1 杀螟硫磷乳油气相色谱图

4.3.5 测定步骤

4.3.5.1 标样溶液的制备

称取杀螟硫磷标样 0.1 g(精确至 0.000 2g),置于 15 mL 具塞玻璃瓶中,用移液管准确加入 10 mL 内标溶液,摇匀。

4.3.5.2 试样溶液的制备

称取含杀螟硫磷 0.1 g 的试样(精确至 0.000 2 g),置于 15 mL 具塞玻璃瓶中,用与 4.3.5.1 中同一只移液管准确加入 10 mL 内标溶液,摇匀。

4.3.5.3 测定

在上述操作条件下,待仪器稳定后,连续注入数针标样溶液,直至相邻两针杀螟硫磷与内标物峰面积比的相对变化小于 1.2%后,按照标样溶液、试样溶液、试样溶液、标样溶液的顺序进行测定。

4.3.6 计算

将测得的两针试样溶液以及试样前后两针标样溶液中杀螟硫磷与内标物峰面积比分别进行平均。试样中杀螟硫磷的质量分数 w_1(%)按式(1)计算:

$$w_1 = \frac{r_2 \times m_1 \times w}{r_1 \times m_2} \quad \cdots\cdots(1)$$

式中:

r_1——标样溶液中,杀螟硫磷与内标物峰面积比的平均值;

r_2——试样溶液中,杀螟硫磷与内标物峰面积比的平均值;

m_1——标样的质量,单位为克(g);

m_2——试样的质量,单位为克(g);

w——标样中杀螟硫磷的质量分数,以%表示。

将测得的两针试样溶液中杀螟硫磷与 S-甲基杀螟硫磷峰面积分别进行平均。试样中 S-甲基杀螟硫磷的质量分数 w_2(%)按式(2)计算:

$$w_2 = \frac{A_2}{A_1} \times w_1 \qquad \cdots\cdots(2)$$

式中：

A_1——试样溶液中，杀螟硫磷峰面积的平均值；

A_2——试样溶液中，S-甲基杀螟硫磷峰面积的平均值；

w_1——试样中杀螟硫磷的质量分数，以%表示。

4.3.7 允许差

两次平行测定结果之差，杀螟硫磷应不大于0.5%，取其算术平均值作为测定结果。

4.4 水分的测定

按 GB/T 1600 中的“卡尔·费休法”进行。

4.5 酸度的测定

4.5.1 试剂和溶液

95%乙醇；

氢氧化钠标准滴定溶液：$c(NaOH)=0.02$ mol/L；

甲基红-溴甲酚绿混合指示液：取 2 mL 甲基红乙醇溶液（1 g/L）和 10 mL 溴甲酚绿乙醇溶液（1 g/L）相混合摇匀。

4.5.2 测定步骤

称取试样 4 g（精确至 0.002 g），置于一个 250 mL 锥形瓶中，加入 40 mL 95%乙醇，振摇使试样溶解，加入 2 mL 混合指示液，用氢氧化钠标准滴定溶液滴定至暗绿色为终点。

同时做空白测定。

4.5.3 计算

试样的酸度 w_3（%），按式(3)计算：

$$w_3 = \frac{c \cdot (V_1 - V_0) \cdot M}{1\,000m} \times 100 \qquad \cdots\cdots(3)$$

式中：

c——氢氧化钠标准滴定溶液的实际浓度，单位为摩尔每升(mol/L)；

V_1——滴定试样溶液，消耗氢氧化钠标准滴定溶液的体积，单位为毫升(mL)；

V_0——滴定空白溶液，消耗氢氧化钠标准滴定溶液的体积，单位为毫升(mL)；

m——试样的质量，单位为克(g)；

M——硫酸的摩尔质量的数值，单位为克每摩尔(g/mol)，[$M(1/2H_2SO_4)=49$ g/mol]。

4.6 乳液稳定性试验

试样用标准硬水稀释 200 倍，按 GB/T 1603 进行试验，上无浮油，下无沉油和沉淀为合格。

4.7 低温稳定性试验

按 GB/T 19137 中“乳剂和均相液体制剂”进行。离心管底部离析物的体积不超过 0.3 mL 为合格。

4.8 热贮稳定性试验

按 GB/T 19136 中“液体制剂”进行。热贮后杀螟硫磷质量分数应不低于热贮前质量分数的 95%，S-甲基杀螟硫磷质量分数应不大于 1.5%，其他指标仍应符合标准要求。

4.9 产品的检验与验收

应符合 GB/T 1604 的规定。极限数值的处理采用修约值比较法。

5 标志、标签、包装、贮运

5.1 杀螟硫磷乳油的标志、标签、包装，应符合 GB 4838 的规定。

5.2 杀螟硫磷乳油应用清洁、干燥的内壁涂保护层的铁桶包装，每桶净含量应不大于 200 kg。也可根据用户要求或订货协议，采用其他形式的包装，但要符合 GB 4838 的规定。

5.3 杀螟硫磷乳油包装件应贮存在通风、干燥的库房中。

5.4 贮运时，严防潮湿和日晒，不得与食物、种子、饲料混放，避免与皮肤、眼睛接触，防止由口鼻吸入。

5.5 **安全：本品为中毒有机磷杀虫剂农药，吞噬或吸入均有毒，对眼睛、皮肤有刺激性。使用本品应戴防护手套、口罩和护目镜，穿干净的防护服，施药后立即用肥皂水洗净，避免皮肤和眼睛接触药液。如果误服，应及时送医院诊治。**

5.6 **保证期**：在规定的贮运条件下，杀螟硫磷乳油的保证期，从生产日期算起为 2 年。

附 录 A
（资料性附录）
杀螟硫磷质量分数填充柱气相色谱测定方法

A.1 方法提要

试样用三氯甲烷溶解，以林丹为内标物，使用5% OV-101/Chromosorb W-HP为填充物的不锈钢柱和氢火焰离子化检测器，对试样中的杀螟硫磷、S-甲基杀螟硫磷进行气相色谱分离和测定，内标法定量。

A.2 试剂和溶液

三氯甲烷；

杀螟硫磷标样：已知质量分数 $w \geqslant 98.0\%$；

S-甲基杀螟硫磷标样：已知质量分数 $w \geqslant 98.0\%$；

内标物：林丹，应不含有干扰分析的杂质；

固定液：OV-101；

载体：Chromosorb W-HP，粒径125 μm～150 μm(100目～120目)；

内标溶液：称取林丹5 g，置于500 mL容量瓶中，用三氯甲烷溶解并稀释至刻度，摇匀。

A.3 仪器

气相色谱仪：具有氢火焰离子化检测器；

色谱数据处理机或色谱工作站；

色谱柱：500 mm×2.2 mm(i.d.)不锈钢柱，内填5% OV-101/Chromosorb W-HP填充物；

微量进样器：10 μL。

A.4 气相色谱操作条件

温度(℃)：柱室155±5，气化室220，检测室250；

气体流量(mL/min)：载气(N_2)15，氢气30，空气300；

进样体积：1.0 μL；

保留时间：杀螟硫磷约11 min，S-甲基杀螟硫磷约16 min，林丹约5 min。

上述操作条件，系典型操作参数，可根据不同仪器及色谱柱特点，对给定的操作参数作适当调整，以期获得最佳效果。典型的杀螟硫磷乳油气相色谱图见图A.1。

1——内标物(林丹);

2——杀螟硫磷;

3——S-甲基杀螟硫磷。

图 A.1 杀螟硫磷乳油气相色谱图

A.5 测定步骤

A.5.1 标样溶液的制备

称取杀螟硫磷标样 0.1 g(精确至 0.000 2 g),置于 15 mL 具塞玻璃瓶中,用移液管准确加入 10 mL 内标溶液,摇匀。

A.5.2 试样溶液的制备

称取含杀螟硫磷 0.1 g 的试样(精确至 0.000 2 g),置于 15 mL 具塞玻璃瓶中,用与 A.5.1 中同一只移液管准确加入 10 mL 内标溶液,摇匀。

A.5.3 测定

在上述操作条件下,待仪器稳定后,连续注入数针标样溶液,直至相邻两针杀螟硫磷与内标物峰面积比的相对变化小于 1.5%后,按照标样溶液、试样溶液、试样溶液、标样溶液的顺序进行测定。

A.6 计算

将测得的两针试样溶液以及试样前后两针标样溶液中杀螟硫磷与内标物峰面积比分别进行平均。试样中杀螟硫磷的质量分数 w_1(%)按式(A.1)计算:

$$w_1 = \frac{r_2 \times m_1 \times w}{r_1 \times m_2} \qquad \cdots\cdots\cdots\cdots(A.1)$$

式中:

r_1——标样溶液中,杀螟硫磷与内标物峰面积比的平均值;

r_2——试样溶液中,杀螟硫磷与内标物峰面积比的平均值;

m_1——标样的质量,单位为克(g);

m_2——试样的质量，单位为克(g)；

w——标样中杀螟硫磷的质量分数，以%表示。

将测得的两针试样溶液中杀螟硫磷与S-甲基杀螟硫磷峰面积分别进行平均。试样中S-甲基杀螟硫磷的质量分数 w_2(%)按式(A.2)计算：

$$w_2 = \frac{A_2}{A_1} \times w_1 \qquad \cdots\cdots\cdots\cdots\cdots\cdots (A.2)$$

式中：

A_1——试样溶液中，杀螟硫磷峰面积的平均值；

A_2——试样溶液中，S-甲基杀螟硫磷峰面积的平均值；

w_1——试样中杀螟硫磷的质量分数，以%表示。

A.7 允许差

两次平行测定结果之差，杀螟硫磷应不大于0.5%，取其算术平均值作为测定结果。

ICS 83.160.20
G 41

中华人民共和国国家标准

GB 13651—2009
代替 GB 13651—1998

航空翻新轮胎

Retreaded aircraft tyres

2009-12-15 发布　　2010-10-01 实施

中华人民共和国国家质量监督检验检疫总局
中国国家标准化管理委员会　发布

前言

本标准第4章、第7章为强制性的，其余为推荐性的。

本标准代替GB 13651—1998《翻新航空轮胎》。

本标准与GB 13651—1998的主要差异有：

——修改了标准的名称(1998年版的标准名称，本版的标准名称)；

——修改了标准的适用范围(1998年版的第1章，本版的第1章)；

——删去了4个术语(1998年版的第3章)；

——修改了4.1的内容(1998年版的4.1，本版的4.1)；

——删去了有关翻新胎物理性能的内容(1998年版的4.2.12、5.3.2e、6.8)；

——把原版标准的跑气孔、平衡标志等内容纳入本版的第7章中(1998年版的4.2.7、4.2.13，本版的7.1、7.2)；

——删去了产品包装的内容(1998年版的7.2)；

——修改了翻新轮胎的贮存与使用的内容(1998年版的7.3，本版的7.4)；

——删去了原版提示性附录A翻新水平验证试验；

——将第6章调整为资料性附录A(1998年版第5章，本版第6章及附录A)。

本标准的附录A为资料性附录。

本标准由中国石油和化学工业协会提出。

本标准由全国轮胎轮辋标准化技术委员会航空轮胎分技术委员会归口。

本标准起草单位：中橡集团曙光橡胶工业研究设计院、沈阳第三橡胶厂、银川橡胶厂。

本标准主要起草人：秦明灿、王顺益、张大山、齐立平。

本标准代替标准的历次版本发布情况为：

——GB 13651—1992、GB 13651—1998。

航空翻新轮胎

1 范围

本标准规定了民用航空斜交翻新轮胎(以下简称翻新胎)的要求、试验方法、标志、贮存与使用。

本标准适用于民用航空斜交轮胎的翻新和修补。

2 规范性引用文件

下列文件中的条款通过本标准的引用而成为本标准的条款。凡是注日期的引用文件,其随后所有的修改单(不包含勘误的内容)或修订版均不适用于本标准,然而,鼓励根据本标准达成协议的各方研究是否可使用这些文件的最新版本。凡是不注日期的引用文件,其最新版本适用于本标准。

GB/T 6326 轮胎术语及其定义(GB/T 6326—2005,ISO 4223-1:2002,NEQ)

GB 9745 航空轮胎

GB/T 9746 航空轮胎系列

GB/T 9747 航空轮胎试验方法

GB/T 13652 航空轮胎表面质量

HG 2195 航空轮胎使用与保养

3 术语和定义

GB/T 6326 确立的术语和定义适用于本标准。

4 要求

4.1 轮胎翻新前的检查

应通过下述检查确定航空轮胎能否翻新:

a) 外观检查;

b) 气针检查;

c) 无损检测,该项检查也可在轮胎翻新后进行。

4.1.1 可翻新的轮胎

4.1.1.1 不用修补可直接翻新的轮胎

胎体和胎圈完好且没有露出胎体帘布层的轮胎。

4.1.1.2 修补后可翻新的轮胎

如果申请人已经提交了替代性标准并得到了航空器适航管理部门的批准,则可采用替代标准,否则应符合 4.1.1.2.1、4.1.1.2.2 的要求。

4.1.1.2.1 高速轮胎

a) 胎面部位:在最外层胎体帘布层上,割口、裂口的长度×宽度不大于 38.0 mm×6.5 mm,且其深度未达到实际胎体帘布层的 40%均可修补,修补长度不应大于 50.0 mm;其他形式损伤的长度不大于 38.0 mm,深度不大于实际胎体帘布层的 40%,每条胎不超过 6 个且周向间隔不小于 60°的可以修补,修补长度不应大于 50.0 mm。

b) 胎侧部位:没有伤及胎体帘布层的裂口或割口。

c) 胎圈部位:没有伤及帘布层的机械损伤。修补后的压痕应不影响胎圈密合性能,胎圈表面和胎踵应平滑。

d) 气密层:长度小于 50.0 mm,深度小于 0.5 mm 的表面损伤或缺陷可以修补,但不应多于 10 处,且在四分之一圆周内不应多于 3 处。

e) 胎面补强层:打磨时胎面补强层露帘线,每处面积不应超过整个胎面打磨面积的 1%,且露线总面积不超过整条胎的 2%,露线深度不超过 1 层胎体帘布层。

4.1.1.2.2 低速轮胎

a) 胎圈部位:深达 3 层帘布层但未超过胎体帘布层总层数 25% 的胎圈包布的机械损伤允许修补。

b) 胎面或胎侧部位:损伤处的胎面部位长度不超过 13.0 mm、深度不超过表 1 规定的胎面或胎侧损伤可采用局部修补。

表 1

胎体帘布总层数	最大损伤层数
胎体帘布总层数<8 层	无
8 层≤胎体帘布总层数≤16 层	不超过 2 层帘布层
胎体帘布总层数>16 层	不超过 4 层帘布层

4.1.2 不可翻新的轮胎

轮胎经检查,如存在下列情况之一,则不允许翻新:

a) 超过 4.1.1.1~4.1.1.2 规定的轮胎;

b) 受油类污染或其他化学侵蚀,使轮胎表面溶涨或变质的轮胎;

c) 胎侧经打磨已补贴三次以上;

d) 严重欠压使用、脱胎、中断起飞或易熔塞融化的轮胎;

e) 轮胎上的标识不清、制造厂家不详的轮胎。

4.2 轮胎翻新后的要求

4.2.1 胎面设计

翻新胎的胎面应有纵向的花纹沟。

4.2.2 胎面补强帘布层

胎面补强帘布层帘布的端点不能处于外侧花纹沟的正下方。

4.2.3 重量

翻新轮胎的重量不得超过起落架或机身要求所确定的最大允许重量。

4.2.4 充气外缘尺寸

翻新胎的充气外缘尺寸应符合 GB/T 9746 的规定。

4.2.5 动态性能

高速轮胎的翻新胎应进行额定负荷和额定内压下的 50 次起飞试验和 8 次滑行试验;低速轮胎的翻新胎按动态模拟性能试验中的能量吸收方法进行。动态性能应符合 GB 9745 的规定。

4.2.6 超压性能

在环境温度下充入不少于 3 倍的额定充气内压,翻新胎至少应保持 3 s 内不爆破、无鼓泡、脱层、钢丝或帘线断裂现象。

4.2.7 无内胎翻新胎的气密性能

无内胎翻新胎安装在规定的轮辋上,充气至额定充气内压,在室温下停放至少 12 h,再调整至额定充气内压,在室温下再停放至少 24 h 后,其充气内压的下降率不应超过额定充气内压的 5%。

4.2.8 静平衡差度

翻新胎静平衡差度应符合 GB 9745 的规定。

4.2.9 表面质量

翻新胎表面质量应符合 GB/T 13652 的规定。

4.2.10 内部缺陷

翻新胎的内部缺陷应符合 GB 9745 的规定。

5 试验方法

5.1 充气外缘尺寸和重量按 GB/T 9747 的规定进行测量。

5.2 动态性能按 GB/T 9747 的规定进行试验。

5.3 超压性能按 GB/T 9747 的规定进行试验。

5.4 无内胎轮胎的气密性能按 GB/T 9747 的规定进行试验。

5.5 静平衡差度按 GB/T 9747 的规定进行试验。

5.6 表面质量通过目测以及钢板尺、金属卷尺(不带弧度,精度±1.0 mm)和游标卡尺(精度±0.02 mm)等器具对轮胎进行检测。

5.7 内部缺陷按 GB/T 9747 的规定进行检测。

6 检验规则

参见附录 A。

7 标志、贮存与使用

7.1 跑气孔

无内胎轮胎和充气内压高于 686 kPa 的有内胎轮胎,翻新后,原跑气孔被覆盖时,应重新刺扎跑气孔,并作出标志,标志颜色为非红色。无内胎轮胎扎眼深度不应到达气密层。

7.2 平衡标志

翻新胎应在靠近胎圈上部的胎侧部位重新标定红色平衡标志,并将原平衡标志去掉,新标志在翻新胎的贮存期和使用期内应保持清晰。

7.3 其他标志

轮胎翻新后,如果原新胎的永久性标志已损坏,应恢复。此外,还应增加下列标志,其中,翻新轮胎胎肩部位应至少模压以下 a)~e)项永久性标志:

a) 翻胎厂商的名称或代号;

b) 翻胎厂商地址;

c) 轮胎翻新日期和产品序号;

d) 轮胎翻新次数用“R”后加数字方式表示,如第 3 次翻新表示为 R3;

e) 适航部门批准的维修许可证号;

f) 检验印章。

7.4 贮存与使用

轮胎应按 HG 2195 规定贮存与使用;从原新胎制造之日起,轮胎贮存与使用时间之和不应超过 5 年。

附　录　A
（资料性附录）
检验规则

A.1　产品组批

翻新胎按规格和层级组批。凡在连续生产周期内、生产条件基本相同的情况下，同一规格、相同层级的轮胎以 500 条或 1 000 条组成一批，超过 500 条或 1 000 条的则另行组批；也可根据供货方和订货方的具体要求组批。

A.2　检验分类

检验分为出厂检验和型式检验两类。

出厂检验是指产品交货时必须进行的各项检验。

型式检验是指对产品质量进行全面考核，即对本标准中规定的技术要求全部进行检验。

A.3　出厂检验

出厂检验项目分为全检项目和抽检项目。

A.3.1　全检项目

a）　表面质量；

b）　静平衡差度；

c）　内部缺陷检测。

A.3.2　抽检项目

a）　充气外缘尺寸；

b）　重量；

c）　无内胎翻新胎气密性能。

A.4　型式检验

有下列情况之一时，应进行型式检验：

a）　不同规格、层级、商标的翻新胎投入生产前；

b）　正式生产后，如结构、材料、工艺有较大改变，可能影响产品性能时；

c）　国家质量监督机构提出进行型式检验要求时。

凡进行型式检验的翻新胎，除进行出厂检验规定的全部项目外，还必须进行下列项目的检验：

a）　动态模拟性能试验；

b）　超压性能；

c）　适航部门提出的特殊检验。

A.5　复验规则

抽样检验中发现不合格品时，允许再抽取双倍试样进行复验。复验规则如下：

a）　翻新胎的气密性能或充气外缘尺寸不符合要求时，可在同批产品中再随机抽取 2 条试样进行复验。2条试样的试验结果均合格时，则该批产品可判为通过检验，否则为未通过检验。

b） 翻新胎重量超标时进行双倍试样复验。2条试样的试验结果均合格时，则该批产品可判为通过检验，否则，改为全数检查。

ICS 13.300
A 80

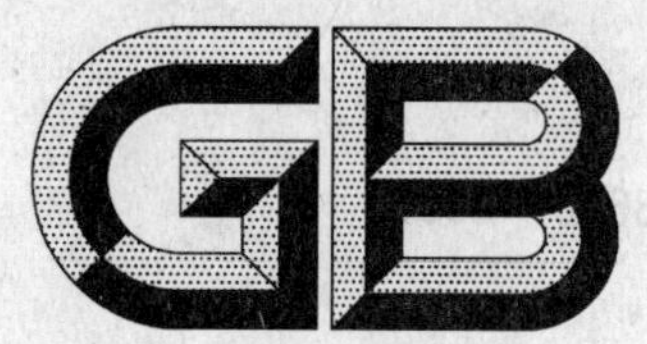

中华人民共和国国家标准

GB 13690—2009
代替 GB 13690—1992

化学品分类和危险性公示 通则

General rule for classification and hazard communication of chemicals

2009-06-21 发布 2010-05-01 实施

中华人民共和国国家质量监督检验检疫总局
中国国家标准化管理委员会 发布

前　言

本标准第 4 章、第 5 章为强制性的，其余为推荐性的。

本标准对应于联合国《化学品分类及标记全球协调制度》(GHS)第二修订版(ST/SG/AC.10/30/Rev.2)，与其一致性程度为非等效，其有关技术内容与 GHS 中一致，在标准文本格式上按 GB/T 1.1—2000 做了编辑性修改。

本标准代替 GB 13690—1992《常用危险化学品的分类及标志》。

本标准与 GB 13690—1992 相比主要变化如下：

——标准名称改为“化学品分类和危险性公示　通则”；

——本标准按照 GHS 的要求对化学品危险性进行分类；

——本标准按照 GHS 的要求对化学品危险性公示进行了规定。

本标准的附录 A、附录 B、附录 C、附录 D 为资料性附录。

本标准由全国危险化学品管理标准化技术委员会(SAC/TC 251)提出并归口。

本标准参加起草单位：中化化工标准化研究所、山东出入境检验检疫局、上海化工研究院、江苏出入境检验检疫局、湖北出入境检验检疫局。

本标准起草人：张少岩、崔海容、杨一、王晓兵、梅建、汤礼军、车礼东、陈会明、周玮。

本标准所代替标准的历次版本发布情况为：

——GB 13690—1992。

化学品分类和危险性公示　通则

1　范围

本标准规定了有关 GHS 的化学品分类及其危险公示。

本标准适用于化学品分类及其危险公示。本标准适用于化学品生产场所和消费品的标志。

2　规范性引用文件

下列文件中的条款，通过本标准的引用而成为本标准的条款。凡是注日期的引用文件，其随后所有的修改单(不包括勘误的内容)或修订版均不适用于本标准，然而，鼓励根据本标准达成协议的各方研究是否可使用这些文件的最新版本。凡是不注日期的引用文件，其最新版本适用于本标准。

GB/T 16483　化学品安全技术说明书　内容和项目顺序

GB 20576　化学品分类、警示标签和警示性说明安全规范　爆炸物

GB 20577　化学品分类、警示标签和警示性说明安全规范　易燃气体

GB 20578　化学品分类、警示标签和警示性说明安全规范　易燃气溶胶

GB 20579　化学品分类、警示标签和警示性说明安全规范　氧化性气体

GB 20580　化学品分类、警示标签和警示性说明安全规范　压力下气体

GB 20581　化学品分类、警示标签和警示性说明安全规范　易燃液体

GB 20582　化学品分类、警示标签和警示性说明安全规范　易燃固体

GB 20583　化学品分类、警示标签和警示性说明安全规范　自反应物质

GB 20584　化学品分类、警示标签和警示性说明安全规范　自热物质

GB 20585　化学品分类、警示标签和警示性说明安全规范　自燃液体

GB 20586　化学品分类、警示标签和警示性说明安全规范　自燃固体

GB 20587　化学品分类、警示标签和警示性说明安全规范　遇水放出易燃气体的物质

GB 20588　化学品分类、警示标签和警示性说明安全规范　金属腐蚀物

GB 20589　化学品分类、警示标签和警示性说明安全规范　氧化性液体

GB 20590　化学品分类、警示标签和警示性说明安全规范　氧化性固体

GB 20591　化学品分类、警示标签和警示性说明安全规范　有机过氧化物

GB 20592　化学品分类、警示标签和警示性说明安全规范　急性毒性

GB 20593　化学品分类、警示标签和警示性说明安全规范　皮肤腐蚀/刺激

GB 20594　化学品分类、警示标签和警示性说明安全规范　严重眼睛损伤/眼睛刺激性

GB 20595　化学品分类、警示标签和警示性说明安全规范　呼吸或皮肤过敏

GB 20596　化学品分类、警示标签和警示性说明安全规范　生殖细胞突变性

GB 20597　化学品分类、警示标签和警示性说明安全规范　致癌性

GB 20598　化学品分类、警示标签和警示性说明安全规范　生殖毒性

GB 20599　化学品分类、警示标签和警示性说明安全规范　特异性靶器官系统毒性　一次接触

GB 20601　化学品分类、警示标签和警示性说明安全规范　特异性靶器官系统毒性　反复接触

GB 20602　化学品分类、警示标签和警示性说明安全规范　对水环境的危害

GB/T 22272～GB/T 22278　良好实验室规范(GLP)系列标准

ISO 11683:1997　包装　触觉危险警告　要求

国际化学品安全方案/环境卫生标准第 225 号文件“评估接触化学品引起的生殖健康风险所用的原则”

3 术语和定义

GHS 转化的系列国家标准(GB 20576~GB 20599、GB 20601、GB 20602)以及下列术语和定义适用于本标准。

3.1

化学名称 chemical identity

唯一标识一种化学品的名称。这一名称可以是符合国际纯粹与应用化学联合会(IUPAC)或化学文摘社(CAS)的命名制度的名称,也可以是一种技术名称。

3.2

压缩气体 compressed gas

加压包装时在−50 ℃时完全是气态的一种气体;包括临界温度为≤−50 ℃的所有气体。

3.3

闪点 flash point

规定试验条件下施用某种点火源造成液体汽化而着火的最低温度(校正至标准大气压 101.3 kPa)。

3.4

危险类别 hazard category

每个危险种类中的标准划分,如口服急性毒性包括五种危险类别而易燃液体包括四种危险类别。这些危险类别在一个危险种类内比较危险的严重程度,不可将它们视为较为一般的危险类别比较。

3.5

危险种类 hazard class

危险种类指物理、健康或环境危险的性质,例如易燃固体、致癌性、口服急性毒性。

3.6

危险性说明 hazard statement

对某个危险种类或类别的说明,它们说明一种危险产品的危险性质,在情况适合时还说明其危险程度。

3.7

初始沸点 initial boiling point

一种液体的蒸气压力等于标准压力(101.3 kPa),第一个气泡出现时的温度。

3.8

标签 label

关于一种危险产品的一组适当的书面、印刷或图形信息要素,因为与目标部门相关而被选定,它们附于或印刷在一种危险产品的直接容器上或它的外部包装上。

3.9

标签要素 label element

统一用于标签上的一类信息,例如象形图、信号词。

3.10

《联合国关于危险货物运输的建议书·规章范本》(以下简称规章范本) recommendations on the transport of dangerous goods, model regulations

经联合国经济贸易理事会认可,以联合国关于危险货物运输建议书附件"关于运输危险货物的规章范本"为题,正式出版的文字材料。

3.11

象形图 pictogram

一种图形结构,它可能包括一个符号加上其他图形要素,例如边界、背景图案或颜色,意在传达具体的信息。

3.12

防范说明　precautionary statement

一个短语/和(或)象形图,说明建议采取的措施,以最大限度地减少或防止因接触某种危险物质或因对它存储或搬运不当而产生的不利效应。

3.13

产品标识符　product identifier

标签或安全数据单上用于危险产品的名称或编号。它提供一种唯一的手段使产品使用者能够在特定的使用背景下识别该物质或混合物,例如在运输、消费时或在工作场所。

3.14

信号词　signal word

标签上用来表明危险的相对严重程度和提醒读者注意潜在危险的单词。GHS 使用“危险”和“警告”作为信号词。

3.15

图形符号　symbol

旨在简明地传达信息的图形要素。

4　分类

4.1　理化危险

4.1.1　爆炸物

爆炸物分类、警示标签和警示性说明见 GB 20576。

4.1.1.1　爆炸物质(或混合物)是这样一种固态或液态物质(或物质的混合物),其本身能够通过化学反应产生气体,而产生气体的温度、压力和速度能对周围环境造成破坏。其中也包括发火物质,即使它们不放出气体。

发火物质(或发火混合物)是这样一种物质或物质的混合物,它旨在通过非爆炸自持放热化学反应产生的热、光、声、气体、烟或所有这些的组合来产生效应。

爆炸性物品是含有一种或多种爆炸性物质或混合物的物品。

烟火物品是包含一种或多种发火物质或混合物的物品。

4.1.1.2　爆炸物种类包括:

a)　爆炸性物质和混合物;

b)　爆炸性物品,但不包括下述装置:其中所含爆炸性物质或混合物由于其数量或特性,在意外或偶然点燃或引爆后,不会由于迸射、发火、冒烟、发热或巨响而在装置之外产生任何效应。

c)　在 a)和 b)中未提及的为产生实际爆炸或烟火效应而制造的物质、混合物和物品。

4.1.2　易燃气体

易燃气体分类、警示标签和警示性说明见 GB 20577。

易燃气体是在 20 ℃和 101.3 kPa 标准压力下,与空气有易燃范围的气体。

4.1.3　易燃气溶胶

易燃气溶胶分类、警示标签和警示性说明见 GB 20578。

气溶胶是指气溶胶喷雾罐,系任何不可重新罐装的容器,该容器由金属、玻璃或塑料制成,内装强制压缩、液化或溶解的气体,包含或不包含液体、膏剂或粉末,配有释放装置,可使所装物质喷射出来,形成在气体中悬浮的固态或液态微粒或形成泡沫、膏剂或粉末或处于液态或气态。

4.1.4 **氧化性气体**

氧化性气体分类、警示标签和警示性说明见 GB 20579。

氧化性气体是一般通过提供氧气,比空气更能导致或促使其他物质燃烧的任何气体。

4.1.5 **压力下气体**

压力下气体分类、警示标签和警示性说明见 GB 20580。

压力下气体是指高压气体在压力等于或大于 200 kPa(表压)下装入贮器的气体,或是液化气体或冷冻液化气体。

压力下气体包括压缩气体、液化气体、溶解液体、冷冻液化气体。

4.1.6 **易燃液体**

易燃液体分类、警示标签和警示性说明见 GB 20581。

易燃液体是指闪点不高于 93 ℃的液体。

4.1.7 **易燃固体**

易燃固体分类、警示标签和警示性说明见 GB 20582。

易燃固体是容易燃烧或通过摩擦可能引燃或助燃的固体。

易于燃烧的固体为粉状、颗粒状或糊状物质,它们在与燃烧着的火柴等火源短暂接触即可点燃和火焰迅速蔓延的情况下,都非常危险。

4.1.8 **自反应物质或混合物**

自反应物质分类、警示标签和警示性说明见 GB 20583。

4.1.8.1 自反应物质或混合物是即使没有氧(空气)也容易发生激烈放热分解的热不稳定液态或固态物质或者混合物。本定义不包括根据统一分类制度分类为爆炸物、有机过氧化物或氧化物质的物质和混合物。

4.1.8.2 自反应物质或混合物如果在实验室试验中其组分容易起爆、迅速爆燃或在封闭条件下加热时显示剧烈效应,应视为具有爆炸性质。

4.1.9 **自燃液体**

自燃液体分类、警示标签和警示性说明见 GB 20585。

自燃液体是即使数量小也能在与空气接触后 5 min 之内引燃的液体。

4.1.10 **自燃固体**

自燃固体分类、警示标签和警示性说明见 GB 20586。

自燃固体是即使数量小也能在与空气接触后 5 min 之内引燃的固体。

4.1.11 **自热物质和混合物**

自热物质分类、警示标签和警示性说明见 GB 20584。

自热物质是发火液体或固体以外,与空气反应不需要能源供应就能够自己发热的固体或液体物质或混合物;这类物质或混合物与发火液体或固体不同,因为这类物质只有数量很大(公斤级)并经过长时间(几小时或几天)才会燃烧。

注:物质或混合物的自热导致自发燃烧是由于物质或混合物与氧气(空气中的氧气)发生反应并且所产生的热没有足够迅速地传导到外界而引起的。当热产生的速度超过热损耗的速度而达到自燃温度时,自燃便会发生。

4.1.12 **遇水放出易燃气体的物质或混合物**

遇水放出易燃气体的物质分类、警示标签和警示性说明见 GB 20587。

遇水放出易燃气体的物质或混合物是通过与水作用,容易具有自燃性或放出危险数量的易燃气体的固态或液态物质或混合物。

4.1.13 **氧化性液体**

氧化性液体分类、警示标签和警示性说明见 GB 20589。

氧化性液体是本身未必燃烧,但通常因放出氧气可能引起或促使其他物质燃烧的液体。

4.1.14　**氧化性固体**

氧化性固体分类、警示标签和警示性说明见 GB 20590。

氧化性固体是本身未必燃烧,但通常因放出氧气可能引起或促使其他物质燃烧的固体。

4.1.15　**有机过氧化物**

有机过氧化物分类、警示标签和警示性说明见 GB 20591。

4.1.15.1　有机过氧化物是含有二价-0-0-结构的液态或固态有机物质,可以看作是一个或两个氢原子被有机基替代的过氧化氢衍生物。该术语也包括有机过氧化物配方(混合物)。有机过氧化物是热不稳定物质或混合物,容易放热自加速分解。另外,它们可能具有下列一种或几种性质:

a)　易于爆炸分解;

b)　迅速燃烧;

c)　对撞击或摩擦敏感;

d)　与其他物质发生危险反应。

4.1.15.2　如果有机过氧化物在实验室试验中,在封闭条件下加热时组分容易爆炸、迅速爆燃或表现出剧烈效应,则可认为它具有爆炸性质。

4.1.16　**金属腐蚀剂**

金属腐蚀物分类、警示标签和警示性说明见 GB 20588。

腐蚀金属的物质或混合物是通过化学作用显著损坏或毁坏金属的物质或混合物。

4.2　**健康危险**

4.2.1　**急性毒性**

急性毒性分类、警示标签和警示性说明见 GB 20592。

急性毒性是指在单剂量或在 24 h 内多剂量口服或皮肤接触一种物质,或吸入接触 4 h 之后出现的有害效应。

4.2.2　**皮肤腐蚀/刺激**

皮肤腐蚀/刺激分类、警示标签和警示性说明见 GB 20593。

皮肤腐蚀是对皮肤造成不可逆损伤;即施用试验物质达到 4 h 后,可观察到表皮和真皮坏死。

腐蚀反应的特征是溃疡、出血、有血的结痂,而且在观察期 14 d 结束时,皮肤、完全脱发区域和结痂处由于漂白而褪色。应考虑通过组织病理学来评估可疑的病变。

皮肤刺激是施用试验物质达到 4 h 后对皮肤造成可逆损伤。

4.2.3　**严重眼损伤/眼刺激**

严重眼睛损伤/眼睛刺激性分类、警示标签和警示性说明见 GB 20594。

严重眼损伤是在眼前部表面施加试验物质之后,对眼部造成在施用 21 d 内并不完全可逆的组织损伤,或严重的视觉物理衰退。

眼刺激是在眼前部表面施加试验物质之后,在眼部产生在施用 21 d 内完全可逆的变化。

4.2.4　**呼吸或皮肤过敏**

呼吸或皮肤过敏分类、警示标签和警示性说明见 GB 20595。

4.2.4.1　呼吸过敏物是吸入后会导致气管超过敏反应的物质。皮肤过敏物是皮肤接触后会导致过敏反应的物质。

4.2.4.2　过敏包含两个阶段:第一个阶段是某人因接触某种变应原而引起特定免疫记忆。第二阶段是引发,即某一致敏个人因接触某种变应原而产生细胞介导或抗体介导的过敏反应。

4.2.4.3　就呼吸过敏而言,随后为引发阶段的诱发,其形态与皮肤过敏相同。对于皮肤过敏,需有一个让免疫系统能学会作出反应的诱发阶段;此后,可出现临床症状,这时的接触就足以引发可见的皮肤反应(引发阶段)。因此,预测性的试验通常取这种形态,其中有一个诱发阶段,对该阶段的反应则通过标准的引发阶段加以计量,典型做法是使用斑贴试验。直接计量诱发反应的局部淋巴结试验则是例外做法。人体皮肤过敏的证据通常通过诊断性斑贴试验加以评估。

4.2.4.4 就皮肤过敏和呼吸过敏而言,对于诱发所需的数值一般低于引发所需数值。

4.2.5 生殖细胞致突变性

4.2.5.1 生殖细胞突变性分类、警示标签和警示性说明见 GB 20596。

4.2.5.2 本危险类别涉及的主要是可能导致人类生殖细胞发生可传播给后代的突变的化学品。但是,在本危险类别内对物质和混合物进行分类时,也要考虑活体外致突变性/生殖毒性试验和哺乳动物活体内体细胞中的致突变性/生殖毒性试验。

4.2.5.3 本标准中使用的引起突变、致变物、突变和生殖毒性等词的定义为常见定义。突变定义为细胞中遗传物质的数量或结构发生永久性改变。

4.2.5.4 “突变”一词用于可能表现于表型水平的可遗传的基因改变和已知的基本 DNA 改性(例如,包括特定的碱基对改变和染色体易位)。引起突变和致变物两词用于在细胞和/或有机体群落内产生不断增加的突变的试剂。

4.2.5.5 生殖毒性的和生殖毒性这两个较具一般性的词汇用于改变 DNA 的结构、信息量、分离试剂或过程,包括那些通过干扰正常复制过程造成 DNA 损伤或以非生理方式(暂时)改变 DNA 复制的试剂或过程。生殖毒性试验结果通常作为致突变效应的指标。

4.2.6 致癌性

4.2.6.1 致癌性分类、警示标签和警示性说明见 GB 20597。

4.2.6.2 致癌物一词是指可导致癌症或增加癌症发生率的化学物质或化学物质混合物。在实施良好的动物实验性研究中诱发良性和恶性肿瘤的物质也被认为是假定的或可疑的人类致癌物,除非有确凿证据显示该肿瘤形成机制与人类无关。

4.2.6.3 产生致癌危险的化学品的分类基于该物质的固有性质,并不提供关于该化学品的使用可能产生的人类致癌风险水平的信息。

4.2.7 生殖毒性

生殖毒性分类、警示标签和警示性说明见 GB 20598。

4.2.7.1 生殖毒性

生殖毒性包括对成年雄性和雌性性功能和生育能力的有害影响,以及在后代中的发育毒性。下面的定义是国际化学品安全方案/环境卫生标准第 225 号文件中给出的。

在本标准中,生殖毒性细分为两个主要标题:

a) 对性功能和生育能力的有害影响;

b) 对后代发育的有害影响。

有些生殖毒性效应不能明确地归因于性功能和生育能力受损害或者发育毒性。尽管如此,具有这些效应的化学品将划为生殖有毒物并附加一般危险说明。

4.2.7.2 对性功能和生育能力的有害影响

化学品干扰生殖能力的任何效应。这可能包括(但不限于)对雌性和雄性生殖系统的改变,对青春期的开始、配子产生和输送、生殖周期正常状态、性行为、生育能力、分娩怀孕结果的有害影响,过早生殖衰老,或者对依赖生殖系统完整性的其他功能的改变。

对哺乳期的有害影响或通过哺乳期产生的有害影响也属于生殖毒性的范围,但为了分类目的,对这样的效应进行了单独处理。这是因为对化学品对哺乳期的有害影响最好进行专门分类，这样就可以为处于哺乳期的母亲提供有关这种效应的具体危险警告。

4.2.7.3 **对后代发育的有害影响**

从其最广泛的意义上来说，发育毒性包括在出生前或出生后干扰孕体正常发育的任何效应，这种效应的产生是由于受孕前父母一方的接触，或者正在发育之中的后代在出生前或出生后性成熟之前这一期间的接触。但是，发育毒性标题下的分类主要是为了为怀孕女性和有生殖能力的男性和女性提出危险警告。因此，为了务实的分类目的，发育毒性实质上是指怀孕期间引起的有害影响，或父母接触造成的有害影响。这些效应可在生物体生命周期的任何时间显现出来。

发育毒性的主要表现包括：

a) 发育中的生物体死亡；

b) 结构异常畸形；

c) 生长改变；

d) 功能缺陷。

4.2.8 **特异性靶器官系统毒性——一次接触**

特异性靶器官系统毒性一次接触分类、警示标签和警示性说明见 GB 20599。

4.2.8.1 本条款的目的是提供一种方法，用以划分由于单次接触而产生特异性、非致命性靶器官/毒性的物质。所有可能损害机能的，可逆和不可逆的，即时和/或延迟的并且在 4.2.1～4.2.7 中未具体论述的显著健康影响都包括在内。

4.2.8.2 分类可将化学物质划为特定靶器官有毒物，这些化学物质可能对接触者的健康产生潜在有害影响。

4.2.8.3 分类取决于是否拥有可靠证据，表明在该物质中的单次接触对人类或试验动物产生了一致的、可识别的毒性效应，影响组织/器官的机能或形态的毒理学显著变化，或者使生物体的生物化学或血液学发生严重变化，而且这些变化与人类健康有关。人类数据是这种危险分类的主要证据来源。

4.2.8.4 评估不仅要考虑单一器官或生物系统中的显著变化，而且还要考虑涉及多个器官的严重性较低的普遍变化。

4.2.8.5 特定靶器官毒性可能以与人类有关的任何途径发生，即主要以口服、皮肤接触或吸入途径发生。

4.2.9 **特异性靶器官系统毒性——反复接触**

特异性靶器官系统毒性反复接触分类、警示标签和警示性说明见 GB 20601。

4.2.9.1 本条款的目的是对由于反复接触而产生特定靶器官/毒性的物质进行分类。所有可能损害机能的，可逆和不可逆的，即时和/或延迟的显著健康影响都包括在内。

4.2.9.2 分类可将化学物质划为特定靶器官/有毒物，这些化学物质可能对接触者的健康产生潜在有害影响。

4.2.9.3 分类取决于是否拥有可靠证据，表明在该物质中的单次接触对人类或试验动物产生了一致的、可识别的毒性效应，影响组织/器官的机能或形态的毒理学显著变化，或者使生物体的生物化学或血液学发生严重变化，而且这些变化与人类健康有关。人类数据是这种危险分类的主要证据来源。

4.2.9.4 评估不仅要考虑单一器官或生物系统中的显著变化，而且还要考虑涉及多个器官的严重性较低的普遍变化。

4.2.9.5 特定靶器官/毒性可能以与人类有关的任何途径发生，即主要以口服、皮肤接触或吸入途径发生。

4.2.10 **吸入危险**

注：本危险性我国还未转化成为国家标准。

4.2.10.1　本条款的目的是对可能对人类造成吸入毒性危险的物质或混合物进行分类。

4.2.10.2　“吸入”指液态或固态化学品通过口腔或鼻腔直接进入或者因呕吐间接进入气管和下呼吸系统。

4.2.10.3　吸入毒性包括化学性肺炎、不同程度的肺损伤或吸入后死亡等严重急性效应。

4.2.10.4　吸入开始是在吸气的瞬间，在吸一口气所需的时间内，引起效应的物质停留在咽喉部位的上呼吸道和上消化道交界处时。

4.2.10.5　物质或混合物的吸入可能在消化后呕吐出来时发生。这可能影响到标签，特别是如果由于急性毒性，可能考虑消化后引起呕吐的建议。不过，如果物质/混合物也呈现吸入毒性危险，引起呕吐的建议可能需要修改。

4.2.10.6　特殊考虑事项

a)　审阅有关化学品吸入的医学文献后发现有些烃类（石油蒸馏物）和某些烃类氯化物已证明对人类具有吸入危险。伯醇和甲酮只有在动物研究中显示吸入危险。

b)　虽然有一种确定动物吸入危险的方法已在使用，但还没有标准化。动物试验得到的正结果只能用作可能有人类吸入危险的指导。在评估动物吸入危险数据时必须慎重。

c)　分类标准以运动黏度作基准。式(1)用于动力黏度和运动黏度之间的换算：

$$\nu = \frac{\eta}{\rho} \qquad \cdots\cdots(1)$$

式中：

ν——运动黏度，单位为平方毫米每秒(mm^2/s)；

η——动力黏度，单位为毫帕秒(mPa·s)；

ρ——密度，单位为克每立方厘米(g/cm^3)。

d)　气溶胶/烟雾产品的分类

气溶胶/烟雾产品通常分布在密封容器、扳机式和按钮式喷雾器等容器内。这些产品分类的关键是，是否有一团液体在喷嘴内形成，因此可能被吸出。如果从密封容器喷出的烟雾产品是细粒的，那么可能不会有一团液体形成。另一方面，如果密封容器是以气流形式喷出产品，那么可能有一团液体形成然后可能被吸出。一般来说，扳机式和按钮式喷雾器喷出的烟雾是粗粒的，因此可能有一团液体形成然后可能被吸出。如果按钮装置可能被拆除，因此内装物可能被吞咽，那么就应当考虑产品的分类。

4.3　环境危险

4.3.1　危害水生环境

对水环境的危害分类、警示标签和警示性说明见 GB 20602。

4.3.2　急性水生毒性是指物质对短期接触它的生物体造成伤害的固有性质。

a)　物质的可用性是指该物质成为可溶解或分解的范围。对金属可用性来说，则指金属(Mo)化合物的金属离子部分可以从化合物(分子)的其他部分分解出来的范围。

b)　生物利用率是指一种物质被有机体吸收以及在有机体内一个区域分布的范围。它依赖于物质的物理化学性质、生物体的解剖学和生理学、药物动力学和接触途径。可用性并不是生物利用率的前提条件。

c)　生物积累是指物质以所有接触途径(即空气、水、沉积物/土壤和食物)在生物体内吸收、转化和排出的净结果。

d)　生物浓缩是指一种物质以水传播接触途径在生物体内吸收、转化和排出的净结果。

e)　慢性水生毒性是指物质在与生物体生命周期相关的接触期间对水生生物产生有害影响的潜在性质或实际性质。

f) 复杂混合物或多组分物质或复杂物质是指由不同溶解度和物理化学性质的单个物质复杂混合而成的混合物。在大部分情况下，它们可以描述为具有特定碳链长度/置换度数目范围的同源物质系列。

g) 降解是指有机分子分解为更小的分子，并最后分解为二氧化碳、水和盐。

4.3.3 基本要素

a) 基本要素是：
急性水生毒性；
潜在或实际的生物积累；
有机化学品的降解(生物或非生物)；和
慢性水生毒性。

b) 最好使用通过国际统一试验方法得到的数据。一般来说，淡水和海生物种毒性数据可被认为是等效数据，这些数据建议根据良好实验室规范(GLP)的各项原则，符合GB/T 22272～GB/T 22278良好实验室规范(GLP)系列标准。

4.3.4 急性水生毒性

4.3.5 生物积累潜力

4.3.6 快速降解性

a) 环境降解可能是生物性的，也可能是非生物性的(例如水解)。

b) 诸如水解之类的非生物降解、非生物和生物主要降解、非水介质中的降解和环境中已证实的快速降解都可以在定义快速降解性时加以考虑。

4.3.7 慢性水生毒性

慢性毒性数据不像急性数据那么容易得到，而且试验程序范围也未标准化。

5 危险性公示

5.1 危险性公示：标签

5.1.1 标签涉及的范围

制定GHS标签的程序：

a) 分配标签要素；

b) 印制符号；

c) 印制危险象形图；

d) 信号词；

e) 危险说明；

f) 防范说明和象形图；

g) 产品和供应商标识；

h) 多种危险和信息的先后顺序；

i) 表示GHS标签要素的安排；

j) 特殊的标签安排。

5.1.2 标签要素

关于每个危险种类的各个标准均用表格详细列述了已分配给GHS每个危险类别的标签要素(符号、信号词、危险说明)。危险类别反映统一分类的标准。

5.1.3 印制符号

下列危险符号是GHS中应当使用的标准符号。除了将用于某些健康危险的新符号，即感叹号及鱼和树之外，它们都是规章范本使用的标准符号集的组成部分，见图1。

火 焰	圆圈上方火焰	爆炸弹

腐 蚀	高压气瓶	骷髅和交叉骨

感叹号	环 境	健康危险

图 1 GHS 中应当使用的标准符号

5.1.4 印制象形图和危险象形图

5.1.4.1 象形图指一种图形构成，它包括一个符号加上其他图形要素，如边界、背景图样或颜色，意在传达具体的信息。

5.1.4.2 形状和颜色

5.1.4.2.1 GHS 使用的所有危险象形图都应是设定在某一点的方块形状。

5.1.4.2.2 对于运输，应当使用规章范本规定的象形图(在运输条例中通常称为标签)。规章范本规定了运输象形图的规格，包括颜色、符号、尺寸、背景对比度、补充安全信息(如危险种类)和一般格式等。运输象形图的规定尺寸至少为 100 mm×100 mm，但非常小的包装和高压气瓶可以例外，使用较小的象形图。运输象形图包括标签上半部的符号。规章范本要求将运输象形图印刷或附在背景有色差的包装上。以下例子是按照规章范本制作的典型标签，用来标识易燃液体危险，见图 2。

图 2 《联合国规章范本》中易燃液体的象形图

(符号：火焰；黑色或白色；背景：红色；下角为数字 3；最小尺寸 100 mm×100 mm)

5.1.4.2.3　GHS(与规章范本的不同)规定的象形图，应当使用黑色符号加白色背景，红框要足够宽，以便醒目。不过，如果此种象形图用在不出口的包装的标签上，主管当局也可给予供应商或雇主酌情处理权，让其自行决定是否使用黑边。此外，在包装不为规章范本所覆盖的其他使用背景下，主管当局也可允许使用规章范本的象形图。以下例子是GHS的一个象形图，用来标识皮肤刺激物(见图3)。

5.2　分配标签要素

5.2.1　规章范本所覆盖的包装所需要的信息

在出现规章范本象形图的标签上，不应出现GHS的象形图。危险货物运输不要求使用的GHS象形图，象形图不应出现在散货箱、公路车辆或铁路货车/罐车上。

5.2.2　GHS标签所需的信息(见图3)

图3　皮肤刺激物象形图

5.2.2.1　信号词

信号词指标签上用来表明危险的相对严重程度和提醒读者注意潜在危险的单词。GHS使用的信号词是“危险”和“警告”。“危险”用于较为严重的危险类别(即主要用于第1类和第2类)，而“警告”用于较轻的类别。关于每个危险种类的各个章节均以图表详细列出了已分配给GHS每个危险类别的信号词。

5.2.2.2　危险性说明

危险说明指分配给一个危险种类和类别的短语，用来描述一种危险产品的危险性质，在情况合适时还包括其危险程度。关于每个危险种类的各个章节均以标签要素表详细列出了已分配给GHS每个危险类别的危险说明。

危险说明和每项说明专用的标定代码列于《化学品分类、警示标签和警示性说明安全规范》系列标准中。危险说明代码用作参考。此种代码并非危险说明案文的一部分，不应用其替代危险说明案文。

5.2.2.3　防范说明和象形图

防范说明指一个短语(和(或)象形图)，说明建议采取的措施，以最大限度地减少或防止因接触某种危险物质或因对它存储或搬运不当而产生的不利效应。GHS的标签应当包括适当的防范信息，但防范信息的选择权属于标签制作者或主管当局。附录A和附录B中有可以使用的防范说明的例子和在主管当局允许的情况下可以使用的防范象形图的例子。

5.2.2.4　产品标识符

5.2.2.4.1　在GHS标签上应使用产品标识符，而且标识符应与安全数据单上使用的产品标识符相一致。如果一种物质或混合物为规章范本所覆盖，包装上还应使用联合国正确的运输名称。

5.2.2.4.2　物质的标签应当包括物质的化学名称。在急性毒性、皮肤腐蚀或严重眼损伤、生殖细胞突变性、致癌性、生殖毒性、皮肤或呼吸道敏感或靶器官系统毒性出现在混合物或合金标签上时，标签上应当包括可能引起这些危险的所有成分或合金元素的化学名称。主管当局也可要求在标签上列出可能导致混合物或合金危险的所有成分或合金元素。

5.2.2.4.3　如果一种物质或混合物专供工作场所使用，主管当局可选择将处理权交给供应商，让其决定是将化学名称列入安全数据单上还是列在标签上。

5.2.2.4.4　主管当局有关机密商业信息的规则优先于有关产品标识的规则。这就是说，在某种成分通常被列在标签上的情况下，如果它符合主管当局关于机密商业信息的标准，那就不必将它的名称列在标签上。

5.2.2.4.5　供应商标识

标签上应当提供物质或混合物的生产商或供应商的名称、地址和电话号码。

5.3　多种危险和危险信息的先后顺序

在一种物质或混合物的危险不只是GHS所列一种危险时，可适用以下安排。因此，在一种制度不在标签上提供有关特定危险的信息的情况下，应相应修改这些安排的适用性。

5.3.1　图形符号分配的先后顺序

对于规章范本所覆盖的物质和混合物，物理危险符号的先后顺序应遵循规章范本的规则。在工作场所的各种情况中，主管当局可要求使用物理危险的所有符号。对于健康危险，适用以下先后顺序原则：

a)　如果适用骷髅和交叉骨，则不应出现感叹号；

b)　如果适用腐蚀符号，则不应出现感叹号，用以表示皮肤或眼刺激；

c)　如果出现有关呼吸道敏感的健康危险符号，则不应出现感叹号，用以表示皮肤敏感或皮肤或眼刺激。

5.3.2　信号词分配的先后顺序

如果适用信号词“危险”，则不应出现信号词“警告”。

5.3.3　危险性说明分配的先后顺序

所有分配的危险说明都应出现在标签上。主管当局可规定它们的出现顺序。

5.4　GHS标签要素的显示安排

5.4.1　GHS信息在标签上的位置

应将GHS的危险象形图、信号词和危险说明一起印制在标签上。主管当局可规定它们以及防范信息的展示布局，主管当局也可让供应商酌情处理。具体的指导和例子载于关于个别危险种类的各个标准中。

5.4.2　补充信息

主管当局对是否允许使用不违反GHS中关于对非标准化与补充信息规定的信息拥有处理权。主管当局可规定这种信息在标签上的位置，也可让供应商酌定。不论采用何种方法，补充信息的安排不应妨碍GHS信息的识别。

5.4.3　象形图外颜色的使用

颜色除了用于象形图中，还可用于标签的其他区域，以执行特殊的标签要求，如将农药色带用于信号词和危险说明或用作它们的背景，或执行主管当局的其他规定。

5.5　特殊标签安排

主管当局可允许在标签和安全数据单上，或只通过安全数据单公示有关致癌物、生殖毒性和靶器官系统毒性反复接触的某些危险信息（有关这些种类的相关临界值的详细情况，见具体各章）。同样，对于金属和合金，在它们大量而不是分散供应时，主管当局可允许只通过安全数据单公示危险信息。

5.5.1　工作场所的标签

5.5.1.1　属于GHS范围内的产品将在供应工作场所的地点贴上GHS标签，在工作场所，标签应一直保留在提供的容器上。GHS的标签或标签要素也应用于工作场所的容器（见附录C）。不过，主管当局可允许雇主使用替代手段，以不同的书面或显示格式向工人提供同样的信息，如果此种格式更适合于工作场所而且与GHS标签能同样有效地公示信息的话。例如，标签信息可显示在工作区而不是在单个容器上。

5.5.1.2　如果危险化学品从原始供应商容器倒入工作场所的容器或系统，或化学品在工作场所生产但不用预定用于销售或供应的容器包装，通常需要使用替代手段向工人提供GHS标签所载信息。在工作场所生产的化学品可以用许多不同的方法容纳或存储，例如，为了进行试验或分析而收集的小样品、包括阀门在内的管道系统、工艺过程容器或反应容器、矿车、传送带或独立的固体散装存储。采用成批制造工艺过程时，可以使用一个混合容器容纳若干不同的化学混合物。

5.5.1.3 在许多情况下，例如由于容器尺寸的限制或不能使用工艺过程容器，制作完整的 GHS 标签并将它附着在容器上是不切实际的。在工作场所的一些情况下，化学品可能会从供应商容器中移出，这方面的部分例子有：用于实际或分析的容器、存储容器、管道或工艺过程反应系统或工人在短时限内使用化学品时使用的临时容器。对于打算立即使用的移出的化学品，可标上其主要组成部分并请使用者直接参阅供应商的标签信息和安全数据单。

5.5.1.4 所有此类制度都应确保危险公示的清楚明确。应当训练工人，使其了解工作场所使用的具体公示方法。替代方法的例子包括：将产品标识符与 GHS 符号和其他象形图结合使用，以说明防范措施；对于复杂系统，将工艺流程图与适当的安全数据单结合使用，以标明管道和容器中所装的化学品；对于管道系统和加工设备，展示 GHS 的符号、颜色和信号词；对于固定管道，使用永久性布告；对于批料混合容器，将批料单或处方贴在它们上面，以及在管道带上印上危险符号和产品标识符。

5.5.2 基于伤害可能性的消费产品标签

所有制度都应使用基于危险的 GHS 分类标准，然而主管当局可授权使用提供基于伤害可能性的信息的消费标签制度（基于风险的标签）。在后一种情况下，主管当局将制定用来确定产品使用的潜在接触和风险的程序。基于这种方法的标签提供有关认定风险的有针对性的信息但可能不包括有关慢性健康效应的某些信息（例如反复接触后的靶器官系统毒性、生殖毒性和致癌性），这些信息将出现在只基于危险的标签上。

5.5.3 触觉警告

如果使用触觉警告应符合 ISO 11683:1997。

5.6 危险性公示：安全数据单（SDS）

5.6.1 确定是否应当制作 SDS 的标准

应当为符合 GHS 中物理、健康或环境危险统一标准的所有物质和混合物及含有符合致癌性、生殖毒性或靶器官系统毒性标准且浓度超过混合物标准所规定的安全数据单临界极限的物质的所有混合物制作安全数据单，见 GB/T 16483。主管当局还可要求为不符合危险类别标准但含有某种浓度的危险物质的混合物制作安全数据单。

5.6.2 关于编制 SDS 的一般指导

5.6.2.1 临界值/浓度极限值

a) 应根据表 1 所示通用临界值/浓度极限值提供安全数据单。

表 1 每个健康和环境危险种类的临界值/浓度极限值

危险种类	临界值/浓度极限值
急性毒性	≥1.0%
皮肤腐蚀/刺激	≥1.0%
严重眼损伤/眼刺激	≥1.0%
呼吸/皮肤过敏作用	≥1.0%
生殖细胞致突变性：第 1 类	≥0.1%
生殖细胞致突变性：第 2 类	≥1.0%
致癌性	≥0.1%
生殖毒性	≥0.1%
特定靶器官系统毒性（单次接触）	≥1.0%
特定靶器官系统毒性（重复接触）	≥1.0%
危害水生环境	≥1.0%

b) 可能出现这样的情况，即现有的危险数据可能证明，基于其他临界值/浓度极限值的分类比基于关于健康和环境危险种类的各章所规定的通用临界值/浓度极限值的分类更合理。在此类具体临界值用于分类时，它们也应适用于编制 SDS 的义务。

c) 主管当局可能要求为这样的混合物编制 SDS：它们由于适用加和性公式而不进行急性毒性或水生毒性分类，但它们含有浓度等于或大于 1％的急性有毒物质或对水生环境有毒的物质。

d) 主管当局可能决定不对一个危险种类内的某些类别实行管理。在此种情况下，没有义务编制 SDS。

e) 一旦弄清某种物质或混合物需要 SDS，那么需要列入 SDS 中的信息在所有情况下都应按照 GHS 的要求提供。

5.6.2.2 SDS 的格式

安全数据单中的信息应按 16 个项目提供，见附录 D。

5.6.2.3 SDS 的内容

a) SDS 应清楚说明用来确定危险的数据。如果可适用和可获得，附录 B 中的最低限度的信息应列在安全数据单的有关标题下。如果在某一特定小标题下具体的信息不能适用或不能获得，则 SDS 应予以明确指出。主管当局可要求提供补充信息。

b) 有些小标题实际上涉及到国家性或区域性信息，如“欧洲联盟委员会编号”和“职业接触极限”。供应商或雇主应将适当的、与 SDS 所针对和产品所供应的国家或区域有关的信息收列在此类小标题下。

c) 根据 GHS 的要求编制 SDS 的编写见 GB/T 16483。

附　录　A
（资料性附录）
防范说明示例

A.1　爆炸物防范说明示例，见图 A.1。

爆炸物
（见 4.1.1）

图形符号

爆炸的炸弹

危险类别	信号词	危险性说明
不稳定爆炸物	危险	不稳定爆炸物　H200

防范说明			
预　防	反　应	贮　存	处　置
P201 在使用前获取特别指示 P202 在读懂所有安全防范措施之前勿搬动 P281 使用所需的个人防护装备	P372 烧到爆炸物时切勿救火。 P373 火灾时可能爆炸。 P380 火灾时，撤离灾区。	P401 贮存…… ……按照地方/区域/国家/国际规章（待规定）。	P501 处置内装物容器…… ……按照地方/区域/国家/国际规章（待规定）。

图 A.1

A.2 急性毒性——口服防范说明示例，见图 A.2。

急性毒性——口服

（见 4.2.1）

图形符号

骷髅和交叉骨

危险类别	信号词	危险性说明
1	危险	吞咽致命
2	危险	H300

防范说明			
预防	反应	贮存	处置
P264 作业后彻底清洗……。 ……制造商/供应商或主管当局规定作业后需清洗的身体部位。 P270 使用本产品时不得进食、饮水或吸烟。	P301 + P310 如误吞咽：立即呼叫解毒中心或医生。 P321 具体治疗（见本标签上的……）。 ……参看附加急救指示。 ——如需立即施用解毒药。 P330 漱口。	P405 存放处须加锁。	P501 处置内装物/容器……。 ……按照地方/区域/国家/国际规章（待规定）。

图 A.2

A.3 危害水生环境——急性危险防范说明示例，见图 A.3。

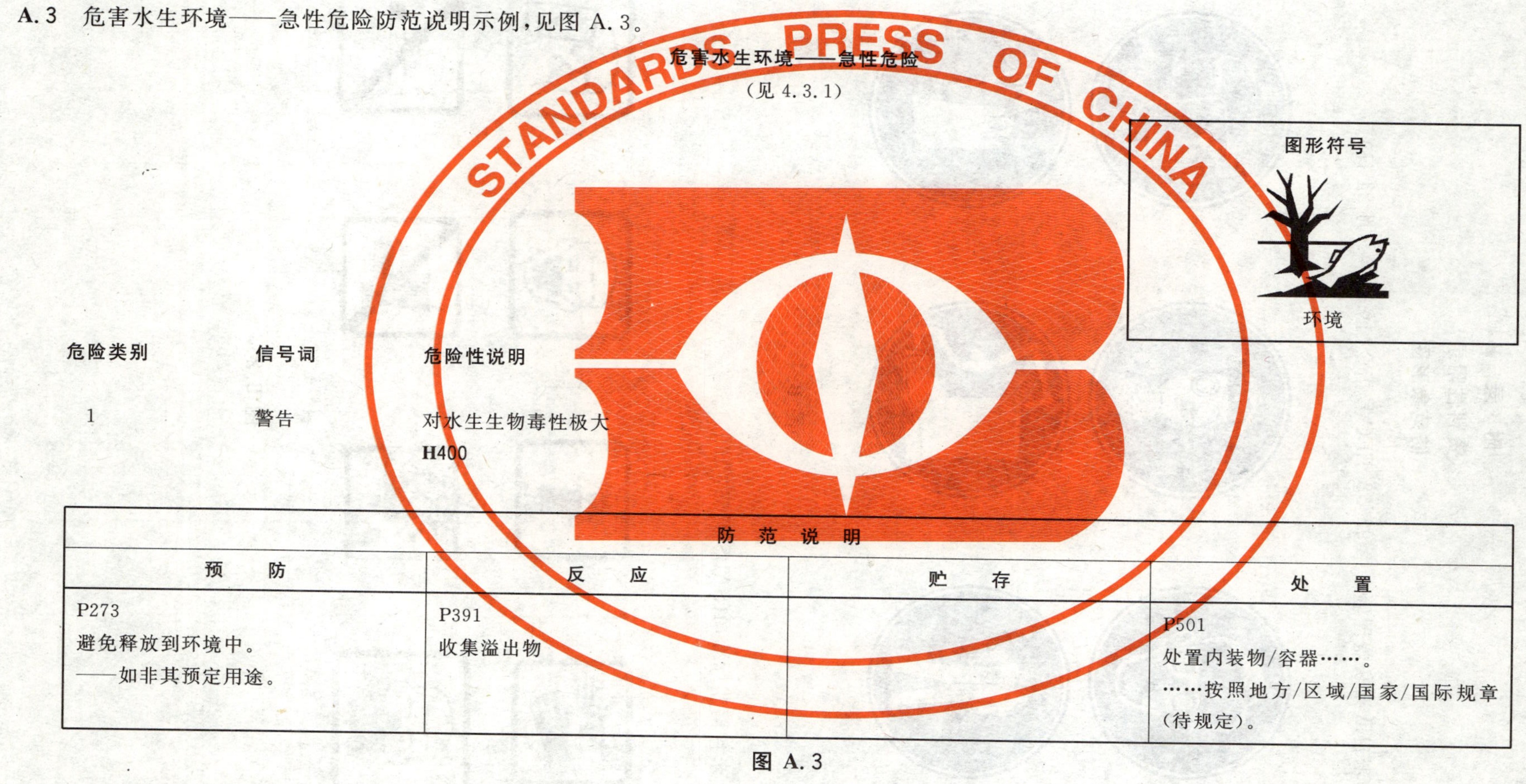

危害水生环境——急性危险

（见 4.3.1）

图形符号

环境

危险类别	**信号词**	**危险性说明**
1	警告	对水生生物毒性极大 **H400**

防范说明			
预　　防	**反　　应**	**贮　　存**	**处　　置**
P273 避免释放到环境中。 ——如非其预定用途。	P391 收集溢出物		P501 处置内装物/容器……。 ……按照地方/区域/国家/国际规章（待规定）。

图 A.3

附　录　B
（资料性附录）
防范象形图

B.1　图 B.1 来自欧洲联盟理事会第 92/58/EEC 号指令(1992 年 6 月 24 日)。

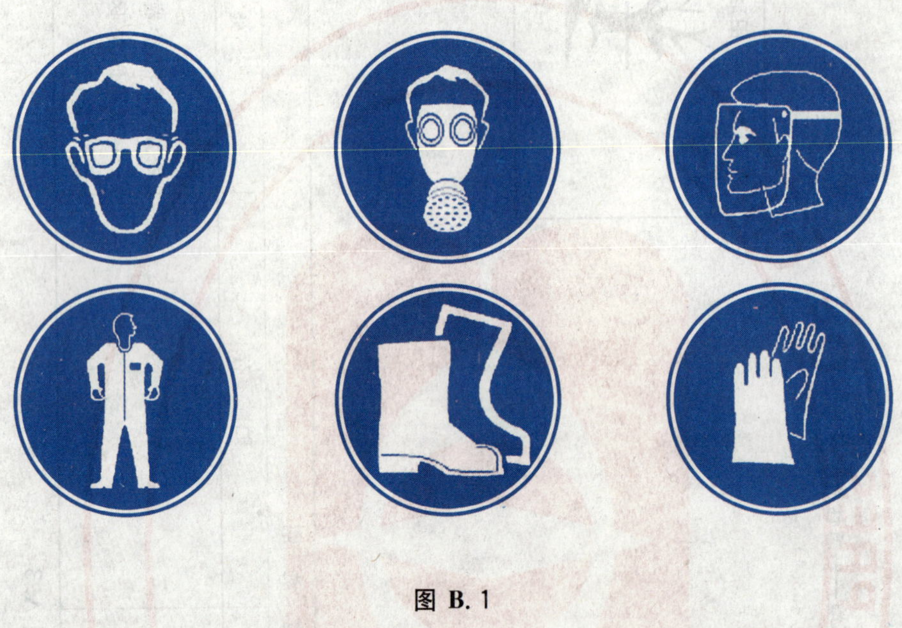

图 B.1

B.2　图 B.2 来自南非标准局(SABS 0265：1999)。

图 B.2

附 录 C
（资料性附录）
GHS 标签样例

C.1 例子：第 2 类易燃液体的组合容器，见图 C.1。

C.1.1 外容器：带易燃液体运输标签的箱[1]。

C.1.2 内容器：带 GHS 危险警告标签的塑料瓶[2]。

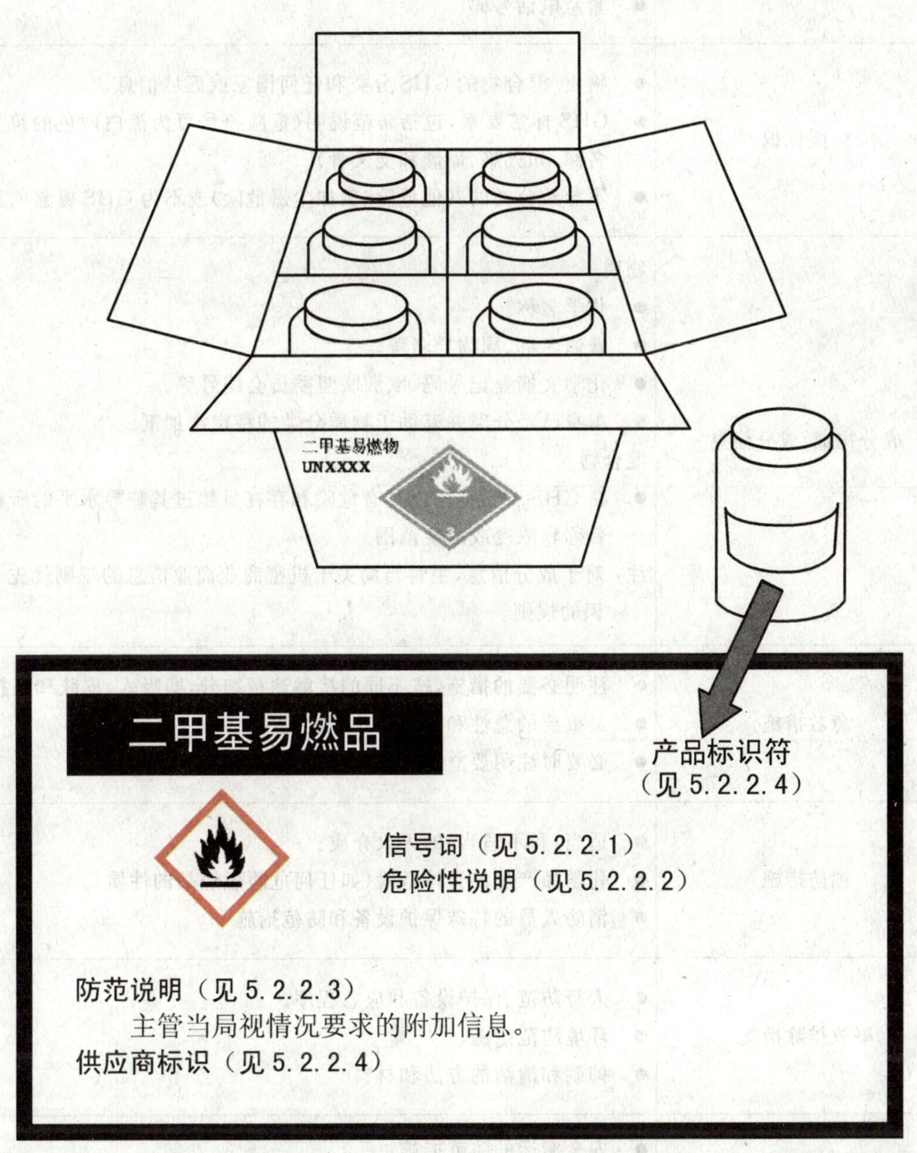

图 C.1

1) 外容器仅要求有规章范本易燃液体运输标记和标签。

2) 内容器标签可使用规章范本规定的易燃液体象形图替代 GHS 象形图。

附 录 D
（资料性附录）
安全数据单最低限度的信息

1	物质或化合物和供应商的标识	● GHS产品标识符。 ● 其他标识手段。 ● 化学品使用建议和使用限制。 ● 供应商的详细情况(包括名称、地址、电话号码等)。 ● 紧急电话号码
2	危险标识	● 物质/混合物的GHS分类和任何国家或区域信息。 ● GHS标签要素，包括防范说明(危险符号可为黑白两色的符号图形或符号名称，如火焰、骷髅和交叉骨)。 ● 不导致分类的其他危险(例如尘爆危险)或不为GHS覆盖的其他危险
3	成分构成/成分信息	物质 ● 化学名称。 ● 普通名称、同物异名等。 ● 化学文摘登记号码、欧洲联盟委员会编号等。 ● 本身已经分类并有助于物质分类的稳定添加剂。 混合物 ● 在GHS含义范围内具有危险和存在量超过其临界水平的所有成分的化学名称和浓度或浓度范围。 注：对于成分信息，主管当局关于机密商业商业信息的规则优先于关于产品标识的规则。
4	急救措施	● 注明必要的措施，按不同的接触途径细分，即吸入、皮肤和眼接触及摄入。 ● 最重要的急性和延迟症状/效应。 ● 必要时注明要立即就医及所需特殊治疗
5	消防措施	● 适当(和不适当)的灭火介质。 ● 化学品产生的具体危险(如任何危险燃烧品的性质)。 ● 消防人员的特殊保护设备和防范措施
6	事故排除措施	● 人身防范、保护设备和应急程序。 ● 环境防范措施。 ● 抑制和清洁的方法和材料
7	搬运和存储	● 安全搬运的防范措施。 ● 安全存储的条件，包括任何不相容性
8	接触控制/人身保护	● 控制参数，如职业接触极限值或生物极限值。 ● 适当的工程控制。 ● 个人保护措施，如人身保护设备

续表

9	物理和化学特性	● 外观(物理状态、颜色等)。 ● 气味。 ● 气味阈值。 ● pH 值。 ● 熔点/凝固点。 ● 初始沸点和沸腾范围。 ● 闪点。 ● 蒸发速率。 ● 易燃性(固态、气态)。 ● 上下易燃极限或爆炸极限。 ● 蒸气压力。 ● 蒸气密度。 ● 相对密度。 ● 可溶性。 ● 分配系数:n-辛醇/水。 ● 自动点火温度。 ● 分解温度
10	稳定性和反应性	● 化学稳定性。 ● 危险反应的可能性。 ● 避免的条件(如静态卸载、冲击或振动)。 ● 不相容材料。 ● 危险的分解产品
11	毒理学信息	简洁但完整和全面地说明各种毒理学(健康)效应和可用来确定这些效应的现有数据,其中包括: ● 关于可能的接触途径的信息(吸入、摄入、皮肤和眼接触); ● 有关物理、化学和毒理学特点的症状; ● 延迟和即时效应以及长期和短期接触引起的慢性效应; ● 毒性的数值度量(如急性毒性估计值)
12	生态信息	● 生态毒性(水生和陆生,如果有)。 ● 持久性和降解性。 ● 生物积累潜力。 ● 在土壤中的流动性。 ● 其他不利效应
13	处置考虑	1. 废物残留的说明和关于它们的安全搬运和处置方法的信息,包括任何污染包装的处置
14	运输信息	2. 联合国编号。 3. 联合国专有的装运名称。 4. 运输危险种类。 5. 包装组,如果适用。 6. 海洋污染物(是/否)。 7. 在其房地内外进行运输或传送时,用户需要遵守的特殊防范措施

续表

15	管理信息	8. 针对有关产品的安全、健康和环境条例
16	其他信息，包括关于安全数据单编制和修订的信息	

ICS 03.120.30
A 41

中华人民共和国国家标准

GB/T 13732—2009
代替 GB/T 13732—1992

粒度均匀散料抽样检验通则

General rules for sampling inspection of bulk materials with uniform size

2009-10-15 发布

2009-12-01 实施

中华人民共和国国家质量监督检验检疫总局
中国国家标准化管理委员会 发布

前言

本标准代替 GB/T 13732—1992《粒度均匀散料抽样检验通则》。

本标准与 GB/T 13732—1992 相比主要变化如下：

——按 GB/T 1.1—2000《标准化工作导则　第1部分：标准的结构和编写规则》的要求对标准格式进行了仔细修订；

——对"散料"、"份样"、"试样"等名词术语按 GB/T 3358 进行了重新定义，并给出了术语的英文名称；

——对 GB/T 13732—1992 中式(23)和式(25)中的错误进行了改正；

——对 GB/T 13732—1992 中部分符号的术语名称进行了调整。

本标准的附录 A、附录 B、附录 C 为规范性附录，附录 D 为资料性附录。

本标准由全国统计方法应用标准化技术委员会(SAC/TC 21)提出并归口。

本标准起草单位：中国标准化研究院、北京大学、中国科学院数学与系统科学研究院、北京工业大学。

本标准主要起草人：丁文兴、于振凡、汪仁官、张帆、谢田法、冯士雍。

本标准所代替标准的历次版本发布情况为：

——GB/T 13732—1992。

粒度均匀散料抽样检验通则

1 范围

本标准规定了粒度均匀散料抽样检验的一般原则、检验方法和程序。

本标准适用于粒度均匀散料(如粮食、原糖、化肥等)批或交付批平均质量水平的估计和验收检验。

2 规范性引用文件

下列文件中的条款通过本标准的引用而成为本标准的条款。凡是注日期的引用文件,其随后所有的修改单(不包括勘误的内容)或修订版均不适用于本标准,然而,鼓励根据本标准达成协议的各方研究是否可使用这些文件的最新版本。凡是不注日期的引用文件,其最新版本适用于本标准。

GB/T 3358.1 统计学词汇及符号 第1部分:一般统计术语与用于概率的术语(GB/T 3358.1—2009,ISO 3534-1:2006,IDT)

GB/T 3358.2 统计学词汇及符号 第2部分:应用统计(GB/T 3358.2—2009,ISO 3534-2:2006,IDT)

GB/T 4086(所有部分) 统计分布数值表

GB/T 4091 常规控制图(GB/T 4091—2001,idt ISO 8258:1991)

3 术语、定义和符号

3.1 术语和定义

GB/T 3358.1 和 GB/T 3358.2 确立的以及下列术语和定义适用于本标准。

3.1.1

散料 bulk materials

其组成部分在宏观水平上难以区分的材料。

3.1.2

粒度均匀散料 bulk materials with uniform size

个体单元间变异系数不大、符合规定要求的散料。

3.1.3

交付批 submitted lot

由生产方与使用方商定的一次提供的同种散料。交付批可由一批或多批散料构成。

3.1.4

批 lot

〈散料〉所考察的散料总体中,用以对特定特性进行测定的确定部分。

注:在商业上,散料一般只涉及一个批,在此情形,批即为总体。

3.1.5

批量 lot size

〈散料〉批中含有的散料重量,或含有的分装或份样的总数。

3.1.6

分装 bulk materials sampling unit

为了进行抽样而规定的构成整个批的互不相交的部分。分装可以是实际存在的(如包装散料),也可以是人为规划的(如散装散料)。

3.1.7

散装散料 non-packed bulk materials

不具有明确实际分装的散料。如一船无包装的原糖，一车皮无包装的粮食等，分装可由人为规划。

3.1.8

包装散料 packed bulk materials

具有明确实际分装的散料。如包装化肥、包装粮食、袋装原糖等。

3.1.9

份样 increment

〈散料〉用抽样装置一次抽取的一定量的散料。

注：份样量的确定一般须考虑以下因素：

a) 散料粒度的大小；

b) 抽样检验精度的要求；

c) 检验的费用；

d) 可操作性。

3.1.10

集样 composite sample

〈散料〉从批中按抽样规则抽取的两个或以上份样的集合。

3.1.11

大样 gross sample

〈散料〉用常规抽样程序取自批或子批的所有份样的集合。

3.1.12

试样 test sample

〈散料〉制备所得的可用于一次或数次测试或分析的样本。

3.1.13

样本缩分 sample division

〈散料〉通过不断搅拌、分割、四分法等手段将散料样本分成若干子样本，保留其中一个或几个子样本的样本制备操作。

3.1.14

首批检验 first test

对某种散料首次进行的抽样检验，或虽对该种散料进行过检验，但其质量波动情况没有可供参考的数据。

3.1.15

非首批检验 non-first test

对某种散料非首次进行的抽样检验，且对该种散料质量波动情况有历史数据做参考。

3.2 符号

下列符号适用于本标准。

μ：批某个质量特性的平均值。

$\overline{X}$：μ 的估计。

T：预定的估计精度。它描述了以一倍标准差表示的批平均质量水平估计值必须达到的精度。

σ_b^2：分装间方差。它描述了批内各分装间或层间某一质量特性的方差。

S_b^2：σ_b^2 的估计。

σ_w^2：分装内方差。它描述了分装内或层内份样间某一质量特性的方差。

S_w^2：σ_w^2 的估计。

σ_s^2：抽样方差。它描述了由于用抽取的份样的质量代表整个批的质量所引起的误差大小。其平方根 σ_s 即用来表示抽样精度。

S_s^2：σ_s^2 的估计。

σ_i^2：批内方差。它描述了批内份样间某一质量特性的方差。

S_i^2：σ_i^2 的估计。

$\sigma_{\overline{X}}$：$\overline{X}$ 的标准差，表示以标准差表示的批平均质量水平的样本估计值的精度。

$S_{\overline{X}}$：$\sigma_{\overline{X}}$ 的估计。

σ_M^2：测试方差。它描述了由测试试样引起的误差大小。

S_M^2：σ_M^2 的估计。

σ_D^2：缩分方差。它描述了份样并合和用缩分方法制备试样过程中所引起的误差大小。

S_D^2：σ_D^2 的估计。

n：从批中抽取的份样数。

n_b：从批中抽取的分装数。

n_w：从每个抽取的分装中抽取的份样数。

n_1^*：初始集样个数。

N：批量。

UCL：控制图上控制限。

CL：控制图中心线。

LCL：控制图下控制限。

R：极差。

S_{bm}^2：一系列同种散料批可能出现的 σ_b^2 的样本的最大值。

S_{wm}^2：一系列同种散料批可能出现的 σ_w^2 的样本的最大值。

S_{im}^2：一系列同种散料批可能出现的 σ_i^2 的样本的最大值。

u_p：标准正态分布 p 分位数。

γ：置信度。

d：双侧置信区间长度的一半。

α：生产方风险。

β：使用方风险。

μ_0：可接收质量水平。

μ_1：极限质量水平。

μ_0^U：上限可接收质量水平。

μ_0^L：下限可接收质量水平。

μ_1^U：上限极限质量水平。

μ_1^L：下限极限质量水平。

E：判定常数。

d'：标准化的距离。

4 批平均质量水平的估计

4.1 预定估计精度 *T* 的选取

在估计批平均质量水平前，必须预先规定精度 T 的值。T 的选取应考虑批量大小、抽样费用、被检材料的贵重程度，以及估计平均质量水平的目的等因素，可由生产方和使用方协商确定。

4.2 首批检验

4.2.1 包装散料检验

4.2.1.1 易于追加样本的情形

对易于追加样本的首批检验，估计批平均质量水平的程序如下(见图 1)：

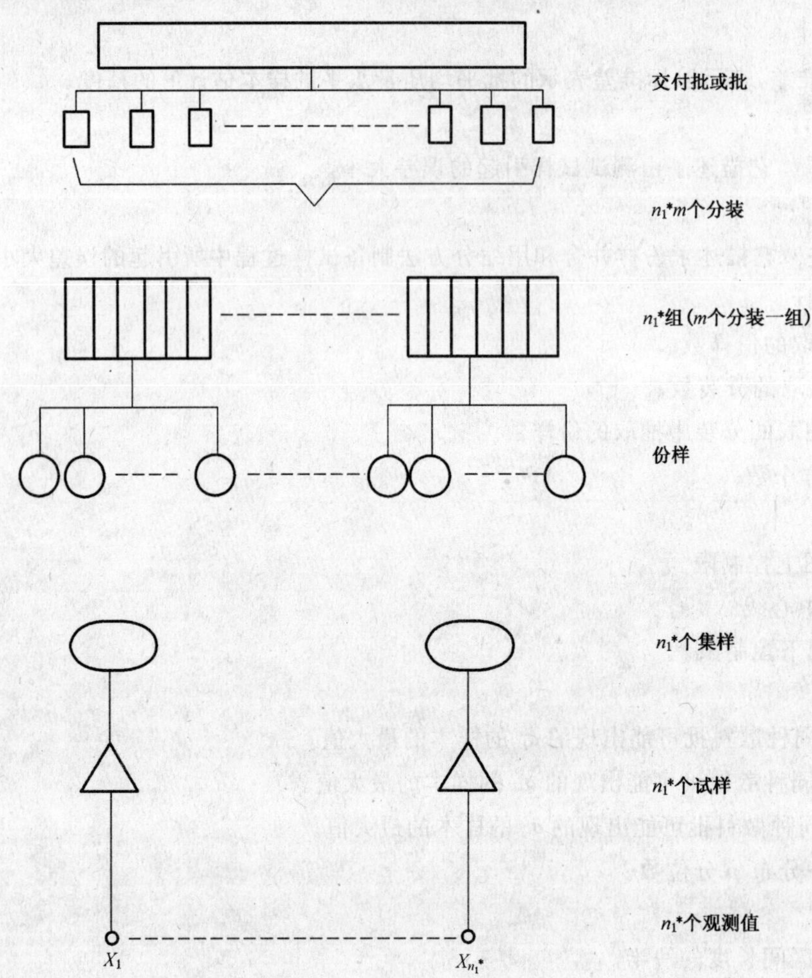

图 1

a) 确定应获取的初始集样个数 n_1^*，n_1^* 一般不小于 8。

b) 从批中，抽取 n_1^*m 个分装，一般取 $m=6$，再从抽中的每个分装中抽取若干个份样(份样量的选取见第 6 章)，每个分装抽取相同数量的份样。

注：这里假定分装大小相等，如分装大小变化很大时，应按比例抽取份样。

c) 将抽得的 n_1^*m 个分装随机分成 m 个分装一组，得 n_1^* 组，将同组内分装所取份样混合，获 n_1^* 个集样。

d) 将该 n_1^* 个集样，每个独立地制成一个试样，每个试样作一次测试，共得 n_1^* 个观测值，记为 $X_1, X_2, \cdots, X_{n_1^*}$

e) 计算 $\overline{X}^*$，S^*

$$\overline{X}^* = \frac{1}{n_1^*}\sum_{i=1}^{n_1^*} X_i \qquad \cdots\cdots(1)$$

$$S^* = \sqrt{\frac{1}{n_1^*-1}\sum_{i=1}^{n_1^*}(X_i-\overline{X}^*)^2} \qquad \cdots\cdots(2)$$

f) 计算 n_1

$$n_1 = \left(\frac{S^*}{T}\right)^2 \qquad \cdots\cdots(3)$$

g) 如果 $n_1 \leqslant n_1^*$，进入第 l)步，并令

$$\overline{X} = \overline{X}^* \qquad \cdots\cdots(4)$$

$$S = S^* \qquad \cdots\cdots(5)$$

如果 $n_1 > n_1^*$，进入第 h)步。

h) 从批中再抽取 $m(n_1 - n_1^*)$ 个分装，然后同第 b)、c)、d)步，对这些分装抽取份样并进行分组、缩分和测试，最后获得 n_1 个观测值(包括第 d)步的 n_1^* 个观测值)，并记为：$X_1, X_2, \cdots, X_{n_1}$。

i) 计算 $\overline{X}$，S

$$\overline{X} = \frac{1}{n_1}\sum_{i=1}^{n_1} X_i \qquad \cdots\cdots(6)$$

$$S = \sqrt{\frac{1}{n_1 - 1}\sum_{i=1}^{n_1}(X_i - \overline{X})^2} \qquad \cdots\cdots(7)$$

j) 计算 n'

$$n' = \left(\frac{S}{T}\right)^2 \qquad \cdots\cdots(8)$$

k) 如果 $n' > 1.2n_1$，则令 $n_1^* = n_1$，$n_1 = n'$ 回到第 h)步，否则进入第 l)步。

l) 计算 $S_{\overline{X}}$

$$S_{\overline{X}} = \frac{S}{\sqrt{n_1}} \qquad \cdots\cdots(9)$$

该批平均质量水平估计为 $\overline{X}$，估计精度为 $S_{\overline{X}}$。

m) 据 GB/T 4086 正态分布分位数表，查得 $u_{(1+\gamma)/2}$，μ 的置信度 γ 的双侧置信区间长度的一半为：

$$d = S_{\overline{X}}u_{(1+\gamma)/2} \qquad \cdots\cdots(10)$$

在置信度 γ 下，批平均质量水平置信下限为 $\overline{X} - d$，置信上限为 $\overline{X} + d$，简写为 $(\overline{X} - d, \overline{X} + d)$ (置信度 γ)。

4.2.1.2 难于追加样本的情形

对难于追加样本的首批检验，估计批平均质量水平的程序如下(见图 2)：

a) 根据经验或其他方法，估计该种散料的 S_{wm}^2 和 S_{bm}^2 值。

b) 用二级抽样法，从批中抽取 n_b 个分装，再从抽中的每个分装中抽取 n_w 个份样(份样量的选取见第 6 章)，n_b 和 n_w 的选取应满足：

$$T^2 = \left(1 - \frac{n_b}{N}\right)\frac{S_{bm}^2}{n_b} + \frac{S_{wm}^2}{n_b n_w} + \frac{S_M^2 + S_D^2}{8} \qquad \cdots\cdots(11)$$

注 1：规定 n_b 为 8 的倍数。式(11)中 N 是以分装为单位的批量。

注 2：满足式(11)的 n_b，n_w 组合有许多，应选取一个经济合理的组合，同时考虑到难于追加样本，应尽量多抽一些分装。

注 3：S_M^2 和 S_D^2 可采用本标准附录 B 中的方法进行预先估计。

c) 将抽取的 n_b 个分装随机分成大小相等的 8 个组，将同组内分装中所抽取的所有份样混合，得 8 个集样，对该 8 个集样每个独立地制成一个试样，每个试样作一次测试，得到 8 个观测值，分别记为 $X_1, \cdots, X_8$。

d) 计算 $\overline{X}$，$S_{\overline{X}}^2$

$$\overline{X} = \frac{1}{8}\sum_{i=1}^{8} X_i \qquad \cdots\cdots(12)$$

$$S_{\overline{X}}^2 = \frac{1}{8(8-1)}\sum_{i=1}^{8}(X_i - \overline{X})^2 \qquad \cdots\cdots(13)$$

e) 计算

$$E = \frac{S_{\overline{X}}^2}{T^2} \quad \cdots\cdots (14)$$

如果 $E \leqslant 2.0$，则认为式(11)中所用的 S_{bm}^2，S_{wm}^2，S_D^2 和 S_M^2 有效，否则在抽取的分装中，重复上述份样的抽取、并合、缩分、测试的程序(如图 2)，又获得 8 个观测值，与前一轮获得的 8 个观测值一起，求这 16 个值的算术平均值，并记该平均值为 $\overline{X}$。

f) 以 $\overline{X}$ 作为该批平均质量水平估计，则其估计精度不低于 T。

g) 据 GB/T 4086 正态分布分位数表，查得 $u_{(1+\gamma)/2}$，μ 的置信度 γ 的双侧置信区间长度的一半为：

$$d = T \cdot u_{(1+\gamma)/2} \quad \cdots\cdots (15)$$

因此在置信度为 γ 的水平下，批平均质量水平 μ 的置信区间为 $(\overline{X}-d, \overline{X}+d)$。

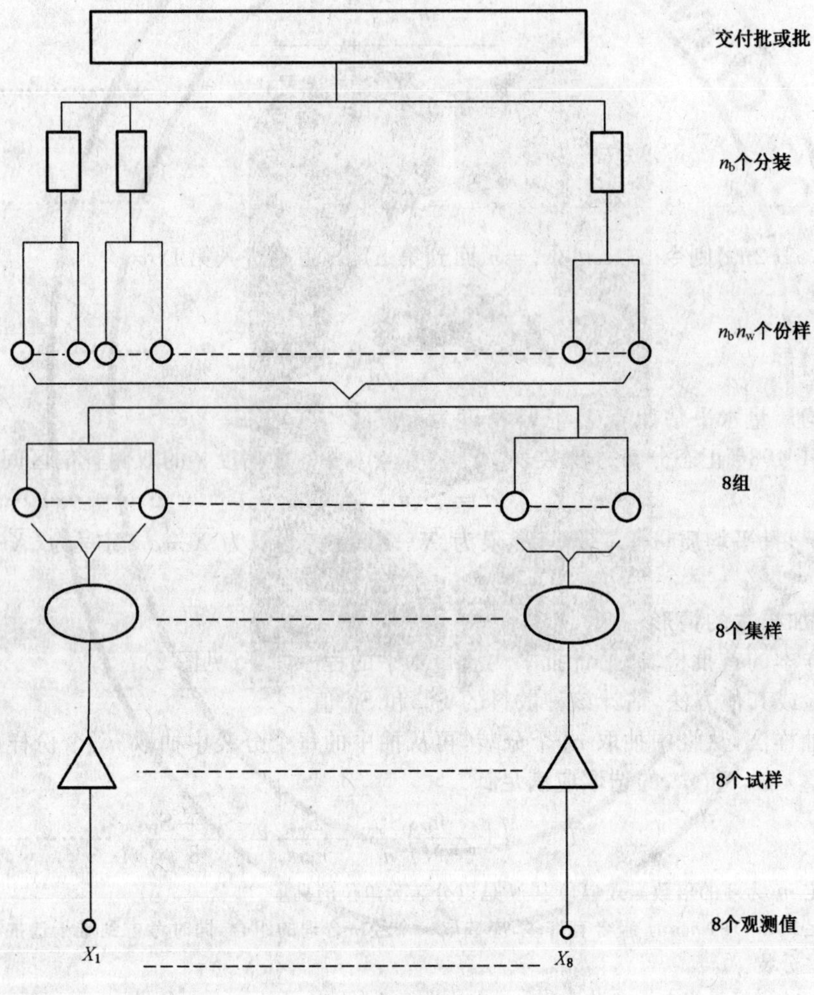

图 2

4.2.2 散装散料

4.2.2.1 易于追加样本的情形

对易于追加样本的首批检验，估计批平均质量水平的程序如下(见图 3)：

a) 同 4.2.1.1 的第 a)步；

b) 从批中抽取 mn_1^* 个份样，一般取 $m=6$；

c) 将所抽取的 mn_1^* 个份样随机分成 m 个份样组，得 n_1^* 组，将同组内的份样混合，获得 n_1^* 个集样；

d) 同 4.2.1.1 的第 d)步；

e) 同 4.2.1.1 的第 e)步；

f) 同 4.2.1.1 的第 f)步；

g) 同 4.2.1.1 的第 g)步；

h) 从批中抽取 $m(n_1-n_1^*)$ 个份样，然后同第 c)、d)步，对这些份样进行分组、缩分和测试，最后一共获得 n_1 个观测值(包括第 d)步的 n_1^* 个观测值)，记为 $X_1, X_2, \cdots, X_{n_1}$；

i) 同 4.2.1.1 的第 i)步；

j) 同 4.2.1.1 的第 j)步；

k) 同 4.2.1.1 的第 k)步；

l) 同 4.2.1.1 的第 l)步；

m) 同 4.2.1.1 的第 m)步。

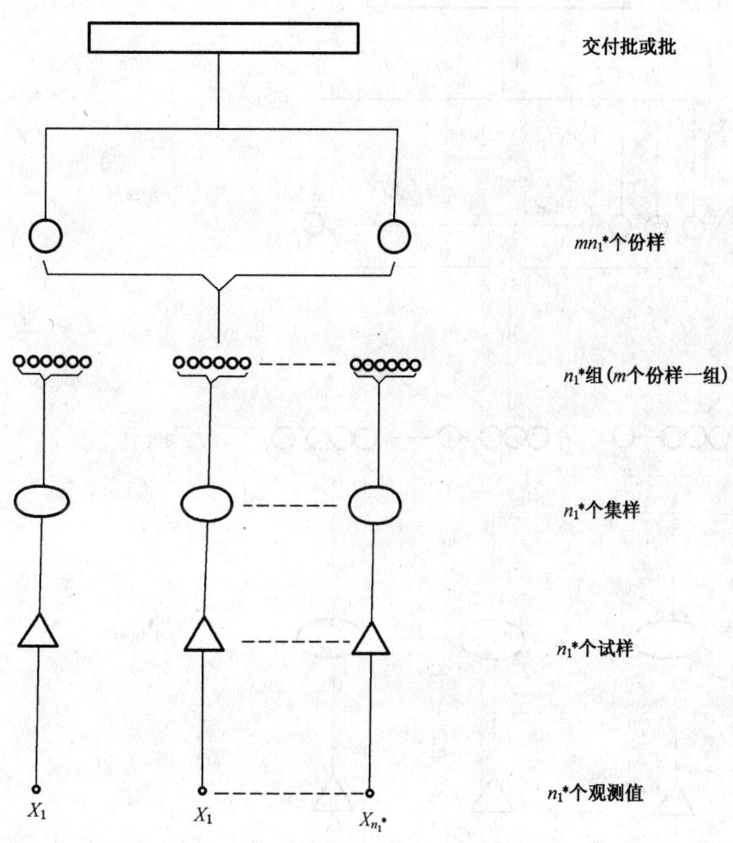

图 3

4.2.2.2 难于追加样本的情形

对难于追加样本的首批检验，估计批平均质量水平的程序如下(见图 4)：

a) 根据经验或其他方法，估计该种散料的 S_{im}^2 值。

b) 从批中抽取 n 个份样，n 满足：

$$T^2=\left(1-\frac{n}{N}\right)\frac{S_{im}^2}{n}+\frac{S_M^2+S_D^2}{8} \quad \cdots\cdots(16)$$

且规定 n 为 8 的倍数。式(16)中的 N 是以份样为单位的批量。

S_M^2 和 S_D^2 可采用本标准附录 B 中的方法预先得到。

c) 将抽得的 n 个份样，随机分成大小相等的 8 组，将同组内份样混合，得 8 个集样，对该 8 个集样每个独立地制成一个试样，每个试样作一次测试，共得 8 个观测值，记为 $X_1, X_2, \cdots, X_8$。

d) 同 4.2.1.2 的第 d)步。

e) 计算

$$E = \frac{S_{\bar{X}}^2}{T^2} \quad \cdots\cdots\cdots\cdots\cdots\cdots\cdots\cdots\cdots\cdots (17)$$

如果 $E \leqslant 2.0$，则认为式(16)中所用的 S_{im}^2，S_D^2 和 S_M^2 有效，否则，在获得的 8 个集样中，重复上述缩分、测试程序(见图 4)，又获得 8 个观测值，与前一轮获得的 8 个观测值一起，求该 16 个值的算术平均，记该平均值为 $\overline{X}$。

f) 同 4.2.1.2 的第 f)步。

g) 同 4.2.1.2 的第 g)步。

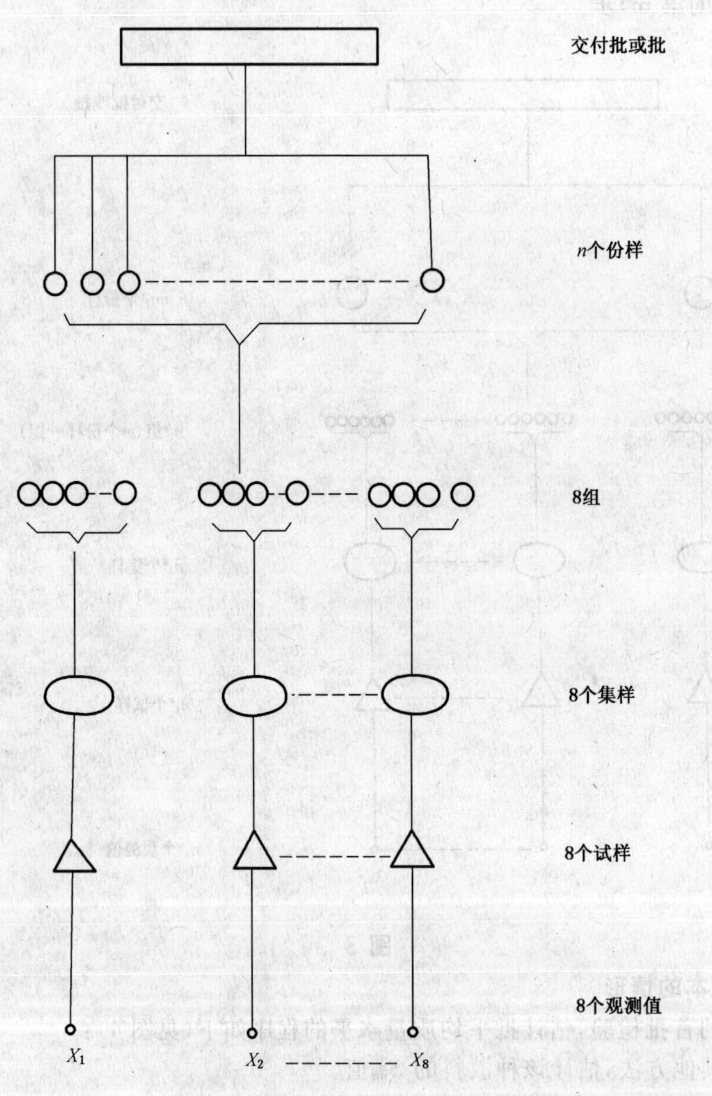

图 4

4.3 非首批检验

4.3.1 包装散料

包装散料的非首批检验，估计批平均质量水平的程序如下(见图 5)：

a) 利用历史数据获取 σ_b^2，σ_w^2，σ_D^2 和 σ_M^2 的估计 S_b^2，S_w^2，S_D^2 和 S_M^2；或用本标准附录 B 和附录 C 的方法获取 S_b^2，S_w^2，S_D^2 和 S_M^2。

b) 从批中抽取 n_b 个分装，再在每个抽取的分装中抽取 n_w 个份样（份样量的选取见第 6 章）。n_b 和 n_w 应满足：

$$T^2 = \left(1-\frac{n_b}{N}\right)\frac{S_b^2}{n_b}+\frac{S_w^2}{n_b n_w}+\frac{S_M^2}{4}+\frac{S_D^2}{2} \qquad (18)$$

且规定 n_w 为偶数。式(18)中 N 是以分装为单位的批量。

c) 将抽得的每一个分装中的份样按抽取的先后顺序编号，对奇数号份样和偶数号份样分别混合，得到 2 个集样，对每个集样独立制取一个试样，对每个试样进行两次独立测试，总计得到 4 个观测值，记为 X_1, X_2, X_3, X_4。

d) 制作两张控制图以检验各方差的稳定性。

第一张控制图检验测试方差 σ_M^2 的稳定性，该控制图的中心线及上、下控制限如下：

$$\begin{cases} UCL = 3.686 S_M \\ CL = 1.128 S_M \\ LCL = 0 \end{cases} \qquad (19)$$

若 $R_1 = |X_1 - X_2|$ 和 $R_2 = |X_3 - X_4|$ 都落在控制限内，说明测试方法稳定，进行第二张控制图的检验，否则，说明测试方法不稳定，应改进测试方法或增加重复测试的次数。

第二张控制图检验测试方差 σ_b^2，σ_w^2 和 σ_D^2 的稳定性，该控制图的中心线及上、下控制限如下：

$$\begin{cases} UCL = 3.686\sqrt{\left(1-\frac{n_b}{N}\right)\frac{S_b^2}{n_b}+\frac{2S_w^2}{n_b n_w}+\frac{S_M^2}{2}+S_D^2} \\ CL = 1.128\sqrt{\left(1-\frac{n_b}{N}\right)\frac{S_b^2}{n_b}+\frac{2S_w^2}{n_b n_w}+\frac{S_M^2}{2}+S_D^2} \\ LCL = - \end{cases} \qquad (20)$$

若 $\left|\frac{X_1+X_2}{2}-\frac{X_3+X_4}{2}\right|$ 落在控制限内，说明分装内方差以及缩分方差稳定，直接进入第 e) 步；否则，说明分装内方差或(和)缩分方差不稳定，应改用 4.2 中的首批检验程序。

e) 该批平均质量水平估计为：

$$\overline{X} = \frac{1}{4}\sum_{i=1}^{4} X_i \qquad (21)$$

其估计精度为 T。

f) μ 的置信度 γ 的双侧置信区间长度的一半为：

$$d = T \cdot u_{(1+\gamma)/2} \qquad (22)$$

批平均质量水平为 $(\overline{X}-d, \overline{X}+d)$（置信度 γ）。

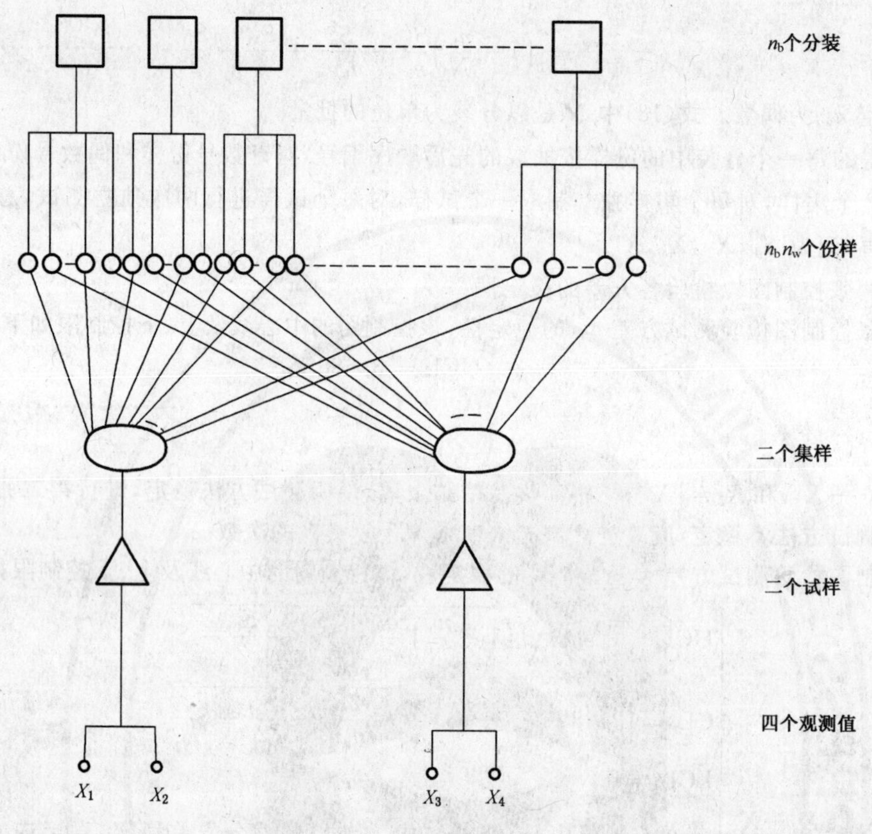

图 5

4.3.2　散装散料

散装散料的非首批检验，估计批平均质量水平的程序如下（见图 6）：

a)　利用历史数据获取 σ_i^2、σ_D^2 和 σ_M^2 的估计 S_i^2、S_D^2 和 S_M^2；或者用本标准附录 B 和附录 C 的方法获取 S_i^2、S_D^2 和 S_M^2。

b)　从批中抽取 n 个份样，n 的选取应满足：

$$T^2 = \left(1-\frac{n}{N}\right)\frac{S_i^2}{n}+\frac{S_D^2}{2}+\frac{S_M^2}{4} \qquad (23)$$

且规定 n 为偶数。

c)　将抽得的 n 个份样按抽取的先后顺序编号，对奇数号份样和偶数号份样分别混合，得到 2 个集样，对每个集样独立制取一个试样，对每个试样进行两次独立测试，总计得到 4 个观测值，记为 X_1, X_2, X_3, X_4。

d)　制作两张控制图以检验各方差的稳定性：

第一张控制图检验测试方差 σ_M^2 的稳定性，该控制图的中心线及上、下控制限如下：

$$\begin{cases}\mathrm{UCL}=3.686S_M\\ \mathrm{CL}=1.128S_M\\ \mathrm{LCL}=0\end{cases} \qquad (24)$$

若 $R_1=|X_1-X_2|$ 和 $R_2=|X_3-X_4|$ 都落在控制限内，说明测试方法稳定，进行第二张控制图的检验，否则，说明测试方法不稳定，应进行测试方法本身或增加重复测试的次数。

第二张控制图检验测试方差 σ_i^2 和 σ_D^2 的稳定性，该控制图的中心线及上、下控制限如下：

$$\begin{cases} UCL = 3.686\sqrt{2\left(1-\dfrac{n}{2N}\right)\dfrac{S_i^2}{n}+\dfrac{S_M^2}{2}+S_D^2} \\ CL = 1.128\sqrt{2\left(1-\dfrac{n}{2N}\right)\dfrac{S_i^2}{n}+\dfrac{S_M^2}{2}+S_D^2} \\ LCL = 0 \end{cases} \quad \cdots\cdots(25)$$

若$\left|\dfrac{X_1+X_2}{2}-\dfrac{X_3+X_4}{2}\right|$落在控制限内，说明份样间方差和缩分方差稳定，直接进入第 e)步；否则，说明份样间方差或(和)缩分方差不稳定，应改用 4.2 中的首批检验程序。

e) 该批平均质量水平估计为：

$$\overline{X} = \frac{1}{4}\sum_{i=1}^{4} X_i \quad \cdots\cdots(26)$$

其估计精度为 T。

f) 据 GB/T 4086 正态分布分位数表，查得 $u_{(1+\gamma)/2}$，μ 的置信度 γ 双侧置信区间长度的一半为：

$$d = T \cdot u_{(1+\gamma)/2} \quad \cdots\cdots(27)$$

批平均质量水平为$(\overline{X}-d,\overline{X}+d)$(置信度 γ)。

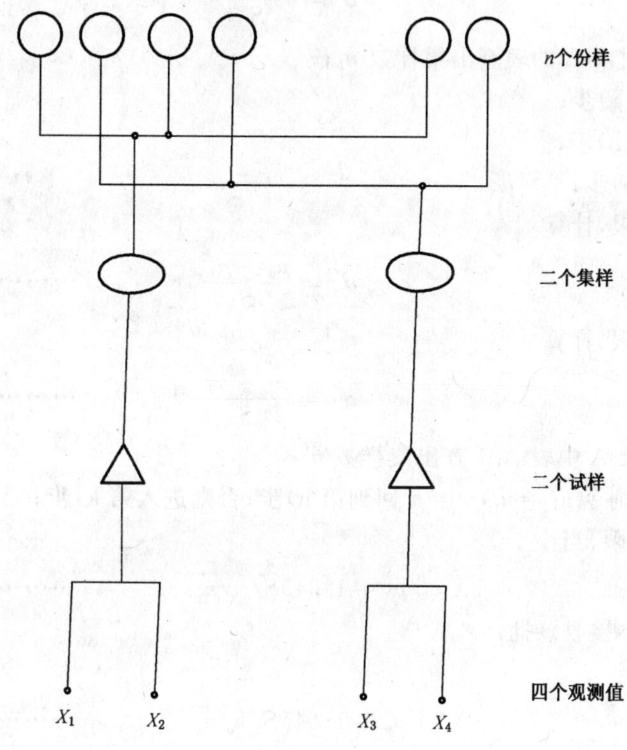

图 6

5 以平均值为质量指标的验收抽样检验

5.1 α,β,μ_0,μ_1 的确定

在进行抽样检验前，必须预先确定 α,β,μ_0 和 μ_1 的值。

本标准规定 $\alpha=0.05$，$\beta=0.10$，即当批平均质量水平等于或优于 μ_0 时，该批以至少 95%的概率被接收；当批平均质量水平等于或劣于 μ_1 时，批以至多 10%的概率被接收。

对于单侧上规范限情形，$\mu_1>\mu_0$；对于单侧下规范限情形，$\mu_1<\mu_0$；对于双侧规范限情形，一般转化为单侧上规范限情形和单侧下规范限情形处理，$\mu_1^U>\mu_0^U$，$\mu_1^L<\mu_0^L$，且 $|\mu_1^L-\mu_0^L|=|\mu_1^U-\mu_0^U|$，$\mu_0^L$，$\mu_0^U$ 分别为下、上限可接收质量水平，μ_1^L，μ_1^U 分别为下、上限极限质量水平。参数 μ_0，μ_1，μ_0^L，μ_0^U，μ_1^L，

μ_1^U 等应由使用方与生产方协商并在合同中规定。

5.2 首批检验

5.2.1 包装散料

5.2.1.1 易于追加样本的情形

对易于追加样本的首批检验，验收抽样检验程序如下：

a) 同 4.2.1.1 的第 a)步；

b) 同 4.2.1.1 的第 b)步；

c) 同 4.2.1.1 的第 c)步；

d) 同 4.2.1.1 的第 d)步；

e) 同 4.2.1.1 的第 e)步；

f) 对于单侧下规范限，计算

$$d' = \frac{\mu_0 - \mu_1}{S^*} \qquad \cdots\cdots(28)$$

对于单侧上规范限，计算

$$d' = \frac{\mu_1 - \mu_0}{S^*} \qquad \cdots\cdots(29)$$

根据 d'的值，由附录 A 的表查出集样数 n_1；

g) 同 4.2.1.1 的第 g)步；

h) 同 4.2.1.1 的第 h)步；

i) 同 4.2.1.1 的第 i)步；

j) 对于单侧下规范限，计算

$$d' = \frac{\mu_0 - \mu_1}{S} \qquad \cdots\cdots(30)$$

对于单侧上规范限，计算

$$d' = \frac{\mu_1 - \mu_0}{S} \qquad \cdots\cdots(31)$$

根据 d'值，由附录 A 中表 A.1 查出集样数 n'；

如果 $n' > 1.2n_1$，则令 $n_1^* = n_1$，$n_1 = n'$回到第 h)步；否则进入第 k)步；

k) 对于单侧上规范限，当

$$\overline{X} \leqslant \mu_0 + 1.645S/\sqrt{n_1} \qquad \cdots\cdots(32)$$

时，接收该批；否则，不接收该批；

对于单侧下规范限，当

$$\overline{X} \geqslant \mu_0 - 1.645S/\sqrt{n_1} \qquad \cdots\cdots(33)$$

时，接收该批；否则，不接收该批。

对于双侧规范限，要求式(34)成立

$$\mu_0^U - \mu_0^L > \frac{1.7S}{\sqrt{n_1}} \qquad \cdots\cdots(34)$$

否则，抽取追加样本使集样个数增加到

$$n_1 \geqslant \left(\frac{1.7S}{\mu_0^U - \mu_0^L}\right)^2 \qquad \cdots\cdots(35)$$

然后利用第 a)步至第 k)步的程序分别对单侧下规范限和单侧上规范限做出接收或不接收的判决，分位点由 1.645 变为 1.96，仅当都做出接收的判断时，才判接收该批；否则不接收该批。

5.2.1.2 难于追加样本的情形

对难于追加样本的首批检验，抽样验收的程序如下：

a) 同 4.2.1.2 的第 a)步。

b) 用二级抽样法，从批中抽取 n_b 个分装和 $n_b n_w$ 个份样。n_b 和 n_w 应满足：

对于单侧下规范限

$$\left(1-\frac{n_b}{N}\right)\frac{S_{bm}^2}{n_b}+\frac{S_{wm}^2}{n_b n_w}+\frac{S_M^2+S_D^2}{8}\leqslant\frac{(\mu_0-\mu_1)^2}{8.5639} \quad (36)$$

对于单侧上规范限

$$\left(1-\frac{n_b}{N}\right)\frac{S_{bm}^2}{n_b}+\frac{S_{wm}^2}{n_b n_w}+\frac{S_M^2+S_D^2}{8}\leqslant\frac{(\mu_1-\mu_0)^2}{8.5639} \quad (37)$$

且规定 n_b 为 8 的倍数。式(36)和式(37)中 N 是以分装为单位的批量。

满足式(36)和式(37)的 n_b，n_w 的组合有许多，应选取一个经济合理的组合。

S_M^2 和 S_D^2 可采用本标准附录 B 中的方法预先得到。

c) 同 4.2.1.2 的第 c)步。

d) 同 4.2.1.2 的第 d)步。

e) 计算

$$E=\frac{8.5639\cdot S_{\bar{X}^2}}{(\mu_0-\mu_1)^2} \quad (38)$$

如果 $E\leqslant 2.0$，则认为式(36)或式(37)中所用的 S_{bm}^2，S_{wm}^2，S_D^2 和 S_M^2 有效；否则，应从抽中的分装中，重复上述份样的抽取、并合、缩分、测试，又获得 8 个观测值，与前一轮获得的 8 个观测值一起，求这 16 个观测值的算术平均值，记该平均值为 $\bar{X}$。

f) 对于单侧上规范限，当

$$\bar{X}\leqslant\mu_0+1.645\sqrt{\left(1-\frac{n_b}{N}\right)\frac{S_{bm}^2}{n_b}+\frac{S_{wm}^2}{n_b n_w}+\frac{S_M^2+S_D^2}{8}} \quad (39)$$

时，接收该批；否则，不接收该批。对于单侧下规范限，当

$$\bar{X}\geqslant\mu_0-1.645\sqrt{\left(1-\frac{n_b}{N}\right)\frac{S_{bm}^2}{n_b}+\frac{S_{wm}^2}{n_b n_w}+\frac{S_M^2+S_D^2}{8}} \quad (40)$$

时，接收该批；否则，不接收该批。

对于双侧规范限，选取 n_b 和 n_w 满足

$$\left(1-\frac{n_b}{N}\right)\frac{S_{bm}^2}{n_b}+\frac{S_{wm}^2}{n_b n_w}+\frac{S_M^2+S_D^2}{8}\leqslant\frac{(\mu_0^L-\mu_1^L)^2}{8.5639} \quad (41)$$

或

$$\left(1-\frac{n_b}{N}\right)\frac{S_{bm}^2}{n_b}+\frac{S_{wm}^2}{n_b n_w}+\frac{S_M^2+S_D^2}{8}\leqslant\frac{(\mu_0^U-\mu_1^U)^2}{8.5639} \quad (42)$$

且还须满足

$$\mu_0^U-\mu_0^L\geqslant 1.7\sqrt{\left(1-\frac{n_b}{N}\right)\frac{S_{bm}^2}{n_b}+\frac{S_{wm}^2}{n_b n_w}+\frac{S_M^2+S_D^2}{8}} \quad (43)$$

然后利用第 a)步至第 f)步的程序分别对单侧下规范限和单侧上规范限作出接收或不接收的判决，分位点 1.645 改为 1.96，仅当都做出接收的判决时，才能判接收该批；否则判不接收该批。

5.2.2 散装散料

5.2.2.1 易于追加样本的情形

对易于追加样本的首批检验，验收抽样检验程序如下(见图 3)：

a) 同 4.2.1.1 的第 a)步；

b) 同 4.2.1.1 的第 b)步；

c) 同 4.2.1.1 的第 c)步；

d) 同 4.2.1.1 的第 d)步；

e) 同 4.2.1.1 的第 e)步；

f) 同 5.2.1.1 的第 f)步；

g) 同 4.2.1.1 的第 g)步；

h) 同 4.2.1.1 的第 h)步；

i) 同 4.2.1.1 的第 i)步；

j) 同 5.2.1.1 的第 j)步；

k) 同 5.2.1.1 的第 k)步。

5.2.2.2 难于追加样本的情形

对难于追加样本的首批检验，验收抽样检验程序如下(见图 4)：

a) 同 4.2.2.2 的第 a)步；

b) 从批中抽取 n 个份样，n 应满足：

对于单侧下规范限

$$\left(1-\frac{n}{N}\right)\frac{S_{\text{im}}^2}{n}+\frac{S_{\text{M}}^2+S_{\text{D}}^2}{8}\leqslant\frac{(\mu_0-\mu_1)^2}{8.5639} \quad\cdots\cdots(44)$$

对于单侧上规范限

$$\left(1-\frac{n}{N}\right)\frac{S_{\text{im}}^2}{n}+\frac{S_{\text{M}}^2+S_{\text{D}}^2}{8}\leqslant\frac{(\mu_1-\mu_0)^2}{8.5639} \quad\cdots\cdots(45)$$

且规定 n 是 8 的倍数。式(44)、式(45)中的 N 是以份样为单位的批量；

c) 同 4.2.1.1 的第 c)步；

d) 同 4.2.1.1 的第 d)步；

e) 同 4.2.1.1 的第 e)步；

f) 对于单侧上规范限，当

$$\overline{X}\leqslant\mu_0+1.645\sqrt{\left(1-\frac{n}{N}\right)\frac{S_{\text{im}}^2}{n}+\frac{S_{\text{M}}^2+S_{\text{D}}^2}{8}} \quad\cdots\cdots(46)$$

时，接收该批，否则不接收该批。对于单侧下规范限，当

$$\overline{X}\geqslant\mu_0-1.645\sqrt{\left(1-\frac{n}{N}\right)\frac{S_{\text{im}}^2}{n}+\frac{S_{\text{M}}^2+S_{\text{D}}^2}{8}} \quad\cdots\cdots(47)$$

时，接收该批，否则不接收该批。

对于双侧规范限，选取 n 满足

$$\left(1-\frac{n}{N}\right)\frac{S_{\text{im}}^2}{n}+\frac{S_{\text{M}}^2+S_{\text{D}}^2}{8}\leqslant\frac{(\mu_0^{\text{L}}-\mu_1^{\text{L}})^2}{8.5639} \quad\cdots\cdots(48)$$

或

$$\left(1-\frac{n}{N}\right)\frac{S_{\text{im}}^2}{n}+\frac{S_{\text{M}}^2+S_{\text{D}}^2}{8}\leqslant\frac{(\mu_0^{\text{U}}-\mu_1^{\text{U}})^2}{8.5639} \quad\cdots\cdots(49)$$

且还须满足

$$\mu_0^{\text{U}}-\mu_0^{\text{L}}\geqslant1.7\sqrt{\left(1-\frac{n}{N}\right)\frac{S_{\text{im}}^2}{n}+\frac{S_{\text{M}}^2+S_{\text{D}}^2}{8}} \quad\cdots\cdots(50)$$

然后利用第 a)步至第 f)步的程序，分别对单侧下规范限和单侧上规范限作出接收或不接收的判决，分位点 1.645 改为 1.96，仅当都作出接收的判决时，才判接收该批；否则不接收该批。

5.3 非首批检验

5.3.1 包装散料

包装散料的非首批检验，验收抽样检验程序如下(见图 5)：

a) 同 4.3.1 的第 a)步。

b) 从批中抽取 n_{b} 个分装，再在每个抽取的分装中抽取 n_{w} 个份样(份样量的选取见第 6 章)，n_{b} 和 n_{w} 应满足：

对于单侧下规范限

$$\left(1-\frac{n_{b}}{N}\right)\frac{S_{b}^{2}}{n_{b}}+\frac{S_{w}^{2}}{n_{b}n_{w}}+\frac{S_{M}^{2}}{4}+\frac{S_{D}^{2}}{2}\leqslant\frac{(\mu_{0}-\mu_{1})^{2}}{8.5639} \quad (51)$$

对于单侧上规范限

$$\left(1-\frac{n_{b}}{N}\right)\frac{S_{b}^{2}}{n_{b}}+\frac{S_{w}^{2}}{n_{b}n_{w}}+\frac{S_{M}^{2}}{4}+\frac{S_{D}^{2}}{2}\leqslant\frac{(\mu_{1}-\mu_{0})^{2}}{8.5639} \quad (52)$$

且规定 n_w 是偶数。式(51)和式(52)中 N 是以分装为单位的批量。

c) 同 4.3.1 的第 c)步。

d) 同 4.3.1 的第 d)步。

e) 计算

$$\overline{X}=\frac{1}{4}\sum_{i=1}^{4}X_{i} \quad (53)$$

f) 对于单侧上规范限,当

$$\overline{X}\leqslant\mu_{0}+1.645\sqrt{\left(1-\frac{n_{b}}{N}\right)\frac{S_{b}^{2}}{n_{b}}+\frac{S_{w}^{2}}{n_{b}n_{w}}+\frac{S_{M}^{2}}{4}+\frac{S_{D}^{2}}{2}} \quad (54)$$

时,接收该批,否则不接收该批。对于单侧下规范限,当

$$\overline{X}\geqslant\mu_{0}-1.645\sqrt{\left(1-\frac{n_{b}}{N}\right)\frac{S_{b}^{2}}{n_{b}}+\frac{S_{w}^{2}}{n_{b}n_{w}}+\frac{S_{M}^{2}}{4}+\frac{S_{D}^{2}}{2}} \quad (55)$$

时,接收该批,否则不接收该批。

对于双侧规范限,n_b 和 n_w 除了满足

$$\left(1-\frac{n_{b}}{N}\right)\frac{S_{b}^{2}}{n_{b}}+\frac{S_{w}^{2}}{n_{b}n_{w}}+\frac{S_{M}^{2}}{4}+\frac{S_{D}^{2}}{2}\leqslant\frac{(\mu_{0}^{L}-\mu_{1}^{L})^{2}}{8.5639} \quad (56)$$

或

$$\left(1-\frac{n_{b}}{N}\right)\frac{S_{b}^{2}}{n_{b}}+\frac{S_{w}^{2}}{n_{b}n_{w}}+\frac{S_{M}^{2}}{4}+\frac{S_{D}^{2}}{2}\leqslant\frac{(\mu_{0}^{U}-\mu_{1}^{U})^{2}}{8.5639} \quad (57)$$

外,还应满足

$$\mu_{0}^{U}-\mu_{0}^{L}\geqslant1.7\sqrt{\left(1-\frac{n_{b}}{N}\right)\frac{S_{b}^{2}}{n_{b}}+\frac{S_{w}^{2}}{n_{b}n_{w}}+\frac{S_{M}^{2}}{4}+\frac{S_{D}^{2}}{2}} \quad (58)$$

然后利用第 a)步至第 f)步的程序分别对单侧下规范限和单侧上规范限作出接收或不接收的判决,分位点由 1.645 变为 1.96,仅当都作出接收的判决时,才判接收该批;否则不接收该批。

5.3.2 散装散料

散装散料的非首批检验,抽样验收的程序如下(见图 6)。

a) 同 4.3.2 的第 a)步。

b) 从批中抽取 n 个份样(份样量的选取见第 6 章),n 应满足:

对于单侧下规范限

$$\left(1-\frac{n}{N}\right)\frac{S_{i}^{2}}{n}+\frac{S_{M}^{2}}{4}+\frac{S_{D}^{2}}{2}\leqslant\frac{(\mu_{0}-\mu_{1})^{2}}{8.5639} \quad (59)$$

对于单侧上规范限

$$\left(1-\frac{n}{N}\right)\frac{S_{i}^{2}}{n}+\frac{S_{M}^{2}}{4}+\frac{S_{D}^{2}}{2}\leqslant\frac{(\mu_{1}-\mu_{0})^{2}}{8.5639} \quad (60)$$

且规定 n 为偶数。式(59)和式(60)中的 N 是以份样为单位的批量。

c) 同 4.3.2 的第 c)步。

d) 同 4.3.2 的第 d)步。

e) 计算

$$\overline{X}=\frac{1}{4}\sum_{i=1}^{4}X_{i} \quad (61)$$

f) 对于单侧上规范限,当

$$\overline{X} \leqslant \mu_0 + 1.645\sqrt{\left(1-\frac{n}{N}\right)\frac{S_i^2}{n}+\frac{S_M^2}{4}+\frac{S_D^2}{2}} \quad \cdots\cdots(62)$$

时,接收该批,否则不接收该批。对于单侧下规范限,当

$$\overline{X} \geqslant \mu_0 - 1.645\sqrt{\left(1-\frac{n}{N}\right)\frac{S_i^2}{n}+\frac{S_M^2}{4}+\frac{S_D^2}{2}} \quad \cdots\cdots(63)$$

时,接收该批,否则不接收该批。

对于双侧规范限,n 除满足

$$\left(1-\frac{n}{N}\right)\frac{S_i^2}{n}+\frac{S_M^2}{4}+\frac{S_D^2}{2} \leqslant \frac{(\mu_0^L-\mu_1^L)^2}{8.5639} \quad \cdots\cdots(64)$$

或

$$\left(1-\frac{n}{N}\right)\frac{S_i^2}{n}+\frac{S_M^2}{4}+\frac{S_D^2}{2} \leqslant \frac{(\mu_0^U-\mu_1^U)^2}{8.5639} \quad \cdots\cdots(65)$$

外,还需满足

$$\mu_0^U - \mu_0^L \geqslant 1.7\sqrt{\left(1-\frac{n}{N}\right)\frac{S_i^2}{n}+\frac{S_M^2}{4}+\frac{S_D^2}{2}} \quad \cdots\cdots(66)$$

然后仿照第 a)步至第 f)步的程序分别对单侧下规范限和单侧上规范限做出接收或不接收的判决,分位点由 1.645 变为 1.96,仅当都做出接收的判决时,才判接收该批;否则不接收该批。

6 份样量

6.1 对从同一批中抽取的份样,应尽量保持其量相同,当无法保持相同时,应对抽取的份样进行制备,使其份样量基本接近。

6.2 抽样器的设计,应保证抽到满足要求的份样量,并且使批内各种粒度的散料按比例地进入抽样器。在确定份样量时,应着重考虑如下因素:

a) 批内散料的粒度大小;

b) 对抽样精度的影响;

c) 抽样与检验的费用;

d) 可操作性。

7 样本制备

7.1 缩分方法一般是将抽取的份样充分混合(必要时进行破碎或碾磨);从混合物中抽取一部分,再加以充分混合。如此进行,直到获得符合实验室使用要求的试样为止。

7.2 缩分方差的大小与所采用的缩分方法密切相关。通过试验,尽量获取一个经济上较优,缩分方差又小的缩分方法。

7.3 把抽得的若干个份样并合,混合并缩分成一个试样,以该试样某质量特性的测试值作为这些份样该质量特性的平均值,可大大减少测试工作量。但并合后,某些方差分量的估计值可能无法获得,因此,并合应视实际需要进行。如在对某批散料的平均质量水平进行估计或检验的实际工作中,需要知道分装内方差,这时就不能采用将分装内份样全部并合的方式。

7.4 本标准第 4 章和第 5 章中给出的各种并合方式是常用的。本标准附录 D 给出了一些其他的并合方式,并对每种并合方式给出了各方差分量估计值已知时相应的 $S_{\overline{X}}^2$ 的公式,把这些公式代入式(11)、(16)、(18)、(23)、(36)、(37)、(41)、(42)、(44)、(45)、(48)、(49)、(51)、56(57)、(58)、(59)、(60)、(64)、(65)、(66),就可以进行所选并合方式下的散料平均质量水平的估计和检验。

8 影响估计精度诸因素的控制

8.1 在散料抽样中,影响估计精度的因素(如抽样方案、批量大小等)有很多,应对 8.2 至 8.5 所述的因

素进行控制，保证它们对估计精度的影响不超过某一范围，可使抽样估计和检验工作大大简化，并保证了结论的可信性。

8.2 对实施抽样、样本制备及测试的人员进行经常的培训，考核和监督，使他们处于良好的工作状态。

8.3 定期检验和校核抽样工具、样本制备工具、测试用仪器及试剂，保证其处于良好的工作状态。

8.4 制订详细、合理的抽样、样本样备、测试程序，并严格执行，保证抽样、样本制备、测试操作的稳定性。

8.5 如环境条件对抽样、样本制备、测试有影响，则应对环境进行控制，以减少其对抽样、样本制备、测试的影响。

附　录　A
（规范性附录）
t 检验所需样本量 n 值表
（$\alpha=0.05, \beta=0.10$）

表 A.1

d'	0.25	0.30	0.35	0.40	0.45	0.50	0.55	0.60	0.65	0.70	0.75	0.80
n	139	97	72	55	44	36	30	26	22	19	17	15
d'	0.85	0.90	0.95	1.00	1.10	1.20	1.30	1.40	1.50	1.60	1.70	1.80
n	14	13	11	11	9	8	7	7	6	6	5	5

附　录　B
（规范性附录）
测试方差 σ_M^2 和缩分方差 σ_D^2 的估计

B.1　试样制备

从批中抽取 5 个分装，再从抽中的每个分装中抽取 20 个份样，横跨 5 个分装，混合第一个 5 个份样，第二个 5 个份样，…，第二十个 5 个份样，获得 20 个集样（见图 B.1），对每个集样独立制一个试样，对每个试样作两次独立测试。

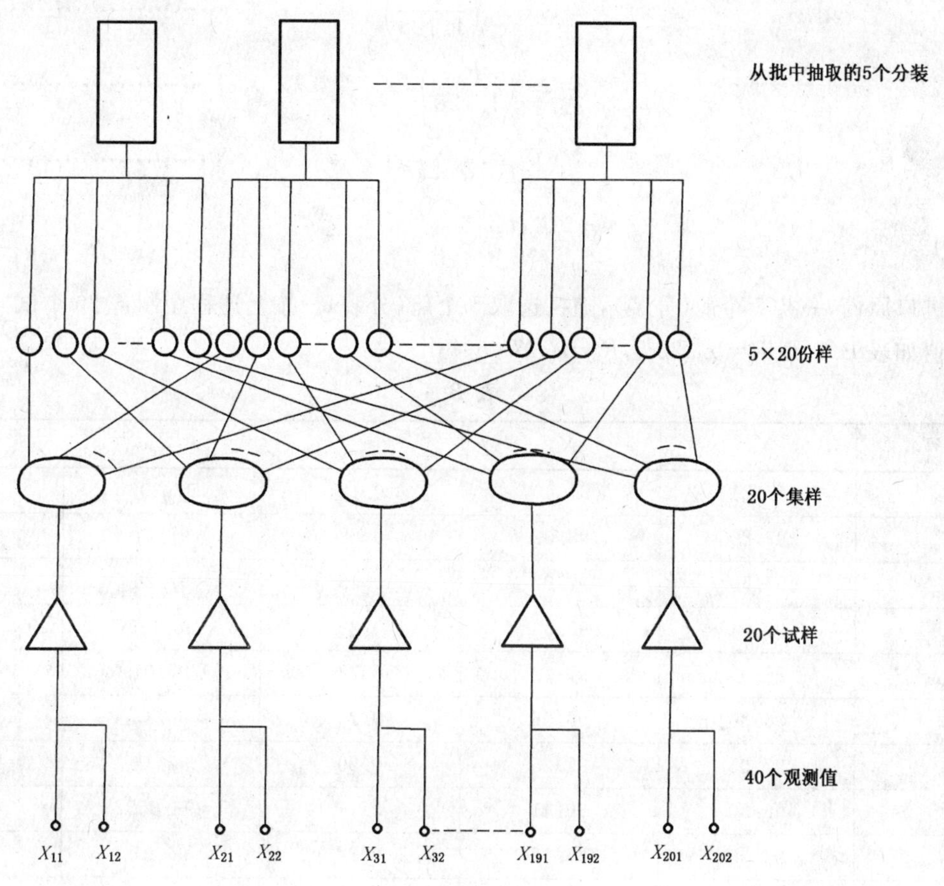

图 B.1

B.2　控制图的利用

记 X_{ij} 为第 i 个集样第 j 个观测值，$i=1,2,\cdots,20$；$j=1,2$。

且记

$$R_i=|X_{i1}-X_{i2}| \quad \cdots\cdots(\text{B.1})$$

$$\overline{R}=\frac{1}{20}\sum_{i=1}^{20}R_i \quad \cdots\cdots(\text{B.2})$$

记

$$\overline{X}=\frac{1}{2}(X_{i1}+X_{i2}) \quad \cdots\cdots(\text{B.3})$$

$$R_{si}=|\overline{X}_{i+1}-\overline{X}_i| \quad \cdots\cdots(\text{B.4})$$

用每个集样的两个试验的极差图来检验测试方差的稳定性，该图控制中心线及上、下限如下：

$$\begin{cases} UCL = 3.267\overline{R} \\ CL = \overline{R} \\ LCL = 0 \end{cases} \quad \cdots\cdots(B.5)$$

用20个集样均值的移动极差图来检验缩分方差的稳定性，其控制中心线及上、下限如下：

$$\begin{cases} UCL = 3.267\overline{R}_s \\ CL = \overline{R}_s \\ LCL = 0 \end{cases} \quad \cdots\cdots(B.6)$$

按GB/T 4091中的规定判断，若上述两控制图不稳定，则应调整样本制备和测试方法，若上述两控制图显示稳定，则剔除离群值(控制限外的个别值)，用如下公式计算测试和缩分方差。

$$S_M^2 = \left(\frac{\overline{R}}{1.128}\right)^2 \quad \cdots\cdots(B.7)$$

$$S_D^2 = \left(\frac{\overline{R}_s}{1.128}\right)^2 - \frac{S_M^2}{2} \quad \cdots\cdots(B.8)$$

这里

$$\overline{R}_s = \frac{1}{19}\sum_{i=1}^{19} R_{si} \quad \cdots\cdots(B.9)$$

B.3 示例

某船进口原糖，一共7个舱(分装)，随机选取5个舱(分装)。按上述程序制备20个试样，得到旋光度的测量值如表B.1，则 $\overline{R}=0.222\ 5$，$\overline{R}_s=0.670\ 5$。

表 B.1

试样号	X_{i1}	X_{i2}	R_i	$\overline{X}_i$	R_{si}
1	97.21	97.40	0.19	97.305	—
2	97.80	98.02	0.22	97.91	0.605
3	97.50	97.02	0.48	97.26	0.650
4	98.01	98.30	0.29	98.155	0.895
5	96.90	97.12	0.22	97.01	1.145
6	96.30	96.56	0.26	96.43	0.580
7	97.05	97.25	0.20	97.15	0.720
8	96.30	96.41	0.11	96.355	0.795
9	95.90	96.12	0.22	96.01	0.345
10	97.10	96.90	0.20	97,00	0.990
11	97.30	97.52	0.22	97.41	0.410
12	98.13	97.95	0.18	98.04	0.630
13	98.06	97.80	0.26	97.93	0.110
14	98.05	97.85	0.20	97.95	0.020
15	97.20	97.45	0.25	97.325	0.625
16	97.25	97.10	0.15	97.175	0.150
17	95.95	96.10	0.15	96.025	1.150
18	96.90	97.10	0.20	97.00	0.975
19	98.10	97.85	0.25	97.975	0.975
20	97.95	98.15	0.20	97.05	0.970

两张控制图的控制限分别为：

$$R:\begin{cases}\text{UCL}:0.7269\\ \text{CL}:0.2225\\ \text{LCL}:0\end{cases}\qquad R_s:\begin{cases}\text{UCL}:2.193\\ \text{CL}:0.6705\\ \text{LCL}:0\end{cases}$$

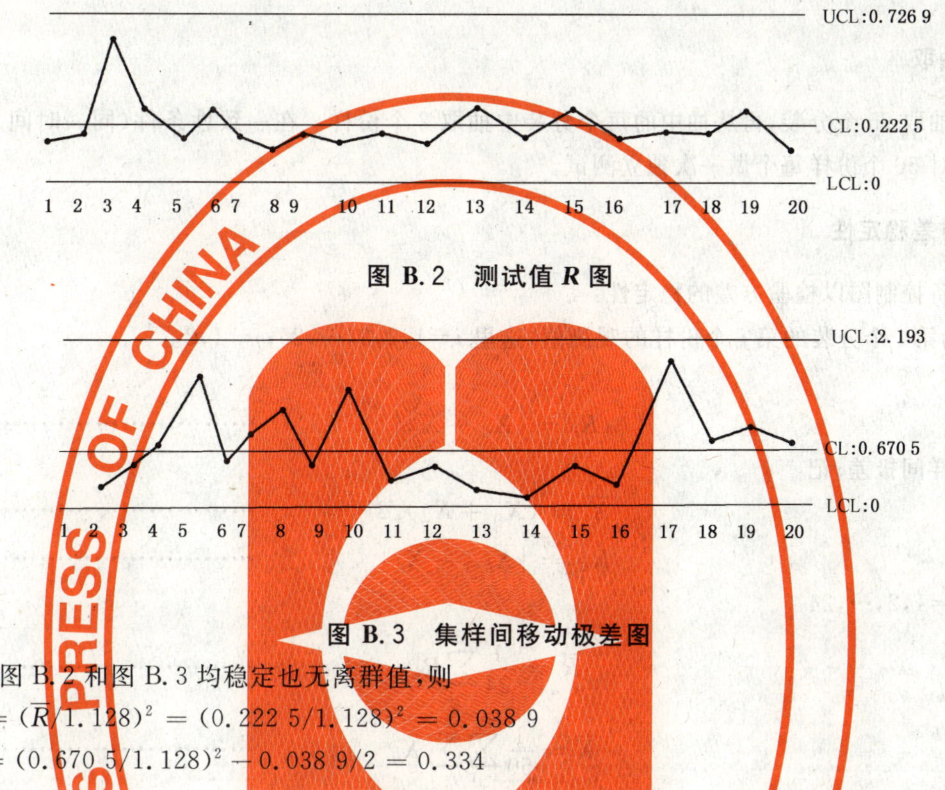

图 B.2 测试值 *R* 图

图 B.3 集样间移动极差图

由于图 B.2 和图 B.3 均稳定也无离群值，则

$S_M^2=(\overline{R}/1.128)^2=(0.2225/1.128)^2=0.0389$

$S_D^2=(0.6705/1.128)^2-0.0389/2=0.334$

B.4 结论说明

在使用上述 σ_M^2 和 σ_D^2 的估计值时，必须注意现行的缩分和混合程序以及测试方法是否与估计 σ_M^2 和 σ_D^2 时采用的程序和方法一致，只有在两者一致的情况下，使用上述 σ_M^2 和 σ_D^2 的估计值才有效。

附　录　C
（规范性附录）
分装间方差 σ_b^2 和分装内方差 σ_w^2 的估计

C.1　份样抽取

从批中抽取 25 个分装，再从抽中的每个分装中抽取 2 个份样。在一致性条件（同一时间、装置、操作者等）下，对 50 个份样每个做一次独立测试。

C.2　检验方差稳定性

如下准备控制图以检验方差的稳定性：

记 X_{ij} 为第 i 个分装的第 j 个份样的观测值，这里 $i=1,2,3,\cdots,25$；$j=1,2$。

记

$$R_i = |X_{i1} - X_{i2}| \quad \cdots\cdots (\text{C.1})$$

为两份样间极差；记

$$\overline{X}_i = (X_{i1} + X_{i2})/2 \quad \cdots\cdots (\text{C.2})$$

$$R_{si'} = |\overline{X}_{i'+1} - \overline{X}_{i'}| \quad \cdots\cdots (\text{C.3})$$

这里 $i'=1,2,\cdots,24$

$$\overline{R}_s = \frac{1}{24}\sum_{i=1}^{24} R_{si'} \quad \cdots\cdots (\text{C.4})$$

$$\overline{X} = \frac{1}{50}\sum_{i=1}^{25}\sum_{j=1}^{25} X_{ij} \quad \cdots\cdots (\text{C.5})$$

$$\overline{R} = \frac{1}{25}\sum_{i=1}^{25} R_i \quad \cdots\cdots (\text{C.6})$$

用每个分装的两个份样的试验结果的极差图来检验分装内方差的稳定性，其控制中心线及上、下限为：

$$\begin{cases}\text{CL}:\overline{R}\\ \text{UCL}:3.267\overline{R}\\ \text{LCL}:0\end{cases} \quad \cdots\cdots (\text{C.7})$$

用分装均值以及其移动极差图来检验分装间方差的稳定性，其控制中心线及上、下限分别为：

$$\overline{X}\text{ 图}\begin{cases}\text{CL}:\overline{X}\\ \text{UCL}:\overline{X}+2.66\overline{R}_s\\ \text{LCL}:\overline{X}-2.66\overline{R}_s\end{cases} \quad \cdots\cdots (\text{C.8})$$

$$R_s\text{ 图}\begin{cases}\text{CL}:\overline{R}_s\\ \text{UCL}:3.267\overline{R}_s\\ \text{LCL}:0\end{cases} \quad \cdots\cdots (\text{C.9})$$

若上述控制图出现失控状态，则停止；若上述各图均处于控制状态，则 σ_b^2 和 σ_w^2 的估计值如下确定：

$$S_w^2 = (\overline{R}/1.128)^2 - S_M^2 \quad \cdots\cdots (\text{C.10})$$

$$S_b^2 = (\overline{R}_s/1.128)^2 - (\overline{R}/1.128)^2 \quad \cdots\cdots (\text{C.11})$$

这里 S_M^2 由附录 B 给出的方法确定。

C.3 示例

仍以原糖为例，按上述程序测得旋光度值如表 C.1，由此得出：$\overline{R}_s=0.8875$，$\overline{R}=0.644$，$\overline{X}=97.574$。

表 C.1

分装号	X_{i1}	X_{i2}	$\overline{X}_i$	R_i	R_{si}
1	97.40	97.00	97.20	0.40	—
2	97.85	98.35	98.10	0.50	0.90
3	99.30	98.60	98.95	0.70	0.85
4	97.30	97.60	97.45	0.30	1.50
5	98.10	98.60	98.35	0.50	0.90
6	98.30	98.70	98.90	0.40	0.55
7	96.70	97.50	97.10	0.80	1.80
8	96.05	96.55	96.30	0.50	0.80
9	98.10	96.70	96.90	0.40	0.60
10	97.15	97.85	97.50	0.70	0.60
11	96.60	97.00	96.80	0.40	0.70
12	95.95	96.45	96.20	0.50	0.60
13	98.10	97.30	97.70	0.80	1.50
14	97.80	98.00	97.90	0.20	0.20
15	96.90	97.30	97.10	0.40	0.80
16	97.55	98.25	97.90	0.70	0.80
17	96.70	97.30	97.00	0.60	0.90
18	98.20	97.40	97.80	0.80	0.80
19	97.00	97.40	97.20	0.40	0.60
20	97.95	98.65	98.30	0.70	1.10
21	97.80	97.00	97.40	0.80	0.90
22	98.40	98.00	98.20	0.40	0.80
23	98.65	99.15	98.90	0.50	0.70
24	98.10	97.30	97.70	0.80	1.20
25	96.40	96.60	96.50	0.20	1.20

于是，控制图的控制限为：

$$R\text{图}\begin{cases}\text{UCL}:2.100\\\text{CL}:0.644\\\text{LCL}:0\end{cases}$$

$$\overline{X}\text{图}\begin{cases}\text{UCL}:99.935\\\text{CL}:97.574\\\text{LCL}:95.213\end{cases}$$

$$R_s\text{图}\begin{cases}\text{UCL}:2.900\\\text{CL}:0.888\\\text{LCL}:0\end{cases}$$

由此得控制图 C.1、图 C.2、图 C.3，因此三张控制图均显示稳定，则由式(C.10)和式(C.11)得到

$$S_{\mathrm{w}}^2=0.287\ 1$$

$$S_{\mathrm{b}}^2=0.456$$

这里，S_{M}^2 由附录 B 的示例给出。

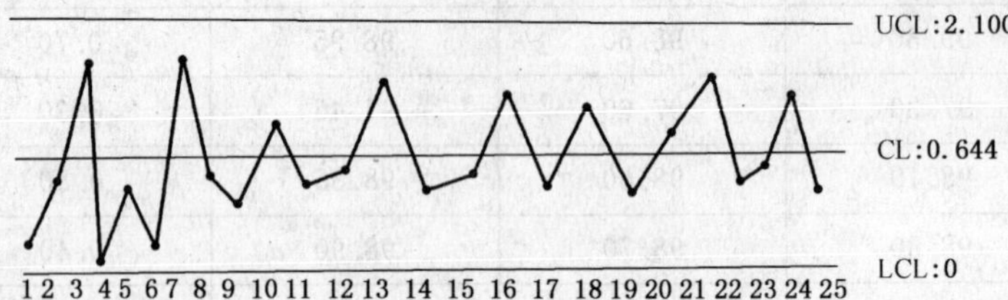

图 C.1 **R** 图

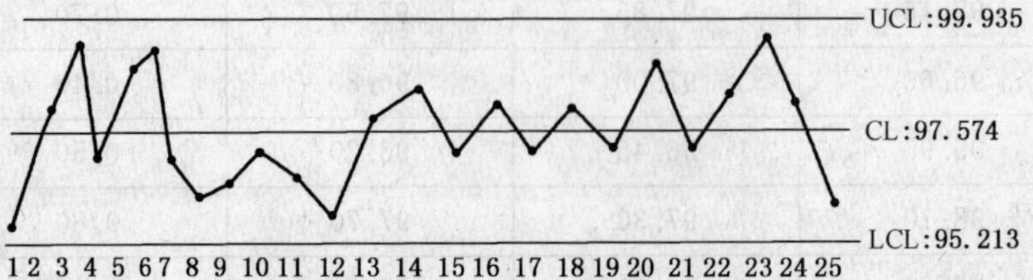

图 C.2 $\overline{X}$ 图

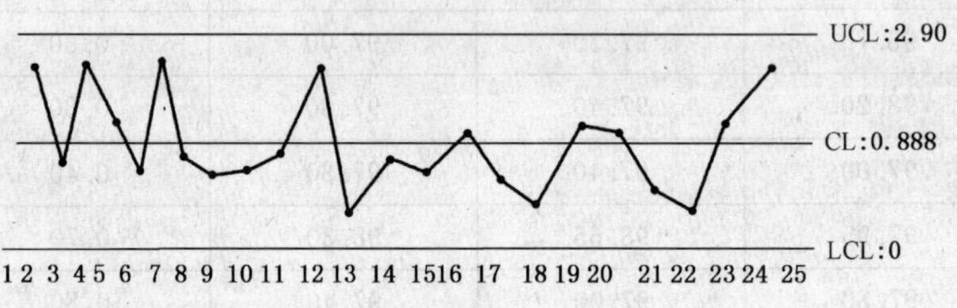

图 C.3 R_s 图

C.4 估计份样间方差

如果只需要估计整个份样间方差 σ_i^2，则可从整个批中抽取 50 个份样，每个份样做一次独立测试，记观测值为 $X_i(i=1,2,3,\cdots,50)$，则

$$\overline{X}=\frac{1}{50}\sum_{i=1}^{50}X_i \qquad \cdots\cdots(\text{C}.12)$$

$$R_{si'}=|X_{i'+1}-X_{i'}| \qquad \cdots\cdots(\text{C}.13)$$

$i'=1,2,3,\cdots,49$

$$\overline{R}_s=\frac{1}{49}\sum_{i=1}^{49}R_{si'} \qquad \cdots\cdots(\text{C}.14)$$

用份样的移动极差图来检验份样间方差的稳定性，该控制图的中心线及上下控制限如下：

$$\begin{cases} CL: \overline{R}_s \\ UCL: 3.267\overline{R}_s \\ LCL: 0 \end{cases} \quad \cdots\cdots (C.15)$$

若上述控制图表明份样间方差不稳定，则停止。若上述控制图表明份样间方差稳定，则如下估计 σ_i^2 的值：

$$S_i^2 = \frac{1}{49}\sum_{i=1}^{50}(X_i - \overline{X})^2 - S_M^2 \quad \cdots\cdots (C.16)$$

这里，S_M^2 由附录 B 确定。

附 录 D
（资料性附录）
典型份样并合方式及相应估计的标准误公式

D.1 从批中抽取份样

D.1.1 由份样直接制成试样（见图 D.1）。

当对每个试样独立测试 l 次时，$\overline{X}$ 的标准误为

$$S_{\overline{X}}=\sqrt{\frac{S_{w}^{2}+S_{D}^{2}+\frac{S_{M}^{2}}{l}}{n}} \qquad \text{(D.1)}$$

D.1.2 将全部份样并合成大样，再从大样中制取试样（见图 D.2）。

当对每个试样独立测试 l 次时，$\overline{X}$ 的标准误为

$$S_{\overline{X}}=\sqrt{\frac{S_{w}^{2}}{n}+S_{D}^{2}+\frac{S_{M}^{2}}{l}} \qquad \text{(D.2)}$$

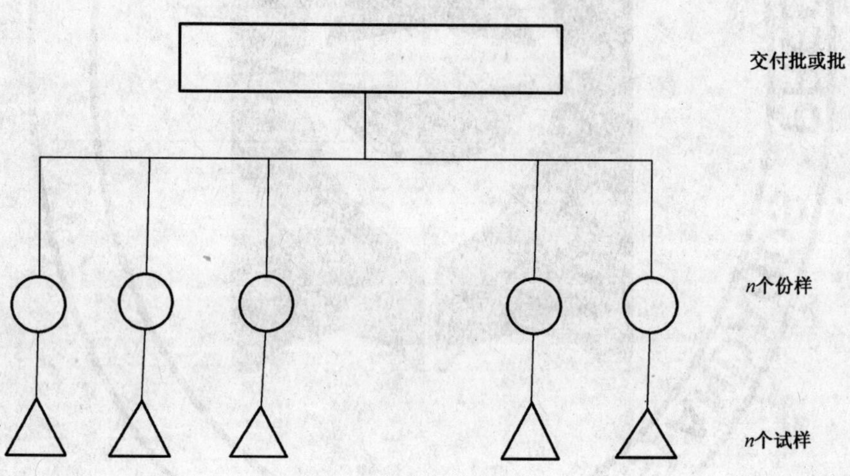

图 D.1

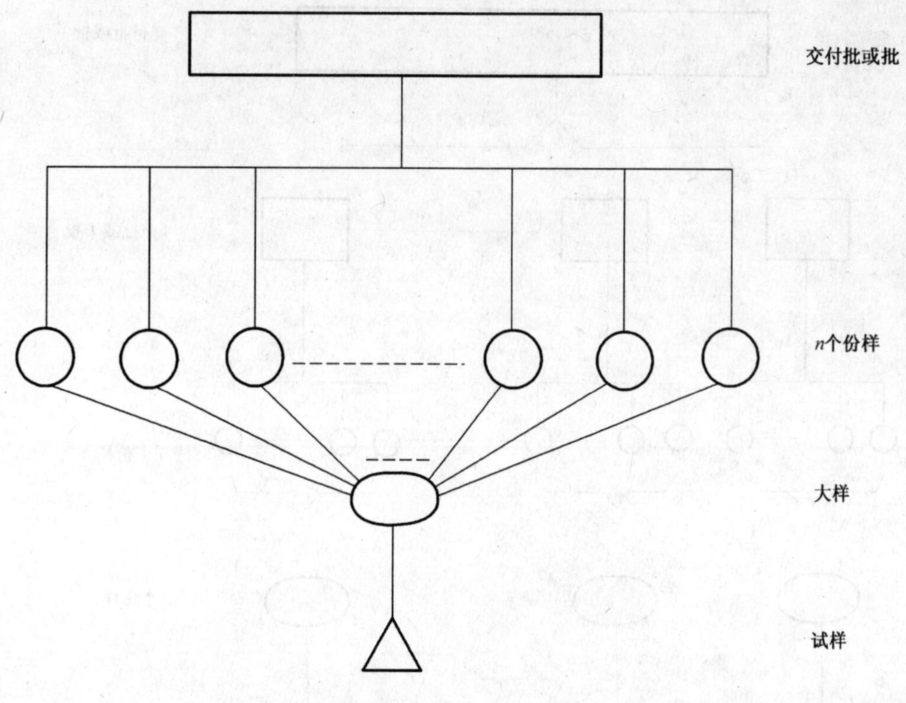

图 D.2

D.2 将批分成几个子批，从每个子批中抽取份样

D.2.1 由份样直接制成试样(见图 D.3)。

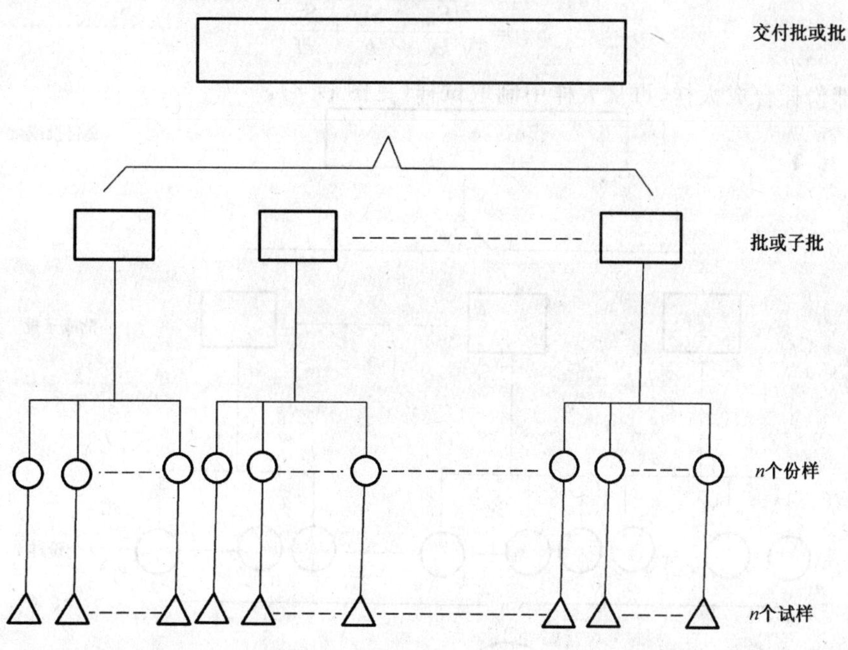

图 D.3

当对每个试样独立测试 l 次时，$\overline{X}$ 的标准误为

$$S_{\overline{X}} = \sqrt{\frac{S_{w}^{2} + S_{D}^{2} + \frac{S_{M}^{2}}{l}}{n}} \qquad \text{(D.3)}$$

D.2.2 将来自子批的份样分别并合成集样，再从每个集样中制取一试样(见图 D.4)。

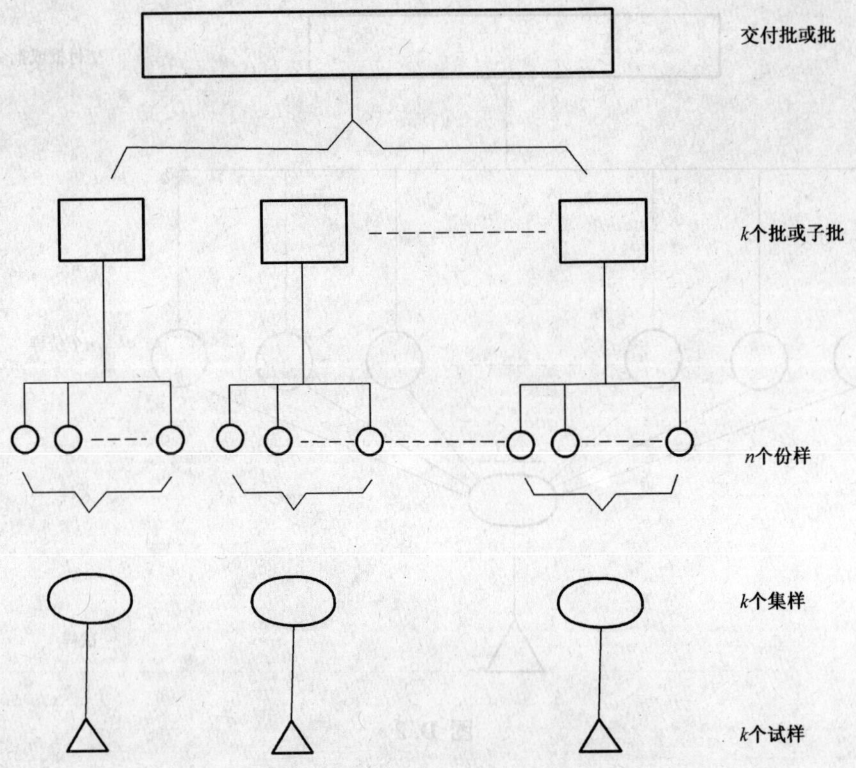

图 D.4

当对每个试样独立测试 l 次时，$\overline{X}$ 的标准误为

$$S_{\overline{X}} = \sqrt{\frac{S_{\mathrm{w}}^{2}}{kn} + \frac{S_{\mathrm{D}}^{2}}{k} + \frac{S_{\mathrm{M}}^{2}}{kl}} \qquad \text{(D.4)}$$

D.2.3　将全部份样合成大样，再从大样中制取试样（见图 D.5）。

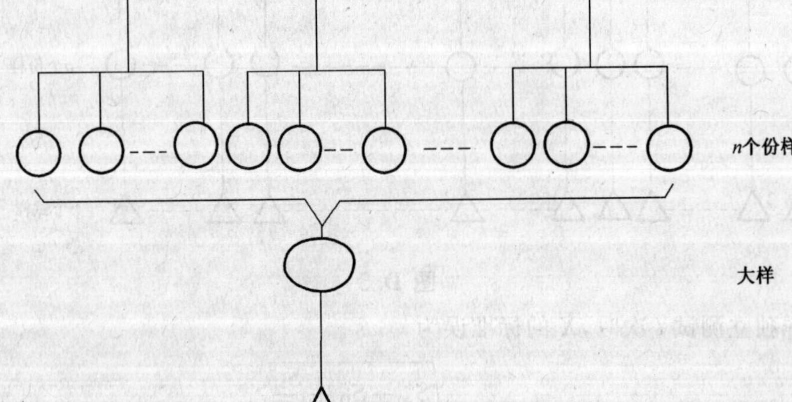

图 D.5

当对每个试样独立测试 l 次时，$\overline{X}$ 的标准误为

$$S_{\overline{X}}=\sqrt{\frac{S_{w}^{2}}{n}+S_{D}^{2}+\frac{S_{M}^{2}}{l}} \qquad \text{(D.5)}$$

D.3 先从批中抽取分装，然后再在分装中抽取份样

D.3.1 由各份样直接制成试样(见图 D.6)。

当对每个试样独立测试 l 次时，$\overline{X}$ 的标准误为

$$S_{\overline{X}}=\sqrt{\frac{\left(1-\frac{n_b}{N}\right)S_b^2}{n_b}+\frac{S_w^2}{n_b n_w}+\frac{S_D^2+\frac{S_M^2}{l}}{n_b n_w}} \qquad \text{(D.6)}$$

D.3.2 将每个分装的份样分别并合成集样，再从每个集样中制取试样(见图 D.7)。

当对每个试样独立测试 l 次时，$\overline{X}$ 的标准误为

$$S_{\overline{X}}=\sqrt{\frac{\left(1-\frac{n_b}{N}\right)S_b^2}{n_b}+\frac{S_w^2}{n_b n_w}+\frac{S_D^2+\frac{S_M^2}{l}}{n_b}} \qquad \text{(D.7)}$$

D.3.3 将全部份样并合成大样，然后从大样中制取试样(见图 D.8)。

当对每个试样独立测试 l 次时，$\overline{X}$ 的标准误为

$$S_{\overline{X}}=\sqrt{\frac{\left(1-\frac{n_b}{N}\right)S_b^2}{n_b}+\frac{S_w^2}{n_b n_w}+S_D^2+\frac{S_M^2}{l}} \qquad \text{(D.8)}$$

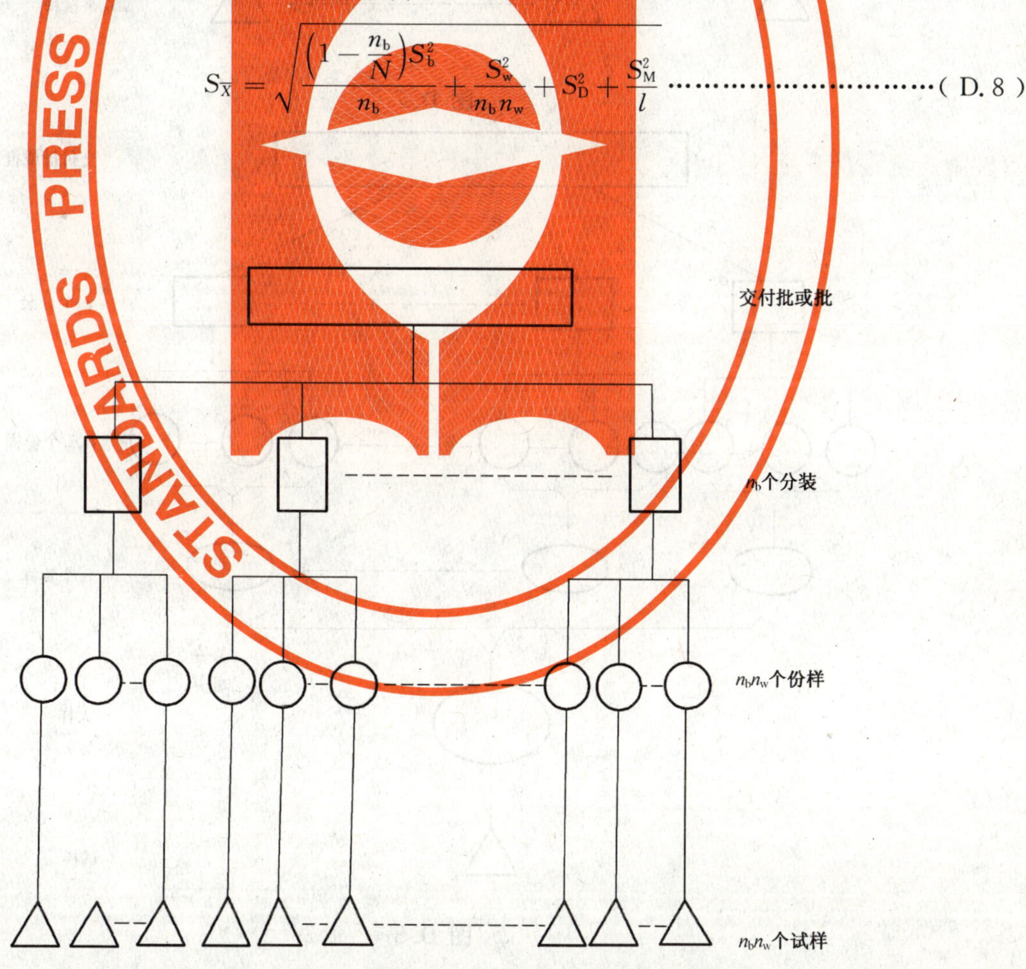

图 D.6

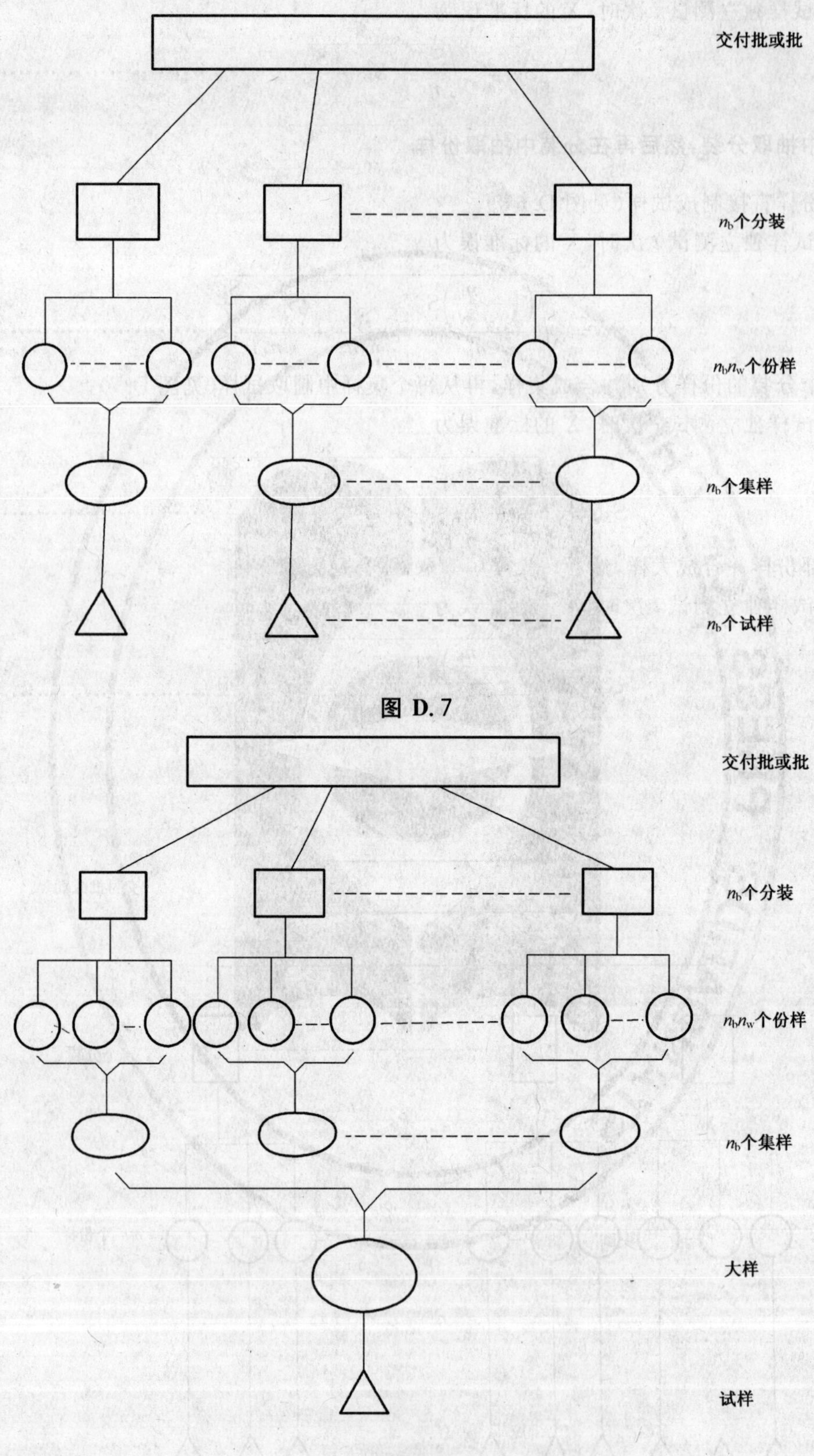

图 D.7

图 D.8

D.4 从批或子批中抽取分装，再从这些分装中抽取份样

D.4.1 由各份样直接制成试样(见图 D.9)。

当对每个试样独立测试 l 次时，$\overline{X}$ 的标准误为

$$S_{\overline{X}}=\sqrt{\frac{\left(1-\frac{n_b}{N}\right)S_b^2}{n_b}+\frac{S_w^2+S_D^2+\frac{S_M^2}{l}}{n_b n_w}} \qquad (D.9)$$

D.4.2 将各批或子批并合成集样，再从每个集样制成试样(见图 D.10)。

当对每个试样独立测试 l 次时，$\overline{X}$ 的标准误为

$$S_{\overline{X}}=\sqrt{\frac{\left(1-\frac{n_b}{N}\right)S_b^2}{n_b}+\frac{S_w^2}{n_b n_w}+\frac{S_D^2+\frac{S_M^2}{l}}{k}} \qquad (D.10)$$

D.4.3 将各批或子批的全部份样并合成集样，然后混合成大样，再从大样中制取试样(见图 D.11)。

当对每个试样独立测试 l 次时，$\overline{X}$ 的标准误为

$$S_{\overline{X}}=\sqrt{\frac{\left(1-\frac{n_b}{N}\right)S_b^2}{n_b}+\frac{S_w^2}{n_b n_w}+S_D^2+\frac{S_M^2}{l}} \qquad (D.11)$$

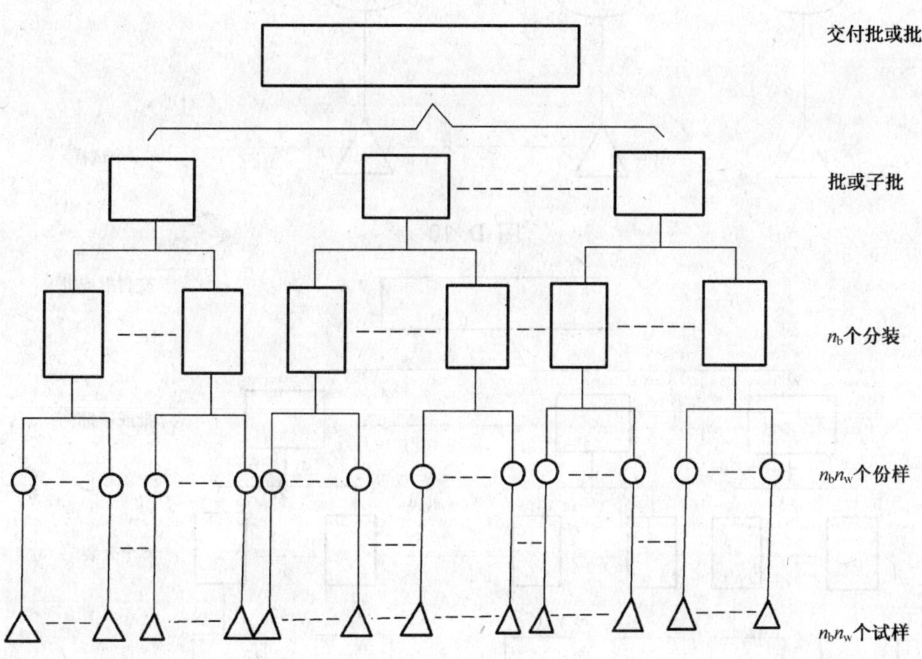

图 D.9

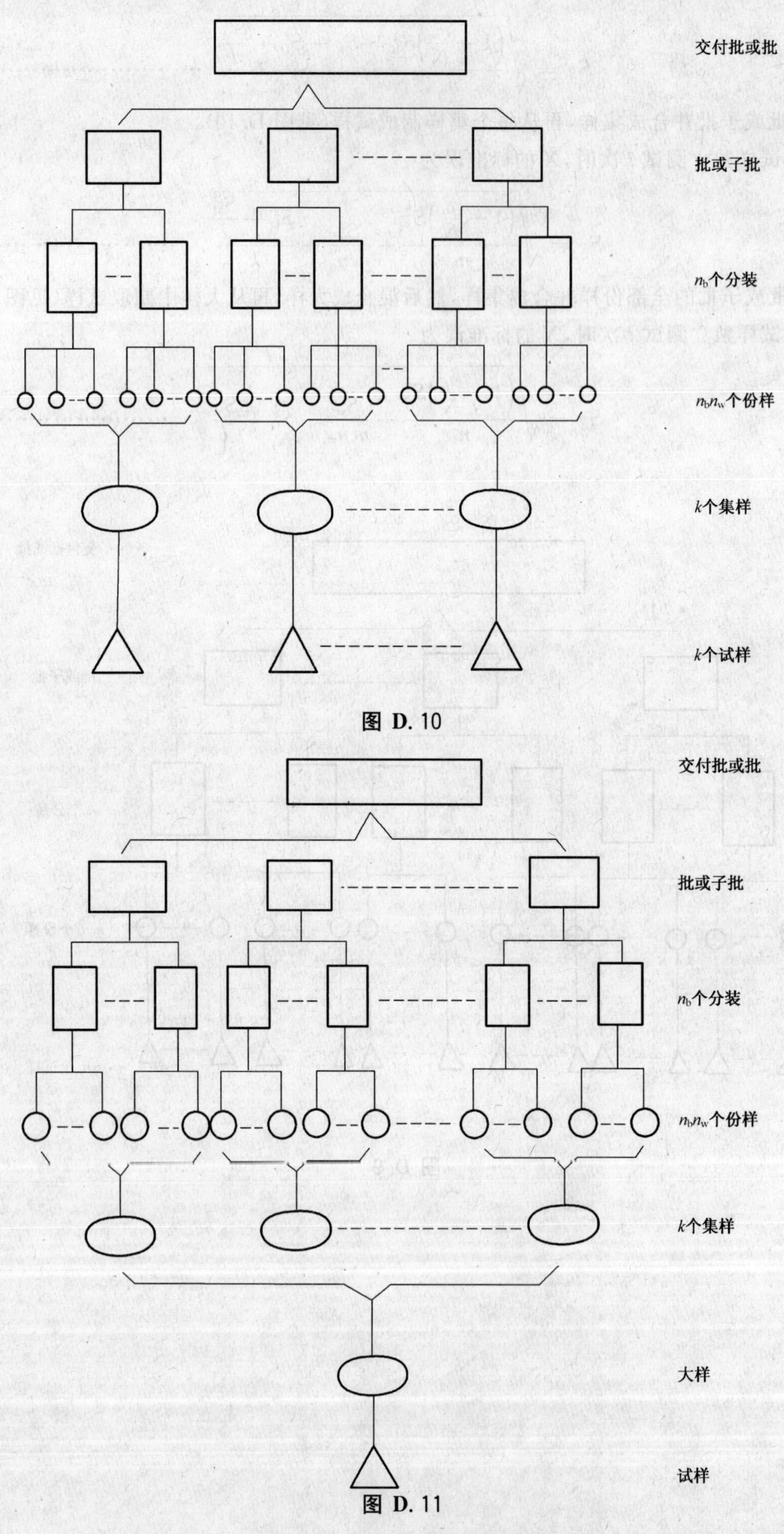

交付批或批
批或子批
n_b个分装
$n_b n_w$个份样
k个集样
k个试样

交付批或批
批或子批
n_b个分装
$n_b n_w$个份样
k个集样
大样
试样

图 D.10

图 D.11

ICS 17.180.01
N 30

中华人民共和国国家标准

GB/T 13742—2009/ISO 11421:1997
代替 GB/T 13742—1992

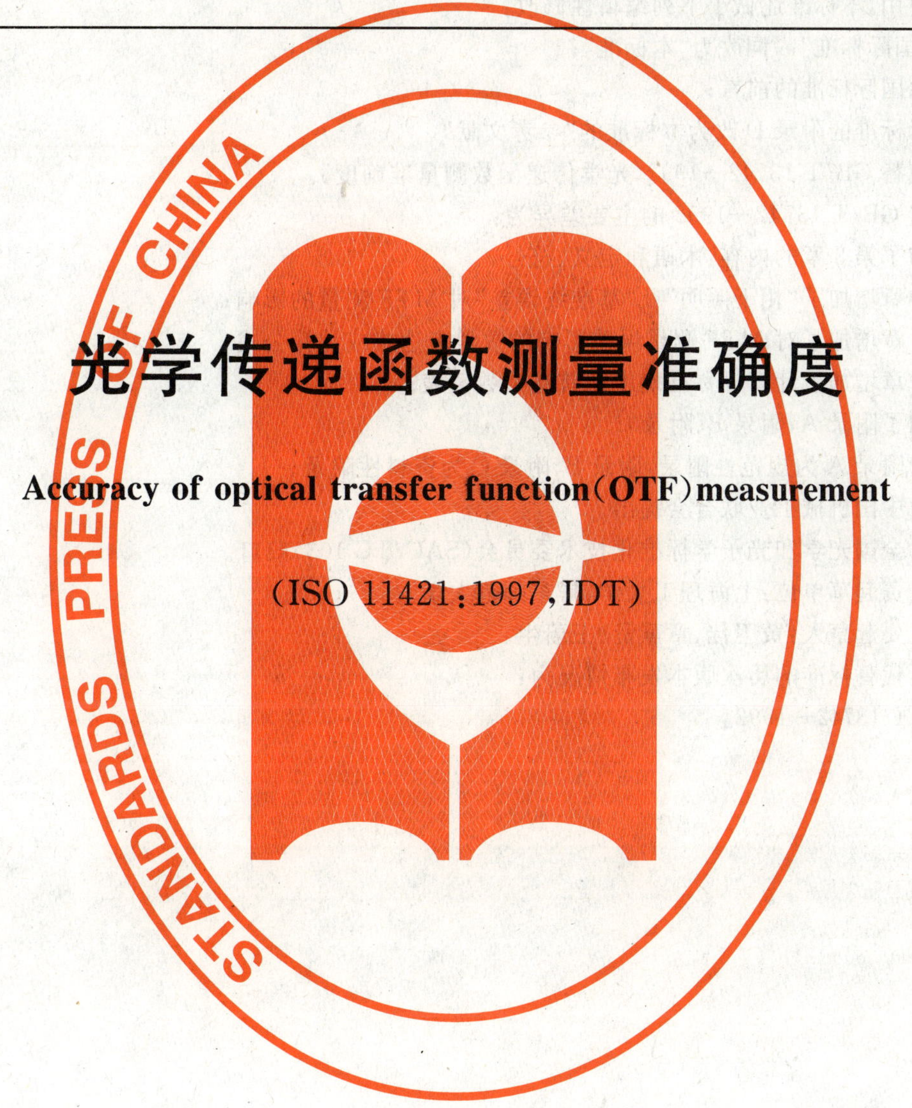

光学传递函数测量准确度

Accuracy of optical transfer function(OTF)measurement

(ISO 11421:1997,IDT)

2009-09-30 发布　　2009-12-01 实施

中华人民共和国国家质量监督检验检疫总局
中国国家标准化管理委员会　发布

前言

本标准等同采用ISO 11421:1997《光学和光学仪器　光学传递函数测量准确度》。

本标准等同翻译ISO 11421:1997。

为便于使用，本标准还做了下列编辑性修改：

——“本国际标准”一词改为“本标准”；

——删除国际标准的前言；

——国际标准的附录D改为本标准的“参考文献”。

本标准代替GB/T 13742—1992《光学传递函数测量准确度》。

本标准与GB/T 13742—1992的主要差异为：

——增加了第3章的内容：术语和定义、符号；

——第4章增加了“相干照明”及“基准线误差”对MTF测量的影响；

——第4章增加了对MTF测量误差影响的数学表达式或计算公式；

——第7章增加了计算标称准确度的首选参数值表；

——增加了附录A、附录B、附录C。

本标准的附录A为规范性附录，附录B、附录C为资料性附录。

本标准由中国机械工业联合会提出。

本标准由全国光学和光子学标准化技术委员会(SAC/TC 103)归口。

本标准负责起草单位：上海理工大学、华东师范大学。

本标准主要起草人：黄卫佳、章慧贤、王蔚生。

本标准所代替标准的历次版本发布情况为：

——GB/T 13742—1992。

光学传递函数测量准确度

1 范围

本标准规定了对光学传递函数(OTF)测量装置的误差来源和误差估算进行评价的通用导则,并提出了光学传递函数测量装置测量准确度的评定导则和评定方法。

本标准适用于各种光学传递函数测量装置。

2 规范性引用文件

下列文件中的条款通过本标准的引用而成为本标准的条款。凡是注日期的引用文件,其随后所有的修改单(不包括勘误的内容)或修订版均不适用于本标准,然而,鼓励根据本标准达成协议的各方研究是否可使用这些文件的最新版本。凡是不注日期的引用文件,其最新版本适用于本标准。

GB/T 4315.1 光学传递函数 第1部分:术语、符号(GB/T 4315.1—2009,ISO 9334:2007,Optical transfer function—Definitions and mathematical relations,MOD)

GB/T 4315.2 光学传递函数 第2部分:测量导则(GB/T 4315.2—2009,ISO 9335:1995,Optical transfer function—Principles and procedures of measurement,IDT)

3 术语和定义、符号

3.1 术语和定义

GB/T 4315.1 确立的以及下列术语和定义适用于本标准。

3.1.1

标准镜头 standard lens

由包含一个平面的单个或多个透镜组成。标准镜头的测量应严格按规定的测量条件进行,其MTF的实测值与理论的MTF计算值之间的偏差不大于0.05。

注:为了满足这一准确度要求,标准镜头通常结构简单,性能受到严格规定。例如一般使用的是50 mm焦距的平凸标准镜头。这些镜头和其他几种标准镜头(包括远焦系统和工作在红外波段的镜头)不难得到。

3.1.2

校验镜头 audit lens

由一个或多个结构稳定的透镜组成。校验镜头的MTF值不能通过设计数据(通常是透镜合成的结果)计算得到,而是由官方认可的机构(条件允许首选国家标准实验室),在规定的测量条件下进行测量以得到其公认值。

3.2 符号

表1中的符号适用于本标准。

表1 符号

符号	参数	单位
h	物高	毫米,毫弧度,度
h'	像高	毫米,毫弧度,度
$\Delta h'$	像高误差	毫米,毫弧度,度
l	物距	毫米
l'	像距	毫米

表 1（续）

符　号	参　数	单　位
$\Delta l'$	像距误差	毫米
Δz	物方导轨直线性偏差	毫米
$\Delta z'$	像方导轨直线性偏差	毫米
Δa	相对于参考轴的物方导轨垂直度偏差	弧度
$\Delta a'$	相对于参考轴的像方导轨垂直度偏差	弧度
ΔZ	理想物面总误差	毫米
$\Delta Z'$	理想像面总误差	毫米
M	放大率	无量纲
r	空间频率	1/毫米，1/毫弧度，1/度
Δr	空间频率误差	1/毫米，1/毫弧度，1/度
$m(r,h)$	物方焦点的 MTF 变化率（对像增强器和类似系统）	1/毫米
$m'(r,h')$ 或 $m'(r,\omega)$	像方焦点的 MTF 变化率	1/毫米
$p'(r,h')$ 或 $p'(r,\omega)$	像高的 MTF 变化率	1/毫米，1/毫弧度，1/度
$q'(r,h')$	像距的 MTF 变化率	1/毫米
ω	视场角	毫弧度，度
$\Delta\omega$	视场角误差	毫弧度，度
f	焦距	毫米
Ψ	方位角	度
$\Delta\Psi$	两狭缝间的方位角误差	度
R	（测试透镜焦距）/（准直物镜焦距）或 （非准直物镜焦距）/（准直物镜焦距）	无量纲
g'	像方狭缝宽度	毫米
L'	参考像平面较短狭缝长度	毫米
MTFc	中继透镜的 MTF 值	无量纲
r_0	轴上空间频率	1/毫米，1/毫弧度，1/度
$n'(r,h')$	空间频率的 MTF 变化率	毫米，毫弧度，度
$\Delta\mathrm{MTF}(r)$	MTF 误差	无量纲
$\Delta\mathrm{MTF}_c(r)$	中继透镜的 MTF 误差	无量纲
$\Delta\mathrm{MTF}_{rl}$	由中继透镜像差引起的 MTF 误差	无量纲
Δl	准直物镜焦点的装定误差	毫米
$\Delta\mathrm{MTF}_{(随机)}$	MTF 随机总误差	无量纲
$\Delta\mathrm{MTF}_{(系统)}$	MTF 系统总误差	无量纲
$\Delta\mathrm{MTF}_{(总)}$	MTF 总误差	无量纲
$\Delta\mathrm{MTF}_{(随机)n}$	第 n 个误差源的 MTF 随机误差	无量纲
$\Delta\mathrm{MTF}_{(系统)n}$	第 n 个误差源的 MTF 系统误差	无量纲
注：符号 $m(r,h)$、$m'(r,h')$、$p'(r,h')$ 是空间频率 r 和像高 h' 或物高 h（其值随频率和像高的变化而变化）的函数。		

4 测量装置的误差来源

本章将列举 OTF 测量装置误差的主要来源及对 MTF 测量的影响,对 PTF 测量的简单说明见附录 A。

4.1 光学台系统的几何条件

光学台用于安放“测试图样组件”、“被测样品”以及“像分析器”,并使它们处于正确的几何关系下(即按 GB/T 4315.1 选择成像状态)。为了满足正确的几何关系,通常要靠导轨的直线性或被测样品相对于参考平面的平行度以及角度标尺的准确度来保证。否则,将导致对理想的成像状态的偏离,引起 OTF 的测量误差。光学台几何参数对测量准确度的影响取决于所采用的测量布局(本标准不包括像“节点滑座光学台”的测量布局,用户必须自己对误差作出评估)。下面所列为 GB/T 4315.2 所推荐的测量布局中的主要误差来源及产生的 MTF 偏差。

4.1.1 物和像均处于有限共轭

测试图样组件和像分析器的导轨必须垂直于“参考轴”。

直线性和垂直度偏差所造成对理想像面的偏差,对测试图样组件和像分析器分别按式(1)、式(2)计算:

$$\Delta Z(h) = \Delta z(h) + h \cdot \Delta a \quad \cdots\cdots(1)$$

$$\Delta Z'(h') = \Delta z'(h') + h' \cdot \Delta a' \quad \cdots\cdots(2)$$

式中:

h——物高,单位为毫米(mm);

h'——像高,单位为毫米(mm);

Δz——物方导轨直线性偏差,单位为毫米(mm);

$\Delta z'$——像方导轨直线性偏差,单位为毫米(mm);

Δa——相对于参考轴的物方导轨垂直度偏差,单位为弧度(rad);

$\Delta a'$——相对于参考轴的像方导轨垂直度偏差,单位为弧度(rad)。

两项合成的结果按式(3)计算:

$$\Delta Z'(h')_{总} = \Delta Z'(h') + M^2 \cdot \Delta Z\left(\frac{h'}{M}\right) \quad \cdots\cdots(3)$$

式中:

M——放大率$\left(M=\frac{h'}{h}\right)$。

令 $m'(r,h')$ 是调焦时 MTF(r) 的变化率,则 MTF 误差按式(4)计算:

$$\Delta \mathrm{MTF}(r) = m'(r,h') \cdot \Delta Z'(h')_{总} \quad \cdots\cdots(4)$$

像高准确度和物或像距准确度是导致 MTF 偏差的两种误差来源。假设像高和像距为参数项,则 MTF 误差按式(5)计算:

$$\Delta \mathrm{MTF}(r) = p'(r,h') \cdot \Delta h' + q'(r,h') \cdot \Delta l' \quad \cdots\cdots(5)$$

式中:

$\Delta h'$——像高误差,单位为毫米(mm);

$\Delta l'$——像距误差,单位为毫米(mm)。

p'、q' 是相应的 MTF 变化率,其影响通常较小,被忽略(它对 MTF 偏差不大于 0.01)。

4.1.2 物处于无限远和像处于有限共轭

除了单一导轨,可以与 4.1.1 相似考虑,相对于理想像面的偏差按式(6)计算:

$$\Delta Z'(h')_{总} = \Delta z'(h') + h' \cdot \Delta a' \quad \cdots\cdots(6)$$

MTF 的相应误差按式(7)计算:

$$\Delta \mathrm{MTF}(r) = m'(r,h') \cdot \Delta Z'(h')_{总} \quad \cdots\cdots(7)$$

像高或视场角的装定误差和物方无限远的调整误差会对 MTF 测量产生误差，按式(8)计算：

$$\Delta \mathrm{MTF}(r) = p'(r,h') \cdot \Delta h' + q'(r,h') \cdot \Delta l' \quad \cdots\cdots(8)$$

如果像方是视场角而不是像高，则按式(9)计算：

$$\Delta \mathrm{MTF}(r) = p'(r,\omega) \cdot \Delta \omega + q'(r,h') \cdot \Delta l' \quad \cdots\cdots(9)$$

式中：

ω——视场角，单位为度(°)；

$\Delta\omega$——视场角误差，单位为度(°)。

$\Delta l'$的值由物方无限远的已知偏差确定，按式(10)计算：

$$\Delta l' = \frac{f^2}{l} \quad \cdots\cdots(10)$$

式中：

f——透镜焦距，单位为毫米(mm)；

l——物距，单位为毫米(mm)。

如果未使用准直物镜，而是采用加长物距来近似无限远的情况，通常后两种误差来源对 MTF 的测量误差影响较小，可以忽略。

4.1.3 物和像均处于无限远

在这种测量布局下(见 GB/T 4315.2)，当改变像方视场角时，像方准直管必须与像分析器连动，从而不会产生由于工作焦点随像方角度(或视场角)改变而带来的 MTF 误差。

如果测量布局无法保证上述要求，或者由于支撑像方准直管和像分析器的调焦导轨自身的机械弯曲而造成它们之间相对关系的改变，则将产生 MTF 误差按式(11)计算：

$$\Delta \mathrm{MTF}(r) = m'(r,\omega) \cdot \Delta z'(\omega) \quad \cdots\cdots(11)$$

式中：

$\Delta z'(\omega)$——机械误差，单位为毫米(mm)；

$m'(r,\omega)$——调焦时 MTF 的变化率，单位为 1/毫米(mm^{-1})。

由于视场角的装定以及无限远物距的调整也会产生 MTF 误差，相应的关系式同 4.1.2。

$$\Delta \mathrm{MTF}(r) = p'(r,\omega) \cdot \Delta \omega + q'(r,h') \cdot \Delta l' \quad \cdots\cdots(12)$$

$\Delta l'$的值由物方无限远的已知偏差确定。按式(13)计算：

$$\Delta l' = \frac{f^2}{l} \quad \cdots\cdots(13)$$

4.1.4 像增强器以及其他物理定义物和(或)像平面的系统

测量这类系统的一个常用方法，是在像和(或)物平面内的每一个测试部位都重新调焦，使测试目标调焦到物平面和(或)像平面调焦到像分析器，这样可以消除由机械误差引起的调焦误差。由于在物或像平面内指定测试部位装定不正确也会产生 MTF 误差，而这种误差通常被忽略，同 4.1.1 叙述的，则：

$$\Delta \mathrm{MTF}(r) = p'(r,h') \cdot \Delta h' \quad \cdots\cdots(14)$$

而当物或像的位置改变，保持测试图样组件不变，像分析器导轨是直线且平行于物或像面，此时采用不重新调焦的测量方法，MTF 误差按式(15)计算为：

$$\Delta \mathrm{MTF}(r) = m(r,h)[\Delta z(h) + h \cdot \Delta a] + m'(r,h')[\Delta z'(h') + h' \cdot \Delta a'] \quad \cdots\cdots(15)$$

4.1.5 被测样品的安装

被测样品安装不能每次精确定位，每次测量中，由于被测样品的卸下和重新安装会导致测量结果的变化。主要影响是使像面产生微量倾斜，对 MTF 造成的测量误差不容忽视，见 4.1.1 角度误差的关系式。

4.2 改变方位

4.2.1 物和像均处于有限共轭

$$\Delta \mathrm{MTF}(r) = m'(r,h')[\Delta z'(\Psi) + M^2 \cdot \Delta z(\Psi)] \tag{16}$$

4.2.2 物处于无限远和像处于有限共轭

$$\Delta \mathrm{MTF}(r) = m'(r,h')[\Delta z'(\Psi) + R^2 \cdot \Delta z(\Psi)] \tag{17}$$

式中：

R——(被测透镜焦距)/(准直物镜焦距)。

通常 R^2 较小，括号中的第二项可以被忽略。

4.2.3 物和像均处于无限远

$$\Delta \mathrm{MTF}(r) = m'(r,\omega)[\Delta z'(\Psi) + (M \cdot R)^2 \cdot \Delta z(\Psi)] \tag{18}$$

式中：

R——(非准直物镜焦距)/(准直物镜焦距)；

M——测试望远镜的放大率。

4.2.4 像增强器以及其他物理定义物和(或)像平面的系统

对每个测试方位(见 4.1.4)，测量时如果将测试目标重新调焦到物平面和(或)像平面重新调焦到像分析器，则没有误差产生。如果物或像的方位改变而不重新调焦，则 MTF 误差按式(19)计算：

$$\Delta \mathrm{MTF}(r) = m(r,h) \cdot \Delta z(\Psi) + m'(r,h') \cdot \Delta z'(\Psi) \tag{19}$$

4.3 测试图样组件和像分析器的定位对中

如果物方图样和像方图样为非圆对称，则应重视它们的相对定位。当图样为垂直于扫描方向的狭缝时，两者之间的角位移 $\Delta\Psi$ 将导致狭缝宽度的增大(见图 1)，按式(20)计算：

$$\Delta g' = L' \cdot \Delta\Psi \tag{20}$$

式中：

L'——两个像面狭缝中较短的那个长度，单位为毫米(mm)。

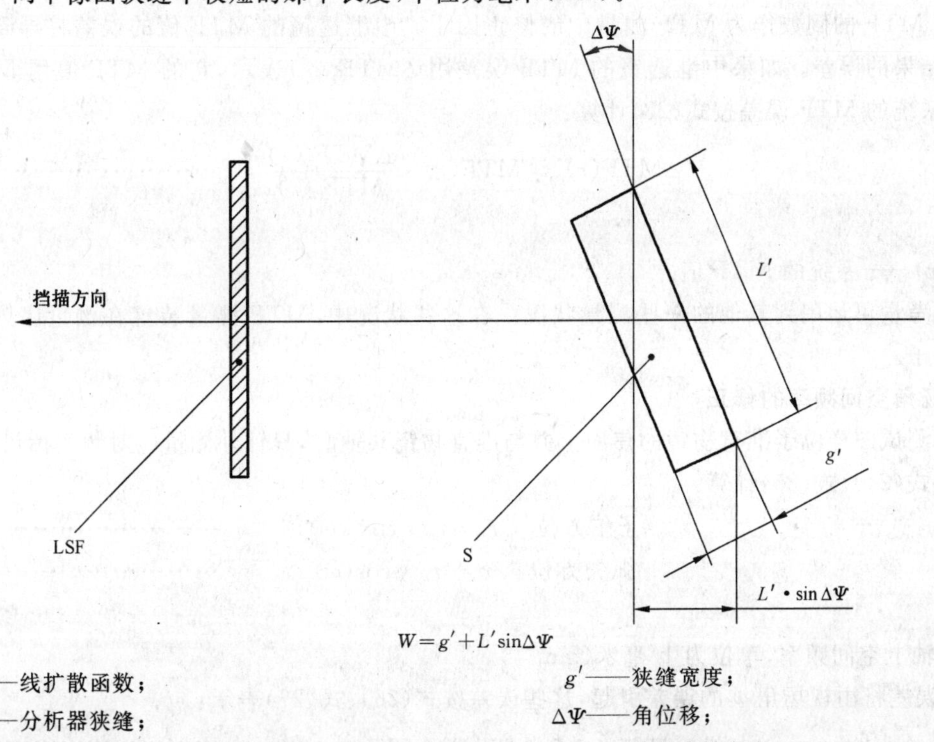

LSF——线扩散函数；

S——分析器狭缝；

L'——狭缝长度；

g'——狭缝宽度；

$\Delta\Psi$——角位移；

W——狭缝有效宽度。

图 1 分析器狭缝与测试图样组件之间的相对定位误差示意图

此时产生的 MTF 误差按式(21)计算：

$$\Delta \mathrm{MTF}(r)=\pi \cdot r \cdot L' \cdot \Delta \Psi \cdot \mathrm{MTF}(r) \cdot\left(\frac{1}{(\pi \cdot r \cdot g')}-\frac{1}{\tan (\pi \cdot r \cdot g')}\right) \quad \cdots\cdots(21)$$

式中：

g'——像方狭缝宽度，单位为毫米(mm)。

对有些装置来说，采用光栅和狭缝的组合产生周期目标，其空间频率可以通过改变光栅相对于狭缝的位置而变化，空间频率误差来自光栅和狭缝的相对定位差。对这些误差的影响，用户应自行作出评价(见 4.6)。

4.4 修正因子

由于测量装置中存在一些固有的误差，如目标狭缝和(或)分析器狭缝的有限宽度、非相干耦合的中继透镜的 MTF，轴外测量时几何条件对空间频率(见 GB/T 4315.2)的影响等，在 MTF 测量结果中应使用修正因子。MTF 误差会在下列两种情况产生：或者是没运用下列的修正因子，或者是在运用这些修正因子时它们的数值有误差。这里仅考虑了最常见的修正因子，但它们可以被当作如何处理其他因子的范例。

4.4.1 狭缝宽度误差

狭缝宽度的误差或不确定度所导致的 MTF 误差按式(22)计算：

$$\Delta \mathrm{MTF}(r)=\pi \cdot r \cdot \mathrm{MTF}(r) \cdot\left(\frac{1}{(\pi \cdot r \cdot g')}-\frac{1}{\tan (\pi \cdot r \cdot g')}\right) \cdot \Delta g' \quad \cdots\cdots(22)$$

式中：

g'——像方狭缝宽度，单位为毫米(mm)；

$\Delta g'$——像方狭缝宽度的误差或不确定度，单位为毫米(mm)。

4.4.2 对非相干耦合中继透镜的 MTF 的修正

在类似于像倍增管的光电装置和系统的 MTF 测量装置中经常使用非相干耦合的中继透镜，这些中继透镜的 MTF 的倒数作为 MTF 测量中的修正因子。中继透镜的 MTF 值的误差将导致被测系统 MTF 测量结果的误差。如果中继透镜的 MTF 误差用 $\Delta \mathrm{MTF}_c(r)$ 表示，它的 MTF 值用 $\mathrm{MTF}_c(r)$ 表示，则被测系统的 MTF 误差按式(23)计算：

$$\Delta \mathrm{MTF}(r)=\mathrm{MTF}(r) \cdot \frac{\Delta \mathrm{MTF}_c(r)}{\mathrm{MTF}_c(r)} \quad \cdots\cdots(23)$$

式中：

$\mathrm{MTF}(r)$——系统的 MTF 值。

类似的考量可运用到其他的一些测量状况。在这些状况中，MTF 测量装置在测量序列中运用了一个修正因子。

4.4.3 视场角空间频率的修正

当光栅测试图样位于准直物镜的焦面上并与准直物镜共轴时，其轴外测量应对频率标尺进行修正。修正频率按式(24)、式(25)计算：

$$\text{子午方位}\quad r=r_0 \cdot \cos^2(\omega) \quad \cdots\cdots(24)$$

$$\text{弧矢方位}\quad r=r_0 \cdot \cos(\omega) \quad \cdots\cdots(25)$$

式中：

r_0——轴上空间频率，单位为 1/毫米(mm^{-1})。

r 值的误差将由视场角 ω 的误差引起，这些误差按式(26)、式(27)表示：

$$\Delta r=2 \cdot r_0 \cdot \sin(\omega) \cdot \cos(\omega) \cdot \Delta \omega \quad \cdots\cdots(26)$$

$$\Delta r=r_0 \cdot \sin(2\omega) \cdot \Delta \omega \quad \cdots\cdots(27)$$

这些误差对 MTF 的影响见 4.6。

4.5 调焦误差

调焦误差或不确定度 $\Delta z'$(参考于像面)引起的 MTF 误差或不确定度按式(28)计算:

$$\Delta \mathrm{MTF}(r,h') = m'(r,h') \cdot \Delta z' \quad \cdots\cdots(28)$$

式中:

$m'(r,h')$——空间频率 r 和像高 h' 的 MTF 变化率,单位为 1/毫米(mm^{-1})。

调焦误差或不确定度 $\Delta z'$ 取决于几方面因素,最重要的是:调焦灵敏度、调焦技术、最大的 MTF 空间频率(低频的调焦准确度一般较低)、被测镜头的数值孔径、被测镜头的 MTF 值以及与装置和测量布局有关的信噪比。

正常情况下,调焦位置的不准确(一般在轴上)只造成较小的 MTF 误差,但当存在像散和(或)场曲时,将会对轴外产生较大的误差。

4.6 空间频率误差

空间频率误差 Δr 引起的 MTF 误差按式(29)计算:

$$\Delta \mathrm{MTF}(r,h) = n'(r,h') \cdot \Delta r \quad \cdots\cdots(29)$$

式中:

$n'(r,h')$——空间频率的 MTF 变化率,单位为毫米(mm)。

空间频率的误差来源为:校准误差、转换器或机械作用形成空间频率读数的非线性和(或)零位偏移。当存在畸变时,像方空间频率与物方空间频率之间的相对关系会随像高变化而变化。

4.7 中继光学件的残余像差

在 MTF 测量链中与被测系统相干耦合的任何光学系统中(准直物镜和成像中继透镜等)都不应存在影响 MTF 测量准确度的像差,因为它们是无法修正的。

从已知的中继透镜的残余波前像差精确估算误差的影响,必须同时了解被测系统的像差,而后需进行复杂的计算。

如果测量一个与测量系统具有相同数值孔径和光阑直径的衍射受限镜头,从中得到由于中继透镜的残余像差而对 MTF 测量造成的误差 $\Delta \mathrm{MTF}_{R}(r)$,也就代表了这一误差源对测量所造成的最大偏差。这一误差值可以直接测量得出,也可以从所测得的中继透镜的残余像差中计算得出。

如果被测系统本身的像质较差,采用上述方法将会过高地估算误差值。

4.8 光谱响应特性

测量装置光谱响应特性的要求和实际值之间的失配将导致 MTF 的测量误差,这一误差量取决于被测系统的 MTF 对特定的失配状态的敏感度。

如果被测系统的设计数据和实际光谱值失配特性已知,那么相应的 MTF 误差可以通过复色光的 MTF 计算出来。另外,也可以使用窄带滤光片(见 5.4)的 MTF 测量结果估算出来。

如果光谱不匹配的特性已知而测量结果的误差不能确定,那么应在 MTF 测量结果中明确表示并提供光谱响应特性的曲线。对于低频响应,即使响应为零的波带处,也会对 MTF 测量带来不可忽视的误差。如测量一个光学系统,其设计要求使用单色光,但却未进行色差校正,或只进行了很少的校正,此时仍可能造成 MTF 的测量误差。在此类测量中,即使用一般的窄带滤光片也会增加指定波带以外的透射比的相对效应。

4.9 测试图样组件和(或)扫描的扩展

MTF 测量时,如果校正的边界条件不合格,将产生 MTF 的测量误差。在这种特殊情况下误差较难估算,但是对于一个重要的误差源有几种方法进行校核。如果边界条件合格,测试图样组件横向宽度和扫描宽度的增加或减少,对绝对信号或 MTF 测量不应产生影响。测试图样组件的最大或最小的允许尺寸与点扩散函数的尺寸有关。对于一个特殊的测量技术,这些初步的专业知识能帮助确定边界条件是否满足。

4.10 像分析器的角响应特性

为了保证MTF测量结果的正确，像分析器的光束角必须与被测量系统辐射的光束充满，任何阻断或不均匀衰减都将导致MTF的测量误差。像分析器的方向响应应按5.7所描述的方法进行测量和误差估算。

4.11 目标发生器照明光束的方向和发光特性

与像分析器的方向响应相类似(见4.10)，这里的条件通常容易满足，因为大多数情况下测试图样组件的照明光束均匀地充满准直物镜的孔径。

4.12 信号处理系统

测量装置信号处理系统的不完善及不精确将导致MTF误差，其误差可以用标准测试镜头或特殊器件例如精密狭缝(见5.6)测量后评估。

4.13 杂光

来自室内照明等杂光会影响测量系统的性能，因此应消除杂光的影响或尽可能地减小其影响。

4.14 相干照明

本标准中OTF的概念只涉及非相干照明的被测目标，对于相干照明或部分相干照明的被测目标的OTF测试将会导致结果的误差。被测目标的相干或部分相干程度较难评价，本标准不涉及系统的相干照明设计。除尽量避免使用类似激光等的相干光源外，还需满足光学系统中照明系统的数值孔径(NA)大于被测件的物方数值孔径，对于准直物镜其光瞳应大于被测件的光瞳。像显微镜物镜这样大数值孔径的系统，这些条件要始终满足，对于自发光的被测目标无需考虑这些问题。

4.15 基准线误差

在MTF的测量中，如果信号基准(零位)不准确，将会带来值得注意的误差。造成基准偏离的原因有系统对弱光的灵敏度、无补偿或错误补偿、探测器的暗电流、电路调节不当引起的信号偏移等等。

在许多电子光学系统中，图像通常安置在非零背景上，如果背景的测量信号不能被消除就会产生基准误差。

通过比较设定值与目标发生器关闭时或测试图样为空白图样时的差值来检查基准精度，两者应一致。

5 测量装置准确度的评定方法

本章将确定第4章中所列举误差源的定量测试方法，这些方法大多数情况下是可行的，可以作出准确度的评定。许多方法都是成熟的、众所周知的，因此本标准中没有作详细的描述。但是对存在的系统误差和随机误差都应该进行评定。

5.1 光学台系统的几何条件

5.1.1 导轨的直线性误差

由于支撑像分析器或测试图样组件的导轨非直线性和(或)俯仰等偏差，造成对理想平面的偏离(见图2)。

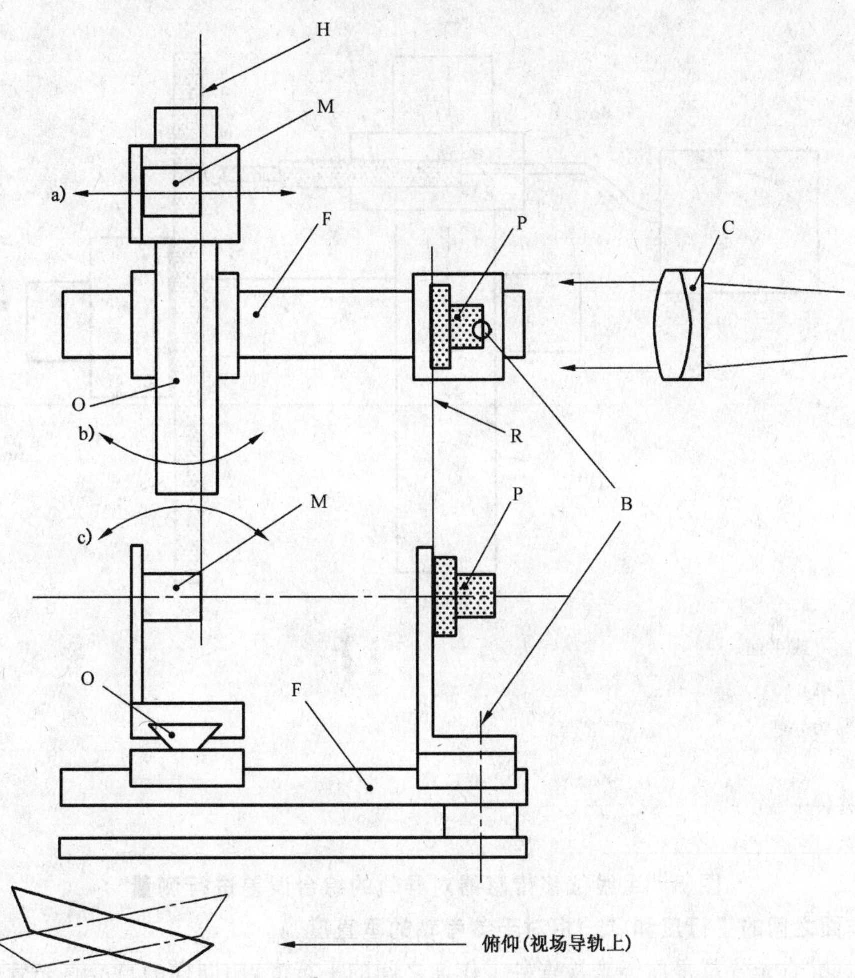

P——被测镜头；

R——镜头安装定位面(法兰盘)；

H——像面；

O——视场导轨；

F——聚焦导轨；

M——像分析器；

C——准直物镜；

B——旋转轴；

a)——直线性偏差；

b)——运动方向的非线性偏差；

c)——俯仰偏差。

图 2　分析器狭缝与测试图样组件机械导轨的综合误差

测量直线性和俯仰偏差有许多公认的方法。本标准推荐利用一个敏感的线位移传感器及参考直边或平面对导轨的综合误差进行直接测量的方法，测量布局见图 3。把传感器安装在通常安放像分析器或测试图样组件单元的位置上，使测量探头沿着光轴的方向，参考平面或直边平行于像/物面或测量对角线(即垂直于参考轴)。测量探头可以直接测量出参考平面或直边与像分析器或测试图样组件单元沿导轨移动时的距离变化。

在测量时，把垂直于光学系统法兰盘安装定位面的轴作为参考轴。因此直边或参考平面应平行于法兰盘安装定位面，可以用自准直仪或合适的平面镜直接安装在定位面上。

这种测量方法可以给出包括对参考轴的任何垂直角偏差在内的误差。

注：有些光学系统的参考定位面平行于而不是垂直于参考轴(例如圆柱形光轴同心的镜头，可以将圆柱面作为参考定位面)。

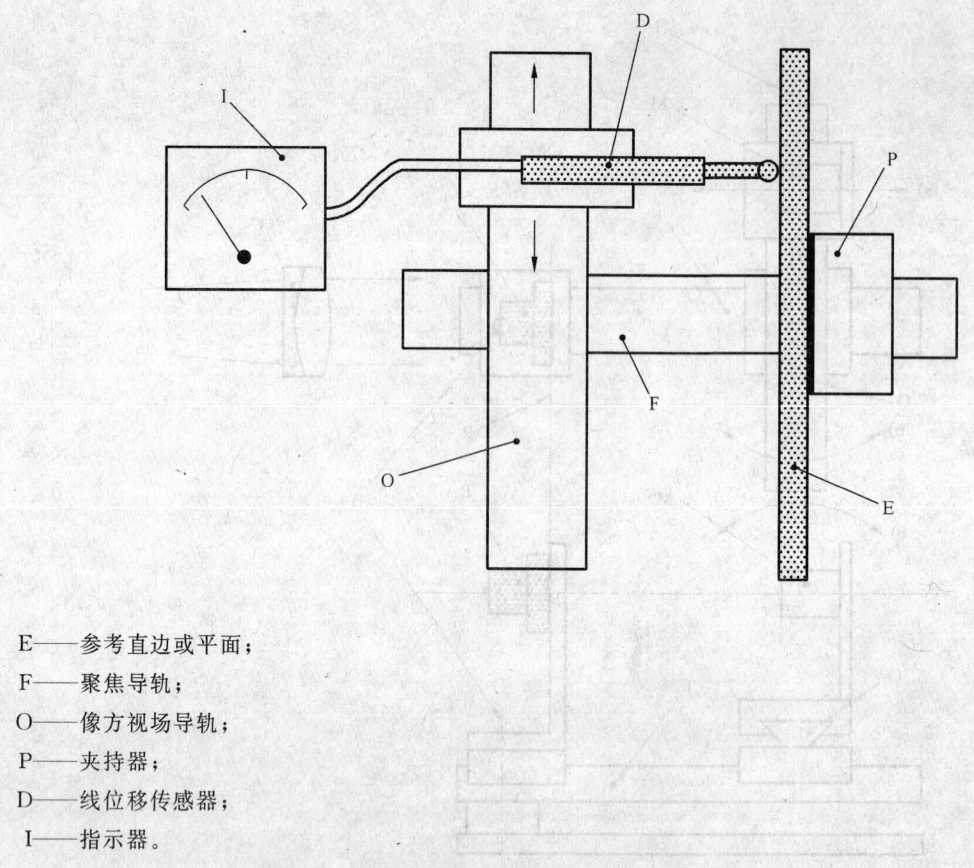

E——参考直边或平面；

F——聚焦导轨；

O——像方视场导轨；

P——夹持器；

D——线位移传感器；

I——指示器。

图 3　用线位移传感器对导轨的综合误差进行测量

5.1.2　各工作面之间的平行度和(或)相对于参考轴的垂直度

可以利用自准直光管及平面镜来检查各工作面之间的平行度，用同样的自准直光管(其光轴与校准光轴重合)来检查准直光束方向与工作面的垂直度(见图 4)。

此外，测量装置上的准直物镜也可以被用作自准直光管来观察测试图样组件及反射像。一个小功率激光器也可以作为自准直光管进行较长距离内角度准确度的测量。

测量装置上测试图样组件的角度偏差也可以用自准直光管和试样上的平面镜进行评定。

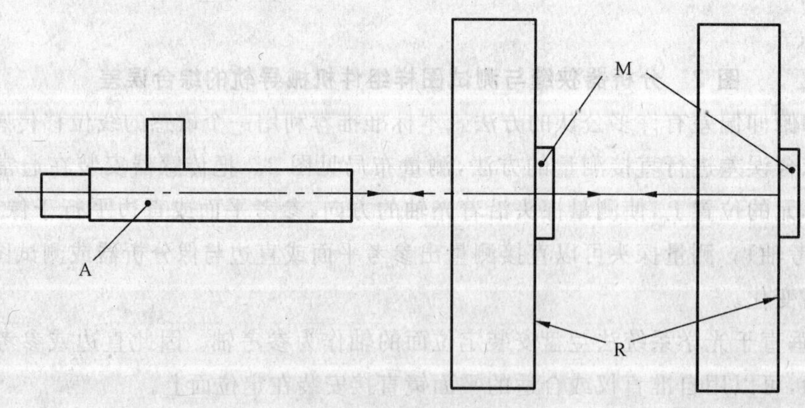

a) 两参考平面之间的平行度测量

图 4　用自准直光管校准参考平面

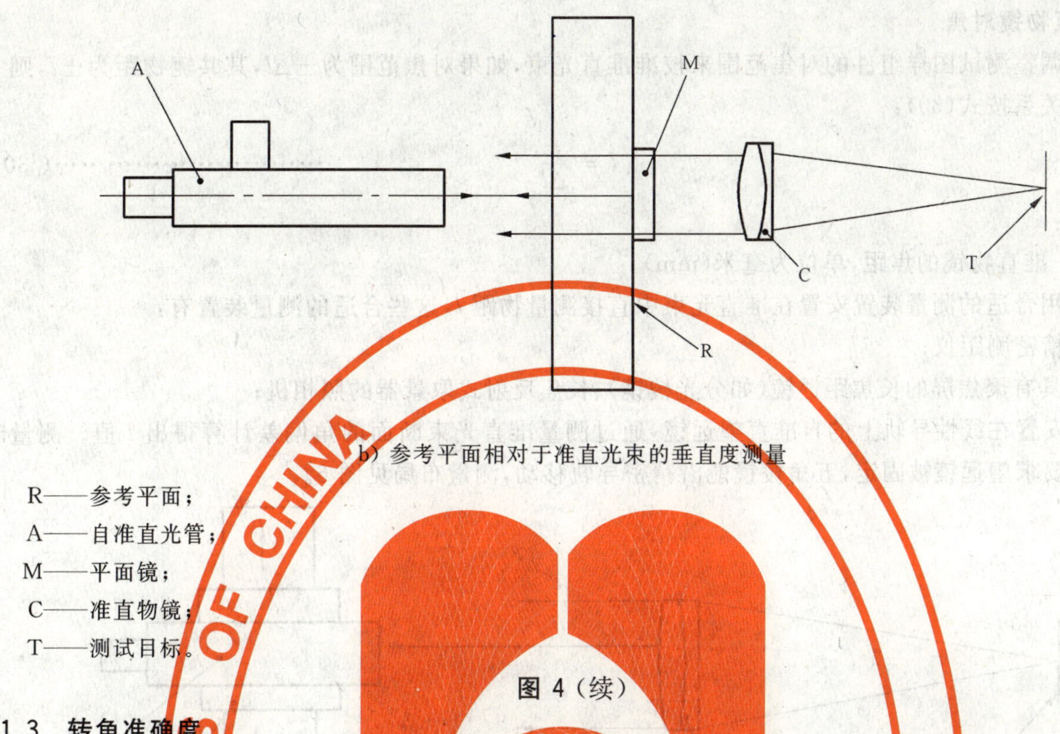

b）参考平面相对于准直光束的垂直度测量

R——参考平面；

A——自准直光管；

M——平面镜；

C——准直物镜；

T——测试目标。

图 4（续）

5.1.3 转角准确度

转角准确度的测量，可采用自准直光管和安装在旋转部件上的精密光学多面体进行；或用自准直光管和平面镜及安装在旋转部件上的精密测角仪来完成，两种方法测量布局见图5。

同样可用激光器代替自准直光管进行测量（见5.1.2）。

A——自准直光管；

P——精密光学多面体；

M——平面镜；

B——旋转角；

G——精密测角仪。

图 5 旋转角的校准

5.2 准直物镜对焦

通过调整测试图样组件的对焦范围来校准准直光束，如果对焦范围为$\pm\Delta l$，其共轭物距为$\pm l$，则它们的相互关系按式(30)：

$$l = \frac{f^2}{\Delta l} \tag{30}$$

式中：

f——准直物镜的焦距，单位为毫米(mm)。

可以用合适的测量装置安置在准直光束中直接测量物距 l，这些合适的测量装置有：

a) 精密测距仪；

b) 具有聚焦屏的长焦距透镜(如分光棱镜)、长焦反射式取景器的照相机；

c) 安置在线性导轨上的自准直望远镜，通过测量准直光束断面的角偏差计算得出 l 值。测量时要求望远镜被固定，五角棱镜能沿精密导轨移动，测量布局见图 6。

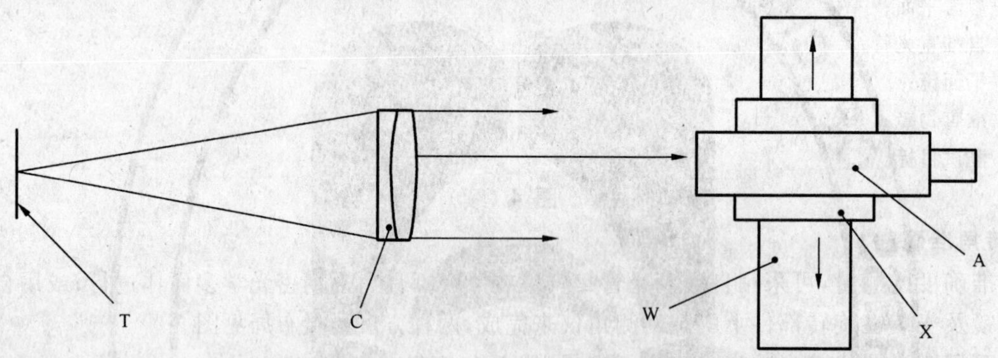

a) 用自准直望远镜和线性导轨进行测量

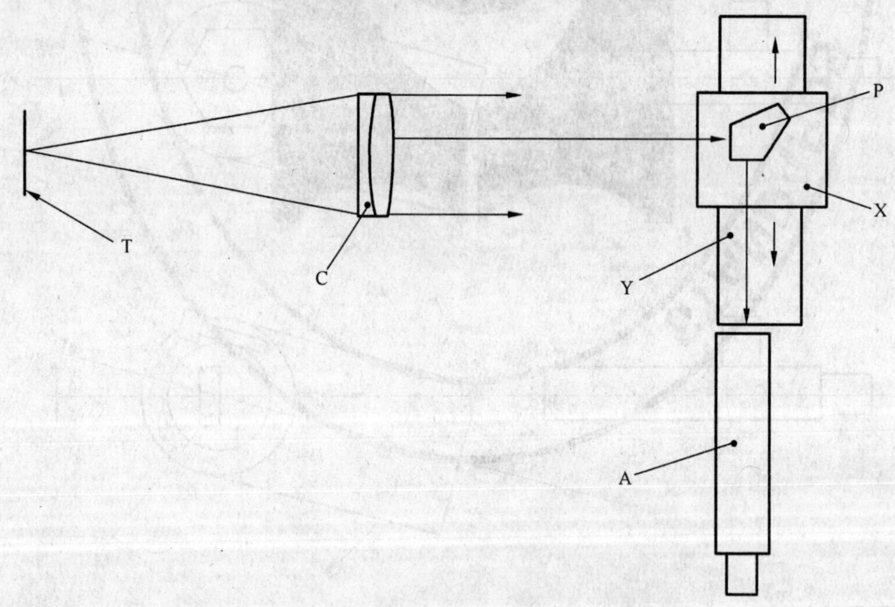

b) 用五角棱镜和望远镜进行测量

A——自准直望远镜；

C——准直物镜；

T——测试目标平面；

P——五角棱镜；

W——精密导轨；

Y——导轨；

X——导轨支架。

图 6 准直物镜对焦

5.3 调焦

对特定的测量装置来说，被测镜头的焦点定位准确度取决于调焦技术、焦点判断准则、被测镜头的 F 数、被测镜头的 MTF 以及采用的测量结构（如：准直物镜的焦距、像分析器和测试图样组件的狭缝宽度、滤光片的光谱特性等）等因素。因此，在上述这些变量相等或近似的情况下去估算焦点安置的准确度。

调焦的随机误差可以通过多次直接测量相等或相似条件下调焦过程的焦点定位的标准差来表示。

调焦的系统误差较难估算。最好是利用合适的标准镜头，通过比较理论的和实测的离焦 MTF 曲线的最佳焦点位置来确定，曲线布局见图 7。两组曲线的两个最佳焦点之间的偏差即为调焦误差。所得到的离焦曲线以及最佳焦点位置应该是若干测量结果的平均值。对不同的数值孔径下的测量结果进行比较，以便得出不同测量条件下的系统调焦误差。

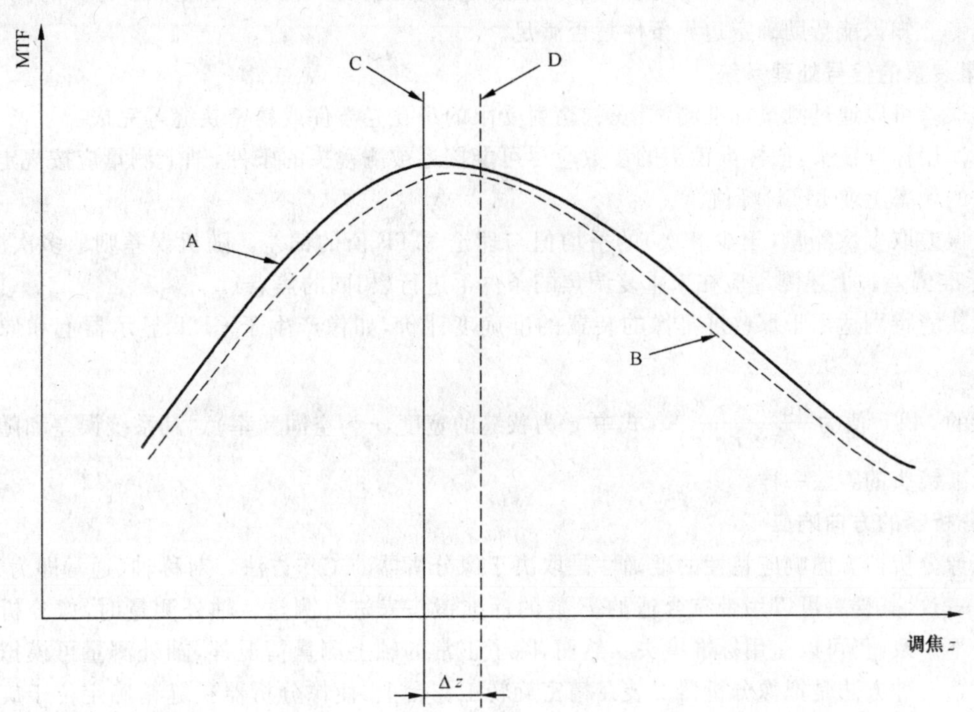

A——理论离焦 MTF 曲线；
B——实测离焦 MTF 曲线；
C——理论最佳焦点；
D——实测最佳焦点；
Δz——调焦误差。

图 7 系统调焦误差的确定

5.4 光谱特性

已知被测系统的设计值，以及光谱特性的失配状态，就可以从复色光的 MTF 计算值中得出相应的 MTF 误差。

用不同的光谱滤色片进行若干次的 OTF 测量，通过计算由光谱特性的失配状态可以得到 MTF 误差。但整个过程既复杂又花时间，本标准不予采用。

还可以用两片或更多特定光谱特性范围的滤光片进行 MTF 测量，得到特殊测试样本对光谱特性失配状态的灵敏度。

例如对于一个光谱范围为 0.48 μm～0.64 μm 的测量，如果没有完全匹配的光谱范围，则可以通过对 0.45 μm～0.70 μm 和 0.50 μm～0.60 μm 两个光谱范围的 MTF 测量，比较其结果就得到测试样本的灵敏度。

上述对 OTF 设备的误差估算方法所需的光谱响应特性是已知的,这就能确定误差源的光谱特性。如果系统中的探测器和其他一些器件的光谱特性已知,就可以直接测量。

或者利用一套已知其积分透过率的窄带单色滤光片,光谱透过率曲线由分光光度计测得。把这些滤光片依次放入 OTF 装置的发射光路中,测量其在零频时的信号绝对值。不同滤光片的信号的相对值采用积分透过率修正后,即为整个测量装置的相对光谱响应值。

对于测量线扩散函数的装置,其未归一化的 LSF 曲线域对应于零频信号。

5.5 测试图样组件和(或)扫描的扩展

在某种特殊情况下误差较难估算,但是对于一个重要的误差源有几种方法进行校核。如果边界条件合格,测试图样组件横向宽度和扫描宽度的增加或减少,对绝对信号或 MTF 测量不应产生影响。

测试图样组件的最大或最小的允许尺寸与点扩散函数的尺寸有关。对于一个特殊的测量技术,这些初步的专业知识能帮助确定边界条件是否满足。

5.6 测量装置的信号处理系统

这类误差可以通过测量标准测试镜头、衍射受限的小孔光学件或精密狭缝等完成。

如果使用标准镜头,该标准镜头的参数应尽可能接近被测镜头的条件,轴上测量应按规定的调焦条件在指定的频率上取 MTF 峰值。

系统误差取多次测量(至少 8 次)的平均值与理论 MTF 值的偏差。随机误差则取多次测量(至少 8 次)的标准偏差。上述测量应在未重复调焦的条件下进行(相同的焦点)。

精密狭缝特别适用于那些屏幕像的装置的准确度评价,如像产生于 CRT 显示器上和像增强器的输出面上。

狭缝的 MTF 值为$\frac{\sin(\pi \cdot r \cdot g)}{(\pi \cdot r \cdot g)}$(式中 g 为狭缝的宽度,r 为空间频率)。其系统误差和随机误差的确定与标准镜头的方法一样。

5.7 像分析器的方向响应

评价像分析器方向响应特性的准确性是取决于像分析器的工作方法。对称轴(通常即为光轴)通常与主光线一致,其误差可以用带有合适的 F 数的标准镜头来进行测量。轴外测量时,像分析器的轴线与主光线不一致,仍可以使用标准镜头。然而,除了正常的轴上测量情况外,轴外测量可模拟图 8 的方法进行。第一种方法是把像分析器安装在精密旋转工作台上,使像分析器狭缝精确定位于旋转台的旋转轴上,并始终在轴上利用标准镜头(或校验镜头)进行 MTF 测量,但是像分析器却在一定的角度范围内旋转(即测量装置所允许的最大视场角内)。测量结果应与像分析器的角度无关,任何随角度改变所产生的变化都可能表明像分析器存在方向响应误差。

第二种方法的优点是直接在装置上完成测量。把标准镜头或校验镜头安装在万向转台上,即使测量装置被安置在轴外测量,也能始终把镜头方向调节到轴上。镜头上安置一平面镜,连同自准直仪或激光器来校正被测镜头的角度。

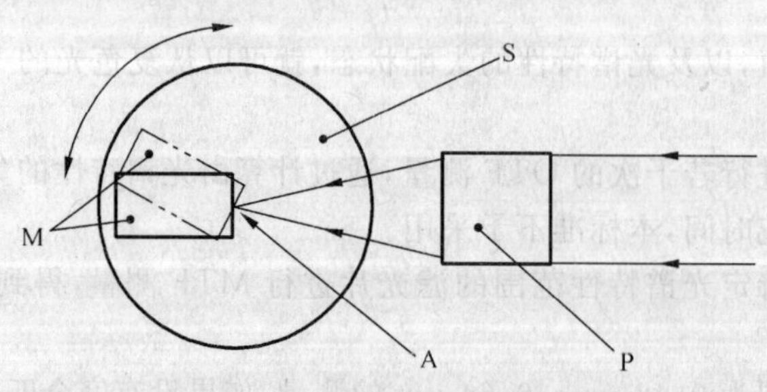

a) 用旋转工作台测量

图 8 像分析器轴外测量

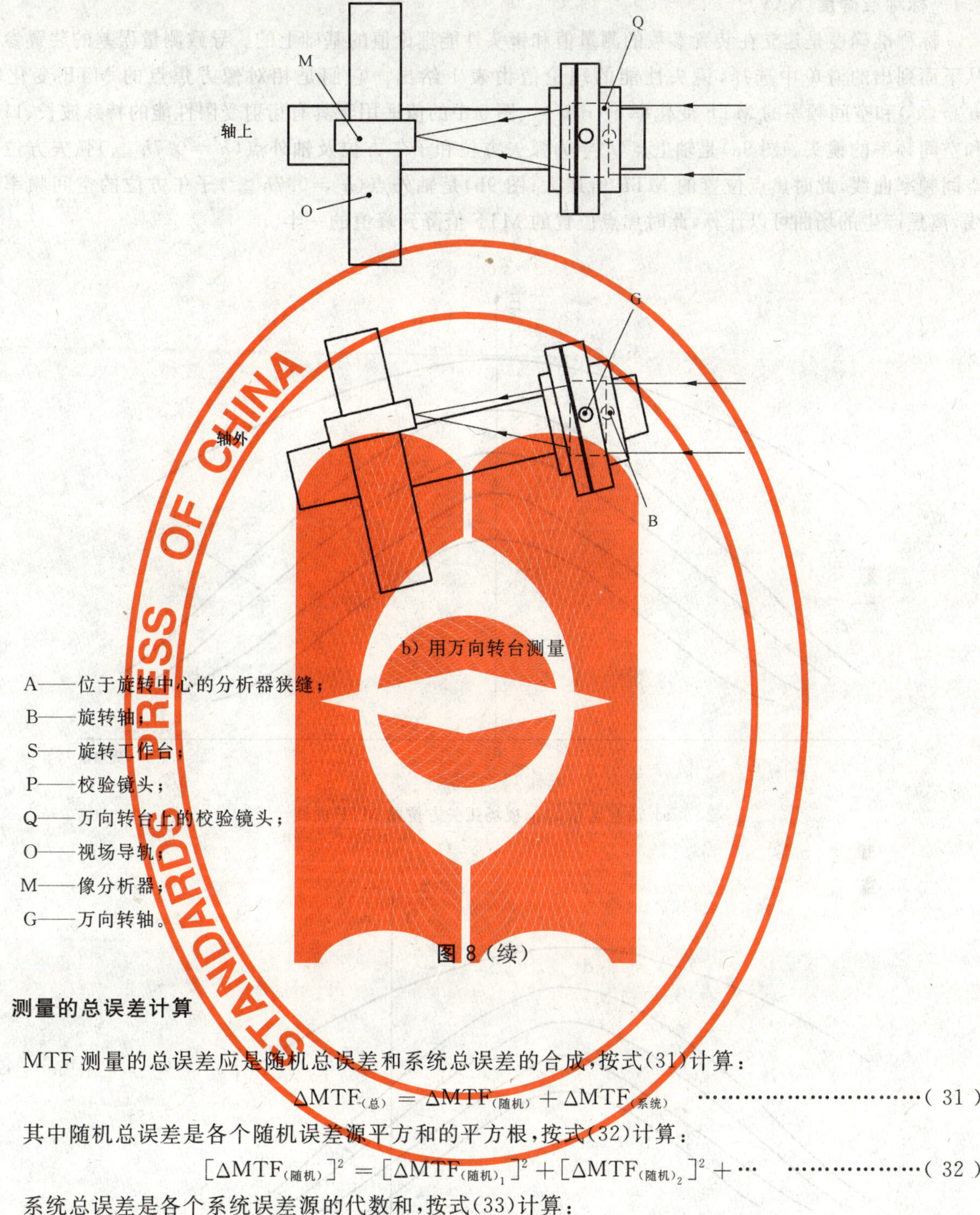

b）用万向转台测量

A——位于旋转中心的分析器狭缝；

B——旋转轴；

S——旋转工作台；

P——校验镜头；

Q——万向转台上的校验镜头；

O——视场导轨；

M——像分析器；

G——万向转轴。

图 8（续）

6 测量的总误差计算

MTF 测量的总误差应是随机总误差和系统总误差的合成，按式(31)计算：

$$\Delta \mathrm{MTF}_{(总)} = \Delta \mathrm{MTF}_{(随机)} + \Delta \mathrm{MTF}_{(系统)} \quad \cdots\cdots (31)$$

其中随机总误差是各个随机误差源平方和的平方根，按式(32)计算：

$$[\Delta \mathrm{MTF}_{(随机)}]^2 = [\Delta \mathrm{MTF}_{(随机)_1}]^2 + [\Delta \mathrm{MTF}_{(随机)_2}]^2 + \cdots \quad \cdots\cdots (32)$$

系统总误差是各个系统误差源的代数和，按式(33)计算：

$$\Delta \mathrm{MTF}_{(系统)} = \Delta \mathrm{MTF}_{(系统)_1} + \Delta \mathrm{MTF}_{(系统)_2} + \cdots \quad \cdots\cdots (33)$$

尽管通常情况下，只有其中一个误差占主导地位，但大多数给定的误差源中都包括随机和系统这两种误差成分。如果给定的误差是通过多次测量来估算，则系统误差是多次测量平均值对理论值的固定偏差，随机误差是关于这个平均值的一个随机分布。光学台的机械误差产生系统误差，像分析器信号的电子噪声产生随机误差。

7 测量装置的准确度

下面推荐的几个测量程序是对测量装置的准确度值或性能指标的描述而非 MTF 的测量。

7.1 标称准确度(NAV)

标称准确度是建立在装置参数的测量值和镜头性能理论值的基础上的。导致测量误差的装置参数从下面列出的清单中选择，镜头性能的理论值由表1给出。它们是相对像方焦点的MTF变化率$m'(r,h')$和空间频率的MTF变化率$n'(r,h')$。图9中的值适用于具有衍射受限性能的特殊波长、口径和空间频率的镜头。图9a)是轴上点($h'=0$)弧矢方位和子午方位及轴外点($h'=0.7h'_{max}$)弧矢方位的空间频率曲线，此时焦点位置的MTF值最大；图9b)是轴外点($h'=0.7h'_{max}$)子午方位的空间频率曲线，离焦产生的场曲可以计算，此时焦点位置的MTF值降到峰值的一半。

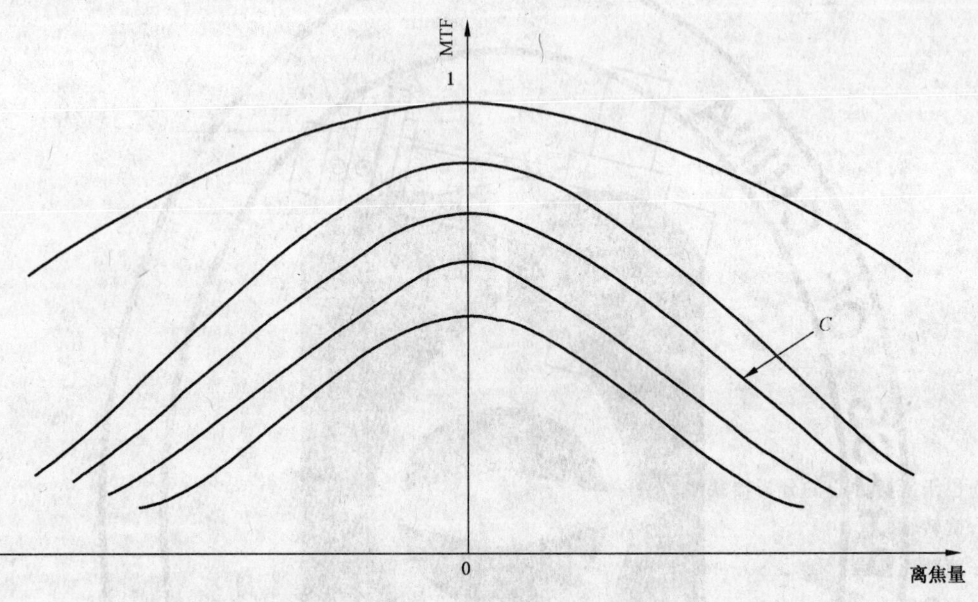

a) 轴上点和70%视场弧矢方位的MTF曲线

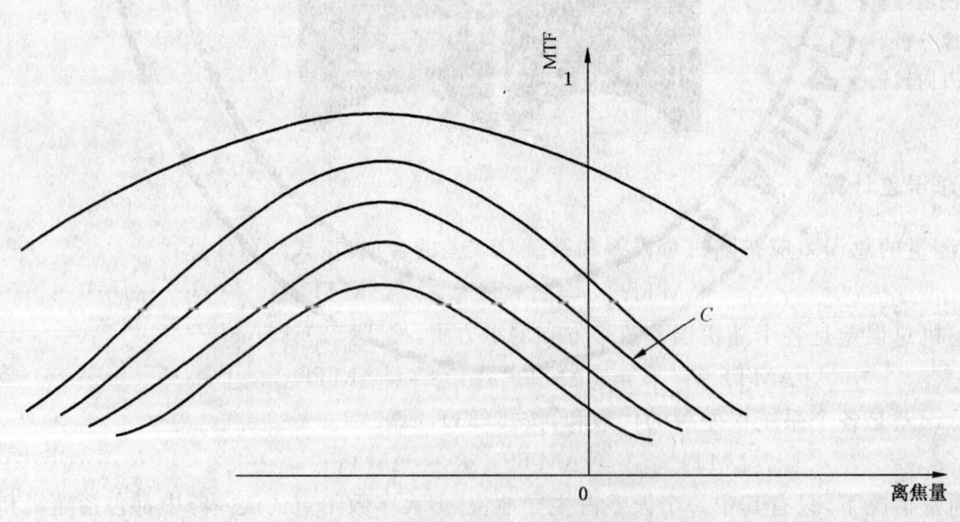

b) 70%视场子午方位的MTF曲线

C——空间频率。

图9 某标称准确度下通过焦点衍射受限的MTF曲线

表2是在计算误差值时对最大像高的规定值，并提供了几个典型应用的有关参数的首选值。标称准确度(NAV)的计算实例见附录C。

表 2 最大像高的规定值

镜头类型	波长 μm	$0.7h'_{max}$ mm	F 数	空间频率 mm^{-1}	$m'(r,h')/mm^{-1}$			$n'(r,h')/mm$			$MTF(r,h')$		
					$h'=0$	$h'=0.7$		$h'=0$	$h'=0.7$		$h'=0$	$h'=0.7$	
					R 和 T 值	R 值	T 值	R 和 T 值	R 值	T 值	R 和 T 值	R 值	T 值
摄影照相镜头	0.4～0.7	20	2	40	5	5	18	1.3	1.3	19	0.95	0.95	0.47
				80	9	9	37	1.3	1.3	8.7	0.89	0.89	0.45
			4	40	2	2	9	2.5	2.5	16.8	0.89	0.89	0.45
				80	4	4	15	2.5	2.5	7	0.78	0.78	0.39
近红外照相镜头	3～5	10	2	16	1.6	1.6	6.6	10	10	34	0.84	0.84	0.42
				32	3.5	3.5	8.6	9.8	9.8	13.6	0.68	0.68	0.34
			4	16	1	1	2.2	19.4	19.4	23.9	0.68	0.68	0.34
				32	1	1	1.5	17	17	6.4	0.38	0.38	0.19
远红外照相镜头	8～12	10	1	10	2	2	9	12.6	12.6	57	0.87	0.87	0.44
				20	4.4	4.4	13	12.4	12.4	24.6	0.75	0.75	0.37
			2	10	1	1	3.3	24.6	24.6	41	0.75	0.75	0.37
				20	1.6	1.6	3.2	22.7	22.7	13.7	0.50	0.50	0.25

注：R——径向，T——切向。

计算标称准确度时应给出镜头的以下主要参数：

a) F 数和镜头焦距；

b) 波长；

c) 视场；

d) 共轭方式；

e) 规定的空间频率。

计算标称准确度时应考虑的装置误差来源如下：

a) 光学台的几何条件(见 4.1)；

b) 方位变化(见 4.2)；

c) 测试图样组件及像分析器的定位调整(见 4.3)；

d) 修正因子(见 4.4)；

e) 调焦误差(见 4.5)；

f) 空间频率误差(见 4.6)；

g) 中继光学件的残余像差(见 4.7)；

h) 像分析器的角度响应特性(见 4.10)；

i) 测量装置信号处理系统(见 4.12)。

7.2 标准镜头测量(SLM)

对特殊装置的测量应使用标准镜头，并应提供若干次(不少于 8 次)MTF 测量平均值与标准镜头理论计算值之间的最大偏差，以及多次测量的标准差的最大值。标准镜头测量应严格按指定的测量条件进行，标准镜头的设计要求应与测量条件同时给出。

7.3 校验镜头测量(ALM)

校验镜头应是稳定的、具有特殊结构形式的镜头，可用于对测量装置进行准确度评价。使用校验镜头时应给出若干次(不少于8次)MTF测量平均值与权威、仲裁或比对认可的MTF值之间的最大偏差,以及这些测量的标准差的最大值。测量应在规定的条件下进行,其中包括轴上、0.7视场、全视场并在子午和弧矢两个方位的测量。校验镜头的设计要求应与测量条件同时给出。

7.4 狭缝测量(SAT)

如5.6中指出的,屏幕成像系统(如:像增强器以及所有将像成在CRT显示屏上的系统)的OTF或MTF测量,其性能评价最好使用狭缝。

被照明的狭缝代替OTF或MTF装置的正常输入的像,所测得的OTF应是狭缝的傅立叶变换。

测量应使用两个狭缝,其中对一个狭缝宽度的确定应选择正好接近于仪器所提供的最高频率,且通过第一个MTF为零时的大小;另一个狭缝宽度应近似等于第一个狭缝宽度的2倍。

使用狭缝测量时,应提供若干次(不少于8次)的测量平均值与每个狭缝的理论MTF值(5.6给出狭缝的理论MTF的公式)的最大偏差,以及这些测量的标准差的最大值。

另外,测量中第一个MTF为零时对应的频率平均值与它的理论值之间的偏差用百分比表示。

8 例行性能评价

装置例行性能的评价是为了确保测量的准确度,因此要用好校验镜头或狭缝,在7.3中已提出。校验镜头应是稳定的、具有特殊结构形式的镜头。

测试条件应满足7.3或7.4的要求,测试结果包括一些动态分析结果应妥善保管,这将有利于误差源的建立和调整。

附 录 A
(规范性附录)
相位传递函数(PTF)测量准确度

A.1 测量装置的误差来源

同测量 MTF 一样,尽管许多装置能测量 PTF,但后者在性能要求中很少出现,因此本标准只作简单的介绍。

通常形成 MTF 测量误差的原因也是形成 PTF 测量误差的潜在原因。例外因素有狭缝宽度误差(见 4.4.1)及测试图样组件和像分析器的定位对中误差(见 4.3),通常不包括在 PTF 的测量误差中。

通过用特殊变量的 PTF 变化率代替该变量的 MTF 变化率,本标准中计算 MTF 误差的公式也适合计算 PTF 误差,A.2 介绍了一装置 PTF 测量准确度的估算。

A.2 测量装置准确度的估算方法

A.2.1 像面原点的横向位移

像面原点位置的横向位移会使 PTF 产生一个对空间频率成线性变化的附加项。x(单位为 mm)的位移产生的附加项按式(A.1)计算:

$$\mathrm{PTF}(r) = x \cdot r \cdot 2\pi \text{ 弧度} = x \cdot r \cdot 360 \text{ 度} \qquad \cdots\cdots(\mathrm{A.1})$$

这个关系式能够评定装置的 PTF 测量。方法是在装置上安置一个镜头或另一测试图样组件,对两个小量位移(通常由移动像分析器得到)进行 OTF 测量,两根 PTF 曲线之间的偏差应与上面等式所预置的一致。

在许多装置中,PTF 对空间频率的线性变化是自动的,除非装置被技术处理,在这里不适用。

A.2.2 狭缝测量

用狭缝对 MTF 的测量准确度的评定在 5.6 和 7.4 中已介绍。在相同条件下,用狭缝也可以测量 PTF 准确度。

当图样的空间频率为 $0 \sim \frac{1}{g}$ 时,其 PTF 等于零,$\frac{1}{g} \sim \frac{2}{g}$ 时 PTF 等于 $\pi(180°)$,g 为狭缝宽度。

A.2.3 标准镜头和校验镜头

用标准镜头和校验镜头对 MTF 的测量准确度的评定在 5.6、7.2 和 7.4 中已介绍。它们也可以估算 PTF 的测量准确度。

当参考 7.2 用标准镜头估算 PTF 的测量准确度时,需要一个特殊的狭缝开关。

附　录　B
（资料性附录）
各参数 MTF 变化率的确定

B.1　引言

本标准中许多公式需用到测试图样的离焦量、像高、像距、空间频率的 MTF 变化率，本附录将介绍它们的测试方法。

B.2　离焦量的 MTF 变化率

对测试图样安置一特定成像状态并正确调焦，通过焦距变化 $\Delta(z')$ 进行 MTF 的重复测量，如果 MTF 变化由 $\Delta[\mathrm{MTF}(r,h')]$ 给出，则按式(B.1)计算其 MTF 变化率：

$$m'(r,h')=\frac{\Delta[\mathrm{MTF}(r,h')]}{\Delta(z')} \qquad \text{(B.1)}$$

不管是正离焦还是负离焦，$m'(r,h')$ 或独立或相关，并且是空间频率“r”和像高“h”的隐函数，见图 B.1。

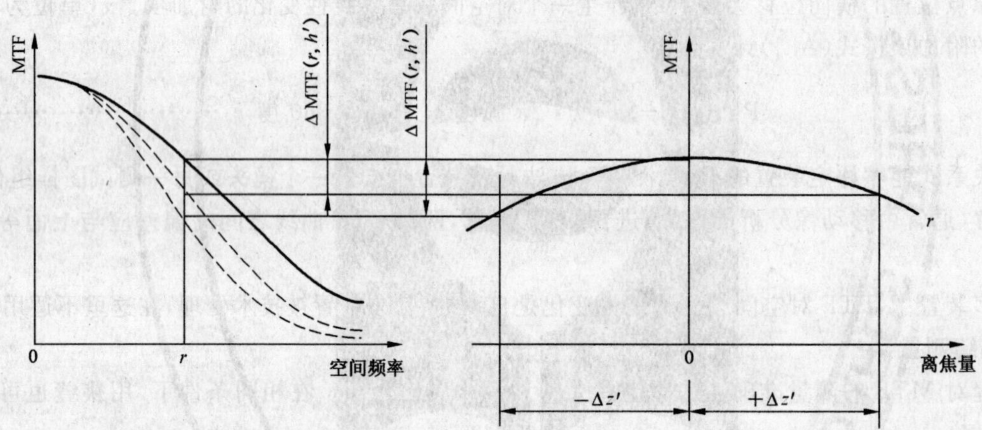

a) 正、负离焦时 $m'(r,h')$ 变化相同的情况

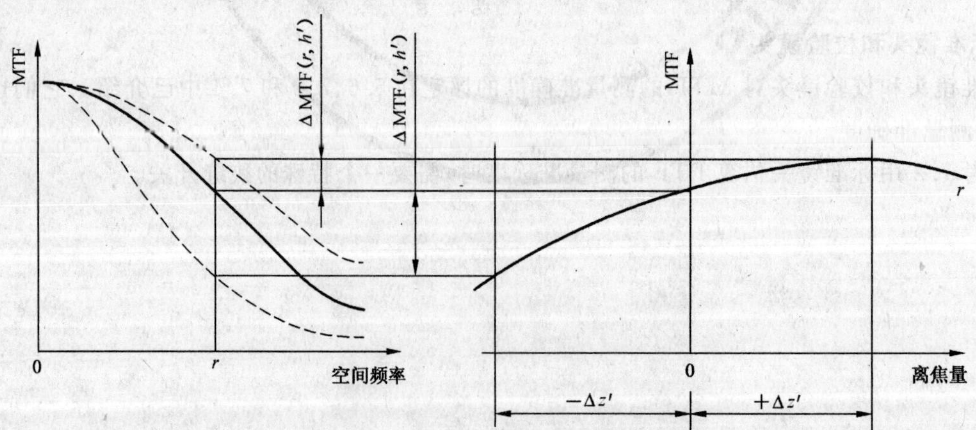

b) 正、负离焦时 $m'(r,h')$ 变化不同的情况

图 B.1　离焦量的 MTF 变化率确定

离焦量 $\Delta(z')$ 大小的选择要保证 MTF(即 ΔMTF)变化足够大，一般从 0.05 到 0.1。

B.3　像高或像距的 MTF 变化率

方法跟 B.2 相同，只是焦距变化改为像高或像距的变化。

B.4　空间频率的 MTF 变化率

图 B.2 是 MTF 相对空间频率曲线的基本斜率，从中确定 MTF 变化率按式(B.2)计算：

$$n'(r,h') = \frac{\Delta \mathrm{MTF}(r,h')}{\Delta r} \quad \cdots\cdots(\mathrm{B.2})$$

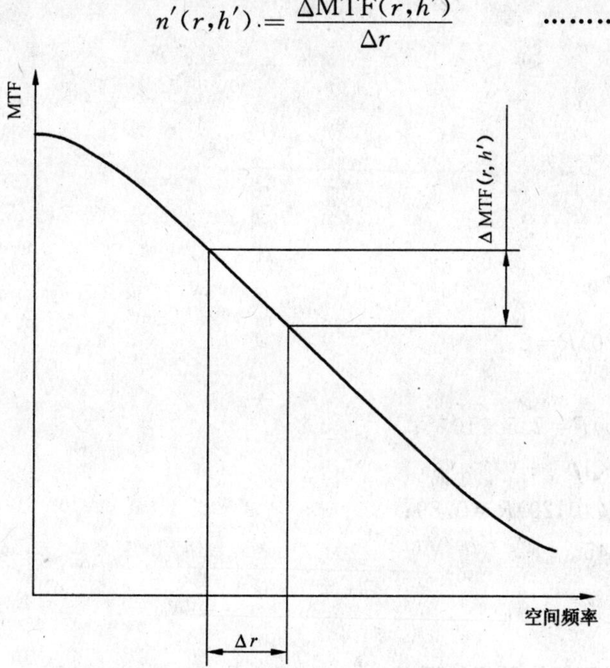

图 B.2　空间频率 MTF 变化率的确定

附　录　C
（资料性附录）
标称准确度(NAV)的计算

C.1　透镜参数

焦距：50 mm；

波长：0.54 μm；

F 数：$F/4$；

0.7 视场：±20 mm；

共轭物距：无限远；

空间频率：40 mm^{-1}。

由表 2 得到：

$m'(40,0)=m'(40,20)R=2$；

$m'(40,20)T=9$；

$n'(40,0)=n'(40,20)R=2.5\times10^{-3}$；

$n'(40,20)T=16.8\times10^{-3}$；

$\text{MTF}(40,0)=\text{MTF}(40,20)R=0.89$；

$\text{MTF}(40,20)T=0.45$。

C.2　MTF 误差的计算

C.2.1　光学台系统的几何条件引起的误差

参考 4.1。

$h'=20$ mm；

$r=40/\text{mm}$；

$\Delta z'(h')=0.002$ mm(假定值)；

$\Delta a'=2\times10^{-4}$ 弧度(假定值)；

$\Delta Z'(h'=0)=0$；

$\Delta Z'(h'=20)=0.002+20\times2\times10^{-4}=0.006$；

弧矢方位：$\Delta\text{MTF}(40,20)=2\times0.006=0.012$；

子午方位：$\Delta\text{MTF}(40,20)=9\times0.006=0.054$；

误差为系统误差。

C.2.2　方位改变引起的误差

参考 4.2。

径向误差：$\Delta z'(0)=0$(假定值)；

切向误差：$\Delta z'(90°)=0.002$(假定值)；

弧矢方位：$\Delta\text{MTF}=0$；

子午方位：$\Delta\text{MTF}(40,0)=2\times0.002=0.004$；

子午方位：$\Delta\text{MTF}(40,20)=9\times0.002=0.018$；

误差为系统误差。

C.2.3　测试图样组件和像分析器的定位对中引起的误差

$\Delta\Psi=0.008\ 7$ 弧度(即 0.5°)(假定值)；

L'=0.3 mm(假定值)；

g'=0.002 mm(假定值)；

ΔMTF(40,0)=ΔMTF(40,20)R=(3.98−3.89)×0.328×0.89=0.026；

ΔMTF(40,20)T=(3.98−3.89)×0.328×0.45=0.013；

误差为随机误差。

C.2.4 修正因子引起的误差

参考4.4。

C.2.4.1 狭缝宽度误差

$\Delta g'$=0.000 4(假定值)；

g'=0.002(假定值)；

ΔMTF(40,0)=ΔMTF(40,20)R=(3.98−3.89)×0.05×0.89=0.004；

ΔMTF(40,20)T=(3.98−3.89)×0.05×0.45=0.002；

误差为系统误差。

C.2.4.2 视场角修正误差

$\Delta\omega$=0.004 弧度(假定值)；

ω=0.38 弧度(即21.8°)(假定值)；

弧矢方位：Δr=0.059，ΔMTF(40,20)=0.000 15；

子午方位：Δr=0.11，ΔMTF(40,20)=0.000 18；

误差为随机误差。

C.2.5 调焦误差

$\Delta z'$=0.01(假定值)；

ΔMTF(40,0)=2×0.01=0.02；

弧矢方位：ΔMTF(40,20)=2×0.01=0.02；

子午方位：ΔMTF(40,20)=9×0.01=0.09；

误差为随机误差。

C.2.6 空间频率误差

参考4.6。

Δr=0.2/mm(假定值)；

ΔMTF(40,0)=2.5×0.2×10^{-3}=0.000 5；

弧矢方位：ΔMTF(40,20)=2.5×0.2×10^{-3}=0.000 5；

子午方位：ΔMTF(40,20)=16.8×0.2×10^{-3}=0.003 4；

误差为随机误差。

C.2.7 中继透镜像差

参考4.7。

$\Delta MTF_{rl}(40)$=0.02(假定值)；

误差为系统误差。

C.2.8 像分析器的角响应

参考4.10。

ΔMTF(40,0)=0(假定值)；

ΔMTF(40,20)=0.02(假定值)；

误差为系统误差。

C.2.9 信号处理系统

参考4.12。

$\Delta MTF(40,0/20)=0.005$；

误差为随机误差。

C.3 总误差

C.3.1 轴上

弧矢方位和子午方位的随机误差：

$$\Delta MTF(40,0)=(0.026^2+0.02^2+0.000\,5^2+0.005^2)^{0.5}=0.033$$

弧矢方位的系统误差：

$$\Delta MTF(40,0)=0.004+0.02=0.024$$

子午方位的系统误差：

$$\Delta MTF(40,0)=0.004+0.004+0.02=0.028$$

$$\Delta MTF(总)_R=0.033+0.024=0.057$$

$$\Delta MTF(总)_T=0.033+0.028=0.061$$

C.3.2 轴外

弧矢方位的随机误差：

$$\Delta MTF(40,20)=(0.026^2+0.000\,15^2+0.02^2+0.000\,5^2+0.005^2)^{0.5}=0.033$$

子午方位的随机误差：

$$\Delta MTF(40,20)=(0.013^2+0.001\,8^2+0.09^2+0.003\,4^2+0.005^2)^{0.5}=0.091$$

弧矢方位的系统误差：

$$\Delta MTF(40,20)=0.012+0.004+0.02+0.02=0.056$$

子午方位的系统误差：

$$\Delta MTF(40,20)=0.054+0.018+0.002+0.02+0.02=0.114$$

$$\Delta MTF(总)_R=0.033+0.056=0.089$$

$$\Delta MTF(总)_T=0.091+0.114=0.205$$

参 考 文 献

[1] ISO 9335:1995 光学和光学仪器 光学传递函数 测量原理和步骤.
[2] ISO 9336:1994 光学和光学仪器 光学传递函数 应用.
[3] Williams,Ashton.应用光学,1969,8(10):2007-2012.

ICS 35.040
A 24

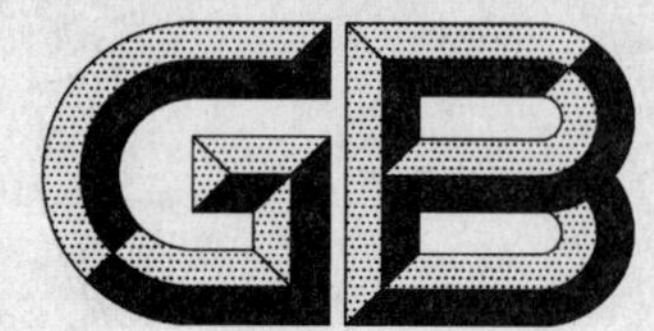

中华人民共和国国家标准

GB/T 13745—2009
代替 GB/T 13745—1992

学科分类与代码

Classification and code of disciplines

2009-05-06 发布　　　　2009-11-01 实施

中华人民共和国国家质量监督检验检疫总局
中国国家标准化管理委员会　发布

前 言

本标准代替 GB/T 13745—1992《学科分类与代码》。

本标准与 GB/T 13745—1992 相比,主要变化如下:

——增加了前言、引言和附录 A;

——在标准的结构和格式编排方面,按照 GB/T 1.1—2000 的规定进行了更新;

——对学科代码的形式作出了修改,取消了十进制分类符号的点".",以便于信息处理;

——增设了"信息与系统科学相关工程与技术"等 3 个一级学科群,调整二级学科"心理学"为一级学科;

——增设了"医学史"、"重症医学"、"光学工程"、"兵器科学与技术"等 39 个二级学科,调整"天文地球动力学"等 13 个三级学科为二级学科,变更了"生物工程"、"仪器仪表技术"等 10 个二级学科的类别归属;

——增设了"基因组学"、"月球科学"、"术语学"等 337 个三级学科,调整"传染病学"等 4 个二级学科为三级学科,变更了"密码学"等 65 个三级学科的类别归属;

——取消了"理论统计学"等 4 个二级学科及"普通心理学"等 25 个三级学科;

——调整变更各级学科名称 67 项,如"货币银行学"更名为"金融学"等。

上述关于学科增减、变更的详细资料见附录 A。

本标准的附录 A 为资料性附录。

本标准由中国标准化研究院提出。

本标准由全国信息分类编码标准化技术委员会归口。

本标准主要起草单位:中国标准化研究院、中国科学院计划财务局。

本标准主要起草人:李小林、邢立强、江洲、孙广芝、刘学英、刘植婷、史立武。

本标准于 1992 年首次发布,本次为第一次修订。

引　　言

人类的活动产生经验，经验的积累和消化形成认识，认识通过思考、归纳、理解、抽象而上升成为知识，知识在经过运用并得到验证后进一步发展到科学层面上形成知识体系，处于不断发展和演进的知识体系根据某些共性特征进行划分而成学科。

学科是相对独立的知识体系，这里“相对”、“独立”和“知识体系”三个概念是本标准定义学科的基础。“相对”强调了学科分类具有不同的角度和侧面，“独立”则使某个具体学科不可被其他学科所替代，“知识体系”使“学科”区别于具体的“业务体系”或“产品”。本标准中出现了一些学科与专业、行业、产品名称相同的情况，是出于使学科名称简明的目的，其内在涵义是不同的。

由于应用目的的不同，会产生不同的学科分类体系，本标准建立的学科分类体系是直接为科技政策和科技发展规划以及科研项目、科研成果统计和管理服务的，因此主要收录已经形成的学科，而对于成熟度不够，或者尚在酝酿发展有可能形成学科的雏形则暂不收录，待经过时间考验后下一次修订本标准时再酌情收录。

学科分类与代码

1 范围

本标准规定了学科分类原则、学科分类依据、编码方法,以及学科的分类体系和代码。

本标准适用于基于学科的信息分类、共享与交换,亦适用于国家宏观管理和部门应用。

本标准的分类对象是学科,不同于专业和行业。本标准的分类不能代替文献、情报、图书分类及学术上的各种观点。

2 术语和定义

下列术语和定义适用于本标准。

2.1

学科 discipline

相对独立的知识体系。

2.2

学科群 discipline group

具有某一共同属性的一组学科。每个学科群包含了若干个分支学科。

3 学科分类原则

3.1 科学性原则

根据学科所具备的客观的、本质的属性特征及其相互之间的联系,划分不同的从属关系和并列次序,组成一个有序的学科分类体系。

3.2 实用性原则

对学科进行分类和编码,应以满足国家宏观管理的应用需求为基本目标,列入到分类体系内的学科覆盖领域应全面、适中。

3.3 简明性原则

对学科层次的划分和组合,力求简单明了。

3.4 兼容性原则

考虑国内传统分类体系的继承性和实际使用的延续性,并注意提高国际可比性。

3.5 扩延性原则

根据现代科学技术体系具有高度动态性的特征,应为萌芽中的新兴学科留有余地,以便在分类体系相对稳定的情况下得到扩充和延续。

3.6 唯一性原则

在学科分类体系中,一个学科只能用一个名称、一个代码。某学科被调整变更后,其原有的分类代码撤销,不得再赋予其他学科使用。

4 学科分类依据

本标准主要依据学科的研究对象,学科的本质属性或特征,学科的研究方法,学科的派生来源,学科研究的目的与目标等五方面进行划分。

5 学科分类代码体系的说明

5.1 本标准所列学科应具备其理论体系和专门方法的形成;有关科学家群体的出现;有关研究机构和

教学单位以及学术团体的建立并开展有效的活动;有关专著和出版物的问世等条件。

5.2　本标准仅将学科分类定义到一、二、三级,共设62个一级学科或学科群、676个二级学科或学科群、2382个三级学科。一级学科之上可归属到科技统计使用的门类,门类不在标准中出现。门类排列顺序是:A 自然科学,代码为110～190;B 农业科学,代码为210～240;C 医药科学,代码为310～360;D 工程与技术科学,代码为410～630;E 人文与社会科学,代码为710～910。

5.3　本标准中学科排列次序和级别与学科重要程度无关。

5.4　本标准纳入了成长中的新兴学科,萌芽中的新兴学科暂不纳入。

5.5　在本分类体系,尤其在工程与技术科学分类体系中,出现的学科与专业、行业、产品名称相同,但其涵义不同。

5.6　分类体系中的名称,原则上用学科名称,考虑实际应用及学科分类层次的需要,有少量"学科群"名称出现。

5.7　一级学科根据情况,分别选用"××学"、"××科学"、"××科学技术"、"××工程"、"××工程技术科学"五种名称。

5.8　交叉或具有多重归属的学科,可在多处列类,只在一处赋予代码,其他相关位置不给代码,而在说明栏注"见×××××××(代码)"或"参见×××××××(代码)"。

5.9　一级学科下的分支学科,根据确定学科位置的不同特征进行划分,原则上取一个特征,考虑学科特点及使用需要,对有些学科用两种或两种以上特征划分。

5.10　本分类体系的学科遵循从理论到应用,从一般到个别,从抽象到具体,从通用到专用,从简单到复杂,从低级到高级,从宏观到微观的排列顺序。

5.11　标准中出现的学科分类层次和数量分布不均衡现象是各学科发展不平衡的客观实际所决定的。

5.12　本标准对某些横断学科、综合学科及某些特殊学科的处理方法

5.12.1　分类表中的"信息科学"是指小概念,不包括"计算机科学"。"信息科学与系统科学"的理论和技术部分,其性质与数学类似,排列在数学之后,考虑其发展前景,设为一级学科。"信息科学"和"系统科学"都以"控制论"、"系统论"和"信息论"为基础理论,很难分开,故暂列在一类。

5.12.2　考虑到工程与技术科学门类与自然科学及生产应用的映射关系,在该门类中设立"信息与系统科学相关工程与技术"、"自然科学相关工程与技术"、"产品应用相关工程与技术"等三个一级学科群,以归入基于自然科学或生产应用而派生出的各类工程技术学科或学科群,但早已形成的传统工程与技术一级学科(如化学工程、矿山工程技术、测绘科学技术等)则不在此列。

5.12.3　"环境科学技术及资源科学技术"、"安全科学技术"、"管理学"三个一级学科(群)属综合学科,本学科列在自然科学和社会科学之间。

5.12.4　根据我国实际情况,将"地理学"列入"地球科学"下二级学科,"人文地理学"列入"地球科学",属特例。

6　编码方法

6.1　本标准的学科分类划分为一、二、三级学科三个层次,用阿拉伯数字表示。一级学科用三位数字表示,二、三级学科分别用两位数字表示,代码结构见图1。

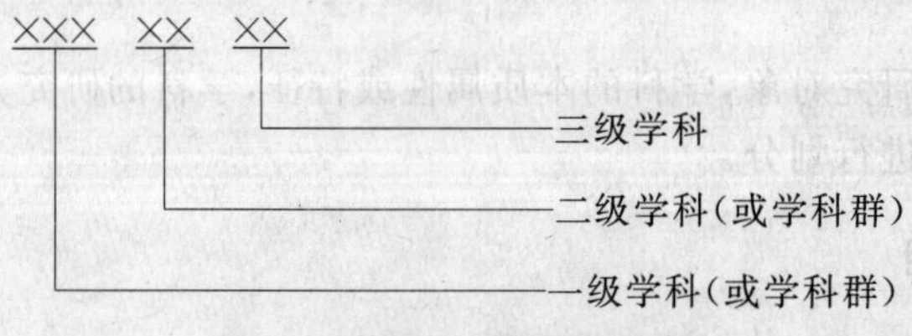

图1　学科分类代码结构

6.2　二、三级学科设“群体学科”，用数字“99”表示。

6.3　标准中所有代码，仅表示该学科在本分类体系中的级别和位置，不表示其他含义。

7　学科分类代码表

学科分类代码表见表1。

表1　学科分类代码表

代码	学科名称	说明
110	**数学**	
11011	数学史	
11014	数理逻辑与数学基础	
1101410	演绎逻辑学	亦称符号逻辑学
1101420	证明论	亦称元数学
1101430	递归论	
1101440	模型论	
1101450	公理集合论	
1101460	数学基础	
1101499	数理逻辑与数学基础其他学科	
11017	数论	
1101710	初等数论	
1101720	解析数论	
1101730	代数数论	
1101740	超越数论	
1101750	丢番图逼近	
1101760	数的几何	
1101770	概率数论	
1101780	计算数论	
1101799	数论其他学科	
11021	代数学	
1102110	线性代数	
1102115	群论	
1102120	域论	
1102125	李群	
1102130	李代数	
1102135	Kac-Moody 代数	
1102140	环论	包括交换环与交换代数，结合环与结合代数，非结合环与非结合代数等
1102145	模论	
1102150	格论	
1102155	泛代数理论	
1102160	范畴论	
1102165	同调代数	
1102170	代数 K 理论	
1102175	微分代数	
1102180	代数编码理论	
1102199	代数学其他学科	
11024	代数几何学	

表 1（续）

代码	学科名称	说明
11027	几何学	
1102710	几何学基础	
1102715	欧氏几何学	
1102720	非欧几何学	包括黎曼几何学等
1102725	球面几何学	
1102730	向量和张量分析	
1102735	仿射几何学	
1102740	射影几何学	
1102745	微分几何学	
1102750	分数维几何	
1102755	计算几何学	
1102799	几何学其他学科	
11031	拓扑学	
1103110	点集拓扑学	
1103115	代数拓扑学	
1103120	同伦论	
1103125	低维拓扑学	
1103130	同调论	
1103135	维数论	
1103140	格上拓扑学	
1103145	纤维丛论	
1103150	几何拓扑学	
1103155	奇点理论	
1103160	微分拓扑学	
1103199	拓扑学其他学科	
11034	数学分析	
1103410	微分学	
1103420	积分学	
1103430	级数论	
1103499	数学分析其他学科	
11037	非标准分析	
11041	函数论	
1104110	实变函数论	
1104120	单复变函数论	
1104130	多复变函数论	
1104140	函数逼近论	
1104150	调和分析	
1104160	复流形	
1104170	特殊函数论	
1104199	函数论其他学科	
11044	常微分方程	
1104410	定性理论	
1104420	稳定性理论	
1104430	解析理论	
1104499	常微分方程其他学科	

表 1（续）

代码	学科名称	说明
11047	偏微分方程	
1104710	椭圆型偏微分方程	
1104720	双曲型偏微分方程	
1104730	抛物型偏微分方程	
1104740	非线性偏微分方程	
1104799	偏微分方程其他学科	
11051	动力系统	
1105110	微分动力系统	
1105120	拓扑动力系统	
1105130	复动力系统	
1105199	动力系统其他学科	
11054	积分方程	
11057	泛函分析	
1105710	线性算子理论	
1105715	变分法	
1105720	拓扑线性空间	
1105725	希尔伯特空间	
1105730	函数空间	
1105735	巴拿赫空间	
1105740	算子代数	
1105745	测度与积分	
1105750	广义函数论	
1105755	非线性泛函分析	
1105799	泛函分析其他学科	
11061	计算数学	
1106120	常微分方程数值解	
1106130	偏微分方程数值解	
1106140	积分变换与积分方程数值方法	原名为“积分方程数值解”
1106150	数值代数	
1106155	优化计算方法	
1106165	数值逼近与计算几何	
1106170	随机数值方法与统计计算	原名为“随机数值实验”
1106175	并行计算算法	
1106180	误差分析与区间算法	原名为“误差分析”
1106185	小波分析与傅立叶分析的数值方法	
1106190	反问题计算方法	
1106195	符号计算与计算机推理	
1106199	计算数学其他学科	
11064	概率论	
1106410	几何概率	
1106420	概率分布	
1106430	极限理论	
1106440	随机过程	包括正态过程与平稳过程、点过程等
1106450	马尔可夫过程	
1106460	随机分析	

表 1（续）

代码	学科名称	说明
1106470	鞅论	
1106480	应用概率论	具体应用入有关学科
1106499	概率论其他学科	
11067	数理统计学	
1106710	抽样理论	包括抽样分布、抽样调查等
1106715	假设检验	
1106720	非参数统计	
1106725	方差分析	
1106730	相关回归分析	
1106735	统计推断	
1106740	贝叶斯统计	包括参数估计等
1106745	试验设计	
1106750	多元分析	
1106755	统计判决理论	
1106760	时间序列分析	
1106765	空间统计	
1106799	数理统计学其他学科	
11071	应用统计数学	
1107110	统计质量控制	
1107120	可靠性数学	
1107130	保险数学	
1107135	统计计算	
1107140	统计模拟	
1107199	应用统计数学其他学科	
11074	运筹学	
1107410	线性规划	
1107415	非线性规划	
1107420	动态规划	
1107425	组合最优化	
1107430	参数规划	
1107435	整数规划	
1107440	随机规划	
1107445	排队论	
1107450	对策论	亦称博弈论
1107455	库存论	
1107460	决策论	
1107465	搜索论	
1107470	图论	
1107475	统筹论	
1107480	最优化	
1107499	运筹学其他学科	
11077	组合数学	
11081	离散数学	
11084	模糊数学	
11085	计算机数学	

表 1（续）

代码	学科名称	说明
11087	应用数学	具体应用入有关学科
11099	数学其他学科	
120	**信息科学与系统科学**	
12010	信息科学与系统科学基础学科	
1201010	信息论	
1201020	控制论	
1201030	系统论	
1201099	信息科学与系统科学基础学科其他学科	
	运筹学	见 11074
12020	系统学	
	微分动力系统	见 1105110
1202010	混沌	
1202020	一般系统论	
1202030	耗散结构理论	
1202040	协同学	
1202050	突变论	
1202060	超循环论	
1202070	复杂系统与复杂性科学	
1202099	系统学其他学科	
12030	控制理论	
1203010	大系统理论	
1203020	系统辨识	
1203030	状态估计	
1203040	鲁棒控制	
1203099	控制理论其他学科	
12040	系统评估与可行性分析	
12050	系统工程方法论	
1205010	系统建模	
	决策分析	见 6305035
	决策支持系统	见 6305040
	管理信息系统	见 6305045
1205099	系统工程方法论其他学科	
12099	信息科学与系统科学其他学科	
130	**力学**	
13010	基础力学	
1301010	理论力学	
1301020	理性力学	
1301030	非线性力学	
1301040	连续介质力学	
1301050	摩擦学	
1301060	柔性多体力学	
1301070	陀螺力学	
1301080	飞行力学	

表 1（续）

代码	学科名称	说明
1301099	基础力学其他学科	
13015	固体力学	
1301510	弹性力学	
1301515	塑性力学	包括弹塑性力学
1301520	粘弹性、粘塑性力学	
1301525	蠕变	
1301530	界面力学与表面力学	
1301535	疲劳	
1301540	损伤力学	
1301545	断裂力学	
1301550	散体力学	
1301555	细观力学	
1301556	微观力学	
1301560	电磁固体力学	
	材料力学	见 4301010
1301565	结构力学	
1301570	计算固体力学	
1301575	实验固体力学	
1301599	固体力学其他学科	
13020	振动与波	
1302010	线性振动力学	
1302020	非线性振动力学	
1302030	弹性体振动力学	
1302040	随机振动力学	
1302050	振动控制理论	
1302060	固体中的波	
1302070	流体—固体耦合振动	
1302099	振动与波其他学科	
13025	流体力学	
1302511	理论流体力学	
1302514	水动力学	
1302517	气体动力学	
1302521	空气动力学	
1302524	悬浮体力学	
1302527	湍流理论	
1302531	粘性流体力学	
1302534	多相流体力学	
1302537	渗流力学	
1302541	物理—化学流体力学	
1302544	等离子体动力学	
1302547	电磁流体力学	
1302551	非牛顿流体力学	
1302554	流体机械流体力学	
1302557	旋转与分层流体力学	
1302561	辐射流体力学	

表 1（续）

代码	学科名称	说明
1302564	计算流体力学	
1302567	实验流体力学	
1302571	环境流体力学	
1302574	微流体力学	
1302599	流体力学其他学科	
13030	流变学	
13035	爆炸力学	
1303510	爆轰与爆燃理论	
1303520	爆炸波、冲击波、应力波	
1303530	高速碰撞动力学	
1303599	爆炸力学其他学科	
13040	物理力学	
1304010	高压固体物理力学	
1304020	稠密流体物理力学	
1304030	高温气体物理力学	
1304040	多相介质物理力学	
1304050	临界现象与相变	
1304060	原子与分子动力学	
1304099	物理力学其他学科	
13041	生物力学	包括生物流体力学与生物流变学等
13045	统计力学	
13050	应用力学	具体应用入有关学科
13099	力学其他学科	
140	**物理学**	
14010	物理学史	
14015	理论物理学	
1401510	数学物理	
1401520	电磁场理论	
1401530	经典场论	
1401540	相对论	原名为“相对论与引力场”
1401550	量子力学	
1401560	统计物理学	
1401599	理论物理学其他学科	
14020	声学	
1402010	普通线性声学	含射线声学、波动声学、大气声学、声波反射、散射、衍射、干涉、传播衰减。原名为“物理声学”
1402020	非线性声学	
1402025	流体动力声学	含航空声学、流体运动与声波相互作用、流体声辐射、燃烧声学等
1402035	超声学、量子声学和声学效应	
1402045	次声学	
1402050	水声和海洋声学	原名为“水声学”
1402053	结构声学和振动	
1402056	噪声、噪声效应及其控制	
1402059	建筑声学与电声学	

表 1（续）

代码	学科名称	说明
1402063	声学信号处理	
1402066	生理、心理声学和生物声学	
1402069	语言声学和语音信号处理	
1402073	音乐声学	
1402076	声学换能器、声学测量及方法	
1402079	声学测量方法	
1402083	声学材料	
1402086	信息科学中的声学问题	含通信声学、声学微机电系统、声学信道
1402099	与声学有关的其他物理问题和交叉学科	原名为“声学其他学科”
14025	热学	
1402510	热力学	
1402520	热物性学	
1402530	传热学	
1402599	热学其他学科	
14030	光学	
1403010	几何光学	
1403015	物理光学	
1403020	非线性光学	
1403025	光谱学	
1403030	量子光学	
1403035	信息光学	
1403040	导波光学	
1403045	发光学	
1403050	红外物理	
1403055	激光物理	
1403057	光子学与集成光学	
1403060	应用光学	具体应用入有关学科
	大气光学	参见 1701510
1403062	环境光学	
1403064	海洋光学	
1403066	光学遥感	
1403068	超快激光及应用	
1403099	光学其他学科	
14035	电磁学	
1403510	电学	
	磁学	见 1405065
1403520	静电学	
1403530	静磁学	
1403540	电动力学	
1403599	电磁学其他学科	
14040	无线电物理	
1404010	电磁波物理	
1404020	量子无线电物理	
1404030	微波物理学	
1404040	超高频无线电物理	

表 1（续）

代码	学科名称	说明
1404050	统计无线电物理	
1404099	无线电物理其他学科	
14045	电子物理学	
1404510	量子电子学	
1404520	电子离子与真空物理	
1404530	带电粒子光学	
1404599	电子物理学其他学科	
14050	凝聚态物理学	
1405010	凝聚态理论	
1405015	金属物理学	
1405020	半导体物理学	
1405025	电介质物理学	
1405030	晶体学	包括晶体生长、晶体化学等
1405035	非晶态物理学	
1405040	软物质物理学	原名为“液晶物理学”
1405045	薄膜物理学	
1405050	低维物理	
1405055	表面与界面物理学	
1405060	固体发光	
1405065	磁学	
1405070	超导物理学	
1405075	低温物理学	
1405080	高压物理学	
	摩擦学	见 1301050
1405085	介观物理学	
1405090	量子调控	
1405099	凝聚态物理学其他学科	
14055	等离子体物理学	
1405510	热核聚变等离子体物理学	
1405520	低温等离子体物理学	
1405530	等离子体诊断学	原名为“等离子体光谱学”
1405540	凝聚态等离子体物理学	
1405599	等离子体物理学其他学科	
14060	原子分子物理学	
1406010	原子与分子理论	
1406020	原子光谱学	
1406030	分子光谱学	
1406040	波谱学	
1406050	原子与分子碰撞过程	
1406055	玻色—爱因斯坦凝聚和冷原子物理	
1406099	原子分子物理学其他学科	
14065	原子核物理学	
1406510	核结构	
1406515	核能谱学	
1406520	低能核反应	

表 1（续）

代码	学科名称	说明
1406525	中子物理学	
1406530	裂变物理学	
1406535	聚变物理学	
1406540	轻粒子核物理学	
1406545	重离子核物理学	
1406550	中高能核物理学	
1406599	原子核物理学其他学科	
14070	高能物理学	
1407010	粒子物理学	原名为“基本粒子物理学”
1407020	宇宙线物理学	
1407030	粒子加速器物理学	
1407040	高能物理实验	
1407050	粒子宇宙学	
1407099	高能物理学其他学科	
14075	计算物理学	
14080	应用物理学	具体应用入有关学科
14099	物理学其他学科	
150	**化学**	
15010	化学史	
15015	无机化学	
1501510	元素化学	
1501520	配位化学	
1501530	同位素化学	
1501540	无机固体化学	
1501550	无机合成化学	
1501560	无机分离化学	
1501570	物理无机化学	
1501580	生物无机化学	
1501599	无机化学其他学科	
15020	有机化学	
1502010	元素有机化学	包括金属有机化学等
1502020	天然产物有机化学	
1502030	有机固体化学	
1502040	有机合成化学	
1502050	有机光化学	
1502060	物理有机化学	包括理论有机化学、立体化学等
1502070	生物有机化学	
1502075	金属有机光化学	
1502099	有机化学其他学科	
15025	分析化学	
1502510	化学分析	包括定性分析、定量分析等
1502515	电化学分析	
1502520	光谱分析	
1502525	波谱分析	

表 1（续）

代码	学科名称	说明
1502530	质谱分析	
1502535	热化学分析	原名为“热谱分析”
1502540	色谱分析	
1502545	光度分析	
1502550	放射分析	
1502555	状态分析与物相分析	
1502560	分析化学计量学	
1502599	分析化学其他学科	
15030	物理化学	
1503010	化学热力学	
1503015	化学动力学	包括分子反应动力学等
1503020	结构化学	包括表面化学、结构分析等
1503025	量子化学	
1503030	胶体化学与界面化学	
1503035	催化化学	
1503040	热化学	
1503045	光化学	包括超分子光化学、光电化学、激光化学、感光化学等
1503050	电化学	
1503055	磁化学	
1503060	高能化学	包括辐射化学、等离体化学
1503065	计算化学	
1503099	物理化学其他学科	
15035	化学物理学	
15040	高分子物理	
15045	高分子化学	
1504510	无机高分子化学	
1504520	天然高分子化学	
1504530	功能高分子	包括液晶高分子化学
1504540	高分子合成化学	
1504550	高分子物理化学	
1504560	高分子光化学	
1504599	高分子化学其他学科	
15050	核化学	
1505010	放射化学	
1505020	核反应化学	
1505030	裂变化学	
1505040	聚变化学	
1505050	重离子核化学	
1505060	核转变化学	
1505070	环境放射化学	
1505099	核化学其他学科	
15055	应用化学	具体应用入有关学科
15060	化学生物学	
15065	材料化学	

表 1（续）

代码	学科名称	说明
1506510	软化学	
1506520	碳化学	
1506530	纳米化学	
1506599	材料化学其他学科	
15099	化学其他学科	
160	**天文学**	
16010	天文学史	
16015	天体力学	
1601510	摄动理论	
1601520	天体力学定性理论	
1601530	天体形状与自转理论	
1601540	天体力学数值方法	
1601550	天文动力学	包括人造卫星、宇宙飞船动力学等
1601560	历书天文学	
1601599	天体力学其他学科	
16020	天体物理学	
1602010	理论天体物理学	
1602020	相对论天体物理学	
	磁流体力学	见 1302547
	等离子体动力学	见 1302544
1602040	高能天体物理学	包括天体核物理学
1602050	实测天体物理学	
1602099	天体物理学其他学科	
16025	宇宙化学	原名为“天体化学”
1602510	空间化学	
1602520	天体元素学	
1602530	月球与行星化学	
1602599	宇宙化学其他学科	
16030	天体测量学	
1603020	基本天体测量学	
1603030	照相天体测量学	
1603040	射电天体测量学	
1603050	空间天体测量学	
1603060	方位天文学	
1603070	实用天文学	
1603099	天体测量学其他学科	
16035	射电天文学	
1603510	射电天体物理学	
1603520	射电天文方法	
1603599	射电天文学其他学科	
16040	空间天文学	
1604010	红外天文学	
1604020	紫外天文学	
1604030	X射线天文学	

表 1（续）

代码	学科名称	说明
1604040	γ射线天文学	
1604050	中微子天文学	
1604099	空间天文学其他学科	
16045	天体演化学	各层次天体形成与演化入各学科
16050	星系与宇宙学	
1605010	星系动力学	
1605020	星系天文学	
1605030	运动宇宙学	
1605040	星系际物质	
1605050	大爆炸宇宙论	
1605060	星系形成与演化	
1605070	宇宙大尺度结构起源与演化	
1605099	星系与宇宙学其他学科	
16055	恒星与银河系	
1605510	恒星物理学	
1605520	恒星天文学	
1605530	恒星形成与演化	
1605540	星际物质物理学	
1605550	银河系结构与运动	
1605599	恒星与银河系其他学科	
16060	太阳与太阳系	
1606010	太阳物理学	
1606020	太阳系物理学	
1606030	太阳系形成与演化	
1606040	行星物理学	
1606050	行星际物理学	
1606060	陨星学	
1606070	比较行星学	
1606080	月球科学	
1606099	太阳与太阳系其他学科	
16065	天体生物学	
16070	天文地球动力学	代码原为 1603010
16075	时间测量学	
1607510	时间尺度	
1607520	时间测量与方法	
1607530	守时理论	
1607540	授时理论与方法	
1607599	时间测量学其他学科	
16099	天文学其他学科	
170	**地球科学**	
17010	地球科学史	
17015	大气科学	
1701510	大气物理学	包括大气光学、大气声学、大气电学、中层物理学等

表 1（续）

代码	学科名称	说明
1701515	大气化学	
	大气环境学	参见 6102010
1701520	大气探测	包括大气遥感
1701525	动力气象学	包括数值天气预报与数值模拟等
1701530	天气学	
1701535	气候学	
1701540	大气边界层物理学	原名为“云与降水物理学”
1701545	应用气象学	具体应用入有关学科
1701599	大气科学其他学科	
17020	固体地球物理学	
1702010	地球动力学	亦有“大陆动力学，大地构造物理学，地质物理”等名称
1702015	地球重力学	
1702020	地球流体力学	
1702025	地壳与地形变	
1702030	地球内部物理学	
1702035	地声学	
1702040	地热学	
1702045	地电学	
1702050	地磁学	
1702055	放射性地球物理学	
1702060	地震学	
1702065	勘探地球物理学	
1702070	计算地球物理学	
1702075	实验地球物理学	
1702099	固体地球物理学其他学科	
17025	空间物理学	
1702510	电离层物理学	
1702520	高层大气物理学	
1702530	磁层物理学	
1702540	空间物理探测	
1702550	空间环境学	
1702599	空间物理学其他学科	
17030	地球化学	
1703010	元素地球化学	
1703015	有机地球化学	
1703020	放射性地球化学	
1703025	同位素地球化学	
1703030	生物地球化学	
1703035	地球内部化学	
1703040	同位素地质年代学	
1703045	成矿地球化学	
1703050	勘探地球化学	
1703055	实验地球化学	
1703060	能源地球化学	

表 1（续）

代码	学科名称	说明
1703099	地球化学其他学科	
17035	大地测量学	
1703510	地球形状学	
1703520	几何大地测量学	
1703530	物理大地测量学	
1703540	动力大地测量学	
1703550	空间大地测量学	
1703560	行星大地测量学	
1703599	大地测量学其他学科	
17040	地图学	
17045	地理学	
1704510	自然地理学	包括生态地理学、冰川学、冻土学、沙漠学、岩溶学等
1704511	生物地理学	
	土壤地理学	见 2105020
1704513	化学地理学	
1704514	地貌学	
1704520	人文地理学	
1704523	区域地理学	
1704526	城市地理学	
	人口地理学	见 8407135
1704539	旅游地理学	
	经济地理学	见 79019
1704531	世界地理学	
	历史地理学	见 7707045
1704599	地理学其他学科	
17050	地质学	
1705011	数学地质学	
1705014	地质力学	
1705017	动力地质学	
1705021	矿物学	包括放射性矿物学
1705024	矿床学与矿相学	包括放射性矿床学，不包括石油、天然气和煤
1705027	岩石学	
1705031	岩土力学	
1705034	沉积学	
1705037	古地理学	
1705041	古生物学	
1705044	地层学与地史学	
1705047	前寒武纪地质学	
1705051	第四纪地质学	
1705054	构造地质学	包括显微构造学等
1705057	大地构造学	
1705061	勘查地质学	
1705064	水文地质学	包括放射性水文地质学
1705067	遥感地质学	

表 1（续）

代码	学科名称	说明
1705071	区域地质学	
1705074	火山学	
1705077	石油与天然气地质学	含天然气水合物地质学
1705081	煤田地质学	
1705084	实验地质学	
	工程地质学	见 41030
1705099	地质学其他学科	
17055	水文学	
1705510	水文物理学	
1705515	水文化学	
1705520	水文地理学	
1705525	水文气象学	
1705530	水文测量	
1705535	水文图学	
1705540	湖沼学	
1705545	河流学与河口水文学	
1705550	地下水文学	
1705555	区域水文学	
1705560	生态水文学	
1705599	水文学其他学科	
17060	海洋科学	
1706010	海洋物理学	
1706015	海洋化学	
1706020	海洋地球物理学	
1706025	海洋气象学	
1706030	海洋地质学	
1706035	物理海洋学	
1706040	海洋生物学	
1706045	海洋地理学和河口海岸学	原名为“河口、海岸学”
1706050	海洋调查与监测	
	海洋工程	见 41630
	海洋测绘学	见 42050
1706061	遥感海洋学	亦名卫星海洋学
1706065	海洋生态学	
1706070	环境海洋学	
1706075	海洋资源学	
1706080	极地科学	
1706099	海洋科学其他学科	
17099	地球科学其他学科	
180	**生物学**	
18011	生物数学	
18014	生物物理学	
1801410	生物信息论与生物控制论	
1801420	理论生物物理学	

表 1（续）

代码	学科名称	说明
1801425	生物声学与声生物物理学	
1801430	生物光学与光生物物理学	
1801435	生物电磁学	
1801440	生物能量学	
1801445	低温生物物理学	
1801450	分子生物物理学与结构生物学	原名为“分子生物物理学”
1801455	空间生物物理学	
1801460	仿生学	参见 41040
1801465	系统生物物理学	
1801470	生物影像学	
1801499	生物物理学其他学科	
	生物力学	见 13041
18017	生物化学	
1801710	多肽与蛋白质生物化学	
1801715	核酸生物化学	
1801720	多糖生物化学	
1801725	脂类生物化学	
1801730	酶学	
1801735	膜生物化学	
1801740	激素生物化学	
1801745	生殖生物化学	
1801750	免疫生物化学	
1801755	毒理生物化学	
1801760	比较生物化学	
	生物化学工程	见 53067
1801765	应用生物化学	具体应用入有关学科
1801799	生物化学其他学科	
18021	细胞生物学	
1802110	细胞生物物理学	
1802120	细胞结构与形态学	
1802130	细胞生理学	
1802140	细胞进化学	
1802150	细胞免疫学	
1802160	细胞病理学	
1802170	膜生物学	
1802180	干细胞生物学	
1802199	细胞生物学其他学科	
18022	免疫学	
1802210	分子免疫学	
	细胞免疫学	见 1802150
	肿瘤免疫学	见 3206710
	免疫病理学	见 3104440
1802215	免疫治疗学	
1802220	疫苗学	
	免疫遗传学	见 1803155

表 1（续）

代码	学科名称	说明
	人体免疫学	见 31034
1802299	免疫学其他学科	
18024	生理学	
1802411	形态生理学	
1802414	新陈代谢与营养生理学	
1802417	心血管生理学	
1802421	呼吸生理学	
1802424	消化生理学	
1802427	血液生理学	
1802431	泌尿生理学	
1802434	内分泌生理学	
1802437	感官生理学	
1802441	生殖生理学	
1802444	骨骼生理学	
1802447	肌肉生理学	
1802451	皮肤生理学	
1802454	循环生理学	
1802457	比较生理学	
1802461	年龄生理学	
1802464	特殊环境生理学	
1802467	语言生理学	
1802499	生理学其他学科	
18027	发育生物学	
	动物发育生物学	见 1805737
	植物发育生物学	见 1805150
1802710	比较发育生物学	
1802720	演化发育生物学	
1802730	繁殖生物学	
1802799	发育生物学其他学科	
	古生物学	见 1705041
18031	遗传学	
1803110	数量遗传学	
1803115	生化遗传学	
1803120	细胞遗传学	
1803125	体细胞遗传学	
1803130	发育遗传学	亦称发生遗传学
1803135	分子遗传学	
1803140	辐射遗传学	
1803145	进化遗传学	
1803150	生态遗传学	
1803155	免疫遗传学	
1803160	毒理遗传学	
1803165	行为遗传学	
1803170	群体遗传学	
1803175	表观遗传学	

表 1（续）

代码	学科名称	说明
1803199	遗传学其他学科	
18034	放射生物学	
1803410	放射生物物理学	
1803420	细胞放射生物学	
1803430	放射生理学	
1803440	分子放射生物学	
1803450	放射免疫学	
1803460	放射毒理学	
1803499	放射生物学其他学科	
18037	分子生物学	
1803710	基因组学	包括结构基因组学、营养基因组学
1803720	核糖核酸组学	
1803730	蛋白质组学	
1803740	代谢组学	
1803750	生物信息学	
1803799	分子生物学其他学科	
18039	专题生物学研究	
1803910	水生生物学	
1803920	保护生物学	
1803930	计算生物学	
1803940	营养生物学	包括生化营养学、动物营养学、植物营养学、微生物营养学等
1803999	专题生物学研究其他学科	
18041	生物进化论	
18044	生态学	
1804410	数学生态学	
1804415	化学生态学	
1804420	生理生态学	
1804421	进化生态学	
1804422	分子生态学	
1804423	行为生态学	
1804425	生态毒理学	
1804430	区域生态学	
1804435	种群生态学	
1804440	群落生态学	
1804445	生态系统生态学	
1804450	生态工程学	
1804455	恢复生态学	
1804460	景观生态学	
1804465	水生生态学与湖泊生态学	
	海洋生态学	见 1706065
1804499	生态学其他学科	
18047	神经生物学	
1804710	神经生物物理学	
1804715	神经生物化学	

表 1（续）

代码	学科名称	说明
1804720	神经形态学	
1804725	细胞神经生物学	
1804730	神经生理学	
1804735	发育神经生物学	
1804740	分子神经生物学	
1804745	比较神经生物学	
1804750	系统神经生物学	
1804799	神经生物学其他学科	
18051	植物学	
1805110	植物化学	
1805115	植物生物物理学	
1805120	植物生物化学	
1805125	植物形态学	
1805130	植物解剖学	
1805135	植物细胞学	
1805140	植物生理学	包括植物营养学
1805145	植物生殖生物学	原名为“植物胚胎学”
1805150	植物发育学	包括植物孢粉学
1805155	植物遗传学	
1805156	植物引种驯化	
1805160	植物生态学	
	植物病理学	见 2106020
1805165	植物地理学	
1805170	植物群落学	
1805175	植物分类学	
1805180	实验植物学	
1805181	民族植物学	
1805185	植物寄生虫学	
1805199	植物学其他学科	
18054	昆虫学	
1805410	昆虫生物化学	
1805415	昆虫形态学	
1805420	昆虫组织学	
1805425	昆虫生理学	
1805430	昆虫生态学	
1805435	昆虫病理学	
1805440	昆虫毒理学	
1805445	昆虫行为学	
1805450	昆虫分类学	
1805455	实验昆虫学	
1805460	昆虫病毒学	
1805499	昆虫学其他学科	
18057	动物学	
1805711	动物生物物理学	
1805714	动物生物化学	

表 1（续）

代码	学科名称	说明
1805717	动物形态学	
1805721	动物解剖学	
1805724	动物组织学	
1805727	动物细胞学	
1805731	动物生理学	
1805734	动物生殖生物学	包括动物繁殖学
1805737	动物生长发育学	包括动物胚胎学
1805741	动物遗传学	
1805744	动物生态学	
1805747	动物病理学	
1805751	动物行为学	含动物驯化学
1805754	动物地理学	含昆虫生物地理学
1805757	动物分类学	
1805761	实验动物学	
1805764	动物寄生虫学	
1805767	动物病毒学	
1805799	动物学其他学科	
18061	微生物学	
1806110	微生物生物化学	
1806115	微生物生理学	
1806120	微生物遗传学	
1806125	微生物生态学	
1806130	微生物免疫学	
1806135	微生物分类学	
1806140	真菌学	
1806145	细菌学	
1806150	应用与环境微生物学	具体应用入有关学科。原名为“应用微生物学”
1806199	微生物学其他学科	
18064	病毒学	
1806405	普通病毒学	
1806410	病毒生物化学	
1806420	分子病毒学	
1806430	病毒生态学	
1806440	病毒分类学	
1806450	噬菌体学	
	植物病毒学	见 2106035
	昆虫病毒学	见 1805460
	动物病毒学	见 1805767
1806460	医学病毒学	
1806499	病毒学其他学科	
18067	人类学	
1806710	人类起源与演化学	
1806715	人类形态学	
1806720	人类遗传学	
1806725	分子人类学	

表 1(续)

代码	学科名称	说明
1806730	人类生态学	亦称“人文生态学”
1806735	心理人类学	
1806740	古人类学	
1806745	人种学	
1806750	人体测量学	
1806799	人类学其他学科	
18099	生物学其他学科	
190	**心理学**	
19010	心理学史	
	科学心理学	见 6303530
1901010	心理学国际传播	
1901020	心理学理论	包括西方心理学流派
19015	认知心理学	
1901510	知觉	
1901520	阅读心理学	
1901530	心理语言学	
1901540	认知神经科学	
1901550	色彩心理学	
1901599	认知心理学其他学科	
19020	社会心理学	代码原为 84051
1902010	家庭心理学	
1902020	婚姻心理学	
1902030	人际心理学	
1902040	道德心理学	
1902099	社会心理学其他学科	
19025	实验心理学	
1902510	心理学研究方法	
1902599	实验心理学其他学科	
19030	发展心理学	
1903510	婴儿心理学	
1903520	儿童心理学	
1903530	妇女心理学	
1903540	老年心理学	包括长寿心理学
1903599	发展心理学其他学科	
19040	医学心理学	代码原为 31054
	护理心理学	见 3207140
1904010	医患心理学	
1904020	健康心理学	
1904099	医学心理学其他学科	
19041	人格心理学	
1904110	异常心理学	
1904199	人格心理学其他学科	
19042	临床与咨询心理学	
1904210	咨询心理技术	

表 1（续）

代码	学科名称	说明
1904220	员工援助技术	
1904299	临床与咨询心理学其他学科	
19045	心理测量	
1904510	心理测量理论	
1904520	心理测量技术	
19046	心理统计	
1904610	心理统计原理	
1904620	心理统计方法	
19050	生理心理学	
1905010	感觉心理学	
1905020	比较心理学	
1905030	心理神经免疫学	
1905040	心理药理学	
1905099	生理心理学其他学科	
19055	工业心理学	
	工效学	见 6305055
	工程心理学	见 41045
1905510	交通心理学	
	安全心理学	见 6202520
1905515	消费心理学	参见 7906330
1905520	营销心理学	
	劳动心理学	见 8407435
1905525	经济心理学	包括市场心理学、投资心理学
1905599	工业心理学其他学科	
19060	管理心理学	代码原为 63020
1906010	干部心理学	
1906020	绩效评估技术	
1906099	管理心理学其他学科	
19065	应用心理学	
	艺术心理学	见 76010
	宗教心理学	见 7301130
1906510	心理人类学	
1906599	应用心理学其他学科	
19070	教育心理学	代码原为 88027
1907010	学习心理学	
1907020	学校心理学	
1907099	教育心理学其他学科	
19075	法制心理学	
1907510	罪犯心理学	
1907520	证人心理学	
1907599	法制心理学其他学科	
19099	心理学其他学科	
210	**农学**	
21010	农业史	

表 1（续）

代码	学科名称	说明
2101010	农业科技史	
	农业经济史	见 7905940
2101020	农村社会史	参见 8402731
2101030	农业文化史	
2101099	农业史其他学科	
21020	农业基础学科	
2102010	农业数学	
2102020	农业气象学与农业气候学	
2102030	农业生物物理学	
2102040	农业生物化学	
2102050	农业生态学	
2102060	农业植物学	
2102070	农业微生物学	
2102080	植物营养学	
2102099	农业基础学科其他学科	
21030	农艺学	
2103010	作物形态学	
2103015	作物生理学	
2103020	作物遗传学	
2103025	作物生态学	
2103030	种子学	
2103033	作物育种学	包括航天育种学
2103036	良种繁育学	
2103040	作物栽培学	
2103045	作物耕作学	
2103050	作物种质资源学	
2103099	农艺学其他学科	
21040	园艺学	
2104010	果树学	
2104020	瓜果学	
2104030	蔬菜学	
2104050	茶学	包括茶加工等
2104060	观赏园艺学	
2104099	园艺学其他学科	
21045	农产品贮藏与加工	
2104510	农产品贮藏与加工	
2104520	粮油产品贮藏与加工	
2104530	果蔬贮藏与加工	代码原为 2104040
	畜产品贮藏与加工	见 2302055
2104540	土特产品贮藏与加工	
2104550	农副产品综合利用	
2104599	农产品贮藏与加工其他学科	
21050	土壤学	
2105010	土壤物理学	
2105015	土壤化学	

表 1（续）

代码	学科名称	说明
2105020	土壤地理学	
2105025	土壤生物学	
2105030	土壤生态学	
2105035	土壤耕作学	
2105040	土壤改良学	
2105045	土壤肥料学	
2105050	土壤分类学	
	土壤环境学	见 6102030
2105055	土壤调查与评价	
2105060	土壤修复	
2105099	土壤学其他学科	
21060	植物保护学	
2106010	植物检疫学	
2106015	植物免疫学	
2106020	植物病理学	
2106025	植物药理学	
2106030	农业昆虫学	
2106035	植物病毒学	
2106036	植物真菌学	
2106037	植物细菌学	
2106038	植物线虫学	
2106040	农药学	
2106045	有害生物监测预警	原名为“植物病虫害测报学”
2106050	抗病虫害育种	
2106055	有害生物化学防治	
2106060	有害生物生物防治	
2106065	有害生物综合防治	
2106066	有害生物生态调控	
2106067	农业转基因生物安全学	
2106070	杂草防除	原名为“杂草防治”
2106075	鸟兽、鼠害防治	
2106099	植物保护学其他学科	
21099	农学其他学科	
220	**林学**	
22010	林业基础学科	
2201010	森林气象学	
2201020	森林地理学	
2201030	森林水文学	
2201040	森林土壤学	
2201050	树木生理学	
2201060	森林生态学	
2201070	森林植物学	
2201099	林业基础学科其他学科	
22015	林木遗传育种学	

表 1（续）

代码	学科名称	说明
2201510	林木育种学	
2201520	林木遗传学	
2201599	林木遗传育种学其他学科	
22020	森林培育学	
2202010	种苗学	
2202020	造林学	包括治沙造林学
	水土保持学	见 4165030
2202099	森林培育学其他学科	
22025	森林经理学	
2202510	森林测计学	
2202520	森林测量学	
2202530	林业遥感	
2202540	林业信息管理	
2202550	林业系统工程	
2202599	森林经理学其他学科	
22030	森林保护学	
2203010	森林病理学	
2203020	森林昆虫学	
2203030	森林防火学	
2203099	森林保护学其他学科	
22035	野生动物保护与管理	
22040	防护林学	
22045	经济林学	
22050	园林学	
2205010	园林植物学	
2205020	风景园林工程	
2205030	风景园林经营与管理	
2205099	园林学其他学科	
22055	林业工程	
2205510	森林采运学	
2205520	林业机械	
2205530	林业机械化与电气化	
2205540	木材学	
2205550	木材加工与人造板工艺学	包括家具设计与制造等
2205560	木材防腐学	
2205570	林产化学加工学	
2205599	林业工程其他学科	
22060	森林统计学	
22065	林业经济学	
22099	林学其他学科	
230	**畜牧、兽医科学**	
23010	畜牧、兽医科学基础学科	
2301010	家畜生物化学	
2301020	家畜生理学	

表 1（续）

代码	学科名称	说明
2301030	家畜遗传学	
2301040	家畜生态学	
2301050	家畜微生物学	
2301099	畜牧、兽医科学基础学科其他学科	
23020	畜牧学	
2302005	农业动物资源学	
2302010	家畜遗传育种学	原名为“家畜育种学”
2302015	家畜繁殖学	参见 1805734
2302020	动物营养学	
2302025	饲料学	
2302030	家畜饲养管理学	
2302035	特种经济动物饲养学	
2302040	家畜行为学	
2302045	家畜卫生学	
2302050	草原学	包括牧草学、牧草育种学、牧草栽培学、草地生态学、草地保护学等
2302055	畜产品贮藏与加工	
2302060	畜牧机械化	
2302065	养禽学	
2302070	养蜂学	
2302075	养蚕学	
2302080	畜牧经济学	
2302099	畜牧学其他学科	
23030	兽医学	
2303005	预防兽医学	
2303006	兽医病原学	
2303007	兽医流行学	
2303010	家畜解剖学与组织学	原名为“家畜解剖学”
	家畜生理学	见 2301020
2303015	家畜组织胚胎学	
2303016	动物分子病原学	
2303020	兽医免疫学	
2303025	家畜病理学	亦称兽医病理学
2303030	兽医药理学与毒理学	原名为“兽医药理学”
2303035	兽医临床学	
2303040	兽医卫生检疫学	
2303045	家畜寄生虫学	
2303050	家畜传染病学	
2303055	家畜病毒学	
2303060	中兽医学	
2303065	兽医器械学	
2303099	兽医学其他学科	
23099	畜牧、兽医科学其他学科	

表 1（续）

代 码	学 科 名 称	说 明
240	**水产学**	
24010	水产学基础学科	
2401010	水产化学	
2401020	水产地理学	
2401030	水产生物学	
2401033	水产遗传育种学	
2401036	水产动物医学	
2401040	水域生态学	
2401099	水产学基础学科其他学科	
24015	水产增殖学	
24020	水产养殖学	
24025	水产饲料学	
24030	水产保护学	
24035	捕捞学	
24040	水产品贮藏与加工	
24045	水产工程学	
24050	水产资源学	
24055	水产经济学	
24099	水产学其他学科	
310	**基础医学**	
31010	医学史	
31011	医学生物化学	
31014	人体解剖学	
3101410	系统解剖学	
3101420	局部解剖学	
3101499	人体解剖学其他学科	
31017	医学细胞生物学	
31021	人体生理学	
31024	人体组织胚胎学	
31027	医学遗传学	
31031	放射医学	
31034	人体免疫学	
31037	医学寄生虫学	
3103710	医学寄生虫免疫学	
3103720	医学昆虫学	
3103730	医学蠕虫学	
3103740	医学原虫学	
3103799	医学寄生虫学其他学科	
31041	医学微生物学	
	医学病毒学	见 1806460
31044	病理学	
3104410	病理生物学	
3104420	病理解剖学	
3104430	病理生理学	

表 1（续）

代码	学科名称	说明
3104440	免疫病理学	
3104450	实验病理学	
3104460	比较病理学	
3104470	系统病理学	
3104480	环境病理学	
3104485	分子病理学	
3104499	病理学其他学科	
31047	药理学	
3104710	基础药理学	
3104720	临床药理学	
3104730	生化药理学	
3104740	分子药理学	
3104750	免疫药理学	
3104799	药理学其他学科	
31051	医学实验动物学	
·	医学心理学	见 19040
31057	医学统计学	
31099	基础医学其他学科	
320	**临床医学**	
32011	临床诊断学	
3201110	症状诊断学	
3201120	物理诊断学	
3201130	机能诊断学	
3201140	医学影像学	包括放射诊断学、同位素诊断学、超声诊断学等
3201150	临床放射学	
3201160	实验诊断学	
3201199	临床诊断学其他学科	
32014	保健医学	
3201410	康复医学	
3201420	运动医学	包括力学运动医学等
3201430	老年医学	包括老年基础医学和老年临床医学
3201499	保健医学其他学科	
32017	理疗学	
32021	麻醉学	
3202110	麻醉生理学	
3202120	麻醉药理学	
3202130	麻醉应用解剖学	
3202199	麻醉学其他学科	
32024	内科学	
3202410	心血管病学	
3202415	呼吸病学	
3202420	结核病学	
3202425	消化病学	原名为“胃肠病学”

表 1（续）

代码	学科名称	说明
3202430	血液病学	
3202435	肾脏病学	
3202440	内分泌病学与代谢病学	原名为“内分泌学”
3202445	风湿病学与自体免疫病学	
3202450	变态反应学	
3202455	感染性疾病学	
3202460	传染病学	代码原为 33024
3202499	内科学其他学科	
32027	外科学	
3202710	普通外科学	
3202715	显微外科学	
3202720	神经外科学	
3202725	颅脑外科学	
3202730	胸外科学	
3202735	心血管外科学	
3202740	泌尿外科学	
3202745	骨外科学	
3202750	烧伤外科学	
3202755	整形外科学	
3202760	器官移植外科学	
3202765	实验外科学	
3202770	小儿外科学	包括小儿普通外科学、小儿骨外科学、小儿胸外科学、小儿心血管外科学、小儿烧伤外科学、小儿整形外科学、小儿神经外科学、新生儿外科学等
3202799	外科学其他学科	
32031	妇产科学	
3203110	妇科学	
3203120	产科学	
3203130	围产医学	亦称围生医学
3203140	助产学	
3203150	胎儿学	
3203160	妇科产科手术学	
3203199	妇产科学其他学科	
32034	儿科学	
	小儿外科学	见 3202770
3203410	小儿内科学	
3203499	儿科学其他学科	
32037	眼科学	
32041	耳鼻咽喉科学	
32044	口腔医学	
3204410	口腔解剖生理学	
3204415	口腔组织学与口腔病理学	
3204420	口腔材料学	
3204425	口腔影像诊断学	

表 1(续)

代码	学科名称	说明
3204430	口腔内科学	
3204435	口腔颌面外科学	
3204440	口腔矫形学	
3204445	口腔正畸学	
3204450	口腔病预防学	
3204499	口腔医学其他学科	
32047	皮肤病学	
32051	性医学	
32054	神经病学	
32057	精神病学	包括精神卫生及行为医学等
32058	重症医学	
32061	急诊医学	
32064	核医学	含放射治疗学
32065	全科医学	
32067	肿瘤学	
3206710	肿瘤免疫学	
3206720	肿瘤病因学	
3206730	肿瘤病理学	
3206740	肿瘤诊断学	
3206750	肿瘤治疗学	
3206760	肿瘤预防学	
3206770	实验肿瘤学	
3206799	肿瘤学其他学科	
32071	护理学	
3207110	基础护理学	
3207120	专科护理学	
3207130	特殊护理学	
3207140	护理心理学	
3207150	护理伦理学	
3207160	护理管理学	
3207199	护理学其他学科	
32099	临床医学其他学科	
330	**预防医学与公共卫生学**	原名为“预防医学与卫生学”
33011	营养学	
33014	毒理学	
33017	消毒学	
33021	流行病学	
33027	媒介生物控制学	
33031	环境医学	亦为环境卫生学
33034	职业病学	
33037	地方病学	
33035	热带医学	
33041	社会医学	
33044	卫生检验学	

表 1（续）

代码	学科名称	说明
33047	食品卫生学	
33051	儿少与学校卫生学	原名为“儿少卫生学”
33054	妇幼卫生学	
33057	环境卫生学	
33061	劳动卫生学	
33064	放射卫生学	
33067	卫生工程学	
33071	卫生经济学	
33072	卫生统计学	原代码为 9104030
	计划生育学	见 8407170
33074	优生学	
33077	健康促进与健康教育学	原名为“健康促进与健康教育学”
33081	卫生管理学	
3308110	卫生监督学	
3308120	卫生政策学	
	卫生法学	见 8203072
3308130	卫生信息管理学	
3308199	卫生管理学其他学科	
33099	预防医学与公共卫生学其他学科	
340	**军事医学与特种医学**	
34010	军事医学	
3401010	野战外科学和创伤外科学	原名为“野战外科学”
3401015	军队流行病学	
3401020	军事环境医学	
3401025	军队卫生学	
3401030	军队卫生装备学	
3401035	军事人机工效学	
3401040	核武器医学防护学	
3401045	化学武器医学防护学	
3401050	生物武器医学防护学	
3401055	激光与微波医学防护学	
3401099	军事医学其他学科	
34020	特种医学	
3402010	航空航天医学	
3402020	潜水医学	
3402030	航海医学	
3402040	法医学	
3402050	高压氧医学	
3402099	特种医学其他学科	
34099	军事医学与特种医学其他学科	
350	**药学**	
35010	药物化学	包括天然药物化学等
35020	生物药物学	

表 1（续）

代码	学科名称	说明
35025	微生物药物学	
35030	放射性药物学	
35035	药剂学	
35040	药效学	
	医药工程	见 5306410
35045	药物管理学	
35050	药物统计学	
35099	药学其他学科	
360	**中医学与中药学**	
36010	中医学	
3601011	中医基础理论	包括经络学等
3601014	中医诊断学	
3601017	中医内科学	
3601021	中医外科学	
3601024	中医骨伤科学	
3601027	中医妇科学	
3601031	中医儿科学	
3601034	中医眼科学	
3601037	中医耳鼻咽喉科学	
3601041	中医口腔科学	
3601044	中医老年病学	
3601047	针灸学	包括针刺镇痛与麻醉等
3601051	按摩推拿学	
3601054	中医养生康复学	包括气功研究等
3601057	中医护理学	
3601061	中医食疗学	
3601064	方剂学	
3601067	中医文献学	包括难经、内经、伤寒论、金匮要略、腧穴学等
3601099	中医学其他学科	
36020	民族医学	
3602010	藏医药学	
3602020	蒙医药学	
3602030	维吾尔医药学	
3602040	民族草药学	
3602099	民族医学其他学科	
36030	中西医结合医学	
3603010	中西医结合基础医学	
3603020	中西医结合医学导论	
3603030	中西医结合预防医学	
3603040	中西医结合临床医学	
3603050	中西医结合护理学	
3603060	中西医结合康复医学	
3603070	中西医结合养生保健医学	
3603099	中西医结合医学其他学科	

表 1（续）

代码	学科名称	说明
36040	中药学	
3604010	中药化学	
3604015	中药药理学	
3604020	本草学	
3604025	药用植物学	
3604030	中药鉴定学	
3604035	中药炮制学	
3604040	中药药剂学	
3604045	中药资源学	
3604050	中药管理学	
3604099	中药学其他学科	
36099	中医学与中药学其他学科	
410	**工程与技术科学基础学科**	
41010	工程数学	
41015	工程控制论	
41020	工程力学	
41025	工程物理学	
41030	工程地质学	
41035	工程水文学	参见 17055
41040	工程仿生学	参见 1801460
41045	工程心理学	
41050	标准科学技术	又名标准学
4105010	标准原理与方法	包括标准原理、标准体系、标准一致性测试、标准统计方法、标准化认证与认可方法、标准规程与格式等方面的研究
4105020	标准基础学	包括标准化发展史、标准经济学、术语标准化、信息分类编码标准化、图形符号标准化、标准物质研究、标准文献学等
4105050	标准工程与应用	包括标准化机制与体制研究、标准管理学、质量控制与评价标准化、人类工效标准化等
4105099	标准科学技术其他学科	
41055	计量学	
41060	工程图学	
41065	勘查技术	
41070	工程通用技术	
4107010	密封技术	
4107020	粉末技术	
4107030	真空技术	
4107040	薄膜技术	
4107050	爆破技术	
4107060	包装技术	
4107070	照相技术	
4107080	物料搬运技术	

表 1（续）

代码	学科名称	说明
4107099	工程通用技术其他学科	
41075	工业工程学	亦称工程系统工程
41099	工程与技术科学基础学科其他学科	
413	**信息与系统科学相关工程与技术**	
41310	控制科学与技术	
4131010	自动控制应用理论	包括线性、非线性、随机控制，最优控制，自适应控制系统，分布式控制系统，柔性控制系统等。代码原为 5108010
4131015	指挥与控制系统工程	
4131020	控制系统仿真技术	代码原为 5108020
4131025	导航制导与控制	包括惯性导航与惯性制导
4131030	机电一体化技术	代码原为 5108030
	流体传动与控制	见 46045
4131040	自动化仪器仪表与装置	代码原为 5108040
4131050	机器人控制	代码原为 5108050
4131060	自动化技术应用	具体应用入有关学科。代码原为 5108060
4131099	控制科学与技术其他学科	
41315	仿真科学技术	
4131510	仿真科学技术基础学科	
4131520	仿真建模理论与技术	
4131530	仿真系统理论与技术	
	控制系统仿真技术	见 4131020
4131540	仿真应用	具体应用入有关学科
4131599	仿真科学技术其他学科	
41320	信息安全技术	
4132010	密码学	代码原为 8304050
4132015	安全协议	
4132020	系统安全	
4132025	网络安全	
4132030	软件安全	
4132035	信息隐藏	
4132040	安全测评	
4132045	信息安全工程	
4132099	信息安全其他学科	
41330	信息技术系统性应用	
4133010	地理信息系统	代码原为 4203040
4133020	全球定位系统	
4133030	海洋信息技术	
4133099	信息技术系统性应用其他学科	
41399	信息与系统科学相关工程与技术其他学科	
416	**自然科学相关工程与技术**	
41610	物理学相关工程与技术	
4161010	同步辐射及实验技术	

表 1（续）

代码	学科名称	说明
4161099	物理学相关工程与技术其他学科	
41620	光学工程	
41630	海洋工程与技术	代码原为 57050，原名为“海洋工程”
4163010	海洋工程结构与施工	代码原为 5705010
4163015	海底矿产开发	代码原为 5705020
4163020	海水资源利用	代码原为 5705030
4163025	海洋环境工程	代码原为 5705040
4163030	海岸工程	
4163035	近海工程	
4163040	深海工程	
4163045	海洋资源开发利用技术	包括海洋矿产资源、海水资源、海洋生物、海洋能开发技术等
4163050	海洋观测预报技术	包括海洋水下技术、海洋观测技术、海洋遥感技术、海洋预报预测技术等
4163055	海洋环境保护技术	
4163099	海洋工程与技术其他学科	代码原为 5705099
41640	生物工程	亦称生物技术。代码原为 18071
4164010	基因工程	亦称遗传工程。代码原为 1807110
4164015	细胞工程	代码原为 1807120
4164020	蛋白质工程	代码原为 1807130
4164025	代谢工程	
4164030	酶工程	代码原为 1807140
4164040	发酵工程	亦称微生物工程。代码原为 1807150
4164045	生物传感技术	
4164050	纳米生物分析技术	
4164099	生物工程其他学科	代码原为 1807199
41650	农业工程	代码原为 21070
4165010	农业机械学	包括农业机械制造等。代码原为 2107010
4165015	农业机械化	代码原为 2107015
4165020	农业电气化与自动化	代码原为 2107020
4165025	农田水利	包括灌溉工程、排水工程等。代码原为 2107025
4165030	水土保持学	包括土壤侵蚀学、水土保持监测、水土保持生态学、水土保持工程、荒漠化防治等。代码原为 2107030
4165035	农田测量	代码原为 2107035
4165040	农业环保工程	代码原为 2107040
4165045	农业区划	含农业土地利用学。代码原为 2107045
4165050	农业系统工程	代码原为 2107050
4165099	农业工程其他学科	代码原为 2107099
41660	生物医学工程学	代码原为 31061
4166010	生物医学电子学	代码原为 3106110
4166020	临床工程学	代码原为 3106120
4166030	康复工程学	代码原为 3106130
4166040	生物医学测量学	代码原为 3106140

表1(续)

代码	学科名称	说明
4166050	人工器官与生物医学材料学	代码原为3106150
4166060	干细胞与组织工程学	
4166070	医学成像技术	
4166099	生物医学工程学其他学科	代码原为3106199
420	**测绘科学技术**	
42010	大地测量技术	
4201010	大地测量定位	
4201020	重力测量	
4201030	测量平差	
4201099	大地测量技术其他学科	
42020	摄影测量与遥感技术	
4202010	地物波谱学	
4202020	近景摄影测量	
4202030	航空摄影测量	
4202040	遥感信息工程	
4202099	摄影测量与遥感技术其他学科	
42030	地图制图技术	
4203010	地图投影学	
4203020	地图设计与编绘	
4203030	图形图像复制技术	
4203099	地图制图技术其他学科	
42040	工程测量技术	
4204010	地籍测量	
4204020	精密工程测量	
	矿山测量	见44015
	土木建筑工程测量	见56020
	水利工程测量	见57015
4204099	工程测量技术其他学科	
42050	海洋测绘	
4205010	海洋大地测量	
4205015	海洋重力测量	
4205020	海洋磁力测量	
4205025	海洋跃层测量	
4205030	海洋声速测量	
4205035	海道测量	
4205040	海底地形测量	
4205045	海图制图	
4205050	海洋工程测量	
4205099	海洋测绘其他学科	
42060	测绘仪器	
42099	测绘科学技术其他学科	
430	**材料科学**	
43010	材料科学基础学科	

表 1（续）

代码	学科名称	说明
4301010	材料力学	
4301020	相图与相变	包括合金化等
4301030	材料的组织、结构、缺陷与性能	
4301035	计算材料学	
4301040	金属学	
4301050	陶瓷学	
4301060	高分子材料学	
4301099	材料科学基础学科其他学科	
43015	材料表面与界面	包括表面优化技术
43020	材料失效与保护	包括材料腐蚀、磨损、老化、断裂及其控制等
43025	材料检测与分析技术	
43030	材料实验	
43035	材料合成与加工工艺	
43040	金属材料	
4304010	黑色金属及其合金	
4304020	有色金属及其合金	
4304030	非晶、微晶金属材料	包括准晶和纳米晶材料等
4304040	低维金属材料	包括薄膜、纤维和零维金属材料等
4304050	特种功能金属材料	
4304099	金属材料其他学科	
43045	无机非金属材料	
4304510	玻璃与非晶无机非金属材料	包括生物玻璃材料
4304520	低维无机非金属材料	包括薄膜、纤维和零维非金属材料等
4304530	人工晶体	
4304540	陶瓷材料	包括陶瓷膜材料、多孔陶瓷材料、生物陶瓷材料、耐火材料等。原名为“无机陶瓷材料”
4304550	特种功能无机非金属材料	
4304599	无机非金属材料其他学科	
43050	有机高分子材料	
4305010	塑料、橡胶和纤维	
4305020	功能高分子材料	
4305030	高性能高分子材料	
4305040	高分子液晶材料	
4305099	有机高分子材料其他学科	
43055	复合材料	
4305510	金属基复合材料	包括多相复合材料等
4305520	无机非金属基复合材料	包括无机多相复合材料等
4305530	聚合物基复合材料	包括有机多相复合材料等
4305540	有机-无机杂化复合材料	又名混杂复合材料
4305550	生物复合材料	
4305560	功能复合材料	
4305599	复合材料其他学科	
43060	生物材料	
4306010	组织工程材料	
4306020	医学工程材料	

表 1（续）

代码	学科名称	说明
4306030	环境友好材料	
4306099	生物材料其他学科	
43070	纳米材料	包括纳米光电材料、纳米信息材料、纳米存储材料等
	专用材料	各专用材料入有关学科
43099	材料科学其他学科	
440	**矿山工程技术**	
44010	矿山地质学	
44015	矿山测量	
44020	矿山设计	
4402010	地下矿设计	
4402020	露天矿设计	
4402099	矿山设计其他学科	
44025	矿山地面工程	
44030	井巷工程	
4403010	矿山压力工程	
4403020	矿山支护工程	
4403099	井巷工程其他学科	
44035	采矿工程	
4403510	煤矿开采	
4403520	煤及油母页岩地下气化	
4403530	金属矿开采	
4403540	非金属矿开采	
4403599	采矿工程其他学科	
44040	选矿工程	
4404010	选矿理论	
4404020	选矿技术	
4404030	矿石处理	
4404099	选矿工程其他学科	
44045	钻井工程	
44050	油气田井开发工程	
44055	石油、天然气储存与运输工程	
44060	矿山机械工程	
4406010	采矿机械	
4406020	选矿机械	
4406030	矿山运输机械	
4406099	矿山机械工程其他学科	
44065	矿山电气工程	
44070	采矿环境工程	
44075	矿山安全	
44080	矿山综合利用工程	
44099	矿山工程技术其他学科	

表 1（续）

代码	学 科 名 称	说 明
450	**冶金工程技术**	
45010	冶金物理化学	
45015	冶金反应工程	
45020	冶金原料与预处理	
45025	冶金热能工程	
4502510	冶金燃料	
4502520	燃烧理论	
4502530	燃烧计算	
4502540	冶金分析	
4502599	冶金热能工程其他学科	
45030	冶金技术	
4503010	提炼冶金	
4503015	粉末冶金	
4503020	真空冶金	
4503025	电磁冶金	
4503030	原子能冶金	
4503035	湿法冶金	
4503040	纤维冶金	
4503045	卤素冶金	
4503050	微生物冶金	
4503099	冶金技术其他学科	
45035	钢铁冶金	
4503510	炼铁	
4503520	炼钢	
4503530	铁合金冶炼	
4503599	钢铁冶金其他学科	
45040	有色金属冶金	
45045	轧制	
45050	冶金机械及自动化	
45099	冶金工程技术其他学科	
460	**机械工程**	
46010	机械史	
46015	机械学	
4601510	机械原理与机构学	
4601520	机械动力学与振动	
4601530	机械强度	
4601540	机械摩擦、磨损及润滑	
4601599	机械学其他学科	
46020	机械设计	
4602010	机械设计原理与方法	
4602020	机械零件及传动	
4602030	机械公差、配合与技术测量	
4602040	机械制图	
4602099	机械设计其他学科	

表 1（续）

代码	学科名称	说明
	计算机辅助设计	见 5206050
46025	机械制造工艺与设备	
4602510	铸造工艺与设备	
4602515	焊接工艺与设备	包括连接工艺与设备
4602520	塑性加工工艺与设备	
4602525	热处理工艺与设备	
4602530	切削加工工艺	
4602535	特种加工工艺	
4602540	机器装配工艺	
4602545	非金属加工工艺	
4602599	机械制造工艺与设备其他学科	
46030	刀具技术	
4603010	切削理论	
4603020	切削刀具	
4603030	磨削工具	
4603099	刀具技术其他学科	
46035	机床技术	
4603510	机床基础理论	
4603520	金属切削机床	
4603530	数字控制机床	
4603540	特种加工机床	
4603599	机床技术其他学科	
46045	流体传动与控制	包括气动液压控制技术等
46050	机械制造自动化	
4605010	成组技术	
4605020	数控技术	
4605030	机器人技术	包括工业机器人、智能机器人、服务机器人
4605040	计算机辅助制造	
4605099	机械制造自动化其他学科	
46099	机械工程其他学科	
470	**动力与电气工程**	
47010	工程热物理	
4701010	工程热力学	
4701020	工程传热、传质学	
4701030	燃烧学	
4701040	多相流动	
4701050	微尺度热物理学	
4701099	工程热物理其他学科	
47020	热工学	
4702010	热工测量与仪器仪表	
4702030	供热工程	
4702040	工业锅炉	
4702099	热工学其他学科	
47030	动力机械工程	

表 1（续）

代码	学科名称	说明
4703010	蒸汽工程	包括锅炉、蒸汽机、汽轮机等
4703020	内燃机工程	包括汽油机、柴油机、气体燃料发动机等
4703030	流体机械及流体动力工程	
4703040	喷气推进机与涡轮机械	
4703050	微动力工程	
4703099	动力机械工程其他学科	
47035	制冷与低温工程	代码原为 4702020
4703510	制冷工程	
4703520	低温工程	
4703530	热泵与空调	
4703599	制冷与低温工程其他学科	
47040	电气工程	
4704011	电工学	
4704014	电路理论	
	电磁场理论	见 1401520
4704017	电磁测量技术及其仪器	原名为“电气测量技术及其仪器仪表”
4704021	电工材料	
4704024	电机学	
4704025	电源技术	
4704027	电器学	
4704031	电力电子技术	
4704034	高电压工程	
4704037	绝缘技术	
4704041	电热与高频技术	
4704044	超导电工技术	
4704047	发电工程	包括水力、热力、风力、磁流体发电工程等
4704051	输配电工程	
4704054	电力系统及其自动化	
4704057	电力拖动及其自动化	
4704061	用电技术	包括节电技术
4704064	电加工技术	亦可称作微细加工技术
4704067	脉冲功率技术	
4704071	放电理论与发电等离子体技术	
4704073	电磁环境与电磁兼容	
4704075	生物与医学电工技术	
4704077	可再生能源发电技术	
4704079	分布式电力技术	
4704081	电气化交通技术	
4704083	强磁场技术	
4704099	电气工程其他学科	
47099	动力与电气工程其他学科	
480	**能源科学技术**	
48010	能源化学	
48020	能源地理学	

表 1（续）

代码	学科名称	说明
48030	能源计算与测量	
48040	储能技术	
48050	节能技术	包括工业节能、生活节能、建筑节能等
48060	一次能源	
4806010	煤炭能	
4806020	石油、天然气能	
4806030	水能	包括海洋能等
4806040	风能	
4806050	地热能	
4806060	生物能	
4806070	太阳能	
4806075	生活固体废弃物能	即城市生活垃圾能源
4806080	核能	
4806085	天然气水合物能	
4806099	一次能源其他学科	
48070	二次能源	
4807010	煤气能	
4807020	电能	
4807030	蒸汽能	
4807040	沼气能	
4807045	氢能	
4807050	激光能	
4807099	二次能源其他学科	
48080	能源系统工程	
	能源经济学	见 7904940
48099	能源科学技术其他学科	
490	**核科学技术**	
49010	辐射物理与技术	
49015	核探测技术与核电子学	
49020	放射性计量学	
49025	核仪器、仪表	
49030	核材料与工艺技术	
4903010	核燃料与工艺技术	
4903099	核材料与工艺技术其他学科	
49035	粒子加速器	
	粒子加速器物理学	见 1407030
4903510	粒子加速器工程技术	原名为“粒子加速器工艺”
4903520	粒子加速器应用	
4903599	粒子加速器其他学科	
49040	裂变堆工程技术	
4904010	裂变堆物理	
4904020	裂变堆热工与水力	
4904030	裂变堆控制	
4904040	裂变堆结构	

表 1（续）

代 码	学 科 名 称	说 明
4904050	裂变堆屏蔽与防护	
4904060	裂变堆建造技术	
4904099	裂变堆工程技术其他学科	
49045	核聚变工程技术	
4904510	磁约束聚变技术	
4904520	惯性约束聚变技术	
4904530	聚变堆工程	
4904540	聚变裂变混合堆工程	
4904599	核聚变工程技术其他学科	
49050	核动力工程技术	
4905010	舰船核动力	
4905020	空间核动力	
4905030	核电站	
4905040	核动力运行技术	
4905099	核动力工程技术其他学科	
49055	同位素技术	
4905510	同位素分离技术	
4905520	同位素制备技术	
4905530	同位素应用技术	
4905599	同位素技术其他学科	
49060	核爆炸工程	
49065	核安全	包括核电站安全
49070	乏燃料后处理技术	
49075	辐射防护技术	
49080	核设施退役技术	
49085	放射性三废处理、处置技术	
49099	核科学技术其他学科	
510	**电子与通信技术**	原名为“电子、通信与自动控制技术”
51010	电子技术	
5101010	电子电路	
5101015	天线电波传播	
5101020	无线电技术	
5101025	微波技术	
5101030	敏感电子学	
5101035	微电子学	
5101040	仿真技术	
5101045	超导电子技术	
5101050	电子元件与器件技术	
5101055	电子束、离子束技术	
5101060	红外与夜视技术	
5101099	电子技术其他学科	
51020	光电子学与激光技术	
51030	半导体技术	
5103010	半导体测试技术	

表 1（续）

代码	学科名称	说明
5103020	半导体材料	
5103030	半导体器件与技术	
	传感器技术	见 5351020
5103040	集成电路技术	
5103050	半导体加工技术	
5103099	半导体技术其他学科	
51040	信息处理技术	
5104010	信号检测	
5104020	参数估计	
5104030	数据处理	
5104040	语音处理	
5104050	图像处理	
5104099	信息处理技术其他学科	
51050	通信技术	
5105010	有线通信技术	
5105015	无线通信技术	包括微波通信、卫星通信、激光通信技术等
5105020	光纤通信技术	
5105025	通信传输技术	
5105030	通信网络技术	
5105035	通信终端技术	
5105040	电信	
5105045	邮政	
5105050	邮电通信管理工程	
5105099	通信技术其他学科	
51060	广播与电视工程技术	
51070	雷达工程	
51099	电子与通信技术其他学科	原名为“电子、通信与自动控制技术其他学科”
520	**计算机科学技术**	
52010	计算机科学技术基础学科	
5201010	自动机理论	
5201020	可计算性理论	
5201030	计算机可靠性理论	
5201040	算法理论	
5201050	数据结构	
5201060	数据安全与计算机安全	
5201099	计算机科学技术基础学科其他学科	
52020	人工智能	
5202010	人工智能理论	
5202020	自然语言处理	
5202030	机器翻译	
5202040	模式识别	
5202050	计算机感知	
5202060	计算机神经网络	
5202070	知识工程	包括专家系统

表 1（续）

代码	学科名称	说明
5202099	人工智能其他学科	
52030	计算机系统结构	
5203010	计算机系统设计	
5203020	并行处理	
5203030	分布式处理系统	
5203040	计算机网络	
5203050	计算机运行测试与性能评价	
5203099	计算机系统结构其他学科	
52040	计算机软件	
5204010	软件理论	
5204020	操作系统与操作环境	
5204030	程序设计及其语言	
5204040	编译系统	
5204050	数据库	
5204060	软件开发环境与开发技术	
5204070	软件工程	
5204099	计算机软件其他学科	
52050	计算机工程	
5205010	计算机元器件	
5205020	计算机处理器技术	
5205030	计算机存储技术	
5205040	计算机外围设备	
5205050	计算机制造与检测	
5205060	计算机高密度组装技术	
5205099	计算机工程其他学科	
52060	计算机应用	具体应用入有关学科
5206010	中国语言文字信息处理	包括汉字信息处理
5206020	计算机仿真	
5206030	计算机图形学	
5206040	计算机图像处理	
5206050	计算机辅助设计	
5206060	计算机过程控制	
5206070	计算机信息管理系统	
5206080	计算机决策支持系统	
5206099	计算机应用其他学科	
52099	计算机科学技术其他学科	
530	**化学工程**	
53011	化学工程基础学科	
5301110	化工热力学	
5301120	化工流体力学	
5301130	化工流变学	
5301140	颗粒学	
5301199	化学工程基础学科其他学科	
53014	化工测量技术与仪器仪表	

表 1（续）

代码	学科名称	说明
53017	化工传递过程	
53021	化学分离工程	
5302110	蒸馏	
5302120	吸收	
5302130	萃取	
5302140	吸附与离子交换	
5302150	膜分离	
5302160	蒸发与结晶	
5302170	干燥	
5302199	化学分离工程其他学科	
53024	化学反应工程	
5302410	催化反应工程	
5302420	催化剂工程	
5302430	固定床反应工程	
5302440	多相流反应工程	
5302450	生化反应工程	
5302460	聚合化学反应工程	
5302470	电化学反应工程	
5302499	化学反应工程其他学科	
53027	化工系统工程	
5302710	化工过程动态学	
5302720	化工过程控制与模拟	
5302730	化工系统优化	
5302799	化工系统工程其他学科	
53031	化工机械与设备	
53034	无机化学工程	
5303410	酸碱盐工程技术	
5303420	硅酸盐工程技术	
5303430	放射化工	
5303440	化肥工程技术	
5303450	化学冶金	
5303499	无机化学工程其他学科	
53037	有机化学工程	
53041	电化学工程	
5304110	电解	
5304120	电镀	
5304130	电池	
5304140	腐蚀与防腐化学	
5304199	电化学工程其他学科	
53044	高聚物工程	
53047	煤化学工程	
53051	石油化学工程	
53052	天然气化学工程	
53054	精细化学工程	
5305410	表面活性剂	

表 1（续）

代码	学科名称	说明
5305420	香料学	
5305430	化妆品学	
5305440	染料	
5305450	颜料与涂料学	
5305460	粘合剂	亦称胶粘剂
5305499	精细化学工程其他学科	
53057	造纸技术	
53061	毛皮与制革工程	
53064	制药工程	
5306410	医药工程	
5306420	农药工程	
5306430	兽药工程	
5306499	制药工程其他学科	
53067	生物化学工程	
53099	化学工程其他学科	
535	**产品应用相关工程与技术**	
53510	仪器仪表技术	代码原为 46040
5351010	仪器仪表基础理论	代码原为 4604010
5351015	仪器仪表材料	代码原为 4604015
5351020	传感器技术	代码原为 4604020
5351025	精密仪器制造	代码原为 4604025
5351030	测试计量仪器	代码原为 4604030
5351035	光学技术与仪器	代码原为 4604035
5351040	天文仪器	代码原为 4604040
5351045	地球科学仪器	代码原为 4604045
5351050	大气仪器仪表	代码原为 4604050
5351099	仪器仪表技术其他学科	代码原为 4604099
53520	兵器科学与技术	
5352010	兵器科学与技术基础学科	
5352015	兵器系统与运用工程	
5352020	兵器结构、动力、传动与平台技术	
5352025	弹道学	含发射、推进与毁伤
5352030	兵器识别、导引与控制技术	
5352035	军用光学与光电子技术	
5352040	军事信息工程与信息对抗技术	
5352045	含能材料技术	
5352050	兵器制造技术	
5352055	兵器材料科学与工程	
5352060	兵器测试与实验技术	
5352099	兵器科学与技术其他学科	
53530	产品应用专用性技术	
5353010	印刷、复制技术	代码原为 4605510
5353099	产品应用专用性技术其他学科	
53599	产品应用相关工程与技术其他学科	

表 1（续）

代码	学科名称	说明
540	**纺织科学技术**	
54010	纺织科学技术基础学科	
5401010	纺织化学	
5401020	纺织美学与色彩学	
5401099	纺织科学技术基础学科其他学科	
54020	纺织材料	
54030	纤维制造技术	
54040	纺织技术	
5404010	纺织品结构与设计	
5404015	棉纺学	
5404020	棉织学	
5404025	麻纺织	
5404030	毛纺织	
5404035	丝纺织	
5404040	化学纤维纺织	
5404045	新型纺纱、无纺布与特种织物	
5404050	针织	
5404099	纺织技术其他学科	
54050	染整技术	
5405010	染炼技术	
5405020	印花技术	
5405030	染色技术	
5405040	整理技术	
5405099	染整技术其他学科	
54060	服装技术	
5406010	服装设计	
5406020	服装加工	
5406099	服装技术其他学科	
54070	纺织机械与设备	
5407010	纺织器材设计与制造	
5407020	纺织机械设计与制造	
5407099	纺织机械与设备其他学科	
54099	纺织科学技术其他学科	
550	**食品科学技术**	
55010	食品科学技术基础学科	
5501010	食品化学	原名为“食品生物化学”
5501020	食品营养学	
5501030	食品检验学	
5501035	食品微生物学	
5501040	食品生物技术	
5501045	谷物化学	
5501050	油脂化学	
5501099	食品科学技术基础学科其他学科	
55020	食品加工技术	

表 1（续）

代码	学科名称	说明
5502010	食用油脂加工技术	
5502015	制糖技术	
5502020	肉加工技术	
5502025	乳加工技术	
5502030	蛋加工技术	
	水果、蔬菜加工技术	参见 2104530。代码原为 5502035
5502040	食品发酵与酿造技术	
5502045	烘焙食品加工技术	原名为“食品焙烤加工技术”
5502050	调味品加工技术	包括食盐加工技术等
5502055	食品添加剂技术	
5502060	饮料冷食制造技术	
5502065	罐头技术	
5502070	米面制品加工技术	包括其他粮食加工技术
5502075	植物蛋白加工技术	
5502099	食品加工技术其他学科	
55030	食品包装与储藏	
55040	食品机械	
55050	食品加工的副产品加工与利用	
55060	食品工业企业管理学	
55070	食品工程与粮油工程	
5507010	食品工程	
5507020	粮油工程	
55099	食品科学技术其他学科	
560	**土木建筑工程**	
56010	建筑史	
56015	土木建筑工程基础学科	
	工程数学	见 41010
	工程力学	见 41020
5601510	建筑光学	
5601520	建筑声学	
5601530	建筑气象学	
5601599	土木建筑工程基础学科其他学科	
56020	土木建筑工程测量	
56025	建筑材料	
5602510	金属建筑材料	
5602520	非金属建筑材料	
5602530	复合建筑材料	
5602540	特种建筑材料	包括隔音、防水、防火、绝热、耐震、防蚀、装修材料等
5602599	建筑材料其他学科	
56030	工程结构	
5603010	杆件结构	
5603020	薄壳结构	
5603030	悬索与张拉结构	

表 1（续）

代码	学科名称	说明
5603040	实体结构	
5603050	结构设计	
5603099	工程结构其他学科	
56035	土木建筑结构	
5603510	木结构	
5603520	砖结构	
5603530	金属结构	
5603540	混凝土与钢筋混凝土结构	
5603550	喷锚结构	
5603560	复合结构	
5603570	特种结构	
5603599	土木建筑结构其他学科	
56040	土木建筑工程设计	
5604010	建筑设计方法与理论	
5604020	城乡规划方法与理论	
5604030	建筑美学	
5604040	建筑室内设计	
5604050	建筑室外环境设计	
5604060	土木工程设计	
5604099	土木建筑工程设计其他学科	
56045	土木建筑工程施工	
5604510	地基基础工程	
5604520	地面工程	
5604530	地下工程	
5604540	墙体工程	
5604550	土木施工电器工程	
5604560	装饰工程	
5604599	土木建筑工程施工其他学科	
56050	土木工程机械与设备	
5605010	起重机械	
5605020	土木工程运输机械	
5605030	土方机械	
5605040	桩工机械	
5605050	石料开采加工机械	
5605060	钢筋混凝土机械	
5605070	装修机械	
5605099	土木工程机械与设备其他学科	
	园林学	见 22050
56055	市政工程	
5605510	城市给水排水工程	
5605520	通风与空调工程	
5605530	供热与供燃气工程	
5605540	电讯管道工程	
5605550	城市系统工程	
5605599	市政工程其他学科	

表 1 (续)

代码	学科名称	说明
56060	建筑经济学	
56099	土木建筑工程其他学科	
570	**水利工程**	
57010	水利工程基础学科	
5701010	水力学	
5701020	河流与海岸动力学	
	工程水文学	见 41035
5701099	水利工程基础学科其他学科	
57015	水利工程测量	
57020	水工材料	
57025	水工结构	亦称水工建筑物
5702510	一般水工建筑物	
5702520	专门水工建筑物	
5702599	水工结构其他学科	
57030	水力机械	
57035	水利工程施工	
5703510	水利建筑工程施工	
5703520	水工设备安装	包括水工金属结构安装等
5703599	水利工程施工其他学科	
57040	水处理	不包括废水处理
5704010	给水处理	
5704099	水处理其他学科	
57045	河流泥沙工程学	
5704510	水沙动力学	
5704520	河工学	
5704599	河流泥沙工程学其他学科	
	农田水利	见 4165025
	水土保持学	见 4165030
57055	环境水利	
5705510	环境水利与评价	包括水资源评价;水环境评价
5705520	区域环境水利	
5705530	水资源保护	
5705599	环境水利其他学科	
57060	水利管理	
5706010	水利工程管理	包括水利调度、水利施工管理、养护等
5706020	水利工程检查观测	
5706030	水利管理自动化系统	
5706099	水利管理其他学科	
57065	防洪工程	
5706510	防洪	
5706520	防汛	
5706530	防凌	
5706599	防洪工程其他学科	
57070	水利经济学	

表 1（续）

代码	学科名称	说明
57099	水利工程其他学科	
580	**交通运输工程**	
58010	道路工程	
5801010	路基工程	
5801020	桥涵工程	
5801030	隧道工程	
5801099	道路工程其他学科	
58020	公路运输	
5802010	车辆工程	
5802020	公路标志、信号、监控工程	
5802030	公路运输管理	
5802099	公路运输其他学科	
58030	铁路运输	
5803010	铁路电气化工程	
5803020	铁路通信信号工程	
5803030	铁路机车车辆工程	
5803040	铁路运输管理	
5803099	铁路运输其他学科	
58040	水路运输	
5804010	航海技术与装备工程	原名为“航海学”
5804020	船舶通信与导航工程	原名为“导航建筑物与航标工程”
5804030	航道工程	
5804040	港口工程	
5804050	疏浚工程	
5804060	水路运输管理	
5804070	救助、打捞与潜水作业工程	
5804080	海事技术与装备工程	
5804099	水路运输其他学科	
58050	船舶、舰船工程	
58060	航空运输	
5806010	机场工程	
5806020	航空运输管理	
5806099	航空运输其他学科	
58070	交通运输系统工程	
58080	交通运输安全工程	
	交通运输经济学	见 79061
58099	交通运输工程其他学科	
590	**航空、航天科学技术**	
59010	航空、航天科学技术基础学科	
5901010	大气层飞行力学	
	空气动力学	见 1302521
5901020	航天动力学	
5901030	飞行器结构力学	

表 1（续）

代码	学科名称	说明
	热力学	见 1402510
	传热学	见 1402530
	燃烧学	见 4701030
5901035	航天摩擦学	又称空间摩擦学
5901040	飞行原理	
5901099	航空、航天科学技术基础学科其他学科	
59015	航空器结构与设计	
5901510	气球、飞艇	
5901520	定翼机	
5901530	旋翼机	
5901599	航空器结构与设计其他学科	
59020	航天器结构与设计	
5902010	火箭、导弹	
5902020	人造地球卫星	
5902030	空间探测器	
5902040	宇宙飞船	
5902050	航天站	
5902060	航天飞机	
5902099	航天器结构与设计其他学科	
59025	航空、航天推进系统	
59030	飞行器仪表、设备	
59035	飞行器控制、导航技术	
59040	航空、航天材料	
5904010	航空、航天金属材料	
5904020	航空、航天非金属材料	
5904030	航空、航天复合材料	
5904040	航空、航天燃料与润滑剂	
5904050	航空、航天材料失效与保护	
5904099	航空、航天材料其他学科	
59045	飞行器制造技术	
5904510	航空器制造工艺	
5904520	航天器制造工艺	
5904599	飞行器制造技术其他学科	
59050	飞行器试验技术	
5905010	航空器地面试验	
5905020	航空器飞行试验	
5905030	航天器地面试验	
5905040	航天器飞行试验	
5905099	飞行器试验技术其他学科	
59055	飞行器发射与回收、飞行技术	原名为“飞行器发射、飞行技术”
5905510	飞行技术	
5905520	飞行器发射与回收	原名为“飞行器发射、飞行事故”
5905530	飞行事故	原在 5905520 内
5905599	飞行器发射与回收、飞行技术其他学科	
59060	航空航天地面设施、技术保障	原名为“航天地面设施、技术保障”

表 1(续)

代码	学科名称	说明
5906010	发射场、试验场	
5906020	航天测控系统	
5906030	航空地面设施	
5906040	航空地面技术保障	
5906099	航空航天地面设施、技术保障其他学科	
59065	航空、航天系统工程	
5906510	航空系统工程	
5906520	航天系统工程	
5906530	航空、航天可靠性工程	
5906599	航空、航天系统工程其他学科	
59099	航空、航天科学技术其他学科	
610	**环境科学技术及资源科学技术**	原名为“环境科学技术”
61010	环境科学技术基础学科	
6101010	环境物理学	包括环境声学等
6101015	环境化学	
6101020	环境生物学	
6101025	环境气象学	
6101030	环境地学	包括环境地球化学、环境地质学等
6101035	环境生态学	
6101040	环境毒理学	
	环境医学	见 33031
6101045	自然环境保护学	
6101050	环境管理学	
	环境经济学	见 79051
	环境法学	见 8203075
6101099	环境科学技术基础学科其他学科	
61020	环境学	
6102010	大气环境学	
6102020	水体环境学	包括海洋环境学
6102030	土壤环境学	
6102040	区域环境学	
6102050	城市环境学	
6102099	环境学其他学科	
61030	环境工程学	
6103010	环境保护工程	
6103015	大气污染防治工程	
6103020	水污染防治工程	
6103025	固体污染防治工程	
6103030	三废处理与综合利用	
6103035	噪声与震动控制	
6103040	环境质量监测与评价	
6103045	环境规划	
6103050	环境系统工程	
6103055	环境修复工程	包括水环境修复工程

表 1（续）

代码	学科名称	说明
6103099	环境工程学其他学科	
61050	资源科学技术	包括资源管理
61099	环境科学技术及资源科学技术其他学科	原名为“环境科学技术其他学科”
620	安全科学技术	
62010	安全科学技术基础学科	
6201005	安全哲学	
6201007	安全史	
6201009	安全科学学	
6201030	灾害学	包括灾害物理、灾害化学、灾害毒理等
6201035	安全学	代码原为 62020
6201099	安全科学技术基础学科其他学科	
62021	安全社会科学	
6202110	安全社会学	
	安全法学	见 8203080,包括安全法规体系研究
6202120	安全经济学	代码原为 6202050
6202130	安全管理学	代码原为 6202060
6202140	安全教育学	代码原为 6202070
6202150	安全伦理学	
6202160	安全文化学	
6202199	安全社会科学其他学科	
62023	安全物质学	
62025	安全人体学	
6202510	安全生理学	
6202520	安全心理学	代码原为 6202020
6202530	安全人机学	代码原为 6202040
6202599	安全人体学其他学科	
62027	安全系统学	代码原为 6202010
6202710	安全运筹学	
6202720	安全信息论	
6202730	安全控制论	
6202740	安全模拟与安全仿真学	代码原为 6202030
6202799	安全系统学其他学科	
62030	安全工程技术科学	原名为“安全工程”
6203005	安全工程理论	
6203010	火灾科学与消防工程	原名为“消防工程”
6203020	爆炸安全工程	
6203030	安全设备工程	含安全特种设备工程
6203035	安全机械工程	
6203040	安全电气工程	
6203060	安全人机工程	
6203070	安全系统工程	含安全运筹工程、安全控制工程、安全信息工程
6203099	安全工程技术科学其他学科	
62040	安全卫生工程技术	原名为“职业卫生工程”
6204010	防尘工程技术	

表 1 (续)

代码	学科名称	说明
6204020	防毒工程技术	
	通风与空调工程	见 5605520
6204030	噪声与振动控制	
	辐射防护技术	见 49075
6204040	个体防护工程	
6204099	安全卫生工程技术其他学科	原名为"职业卫生工程其他学科"
62060	安全社会工程	
6206010	安全管理工程	代码原为 62050
6206020	安全经济工程	
6206030	安全教育工程	
6206099	安全社会工程其他学科	
62070	部门安全工程理论	各部门安全工程入有关学科
62080	公共安全	
6208010	公共安全信息工程	
6208015	公共安全风险评估与规划	原名称及代码为"6205020 风险评价与失效分析"
6208020	公共安全检测检验	
6208025	公共安全监测监控	
6208030	公共安全预测预警	
6208035	应急决策指挥	
6208040	应急救援	
6208099	公共安全其他学科	
62099	安全科学技术其他学科	
630	**管理学**	
63010	管理思想史	
63015	管理理论	
6301510	管理哲学	
6301520	组织理论	
6301530	行为科学	
6301540	决策理论	
6301550	系统管理理论	
6301599	管理理论其他学科	
	管理心理学	见 19060
63025	管理计量学	
	管理经济学	见 79033
63030	部门经济管理	各部门经济管理入有关学科
63032	区域经济管理	
63035	科学学与科技管理	
6303510	科学社会学	
6303520	科技政策学	
6303525	科学体系学	
6303530	科学心理学	
6303540	科学计量学	
6303550	科技管理学	
6303599	科学学与科技管理其他学科	

表 1（续）

代码	学科名称	说明
63040	企业管理	
6304010	生产管理	
6304015	经营管理	
6304020	财务管理	
6304025	成本管理	
6304030	劳动人事管理	
6304035	技术管理	
6304040	营销管理	
6304045	物资管理	
6304050	设备管理	
6304055	质量管理	
6304099	企业管理其他学科	
63044	公共管理	
6304410	行政管理	代码原为 63045
6304420	危机管理	也称“应急管理”
6304499	公共管理其他学科	
63050	管理工程	
6305010	生产系统管理	
6305015	研究与开发管理	
6305020	质量控制与可靠性管理	
6305025	物流系统管理	
6305030	战略管理	
6305035	决策分析	
6305040	决策支持系统	
6305045	管理信息系统	
6305050	管理系统仿真	
6305055	工效学	
6305060	部门管理工程	各部门管理工程入有关学科
6305099	管理工程其他学科	
63055	人力资源开发与管理	
6305510	人力资源开发战略	
6305520	人才学	
6305599	人力资源开发与管理其他学科	
63060	未来学	
6306010	理论预测学	
6306020	预测评价学	
6306030	技术评估学	
6306040	全球未来学	
6306099	未来学其他学科	
	可持续发展管理	
63099	管理学其他学科	
710	**马克思主义**	
71010	马、恩、列、斯思想研究	
71020	毛泽东思想研究	

表 1（续）

代码	学科名称	说明
71030	马克思主义思想史	
71040	科学社会主义	
71050	社会主义运动史	包括国际共产主义运动
71060	国外马克思主义研究	
71099	马克思主义其他学科	
720	**哲学**	
72010	马克思主义哲学	
7201010	辩证唯物主义	
7201020	历史唯物主义	
7201030	马克思主义哲学史	
7201099	马克思主义哲学其他学科	
72015	自然辩证法	亦称科学技术哲学
7201510	自然观	
7201520	科学哲学	
7201530	技术哲学	
7201540	专门自然科学哲学	包括人工智能哲学、数学哲学、物理哲学等
7201599	自然辩证法其他学科	
72020	中国哲学史	
7202010	先秦哲学	
7202020	秦汉哲学	
7202030	魏晋南北朝哲学	
7202040	隋唐五代哲学	
7202050	宋元明清哲学	
7202060	中国近代哲学	
7202070	中国现代哲学	
7202080	中国少数民族哲学思想	
7202099	中国哲学史其他学科	
72025	东方哲学史	
7202510	印度哲学	
7202520	伊斯兰哲学	
7202530	日本哲学	
7202599	东方哲学史其他学科	
72030	西方哲学史	
7203010	古希腊罗马哲学	
7203020	中世纪哲学	
7203030	文艺复兴时期哲学	
7203040	十七、十八世纪欧洲哲学	
7203050	德国古典哲学	
7203060	俄国哲学	包括俄国革命民主主义者的哲学
7203099	西方哲学史其他学科	
72035	现代外国哲学	
7203510	十九世纪末至二十世纪中叶西方哲学	
7203520	分析哲学	
7203530	欧洲大陆人文哲学	

表 1（续）

代码	学科名称	说明
7203540	解释学	
7203550	符号学	
7203560	实用主义哲学	
7203599	现代外国哲学其他学科	
72040	逻辑学	
7204010	逻辑史	包括中国逻辑史、西方逻辑史、印度逻辑史等
7204020	形式逻辑	亦称传统逻辑
	数理逻辑	见 11014
7204030	哲理逻辑	包括模态、多值、构造、时态、模糊逻辑等
7204040	语言逻辑	
7204050	归纳逻辑	
7204060	辩证逻辑	
7204099	逻辑学其他学科	
72045	伦理学	
7204510	伦理学原理	
7204515	中国伦理思想史	
7204520	东方伦理思想史	
7204525	西方伦理思想史	
7204530	马克思主义伦理思想史	
7204535	职业伦理学	
7204540	医学伦理学	
7204545	教育伦理学	
7204550	政治伦理学	
7204555	家庭伦理学	
7204560	生命伦理学	
7204565	生态伦理学	
7204570	环境伦理学	
7204599	伦理学其他学科	
72050	美学	
7205010	美学原理	
7205020	中国美学史	
7205030	东方美学史	
7205040	西方美学史	
7205050	西方现代美学	
7205060	马克思主义美学	
7205070	艺术美学	包括音乐、影视美学、建筑美学等
7205080	技术美学	
7205099	美学其他学科	
72099	哲学其他学科	
730	宗教学	
73011	宗教学理论	
7301110	马克思主义宗教学	
7301115	宗教史学	
7301120	宗教哲学	

表 1（续）

代码	学科名称	说明
7301125	宗教社会学	
7301130	宗教心理学	
7301135	比较宗教学	
7301140	宗教地理学	
7301145	宗教文学艺术	
7301150	宗教文献学	
7301155	神话学	
7301199	宗教学理论其他学科	
73014	无神论	
7301410	无神论史	
7301420	中国无神论	
7301430	外国无神论	
7301499	无神论其他学科	
73017	原始宗教	
73021	古代宗教	
7302110	中国古代宗教	
7302120	外国古代宗教	
7302199	古代宗教其他学科	
73024	佛教	
7302410	佛教哲学	
7302420	佛教因明	
7302430	佛教艺术	
7302440	佛教文献	
7302450	佛教史	
7302460	佛教宗派学	
7302499	佛教其他学科	
73027	基督教	
7302710	圣经学	
7302720	基督教哲学	
7302730	基督教伦理学	
7302740	基督教史	
7302750	基督教艺术	
7302799	基督教其他学科	
73031	伊斯兰教	
7303110	伊斯兰教义学	
7303120	伊斯兰教法学	
7303130	伊斯兰教哲学	
7303140	古兰学	
7303150	圣训学	
7303160	伊斯兰教史	
7303170	伊斯兰教艺术	
7303199	伊斯兰教其他学科	
73034	道教	
7303410	道教哲学	
7303420	道教文献	

表 1（续）

代码	学科名称	说明
7303430	道教艺术	
7303440	道教史	
7303499	道教其他学科	
73037	印度教	
73041	犹太教	
73044	袄教	
73047	摩尼教	
73051	锡克教	
73054	耆那教	
73057	神道教	
73061	中国民间宗教与民间信仰	
73064	中国少数民族宗教	
73067	当代宗教	
7306710	中国当代宗教	
7306720	世界当代宗教	
7306730	新兴宗教	
7306799	当代宗教其他学科	
73099	宗教学其他学科	
740	**语言学**	
74010	普通语言学	
7401010	语音学	
7401015	语法学	
7401020	语义学	
7401025	词汇学	
7401030	语用学	
7401035	方言学	
7401040	修辞学	
7401045	文字学	
7401050	语源学	
7401099	普通语言学其他学科	
74015	比较语言学	
7401510	历史比较语言学	
7401520	类型比较语言学	
7401530	双语对比语言学	
7401599	比较语言学其他学科	
74020	语言地理学	
74025	社会语言学	
74030	心理语言学	
74035	应用语言学	
7403510	语言教学	
7403520	话语语言学	
7403530	实验语音学	
7403540	数理语言学	
7403550	计算语言学	

表 1（续）

代码	学科名称	说明
7403560	翻译学	
7403570	术语学	
7403599	应用语言学其他学科	
74040	汉语研究	
7404010	普通话	
7404015	汉语方言	
7404020	汉语语音	
7404025	汉语音韵	
7404030	汉语语法	
7404035	汉语词汇	
7404040	汉语训诂	
7404045	汉语修辞	
7404050	汉字规范	
7404055	汉语史	
7404099	汉语研究其他学科	
74045	中国少数民族语言文字	
7404510	蒙古语文	
7404515	藏语文	
7404520	维吾尔语文	
7404525	哈萨克语文	
7404530	满语文	
7404535	朝鲜语文	
7404540	傣族语文	
7404545	彝族语文	
7404550	壮语文	
7404555	苗语文	
7404560	瑶语文	
7404565	柯尔克孜语文	
7404570	锡伯语文	
7404599	中国少数民族语言文字其他学科	
74050	外国语言	
7405011	英语	
7405014	德语	
7405017	瑞典语	
7405018	丹麦语、挪威语、冰岛语	
7405020	拉丁语	
7405021	意大利语	
7405024	法语	
7405027	西班牙语、葡萄牙语	
7405031	罗马尼亚语	
7405034	俄语	
7405037	波兰语、捷克语	
7405041	塞尔维亚语、保加利亚语	
7405044	希腊语	
7405047	阿尔巴尼亚语	

表 1（续）

代码	学科名称	说明
7405051	匈牙利语	
7405052	芬兰语	
7405053	爱沙尼亚语、拉脱维亚语、立陶宛语	
7405054	梵语、印地语、乌尔都语、僧伽罗语	
7405057	波斯语	
7405061	土耳其语	
7405064	阿拉伯语	
7405067	希伯莱语	
7405071	豪萨语	
7405074	斯瓦希里语	
7405077	越南语、柬埔寨语	
7405081	印度尼西亚语、菲律宾国语、马来语	
7405084	缅甸语	
7405087	泰语、老挝语	
7405091	日语	
7405092	朝鲜语和韩国语	
7405094	世界语	
7405099	外国语言其他学科	
74099	语言学其他学科	
750	**文学**	
75011	文学理论	
75014	文艺美学	
75017	文学批评	
75021	比较文学	
75024	中国古代文学	原名为“中国古代文学史”
7502410	周秦汉文学	
7502415	魏晋文学	
7502420	南北朝文学	
7502425	隋唐五代文学	
7502430	宋代文学	
7502435	辽金文学	
7502440	元代文学	
7502445	明代文学	
7502450	清代文学	
7502499	中国古代文学其他学科	原名为“中国古代文学史其他学科”
75027	中国近代文学	原名为“中国近代文学史”
75031	中国现代文学	包括当代文学。原名为“中国现代文学史”
75034	中国各体文学	
7503410	中国诗歌文学	
7503420	中国戏剧文学	
7503430	中国小说文学	
7503440	中国散文文学	
7503499	中国各体文学其他学科	
75037	中国民间文学	

表 1（续）

代码	学科名称	说明
75041	中国儿童文学	
75044	中国少数民族文学	
7504410	蒙古族文学	
7504420	藏族文学	
7504430	维吾尔族文学	
7504440	哈萨克族文学	
7504450	朝鲜族文学	
7504499	中国少数民族文学其他学科	
75047	世界文学史	
7504710	古代世界文学史	
7504720	中世纪世界文学史	
7504730	近代世界文学史	
7504740	现代世界文学史	包括当代世界文学史
7504799	世界文学史其他学科	
75051	东方文学	
7505110	印度文学	
7505120	日本文学	
7505199	东方文学其他学科	
75054	俄国文学	包括原苏联文学
75057	英国文学	
75061	法国文学	
75064	德国文学	
75067	意大利文学	
75071	美国文学	
75074	北欧文学	
75077	东欧文学	
75081	拉美文学	
75084	非洲文学	
75087	大洋洲文学	
75099	文学其他学科	
760	**艺术学**	
	艺术美学	见 7205070
76010	艺术心理学	包括绘画心理学、书法心理学、音乐心理学
76015	音乐	
7601510	音乐学	包括音乐史、音乐美学等
7601520	作曲与作曲理论	
7601530	音乐表演艺术	
7601599	音乐其他学科	
76020	戏剧	
7602010	戏剧史	
7602020	戏剧理论	
7602099	戏剧其他学科	
76025	戏曲	
7602510	戏曲史	

表 1（续）

代码	学科名称	说明
7602520	戏曲理论	
7602530	戏曲表演	
7602599	戏曲其他学科	
76030	舞蹈	
7603010	舞蹈史	
7603020	舞蹈理论	
7603030	舞蹈编导	
7603040	舞蹈表演	
7603099	舞蹈其他学科	
76035	电影	
7603510	电影史	
7603520	电影理论	
7603530	电影艺术	
7603599	电影其他学科	
76040	广播电视文艺	
76045	美术	
7604510	美术史	
7604520	美术理论	
7604530	绘画艺术	
7604540	雕塑艺术	
7604599	美术其他学科	
76050	工艺美术	
7605010	工艺美术史	
7605020	工艺美术理论	
7605030	环境艺术	
7605099	工艺美术其他学科	
76055	书法	
7605510	书法史	
7605520	书法理论	
7605599	书法其他学科	
76060	摄影	
7606010	摄影史	
7606020	摄影理论	
7606099	摄影其他学科	
76099	艺术学其他学科	
770	**历史学**	
77010	史学史	
7701010	中国史学史	
7701020	外国史学史	
77015	史学理论	
7701510	马克思主义史学理论	
7701520	中国传统史学理论	
7701530	外国史学理论	
77020	历史文献学	

表 1（续）

代码	学科名称	说明
77025	中国通史	
77030	中国古代史	
7703010	先秦史	
7703015	秦汉史	
7703020	魏晋南北朝史	
7703025	隋唐五代十国史	
7703030	宋史	
7703035	辽金史	
7703040	元史	
7703045	明史	
7703050	清史	
7703055	中国古文字	包括甲骨文、金文等
7703060	中国古代契约文书	包括敦煌学、明清契约文书研究、鱼鳞册研究等
7703099	中国古代史其他学科	
77035	中国近代史、现代史	
7703510	鸦片战争史	
7703515	太平天国史	
7703520	洋务运动史	
7703525	戊戌政变史	
7703530	义和团运动史	
7703532	晚清政治史	
7703535	辛亥革命史	
7703540	五四运动史	
7703545	新民主主义革命史	
7703547	抗日战争史	
7703550	中国共产党史	
7703555	中国国民党史	
7703560	中国民主党派史	
7703565	中华民国史	
7703570	中华人民共和国史	
7703575	近代经济史	
7703580	近代思想文化史	
7703585	近代社会史	
7703599	中国近代史、现代史其他学科	
77040	世界通史	
7704010	原始社会史	
7704020	世界古代史	
7704030	世界中世纪史	
7704040	世界近代史	
7704050	世界现代史	
	国际关系史	见 8104014
7704099	世界通史其他学科	
77045	亚洲史	
7704510	日本史	
7704520	印度史	

表 1(续)

代码	学科名称	说明
7704525	东北亚史	
7704530	东南亚史	
7704540	南亚史	
7704550	中亚史	
7704560	西亚史	
7704599	亚洲史其他学科	
77050	非洲史	
7705010	北非史	
7705020	撒哈拉以南非洲史	
7705030	埃及史	
7705040	南非联邦史	
7705099	非洲史其他学科	
77055	美洲史	
7705510	美洲古代文明史	
7705520	美国史	
7705530	加拿大史	
7705540	拉丁美洲史	
7705599	美洲史其他学科	
77060	欧洲史	
7706010	俄国史	包括原苏联史
7706020	英国史	
7706030	法国史	
7706040	德国史	
7706050	意大利史	
7706060	西班牙史	
7706070	中东欧国家史	原名为“东欧国家史”
7706080	北欧国家史	
7706099	欧洲史其他学科	
77065	澳洲、大洋洲史	
77070	专门史	
	经济史	见 79027
7707010	政治史	
7707015	思想史	
7707020	文化史	
7707025	科技史	
7707030	社会史	
7707035	城市史	
7707040	中外文化交流史	
7707042	中外关系史	
	军事史	见 83015
7707045	历史地理学	
7707050	方志学	
7707055	人物研究	
7707060	谱牒学	
7707099	专门史其他学科	

表 1（续）

代码	学科名称	说明
77099	历史学其他学科	
7709910	简帛学	
780	**考古学**	
78010	考古理论	
78020	考古学史	
78030	考古技术	
7803010	考古发掘	
7803020	考古修复	
7803030	考古年代测定	
7803099	考古技术其他学科	
78040	中国考古	
7804010	旧石器时代考古	
7804020	新石器时代考古	
7804030	商周考古	
7804040	秦汉考古	
7804050	三国两晋、南北朝、隋唐考古	
7804060	宋元明考古	
7804099	中国考古其他学科	
78050	外国考古	
7805010	亚洲考古	
7805020	欧洲考古	
7805030	非洲考古	
7805040	美洲考古	
7805050	大洋洲考古	
7805099	外国考古其他学科	
78060	专门考古	
7806010	金石学	
7806020	铭刻学	
7806030	甲骨学	
7806040	古钱学	
7806045	古陶瓷学	
7806050	美术考古	
7806060	宗教考古	
7806070	水下考古	
7806099	专门考古其他学科	
78099	考古学其他学科	
790	**经济学**	
79011	政治经济学	
7901110	资本主义政治经济学	
7901120	社会主义政治经济学	
7901199	政治经济学其他学科	
79013	宏观经济学	
7901310	西方宏观经济学	

表 1（续）

代 码	学 科 名 称	说 明
7901320	社会主义宏观经济学	
79015	微观经济学	
7901510	西方微观经济学	
7901520	社会主义微观经济学	
79017	比较经济学	
79019	经济地理学	包括工业地理学、农业地理学等
79021	发展经济学	
79023	生产力经济学	
79025	经济思想史	
7902510	中国经济思想史	
7902520	外国经济思想史	
7902530	马克思主义经济思想史	
7902599	经济思想史其他学科	
79027	经济史	
7902710	世界经济史	
7902720	中国经济史	
7902799	经济史其他学科	
79029	世界经济学	亦称国际经济学
7902911	国际经济关系	
7902914	国际贸易学	包括国际市场营销学、国际商品学
7902917	国际货币经济学	
7902921	国际金融学	
7902924	国际投资学	
7902927	国际收支理论	
7902931	美国经济	
7902934	日本经济	
7902937	德国经济	
7902941	法国经济	
7902944	英国经济	
7902947	俄罗斯经济	
7902951	欧洲经济	
7902952	中东欧经济	
7902954	北美经济	
7902957	亚太经济	
7902961	拉美经济	
7902964	非洲经济	
7902966	中亚经济	
7902968	西亚经济	
7902971	世界经济统计	
7902999	世界经济学其他学科	
79031	国民经济学	
7903110	国民经济计划学	
7903120	区域经济学	
7903130	消费经济学	
7903140	投资经济学	

表 1（续）

代码	学科名称	说明
7903199	国民经济学其他学科	
79033	管理经济学	
79035	数量经济学	
7903510	数理经济学	
7903520	经济计量学	
7903599	数量经济学其他学科	
79037	会计学	
7903710	工业会计学	
7903720	农业会计学	
7903730	商业会计学	
7903740	银行会计学	
7903750	交通运输会计学	
7903799	会计学其他学科	
79039	审计学	
79041	技术经济学	
7904105	技术经济理论与方法	
7904110	工程经济学	
7904115	工业技术经济学	
7904120	农业技术经济学	
7904125	能源技术经济学	
7904130	交通运输技术经济学	
7904135	建筑技术经济学	
7904140	物流技术经济学	原名为“商业与物流技术经济学”
7904141	贸易技术经济学	
7904145	技术进步经济学	
7904150	资源开发利用技术经济学	
7904155	环境保护技术经济学	
7904160	生产力布局技术经济学	
7904165	消费技术经济学	
7904170	服务业技术经济学	
7904199	技术经济学其他学科	
79043	生态经济学	
	农业生态经济学	见 7905910
7904310	森林生态经济学	
7904320	草原生态经济学	
7904330	水域生态经济学	
7904340	城市生态经济学	
7904350	区域生态经济学	
7904399	生态经济学其他学科	
79045	劳动经济学	
7904510	就业经济学	包括劳动市场经济学
	教育经济学	见 88031
7904525	健康经济学	
7904560	劳动经济史	
7904599	劳动经济学其他学科	

表 1（续）

代码	学科名称	说明
79047	城市经济学	
7904710	城市经济管理学	含城市经济理论
7904720	城市土地经济学	
7904730	市政经济学	
7904740	房地产经济学	原名为“住宅经济学”
7904750	城郊经济学	
7904799	城市经济学其他学科	
79049	资源经济学	
7904910	海洋资源经济学	
7904920	生物资源经济学	
7904930	矿产资源经济学	
7904940	能源经济学	
7904950	资源开发与利用	
7904999	资源经济学其他学科	
79051	环境经济学	
79052	可持续发展经济学	
79053	物流经济学	
7905310	物流经济理论	
7905320	物流管理学	
7905399	物流经济学其他学科	
79055	工业经济学	
7905510	工业发展经济学	
7905520	工业企业经营管理学	
7905530	工业经济地理	
7905540	工业部门经济学	
7905550	工业经济史	
7905599	工业经济学其他学科	
79057	农村经济学	
7905710	农村宏观经济学	
7905720	农村产业经济学	
7905730	农村区域经济学	
7905799	农村经济学其他学科	
79059	农业经济学	
7905910	农业生态经济学	
7905920	农业生产经济学	
7905930	土地经济学	包括国土经济学、农业资源经济学等
7905940	农业经济史	
7905950	农业企业经营管理	
7905960	合作经济	
7905970	世界农业经济	
	农业区划	见 4165045
	林业经济学	见 22065
	畜牧经济学	见 2302080
	水产经济学	见 24055
7905980	种植业经济学	

表 1（续）

代码	学科名称	说明
7905999	农业经济学其他学科	
79061	交通运输经济学	
7906110	城市运输经济学	
7906120	铁路运输经济学	
7906130	航空运输经济学	
7906140	公路运输经济学	
7906150	水路运输经济学	
7906160	综合运输经济学	
7906199	交通运输经济学其他学科	
	建筑经济学	见 56060
79063	商业经济学	
7906310	商业经济学原理	
7906315	商业企业管理学	
7906320	商品流通经济学	
7906325	市场学	
7906330	商业心理学	
7906335	商业社会学	
7906340	商品学	包括商品包装与技术
7906345	商业物流学	
7906350	商业经济史	
7906355	广告学	
7906360	服务经济学	
7906399	商业经济学其他学科	
79065	价格学	
7906510	价格学原理	
7906520	部门价格学	
7906530	广义价格学	
7906540	成本管理学	
7906550	价格史	
7906560	比较价格学	
7906599	价格学其他学科	
79067	旅游经济学	
7906710	旅游经济学理论	
7906720	旅游经济管理学	
7906730	旅游企业管理学	
7906740	旅游事业史	
7906799	旅游经济学其他学科	
79069	信息经济学	
79071	财政学	
7907110	理论财政学	
7907140	比较财政学	
7907150	财政思想史	
7907160	财政史	
7907170	财政管理学	
7907180	税务管理学	

表 1（续）

代码	学科名称	说明
7907199	财政学其他学科	
79073	金融学	原名为“货币银行学”
7907310	货币经济学	原名为“货币理论”
7907313	货币史	含国际货币体系史
7907315	货币思想史	原名为“货币学说史”
7907320	银行学	
7907322	金融风险管理学	
7907325	金融资产管理学	原名为“银行经营管理学”
7907330	信贷理论	
7907335	投资理论	含金融投资学
7907340	金融市场	含货币市场学、资本市场学、国际金融市场学
7907343	公司金融学	
7907344	房地产金融学	
7907345	农村金融学	
7907346	开发性金融学	
	国际金融学	见 7902921
7907350	金融史、银行史	含金融法制史
7907353	金融发展学	
7907356	金融工程学	又可称为结构金融学
7907359	金融制度学	含金融体制比较
7907399	金融学其他学科	原名为“货币银行学其他学科”
79075	保险学	
7907505	保险史	含保险思想史
7907510	保险管理	
7907599	保险学其他学科	
79077	国防经济学	
79099	经济学其他学科	
810	政治学	
81010	政治学理论	
8101010	比较政治学	
8101020	政治社会学	
8101030	政治心理学	
8101040	地缘政治学	
8101050	中外政治学说史	
8101060	政治学方法论	
8101099	政治学理论其他学科	
81020	政治制度	
8102010	政治制度理论	
8102015	议会制度	
8102020	行政制度	
8102025	司法制度	
8102030	政党制度	
8102035	选举制度	
8102040	中国政治制度	

表 1（续）

代码	学科名称	说明
8102045	外国政治制度	
8102050	比较政治制度	
8102055	中国政治制度史	
8102060	外国政治制度史	
8102099	政治制度其他学科	
81030	行政学	
8103010	行政理论	
8103020	行政组织	
8103030	人事行政	
8103040	财务行政	
8103050	行政决策	
8103099	行政学其他学科	
81040	国际政治学	
8104011	国际关系理论	
8104014	国际关系史	
8104017	国际组织	
8104021	外交学	
8104024	外交史	
8104027	国际比较政治	
8104031	美国政治	
8104034	英国政治	
8104037	法国政治	
8104041	德国政治	
8104044	日本政治	
8104047	俄罗斯政治	
8104051	欧洲政治	
8104052	中东欧政治	
8104054	北美政治	
8104057	亚太政治	
8104061	拉美政治	
8104064	非洲政治	
8104068	中亚政治	
8104069	西亚政治	
8104099	国际政治学其他学科	
81099	政治学其他学科	
820	**法学**	
82010	理论法学	
8201010	法理学	
8201020	法哲学	
8201030	比较法学	
8201040	法社会学	
8201050	立法学	
8201060	法律逻辑学	
8201070	法律教育学	

表 1（续）

代码	学科名称	说明
8201080	法律心理学	参见 19075
8201099	理论法学其他学科	
82020	法律史学	
8202010	中国法律思想史	
8202020	外国法律思想史	
8202030	法律制度史	
8202099	法律史学其他学科	
82030	部门法学	
8203010	宪法学	
8203015	行政法学	
8203020	民法学	
8203025	经济法学	
8203030	劳动法学	
8203035	婚姻法学	
8203040	民事诉讼法学	
8203045	行政诉讼法学	
8203050	刑事诉讼法学	
8203055	刑法学	
8203060	刑事侦查学	
8203065	司法鉴定学	
8203070	军事法学	
8203072	卫生法学	
8203075	环境法学	
8203080	安全法学	
8203085	知识产权法学	
8203088	宗教法学	
8203099	部门法学其他学科	
82040	国际法学	
8204010	国际公法学	
8204020	国际私法学	
8204030	国际刑法学	
8204040	国际经济法学	
8204050	国际环境法学	
8204060	国际知识产权法学	
8204099	国际法学其他学科	
82099	法学其他学科	
830	**军事学**	
83010	军事理论	
8301010	马、恩、列、斯军事理论	
8301020	毛泽东军事思想	
8301099	军事理论其他学科	
83015	军事史	
8301510	中国古代战争史	
8301520	中国近代战争史	

表 1（续）

代码	学科名称	说明
8301530	中国现代战争史	
8301540	世界战争史	
8301550	军事思想史	
8301560	军事技术史	
8301599	军事史其他学科	
83020	军事心理学	
83025	战略学	
8302510	战略学理论	
8302520	核战略学	
8302599	战略学其他学科	
83030	战役学	
8303010	合同战役学	
8303020	海军战役学	
8303030	空军战役学	
8303040	导弹部队战役学	
8303050	陆军战役学	包括炮兵战役学、装甲兵战役学
8303099	战役学其他学科	
83035	战术学	
8303510	合同战术学	
8303520	陆军战术学	包括炮兵战术学、装甲兵战术学、工程兵战术学、通信兵战术学、防化兵战术学等
8303530	海军战术学	
8303540	空军战术学	
8303550	导弹部队战术学	
8303599	战术学其他学科	
83040	军队指挥学	
8304010	作战指挥	
8304020	军事系统工程	亦称军事运筹学
8304030	军事通信学	
8304040	军事情报学	
	密码学	见 4132010
8304099	军队指挥学其他学科	
83045	军制学	
8304510	军事组织体制	
8304520	军事装备学	
8304530	军队管理学	
8304599	军制学其他学科	
83050	军队政治工作学	
8305010	军队思想教育工作学	
8305020	军队组织工作学	
8305099	军队政治工作学其他学科	
83055	军事后勤学	
8305510	后勤组织指挥	
8305520	后方专业勤务	
8305599	军事后勤学其他学科	

表 1（续）

代 码	学 科 名 称	说 明
83060	军事地学	
8306010	中国军事地理	
8306020	世界军事地理	
8306030	军事地形学	
8306040	军事测绘学	
8306050	军事气象学	
8306060	军事水文学	
8306099	军事地学其他学科	
83065	军事技术	
83099	军事学其他学科	
840	**社会学**	
84011	社会学史	
8401110	中国社会学史	
8401120	外国社会学史	
8401199	社会学史其他学科	
84014	社会学理论	
8401410	社会学原理	
8401420	社会思想史	
8401499	社会学理论其他学科	
84017	社会学方法	
8401710	社会调查方法	
	社会统计学	见 91040
8401799	社会学方法其他学科	
84021	实验社会学	
84024	数理社会学	
84027	应用社会学	
8402711	职业社会学	
8402714	工业社会学	
	劳动社会学	见 8407430
8402717	医学社会学	
	教育社会学	见 88024
	商业社会学	见 7906335
8402727	城市社会学	
8402731	农村社会学	
8402734	环境社会学	
8402737	家庭社会学	
8402741	青年社会学	
8402744	老年社会学	
8402747	犯罪社会学	
8402751	越轨社会学	
8402754	妇女问题研究	
8402757	种族问题研究	
8402761	社会问题研究	
8402764	社会群体及分层问题研究	

表 1（续）

代码	学科名称	说明
8402767	社区研究	
8402771	社会保障研究	
8402774	社会工作	
8402799	应用社会学其他学科	
84031	比较社会学	
84034	社会地理学	
	政治社会学	见 8101020
84037	文化社会学	
8403710	艺术社会学	
8403720	知识社会学	
	宗教社会学	见 7301125
	法社会学	见 8201040
8403730	道德社会学	
8403799	文化社会学其他学科	
84041	历史社会学	
	科学社会学	见 6303510
84044	经济社会学	
84047	军事社会学	
	社会心理学	见 19020
84054	公共关系学	
84057	社会人类学	
84061	组织社会学	
84064	发展社会学	
84067	福利社会学	
84071	人口学	
8407110	人口理论	原名为“人口学原理”
8407115	人口经济学	
8407120	人口社会学	包括老年人口学、妇女人口学、发展人口学等
8407125	人口学说史	
8407130	历史人口	原名为“人口史”
	人口统计学	见 91045
8407135	人口地理学	
8407140	人口生态学	
8407145	区域人口学	
8407150	人口系统工程	
8407155	人口预测学	
8407160	人口规划学	
8407165	人口政策	原名为“人口政策学”
8407170	计划生育学	
8407199	人口学其他学科	
84074	劳动科学	
	劳动经济学	见 79045
8407420	劳动管理学	代码原为 7904520
8407425	劳动统计学	代码原为 7904530
8407430	劳动社会学	代码原为 7904540

表 1（续）

代码	学科名称	说明
8407435	劳动心理学	代码原为 7904550
8407440	社会保险学	
8407445	职业安全卫生科学技术	
8407499	劳动科学其他学科	
84099	社会学其他学科	
850	**民族学与文化学**	原名为“民族学”
85010	民族问题理论	
8501010	民族问题与民族政策	
8501020	民族关系	
8501030	民族经济	
8501040	民族教育	
8501050	民族法制	
8501060	民族心理学	
8501070	少数民族政治制度	
8501099	民族问题理论其他学科	
85020	民族史学	
8502010	民族史	
8502020	民族关系史	
8502099	民族史学其他学科	
	中国少数民族语言文字	见 74045
85030	蒙古学	
85040	藏学	
85042	新疆民族研究	含维吾尔学
85050	文化人类学与民俗学	
85060	世界民族研究	
85070	文化学	
	文化发展史	见 7707020
8507010	文化地理学	
8507020	文化心理学	
8507030	文化遗产学	
8507099	文化学其他学科	
85099	民族和文化学其他学科	原名为“民族学其他学科”
860	**新闻学与传播学**	
86010	新闻理论	
8601010	新闻学	
8601015	马克思主义新闻理论	
8601020	西方新闻理论	
8601025	新闻法	
8601030	舆论学	
8601035	新闻伦理学	
8601040	新闻社会学	
8601045	新闻心理学	
8601050	比较新闻学	

表 1（续）

代码	学科名称	说明
8601099	新闻理论其他学科	
86020	新闻史	
8602010	中国新闻事业史	
8602020	世界新闻事业史	
8602030	新闻思想史	
8602040	传播技术史	
8602099	新闻史其他学科	
86030	新闻业务	
8603010	新闻采访	
8603020	新闻写作	
8603030	新闻编辑	
8603040	新闻评论	
8603050	新闻摄影	
8603099	新闻业务其他学科	
86040	新闻事业经营管理	
8604010	传媒经济	
8604020	传媒管理	
8604099	新闻事业经营管理其他学科	
86050	广播与电视	
8605010	广播电视史	
8605020	广播电视理论	
8605030	广播电视业务	包括广播电视采访、写作、编辑等
8605040	广播电视播音	
8605099	广播与电视其他学科	
86060	传播学	
8606010	传播史	
8606020	传播理论	
8606030	传播技术	
8606040	组织传播学	
8606050	传播与社会发展	
8606051	人际传播	
8606053	国际传播	
8606055	跨文化传播	
8606057	网络传播	
8606059	新媒介传播	
8606099	传播学其他学科	
86099	新闻学与传播学其他学科	
870	**图书馆、情报与文献学**	
87010	图书馆学	
8701010	图书馆学史	包括图书馆事业史
8701015	比较图书馆学	
8701020	图书馆社会学	
8701025	图书馆管理学	包括图书馆统计学、图书馆经济学等
8701030	图书馆建筑学	

表 1（续）

代 码	学 科 名 称	说 明
8701035	图书采访学	
8701040	图书分类学	
8701045	图书编目学	包括目录组织法、文献著录方法、计算机编目等
8701050	目录学	包括普通目录学、专科目录、目录学史等
8701055	图书馆服务学	包括读者心理学、读者咨询学等
8701099	图书馆学其他学科	
87020	文献学	
8702010	文献类型学	
8702020	文献计量学	
8702030	文献检索学	
8702040	图书史	
8702050	版本学	
8702060	校勘学	
8702099	文献学其他学科	
87030	情报学	
8703010	情报学史	包括情报事业史
8703015	情报社会学	
8703020	比较情报学	
8703025	情报计量学	
8703030	情报心理学	
8703035	情报管理学	
8703040	情报服务学	包括情报用户研究等
8703045	情报经济学	
8703050	情报检索学	包括情报检索语言等
8703055	情报系统理论	包括情报系统分析与设计、情报网络建设理论等
8703060	情报技术	
8703065	科学技术情报学	
8703070	社会科学情报学	
8703099	情报学其他学科	
87040	档案学	
8704010	档案学史	包括档案事业史
8704020	档案管理学	
8704030	档案保护技术学	
8704040	档案编纂学	
8704099	档案学其他学科	
87050	博物馆学	
87099	图书馆、情报与文献学其他学科	
880	**教育学**	
88011	教育史	包括中国教育史、外国教育史等
88014	教育学原理	
88017	教学论	
88021	德育原理	
88024	教育社会学	

表 1（续）

代码	学科名称	说明
	教育心理学	见 19070
88031	教育经济学	
	教育统计学	见 9104010
88034	教育管理学	
88037	比较教育学	
88041	教育技术学	
88044	军事教育学	
88047	学前教育学	
88051	普通教育学	包括初等教育学、中等教育学等
88054	高等教育学	
88057	成人教育学	
88061	职业技术教育学	
88064	特殊教育学	
88099	教育学其他学科	
890	**体育科学**	
89010	体育史	
89015	体育理论	
89020	运动生物力学	包括运动解剖学等
89025	运动生理学	
89030	运动心理学	
89035	运动生物化学	
89040	体育保健学	
89045	运动训练学	
89050	体育教育学	
89055	武术理论与方法	
89060	体育管理学	
89065	体育经济学	
89099	体育科学其他学科	
910	**统计学**	
91010	统计学史	
	数理统计学	见 11067
	抽样理论	见 1106710
	假设检验	见 1106715
	非参数统计	见 1106720
	方差分析	见 1106725
	相关回归分析	见 1106730
	统计推断	见 1106735
	贝叶斯统计	见 1106740
	试验设计	见 1106745
	多元分析	见 1106750
	统计判决理论	见 1106755
	时间序列分析	见 1106760
	空间统计	见 1106765

表 1（续）

代码	学科名称	说明
	应用统计数学	见 11071
	统计质量控制	见 1107110
	可靠性数学	见 1107120
	保险数学	见 1107130
	统计计算	见 1107135
	统计模拟	见 1107140
91030	经济统计学	
9103015	国民经济核算	原名称及代码为“9101520 统计核算理论”
9103025	经济统计分析	
	经济计量学	见 7903520
9103099	经济统计学其他学科	
91035	科学技术统计学	
91040	社会统计学	
9104010	教育统计学	
9104020	文化与体育统计学	
9104040	司法统计学	
	劳动统计学	见 8407425
9104050	社会保障统计学	原名为“社会福利与社会保障统计学”
9104060	生活质量统计学	
9104099	社会统计学其他学科	
91045	人口统计学	
91050	环境与生态统计学	
9105010	资源统计学	原名为“自然资源统计学”
9105020	环境统计学	
9105030	生态统计学	原名为“生态平衡统计学”
9105099	环境与生态统计学其他学科	
91060	生物与医学统计学	
9106010	生物统计学	
	医学统计学	见 31057
	卫生统计学	见 33072
9106099	生物与医学统计学其他学科	
91099	统计学其他学科	

附 录 A
（资料性附录）
GB/T 13745—2009 与 GB/T 13745—1992 之间的学科分类代码变更对照

A.1 GB/T 13745—2009 新增的学科

GB/T 13745—2009 共增设了 379 个新学科，包括学科群。其中：一级学科群 3 个，二级学科或学科群 39 个，三级学科 337 个。

A.1.1 GB/T 13745—2009 新增的一级学科群

GB/T 13745—2009 新增的一级学科群见表 A.1。

表 A.1

代码	学科名称
413	信息与系统科学相关工程与技术
416	自然科学相关工程与技术
535	产品应用相关工程与技术

A.1.2 GB/T 13745—2009 新增的二级学科或学科群

GB/T 13745—2009 新增的二级学科或学科群见表 A.2。

表 A.2

代码	学科名称	代码	学科名称
11085	计算机数学	41620	光学工程
15060	化学生物学	43060	生物材料
15065	材料化学	43070	纳米材料
16075	时间测量学	53052	天然气化学工程
18022	免疫学	53520	兵器科学与技术
18039	专题生物学研究	53530	产品应用专用性技术
19041	人格心理学	55070	食品工程与粮油工程
19042	临床与咨询心理学	62021	安全社会科学
19045	心理测量	62023	安全物质学
19046	心理统计	62025	安全人体学
19055	工业心理学	62060	安全社会工程
19075	法制心理学	62080	公共安全
31010	医学史	63032	区域经济管理
32058	重症医学	63044	公共管理
32065	全科医学	79052	可持续发展经济学
33035	热带医学	84074	劳动科学
41315	仿真科学技术	85042	新疆民族研究
41320	信息安全技术	85070	文化学
41330	信息技术系统性应用	91060	生物与医学统计学
41610	物理学相关工程与技术		

A.1.3 GB/T 13745—2009 新增的三级学科

GB/T 13745—2009 新增的三级学科见表 A.3。

表 A.3

代码	学科名称	代码	学科名称
1106155	优化计算方法	1502075	金属有机光化学
1106165	数值逼近与计算几何	1506510	软化学
1106175	并行计算算法	1506520	碳化学
1106185	小波分析与傅立叶分析的数值方法	1506530	纳米化学
1106190	反问题计算方法	1602510	空间化学
1106195	符号计算与计算机推理	1602520	天体元素学
1106765	空间统计	1602530	月球与行星化学
1107135	统计计算	1606070	比较行星学
1202070	复杂系统与复杂性科学	1606080	月球科学
1301556	微观力学	1607510	时间尺度
1302574	微流体力学	1607520	时间测量与方法
1402025	流体动力声学	1607530	守时理论
1402035	超声学、量子声学和声学效应	1607540	授时理论与方法
1402045	次声学	1703060	能源地球化学
1402053	结构声学和振动	1704511	生物地理学
1402056	噪声、噪声效应及其控制	1704513	化学地理学
1402059	建筑声学与电声学	1704514	地貌学
1402063	声学信号处理	1704523	区域地理学
1402066	生理、心理声学和生物声学	1704526	城市地理学
1402069	语言声学和语音信号处理	1704531	世界地理学
1402073	音乐声学	1704539	旅游地理学
1402076	声学换能器、声学测量及方法	1705550	地下水文学
1402079	声学测量方法	1705555	区域水文学
1402083	声学材料	1705560	生态水文学
1402086	信息科学中的声学问题	1706061	遥感海洋学(亦名卫星海洋学)
1403057	光子学与集成光学	1706065	海洋生态学
1403062	环境光学	1706070	环境海洋学
1403064	海洋光学	1706075	海洋资源学
1403066	光学遥感	1706080	极地科学
1403068	超快激光及应用	1801470	生物影像学
1405085	介观物理学	1802170	膜生物学
1405090	量子调控	1802180	干细胞生物学
1406055	玻色—爱因斯坦凝聚和冷原子物理	1802210	分子免疫学
1407050	粒子宇宙学	1802215	免疫治疗学

表 A.3(续)

代码	学科名称	代码	学科名称
1802220	疫苗学	1904010	医患心理学
1802710	比较发育生物学	1904020	健康心理学
1802720	演化发育生物学	1904110	异常心理学
1802730	繁殖生物学	1904210	咨询心理技术
1803175	表观遗传学	1904220	员工援助技术
1803710	基因组学	1904510	心理测量理论
1803720	核糖核酸组学	1904520	心理测量技术
1803730	蛋白质组学	1904610	心理统计原理
1803740	代谢组学	1904620	心理统计方法
1803750	生物信息学	1905010	感觉心理学
1803910	水生生物学	1905020	比较心理学
1803920	保护生物学	1905030	心理神经免疫学
1803930	计算生物学	1905040	心理药理学
1803940	营养生物学	1905510	交通心理学
1804421	进化生态学	1905515	消费心理学
1804422	分子生态学	1905520	营销心理学
1804423	行为生态学	1905525	经济心理学
1804455	恢复生态学	1906010	干部心理学
1804460	景观生态学	1906020	绩效评估技术
1804465	水生生态学与湖泊生态学	1906510	心理人类学
1805156	植物引种驯化	1907010	学习心理学
1805181	民族植物学	1907020	学校心理学
1806405	普通病毒学	1907510	罪犯心理学
1806450	噬菌体学	1907520	证人心理学
1806460	医学病毒学	2101010	农业科技史
1901010	心理学国际传播	2101020	农村社会史
1901020	心理学理论	2101030	农业文化史
1901510	知觉	2104510	农产品贮藏与加工
1901520	阅读心理学	2104520	粮油产品贮藏与加工
1901530	心理语言学	2104540	土特产品贮藏与加工
1901540	认知神经科学	2104550	农副产品综合利用
1901550	色彩心理学	2105060	土壤修复
1902010	家庭心理学	2106036	植物真菌学
1902020	婚姻心理学	2106037	植物细菌学
1902030	人际心理学	2106038	植物线虫学
1902040	道德心理学	2106066	有害生物生态调控
1902510	心理学研究方法	2106067	农业转基因生物安全学
1903510	婴儿心理学	2202010	种苗学
1903520	儿童心理学	2202020	造林学
1903530	妇女心理学	2302005	农业动物资源学
1903540	老年心理学	2303005	预防兽医学

表 A.3（续）

代码	学科名称	代码	学科名称
2303006	兽医病原学	4133030	海洋信息技术
2303007	兽医流行学	4161010	同步辐射及实验技术
2303016	动物分子病原学	4163030	海岸工程
2401033	水产遗传育种学	4163035	近海工程
2401036	水产动物医学	4163040	深海工程
3104485	分子病理学	4163045	海洋资源开发利用技术
3202770	小儿外科学	4163050	海洋观测预报技术
3203410	小儿内科学	4163055	海洋环境保护技术
3308110	卫生监督学	4164025	代谢工程
3308120	卫生政策学	4164045	生物传感技术
3308130	卫生信息管理学	4164050	纳米生物分析技术
3402050	高压氧医学	4166060	干细胞与组织工程学
3602010	藏医药学	4166070	医学成像技术
3602020	蒙医药学	4301035	计算材料学
3602030	维吾尔医药学	4305540	有机-无机杂化复合材料
3602040	民族草药学	4305550	生物复合材料
3603010	中西医结合基础医学	4305560	功能复合材料
3603020	中西医结合医学导论	4306010	组织工程材料
3603030	中西医结合预防医学	4306020	医学工程材料
3603040	中西医结合临床医学	4306030	环境友好材料
3603050	中西医结合护理学	4701050	微尺度热物理学
3603060	中西医结合康复医学	4703510	制冷工程
3603070	中西医结合养生保健医学	4703520	低温工程
4105010	标准原理与方法	4703530	热泵与空调
4105020	标准基础学	4704025	电源技术
4105050	标准工程与应用	4704067	脉冲功率技术
4131015	指挥与控制系统工程	4704071	放电理论与发电等离子体技术
4131025	导航制导与控制	4704073	电磁环境与电磁兼容
4131510	仿真科学技术基础学科	4704075	生物与医学电工技术
4131520	仿真建模理论与技术	4704077	可再生能源发电技术
4131530	仿真系统理论与技术	4704079	分布式电力技术
4131540	仿真应用	4704081	电气化交通技术
4131599	仿真科学技术其他学科	4704083	强磁场技术
4132015	安全协议	4806075	生活固体废弃物能
4132020	系统安全	4806085	天然气水合物能
4132025	网络安全	4807045	氢能
4132030	软件安全	5352010	兵器科学与技术基础学科
4132035	信息隐藏	5352015	兵器系统与运用工程
4132040	安全测评	5352020	兵器结构、动力、传动与平台技术
4132045	信息安全工程	5352025	弹道学
4133020	全球定位系统	5352030	兵器识别、导引与控制技术

表 A.3（续）

代码	学科名称	代码	学科名称
5352035	军用光学与光电子技术	6208035	应急决策指挥
5352040	军事信息工程与信息对抗技术	6208040	应急救援
5352045	含能材料技术	6303525	科学体系学
5352050	兵器制造技术	6304420	危机管理
5352055	兵器材料科学与工程	7204570	环境伦理学
5352060	兵器测试与实验技术	7302460	佛教宗派学
5501035	食品微生物学	7403570	术语学
5501040	食品生物技术	7405018	丹麦语、挪威语、冰岛语
5501045	谷物化学	7405020	拉丁语
5501050	油脂化学	7405052	芬兰语
5502070	米面制品加工技术	7405053	爱沙尼亚语、拉脱维亚语、立陶宛语
5502075	植物蛋白加工技术	7405092	朝鲜语和韩国语
5507010	食品工程	7701010	中国史学史
5507020	粮油工程	7701020	外国史学史
5804070	救助、打捞与潜水作业工程	7701510	马克思主义史学理论
5804080	海事技术与装备工程	7701520	中国传统史学理论
5901035	航天摩擦学	7701530	外国史学理论
5904050	航空、航天材料失效与保护	7703532	晚清政治史
5905530	飞行事故	7703547	抗日战争史
5906030	航空地面设施	7703575	近代经济史
5906040	航空地面技术保障	7703580	近代思想文化史
6102050	城市环境学	7703585	近代社会史
6103055	环境修复工程	7704525	东北亚史
6201005	安全哲学	7707042	中外关系史
6201007	安全史	7709910	简帛学
6201009	安全科学学	7806045	古陶瓷学
6202110	安全社会学	7901310	西方宏观经济学
6202150	安全伦理学	7901320	社会主义宏观经济学
6202160	安全文化学	7901510	西方微观经济学
6202510	安全生理学	7901520	社会主义微观经济学
6202710	安全运筹学	7902952	中东欧经济
6202720	安全信息论	7904105	技术经济理论与方法
6202730	安全控制论	7904141	贸易技术经济学
6203005	安全工程理论	7904170	服务业技术经济学
6203035	安全机械工程	7904525	健康经济学
6203060	安全人机工程	7907313	货币史
6203070	安全系统工程	7907322	金融风险管理学
6206020	安全经济工程	7907343	公司金融学
6206030	安全教育工程	7907344	房地产金融学
6208010	公共安全信息工程	7907346	开发性金融学
6208030	公共安全预测预警	7907353	金融发展学

表 A.3(续)

代码	学科名称	代码	学科名称
7907356	金融工程学	8602040	传播技术史
7907359	金融制度学	8604010	传媒经济
7907505	保险史	8604020	传媒管理
8101060	政治学方法论	8606050	传播与社会发展
8104052	中东欧政治	8606051	人际传播
8203072	卫生法学	8606053	国际传播
8203088	宗教法学	8606055	跨文化传播
8407440	社会保险学	8606057	网络传播
8407445	职业安全卫生科学技术	8606069	新媒介传播
8507010	文化地理学	9103025	经济统计分析
8507020	文化心理学	9106010	生物统计学
8507030	文化遗产学		

A.2 GB/T 13745—2009 取消的学科

GB/T 13745—2009 共取消了 29 个学科,其中二级学科 4 个,三级学科 25 个。这些学科要么是其名称不准确或内容不充实,要么是其所处的整体学科体系结构调整后,其知识内容已归入其他学科。

A.2.1 GB/T 13745—2009 取消的二级学科

GB/T 13745—2009 取消的二级学科见表 A.4。

表 A.4

代码	学科名称	代码	学科名称
91015	理论统计学	91025	描述统计学
91020	统计法学	91055	国际统计学

A.2.2 GB/T 13745—2009 取消的三级学科

GB/T 13745—2009 取消的三级学科见表 A.5。

表 A.5

代码	学科名称	代码	学科名称
1106110	插值法与逼近论	8405110	社会心理学史
1106160	连续问题离散化方法	8405120	社会心理学理论与研究方法
1602030	等离子体天体物理学	8405130	实验社会心理学
1807425	普通心理学	9101510	统计调查分析理沦
1807435	个性心理学	9101530	统计监督理论
1807440	缺陷心理学	9101540	统计预测理论
6201010	灾害物理学	9101550	统计逻辑学
6201020	灾害化学	9103010	宏观经济统计学
6201040	灾害毒理学	9103020	微观经济统计学
6205010	安全信息工程	9105510	国际标准分类统计学
6205030	工业灾害控制	9105520	国际核算体系与方法论体系
7907120	资本主义财政学	9105530	国际比较统计学
7907130	社会主义财政学		

A.3 GB/T 13745—2009 相对于 GB/T 13745—1992 作出的学科调整变更

A.3.1 学科类别及代码的调整变更

学科类别的调整变更可分为不同级别之间或不同类别之间的调整或变更，此种调整变更使得学科代码跟随改变。GB/T 13745—2009 对 GB/T 13745—1992 作出的类别及代码调整变更共 93 项，包括：二级学科调整变更为一级学科 1 项；三级学科调整变更为二级学科 13 项；二级学科调整变更为三级学科 4 项；二级学科类别调整变更 10 项；三级学科类别调整变更 65 项。

A.3.1.1 二级学科调整变更为一级学科

二级学科调整变更为一级学科见表 A.6。

表 A.6

GB/T 13745—1992		GB/T 13745—2009	
18074	心理学	190	心理学

A.3.1.2 三级学科调整变更为二级学科

三级学科调整变更为二级学科见表 A.7。

表 A.7

GB/T 13745—1992		GB/T 13745—2009	
1603010	天文地球动力学	16070	天文地球动力学
1801415	生物力学	13041	生物力学
1807410	心理学史	19010	心理学史
1807420	生理心理学	19050	生理心理学
1807425	认知心理学	19015	认知心理学
1807430	发展心理学	19030	发展心理学
1807450	实验心理学	19025	实验心理学
1807455	应用心理学	19065	应用心理学
2103055	农产品贮藏与加工	21045	农产品贮藏与加工
4702020	制冷与低温工程	47035	制冷与低温工程
6202010	安全系统学	62027	安全系统学
6203050	部门安全工程	62070	部门安全工程理论
9104030	卫生统计学	33072	卫生统计学

A.3.1.3 二级学科调整变更为三级学科

二级学科调整变更为三级学科见表 A.8。

表 A.8

GB/T 13745—1992		GB/T 13745—2009	
33024	传染病学	3202460	传染病学
62020	安全学	6201035	安全学
62050	安全管理工程	6206010	安全管理工程
63045	行政管理	6304410	行政管理

A.3.1.4 二级学科类别调整变更

二级学科类别调整变更见表 A.9。

表 A.9

GB/T 13745—1992		GB/T 13745—2009	
18071	生物工程	41640	生物工程
21070	农业工程	41650	农业工程
31054	医学心理学	19040	医学心理学
31061	生物医学工程学	41660	生物医学工程学
46040	仪器仪表技术	53510	仪器仪表技术
51080	自动控制技术	41310	控制科学与技术
57050	海洋工程与技术	41630	海洋工程与技术
63020	管理心理学	19060	管理心理学
84051	社会心理学	19020	社会心理学
88027	教育心理学	19070	教育心理学

A.3.1.5 三级学科类别调整变更

三级学科类别调整变更见表 A.10。

表 A.10

GB/T 13745—1992		GB/T 13745—2009	
1402030	量子声学	1402035	超声学、量子声学和声学效应
1402040	超声学		
1807110	基因工程	4164010	基因工程
1807120	细胞工程	4164015	细胞工程
1807130	蛋白质工程	4164020	蛋白质工程
1807140	酶工程	4164030	酶工程
1807150	发酵工程	4164040	发酵工程
1807445	比较心理学	1905020	比较心理学
2103035	作物育种学与良种繁育学	2103033	作物育种学
		2103036	良种繁育学
2104040	果蔬贮藏与加工	2104530	果蔬贮藏与加工
2107010	农业机械学	4165010	农业机械学
2107015	农业机械化	4165015	农业机械化
2107020	农业电气化与自动化	4165020	农业电气化与自动化
2107025	农田水利	4165025	农田水利
2107030	水土保持学	4165030	水土保持学
2107035	农田测量	4165035	农田测量
2107040	农业环保工程	4165040	农业环保工程
2107045	农业区划	4165045	农业区划
2107050	农业系统工程	4165050	农业系统工程
3106110	生物医学电子学	4165010	生物医学电子学

表 A.10（续）

GB/T 13745—1992		GB/T 13745—2009	
3106120	临床工程学	4165020	临床工程学
3106130	康复工程学	4165030	康复工程学
3106140	生物医学测量学	4165040	生物医学测量学
3106150	人工器官与生物医学材料学	4165050	人工器官与生物医学材料学
4203040	地理信息系统	4133010	地理信息系统
4604010	仪器仪表基础理论	5351010	仪器仪表基础理论
4604015	仪器仪表材料	5351015	仪器仪表材料
4604020	传感器技术	5351020	传感器技术
4604025	精密仪器制造	5351025	精密仪器制造
4604030	测试计量仪器	5351030	测试计量仪器
4604035	光学技术与仪器	5351035	光学技术与仪器
4604040	天文仪器	5351040	天文仪器
4604045	地球科学仪器	5351045	地球科学仪器
4604050	大气仪器仪表	5351050	大气仪器仪表
4605510	印刷、复制技术	5353010	印刷、复制技术
5108010	自动控制理论	4131010	自动控制应用理论
5108020	控制系统仿真技术	4131020	控制系统仿真技术
5108030	机电一体化技术	4131030	机电一体化技术
5108040	自动化仪器仪表与装置	4131040	自动化仪器仪表与装置
5108050	机器人控制	4131050	机器人控制
5108060	自动化技术应用	4131060	自动化技术应用
5705010	海洋工程结构与施工	4163010	海洋工程结构与施工
5705020	海底矿产开发	4163015	海底矿产开发
5705030	海水资源利用	4163020	海水资源利用
5705040	海洋环境工程	4163025	海洋环境工程
6202020	安全心理学	6202520	安全心理学
6202030	安全模拟与安全仿真学	6202740	安全模拟与安全仿真学
6202040	安全人机学	6202530	安全人机学
6202050	安全经济学	6202120	安全经济学
6202060	安全管理学	6202130	安全管理学
6202070	安全教育学	6202140	安全教育学
6205020	风险评价与失效分析	6208015	公共安全风险评估与规划
6205040	安全检测与监控技术	6208020	公共安全检测检验
		6208025	公共安全监测监控
7902967	中亚、西亚经济	7902966	中亚经济
		7902968	西亚经济

表 A.10（续）

GB/T 13745—1992		GB/T 13745—2009	
7904520	劳动管理学	8407420	劳动管理学
7904530	劳动统计学	8407425	劳动统计学
7904540	劳动社会学	8407430	劳动社会学
7904550	劳动心理学	8407435	劳动心理学
8104067	中亚、西亚政治	8104068	中亚政治
		8104069	西亚政治
8304050	密码学	4132010	密码学
9101520	统计核算理论	9103015	国民经济核算

A.3.2 学科名称的调整变更

学科名称的调整变更主要因学科类目的内涵或外延有所增减而引起，此种调整变更不改变学科的代码。GB/T 13745—2009 对 GB/T 13745—1992 作出的学科名称调整变更共 67 项，包括：一级学科名称调整变更 3 项，二级学科名称调整变更 12 项，三级学科名称调整变更 52 项。

A.3.2.1 一级学科的名称调整变更

一级学科的名称调整变更见表 A.11。

表 A.11

代码	GB/T 13745—1992(变更前)	GB/T 13745—2009(变更后)
510	电子、通信与自动控制技术	电子与通信技术
610	环境科学技术	环境科学技术及资源科学技术
850	民族学	民族学与文化学

A.3.2.2 二级学科的名称调整变更

二级学科的名称调整变更见表 A.12。

表 A.12

代码	GB/T 13745—1992(变更前)	GB/T 13745—2009(变更后)
16025	天体化学	宇宙化学
33051	儿少卫生学	儿少与学校卫生学
33077	健康教育学	健康促进与健康教育学
59055	飞行器发射、飞行技术	飞行器发射与回收、飞行技术
59060	航天地面设施、技术保障	航空航天地面设施、技术保障
62030	安全工程	安全工程技术科学
62040	职业卫生工程	安全卫生工程技术
75024	中国古代文学史	中国古代文学
75027	中国近代文学史	中国近代文学
75031	中国现代文学史	中国现代文学
79053	物资经济学	物流经济学
79073	货币银行学	金融学

A.3.2.3 三级学科的名称调整变更

三级学科的名称调整变更见表 A.13。

表 A.13

代码	GB/T 13745—1992(变更前)	GB/T 13745—2009(变更后)
1106140	积分方程数值解	积分变换与积分方程数值方法
1106170	随机数值实验	随机数值方法与统计计算
1106180	误差分析	误差分析与区间算法
1401540	相对论与引力场	相对论
1402010	物理声学	普通线性声学
1402050	水声学	水声和海洋声学
1402099	声学其他学科	与声学有关的其他物理问题和交叉学科
1405040	液晶物理学	软物质物理学
1405530	等离子体光谱学	等离子体诊断学
1407010	基本粒子物理学	粒子物理学
1502535	热谱分析	热化学分析
1701540	云与降水物理学	大气边界层物理学
1706045	河口、海岸学	海洋地理学和河口海岸学
1801450	分子生物物理学	分子生物物理学与结构生物学
1805145	植物胚胎学	植物生殖生物学
2106045	植物病虫害测报学	有害生物监测预警
2106070	杂草防治	杂草防除
2302010	家畜育种学	家畜遗传育种学
2303010	家畜解剖学	家畜解剖学与组织学
2303030	兽医药理学	兽医药理学与毒理学
3202425	胃肠病学	消化病学
3202440	内分泌学	内分泌病学与代谢病学
3401010	野战外科学	野战外科学和创伤外科学
4304540	无机陶瓷材料	陶瓷材料
4605030	工业机器人技术	机器人技术
4704017	电气测量技术及其仪器仪表	电磁测量技术及其仪器
4903510	粒子加速器工艺	粒子加速器工程技术
5501010	食品生物化学	食品化学
5502045	食品焙烤加工技术	烘焙食品加工技术
5804010	航海学	航海技术与装备工程
5804020	导航建筑物与航标工程	船舶通信与导航工程
5905520	飞行器发射、飞行事故	飞行器发射与回收
6203010	消防工程	火灾科学与消防工程

表 A.13（续）

代码	GB/T 13745—1992(变更前)	GB/T 13745—2009(变更后)
6204010	防尘工程	防尘工程技术
6204020	防毒工程	防毒工程技术
6204030	生产噪声与振动控制	噪声与振动控制
6204040	个体防护	个体防护工程
6208010	安全信息工程	公共安全信息工程
6208015	风险评价与失效分析	公共安全风险评估与规划
7904140	商业与物流技术经济学	物流技术经济学
7904740	住宅经济学	房地产经济学
7905310	物资经济理论	物流经济理论
7905320	物资经济学	物流管理学
7907310	货币理论	货币经济学
7907315	货币学说史	货币思想史
7907325	银行经营管理学	金融资产管理学
8407110	人口学原理	人口理论
8407130	人口史	历史人口
8407165	人口政策学	人口政策
9104050	社会福利与社会保障统计学	社会保障统计学
9105010	自然资源统计学	资源统计学
9105030	生态平衡统计学	生态统计学